国家自然科学基金面上项目（61375004，60973156，60575038）资助

具有三种否定的模糊集与模糊逻辑的理论及其应用

潘正华　著

科学出版社

北　京

内 容 简 介

本书是一部研究型的原创著作，全书共分 7 章。第 1 章简述知识研究概况，第 2 章讨论以模糊性事物为研究对象的模糊数学的基础理论（集合与逻辑）问题，着重研讨逻辑与推理中的一些重要且基本的理论内容，两章内容可视为本书核心主题的一个导引。第 3 章考察、研讨知识中否定概念的各种认识，基于矛盾概念与对立概念的区分，确定了清晰概念与模糊概念中存在的五种不同的否定关系。为了从数学角度研究确定的模糊概念中的矛盾否定关系、对立否定关系和中介否定关系以及这些关系的内在联系、性质和规律这一核心主题，第 4 章提出一种具有三种否定（矛盾否定、对立否定和中介否定）的模糊集，并且介绍关于它的理论研究；第 5 章介绍该模糊集理论的应用，主要论述在模糊多属性决策、模糊综合评判以及模糊系统设计领域中的应用研究；第 6 章提出一种具有矛盾否定、对立否定和中介否定的模糊逻辑，并且介绍关于它的语义等理论研究；第 7 章介绍该模糊逻辑理论的应用，主要论述在模糊推理以及在一些知识处理理论中的应用研究。

本书可供相关专业的研究人员特别是知识研究的学者研读，也可作为高等院校数学、信息处理以及智能科学等领域的研究生和高年级本科生的教材使用。

图书在版编目(CIP)数据

具有三种否定的模糊集与模糊逻辑的理论及其应用/潘正华著. —北京：科学出版社，2017.9

ISBN 978-7-03-054277-9

Ⅰ. ①具…　Ⅱ. ①潘…　Ⅲ. ①模糊集-研究②模糊逻辑-研究　Ⅳ. ①O159②O141

中国版本图书馆 CIP 数据核字(2017)第 212722 号

责任编辑：李涪汁　曾佳佳/责任校对：彭　涛
责任印制：徐晓晨/封面设计：许　瑞

科 学 出 版 社 出版
北京东黄城根北街 16 号
邮政编码：100717
http://www.sciencep.com

北京京华虎彩印刷有限公司 印刷
科学出版社发行　各地新华书店经销

*

2017 年 9 月第 一 版　开本：720×1000　1/16
2018 年 1 月第二次印刷　印张：24 3/4
字数：495 000

定价：138.00 元

(如有印装质量问题，我社负责调换)

序

从书名可看出，本书的主题是研讨模糊概念中的不同否定，建立能够完全刻画这些不同否定概念的性质、关系以及规律的数学（逻辑、集合）理论基础。本书论述的主要内容是我们围绕本书主题而长期进行的具有原创性的系列研究结果，书稿虽是对已获得的科研工作结果进行归纳总结，似乎将已在国内外学术刊物及国际学术会议上发表的120余篇学术论文汇编成集即可，其实不然，从构思、动笔到定稿历时两年。书稿完成之所以用此长时，是因为我们在自1985年开展的长期研究中逐步地认识、形成了以本书主题为研究目标的理论架构，并且分别于1988年和1990年获得贵州省自然科学基金两个项目资助，特别是以此主题为研究目标的研究工作自2005年起持续得到国家自然科学基金三个面上项目资助（详见文献[1]~[5]），因而在本书撰写中必然要求自己严格深入地总结理论与应用研究结果，对每项研究结果再进行认真的考量、审查、修改和补充，甚而重新研究拟写，以此企望本书能成为一本具有系统性的基础理论研究著作。成书过程虽力求严谨，然而限于本人水平，本书仍可能存在疏漏或错误，敬望读者和同行专家指正。

本书共分7章，第1章论述可视为本书主题的一个导引和研究背景；第2章论述与本书主题相关的研究以及我们的早期研究结果；后五章为本书核心内容，全面论述我们对本书主题的研究及其结果。

第1章简述人工智能和知识研究概况，旨在表明当今人类关于知识的认识与研究已不是停留在哲学思辨的层次，而是进入了计算机处理知识的时代。如所知，在计算机发展中，自1956 年达特茅斯会议提出“人工智能”以来的60余年里，人们就不遗余力地从理论与技术方面对人工智能进行研究。尽管60余年中人工智能的研究发展跌宕起伏，但人们已认识到，人的智力的提高是因为人在生活中不断地学习掌握了知识，因而要想使得机器具有一定的人类 “智能”，必然要求机器能够处理知识。对此，1977年费根鲍姆（Feigenbaum）在第五届国际人工智能联合会议上提出知识工程的概念，标志了知识开始进入可操作化时代。知识在机器中如何处理，最基本的问题是在机器中怎样表达、推理、运用以及获取知识等。然而，由于描述各种事物的概念是知识的最基本的成分，概念本身也是知识，因此对概念的研究、处理必然成为知识研究与处理的基础。要确定一个概念，就是要明确概念的内涵和外延，从概念的内涵和外延上可以将一般概念区分为“清晰概念”与“模糊概念”。一个概念是清晰概念还是模糊概念，是由它的外延是否具有清晰性或模糊性决定的。清晰概念具有确定的内涵，外延是清晰的或者说分明的，且能够直接判定其真假性；而模糊概念虽然具有确定的内涵，但外延是不分明的或者说是模糊的，且不能够直接判定其真假性。

对于模糊概念，当今数学理论如何刻画它们以及它们所具有的性质、关系和规律是怎样的，对此，第 2 章从模糊数学的基础即模糊集与模糊逻辑理论进行考察研讨，并论述了我们的相关研究工作。内容包括：①关于以 Zadeh 模糊集为标志的模糊数学的理论基础问题。众所周知，经典数学以研究精确性（确定性、随机性）量性对象为标志，然而客观世界中的量性对象并不都具有精确性。如“一大堆沙粒”“青年人”等，人们要刻画这些事物的量的侧面而产生的概念却具有了模糊性。经典数学要么将这些具有模糊性的量性对象拒之门外，要么一如既往地当做精确性量性对象那样予以处理。自 1965 年 Zadeh 创立模糊集概念，数学的发展从而进入了既研究精确性（确定性、随机性）对象又研究模糊性对象的时代。Zadeh 的历史功绩，在于他是将经典集合的特征函数值域由{0, 1}扩充为[0, 1]单位区间而定义出模糊集的第一人，从而十分明确地提出了必须数学地分析、处理模糊概念的思想，由此率先提供了一种相对合理可行的用精确性经典数学手段去处理模糊现象的方法。虽然迄今以模糊集为基础而形成的模糊数学在理论以及应用方面得到快速发展，然而 1986 年朱梧槚与肖奚安研究指出，从数学理论的基础来说，模糊数学仍然是直接奠基于精确性经典数学（以二值逻辑为推理工具的近代公理集合论 ZFC）之上的。在模糊数学的发展中，人们一直在努力地研究建立模糊数学自身的、与近代公理集合论 ZFC 不同的奠基理论。为此，1981 年 Weidner 提出了一种新的模糊集合论公理化系统，即 ZB (Zadeh-Brown)系统。但朱梧槚与肖奚安进一步研究表明，尽管 ZB 公理集合论系统可作为模糊数学的一个奠基理论，但配套于 ZB 的推理工具仍然是经典的二值逻辑。由于二值逻辑是为刻画非此即彼、非真即假的对象而建立的（模糊性对象却并不具有如此特性），因此用二值逻辑作为逻辑工具去构建以模糊性事物为研究对象的公理系统与 Zadeh 的用精确性经典集合论去刻画模糊对象一样，虽也可以取得成功，却依然难于充分体现对事物的模糊性进行研究这一本质。为了改变这种状况，朱梧槚与肖奚安研究提出了一种能够成为经典数学与模糊数学奠基理论的中介逻辑 ML (medium logic)与中介公理集合论 MS (medium axiomatic set theory)，并称奠基于 ML 和 MS 之上的数学理论为中介数学 MM (medium mathematics)。②关于模糊逻辑与模糊推理理论的基础问题。我们知道，模糊命题必然含有模糊集，模糊逻辑是以模糊命题为研究对象、运用模糊集理论研究推理关系及其规律的理论，它的最终目的是将模糊集理论作为一种主要工具，为不精确命题的近似推理提供理论基础。1994 年 Zadeh 在评述文章中首次将模糊逻辑明确划分为广义模糊逻辑（以模糊语言逻辑为代表）与狭义模糊逻辑，并认为，从狭义上说模糊逻辑是一个逻辑系统，它是多值逻辑的一个推广且作为近似推理的基础，从广义上说模糊逻辑是一个更广的理论，它与“模糊集理论”是模糊的同义语，即没有明确边界的类的理论。而捷克著名逻辑学家 Hájek 却认为“即使我同意 Zadeh 关于多值逻辑与狭义模糊逻辑之区别的说法,我还是认为多值逻辑的形式推演是狭义模糊逻辑的内核或基础”。尽管因为这场争论促使诸多学者对模糊语言逻辑继续进行深入研究,但迄今为止,模糊语言逻辑仍未完全形式化和公理化，即模糊语言逻辑还不是一个形式化的公理系统，而狭义模糊逻辑（如 1983 年张锦文首先提出的模糊逻辑 FL，Hájek 提出的基础逻辑 BL）则是形式化公理系统。那么，什么理论可以作为模糊语言逻辑与狭义模糊逻辑的理论基础呢？在多值逻辑系统中，由于连续无穷值逻辑（如 Łukasiewicz 连续值系统）中命题的真值集为单位区间[0, 1]，所以在这个意义上，连续无穷值逻辑是模糊语言逻辑及其推理的一个理论基础。在模糊逻辑研究领域，大多数研究者的认知与 Hájek 一致，认为多值逻辑是狭义模糊逻辑的理论基础。③关于模糊推理算法的理论基础问题。如所知，模糊推理是从不精确的前提中得出不精确的结论的推理过程，又称近似推理。1973 年 Zadeh 提出著名的推理合成规则 CRI (compositional rule of inference)，标明了模糊推理算法化的开始。在模糊推理的理论研究以及应用研究中，模糊推理算法成为研究的一个核心，其中 CRI 是最基本、最重要的模糊推理算法。虽然模糊推理在工业生产控制、家电产品等领域中成功应用，但用算法代替推理在理论上是否合理、算法的理论基础是否可靠仍被人置疑。对于一个推理系统，从理论上讲，推理结论应由前提（条件）通过逻辑推演而得出，但模糊推理算法实质上是通过人为规定的方法计算出结果而不是推理出逻辑结论。可见模糊推理算法虽实用但主观性强，本身的理论基础薄弱。因此，将模糊推理算法作为研究对象、论证用计算去替代推理的算法的理论依据是重要的。为此，对于以 CRI 算法为核心的模糊取式推理算法、多维模糊推理算法以及多重模糊推理算法（其他模糊推理算法同样），我们研究确定了三个定理并予以证明，由此论证了对推理前提运用基础算子进行计算得到的视为推理结论的结果，是论域到[0, 1]区间的一个有界实函数值，而模糊推理的各种算法实际上是这一函数的具体构造。由此表明，模糊推理作为计算的算法思想是有理论依据的，其理论基础是可靠的。④模糊逻辑形式系统的元逻辑特征。一个完整的逻辑形式系统理论，包括语法理论和语义理论。但在逻辑理论的研究中，很少涉及同类型逻辑形式系统之间的语法上和语义上的扩充关系、语法完全性与语义完全性的关系等元逻辑特征的研究。对此，我们研究证明了如下结果：对于一个协调的且可靠的逻辑形式系统，如果它是语法完全的（即强完全的）则必定是语义完全的（即弱完全的），反之如果它是语义完全的则不一定是语法完全的；如果它是古典完全的，则一定是语义完全的和语法完全的；如果一个逻辑形式系统是经典一阶逻辑的一个扩张系统，或者它的一个子系统不是语法完全的，则它一定不是语法完全的。⑤中介逻辑 ML 是否是一种三值逻辑？自 1985 年中介逻辑 ML 与中介公理集合论 MS 陆续提出后，若干学者就 ML 的语义理论展开研究。研究者们分别在真值域为{0, (0, 1), 1}或{0, 1/2, 1}的语义解释下，证明了中介命题逻辑 MP、中介谓词逻辑 MF 以及 MP 的扩张 MP^*等的可靠性、完备性等语义特征定理，特别是在潘勇 1988 年提出的真值域为{0, 1/2, 1}的三值语义解释下，李祥等证明了 MP 的扩张 MP^*与 Woodruff 三值系统等价。至此，李祥等以及中介逻辑提出者都认定中介逻辑 ML 是一种三值逻辑。对此，由模型论可知，对于一个形式化逻辑系统，对其形式语言给出一种语义解释即为对该逻辑建立了一个语义模型。由于中介命题逻辑 MP 是中介逻辑 ML 的核心基础，因此我们认为，认定 MP 是一种三值逻辑才能认定 ML 为三值逻辑，对 MP 给出真值域为{0, 1/2, 1}或为{0, (0, 1), 1}的语义解释，只能说是对 MP 给出了一种三值语义模型；要认定 MP 是一种三值逻辑应证明 MP 不存在其他语义模型（如直觉主义命题逻辑作为一种非经典逻辑，虽然有经典模型，但并不是由此就证明直觉主义命题逻辑是经典逻辑）。对此，2003 年我们研究给出了中介命题逻辑 MP 的一种无穷值语义模型，证明了 MP 在此语义解释下的可靠性定理和完备性定理等，而且用模型论方法易证此模型不是三值模型的扩张。由此表明，中介逻辑除了具有上述三值语义模型外，还存在非三值的语义模型，因而认定中介逻辑是一种三值逻辑的结论是不成立的。我们应指出，中介命题逻辑 MP 的无穷值语义模型不仅是从语义理论上否定了中介逻辑 ML 是一种三值逻辑这一结论，而且将 MP 的无穷值语义解释扩充得到的 ML 的无穷值语义模型对于中介公理集合论 MS 与中介逻辑 ML 是极其重要的，因 MS 与 ML 要作为模糊数学的一种奠基理论，必然要求集合的隶属函数值域和合式公式的真值域须为连续值域[0, 1]，ML 的无穷值语义解释的赋值域为[0, 1]正好与此相一致。所以，对于 MS 与 ML 的理论及其应用，此无穷值语义模型更适于反映该理论的基本思想。

我们应予指出的是，在知识处理领域中普遍存在一种偏执的认识，即认为正信息为基础、否定信息为派生出来的，因此在知识处理中通常忽略否定信息的价值和作用。而我们认为（第 3 章里将详述），从概念论的角度讲，概念的形成的确是有了正概念后，才产生出它的否定概念，但两者的作用和地位是等同的，否定概念扮演了一个特殊的角色，所以在任何知识处理领域中，否定信息与正信息具有同等的价值。

经典集合与模糊集合中只有一种否定（补集）概念，使得模糊数学（当然也包括经典数学）中的否定概念一直以经典逻辑为基础，所以难以适应对知识中客观存在的不同否定信息进行处理的需求。因而如何研究、处理知识中具有“否定性”的知识，尤其是如何对模糊知识中的具有“否定性”的知识予以正确而有效的区分、表达、推理以及计算等，是知识处理与知识研究中极其重要的一个基础理论问题。对此，近年来一些国外学者在信息处理研究中明确指出，在自然语言、描述逻辑、逻辑程序语义、知识推理、语义网等许多领域中都存在不同的否定信息，并由此提出"强否定"和"弱否定"的概念及其处理方法。然而，我们研究认为，国外学者迄今关于知识的不同否定的研究具有如下两个共同特征：①他们既不是对模糊性知识与其客观存在的各种不同否定所具有的关系、性质和规律进行理论研究，也不是对这些不同否定如何进行区分、表示、推理与计算的研究；②普遍是针对特定的实际知识处理领域的需要，在保持对知识"否定"概念的传统认识基础上，从语义角度提出另一种否定的处理方法，以此期望在该领域中能够处理不同的否定知识。因此我们提出，应从概念本质上全面认识模糊知识中的"否定"概念，研究模糊知识中的各种否定形式及其关系、性质和规律，研究建立能够全面刻画这些不同否定形式及其关系、性质和规律的理论基础。

为此，第 3 章研讨关于否定概念的历史的和现在的各种认识，以及关于知识中不同否定关系的认识与研究。对于"否定"概念，虽然在认识论中人们至今没有统一的认识，但通过对在哲学、逻辑学、语言学、自然科学以及信息计算等领域中的各种认识进行考察研究，从概念的内涵和外延以及概念的关系上可以归纳出这些认识的共同点，即概念的否定性的基本特征是否定自身，"否定"概念是相对于一个具体概念（"肯定"概念）而言的，"否定"概念以否定"肯定"概念的内涵为自己的内涵。自 Aristotle 以来，形式逻辑将概念的不相容关系区分为矛盾关系和对立关系。概念的矛盾关系，是指在同一个属概念下的两个种概念之间的不相容关系，它们的外延互相排斥，外延之和等于属概念的外延；概念的对立关系，是指在同一个属概念之下的两个种概念之间的不相容关系，它们的外延互相排斥，外延之和小于等于属概念的外延。一个概念与其"否定"之间的关系就是一种不相容关系，因而，一个概念与其否定概念之间的关系包括了矛盾否定关系和对立否定关系。由于在黑格尔（Hegel）的《逻辑学》以及现在的形式逻辑中区分了"对立"概念和"矛盾"概念，对于一个属概念下的一对"矛盾"概念，在概念的内涵上，一个概念的内涵否定另一个概念的内涵，它们的外延互相排斥，外延之和等于属概念的外延，因此"矛盾"概念的外延关系可称为"矛盾否定关系"；对于一个属概念下的一对"对立"概念，在概念的内涵上，一个概念的内涵与另一个概念的内涵具有极大差异(即另一种否定形式)，它们的外延互相排斥，外延之和小于等于属概念的外延，因此"对立"概念的外延关系可称为"对立否定关系"。由于概念的不相容关系包含了矛盾否定关系和对立否定关系，我们由此确定，在清晰概念和模糊概念中存在五种不同的矛盾否定关系和对立否定关系。在这些否定关系中，尤其需要强调的是，模糊概念中的"中介否定关系"的确定，是基于通过大量的客观实例研究后发现在模糊概念中存在的如下规律："如果一对对立概念为模糊概念，则对立概念之间必然存在中介的模糊概念，如果一对对立概念之间存在中介的模糊概念，则对立概念一定是模糊概念”，即肯定了在对立的模糊概念间一定存在中介的对象(模糊概念)。而前述的中介数学在其核心思想——“中介原则”里，只强调在对立的概念中存在中介的对象，并未肯定对立的模糊概念间一定存在中介对象。

我们知道，集合概念及其方法是数学科学刻画事物及其规律的最基本的抽象概念和手段。对于已确定的模糊知识中的矛盾否定关系、对立否定关系和中介否定关系，为了建立能够反映这三种不同否定关系的性质和规律的数学基础，第 4 章提出一种具有矛盾否定、对立否定和中介否定的模糊集 FSCOM，并对其进行了一系列理论研究。FSCOM 定义中的“模糊集”概念虽然与 Zadeh 定义相同，但我们需要指出的是，Zadeh 模糊集、粗糙集以及 Zadeh 模糊集的各种扩展如直觉模糊集、区间值模糊集等在理论基础上只有一种否定的认识与描述，与经典集合和经典逻辑中的否定思想没有本质区别，只是对否定定义的表达式不同，因而这些集合理论不具有区分、表达模糊性对象中的矛盾否定关系、对立否定关系以及中介否定关系的能力，在对模糊知识及其不同否定的区分、表达以及计算等处理将存在困难。为了完善 FSCOM 模糊集理论，使得运用 FSCOM 模糊集能够有效地解决实际问题，第 4 章进一步研讨了中介否定的客观存在性、FSCOM 模糊集的截集、距离、模糊度、包含度、贴近度和 λ–中介否定及 λ–区间函数等概念，以及 FSCOM 模糊集的修改和扩充。应予强调的是，除了第 3 章所述的在黑格尔逻辑学和形式逻辑中就已肯定的概念中存在矛盾、对立两种否定形式外，在 FSCOM 模糊集的理论研究中，第三种否定形式即中介否定的客观存在性的研究具有重要意义。虽然 2007 年 Kaneiwa 等已指出模糊知识中存在着这种具有模糊性的客观现象（实例），但 Kaneiwa 等并没有从理论上（也没有这种理论）对其进行分析研究，而这种客观存在的现象在 FSCOM 模糊集中可表达为模糊集 A 的中介否定集 $A^{\sim}$，且被严格证明为 FSCOM 模糊集中的一个运算性质 $A^{\sim} = A^{\neg} \cap A^{\urcorner\neg}$，由此表明，FSCOM 模糊集从理论上验证了模糊知识中的中介否定的客观存在性，并且确定 $A^{\sim}$是 A 的矛盾否定 $A^{\neg}$与对立否定的矛盾否定集 $A^{\urcorner\neg}$之交集。因此可以说，FSCOM 模糊集能够作为刻画、处理这种客观存在现象的理论基础。

为了检验 FSCOM 模糊集及理论在实际模糊知识处理领域中的作用与有效性，第 5 章介绍 FSCOM 模糊集在模糊决策、模糊综合评判以及模糊系统设计领域中的应用研究，分别提出了基于 FSCOM 模糊集的模糊多属性决策方法和模糊综合评判方法，以及基于 GFSCOM 模糊集的模糊系统设计方法，并研究了这些方法在相应领域几个实例中的应用。

如所知，模糊决策、模糊综合评判以及模糊系统设计等是典型的模糊知识处理问题，现今采用以 Zadeh 模糊集等为主要数学手段的方法处理这些问题虽然有成效，但由于这些方法的理论基础中关于否定概念的认知及处理与经典集合没有本质区别，只有一种否定认知且否定信息处理简单，因而存在对实际问题中的事物关系尤其是各种否定关系的认识欠缺、信息的计算（如模糊集的隶属度计算）量大等问题。我们认为，这些问题在现今的模糊决策方法和模糊综合评判方法中主要体现为：①在各种模糊多属性决策方法中，没有考虑每个备选方案中的模糊属性之间的关系以及各备选方案的模糊属性之间的关系，将各备选方案作为独立对象，使得每个模糊集的隶属度求解都是互无关系的独立求解；对于基于实际统计数据的模糊多属性决策问题，没有确立能够直接通过数据求解属性中不同模糊集的隶属度的方法。②在各种模糊综合评判方法中，都没有考虑评判对象的各个评判标准之间的关系，本质上是将各个评判标准作为独立对象，使得各因素的数据对于不同评判标准的隶属度需逐一进行计算；对于基于实际统计数据的模糊综合评判问题，没有确立能够直接通过数据求解评判标准集中不同模糊集隶属度的方法。而我们提出并已有效运用的基于 FSCOM 模糊集的模糊多属性决策、模糊综合评判方法，避免了以上问题的出现。它们具有如下相应的特点：(i) 基于 FSCOM 模糊集的模糊多属性决策方法，不是考虑备选方案属性的权重或对备选方案进行综合评价和排序的方法；充分考虑同一个备选方案中的模糊属性之间的关系以及各备选方案的模糊属性之间关系，区分、确定备选方案属性中的不同模糊集及其关系，并用 FSCOM 模糊集中的三种否定及其关系予以刻画；对于基于实际统计数据的模糊多属性决策问题，通过对数据特点的分析给出一种直接由数据求解其对于属性中的模糊集及其不同否定集的隶属度求解方法；提出一种关于属性中模糊集及其不同否定集的隶属度范围的“阈值”概念及其确定方法，使得采用与决策相适应的模糊推理方法（如模糊产生式规则）对实例进行推理决策更加便利有效。(ii) 基于 FSCOM 模糊集的模糊综合评判方法，充分考虑评判对象的各个评判标准之间的关系，区分、确定不同评判标准(模糊集)及其关系，并用 FSCOM 模糊集中的三种否定及其关系予以刻画；对于基于实际统计数据的模糊综合评判问题，通过对数据特点的分析给出一种直接由各因素数据求解其对于不同评判标准的隶属度的方法。

在此应指出，FSCOM 模糊集的应用研究除第 5 章中介绍的三个应用实例外，我们还研究了 FSCOM 模糊集在其他一些模糊决策问题（如金融投资风险评估）中的应用；并且专门集中研究了在自然（或人为）灾害如洪涝灾害、地震灾害、旱灾、雾霾、水质污染、森林火灾、交通事故、土壤污染、石油平台溢油污染、核事故辐射、泥石流灾害、埃博拉病毒等实例的模糊等级综合评判中的应用，以及在水质、大学排名、企业风险、教学质量、膨胀土胀缩等实例的模糊等级综合评判中的应用，并与其他方法进行了比较研究。结果表明，基于 FSCOM 模糊集的模糊多属性决策、模糊综合评判方法是合理有效的。

为了进一步研究能够完整刻画模糊知识中的矛盾否定关系、对立否定关系和中介否定关系及其性质与规律的逻辑基础，第 6 章提出一种具有矛盾否定、对立否定和中介否定的模糊命题逻辑 FLCOM 与模糊谓词逻辑∀FLCOM，并研究了其理论及其扩展。如所知，逻辑理论的主要目的是研究推理，即研究推理中前提与结论之间的关系，而一个形式化的逻辑理论则是为了研究前提和结论之间的形式推理关系及其规律。模糊逻辑的目的是以模糊集表述的模糊命题为研究对象，运用模糊集理论研究模糊推理关系及其规律，为不精确命题的近似推理提供理论基础。模糊逻辑 FLCOM 与∀FLCOM 旨在以 FSCOM 模糊集作为主要工具，以模糊命题为研究对象，运用 FSCOM 模糊集理论研究模糊命题及其三种不同否定的性质、关系和推理规律，为模糊推理尤其是含有不同否定命题的模糊推理提供理论基础。由于模糊逻辑 FLCOM 与∀FLCOM 是从概念本质上区分了模糊概念中的三种不同否定等客观背景（如第 3 章所述）出发、以能够刻画这些不同否定的性质和关系等规律的 FSCOM 模糊集理论为基础的具有语法和语义理论的模糊逻辑系统，而现今的已形式化的模糊逻辑是以只有一种否定思想的 Zadeh 模糊集为基础的理论，因此，不能认为只需在一具体的模糊逻辑理论中增加否定联结词就可扩充得到 FLCOM 与∀FLCOM。当然，模糊逻辑 FLCOM 和∀FLCOM 与一般模糊逻辑及其扩充理论存在相关性，具有模糊逻辑及其扩充的一些理论特征。在 FLCOM 与∀FLCOM 中，由于否定概念区分为“矛盾”否定、“对立”否定和“中介”否定，因而在 FLCOM 与∀FLCOM 中扩充了通常意义下的“矛盾”概念含义。如保持了现有模糊逻辑的归谬律$(A\to B)\to((A\to \neg B)\to \neg A)$，增加了一个新归谬律$(A\to B)\to((A\to$ ╕$B)\to$ ╕$A)$，保持了模糊逻辑中的无矛盾律$\neg(A\wedge\neg A)$，增加了三个新的无矛盾律$\neg($╕$A\wedge{\sim}A)$，$\neg(A\wedge{\sim}A)$和$\neg(A\wedge$╕$A)$。在这种扩充后的新的“矛盾”概念含义下，不仅 A 与$\neg A$ 是矛盾的，而且 A、╕A 和${\sim}A$ 三者中任意二者也是矛盾的。

关于模糊逻辑 FLCOM 与∀FLCOM 的语义，在第 6 章中主要研究了在真值域为[0, 1]区间的无穷值语义解释下以及在真值域为{0, 1/2, 1}集合的三值语义解释下 FLCOM 的可靠性、完备性等，证明了 FLCOM 是可靠的和完备的等语义结论（可扩充证明∀FLCOM 具有相同的语义结论）。对于真值域为[0, 1]的模糊逻辑 FLCOM 与∀FLCOM 的无穷值语义模型，它除了为 FLCOM 与∀FLCOM 的形式语言给出了一种语义解释外，还需指出，在 FLCOM 与∀FLCOM 的实际应用研究中具有重要作用，它可作为模糊知识推理中一种有效的推理计算方法。在第 6 章中，还对 FLCOM 与∀FLCOM 的理论及其扩充进行了专题研究：①根据模糊否定的公理化定义，证明了 FLCOM 与∀FLCOM 中的否定是三种各具不同性质的模糊否定。特别地，根据 1979 年 Trillas 提出的一个函数为模糊否定的充分必要条件（表现定理），我们分别通过三个表现定理的证明，确定了一个函数是矛盾否定算子、对立否定算子、中介否定算子的充分必要条件。②为了更加直接而自然地反映演绎推理关系，我们研究提出一种具有矛盾否定、对立否定和中介否定的模糊命题自然推理系统 FNDSCOM，并在改进的 FLCOM 的无穷值语义解释下证明了 FNDSCOM 是可靠的和完备的。③为了刻画模糊模态命题以及不同否定的性质、关系和规律，我们还研究提出一类具有矛盾否定、对立否定和中介否定的模糊模态命题逻辑 MKCOM、MTCOM、MS_4COM 和 MS_5COM，并证明了 MKCOM 的完备性定理。④由于在第 2 章我们研究得知一般逻辑形式系统具有如下元逻辑特征：经典逻辑系统中的命题逻辑演算是语法完全的，一阶谓词逻辑演算不是语法完全的，在非经典逻辑系统中模态命题逻辑和模态谓词逻辑都不是语法完全的，那么，FLCOM、∀FLCOM、FNDSCOM 和 MKCOM 具有怎样的元逻辑特征？对此，证明了如下结果：FLCOM、∀FLCOM、FNDSCOM 和 MKCOM 在给定的语义解释下都是语义完全的，虽然它们都是非经典逻辑，但 FLCOM 与 FNDSCOM 是语法完全的，而∀FLCOM 与 MKCOM 不是语法完全的。这些关于 FLCOM 的理论及其扩充的研究结果，使得 FLCOM 与∀FLCOM 在理论上更加深入和完善。

由于 FLCOM 与∀FLCOM 区分了三种否定，因此在 FLCOM 与∀FLCOM 的理论和应用研究中，我们更加注重模糊推理中不同否定信息的作用和意义。第 7 章介绍模糊逻辑 FLCOM 与∀FLCOM 在模糊知识的表示、推理以及计算等理论和应用的几个主要研究结果。研究结果表明，与一般模糊逻辑相比较，FLCOM 与∀FLCOM 具有更强的模糊知识表达能力，更能反映模糊知识中的推理关系及其规律。研究结果包括两个方面：①基于 FLCOM 与∀FLCOM 的模糊推理与应用，其中主要研究了基于 FLCOM 的三种模糊拒取式推理及其算法、模糊知识推理及搜索算法，FLCOM 的λ-归结，基于 FLCOM 与∀FLCOM 的模糊决策和模糊综合评判。②将 FLCOM 与∀FLCOM 与模糊描述逻辑、模糊回答集程序、资源描述框架理论相结合，提出具有三种否定的模糊描述逻辑 FALCCOM、具有三种否定的模糊回答集程序 FASPCOM、具有三种否定的资源描述框架扩展 RDFCOM。其中，需强调的是：(i)虽然模糊拒取式推理作为一种逆向推理形式，是三种模糊推理基本形式（模糊取式 FMP、模糊拒取式 FMT、假言式 HS）之一，但由于现有的模糊逻辑理论中只有一种否定且否定信息处理简单，因而限制了模糊拒取式推理在实际模糊知识处理领域中的运用，而我们提出的基于 FLCOM 的三种模糊拒取式推理 FMT_1、FMT_2 和 FMT_3 及其算法由于区分了三种不同的否定，增强了逆向推理关系的表示、计算等处理能力，因而在常识推理、刑事案件推理、模糊系统等领域应具有特有的推理效用，感兴趣读者对此可进行研究。(ii)对于提出的具有三种否定的模糊描述逻辑 FALCCOM、模糊回答集程序 FASPCOM、资源描述框架扩展 RDFCOM，我们主要研究给出了它们的基本概念以及构建思想，并用例子予以验证，但有待深入和完善。对此，感兴趣读者可继续展开研究。

我们围绕本书主题进行的研究经历两个阶段，早期阶段为自 1985 年开始对中介逻辑与中介公理集合论进行的涉及本书主题的研究。在对中介逻辑与中介公理集合论的研究中，受其将矛盾概念与对立概念进行区分以及肯定一些（注：不是所有）对立概念间存在中介对象的“中介原则”思想的启发，我们开始专门针对模糊概念中的否定问题进行研究。在研究中除了区分模糊概念中的矛盾与对立两种否定形式外，通过大量客观实例的研究发现，对立的模糊概念间一定存在中介的模糊概念，对立的模糊概念与其中介模糊概念的关系为另一种否定 (称为中介否定) 形式，从而逐步形成了研究建立能够完全刻画这些不同否定及其关系、性质以及规律的数学（逻辑、集合）理论基础这一研究目标。后期阶段为从2002年开始对本书主题进行的专门研究。研究模糊知识中的否定性，提出了具有矛盾否定、对立否定和中介否定的模糊集与模糊逻辑，以及它们的理论及其应用等。

在此需强调，中介公理集合论 MS 与中介逻辑 ML 与我们提出的具有矛盾否定、对立否定和中介否定的模糊集 FScom 和模糊逻辑 FLcom 与∀FLcom 及其理论，二者在一些概念上虽有联系，但研究目的、研究对象、基础概念的形成和定义以及理论内容等均不相同。MS 与 ML 是以清晰性和模糊性事物（概念）为研究对象、以为经典数学和模糊数学奠定基础为研究目的理论，MS 由九条公理和若干概念构成，ML 包括以中介命题演算为核心的五个子系统并且采用自然推理系统的构建形式。而 FScom、FLcom 与∀FLcom 是以模糊概念及其三种不同否定为研究对象，以能够完全反映这些不同否定及其关系、性质以及规律为研究目的的集合与逻辑理论，FScom 以通常的模糊集定义形式构建，FLcom 与∀FLcom 以公理化与形式化方式构建。

为便于读者阅读理解本书内容，我们在书中每章结尾对该章所述内容进行了小结，在小结中指明哪些内容为我们的研究结果；并且从第 4 章开始，在小结末尾我们还专门列举一些认为值得进一步研究的课题，以供有兴趣的读者对它们进行研究。

十余年来，在对本书主题的研究工作中，研究团队里的研究生们做了许多专题研究工作，如张胜礼博士对 FScom 模糊集的改进研究和在模糊系统设计中的应用研究，杨磊对 FScom 模糊集的模糊度、包含度和贴近度的研究等。在此，向他们表示感谢。

还应指出，从 2005 年到现在，本书主题的研究工作持续作为国家自然科学基金三个面上项目的研究课题并受到资助，由此不仅肯定了本书主题研究的科学价值，促进了研究工作，而且极大地改善了我们的科研条件。为此，特向国家自然科学基金委员会及其项目评审专家们致以谢意。

因认为，本书既然是一本学术专著，就应该在“序”中将书中每章研讨题目的主要目的和基本研究思想讲清楚，故此“序”写得专业味浓且显抽象枯燥。因此，建议同仁和有兴趣的读者在阅读、理解此“序”时，结合本书中对应章节之论述。

自 1981 年在《数学通报》上发表第一篇学术研究论文（详见文献[6]）以来，三十多年里本人以对科研的浓厚兴趣，在高校教学工作之余坚持不懈地独自进行科学研究。虽然枯燥艰难，代价颇大（本书“后记”中细述），但净化了心灵，换来了快乐。

在此，特向对我长期的科研工作一直给予关心、支持和帮助的老师——著名数学家朱梧槚教授致以衷心的谢意。

最后，深切地感谢我的父亲、母亲与妻儿，以及其他亲人、师长和朋友们。在他们对我长期的支持、帮助、鼓励以及期盼下，我才能够在三十多年的工作余时中坚持自学自研而不乏动力，且持至今日。

潘正华

2017 年 5 月于江南大学理学院 303 室

目　录

序
第 1 章　知识研究简述……1
1.1　人工智能研究概况……1
1.2　知识研究概况……3
1.2.1　知识、数据和信息……7
1.2.2　知识的最基本成分——概念……8
1.2.3　知识的分类和特点……10
1.2.4　知识表示及其方法……11
1.2.5　知识推理……17
1.2.6　知识获取……19
1.3　本章小结……21
第 2 章　模糊性对象的集合基础与逻辑基础……22
2.1　模糊性对象与模糊数学……22
2.1.1　Zadeh 模糊集以及模糊数学理论的基础……24
2.1.2　中介逻辑与中介公理集合论……36
2.1.3　Zadeh 模糊集的扩充……47
2.2　模糊逻辑与模糊推理……50
2.2.1　模糊语言逻辑……52
2.2.2　狭义模糊逻辑……60
2.2.3　模糊推理及其推理模式……67
2.2.4　推理合成规则 CRI 与模糊推理算法……75
2.2.5　模糊推理算法的数学原理……82
2.3　中介逻辑的语义研究……85
2.3.1　中介命题逻辑 MP 的无穷值语义……86
2.3.2　中介谓词逻辑 MF 的无穷值语义解释……94
2.3.3　中介谓词逻辑的归结原理……95
2.4　逻辑形式系统的语法和语义特征……99
2.4.1　语法理论与语义理论扩充的特点……99
2.4.2　逻辑形式系统的语法完全性与语义完全性……101

2.5 本章小结……107

第 3 章 关于知识中否定概念的重新认识与研究……109

3.1 关于否定概念认识历史的考察……109

3.2 知识处理领域中否定概念的认识……117

3.3 矛盾、对立概念的认识……120

3.4 概念中的不同否定关系……123

3.4.1 清晰概念与模糊概念中的五种否定关系……123

3.4.2 现有逻辑与集合理论刻画五种否定关系的能力……126

3.5 本章小结……130

第 4 章 具有矛盾否定、对立否定和中介否定的模糊集……132

4.1 具有矛盾否定、对立否定和中介否定的模糊集 FSCOM……132

4.2 FSCOM 模糊集的运算及其性质……134

4.3 FSCOM 模糊集的理论研究……137

4.3.1 中介否定的存在性……137

4.3.2 FSCOM 模糊集与 Zadeh 模糊集等的关系比较……139

4.3.3 FSCOM 模糊集中三种否定是不同的模糊否定……141

4.3.4 FSCOM 模糊集的截集、距离测度、模糊度、包含度和贴近度……143

4.3.5 λ-中介否定集和 λ-区间函数……157

4.3.6 FSCOM 模糊集的改进与扩充……159

4.4 本章小结……168

第 5 章 FSCOM 模糊集的应用……170

5.1 FSCOM 模糊集在模糊多属性决策中的应用……170

5.1.1 基于 FSCOM 模糊集的模糊多属性决策方法……173

5.1.2 应用实例一：个体理财决策……173

5.1.3 应用实例二：股票投资决策……182

5.2 FSCOM 模糊集在模糊综合评判中的应用……195

5.2.1 模糊综合评判的原理与方法……196

5.2.2 基于 FSCOM 模糊集的模糊综合评判方法……198

5.2.3 应用实例一：高速公路边坡稳定性等级评判……200

5.2.4 应用实例二：空气污染等级评判……206

5.3 GFSCOM 模糊集在模糊系统设计中的应用……211

5.3.1 基于 GFSCOM 模糊集的模糊系统设计方法……212

5.3.2 基于 GFSCOM 模糊集的模糊规则库设计方法……225

5.3.3 应用实例：倒车模糊控制……229

5.4 本章小结……232

第 6 章　具有矛盾否定、对立否定和中介否定的模糊逻辑……234
6.1　具有矛盾否定、对立否定和中介否定的模糊命题逻辑系统 FLCOM……234
6.1.1　FLCOM 的形式化定义……234
6.1.2　FLCOM 中的形式推理关系及意义……236
6.1.3　FLCOM 中的否定与其他模糊逻辑中否定的对比与关系……241
6.2　FLCOM 的语义研究……242
6.2.1　FLCOM 的一种无穷值语义解释……243
6.2.2　FLCOM 的一种三值语义解释……247
6.3　基于 FLCOM 的模糊逻辑理论研究……251
6.3.1　具有矛盾否定、对立否定和中介否定的模糊谓词逻辑∀FLCOM……251
6.3.2　三种否定的算子特征及其表现定理……253
6.3.3　具有三种否定的模糊命题逻辑自然推理系统 FNDSCOM……260
6.3.4　具有三种否定的模糊模态命题逻辑系统 MKCOM……272
6.3.5　FLCOM、∀FLCOM、FNDSCOM 和 MKCOM 的语法完全性……280
6.4　本章小结……282
第 7 章　模糊逻辑 FLCOM 与∀FLCOM 的应用……285
7.1　基于 FLCOM 与∀FLCOM 的模糊推理与应用……285
7.1.1　基于 FLCOM 的三种模糊拒取式推理及其算法……285
7.1.2　FLCOM 的λ-归结……292
7.1.3　基于 FLCOM 的模糊知识推理及其搜索算法……298
7.1.4　FLCOM 与∀FLCOM 在模糊决策中的应用……307
7.1.5　FLCOM 与∀FLCOM 在模糊综合评判中的应用……316
7.2　FLCOM 与∀FLCOM 在一些知识处理理论中的应用……324
7.2.1　具有三种否定的模糊描述逻辑 FALCCOM……324
7.2.2　具有三种否定的模糊回答集程序 FASPCOM……334
7.2.3　具有三种否定的资源描述框架扩展 RDFCOM……341
7.3　本章小结……352
参考文献……354
后记……368

第 1 章　知识研究简述

1.1　人工智能研究概况

人工智能(artificial intelligence，AI)也称为机器智能，它是研究以计算机为主体的系统模拟、实现人的智能行为（如学习、推理、思考、规划等）的学科，是计算机科学的一个分支。人工智能企图了解智能的实质，并生产出能以人类智能相似的方式做出反应的智能机器，20 世纪 70 年代以来被称为世界三大尖端技术（空间技术、能源技术、人工智能）之一，也被认为是 21 世纪三大尖端技术（基因工程、纳米科学、人工智能）之一。“人工智能”一词自约翰 · 麦卡锡(John McCarthy)在 1956 年达特茅斯(Dartmouth)会议上提出后，研究者们发展了众多理论、方法和技术，人工智能的研究除了计算机科学以外，还涉及哲学、认知科学、数学、逻辑学、神经生理学、心理学、信息论、控制论、不确定性理论和仿生学等，其范围已远远超出了计算机科学研究的范畴。

什么是“智能”？这涉及诸如意识(consciousness)、自我(self)、思维(mind) 等问题。人们欲想了解的智能是人本身的智能，人工智能的研究必然涉及对人的智能本身的研究，而对于其他生物智能的研究也被认为是与人工智能相关的研究课题，这是普遍认同的观点。但是，由于目前我们对人的自身智能的理解以及构成人的智能的必要元素的了解非常有限，所以就很难定义什么是“人工”制造的“智能”了。关于人工智能如何定义，麦卡锡在达特茅斯会议上提出“人工智能就是要让机器的行为看起来就像是人所表现出的智能行为一样”; 美国斯坦福大学人工智能研究中心尼尔森(Nilsson)教授将之定义为“人工智能是关于知识的学科——怎样表示知识以及怎样获得知识并使用知识的科学”; 而美国麻省理工学院温斯顿教授则认为“人工智能就是研究如何使计算机去做过去只有人才能做的智能工作”。这些说法反映了人工智能学科的基本思想和基本内容，即人工智能是研究人类智能活动的规律，构造具有一定智能的人工系统，研究如何让计算机去完成以往需要人的智力才能胜任的工作，也就是研究如何应用计算机的软硬件来模拟人类某些智能行为的基本理论、方法和技术。然而，在对人工智能的认识上形成了两种本质不同的具有哲学性的认识观。一种人工智能观点认为人有可能制造出真正能推理和解决问题的智能机器，并且这样的机器将被认为是有知觉和自我意识的，类人的人工智能即机器的思考和推理就像人的思维一样，非类人的人工智能即机器产生了与人完全不一样的知觉和意识，使用和人完全不一样的推理方式；而另一种人工智能观点则认为，不可能制造出能真正地推理和解决问题的智能机器，这些机器只不过看起来像是智能的，但是并不真正拥有智能，也不会有自主意识。需要指出的是，基于前一种人工智能认识观的研究一直处于停滞不前的状态，而基于后一种人工智能认识观的研究在理论、方法以及技术研究方面取得长足发展，已成为当今人工智能研究的主流，已形成一门研究开发用于模拟、延伸和扩展人的智能的新的理论与技术科学。迄今，尽管人类目前对人的自身智能的理解非常有限，对构成人的智能的必要元素也了解有限，然而人工智能同人的智能具有如下本质区别：

(1) 人工智能纯系无意识的机械的物理过程，人的智能主要是生理和心理的过程；

(2) 人工智能没有社会性；

(3) 人工智能没有人类的意识所特有的主动创造能力；

(4) 两者总是人脑的思维在前，机器的功能在后。

总之，人工智能就其本质而言，是对人的思维的信息过程的模拟，人工智能不是人的智能，更不会超过人的智能。对于人的思维模拟可以从两条道路进行，一是结构模拟，仿照人脑的结构机制，制造出“类人脑”的机器；二是功能模拟，暂时撇开人脑的内部结构，而从其功能过程进行模拟。现代电子计算机的产生便是对人脑思维功能的模拟，是对人脑思维的信息过程的模拟。任何新生科学的研究发展在研究思想、研究内容以及研究途径等方面都可能存在争论，研究观点难以一致，人工智能也不例外（如，当今有人提出“奇点”说，即认为人工智能发展存在一奇点，当技术水平超过这一奇点，人工智能就具有真实的智能）。目前在人工智能研究中形成了三种主要学派：符号主义(symbolism)学派、联结主义(connectionism)学派和行为主义(actionism)学派。

符号主义学派，又称为逻辑主义学派或心理学派，其原理主要为物理符号系统(即符号操作系统)假设和有限合理性原理，认为人工智能源于数理逻辑。正是这些符号主义者，早在1956年首先采用“人工智能”这个术语。后来又发展了启发式算法→专家系统→知识工程理论与技术，并在20世纪80年代取得很大发展。符号主义曾长期一枝独秀，为人工智能的发展作出重要贡献，尤其是专家系统的成功开发与应用，为人工智能走向工程应用和实现理论联系实际具有特别重要的意义。在人工智能的其他学派出现之后，符号主义仍然是人工智能的主流派。这个学派的代表有纽厄尔(Newell)、西蒙(Simon)和尼尔森(Nilsson)等。

联结主义学派，又称为仿生学派或生理学派，认为人工智能源于仿生学，特别是人脑模型的研究。它的代表性成果是1943年由生理学家麦卡洛克(McCulloch)和数理逻辑学家皮茨(Pitts)创立的脑模型，即MP模型。20世纪60~70年代，联结主义，尤其是对以感知机(perceptron)为代表的脑模型的研究曾出现过热潮，由于当时的理论模型、生物原型和技术条件的限制，脑模型研究在 70 年代后期至 80 年代初期落入低潮。直到霍普菲尔德(Hopfield)教授在 1982 年和 1984 年发表两篇重要论文，提出用硬件模拟神经网络，联结主义又重新抬头。1986 年鲁梅尔哈特(Rumelhart)等提出多层网络中的反向传播(back propagation, BP)算法。此后，联结主义势头大振，实现了理论模型与算法在实际工程中的应用。其原理主要为神经网络及神经网络间的连接机制与学习算法。

行为主义学派，又称进化主义学派或控制论学派，认为人工智能源于控制论。控制论思想早在 20 世纪 40~50 年代就成为时代思潮的重要部分，影响了早期的人工智能工作者。到 60~70 年代，控制论系统的研究取得一定进展，为智能控制和智能机器人奠定了基础，并在 80 年代诞生了智能控制和智能机器人系统。行为主义是近年来才以人工智能新学派的面孔出现的，引起许多人的兴趣与研究。其原理为控制论及感知-动作型控制系统。

人工智能研究主要包括：知识表示与知识推理、知识发现、专家系统、机器学习、自然语言处理、模式识别、计算机视觉与图像处理、机器人、智能搜索、智能感知、人工生命、神经网络、类脑、复杂系统等领域。

自 1956 年提出“人工智能”以来的 60 余年里，人们就不遗余力地从理论与技术方面对人工智能进行研究，人工智能这 60 余年的研究发展可以说是跌宕起伏。从人工智能的主流技术上看，可以认为是经过了三个阶段。在最早的一个阶段，大家都认为要把逻辑推理能力赋予计算机系统，这个是最重要的。因为我们都认为数学家特别的聪明，而数学家最重要的能力就是逻辑推理，所以在那个时期的很多重要工作中，最有代表性的就是西蒙和纽厄尔所做的自动定理证明系统(这两位也因为这个贡献获得了 1975 年的图灵奖)。但是研究者们逐渐发现光有逻辑推理能力是不够的，因为就算是数学家，他也需要有很多知识。所以，主流技术的研究就很自然地进入了第二阶段。大家开始思考怎么样把我们人类的知识总结出来，交给计算机系统，最有代表性的就是知识工程专家系统(爱德华·费根鲍姆(Feigenbaum)因为这个贡献获得了 1994 年的图灵奖)。但是接下来人们就发现要把知识总结出来交给计算机，这个实在太难。除了专业领域知识外，常识性知识、模糊性知识、经验性知识等到底怎么解决？所以，很自然地，人工智能的研究就进入了第三个阶段，即知识的研究、处理阶段。

1.2　知识研究概况

知识（knowledge）是一个内涵十分丰富、外延相当广泛的概念。对于知识是什么的问题，古往今来，很多思想家们都在知识的解说方面做过探讨。知识的研究是哲学千余年最重要的研究主题之一，由此出现了大量的关于知识研究的文献，如奇泽姆所著的《知识论》，托马斯·希尔所著的《现代知识论》，我国金岳霖的《知识论》，其他以知识问题为研究对象，但没有冠之以“知识论”的著述更是不胜枚举。打开这些著作我们不难发现，它们大多是从哲学认识论角度来研究知识的，属于哲学的批判和分析，都有着独特的研究侧面以及不尽相同的内涵。从知识观（对人类知识的再认识）来说，这些关于知识的研究尽管颇多异同，但都具有一个相同点，即都仅仅停留在思辨的层次。我们根据文献[7]，列举一些历史上关于知识的认识与研究，只为一窥全貌，也不乏启迪作用。

公元前四百多年，苏格拉底(Socrates)作出了“知识即至善”的回答。在他看来，知识包含的内容主要是人生问题和人类的社会活动。致知的目的在于运用知识来指导人过正当的生活，不应该将知识理解为一己之见，而应该理解为“公认的普遍命题”，因为追求“普遍命题”，可以消除歧见，达到过“正当生活”之目的。显然苏格拉底的知识界说带有伦理色彩。培根(Bacon)从经验论、认识论角度提出，“知识的主要形式不是别的，只是真理的表象……存在的真实同知识的真实是一致的”，因此“知识就是存在的影象”。他从知识的起源出发来考察知识，认为知识不是大脑思辨的结果，也不是从某一个权威的结论中演绎而来的。相反，知识是人们“深入自然界里面，在事物本身上来研究事物的性质”而获得的东西。在培根看来，只有人类认识中对客观存在进行正确认识的那一部分，才配得上人类知识这一神圣的概念。在现代社会，人类对知识本身的探索日益频繁。罗素(Russell)指出，真正的知识是那些“确切的知识”，而不是神圣的或天启的。“确切的”意味着有限领域的、具体抽象的，并具有一定程度的实证根据的知识。罗素认为，知识是个人在组织经验时形成的一种个人的“复杂体系”。在他那里，知识既是经验的结果，又是经验的过程。从信息论的角度来看，知识还可以看做是“同种信息的积聚”，是为服务某种目的而抽象化和一般化的信息。哈佛大学社会学教授贝尔(Bell)认为，知识是“一组事实或名概念的条理化的阐述，它表示一个推理出来的判断或者一种经验性结果，它可以通过某种通信工具以某种系统的方式传播给其他人”。这种界定首先假定知识是特殊的信息，然后从信息的特点来把握知识的特点。

我国当代的相关文献中也散见很多有关知识的界定，这些界定可以归纳为：①知识是人类对于经验中蕴含的法则赋予意义而结构化了的知识；②知识是人的观念的总和；③知识是智慧和经验的结晶；④知识是人类积累起来的历史经验和现时达到的科学新成就的总和。

从上述对知识的论述中我们不难看出，第一，知识的定义可以从不同角度加以探讨，比如从哲学角度看知识，常常要从知识的来源等本质问题加以思考。第二，知识虽然无处不在，无时不有，但却很难作出准确的界定，这种状况很像罗素晚年所感悟到的那样，“知识是一个不能得到精确定义的名词”。

我们不否认知识界定的困难，但可进一步通过知识与认识、真理、科学等概念含义的分析与比较，更好地把握什么是知识这一命题。

对于知识与认识的理解，这一对范畴在古代社会既包括人们通过实践直接获得的对某事物的认识，也包括通过学习和接受教育而获得的知识，在这里认识也就是知识。然而，今天我们对两者的混为一谈已不能满足。就词性而言，认识可作名词和动词两种解释：作为动词，认识是指人类对事物识别、研究的活动和过程；作为名词，认识是指人类对事物识别、研究的结果或成果。可见“知识”仅仅相当于“认识”的名词含义。迄今多数学者认为，不是任何一种认识都能成为人类的知识，只有那些能够对客观存在作出正确认知的认识，才能称其为人类知识。这就是说，凡是知识必然是认识的结果，但并不是所有认识结果都能成为知识。

对于知识与真理的理解，这也是一对既互相联系又互相区别的概念。就词义而言，知识常被定义为“认识对存在的正确反映”，而真理则被定义为“客观存在及其规律在人脑中的反映”。在这里，知识是作为认识来理解的，知识与真理是站在不同角度对所谓“正确反映”加以揭示和概括的结果。就涵盖的内容来看，知识不仅包括本质的、必然的真知，也包括很多现象的知识(诸如错觉的、神话的、虚幻的知识等)，还可能包括日常知识(即常识)等；而真理，作为一个严格的哲学范畴，其主要内涵是“科学的理论体系”。正如黑格尔(Hegel)所言，“真理的要素是概念，真理的真实形态是科学系统”。由此，我们不难看出，知识与真理具有相同的性质，它们都以客观存在为反映的对象，任何一条真理一定成为一种知识，而任何一种知识都有向真理发展的可能。另外，真理是对知识之本质的抽象，任何真理都无疑是建立在知识丰富的内容基础之上的，真理与知识之间构成了抽象和具体的辩证关系。

对于知识与科学的理解，尽管经常将知识与科学互用，但本质上它们构成了一对母子性质的包容关系。科学，作为知识的一种形态，常被理解为以理性的手段“对确定的对象进行客观、准确认识的活动及其成果”，这种理解表明了科学只包括少数认识成果，至于非客观的或欠客观的、非准确的或欠准确的认识成果，即使称得上知识，但还算不上科学。科学，在狭义的理解中，是指“关于自然现象有条理的知识”，或者是“表达自然现象的各种概念之间的关系的理性研究”。显然，科学在这里仅仅被理解为自然科学，而对科学的广义理解，不仅仅局限于自然科学之中，而是如拉卡托斯(Lakatos)所说的“最受尊重的那一部分知识的名称”。科学被泛化成一种性格和精神，既可能指自然科学，还可能指社会科学甚至人文知识。科学是知识，但知识未必是科学，科学，作为知识的核心和精华，构成了支撑知识大厦的主体。

人的思想观念总是特定历史时期的产物。知识观即对知识的看法，作为伴随历史发展变化而产生的一种观念，自然也有鲜明的时代性。传统的知识观往往把知识作经验主义的理解，认为知识是一种静态的经验积累的结果。随着人类知识本身发展速度的加快和人的认识水平的提高，知识观也必然随之发生改变。现代知识发展和变化的重要特点是知识积累速度加快，特别是第二次世界大战以来，知识的总量开始成几何级数增长。有学者研究认为，人类在过去 50 年中创造的知识量相当于过去 1 万年人类创造的知识总和的 19 倍。

现代知识观里的知识，不再处于静态状态，而是一个主客体相互作用不断生成的过程。传统知识观所区别的直接知识与间接知识，在现代知识观里都需要通过人这一主体自觉能动的参与，才能为人类的认识结构所同化。仅此一点便可说明传统知识观与现代知识观的差异。在现代知识观中，一般认为：知识是人类在改造客观世界的实践中形成的对客观事物（包括自然的和人造的）及其规律的认识，包括对事物现象、本质、属性、状态、关系、联系和运动等的认识，也包括在实践中形成的经验，解决问题的微观方法如步骤、操作、规则、过程、技巧，宏观方法如战略、战术、计谋、策略，以及事实、信息的描述或通过教育学习等实践中获得的结果。它可以是关于理论的，也可以是关于实践的，知识可以看成构成人类智慧的最根本的因素。

但是，我们需要指出的是，人们过去无论在何种知识观点下的关于知识的认识和研究，都仅停留在哲学思辨的层次，没有发展到知识处理——知识的机器处理阶段。而自 1956 年达特茅斯会议提出“人工智能”后，这种研究格局发生了变化，人们逐渐认识到知识对于实现人工智能的重要性。由于知识在人类文明的进程中所起的作用越来越大，不仅哲学家、逻辑学家和心理学家，而且计算机科学家也在认真地研究知识的一般特性与规律。这是因为人类已经进入了信息化社会，而且正在向知识化社会迈进，人类对知识的掌握很大程度上体现为这些汪洋大海般的知识能够通过计算机和计算机网络操作和使用，计算机科学家的任务是要研究处理各种复杂知识的理论与方法。1977 年，美国斯坦福大学计算机科学家费根鲍姆教授在第五届国际人工智能联合会议上提出知识工程的概念，将知识的研究推进到了可操作的研究层次。然而，40 年来，虽然知识工程取得了许多成就，但知识工程的研究性质说明其是一门实验性科学。知识处理的大量理论性问题尚待解决。对此，许多研究者认为，对知识的研究应该是一门具有坚实理论基础的科学，应该把知识工程的概念上升为知识科学，知识科学的进步将从根本上回答在知识工程中遇到或未遇到过的，但没有能够理性地解决的一系列重大问题，而在这些问题中研究知识的数学本质是最基本的问题之一。所谓知识的数学本质，是指“从数学的观点来看，知识是什么”这样一个问题。我们在对知识科学的理论追寻中，不能拒绝任何数学理论和工具[8-11]。从知识、信息、数据的结构（图 1-1）

关系来讲，如此关于知识的研究，属于元知识的范畴。

人工智能、知识科学研究的主要目的是如何使得以计算机为核心的计算机器具有（模仿、执行）人类的一些智能，而人类的智慧能力主要是因为人在生活中学习掌握了越来越多的知识。所以，人工智能必然要研究人类知识在机器中如何处理，这样的知识研究，最基本的问题是在机器中怎样表达、推理、运用以及获取知识等。因而，知识表示与知识推理、知识运用、知识获取成为人工智能研究的核心。由此表明，人工智能研究开启了人类不仅研究知识，而且还研究知识的机器处理的新时代。

1.2.1　知识、数据和信息

在当今信息时代，知识还与事实、数据、信息等有密切的联系，甚至可以互换使用。知识既可以用数据表示，也可以指导把数据转化为信息。知识具有一种金字塔式的层次结构，如图 1-1 所示。

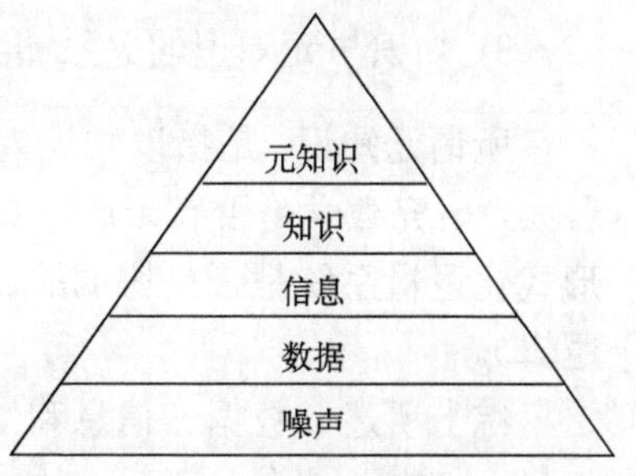

图 1-1　知识的金字塔结构

噪声处在知识金字塔的最底层，运用知识可以从噪声中提取数据，可以把数据转化为信息，也可以把信息转化为知识。

例如，有如下一串数字：1371797668325251564300l5。初看起来这是一串毫无意义的乱码或噪声，但如果已知它是有意义的（由知识决定），那么它就是数据。进一步考虑如果它是一数据，那么它要传递什么信息呢？假如使用下面的步骤对该数据进行加工：

(1) 将每两位数字分为一组；

(2) 忽略那些小于 32 的两位数；

(3) 把余下的每组两位数用 ASCII 字符代替。

加工后就得到如下信息：

GOLD 438+

如果“GOLD 438”表示“黄金价格为 438”，“+”表示“价值升高”，则“GOLD 438+”可以用于“如果黄金价格每盎司达到 438 美元且还在增值，则买黄金”的决策知识中。

由以上例子可以看出，知识、数据和信息之间具有如下区别和联系。

1) 数据与信息的关系

数据和信息是密切相关的，数据是记录信息的符号，是信息的载体和表示；信息是对数据的解释，是数据在特定场合下的具体含义。譬如，100 这个数据，当用来代表水的温度（摄氏温标）时，则表示“水开了”的信息；而用于代表考试成绩（百分制）时，则表示“成绩是满分”的信息。同样，相同的信息也可以用不同的数据解释。譬如，表示考试成绩为满分的信息，既可以用数据 100 来解释（百分制），也可以用数据 150 来解释（150 分制）。

2) 信息与知识的关系

信息和知识之间也关系密切，只有把有关的信息关联到一块加以使用，才能成为知识。譬如，如果水温达到沸腾状态，那么可以用来消毒。

3) 知识与元知识的关系

所谓元知识，是指以知识为研究对象而使用的知识，是高于知识层面的知识。譬如，研究数学是否有矛盾，所用的知识就是一种元知识（元数学）；要证明一个形式化逻辑系统是否是协调的、可靠的和完全的，所用的知识就是一种元知识（元逻辑）。

综上所述，数据、信息和知识是三个层面上的概念：数据经过加工处理成为信息，把有关信息关联到一块就构成了知识。

知识具有下列特性：

(1) 知识的客观性。虽然知识是人脑对信息加工的成果，但这些成果是客观的，人类对自然、社会、思维规律的认识是客观的，这些规律的运行是不以人的意志为转移的。

(2) 知识的相对性。人类对自然、社会、思维规律的认识必须有一个过程。在一段时间内认为正确的东西，经过变革，可能发生变化。

(3) 知识的进化性。人类在认识客观世界和主观世界的过程中，不断向真理的长河加入新的内容，知识不断更新，例如对物质结构的认识，对基因的认识等。

(4) 知识的依附性。知识有载体，载体分层次。离开载体的知识是没有的。随着载体的消失，知识也跟着消失。

(5) 知识的可重用性。在使用过程中知识可以反复重用。当然，要根据具体情况作具体分析，灵活应用知识。

(6) 知识的共享性。基础研究一般由政府进行投资，所得到的科学知识具有共享性；但最新的技术知识受到知识产权法保护，使用者只有支付一定的费用，才能获得这种知识的使用权。

1.2.2 知识的最基本成分——概念

由上述可知，知识是人类对客观世界认识的思维成果。概念，是人类在认识客观世界中产生的反映客观对象本质属性的思维形式，是人类在认识过程中，从感性认识上升到理性认识，把所感知的事物的共同本质特征抽象出来加以概括形成的知识，是在人类所认知的思维体系中最基本的构筑单位。概念（idea, notion, concept）定义为“是对特征的独特组合而形成的知识单元”，“是通过使用抽象化的方式从一群事物中提取出来的反映其共同特性的思维单位”[10]。从哲学的观念来说，概念是思维的基本单位，任何知识的构建是通过已有的概念对事物的观察和认识开始的，即概念是知识的最基本的成分，如同词是句子的基本语义元素一样，概念是任何命题的基本元素，概念本身也是知识。从人工智能的观点来说，知识研究与知识处理的基本问题是对概念的研究与处理。对此，人工智能领域中许多逻辑学派和非逻辑学派的著名学者如尼尔森、伯恩鲍姆（Birnbaum）等，均认为“AI 最重要的问题之一是给出合适的概念化”，“有趣的是，许多困难的概念化问题总是出现在表达常识世界知识的时候”。因此，在 AI 领域中，对知识，尤其是常识和不规范知识的研究，对概念及概念关系的区分与表达、判断与推理等的研究是最基本的。

由于概念一定和客观存在的事物相联系，概念随着社会历史和人类认识的发展而变化，所以概念既可以是大众公认的，也可以是个人认知特有的一部分，表达概念的语言形式是词或词组。概念具有两个基本特征：概念的内涵和外延。概念的内涵就是指这个概念的含义，即该概念所反映的事物对象所特有的属性。例如：“商品是用来交换的劳动产品”，其中，“用来交换的劳动产品”就是概念“商品”的内涵。概念的外延就是指这个概念所反映的事物对象的范围。例如：“森林”包括“防护林、用材林、经济林、薪炭林、特殊用途林”，这就是从外延角度说明“森林”概念。概念的内涵和外延具有反比关系，即一个概念的内涵越多，外延就越小；反之亦然。

明确概念的逻辑方法，就是要明确概念的内涵和外延，从而就可确定概念的类别。我们从概念的内涵和外延上，将一般概念区分为清晰概念与模糊概念。

清晰概念：一个概念，如果内涵是确定的，外延是分明的或者说是清晰的，这样的概念我们称为清晰概念，清晰概念能够直接判定其真假性。

模糊概念：一个概念，如果内涵是确定的，外延是不分明的或者说是不清晰的（模糊的），这样的概念称为不清晰概念或者模糊概念，模糊概念不能直接判定其真假性。

也就是说，一个概念是清晰概念还是模糊概念是由它的外延是否具有清晰性或模糊性决定的。如，在属概念“数”中，种概念“有理数”和“无理数”的外延是分明的，即它们的外延都具有清晰性，所以“有理数”和“无理数”两个概念是清晰概念；而在属概念“人”中，种概念“青年人”和“非青年人”的外延是不分明的，即它们的外延都具有模糊性，所以“青年人”和“非青年人”都是模糊概念。

1.2.3 知识的分类和特点

既然概念是知识的最基本的成分，要对知识进行分类，首先要明确知识中出现的概念类别。我们将从概念层面上对模糊概念与清晰概念进行区分的思想运用到知识的分类上，由此可将一般知识区分为清晰性知识（或清晰知识）和模糊性知识（或模糊知识）。

清晰性知识： 知识中的一类。它含有的所有概念都是清晰概念，能够直接判定其正确性，正确性由含有的所有概念的真假性确定。如，领域性知识："实数由有理数和无理数组成"，因其中的概念"实数""有理数"和"无理数"都是清晰概念，所以"实数由有理数和无理数组成"是一清晰性知识且是真的知识。常识性知识："中国有960万平方公里陆地面积"，其中的概念"中国""960万平方公里"和"陆地面积"都是清晰概念，所以"中国有960万平方公里陆地面积"是一清晰性知识且是真的知识。

模糊性知识： 知识中的一类。它含有的概念中存在模糊概念，不能够直接判定其正确性，正确性由含有的概念的真假性确定。如，"张明是北京大学的高材生"，因在所含的概念"北京大学"和"高材生"中，"高材生"是模糊概念，所以"张明是北京大学的高材生"为一模糊性知识；"李四脉象不稳、舌苔偏白和脸色泛黄，故李四患了肝病" 为一模糊性知识，因所含的概念"脉象不稳""舌苔偏白"和"脸色泛黄"是模糊概念。

除了上述中我们可将一般知识区分为清晰性知识与模糊性知识外，在知识处理研究领域中，从人类知识的获得、知识的作用以及作用范围等不同的角度可以对知识进行如下分类：

（1）按知识的获得是否依赖于感觉器官来划分，知识可分为"先验知识"和"后验知识"。先验知识是不依赖于感觉器官获得的知识，如"平面内所有三角形的内角和都是180度"。先验知识是普遍正确的，没有反例，也不能被否定。清晰性知识就属于这类知识。后验知识是由感觉器官获得的知识，其正确性通过感觉经验以及人的实践证明，因而具有相对的正确性。模糊性知识就属于这类知识。

（2）按知识的作用来划分，可分为"说明性知识""过程性知识"和"控制性知识"。说明性知识是指某事是错的还是对的，它常用说明语句的形式来表达，如"煤球是黑的"。过程性知识是指如何去做某事，比如如何去烧开水，如何去救火等。控制性知识相当于元知识，即如何决定去做某些事情。

（3）按知识的作用范围来划分，可分为常识性知识和领域性知识。从是否具有确定性来划分，可分为确定知识和不确定知识。从人类思维方式和认识方式来划分，又可分为逻辑性知识和形象性知识等。

我们知道，知识是人类对客观世界的认识和掌握，这决定了知识具有以下一些特点：

（a）相对正确性。知识的正确性都和一定环境和条件联系在一起，没有绝对正确的知识，一切依环境和条件而定。比如：如果将水加热到100摄氏度，则水就会沸腾，这在正常条件下是一条正确的知识。但如果你在海拔很高的山顶上将水加热到85摄氏度，则水就会沸腾，这在高山上也是一条正确的知识。再如："如果起火了，赶紧用水浇"和"如果起火了，千万别用水浇"两条知识都是正确的，但前者用于森林起火的情况，后者用于油料罐起火的情况，这些例子都说明知识的正确性是相对的。

（b）不确定性。知识的不确定性和信息获得的条件有关，如在某些情况下获得的信息不完全、不精确，则形成的知识就带有不确定性。比如，根据气象观察，某地明天降雨的概率为80%，由于天空降雨的各种信息掌握得不够精确，所以不能百分之百地断定该地区明天会降雨。

（c）可表示性。知识是可以表示的，但不一定要通过数据表示，可以用多种方式表示，如语言、文字、图形、公式等。

（d）可运用性。这正是获取知识的目的，就是要用学到的知识来改造世界。

1.2.4　知识表示及其方法

我们不管从什么角度去划分知识，要在计算机上对知识进行处理，都必须以适当的形式对知识进行表示。知识表示即知识的形式化表达，研究知识从自然记载形式转变成适合于计算机处理的表示形式，它能使计算机利用知识进行智能信息处理，就是要把问题求解中所需要的对象、前提条件、算法等知识构造为计算机可处理的数据结构以及解释这种结构的某些过程。知识表示技术就是研究知识以什么样的形式表示才能便于在计算机中存储和处理。知识的每一种表示就是一种数据结构和控制结构的统一体，它既注重知识的存储，又注重知识的使用。所以，知识表示是对人类知识的一种形式化描述，知识表示的过程就是把知识编码成计算机能处理的数据结构的过程[12]。

目前，人们从不同的应用领域出发，提出了不同的知识表示方法，如状态空间表示法、产生式表示法、谓词逻辑表示法、框架表示法、语义网络表示法、Petri（佩特里）网表示法、知识图谱以及面向对象表示法等。这些知识表示方法从其表示特性来考察可归纳为两类：说明型表示和过程型表示。说明型表示中，知识是一些已知的客观事实，实现知识表示时，把与事实相关的知识与利用这些知识的过程明确区分开来，并重点表示与事实相关的知识。例如，谓词逻辑，将知识表示成一个静态的事实集合，这些事实是关于专业领域的元素或实体的知识，如问题的概念及定义，系统的状态、环境和条件。它们具有很有限的如何使用知识的动态信息。这种方法的优点是：具有透明性，知识以显式的准确的方法存储，容易修改；实现有效存储，每个事实只存储一次，可以不同方法使用多次；具有灵活性，这是指知识表示方法可以独立于推理方法；这种表示容许显式的、直接的、类似于数学方式的推理。过程型表示中，知识是客观存在的一些规律和方法，实现知识表示时，对事实型知识和利用这些知识的方法不作区分，使二者融为一体，例如产生式规则方法。该类方法常用于表示关于系统状态变化、问题求解过程的操作、演算和行为的知识。这种方法的好处是：能自然地表达如何处理问题的过程；易于表达不适合用说明型方法表达的知识，例如有关缺省推理和概率推理的知识；容易表达有效处理问题的启发式知识；知识与控制相结合，使得知识的相互作用性较好。目前普遍接受的观点是，在大多数领域中既需要状态方面的知识，如有关事物、事件的事实，它们之间的关系以及周围事物的状态，也需要知道如何应用这些知识。在实践中，大多数实际的知识系统综合运用了两类知识表示方法。

显然，每种知识表示法都有自己的特点和局限性，对同一种知识可以用不同的方法进行表示，但表示的方法不同则表示的效果也不同。因此，在选择知识表示的方法时应考虑以下几个因素：

（1）是否能充分表示相关领域的知识；

（2）是否具有良好定义的语法和语义；

（3）是否具有充分的表达能力，能清晰地表达有关领域的各种知识；

（4）是否具有有效的推理和检索能力；

（5）是否便于知识共享和知识获取，以及易于维护知识库的完整性和一致性；

（6）是否便于理解和实现。

下面我们具体介绍两种主要的知识表示方法，来说明知识表示方法的作用与特点。

1. 谓词逻辑表示法

谓词逻辑表示法以数理逻辑中的一阶谓词逻辑理论为基础，是目前为止能够表达人类思维活动规律的一种最精确的形式语言，与人的自然语言比较接近，是人工智能中最早采用的知识表示方法。该方法主要步骤：①根据要表示的知识定义谓词；②用逻辑联结词、量词把这些谓词连接起来。

我们以机器人的一个“智能”行为片段为例。机器人搬运盒子问题：机器人位于 c 处，机器人将左边（a 处）桌子上的盒子搬运到右边（b 处）桌子上（图 1-2）。

1) 定义描述状态和动作的谓词

描述状态的谓词——TABLE(x)：x 是桌子；EMPTY(y)：y 手中是空的；AT(y, z)：y 在 z 处；HOLDS(y, w)：y 拿着 w；ON(w, x)：w 在 x 桌面上。

变元的个体域——{a, b}：*x* 的个体域；{robot}：*y* 的个体域；{a, b, c}：*z* 的个体域；{box}：*w* 的个体域。

问题的初始状态（图 1-2）：

AT(robot, c)

EMPTY(robot)

ON(box, a)

TABLE(a)

TABLE(b)

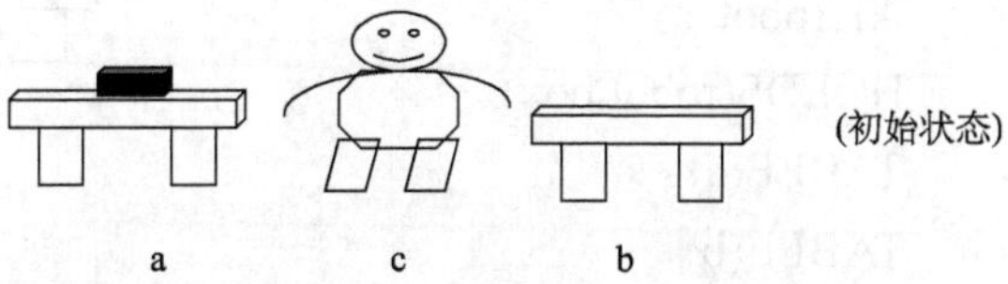

图 1-2 初始状态

问题的目标状态（图 1-3）：

AT(robot, c)

EMPTY(robot)

ON(box, b)

TABLE(a)

TABLE(b)

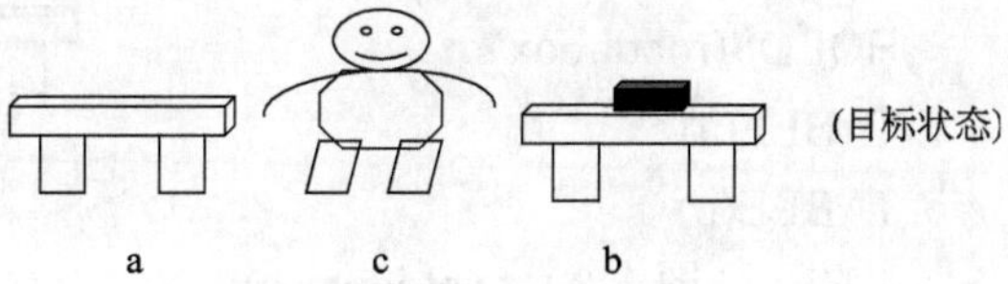

图 1-3 目标状态

机器人行动完成，将把问题的初始状态转换为目标状态。要实现问题的状态转换，需要完成一系列的操作，每个操作涉及条件部分（执行该操作的先决条件）和动作部分（操作对问题状态的改变情况）。机器人每执行一操作前，都要检查该操作的先决条件是否可以满足，如果满足，就执行该操作，否则再检查下一个操作。对此，我们定义描述操作的谓词如下：

Goto(*x*, *y*)：从 *x* 处走到 *y* 处；

Pickup(*x*)：在 *x* 处拿起盒子；

Setdown(*y*)：在 *y* 处放下盒子。

2) 机器人行动规划问题的求解过程

状态 1(初始状态，图 1-4)：

AT(robot, c)

EMPTY(robot)

ON(box, a)

TABLE(a)

TABLE(b)

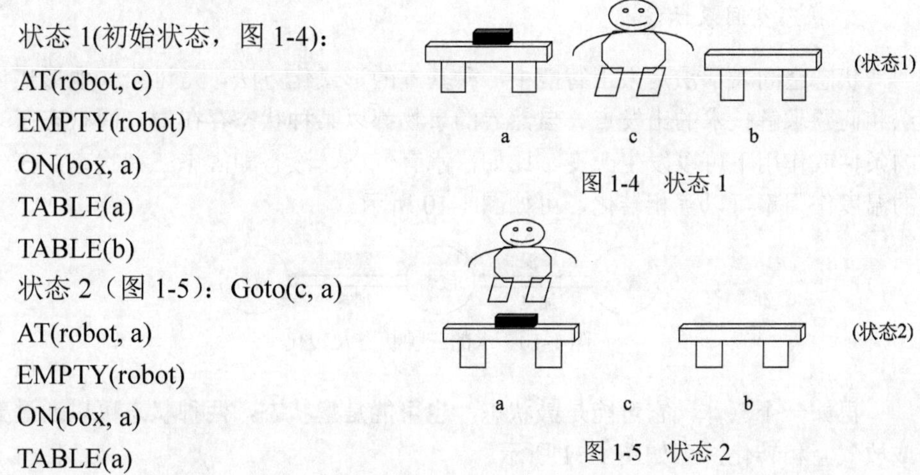

图 1-4 状态 1

状态 2（图 1-5）：Goto(c, a)

AT(robot, a)

EMPTY(robot)

ON(box, a)

TABLE(a)

图 1-5 状态 2

TABLE(b)
状态 3（图 1-6）：Pickup(a)
AT(robot, a)
HOLDS(robot,box)
TABLE(a)
TABLE(b)

(状态3)
a　c　b 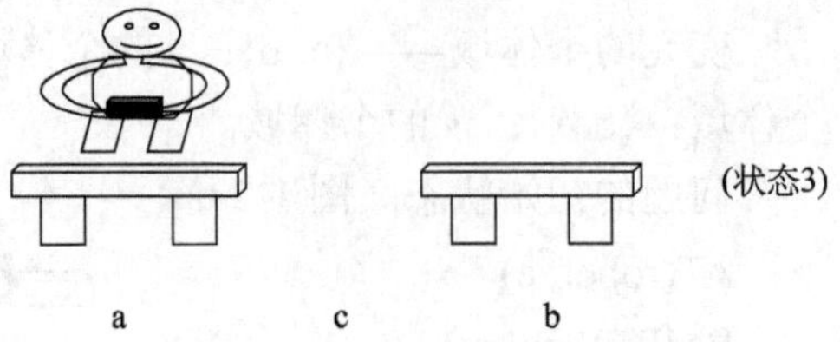
图 1-6　状态 3

状态 4（图 1-7）：Goto(a, b)
AT(robot, b)
HOLDS(robot,box)
TABLE(a)
TABLE(b)

(状态4)
a　c　b 
图 1-7　状态 4

状态 5（图 1-8）：Setdown(b)
AT(robot, b)
EMPTY(robot)
ON(box, b)
TABLE(a)
TABLE(b)

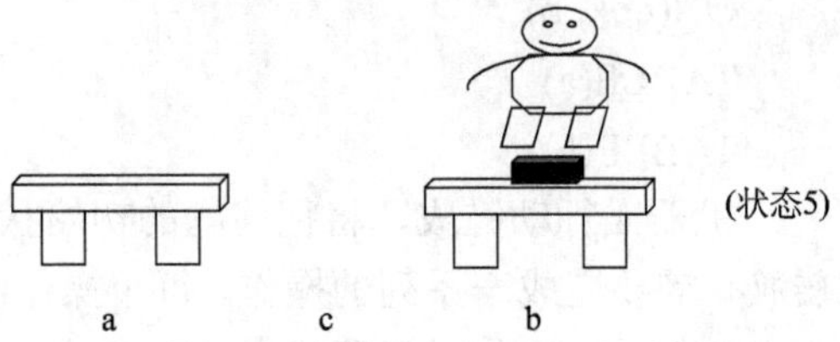

(状态5)
a　c　b
图 1-8　状态 5

状态 6（图 1-9）：Goto(b, c)
AT(robot, c)
EMPTY(robot)
ON(box, b)
TABLE(a)
TABLE(b)

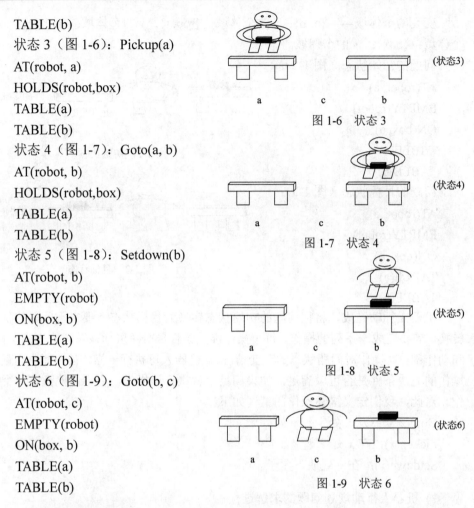

(状态6)
a　c　b 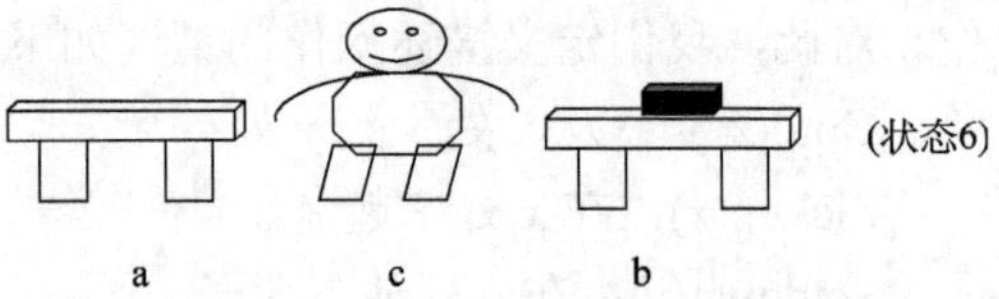
图 1-9　状态 6

2. 状态空间表示法

状态空间表示法是人工智能中一种基本的形式化方法，是讨论其他形式化方法和问题求解技术的出发点。自然界的事物都以某种状态存在着，而状态在一定的条件或作用下可以发生改变。比如，水有气态、液态和固态三种状态，在一定的温度作用下可以互相转化，可如图 1-10 所示。

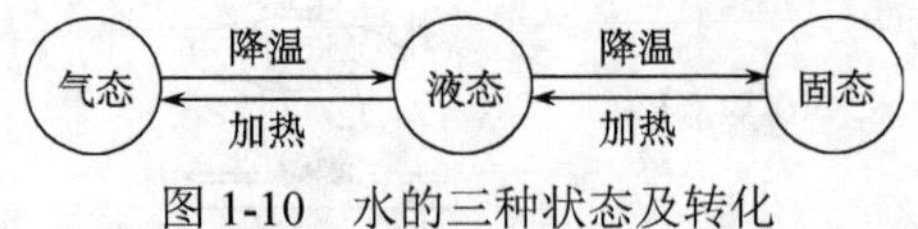

图 1-10　水的三种状态及转化

再如一个气球，它可能是鼓状态，也可能是瘪状态，两种状态可以通过充气或放气互相转化，可如图 1-11 所示。

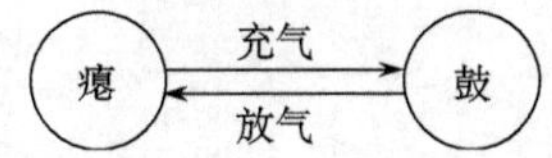

图 1-11　气球的两种状态及转化

以上是一些简单的状态空间，事实上，有些问题的状态空间要复杂得多。那么，怎样严格地描述状态及状态的改变呢？下面先看几个定义。

1) 状态

状态是描述某一类事物中各事物之间的差异而引入的最少的一组变量 q_0, q_1, …的有序集合。它常表示成如下的矢量形式：

$$Q = \begin{bmatrix} q_0 \\ q_1 \\ q_2 \\ \vdots \end{bmatrix} = [q_0, q_1, q_2, \cdots]^{\mathrm{T}}$$

还可以表示成多元组的形式：

$$Q = (q_0, q_1, q_2, \cdots, q_n, \cdots)$$

其中每个元素 q_i 是集合的分量，称为状态变量，它们都有取值范围$[a_i, b_i]$。分量的个数称为状态的维数。状态的维数既可以是有限的，也可以是无限的。当给每个分量赋以确定值后，就得到一个具体的状态。比如，一个长方体的状态可以表示为

$$Q=（长，宽，高）$$

当长、宽、高各取一个具体值后就得到一个具体的长方体。

2) 操作

引起状态变化的作用称为操作。操作可以是一个走步、一段程序、一个动作、一个数学算子等，只要它能引起状态分量的改变。

3) 状态空间

由一个问题的全部状态以及可以使用的全部操作所构成的集合就称为该问题的状态空间。它一般由三部分构成：问题可能具有的初始状态的集合 S，操作的集合 F，目标状态的集合 G。用三元组表示如下：

$$< S, F, G >$$

状态空间的图示形式称为状态空间图，其中结点表示状态，有向边（弧）表示运算符。

4) 问题的解

如果从问题的初始状态 S 出发，经过一系列的操作能达到目标状态 G，则把在此通路上所经过的操作序列 α 称为问题的一个解。

了解了上述关于状态空间的定义之后，可以得到用状态空间表示法求解问题的一般步骤如下：

(1) 定义问题状态的描述形式，即确定状态的分量，一个独立的分量表示问题的某一方面的性质。

(2) 把问题所有可能的状态都表示出来，并确定问题的初始状态和目标状态集合描述。注意，并不是所有的状态都是逻辑上合理的，要注意去掉那些不合理的状态。

(3) 定义一组操作，使得利用这组操作可把问题从一种状态转变到另一种状态。

(4) 求解问题时，从初始状态出发，选择一个合适的操作对它进行作用以产生一个新的状态，针对新状态再选一个合适的操作进行作用……这样继续下去，直到产生的状态是目标状态为止。这时就得到了问题的一个解，这个解就是从初始状态到目标状态所经过的操作构成的序列；如果达不到目标状态，则说明此问题无解。

因此，问题求解可形式化地表示为三重序元 $<Q_s, \alpha, Q_g>$。其中，Q_s 表示某个初始状态，Q_g 表示某个目标状态，α 表示把 Q_s 变成 Q_g 的有限的操作序列。如：

$$\alpha = f_1, f_2, \cdots, f_n$$

则问题求解为

$$Q_g = f_n(\cdots(f_2(f_1(Q_s)))\cdots)$$

例. 设有三枚钱币，分别处在“正”“反”“正”状态。每次只能且必须翻一枚钱币。问连翻三次后能否达到三枚全朝上或全朝下的状态？

首先应把问题形式化。设正面表示为 1，反面表示为 0，可引入一个三元组 $Q = (q_0, q_1, q_2)$ 来描述这三枚钱币的状态，每个 $q_i \in \{0, 1\}$，因此共有 2×4= 8 种不同的状态。这 8 种状态列举如下：

$$Q_0 = (0, 0, 0)；Q_1 = (0, 0, 1)；Q_2 = (0, 1, 0)；Q_3 = (0, 1, 1)$$

$$Q_4 = (1, 0, 0)；Q_5 = (1, 0, 1)；Q_6 = (1, 1, 0)；Q_7 = (1, 1, 1)$$

于是，问题可如图 1-12 所示。

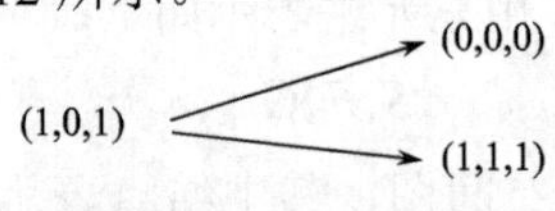

图 1-12　问题图示

接着应找出所有能改变状态的操作。这里翻动一枚钱币就称为一种操作，则共有 3 种操作，即 $F = \{a, b, c\}$。其中，a 表示将钱币 q_0 翻转一次，b 表示将钱币 q_1 翻转一次，c 表示将钱币 q_2 翻转一次。此问题的全部状态空间图如图 1-13 所示。

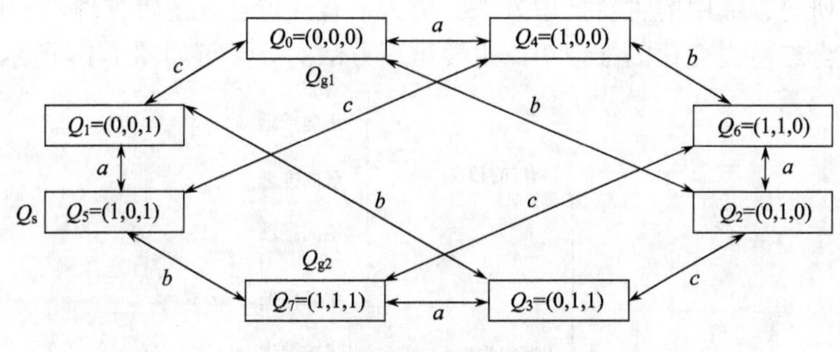

图 1-13 全部状态空间图

图中结点表示状态，有向边表示操作，双向箭头表示两个状态在同一操作下是可逆的，这样可以为三次操作提供方便。从图中可以看出，从 $Q_s = Q_5$ 出发，不可能通过三次操作到达 $Q_0 = Q_{g1}$，这说明从 Q_5 到 Q_0 之间没有所要求的解；而从 Q_5 出发到达 $Q_{g2} = Q_7$ 有 7 种操作序列，因而有 7 个解，它们是 *aab*，*aba*，*baa*，*bbb*，*bcc*，*cbc* 和 *ccb*。

1.2.5 知识推理

推理是人类的一种重要的高级思维形式，是依据一定的原则从已有的事实推出结论的过程。所谓“知识推理”（knowledge inference），是指在计算机或智能系统中模拟人类的智能推理方式，依据推理控制策略，利用形式化的知识进行机器思维和求解问题的过程。因此推理的过程就是问题求解的过程，使问题从初始状态转移到目标状态的方法和途径。

各种人工智能应用领域，如知识库专家系统、智能机器人、模式识别与物景分析、自然语言理解与生成、机器博弈、定理证明、数据库智能检索、自动程序设计等，都是利用知识进行广义的问题求解的知识工程系统，都需要以知识表达、知识获取、知识推理为基础。其中，知识表达和知识获取是必要的前提条件，而知识推理是问题求解的主要手段。研究人工智能的知识推理技术，目的是寻求解决问题、实现状态转移的智能操作序列。如搜索路线、演算步骤、符号串、语句集等，以便从初始状态，沿着最优或最经济的途径，有效地转移到所要求的目标状态，实现问题求解过程的计算机化。要实现这种问题求解过程，必须研究给出知识工程系统能够利用推理辅助解决和回答问题的计算机程序即自动推理程序。其中，推理机是自动推理程序中基于知识推理的子类，它是知识系统的主要部分。

控制策略是推理机的核心部分，它的主要任务是解决知识的选择与应用的顺序，也就是确定搜索方向和搜索方法。

按照思维和智能活动的不同特征，人类具有许多不同的推理方法。我们可将人工智能研究领域中的主要推理方法分类为：有向推理、逻辑推理、近似推理、知识不完全或前提变化的推理等。主要推理方法的分类可如图 1-14 所示。

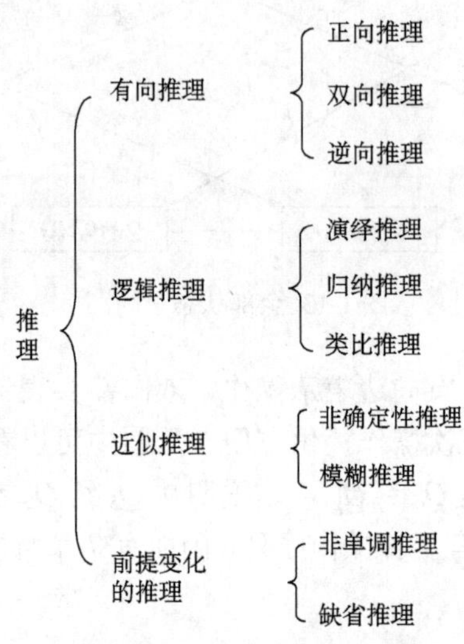

图 1-14 主要推理方法分类

对于这些人工智能研究领域中主要推理方法的含义，我们简述如下。

正向推理：由事实（条件）推出结论的方向进行的推理方式。它从一组事实出发，推导出目标事实（结论）的过程。推理方式如下所示：

初始状态　　目标状态

（事实/条件） → （结论）

逆向推理：与正向推理方向相反的推理方式。它从结论出发向前推理，直至推导出支持结论成立的事实（条件）的过程。推理方式如下所示：

初始状态　　目标状态

（事实/条件） ← （结论）

双向推理：将正向推理与逆向推理结合起来进行推导的过程。推理方式如下所示：

初始状态　　目标状态

（事实/条件）→← （结论/假设）

演绎推理：以经典逻辑或非经典逻辑理论为基础，由已知条件推演出结论的过程。

归纳推理：以经典逻辑理论为基础，由特殊事实推导出一般性结论的过程。

类比推理：以经典逻辑理论为基础，通过将前提条件与已知同类事物及其属性进行比较，从而推出与已知同类事物相似结论的过程。

非确定性推理：以贝叶斯概率论和证据理论等为基础的一种近似推理。以非确定性知识为前提，推导出非确定性知识为结论的过程。

模糊推理：以模糊逻辑为理论基础的一种近似推理。以模糊信息（模糊性知识）为前提，推导出结论为模糊性知识的过程。

非单调推理：在原有推理前提中增加了与前提不相矛盾的知识而不能推导出原有结论的推理。

缺省推理：在知识不完全情况下，假设一些知识为条件进行推导的过程。

1.2.6　知识获取

知识获取包括从人类专家、书籍、文件、传感器或其他专业知识来汲取知识并向知识型系统转移的过程或技术。知识获取的任务在于把已有的知识(含经验、事实、规则等)从人的大脑或书本或事实中总结和抽取出来并转换成某种表示形式。从广义上看，是把获取的知识和实例以某种方式产生新的知识，知识获取和知识系统建立是交叉进行的。从狭义上看，知识获取指知识系统中知识库获得知识的方法。知识系统初建时，一般只获取最必需的知识，以后随着系统的调试和运行而逐步积累新的知识。对知识系统中知识库进行扩充和更新时，需要检查新老知识的相容性，以维持知识库的整体性，还要对新补充的知识分类存储，以供运用。

1) 知识获取主要研究

(1) 从现实世界中学习新知识的机理和方法，如从大量的数据中发现新知识（数据挖掘与知识发现）；

(2) 对成型知识（如书本）或专家知识的理解、认识、选择、汇集、分类和组织的方法；

(3) 检查或保持已获取知识集合的一致性和完全约束，保证已获取的知识集合无冗余等。

2) 知识获取策略与机理分类

教学传授式知识获取，死记硬背式知识获取（或称机械照搬式），推理式知识获取，直接感知式知识获取，条件反射式知识获取，联想式知识获取，类比式知识获取，归纳式知识获取，外延式知识获取，演绎式知识获取，反馈修正式知识获取和灵感与偶发式知识获取等。

3) 知识获取途径和方法

(1) 数据挖掘获取，通过机器学习等人工智能手段从海量数据中挖掘发现新知识；

(2) 专家知识获取，将专家与工程技术人员的知识通过知识编辑系统直接存入知识库；

(3) 成型知识获取，完全由知识处理系统自动完成知识的识别与获取，包括文字、语音等识别与获取。

三种知识获取途径和方法如图 1-15 所示。

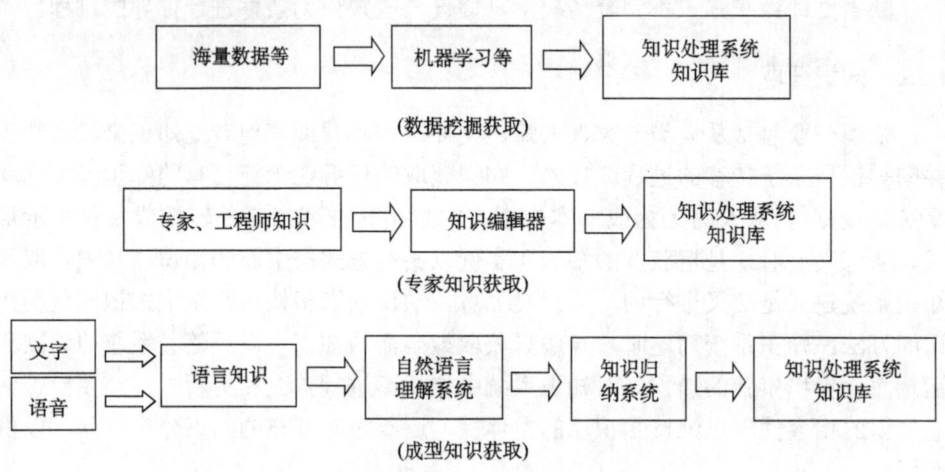

图 1-15　三种知识获取途径和方法

4) 知识获取实现的四个步骤(阶段)

(1) 确定阶段，包括确定问题、目标、资源等；

(2) 概念阶段，包括问题、定义规范化描述、术语确定等；

(3) 形式表示与实现阶段，对已抽取的知识进行适当组织，形成合适的解释机构及规则；

(4) 测试阶段，对知识正确性、一致性进行验证，并对错误经验进行修正完善。

知识获取四个阶段如图 1-16 所示。

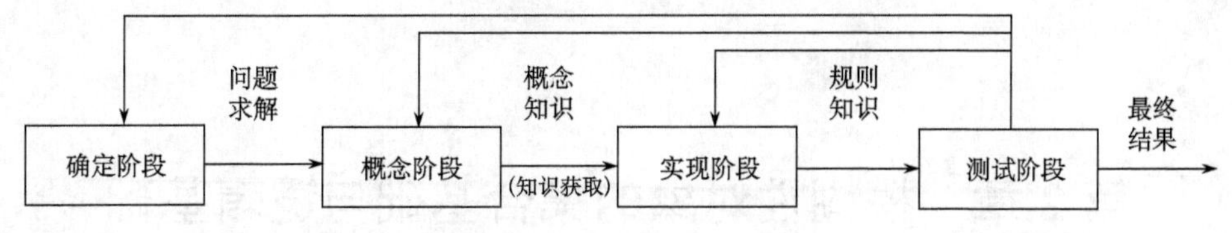

图 1-16　知识获取四个阶段

5) 知识库控制机理

知识库控制机理如图 1-17 所示。

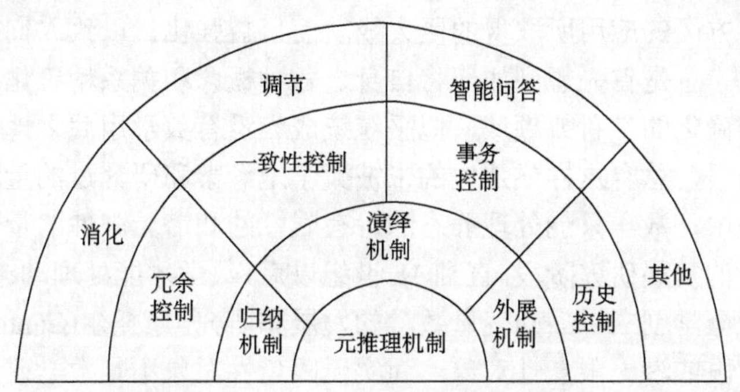

图 1-17　知识库控制机理

1.3　本 章 小 结

本章主要介绍了人工智能研究、知识研究的概况，其主要目的是作为本书将展开的对模糊知识进行研究的工作背景。着重强调，当今人们关于知识的认识和研究已不停留在哲学思辨的层次，而是进入了机器处理知识的新时代。尤其在过去几年中，人工神经网络理论的发展，使得机器学习领域中的深度学习理论与技术有了质的飞跃。在新问世的并行处理速度更快的图形处理器（GPU）以及大数据条件下，当今人工智能研究中的深度学习技术在人机（围棋）对弈、图像识别和语音识别、自动驾驶等方面取得了瞩目的成就，人工智能研究出现了突破性的发展。可以相信，深度学习等计算理论、方法和技术的进步，必将促使人工智能的其他研究领域以更快的速度发展。

本章论述内容作为本书的一个导引，旨在为后面研究建立模糊概念中的三种否定及其集合基础和逻辑基础作一铺垫。

第 2 章　模糊性对象的集合基础与逻辑基础

2.1　模糊性对象与模糊数学

数学是研究客观世界中的数量关系与空间形式的一门学科。数学有精确和准确的特点，这种认识由来已久。一讲到“量”，似乎就意味着要精确和准确，而且随着数学在各方面的应用所取得的巨大成功而日益强化，以致人们在任何地方使用数学工具时，总是首先想到如何将自身之各种概念和关系精确化和严密化，那些一时难以精确化的学科或领域，似乎统统成为没有数学用武之地的异域。囿于历史认识的局限，总有这样或那样的未被数学地考察和研究过的量性对象。在很长的历史阶段中，数学只能处理静态的、有限性的和潜无限性的量性对象，数学处于常量数学的发展研究阶段。直到 18 世纪以后，数学才能处理动态的量性对象，这就是从微积分学创立以后的变量数学的发展和研究。康托尔(Cantor)以前的数学家，只研究有限或潜无限量性对象，而实无限量性对象不是数学研究对象，直到 Cantor 古典集合论的创立，标志着数学进入处理实无限量性对象的时代。这正如豪斯多夫(Hausdorff)所说：“从有限推进到无限，乃是 Cantor 的不朽功绩”。然而，此时随机性量性对象也不作为数学的研究对象，由于概率论的诞生和发展，经典数学既能研究确定性的量性对象，又能研究随机性的量性对象，从而确定了经典数学以研究精确性（确定性、随机性）量性对象为标志。

其实，客观世界中的量性对象并不都具有精确性。如数量多、体积小、个子高、速度快……都是刻画事物之量的侧面的量性概念，而这些量性概念的非精确性是显然的。指着一堆物品，何谓多，何谓少，难以精确地划个界线。有一个古昔相传的悖论：从一大堆沙子中取走一粒沙子，仍不失其为一大堆沙子。这是一个大家都可接受的命题，不妨记为 Q。现在我们就不断地、一粒一粒地从这一大堆沙子中取走沙子，并且反复运用上述命题 Q，那么，即使一直取到只剩下几粒沙子，但是根据命题 Q 可知，这仍然是一大堆沙子。推理过程看上去是合理的，但推理的结论却又违背客观实际。再有“秃头悖论”：一个人拔掉一根或长出一根头发是不会改变这个人是或不是秃头这一事实的，这也是一个可公认的命题。于是，对于一个头发长得非常浓密的人来说，他当然不是秃头，现在我们就在这个人头上一根一根地拔头发，那么根据所说的命题，即使拔到他头上只剩 3 根头发，甚或全部拔光，他依然不是秃头。从推理的角度看，推理过程没有问题，但推理结果却违背客观事实。这些悖论的性质与芝诺(Zeno)悖论不同，并不涉及无穷级数求和之类的命题。这些问题，其根本原因在于像“一大堆”“很多”“很少”“秃头”(即“头发很少”)等刻画事物之量的侧面的概念本身具有模糊性，而我们所论之命题和推理过程中，却把这些具有模糊性的量性对象一如既往地当做精确性量性对象那样予以处理。

应当指出，具有模糊性的量性对象具有两类，一类如上述中论及的有如数量多、体积小、个子高、速度快等一类模糊性量性对象。这类模糊性量性对象是人们通过自然语言描述客观事物形成的概念。这些概念所反映的现实世界中各种事物的量的侧面，在本质上都是一清二楚的，并不带有模糊性。例如一个物体的体积，根据它的相关数据总能精确计算出它的实际大小，同样一个人的身高多少厘米以及头发共有多少根等，均为一些准确无误的数字，没有什么模糊性特征。但是，人们为了简化和使用上自然方便，就会引入模糊性量性概念。如对于人的年龄来说，人们用自然语言描述产生出“童年”“少年”“青年”“中年”“老年”等概念，否则，如果没有这些模糊性的概念，我们的日常判断和日常语言都将会变得烦琐和困难。如有人说:“街对面的一个年轻人在欺负一位老者”。如果没有“年轻人”和“老者”这种模糊性概念，那么只能这样说:“街对面一个××岁至××岁的人在欺负一位××岁以上的人”。诸如此类，烦琐别扭。另一类模糊性的量性对象，为客观世界存在的许多事物具有的不分明属性或存在形态。如半导体是客观存在的对象，半导体这种物质就呈现部分的具有导体的属性(当这种材料在一定温度之上而使之自由电子多时)，同时又呈现部分的具有绝缘体的属性(当这种材料在一定温度之下而使之自由电子少时)；又如黎明和黄昏都是客观事物存在的不同形态，它们本身就具有既是白昼又是黑夜这种属性。总之，关于模糊性的量性对象，应该说既有主观的，也有客观的。数学研究对象并不局限于现实世界中的量性对象，同时也包括观念世界中的量性对象，诸如数、几何图形、关系结构等，都不是现实世界中的某物，而是观念世界中的产物，然而无论如何，它们既是现实世界的客观反映，也是数学研究的客观对象。

经典数学的研究对象由精确性（确定性、随机性）对象到模糊性量性对象的真正扩充，以 1965 年扎德（Zadeh）创立模糊集[13]概念为标志，数学的发展从而进入了既研究精确性（确定性、随机性）对象，又研究模糊性对象的时代。

Zadeh 的历史功绩，在于他是将经典集合的特征函数值域由$\{0, 1\}$扩充为$[0, 1]$而定义出模糊集的第一人，从而十分明确地提出了必须数学地分析、处理模糊现象的思想，由此率先提供了一种相对合理可行的用精确性经典数学手段去处理模糊现象的方法。Zadeh 是一位著名的控制论专家，大量的涉及模糊现象的实际问题，刺激他考虑如何数学地分析处理这些模糊现象，因而创建了当今的模糊集理论。但因 Zadeh 不是纯粹数学家以及受专业的限制，决定了 Zadeh 不能在数学基础这一理论意义下去解决数学研究对象的再扩充问题，同时也决定了 Zadeh 只能提供当前这种相对合理的处理模糊对象的方法。

自 Zadeh 创建模糊集合论，迄今以模糊集为基础而形成的模糊数学在理论以及应用方面得到快速发展。然而，1986 年朱梧槚与肖奚安研究指出[14]：①模糊数学理论的形成和发展的主要思想路径，是人们利用将从非空集 X 到非空集 Y 的点映射，提升为 $\wp(X)$（X 上所有模糊子集的集合）到 $\wp(Y)$ 的集映射的强有力的“扩张原理”，以及将精确性经典数学中的各种概念和方法进行合理的推广和移植，成功地发展了模糊代数、模糊拓扑、模糊数、模糊测度与积分，直至模糊拓扑线性空间、模糊赋范空间等一系列模糊数学分支学科，从而获得一大批精确性经典数学中所没有的结果；②从数学理论的基础来说，模糊数学仍然是直接奠基于精确性经典数学（以二值逻辑为推理工具的近代公理集合论 ZFC）之上的。

2.1.1 Zadeh 模糊集以及模糊数学理论的基础

1. Zadeh 模糊集及其一些基本原理

在模糊数学理论中，如下基本概念和原理是重要基础[15]。

扩张原理：设 f 是从非空集合 X 到非空集合 Y 的点映射。则 f 可由下式扩张为 $\wp(X)$ 到 $\wp(Y)$ 的集映射 f 以及由 $\wp(Y)$ 到 $\wp(X)$ 的逆映射 f^{-1}：

$$f(x)(y)=\begin{cases}\sup\limits_{f(x)=y} A(x), & \text{当} y\in f(X)\text{时}\\ 0, & \text{当} y\notin f(X)\text{时}\end{cases}$$

$$f^{-1}(B)(x)=B(f(x)),\ \text{对所有}\ x\in X$$

显然，当 A, B 分别是 X, Y 的子集时，

$$f(A)=\{y\mid \exists x\in A(y=f(x))\},\quad f^{-1}(B)=\{x\mid f(x)\in B\}$$

定义 1. 设 X 是论域。映射

$$\Psi_A:\ X\to[0,1]$$

确定了 X 上的一个模糊子集 A。映射 Ψ_A 称为 A 的隶属函数，$\Psi_A(x)$ 称为 x 对 A 的隶属程度（简称隶属度），记为 $A(x)$。X 上的所有模糊子集的集合记为 $\wp(X)$。

定义 2. 设 $A, B\in\wp(X)$，若对所有 $x\in X$, $A(x)\leqslant B(x)$，则称 B 包含 A，记作 $A\subseteq B$。当 $A\subseteq B$ 并且 $B\subseteq A$ 时，称 A 与 B 相等，记作 $A=B$。

定义 3. 设 $A, B\in\wp(X)$，A 与 B 的并集/交集记为 $A\cup B/A\cap B$，A 的补集记为 A^{c}。若对所有 $x\in X$，

$$A\cup B(x)=\max(A(x), B(x))$$

$$A\cap B(x)=\min(A(x), B(x))$$

$$A^{c}(x)=1-A(x)$$

由定义容易验证，模糊子集的并、交、补运算满足精确集合运算的大部分性质。如幂等律、交换律、结合律、吸收律、分配律、零一律、复原律、对偶律(De Morgan 律)等。但互补律 $A\cup B=X$ 与矛盾律 $A\cap B=X$ 都不成立。

如此定义的模糊子集与同一论域上的精确子集之间有着十分密切的关系。这种关系的意义表明，模糊集与精确集可以通过“分解定理”和“表现定理”实现两者的转化。

定义 4 (λ-截集). 设 $A\in\wp(X)$，$\lambda\in[0,1]$。称

$$A_\lambda=\{x\mid A(x)\geqslant\lambda\}$$

为模糊集 A 的λ-截集，其中λ称为阈值或置信水平。根据经典集合的特征函数定义，显然λ-截集是一个经典集。

定义 5. 设 $A\in\wp(X)$，$\lambda\in[0, 1]$。λ与 A 的“数积”λA 为如下子集：对所有 $x\in X$

$$(\lambda A)(x)=\min(\lambda, A(x))$$

基于以上概念，我们不难证明如下结论：

定理 1 (分解定理). 设 $A\in\wp(X)$，则

$$A=\bigcup_{\lambda\in[0,1]}\lambda A_\lambda$$

此定理表明，模糊子集 A 可分解为一族λ-截集 A_λ 之并。

定义 6. 设$\Im$是一族集合$\{A_\alpha\mid \alpha\in[0, 1]\}$。若$\alpha_1\leqslant\alpha_2$，有 $A_{\alpha_1}\supseteq A_{\alpha_2}$，则称$\Im$为一集合套(或集轮)。

定理 2 (表现定理). 若$\{A_\alpha\mid \alpha\in[0, 1]\}$是一个集轮，则可以构造一个模糊子集

$$A=\bigcup_{\alpha\in[0,1]}\alpha A_\alpha$$

表现定理恰好是分解定理的另一面。即一族精确集合只需满足一定的条件，就可用来表示一个模糊子集。我们可以把模糊集与精确集间的这种关系类比于实数与有理数之间的关系：一个实数可以作为一个有理数序列的极限；反之，任何一个收敛的有理数序列也可以代表一个实数。类似地，一个模糊子集可以分解为一个精确集合族；反之，任何一个称为“集论”的精确集合族也能表示一个模糊子集。

分解定理与表现定理以及模糊集及其运算的定义清楚地表明，Zadeh 模糊集合论是直接奠基于精确性经典数学之上的，模糊集合论中所使用到的论域 X 是一个精确集合，闭区间[0, 1]上的实数是精确性经典数学中的量性对象，隶属函数是经典数学中的一个普通映射，所以，一个模糊集就是精确性经典数学中的一个特殊结构而已。由此可以认为，这种模糊集合论完全是精确性经典数学的一个分支。后来，人们把[0, 1]换成带补的完全分配格 L，讨论 L 模糊集。原先模糊集论中相

应的许多结论和概念，可以几乎不加改变地搬过来。但从理论基础的意义上说，它与 Zadeh 模糊集论没有本质上的区别，仍然是直接奠基于精确性经典数学上的一个特殊结构。但是，我们却不可由此(模糊集合论是精确性经典数学的一个分支)而武断地认为，模糊集合论得不出精确性经典数学得不到的新结果，进而认为发展模糊数学是不必要的。须知任何数学理论的发展都有很强的实际背景，人们无非是把实际背景中所体验到的种种结论抽象为用数学上的形式语言加以严格的表达而已，没有实际背景而凭空构造出来的数学结构是不可想象的。模糊集合论这种数学结构之所以被提出并得到很大的发展，这是由于人们在认识、处理客观世界中的模糊量性对象的需要。若非如此，某个数学家凭空提出研究从 X 到[0, 1]上的映射，那既不可能引起众多研究者的注意而得到许多结果，所得结果也不可能获得模糊概念以及关系的合理而生动的解释，并得到许多方面的应用。如此看来，模糊集合论的结果完全可以在经典数学中作出的说法是不正确的。模糊集合论研究的对象毕竟是经典数学所拒绝研究的模糊量性对象，也正由于模糊量性对象中的大量事实成为支撑模糊集合论的生动而丰富的源泉，才使模糊集合论有了蓬勃的发展，这绝不是在经典数学中简单地定义了一个从 X 到[0, 1]上的映射，然后进行漫无目的的形式推导就能办到的。

其实，综观全部数学史，用现成的数学工具和方法去处理一类原来不研究的数学对象，也是不乏先例的。为了类比地说明这一点，数学发展史中用测度论去研究随机现象而形成的公理化概率论就是一最好的例证。我们知道，在概率论诞生之前的经典数学只研究确定性现象，即“在一组确定的条件下，必然出现唯一确定的结论”这样一类现象，而不去考虑不确定的随机现象，即“在一组确定的条件之下，可能出现这种或那种不同的结果”现象。但是反观现实世界，在概率论诞生之前，不确定的随机现象比比皆是，人们早就在探索从数量的角度去把握随机现象的方法。于是“概率”的概念渐渐产生，古典概率论也渐趋成熟。直至 20 世纪 30 年代，由苏联数学家科尔莫戈罗夫(Колмогоров)构作的概率论公理化系统，彻底地解决了概率论的奠基问题，把概率论完全纳入确定性经典数学的范畴。现今在数学中采用测度论描述概率，其思想如下：我们先在给定的空间Ω上定义一个σ代数 F，这实际上是Ω 的某些子集构成的类，但要对集合的可数(无穷)并、交及补运算封闭，“事件”就被定义为 F 的元素，而“概率” p 就被定义为该σ代数 F 上的一个正则、规范和σ可加的实值测度，即概率是映射 p：$F \to [0, 1]$，且满足条件

(1) $p(A) \geqslant 0$，对任何 $A \in F$ 成立；

(2) $p(\Omega) = 1$；

(3) 若 $A_i \in F(i = 1, 2, \cdots)$，且 $i \neq j$ 时，$A_i \cap A_j = \varnothing$，则

$$p(\bigcup_{i=1}^{\infty} A_i) = \sum_{i=1}^{\infty} p(A_i)$$

从而，随机现象中许多符合实际的规律，就都能表现为这种特殊的测度论中的定理。如此，人们在这个系统中所从事的仍然是一种确定性经典数学的工作，然而它所表现的都是随机现象中的概率论规律。因而所说的这种确定性经典数学工作，实际上是有关随机现象的研究工作，亦即着眼于方法和手段，它是确定性的；着眼于对象和结果，却是随机性的[16]。

基于以上历史事实，可以类比地说明如下几点：首先，既然能运用只处理确定性现象的经典数学的概念和方法去处理和研究它所拒绝考虑的随机现象，那么，将当前这种只研究精确现象的经典数学的概念和方法用以处理和研究它所拒绝考虑的模糊现象的做法，同样是合理可行的。其次，正如概率论只能成为经典数学的一个分支那样，Zadeh 开创的模糊集合论也只能成为经典数学的一个分支。正如朱梧槚等 1984 年指出的“不管是概率论，还是模糊集合论，都是奠基于精确性经典数学，即以经典二值逻辑为配套的推理工具的近代公理集合论 ZFC 之上”，既然概率论中能涌现出大量的、确定性经典数学所没有的成果，那么，模糊数学在当前的研究方法之下也将获得精确性经典数学所没有的丰富的成果[17]。

2. 模糊数学中一些典型理论

1) 模糊拓扑

定义 7. 若 $A\in\wp(X)$满足条件：$A(x)=\lambda>0$。当 $y\neq x$ 时，$A(y)=0$，则称 A 为模糊点，记为 x_λ 。X 上所有模糊点集记为 X^*。

定义 8. 设 $x_\lambda\in X^*, A\in\wp(X)$。当 $x_\lambda\subseteq B$ 时，即 $B(x)\geqslant A$ 时，称模糊点 x_λ属于 B，记为 $x_\lambda\in B$。若 $A(x)+\lambda>1$，则称 x_λ 重于 A，记为 $x_\lambda\propto A$。

模糊点与模糊子集之间的“属于”关系(注意这不是清晰集合意义下的属于关系)以及“重于”关系，都是通常清晰点与清晰集合之间属于关系的推广。1980 年蒲保明和刘应明提出的这种“重于”关系[18]，已被证明在许多方面都有比“属于”关系更优的性质，对模糊拓扑学、模糊分析学等方面的发展都起着一种根本性的作用。

定理 3. 设$\{A_\alpha \mid \alpha\in@, @\subseteq[0,1]\}$是 X 上的模糊子集族，则模糊点 $x_\lambda\propto \bigcup_{\alpha\in@} A_\alpha$，当且仅当有某个$\alpha$ 使 $x_\lambda\propto A$。

但是，这一似乎显然的基本性质在模糊点与模糊子集的“属于”关系之下却不成立。例如，取模糊子集 A_n 为模糊点 $x_{1-(1/(n+1))}$ $(n=1, 2, \cdots)$，则 $\bigcup_{n=1}^{\infty} A_n = x_1$。

于是，依定义 8 有 $x_1 \in \bigcup_{n=1}^{\infty} A_n$，但对任何 n，$x_1 \propto A_n$。

1968 年 Chang 首先研究提出了模糊拓扑学[19]，给出了模糊拓扑空间的一种定义。1976 年 Lowen 提出了模糊拓扑空间的另一种更强也更适宜的定义[20]：

定义 9. 设 T 是非空集 X 上的一族模糊子集：$T \subseteq \wp(X)$。称 T 是 X 上的模糊拓扑，若 T 满足：

(1) 对任何 $r \in [0, 1], r^* \in T$；这里 $r^* \in \wp(X)$，对任何 $x \in X$，$r^*(x) = r$；

(2) 对任何 $X, Y \in T$，有 $X \cap Y \in T$；

(3) 对任何 $X_\alpha \in T(\alpha \in @)$，有 $\bigcup_{\alpha \in @} X_\alpha \in T$。

此时(X, Y)称为模糊拓扑空间，而 $X \in T$ 称为开集；而当 X 的补集 $X' \in T$ 时，称 X 为闭集。

在定义模糊拓扑空间之后，我们可仿照通常的分明拓扑学定义“邻域”的概念如下：

定义 10. 在模糊拓扑空间(X, Y)中，模糊子集 A 称为模糊点 x_λ的邻域，若有开集 $B \in T$，使得 $x_\lambda \in B \subseteq \mathrm{A}$。

但是这个邻域概念不甚理想，因为拓扑中的某些关于邻域的性质不能平移到模糊拓扑中来。蒲保明和刘应明在他们的“重于”关系基础上，引入了“重域”概念以代替“邻域”概念。

定义 11. 在模糊拓扑空间(X, Y)中，模糊子集 A 称为模糊点 x_λ的重域，若有开集 $B \in T$，使得 $x_\lambda \propto B \subseteq A$。

利用重域概念，蒲保明和刘应明建立了一个完整的模糊拓扑空间的收敛理论。而后，重域概念在积空间与商空间、紧性、一致结构与嵌入理论等方面发挥了重要作用。其中，刘应明还证明了，在模糊拓扑空间中，在“扩充原则”“包含原则”“由值域决定的原则”及“普适原则”下确定的点与集的邻属关系恰是重于关系，相应的邻近构造就是重域关系，这就从本质上指出了重域概念的合理性。

从以上对模糊拓扑中最重要的几个概念的定义中，我们可以清楚地看出，不管引入的概念是怎样定义(这要取决于数学家对该领域的理解和他本人对数学本质的把握程度)，它们总是有赖于模糊集概念，而这里使用的模糊集又总是在精确性经典数学中构造出来的一种特殊结构。所以，模糊拓扑学奠基于精确性经典数学，应当是明白无疑的。

2) 模糊代数

模糊代数专门研究模糊集的各种代数结构，诸如模糊群、模糊线性空间等。

这方面最早的研究结果在 1971 年由 Rosenfeld 给出[21]，其中首次引入模糊群。而模糊线性空间概念则是 1977 年由 Katsaras 等引入[22]。

定义 12. 设 G 是一个群，A 是 G 的一个模糊子集。称 A 是 G 上的模糊子群(或模糊群)，如果对 G 中任何 x, y 满足：

(1) $A(xy) \geqslant \min(A(x), A(y))$；

(2) $A(x^{-1}) \geqslant A(x)$。

由以上定义易知，$A(x^{-1}) = A(x)$时，若 e 是 G 的单位元，则对所有 $x \in G$，$A(x) \leqslant A(e)$。

定理 4. 设 X 是数域 K 上的线性空间，$A, B \in \wp(x)$。f：$X \times X \to X$ 与 g：$K \times X \to X$ 分别是 X 上的加法和数乘映射，则它们的提升为

$$f(A, B)(x) = (A+B)(x) = \sup_{s+t=x} \min(A(s), B(t))$$

$$g(k, A)(x) = (kA)(x) = \begin{cases} A(x/k), & \text{当 } k \neq 0 \text{ 时} \\ (0A(x)) = \begin{cases} \sup\limits_{t \in X} A(t), & \text{当 } x = \theta, \\ 0, & \text{当 } x \neq \theta, \end{cases} & \text{当 } k = 0 \text{ 时} \end{cases}$$

特别地，对 A, B 分别取模糊点 x_λ 与 y_μ，有

$$x_\lambda + y_\mu = (x+y)_{\min(\lambda,\mu)}, \quad kx_\lambda = (kx)_\lambda$$

这样，我们就对线性空间 X 中模糊子集间引入了加法和数乘运算，可用它们来定义模糊线性空间。

定义 13. 设 X 是数域 K 上的线性空间，A 是 X 中的模糊子集。若对任何 $m, n \in K$，都有 $mA+nA \subseteq A$，就称 A 是模糊线性空间。

不难看出，当 A 是 X 的一个通常的清晰子集时，$mA+nA \subseteq A$ 也表明 A 是 X 的线性子空间。

从以上关于模糊群和模糊线性空间的定义看，它们与前面论及的模糊拓扑的定义一样，也都是在奠基于精确性经典数学的模糊集合论上，再附加上种种条件而形成的，因而就无一例外地直接奠基于通常的经典数学之上。不过这里稍有不同的是，模糊群是通常的经典的模糊子集，模糊线性空间是通常的经典线性空间的模糊子集。也就是说，要定义模糊群、模糊线性空间，必须先有通常的群和线性空间，这样，它们就在另一层意义上更直接依赖于精确性经典数学了。

还有诸多的模糊数学分支，比如模糊测度、模糊数、模糊集值映射、模糊赋范空间、模糊拓扑线性空间、模糊拓扑群等，也都类似于上述模糊拓扑和模糊代数情形，即是在经典数学理论之下，适当引进模糊子集后加以定义和展开的。因而，就像上面所分析的一样，也都是直接奠基于精确性经典数学之上的。但并不能认为，模糊数学沿着这个方向发展下去没有生命力和卓有的成效。理由很清楚，

模糊数学借助于十分成熟的经典数学方法以及利用十分丰富的经典数学成果，在今后必然仍可不断地取得丰硕的成果。

3. Zadeh-Brown 公理集合论系统

在上述中我们已分析指出，模糊数学理论是直接或间接地奠基于经典数学之上的。在模糊数学的发展中，人们一直在努力地研究建立模糊数学自身的、与近代公理集合论 ZFC 不同的奠基理论。

如所知，由 Zadeh 首次引入模糊集定义之后，模糊集概念已几经修改和扩张。其中典型的研究，如戈根(Goguen)把隶属函数的值域[0, 1]闭区间改为可传递的半序集，而布朗(Brown)则将它限制为完备布尔格等。我们看到，不论这样或那样的定义方式，都必须依赖于一个事前约定的经典集合（如上述中的 $\wp(X)$），这使得这些模糊集合系统都要奠基于经典集合论——ZFC 公理集合论之上，并且，这些被确定了的模糊集的元素和模糊度本身却都不再是它自己那种模糊集了。

为了使欲建立的奠基理论的原始概念——“集合”只为模糊集，而与经典集合无关，并且所考虑的模糊集的元素本身也是模糊集（而无上述情形：经典集合 $\wp(X)$的元素为模糊集），我们自然会想到布尔值全域 $V^{(B)}$。

定义 14. 对于完备布尔代数 $\beta = (B, +, \cdot, -, 0_B, 1_B)$，令 $V_\alpha^{(B)} = \{x \mid \mathrm{Func}(x) \wedge \mathrm{Ran}(x) \subseteq B \wedge \exists \beta < \alpha\, (\mathrm{Dom}(x) \subseteq V_\beta^{(B)})\}$，则称 $V^{(B)}$为布尔值全域。

这个定义是如此完成的：我们首先依层次递归地定义 $V_\alpha^{(B)}$，对于序数α，第α层布尔值全域 $V_\alpha^{(B)}$中的元素都是一些函数，这些函数的定义域是某个低层次 $V_\beta^{(B)}$的子集，而它的值域乃是布尔代数 β 的某个子集。亦即这些函数是将低层次布尔值全域中的某些元素映射到布尔代数β中去。在对所有序数α 都定义了 $V_\beta^{(B)}$之后，它们求并后的全体就成为布尔值全域 $V^{(B)}$。

容易证明，$u \in V^{(B)}$ 当且仅当 $\mathrm{Func}(u) \wedge \mathrm{Ran}(u) \subseteq B \wedge \mathrm{Dom}(u) \subseteq V^{(B)}$。即布尔值全域 $V^{(B)}$中任何元素 u 都是一个定义在布尔值全域 $V^{(B)}$ 的某个子集上、取值为布尔值的函数。从中又可看出，若 $v \in \mathrm{Dom}(u)$，则 $v \in V^{(B)}$，即 u 的定义域中任一元素又是布尔值全域 $V^{(B)}$ 中的元素，也即它与 u 具有同一类型的特征。对于任何 $x \in \mathrm{Dom}(u)$，如果将 $u(x)$的值(即一个布尔值)看做 x 属于 u 的程度，即模糊集合论中的隶属度，那么布尔值函数即可考虑为模糊集，布尔值全域 $V^{(B)}$ 就可看做模糊集的全域。这种定义方式下的“模糊集”的元素仍是“模糊集”，达到了前述的要求。

然而，这种将布尔值函数“看做”是模糊集的直观想法毕竟还不是严格的数学描述。为了将这种想法数学化，1979 年张锦文引进了“正规弗晰集合结构”的概念[23]，证明了任一正规弗晰集合(即模糊集合)结构都是带本元的集合论公理系统（ZFA）的一个布尔值模型，它们能够作为模糊集合论的理论基础。张锦文认为“Cantor 集合论是公理集合论的标准模型，而我们的结构 U (弗晰集合论作为 U

的部分）正是公理集合论的一种非标准模型。现代模型论表明，非标准模型是一类理论（例如形式数论、实数理论、集合论等）的必然的逻辑结论，有标准模型就有非标准模型，有 Cantor 集合论就有布尔值集合论，也就有弗晰集合论”。就是说，张锦文并没有为模糊集合论提出专有的理论体系(公理化系统)，而是找寻到经典公理集合论（它们是用来刻画清晰集合的集合论系统，如 ZF，或带本元的 ZFA）的一种非标准模型，并说明这种非标准模型能够很好地表现模糊集合的特性，因而可以看做是模糊集合论的模型。

真正直接对模糊集合论建立自身的、不依赖于经典集合的公理化系统的研究，当属 Chapin 和 Weidner 的工作。1974 年 Chapin 提出“集合值集论”公理系统[24]，是一个将模糊集合公理化的形式系统。在这个系统中，属于关系 ε 看做是三元关系 $\varepsilon(x, y, w)$，它被解释为“x 以至少 w 的程度属于 y”，也就是说，这个三元关系在满足 $0\leqslant w\leqslant \mu_y(x)$ 的情况下都看做是精确地真的；而不是解释为“x 以程度 w 属于 y”，即不被解释 $\mu_y(x) = w$。当然，这个 $\mu_y(x)$ 是借用模糊数学的惯用记号，表示 x 对于 y 的隶属程度，它并不是系统内的符号。Chapin 提出的形式系统虽在许多方面恰当地反映了模糊集合论的本性，但 1981 年 Weidner 分析指出了 Chapin 的形式系统存在的问题，又提出了一个新的模糊集合论公理化系统，即 ZB (Zadeh-Brown)系统[25]，以表明它是以 Zadeh 开创的模糊集合论和以 Brown 的 L 模糊集合论(亦即将隶属函数扩充为从 X 到一个完备布尔格 L 上的映射)为实际背景的公理系统。

Weidner 指出，Chapin 的公理系统有以下几点不甚符合模糊数学的本来意图。第一，在模糊集合论中的隶属函数 $\mu_y(x)$ 可以看做二元函数，比如就记作 $\mu_y(x, y)$，即给定两个对象 x 和 y，就有唯一确定的值，使 x 以该值为度隶属于 y。这样，将映射的值域从[0, 1]变为其他代数结构，就可形成种种模糊集的变形。但 Chapin 的三元关系 ε 却无法看做二元函数，因为对给定的 x 和 y，将有许多 w（只要满足 $0\leqslant w\leqslant \mu_y(x, y)$），都满足 $\varepsilon(x, y, w)$。如此，当然不可能将 w 写成 x 和 y 的函数值形式。因此，模糊集合的现代变形就难以仍然看做 Chapin 系统的模型。第二，Chapin 系统中的关系公理使得“度”的每个模糊子集也是“度”，这样对于那些有资格充任“度”的集合作了太严格的限制；“度”之间的种种关系仅限于模糊子集间的关系，这其中主要的就是包含关系 $\subseteq$。显然，度和度之间完全没有关系是不适用的，但把度与度之间的关系严格限制为集之间的包含关系，也是不恰当的。第三，Chapin 的空集公理假定了这样一个极小度的存在性：每个元素 x 都以极小度属于任何元素 y，亦即 $\varepsilon(x, y, 0)$ 永真，这里的 0 表示这个极小度，而在任何模糊集系统中并不存在这种统一的最小度。事实上，“x 以 0 程度属于 y”还是当做“x 不属于 y”为好，不宜与“x 以 w 度属于 y”相提并论，因为如果把这两者用同一种关系式表达，将在以后的公理、定理叙述中时时要剔除度为 0 的情况而给自己带来麻烦。

Weidner 在作了这些分析之后，提出了由 9 条公理构成的“ZB (Zadeh-Brown) 公理集合论系统”。ZB 系统不依赖于事先约定的其他集合论系统(如 ZFC 系统)，它是一个建基于一阶逻辑之上的独立存在的公理化系统。它有如下两个原始符号：

ε：三元谓词符号，$\varepsilon(x, y, w)$解释为 x 以模糊度 w 属于 y；

$\leqslant$：二元谓词符号，解释为模糊度的序。

模糊度是一个定义概念，因为 ZB 中的个体都是模糊集，所以，这就先验地规定了模糊性的度量(模糊度)自身也是模糊集。

ZB1. 模糊外延性公理：

$$\forall x\forall y[\forall z\forall w(\varepsilon(z, x, w) \leftrightarrow \varepsilon(z, y, w)) \rightarrow x = y]$$

即“两个模糊集 x 和 y 要相等，仅需任何元素在相同的度 w 之下同时属于 x 和 y”。需指出的是，ZB1 亦具有“有的元素在任何度之下既不属于 x 也不属于 y”含义。

ZB2. 模糊函数化公理：

$$\forall v\forall w\forall x\forall z[(\varepsilon(z, x, v)\wedge\varepsilon(z, x, w)\rightarrow v=w]$$

即“若一个模糊集以某个度为另一模糊集的元素，则这个度是唯一的”。故模糊 ε 关系可以看做是二元函数，即当 $\varepsilon(x, y, w)$成立时，w 可看做是 x 和 y 唯一确定的函数值$\mu_y(x)$。显然，这与 Zadeh、Brown 等的模糊集合论的方法是一致的。

为了形式化地定义“u 是度”（表示为 $D(u)$），只需引入如下定义：

定义 15. $D(u)\leftrightarrow\exists z\exists x(\varepsilon(z, x, u))$。

我们想使所有的度上的$\leqslant$关系是半序，并且其中有最大元，任何两个度有最大下界，这都反映在以下的序公理 ZB3 之中。

ZB3. 序公理：

$$\forall u\forall v\forall w[(u\leqslant v\rightarrow D(u)\wedge D(v))\wedge(D(u)\rightarrow u\leqslant u)\wedge(u\leqslant v\wedge v\leqslant u\rightarrow u=v)\wedge(u\leqslant v\wedge v\leqslant w\rightarrow u\leqslant w)\wedge(D(u)\wedge D(v)\rightarrow\exists w(w\leqslant u\wedge w\leqslant v\wedge\forall w'(D(w')\wedge w'\leqslant u\wedge w'\leqslant v\rightarrow w'\leqslant w)))\wedge\exists w''(D(w'')\wedge\forall u(D(u)\rightarrow u\leqslant w''))]$$

这条公理较长，实际上一共有 6 个句子，确定了 6 个内容。第 1 句：$u\leqslant v\rightarrow D(u)\wedge D(v)$，指出凡可在关系$\leqslant$之下进行比较的模糊子集都是“度”。当然，这并没有说任何两个度之间一定可以比较。以下 3 句：$D(u)\rightarrow u\leqslant u$, $u\leqslant v\wedge v\leqslant u\rightarrow u=v$, $u\leqslant v\wedge v\leqslant w\rightarrow u\leqslant w$ 分别确定了度之间$\leqslant$关系的自反性、反对称性及可传性。第 5 句：$D(u)\wedge D(v)\rightarrow\exists w(w\leqslant u\wedge w\leqslant v\wedge\forall w'(D(w')\wedge w'\leqslant u\wedge w'\leqslant v\rightarrow w'\leqslant w))$，即对任何两个度 u、v，都存在一个比 u 与 v 的任何下界 w' 要大的最大下界 w。最后一句 $\exists w''(D(w'')\wedge\forall u(D(u)\rightarrow u\leqslant w''))$是说，有这样一个度 w''，它比任何度 u 都要大。第 5 和第 6 两句所确定的 u 与 v 的最大下界和整个度中的最大元，由反对称性可以证明它们都是唯一的，所以可以用 uv 来记 u 与 v 的最大下界，用 1 记度中的最大元，

又称为最大度。

以上三条公理刻画的是基本概念ε和$\leqslant$的特征。下面的 ZB4～ZB7 4 条公理则是由已给模糊集构造出新的几种模糊集。

ZB4. 模糊对偶公理：

$\forall x\forall y\forall u\forall v[D(u)\wedge D(v)\wedge(x\neq y\vee(x=y\wedge u=v))\rightarrow\exists f(\forall z\forall w(\varepsilon(z,f,w)\leftrightarrow(z=x\wedge w=u)\vee(z=y\wedge w=v)))]$

其含义是，对任何 x 和 y 以及任何度 u 和 v，当 $x\neq y$ 时，或者 $x=y$ 且 $u=v$ 时，一定存在一个模糊无序对 f，仅有 x 和 y 分别以度 u 与 v 为 f 的元素。显然，由 ZB1，这样决定的 f 是唯一的。我们记之为$\{x, y\}_{u,v}$或者$\{y, x\}_{v,u}$，但不可记为$\{x, y\}_{v,u}$（因为这样将成为 x 以 v 度、y 以 u 度是 f 的元素）。若 $x=y$，必须 $u=v$，就将这个模糊无序对$\{x, x\}_{u,u}$记作$\{x\}_u$，即为一个模糊单点集。另外，我们还可以注意到，在经典集合论中，含 x、y 两元素的无序对$\{x, y\}_{u,v}$是唯一的，但在这里，由于度的变化，含 x、y 两元素的无序对$\{x, y\}_{u,v}$却有无穷个。最后，将度为 1 的无穷对$\{x, y\}_{1,1}$简记为$\{x, y\}$，即它们成为经典集合论中的无序对。

下一条公理称为模糊联集公理，这是经典集合论 ZFC 系统中的联集公理在模糊集论中的平移。显然，对给定的模糊集 x，我们希望 x 的任一元素都属于 x 的联集，问题在于它们属于 x 的联集的度该是多少？看来最合理的规定应该如下：假定$\varepsilon(t, x, u)$及$\varepsilon(z, t, w)$，直觉地，我们置 z 以度 uw 属于 x 是恰当的。这好像 t 与 x 以强度为 u 的绳子相联，z 与 t 又以强度为 w 的绳子相联，则 z 与 x 之间联结的强度应该是 u 与 w 的最小值。不过我们是以 u 和 w 的最大下界 uw 来代替两者的最小值而已。因为度之间仅有半序关系，两者的最小值不一定存在，必须代之以最大下界。然而，如果还有另一个 t'，使得同一对 z、x 还以 t' 为桥梁相联：$\varepsilon(z, t', w')$和$\varepsilon(t', x, u')$，此时又可形成一个 $u'w'$，成为 z 属于 x 的度，我们就面临着究竟选哪一个作为 z 属于 x 的度的问题。当然，看来最合理的办法是在 uw 和 $u'w'$ 中选择较大的一个，同上理由，我们就取它们的最小上界。但是，至此我们还没有肯定过度的集合的最小上界的存在性，这一点要等到 ZB6 给出之后才能够做到。为了缩短模糊联集公理的长度，我们先引入以下的定义：

定义 16.

$$\mathrm{UB}(z, x; w)\leftrightarrow[D(w)\wedge\forall t\forall u\forall v(\varepsilon(z, t, u)\wedge\varepsilon(t, x, v)\rightarrow uv\leqslant w)$$

$$w=\mathrm{LUB}(z, x)\leftrightarrow\mathrm{UB}(z, x; w)\wedge\forall w'(\mathrm{UB}(z, x; w')\rightarrow w\leqslant w')$$

注意，z 和 x 不是度，$\mathrm{LUB}(z, x)$也并不是 z 和 x 的最小上界，而是联结 z 和 x 的“最小上界度”。

ZB5. 模糊联集公理：

$\forall x\exists f\forall z((\exists t\exists u\exists v(\varepsilon(z, t, u)\wedge\varepsilon(t, x, v))$

$\rightarrow\exists \mathrm{w}(\varepsilon(z, f, w)))\wedge\forall w(\varepsilon(z, f, w)\rightarrow\exists t\exists u\exists v(\varepsilon(z, t, u)\wedge\varepsilon(t, x, v)\wedge w=\mathrm{LUB}(z, x)))$

要注意的是，模糊联集公理的这种表达形式，实际上断言了度的某个聚类(即

所有联结 z 和 x 的“上界度” w 的类，即满足定义 2 中的 UB(z, x; w)的所有 w 组成的类)之最小元的存在性。因为它断言：给定任何模糊集 x，有这样一个模糊集 f 存在，使得对于任何 z，若 $\exists t\exists u\exists v(\varepsilon(z, t, u)\wedge\varepsilon(t, x, v)$，就有 w 满足 $\varepsilon(z, f, w)$，并且这个 w 就是 LUB(z, x)。这句话已经断定了 LUB(z, x) 的存在性，除非 z 与 x 之间不存在 t 使任何 $\varepsilon(z, t, u)$ 与 $\varepsilon(z, t, u)$ 成立。假如我们选择模糊集合的联集公理如下：

$$\forall x\exists f\forall z\forall w[\varepsilon(z, f, w)\leftrightarrow\exists t\exists u\exists v(\varepsilon(z, t, u)\wedge\varepsilon(t, x, v))\wedge w=\mathrm{LUB}(z, x)]$$

则在满足 $\varepsilon(z, t, u)$ 及 $\varepsilon(t, x, v)$ 的 t、u、v 都存在之后，我们还不能断言 z 以某个度 w 属于 f，因为我们尚不知道是否存在一个 w 使 $w = \mathrm{LUB}(z, x)$。

易证满足 ZB5 的 f 是唯一的，记作 $\cup x$。

记 $\psi_1(s, z; p_{(m)})$、$\psi_2(z, w; p_{(n)})$ 分别为至少含两个自由变元的公式，其中 $p_{(m)}$ 代表 m 个不同的常元 $p_1, p_2,\cdots, p_m$, $p_{(n)}$ 代表 n 个不同的常元 $p_1, p_2,\cdots, p_n$。则模糊替换公理如下：

ZB6. 模糊替换公理：

$\forall p_{(m)}\forall p_{(n)}[\forall s\forall z\forall z'(\psi_1(s, z; p_{(m)})\wedge\psi_1(s, z'; p_{(m)}) \to z = z') \wedge\forall z\forall w\forall w'(\psi_2(z, w; p_{(n)})\wedge\psi_2(z, w'; p_{(n)}) \to w = w'\wedge D(w)) \to\forall x\exists y(\forall z\forall w(\varepsilon(z, y, w) \leftrightarrow \exists s\exists v(\varepsilon(s, x, v)\wedge\psi_1(s, z; p_{(m)})\wedge\psi_2(z, w; p_{(n)}))))]$

这就是说，若 $\psi_1(s, z; p_{(m)})$ 及 $\psi_2(z, w; p_{(n)})$ 都是从第一变元到第二变元的(单值)函数，那么，对任何模糊集 x，我们总可以将其中的元素 s (它以模糊度 v 属于 x) 替换为任一元素 z，并且让 z 以某个度 w 属于新构成的模糊集 y。要注意的是，在经典集合论 ZFC 中，替换公理是把集中的元素任意替换为其他元素，而在 ZB 中，除了元素的任意替换之外，还对“度”任意替换。故而可把 ZB6 看做是替换两次的公理。我们还要指出，公理中最后一式 $\psi_2(z, w; p_{(n)})$ 不能是 $\psi_2(v, w; p_{(n)})$，否则，会引起同一元素以两个不同的度属于同一模糊子集的矛盾。

为形成相当于 ZFC 中幂集公理的模糊幂集公理 ZB7，须先有如下模糊子集概念。

定义 17.　$x \subseteq y \leftrightarrow \forall z\forall w(\varepsilon(z, x, w) \to \exists u(w\leqslant u\wedge\varepsilon(z, y, u)))$。

ZB7. 模糊幂集公理：

$$\forall x\exists y\forall z(z \subseteq x \leftrightarrow \exists w(\varepsilon(z, y, w)))$$

注意，由此我们不能断言 x 的模糊幂集 y 的唯一性。因为对于 x 的任一子集 z，我们没法确定唯一的度 w 使 $\varepsilon(z, y, w)$。这诸多满足条件的 y，我们都称之为 x 的幂集。或许认为，取定这个隶属度 w 会带来方便，但问题在于，这个唯一的隶属度 w 的待选者从直觉上看是难以确定的。不过这种不唯一性并不妨碍系统的建立和发展。

在 ZB 公理集合论系统中，由四条公理 ZB4~ZB7 就可根据已知模糊集而构造出新的模糊集。

下面 ZB 公理的功能与 ZFC 中的正则公理及无穷公理类似。ZB8 断定，模糊集中没有一个模糊子集以任何度成为自己的元素，也不存在无限递降的模糊ε串；ZB9 则无条件地断定含有无穷多个模糊集的集合的存在性。

ZB8. 模糊正则公理：

$$\forall x[\exists z\exists w(\varepsilon(z, x, w)) \to \exists z\exists w(\varepsilon(z, x, w)\wedge\neg\exists y\exists u\exists v(\varepsilon(y, z, u)\wedge\varepsilon(y, x, v)))]$$

ZB9. 模糊无穷公理：

$$\exists x[\exists z\exists w(\varepsilon(z, x, w)\wedge\forall z\forall w(\varepsilon(z, x, w) \to \exists v(\varepsilon(\cup\{z,\{z\}\}, x, v))))]$$

基于以上 9 条 ZB 公理，在一些概念定义下，可证关于模糊集的一些重要而基本的定理。

我们需指出，在关于 ZB 公理集合论系统的研究中，虽然已定义了模糊集的模糊联集，但并没有定义两个模糊集的模糊并集。我们知道，在精确性经典集合论中，经典集合 a 和 b 的并集 $a\cup b$ 可被定义为$\cup\{a, b\}$。在模糊集中想平移这个定义，必然要考虑模糊性，就是说给定模糊集 x 和 y，我们可以有许多其元素仅是 x 和 y 的模糊集$\{x, y\}_{u,v}$（注意：不是一个模糊无序对），因此，也就有许多不同的模糊并集定义，如定义 $x\cup_{u,v}y=\cup(\{x, y\}_{u,v})$等。然而这样的定义，却不能得到经典集合并集的类似结果，如 $x\subseteq x\cup_{u,v}y$，因为可以有一个元素以度 w 属于 x、但它却以比 w 较小的度 wu 属于 $x\cup_{u,v}y$。对此，1996 年朱梧槚与肖奚安又提出最适宜的定义是 $x\cup y=\cup(\{x, y\})$，即把两个模糊集的并集看做是一个标准集的联，再把两个模糊集归并为一时不存在模糊性，模糊性仅存在于各模糊集之本身[26]。并由这个定义，将经典集合论中两个集合之并的许多结果类推到 ZB 中。当然，我们还可以在 ZB 系统中定义更多的新概念，证明得到更多的定理，以致把模糊数学所需要的各种概念及其关系都一一刻画出来。对此，我们不一一叙述。

然而，我们更关心的是模糊数学理论的这样一个重要基础理论问题，即本节初始所探讨的问题：能否将布尔值模型就当做公理系统 ZB 的模型，从而在这个意义上说，ZB 公理系统就是模糊集合论的恰当的公理化系统？朱梧槚与肖奚安在文献[26]中的以下研究表明：布尔值全域 $V^{(B)}$确实可以被看做 ZB 的一个模型；而在前述中已指出，布尔值全域已经能被很好地看做模糊集的全域，那么，模糊集合的全域也就能认为是 ZB 系统的模型。或者反过来说，ZB 公理系统就是刻画模糊集合论的合适的形式系统。

首先，不难证明 ZB 公理系统相对于 ZFC 系统是相容的。

定理 5. 若 ZFC 相容，则 ZB 相容。

在本节初始，我们已经用超穷递归的方法定义了布尔值全域 $V^{(B)}$。下面我们再依ε 层次递归地定义 V 在 $V^{(B)}$ 中的嵌入。

定义 18. $\overline{x}=\{<1', \overline{y} \mid y\in x\}$。其中，$1'$是布尔代数$\beta = (B, +, \bullet, -, 0_B, 1_B)$中的最大元。

为使 $V^{(B)}$是 ZB 的模型，进行如下解释：

(1) $\varepsilon(x, y, w)$解释为

$$z\in \mathrm{Dom}(x)\wedge w=\overline{x(z)}$$

(2) $u\leqslant w$ 解释为

$$\exists u'\exists v'(u', v'\in B\wedge u'\leqslant' v'\wedge u=\overline{u} \wedge v=\overline{v})$$

其中，$\leqslant'$是 B 中的自然顺序。

定理 6. 在上述解释下，$V^{(B)}$构成 ZB 的模型。

在这个模型 $V^{(B)}$中(更一般地, 在 ZB 中)，以$\overline{0}'$ (最小度)的隶属并不是严格地与“非隶属”相同,当然这将与 Zadeh 模糊集合论不相吻合。然而我们可以从“外部”就将最小度的隶属看成非隶属。

至此，在上述中我们针对模糊数学理论的基础问题，讨论了两种为模糊数学奠基的方案：第一种方案是直接利用精确性经典数学的所有工具和方法，来构造各种模糊数学中的结构(它们仍然是经典数学的数学结构)，以表示我们所期望的模糊数学应具有的各种特征，也就是直接奠基于精确性经典数学之上的方案；第二种方案则是独立于已有的精确性数学之外，重新专门为模糊数学理论构造一个公理化集合论系统，即 ZB (Zadeh-Brown)公理集合论系统。

对于模糊数学第二种奠基方案，朱梧槚和肖奚安研究指出，第二种方案尽管为模糊数学构造了自己特有的公理集合论系统 ZB，但配套于 ZB 的推理工具仍然是经典的二值逻辑。由于二值逻辑是为刻画那类非此即彼、非真即假的对象而建立的（模糊现象却并不具有如此特性），因此用二值逻辑作为逻辑工具来构建刻画模糊对象的公理系统与用精确性经典集合论来刻画模糊对象一样，虽也可以取得成功，却依然难于充分体现模糊性。为了改变这种状况，应该构建特有的反映模糊性的逻辑系统，再以这个逻辑系统为配套的推理工具，建立起特别反映模糊性的集合论公理系统。为此，朱梧槚和肖奚安在文献[26]中研究提出了一种能够直接成为模糊数学奠基理论的中介逻辑 ML(medium logic)与中介公理集合论 MS(medium axiomatic set theory)，并认为以 ML 和 MS 为奠基理论的数学（称为中介数学 MM(medium math ematics)）不仅为当今意义下的模糊数学提供了一个合理的奠基方案，而且在更高的形式中包括了精确性经典数学[27]。

2.1.2 中介逻辑与中介公理集合论

在文献[26]中朱梧槚和肖奚安认为，在经典的二值逻辑和精确性经典数学中，

除了拒不考虑和研究普遍存在的模糊性质或模糊概念外，特别是在论域的适当限制下，首先否认中介对象的存在，进而使在所给论域中，对立与矛盾被视为同一，以致$\neg P$ 就是$\text{╕} P$，即如非美即丑，非善即恶，非真即假等。这就是说，在经典二值逻辑演算中，无形中贯彻了这样一条原则：在论域的适当限制下，任给谓词 P 和对象 x，要么有 $P(x)$，要么有$\text{╕} P(x)$。换句话说，就是无条件承认，对任何谓词 P，不存在 x 能使$\sim P(x)$，不妨称这一原则为“无中介原则”。但应指出，经典数学并不把该无中介原则作为一条公理明确提出，只是在系统的建立和展开中无形地把这一原则的精神贯彻始终。然而，在主张建造承认中介对象存在的中介数学系统中，要贯彻一条与无中介原则相反的原则，就是无条件承认：并非对于任何谓词 P 和对象 x，总是要么 $P(x)$真，要么$\text{╕} P(x)$真，而肯定存在这样的谓词 P，有对象 x 使得 $P(x)$和$\text{╕} P(x)$都部分地真；并称这一原则为“中介原则”。同样地，在中介数学系统中，也不把中介原则作为一条公理明确提出，而是在系统的建立和展开中，无形地将中介原则的精神贯彻始终。但应注意，中介原则并不主张任何对立面都有中介，而只是认为并非任何对立面都没有中介[14]。

中介数学是在中介原则之下建立起来的以 ML 为逻辑工具的数学理论系统。之所以把以 ML 和 MS 为奠基理论的数学称为“中介数学”，一是以示它与现有的直接奠基于精确性经典数学之上的模糊数学有重大的区别，二是指明它建基于“中介原则”之上。中介数学的主要逻辑思想：设 P 为一谓词(概念或性质)，若对任一对象 x 而言，总是要么 x 完全满足 P，要么 x 完全不满足 P。亦即不存在这样的对象，它部分地满足 P，部分地不满足 P，则我们就说 P 是清晰谓词，并简记为 dis$P$。又若对谓词 P，有某个对象 x，它部分地具有性质 P，部分地不具有性质 P，则称 P 是模糊谓词，并简记为 fuz$P$。称形式符号~为模糊否定词，解释并读为“部分地”，于是$\sim P(x)$表示对象 x 部分地具有性质 P，而 $P(x)$表示对象 x 完全具有性质 P。称形式符号 ╕ 为对立否定词，解释并读为“对立于”，并把谓词 P 的对立面记为 $\text{╕} P$，如此 P 和 $\text{╕} P$ 抽象地表示一对对立概念。称形式符号$\neg$为矛盾否定词，P 和$\neg P$ 抽象地表示一对矛盾概念。现任给 P 和 $\text{╕} P$，如果对象 x 满足$\sim P(x)$与$\sim \text{╕} P(x)$，即 x 部分地具有性质 P，又同时部分地具有性质$\text{╕} P(x)$，就说 x 为 P 和 $\text{╕} P$ 的中介对象，这也就是哲学上常说的“亦此亦彼”。所谓“此”与“彼”，指的就是 P 与$\text{╕} P$。而“亦此亦彼”就是对立面在其转化过程中的中介状态，即同一性在质变过程中的集中表现。它呈现为既是对立面的“此方”，又是对立面的“彼方”。例如，黎明就是黑夜转化到白昼的中介，而黄昏则为白昼转化为黑夜的中介。这种对立面的中介概念或对象，在日常生活和自然科学或社会科学领域中普遍存在。如所知，认识论中也有所谓对立面总有中介对象存在的基本原则，其中所说的对立面，实际上就是指的对立概念 P 与$\text{╕} P$。

1. 中介逻辑系统 ML

在文献[26]中，中介逻辑系统 ML 采用自然推理系统的构建形式，由中介命题演算系统 MP 及其扩张系统 MP*、中介谓词演算系统 MF 及其扩张系统 MF*、中介同异性演算系统 ME 与 ME*组成。在 ML 中，直接引入了对立否定词 ╕ 和模糊否定词~，矛盾否定词¬作为定义符号引入，即$\neg P =_{\mathrm{df}} P \to {\sim}P$（即╕ $P \vee {\sim}P$）。

1) 中介命题演算系统 MP

MP 的形式语言建立如通常命题逻辑形式系统。MP 共有 12 条形式推理规则，其中只有肯定前件律(∈)、传递律(τ)和反证律(¬)已为经典二值逻辑系统所具有，其余皆为中介逻辑演算系统所特有。

MP 的形式推理规则：

(∈)　$A_1, A_2, \cdots, A_n \vdash A_i \ (i = 1, 2, \cdots, n)$

(τ)　如果 $\Gamma \vdash \Delta \vdash A$，则 $\Gamma \vdash A$

(¬)　如果 $\Gamma, \neg A \vdash B, \neg B$，则 $\Gamma \vdash A$

$(\to_-)$　$A \to B, A \vdash B$；$A \to B, {\sim}A \vdash B$

$(\to_+)$　如果 $\Gamma, A \vdash B$ 且$\Gamma, {\sim}A \vdash B$，则 $\Gamma \vdash A \to B$

(Y)　$A \dashv\vdash \neg$ ╕ $A, \neg{\sim}A$

$(Y_\sim)$　${\sim}A \dashv\vdash \neg A, \neg$ ╕ A

(Y╕)　╕ $A \dashv\vdash \neg A, \neg{\sim}A$

(╕╕)　$A \dashv\vdash$ ╕╕ A

(╕→)　A, ╕ $B \dashv\vdash$ ╕ $(A \to B)$

(~~)　$A \to A \dashv\vdash {\sim}{\sim}A$

以上 MP 的形式推理规则，依次称为肯定前件律(∈)、传递律(τ)、反证律(¬)、蕴含词消去律$(\to_-)$、蕴含词引入律$(\to_+)$、自然三分律(Y)、模糊三分律$(Y_\sim)$、对立三分律(Y╕)、重假律(╕╕)、假蕴含律(╕→)、重模糊律(~~)。这些推理规则中有的并不具有独立性。例如，由(∈)、(τ)、(¬)、(Y╕)和$(Y_\sim)$即可推证出(Y)。

在 MP 中，根据形式推理规则，可推证出许多具有特色且有趣的形式推理关系(形式定理)模式。如在古典的自然推理系统中有否定前件律 $\neg A \vdash A \to B$，但在 MP 中却没有$\neg A \vdash A \to B$，而有假前件律 ╕ $A \vdash A \to B$。在古典的自然推理系统中有换质位律(亦称逆否命题) $A \to B \vdash \neg B \to \neg A$，但在 MP 中没有换质位律，却有 $A \to B \vdash$ ╕ $B \to$ ╕ A。

在 MP 中，还将析取词∨、合取词∧和等值词↔作为定义符号引入：

D(∨)　$A \vee B =$ ╕ $A \to B$

D(∧)　$A \wedge B =$ ╕ $(A \to$ ╕ $B)$

D(↔)　$A \leftrightarrow B = (A \rightarrow B) \wedge (B \rightarrow A) = \urcorner((A \rightarrow B) \rightarrow \urcorner(B \rightarrow A))$

由此，根据 MP 的形式推理规则，在 MP 中又可推证出若干与析取词∨、合取词∧和等值词↔关联的形式推理关系(形式定理)模式。对此，不再赘述。

2) 中介命题演算系统 MP 的扩张系统 MP*

在中介命题演算系统 MP 基础上增加一个命题联结词≺，从而得到 MP 的扩张系统 MP*。 联结词≺称为“真值程度词”，读为“真值程度不强于”或“真值程度弱于”。于是，MP* 要比 MP 多一条形成规则，即当 A、B 为合式公式时，则 $A \prec B$ 也是合式公式。MP*的形式推理规则由 MP 的推理规则和下列三条组成：

(≺)　$A \prec B \vdash\dashv (A \rightarrow B) \vee (\sim A \wedge \sim B)$

(~≺)　$\sim(A \prec B) \vdash\dashv (\sim A \wedge \urcorner B) \vee (A \wedge \sim B)$

(╕≺)　$\urcorner(A \prec B) \vdash\dashv A \wedge \urcorner B$

其中，(≺)称为真值程度律，其含义为 A 的真值程度不大于 B 的真值程度，完全相当于 A 蕴含 B 为真，或者 A 与 B 皆部分地真。(~≺)称为真值程度模糊律，其含义为 A 的真值程度不大于 B 的真值程度仅部分真，完全相当于 A 部分地真且 B 假，或者 A 真且 B 部分地真。(╕≺)称为真值程度对立律，其含义为 A 的真值程度不大于 B 的真值程度为假，完全相当于 A 真且 B 假。

由此，根据 MP*的形式推理规则，在 MP*中又可推证出若干与联结词≺关联的形式推理关系(形式定理)模式。对此，不再赘述。

3) 中介谓词演算系统 MF

中介谓词演算系统 MF，是在 MP 的基础上扩充的。MF 的形式语言建立如通常谓词逻辑形式系统，MF 的推理规则在 MP 的基础上增加下列几条：

($\forall_-$)　$\forall x A(x) \vdash A(a)$

($\forall_+$)　若 $\Gamma \vdash A(a)$，其中 a 不在 Γ 中出现，则 $\Gamma \vdash \forall x A(x)$

($\exists_-$)　若 $A(a) \vdash B$，其中 a 不在 B 中出现，则 $\exists x A(x) \vdash B$

($\exists_+$)　若 $A(a) \vdash \exists x A(x)$，其中 $A(x)$是由 $A(a)$把其中 a 的某些出现替换为 x 而得

(╕∀)　$\urcorner \forall x A(x) \vdash\dashv \exists x \urcorner A(x)$

(╕∃)　$\urcorner \exists x A(x) \vdash\dashv \forall x \urcorner A(x)$

其中，($\forall_-$), ($\forall_+$), ($\exists_-$), ($\exists_+$), (╕∀)和(╕∃)依次称为全称量词消去律、全称量词引入律、存在量词消去律、存在量词引入律、全称对立律、存在对立律。

在 MF 中，根据 MF 的形式推理规则，可推证出若干形式推理关系(形式定理)模式。对此不再赘述。

4) 中介谓词演算系统 MF 的扩张系统 MF*

中介谓词演算系统 MF*由 MF 扩充得到。MF*的形式符号在 MF 基础上增加了一个真值程度词$\prec$，同时沿用 MP*中的所有定义符号。MF*的推理规则在 MF 基础上增加了($\prec$)、($\sim\prec$)和($\exists\prec$)三条规则。即 MF*的形式符号和推理规则为 MF 与 MP*的总和，于是 MP 成为 MF 与 MP*的公共部分。

5) 中介同异性演算系统 ME 与 ME*

中介同异性演算系统 ME、ME*是分别在 MF、MF*的基础上扩充得到的。ME、ME*的形式符号分别由 MF、MF*的形式符号和一个常谓词符号=构成。常谓词=称为等词，意为“等同于”， $a = b$ 定义为 $I(a, b)$。ME、ME*的推理规则分别在 MF、MF*中增加如下三条：

($Ax1$) $\vdash I(a, a)$

($Ax2$) $\vdash I(a, b)\prec(I(a, c)\prec I(b, c)$

($Ax3$) $\vdash I(a, b)\to A(a)\prec A(b)$

其中，($Ax1$)体现了自反性，反映了演绎推理中的这样的规则，肯定论域中任一个体与自己总是等同的。($Ax2$)体现一种左等换性，即若 a 与 b 等同，则 $a = c$，左边的 a 可替换为 b，并且，“$a = b$”与“$a=c\prec b=c$”的真值程度以及“$a=c$”与“$b=c$”的真值程度均为前弱后强。($Ax3$)指当 a 与 b 等同时，$A(a)$中的 a 可由 b 替换，而 $A(a)$的值程度不强于 $A(b)$。即当 a、b 依次指论域中的个体α、β 时，如果α与β是等同的，则α具有某个性质时，β 也一定具有这个性质，而α部分具有某个性质时，β也至少同等地部分具有这个性质。

2. 中介公理集合论 MS

在文献[26]中，中介公理集合论 MS 是一种以中介逻辑演算 ML 为形式语言的、非经典的公理集合论系统。它由 20 条非逻辑公理构成，其中以“泛概括公理”为核心。MS 中首先给出模糊谓词、清晰谓词、概集、恰集等概念的形式定义，其次，在纯数学的基础理论意义下解决了模糊谓词的造集问题，从而在数学基础理论意义下完成了数学研究对象由清晰到模糊的再扩充。另外，如公认的、整个精确性经典数学可由公理集合系统 ZFC 中除了正则公理外的九条公理推出，但这九条公理已成为 MS 中对谓词与个体在某种约束条件下的九条定理，从而整个精确性经典数学可在 MS 中产生并奠基于 MS，亦即是说，MS 包括了整个精确性经典数学及其理论基础。但 ZFC 只能处理精确谓词造集问题，而 MS 却既能处理精确谓词的造集问题，又能处理模糊谓词的造集问题。并且已证明，在 MS 中还彻底解决了如何修改概括原则的历史遗留问题。

中介数学理论系统不仅在 ML 中直接引进了模糊否定词~和对立否定词╕，而且在 MS 中给出了模糊谓词 $\underset{<x_1,x_2,\cdots,x_n>}{\text{fuz}} P$，清晰谓词 $\underset{<x_1,x_2,\cdots,x_n>}{\text{dis}} P$，概集 $A \underset{x}{\text{com}} P$ 和恰集 $A \underset{x}{\text{exa}} P$ 等概念的形式定义。其中，概集与恰集概念可描述性地定义如下：

1°. 给定谓词 P。如果集合 A 满足条件：

(1) $P(x) \vdash x \in A$；

(2) ╕$P(x) \vdash x \notin A$，

则称 A 为对应于 P 的概集，记为 $A \underset{x}{\text{com}} P$。

2°. 给定谓词 P。如果集合 A 满足条件：

(1) $P(x) \vdash\dashv x \in A$；

(2) $\sim P(x) \vdash\dashv x \tilde{\in} A$；

(3) ╕$P(x) \vdash\dashv x \notin A$，

则称 A 为对应于 P 的恰集，记为 $A \underset{x}{\text{exa}} P$。其中，$x \tilde{\in} A$ 表示 x 部分地属于 A。

在精确性经典数学中，任给一对象 x 和一集合 A，要么 $x \in A$，要么 $x \notin A$。但在中介数学中，由于对立否定词╕和模糊否定词~的引进，对象与集合的关系也相应地扩张了。特别是给定一个集合 A，如果不存在 x 能使有 $x \tilde{\in} A$，则称 A 为清晰集，记为 dis A；若对集合 A，有对象 x 使有 $x \tilde{\in} A$，则称 A 为模糊集，记为 fuz A。因而，根据定义 2，恰集一定是模糊集，即 $A \underset{x}{\text{exa}} P \Rightarrow \text{fuz}\, A$，但模糊集不一定是恰集。

显然，对于任何 $A \underset{x}{\text{exa}} P$ 而言，A 是唯一确定的。但对于 $A \underset{x}{\text{com}} P$ 而言，A 就未必是唯一确定的。并且，谓词 P 的恰集一定是该谓词的概集，反之则未必。然而，当谓词为一 dis P 时，则 P 的恰集与概集相同，并且唯一确定。

1) 清晰谓词与模糊谓词的划分和定义

在 MS 中，精确谓词和模糊谓词是两个重要的基本概念，为给出它们在 MS 中的形式定义，需要先讨论和建立 MS 的外延性公理和对偶公理。

公理 1 (外延性公理).　$a = b \succ\!\!\prec \forall z(z \in a \succ\!\!\prec z \in b)$。

此公理相当于 ZFC 中的外延公理。但在 MS 中 a 与 b 相等，由任何属于两者的元素都要等值来决定。

定义 1 (子集).　$a \subseteq b \Leftrightarrow \forall z(a \prec z \in b)$。

定义 2 (真子集).　$a \subset b \Leftrightarrow a \subseteq b \wedge (a \neq b \vee \sim(a = b))$。

定理 1.　$a = b \succ\!\!\prec a \subseteq b \wedge b \subseteq a$。

公理 2 (对偶公理).　$\exists c \forall x(x \in c \succ\!\!\prec \angle\circ(x = a \vee x = b))$。

定义 3 (对偶集).　$x \in \{a, b\} \Leftrightarrow \angle\circ(x = a \vee x = b)$。

符号$\angle\circ$称为清晰化算符，表示算符的对象为传统数学中的概念含义。如公理 2 中的$\angle\circ(x=a\vee x=b)$，表示“$x=a\vee x=b$”为传统数学中的含义。

公理 2 保证了所定义的$\{a, b\}$是存在的，而又由公理 1 保证了它的唯一性，从而保证了对偶集定义的合理性。

定义 4 (单点集). $\{a\}=\{a, a\}$。

定义 5 (有序对). $<a, b>=\{\{a\}, \{a, b\}\}$。

定义 6 (单点序). $<a>=a$。

定义 7 (有序组). $<a_1, a_2, \cdots, a_n>=<<a_1, a_2, \cdots, a_{n-1}>, a_n>$ $(n=1, 2, \cdots)$。

以上这些定义都是 ZFC 系统中相应定义的简单平移，但是都必须考虑到被定义式取真值、假值以及取中值的情况下的合理性。

定义 8 (模糊谓词). $\underset{<x_1,x_2,\cdots,x_n>}{\text{fuz}} P \Leftrightarrow \exists x_1\exists x_2\cdots\exists x_n(\sim^{\circ}P(x_1,\cdots, x_n;\ t_1, \cdots, t_r))$。

定义 9 (清晰谓词). $\underset{<x_1,x_2,\cdots,x_n>}{\text{dis}} P \Leftrightarrow ╕ \underset{<x_1,x_2,\cdots,x_n>}{\text{fuz}} P$。

称谓词 P 对于它的变元 $x_1,\cdots, x_n$ 是模糊的，是指变元有一组取值使得 P 取中值。在定义 8 中，谓词 P 之前的模糊否定词之所以不取~，而取清晰化后的~(即~°)，是要保证 $\underset{<x_1,x_2,\cdots,x_n>}{\text{fuz}} P$ 这个谓词本身不再是模糊谓词。在这两个定义之下，可证

定理 2. $\underset{<x_1,x_2,\cdots,x_n>}{\text{dis}} P \Leftrightarrow \forall x_1\cdots\forall x_n(P(x_1,\cdots, x_n;\ t_1, \cdots, t_r)\vee ╕P(x_1,\cdots, x_n;\ t_1, \cdots, t_r))$。

定理 3. $P \Leftrightarrow \underset{<x_1,x_2,\cdots,x_n>}{\text{fuz}} P \vee \underset{<x_1,x_2,\cdots,x_n>}{\text{dis}} P$ 。

定理 3 恰好反映了 MS 理论建立者的意愿：一个谓词 P 要么是模糊谓词，要么是清晰谓词，而不可能有这两者的中介。根据清晰谓词和模糊谓词，不难定义清晰集和模糊集，并且可证明已经定义过的一些集合的清晰性。

定义 10 (清晰集). $\text{dis}\, a \Leftrightarrow \underset{x}{\text{dis}}(x\in a)$。

定义 11 (模糊集). $\text{fuz}\, a \Leftrightarrow \underset{x}{\text{fuz}}(x\in a)$。

定理 4. $\text{dis}\, a \wedge \text{dis}\, b \Rightarrow a\subset b \vee a\not\subset b$。

定理 4 中 $a\not\subset b$ 是╕$(a\subset b)$的缩写。此定理含义为，如果 a 与 b 都是清晰集，则~$(a\subset b)$就不可能发生。同样，下面的定理表明，~$(a=b)$也不可能发生。

定理 5. $\text{dis}\, a \wedge \text{dis}\, b \Rightarrow a=b \vee a\neq b$。

定理 6. $<a, b>=<c, d> \rightarrowtail\!\!\!\!\prec \angle\circ(a=c \wedge b=d)$。

2) 集合运算

在 MS 中，“恰集”是一个最基本的概念，上述 2°对其给出了描述性定义，下面将给出在 MS 中的形式化定义。它的重要意义在于，无论 P 是清晰谓词还是

模糊谓词，都肯定谓词 P 关于论域变元的集合（恰集）的存在性。并且，由此引入了由集合造出新集的若干运算，包括联集、交集、外集、中介集、清晰集、幂集等。其中，外集、中介集、清晰集是 ZFC 系统所没有的。

定义 12 (恰集). $a \underset{x}{\mathrm{exa}} P(x,t) \Leftrightarrow \forall x(x\in a \succ\!\prec P(x,t))$。

此即 a 是谓词 P 关于变元 x 的恰集，是指 $x\in a$ 的真值与 $P(x, t)$的真值完全相同。

定理 7. $a \underset{x}{\mathrm{exa}} P(x,t) \wedge b \underset{x}{\mathrm{exa}} P(x,t) \Rightarrow a = b$。

此定理表明一个谓词关于某变元的恰集是唯一的，这使得下面的记号成为合法。

定义 13 (恰集简记). $a = \{x \mid P(x,t)\} \Leftrightarrow a \underset{x}{\mathrm{exa}} P(x,t)$。

以下将利用恰集简记来引入一系列的集合运算。

公理 3 (联集公理). $\exists b(b = \{x \mid \exists y(y\in a \wedge x\in y)\})$。

定义 14 (联集). $\cup a = \{x \mid \exists y(y\in a \wedge x\in y)\}$。

定义 15 (联). $a\cup b = \cup\{a, b\}$。

定义 16 (多元集). $\{a_1, \cdots, a_{n-1}, a_n\} = \{a_1, \cdots, a_{n-1}\} \cup \{a_n\}, (n = 3,4,\cdots)$。

联集与联的区别：给定 a，a 的联集$\cup a$ 是用 a 的元素的元素为元素的；而对于两个集合 a 和 b，它们的联 $a\cup b$ 是用 a 的元素以及 b 的元素作为元素的。

易见，当 a 是清晰集，a 的元素也是清晰集时，联集$\cup a$ 也是清晰集。当 a 和 b 都是清晰集时，a 与 b 的联 $a\cup b$ 也是清晰集。因而有以下定理：

定理 8. $\mathrm{dis}\ a \wedge \forall x(x\in a \Rightarrow \mathrm{dis}\ x) \Rightarrow \mathrm{dis}\ \cup a$。

定理 9. $\mathrm{dis}\ a \wedge \mathrm{dis}\ b \Rightarrow \mathrm{dis}\ (a\cup b)$。

定理 10. $a\cup b = \{x \mid x\in a \vee x\in b\}$。

与上面联集类似，可展开交集运算。

公理 4 (交集公理). $\exists b(b = \{x \mid \forall y(y\in a \prec x\in y)\})$。

定义 17 (交集). $\cap a = \{x \mid \forall y(y\in a \prec x\in y)\}$。

定义 18 (交). $a\cap b = \cap\{a, b\}$。

在 Cantor 古典集合和 Zadeh 模糊集合等理论中，是无条件承认补集的存在性的。但是，在公理集合论系统 ZFC 中，并没有肯定补集的存在性。即通常的一个集合之补不再是 ZFC 中的集合（若承认补集的存在将会在 ZFC 之中引起悖论），所以只能讨论差集或相对补集。然而从人的思维规律看，有了集合，立即就会自然地想到它的(绝对)补集。因此可以说，在 ZFC 中不允许补集的存在是为了避免悖论，而不是对思维规律的最恰当的反映。由于 MS 的建立者采用了特有的方法(不是像 ZFC 系统采用限制集合大小的办法) 在中介数学系统中避免悖论，因而在 MS 中肯定了补集的存在性，但为避免歧义而称之为“外集”。

公理 5 (外集公理). $\exists b(b=\{x\,|\,x\notin a\})$。

定义 19 (外集). $a^{-}=\{x\,|\,x\notin a\}$。

外集是把集合外面的元素(即不属于 a 的元素)变为本身内部的元素。下面的中介集则是把“中介属于”某集合的元素汇集而成的集(当然，同时也把集合外部的和内部的元素都变为中介集的“中介对象”)。

公理 6 (中介集公理). $\exists b(b=\{x\,|\,x\mathrel{\underset{\sim}{\in}} a\})$。

定义 20 (中介集). $a^{\sim}=\{x\,|\,x\mathrel{\underset{\sim}{\in}} a\}$。

公理 7 (清晰集公理). $\exists b(b=\{x\,|\,\angle\circ(x\in a)\})$。

定义 21 (清晰化集). $a^{\circ}=\{x\,|\,\angle\circ(x\in a)\}$。

所谓 a 的清晰化集，是将 a 的边界上的中介对象和外部元素全都推向外部，内部元素保持不变而形成的清晰集。清晰化集一定是清晰的。

公理 8 (卡积公理). $\exists c(c=\{x\,|\,\exists y\exists z(y\in a\wedge z\in b\wedge\angle\circ\, x=\langle y,z\rangle)\})$。

定义 22 (卡积). $a\times b=\{x\,|\,\exists y\exists z(y\in a\wedge z\in b\wedge\angle\circ\, x=\langle y,z\rangle)\}$。

公理 9 (幂集公理). $\exists b(b=\{x\,|\,x\subseteq a\})$。

定义 23 (幂集). $\wp a=\{x\,|\,x\subseteq a\})$。

定义 24 (幂清晰集). $\wp a^{\circ}=\{x\,|\,x\subseteq a\})^{\circ}$。

3) 谓词与集合

在 MS 中，“概集”是一个最基本的概念，上述 1°对其给出了描述性定义，下面将给出在 MS 中的形式化定义，并讨论和建立 MS 的泛概括公理、替换公理、选择公理和后继恰集公理，其中泛概括公理的建立和讨论是整个 MS 系统的一个中心内容。

定义 25 (概集). $a\underset{x}{\mathrm{com}}P(x,t)=\forall x((P(x,t)\Rightarrow x\in a)\wedge(\urcorner P(x,t)\Rightarrow x\notin a))$。

定义 26 (正规谓词).

(1) 若 x, y 是项，则 $x\in y$，$x=y$ 都是正规谓词；

(2) 若 P, Q 是正规谓词，则 $P\to Q, \urcorner P, {\sim}P$ 都是正规谓词；

(3) 若 $P(a;\ t_1,\cdots,t_r)$是正规谓词，个体词 a 在其中出现，x 不在其中出现，以 x 替换 a 的所有出现，则$\forall xP(x;\ t_1,\cdots,t_r)$是正规谓词；相应地，以 x 替换 a 的部分出现，则 $\exists xP(x;\ t_1,\cdots,t_r)$是正规谓词。

(4) MS 中的谓词是正规谓词，当且仅当由上述(1)、(2)和(3)经有限步生成。P 是 MS 中的正规谓词，记为 Nor P。

公理 10 (泛概括公理). 对任何 Nor P，只要其中不含 a 的自由出现，则

$$\exists a(a\underset{x}{\mathrm{com}}\exists x_1\cdots,\exists x_n(\angle\circ(x=\langle x_1,\cdots,x_n\rangle\wedge P(x_1,\cdots,x_n;\ t))))$$

定理 11(泛概括定理). 对于任何 Nor P，只要其中不含 a 的自由出现，则 $\exists a(a \underset{x}{\text{com}} P(x, t)$。

此定理就是 Cantor 概括原则的推广。它断言，对于任何正规谓词 P，不管它是清晰的或是模糊的，我们都可以用它来造集，这个集的元素是如此确定的：凡满足 P（即使该谓词为真）的 x，就在集合内；凡满足$\neg P$（即使该谓词为假）的 x，就在集合外；但要注意，凡满足$\sim P$（即使得该谓词取中值）的 x，并没有肯定落在集合的何处。事实上，允许它们落在集合外部、内部或边界上。这样生成的集合当然不是唯一的，将它们都称为谓词 P 的概集。初看起来，这种由谓词仅能造概集的规定不符合 Cantor 概括原则的要求，因为依据概括原则，任给谓词，应该能造相应的恰集。不过前述中已指出，当把谓词 P 限定为清晰谓词时，P 的恰集与概集相同，并且唯一确定，所以能得出所要求的结论。

定理 12. $\underset{x}{\text{dis}}\, P(x) \wedge a \underset{x}{\text{com}}\, P(x) \Rightarrow \underset{x}{\text{dis}}\, a \wedge a \underset{x}{\text{exa}}\, P(x)$。

定理 13. 对任何 Nor $P(x, t)$，只要其中不含 a 的自由出现，则 $\underset{x}{\text{dis}}\, P(x, t) \Rightarrow \exists a(a \underset{x}{\text{exa}}\, P(x, t))$。

不难看出，Cantor 所用来造集的谓词全都是 MS 中的正规清晰谓词，故定理 13 表明 MS 中全面保留了 Cantor 意义下的概括原则。至于为什么使用 Cantor 的概括原则会引起悖论(例如 Russell 悖论)，而在 MS 中同样使用之却不会引起悖论。基于这两条定理，可构造全集和空集。

定义 27 (全集). $V = \{x \mid x = x\}$。

定义 28 (空集). $\varnothing = V^{-}$。

定义 29 (单值谓词). $\underset{(x_1, x_2)}{\psi}\ \varphi(x_1, x_2, t) \Leftrightarrow \forall x_1 \forall x_2 \forall x_3(\varphi(x_1, x_2, t) \wedge \varphi(x_1, x_3, t) \Rightarrow x_2 = x_3)$。

公理 11 (替换公理). 对任何 $\underset{(x_1, x_2)}{\psi}\ \varphi(x_1, x_2, t)$，只要其中没有 b 的自由出现，则

$$\forall a(M(a) \Rightarrow \exists b(M(b) \wedge b \underset{y}{\text{exa}}\ (\exists x(x \in a^{\circ} \wedge \varphi(x, y, t)))))$$

其中，M 是一元谓词，解释并读为“小”。替换公理是说，对于任何小集 a，可以用单值谓词φ将其内部的元素换为其他元素，从而形成新的小集 b，这个新集称为 a 被φ替换而得的替换集。

定义 30 (替换集). $\underset{\varphi(x,y)}{\text{rep}}\ a = \{y \mid \exists x(x \in a^{\circ} \wedge \varphi(x, y, t))\}$。其中$\varphi$ 是单值谓词。

由替换公理不难得出如下的子集定理：

定理 14(子集定理). $M(a) \Rightarrow \exists b(M(b) \wedge b \underset{y}{\text{exa}}\ (y \in a^{\circ} \wedge \varphi(y)))$。

定义 31 (幺元素集). $I(a) \Leftrightarrow \exists x(a \in \{x\})$。

公理 12(选择公理). $M(a)\wedge\forall x\forall y((x\in a\wedge y\in a\wedge\neg(x=y))\Rightarrow x\cap y=\varnothing)\Rightarrow\exists b(M(b)\wedge\forall x(x\in a\wedge x\neq\varnothing\Rightarrow I(b\cap x)))$。

这就是说，如果小集 a 中任何元素两两不交，则可以找到一个“选择集” b，它也是小集，且 b 与 a 中每个元素之交为单点集。注意元素两两不交的刻画是 $(x\in a\wedge y\in a\wedge\neg(x=y))\Rightarrow x\cap y=\varnothing$，而不是 $(x\in a\wedge y\in a\wedge ╕(x=y))\Rightarrow x\cap y=\varnothing$。因为依后一条件，有时将找不到选择集 b。

以下讨论后继、后继集和后继恰集，然后给出后继恰集公理，由后继恰集的存在性立即可推出无穷集合的存在。所以，在 MS 中不再另列无穷公理。

定义 32 (后继). $a^{+}=a\cup\{a\}$。

定义 33 (后继集). $b\ \mathrm{suc}\ a\Leftrightarrow a\subseteq b\wedge\angle\circ(\forall x(x\in b\prec x^{+}\in b))$。

公理 13 (后继恰集公理). $M(a)\Rightarrow\exists b[M(b)\wedge b\ \underset{y}{\mathrm{exa}}\ \forall y(y\ \mathrm{suc}\ a\prec x\in y)]$。

定义 34 (后继恰集). $a^{\#}=\{x\mid M(a)\wedge\forall y(y\ \mathrm{suc}\ a\prec x\in y)\}$。

所谓后继恰集，是针对小集才设置的。可证明，小集 a 的后继恰集是 a 的所有后继集之交，也就是 a 的“最小后继集”。如果能把 a 的所有后继集组成一个集合 S，那么后继恰集 $a^{\#}$ 就是 S 的交集 $\cap S$。然而，遗憾的是 MS 做不到这一点，即无法用泛概括公理或其他公理将 a 的所有后继集聚拢为一集，所以 MS 需要后继恰集公理。

MS 为了对小集等基本概念全面地进行刻画，还引入了一系列公理概念。

公理 14 (清晰公理). $\underset{x}{\mathrm{dis}}\,M(x)$。

这就是说，MS 认定“小集”这个概念为清晰的，以求得问题的简化（并不排除以后再发展为考虑“小集”“巨集”“中集”的可能性）。

定义 35 (巨集). $GI(a)\Leftrightarrow ╕M(a)$。

公理 15 (巨集公理). $GI(a)\vee GI(a^{\sim})\vee GI(a^{-})$。

公理 16 (小清晰公理). $M(a)\Leftrightarrow M(a^{\circ})$。

公理 17 (单点小集公理). $I(a)\Rightarrow M(a)$。

公理 18 (小联集公理). $M(a)\wedge\forall x(x\in a\Rightarrow M(x))\Rightarrow M(\cup a)$。

公理 19 (小交集公理). $M(a)\wedge\exists x(x\in a\Rightarrow M(x))\Rightarrow M(\cap a)$。

这一系列公理指明了 MS 约定哪些集合是小集。由它们可证明一些集合的“小集性”。

为了讨论余下的幂集运算、卡积运算的小集性，MS 需加入最后一条公理：

公理 20 (小幂集公理). $M(a)\wedge M(a^{\sim})\Rightarrow M(\wp a)$。

对于小集 a，可以把 a 的清晰集 a° 的一切清晰子集概括成小集 B，这个小集称为 A 的清晰幂集，注意它与定义 24 中的幂清晰集有所不同。

定义 36 (清晰幂集). $\wp_{d}(a)=\{x\mid M(a)\wedge x\subseteq a^{\circ}\wedge\mathrm{dis}\ x\}$。

4) MS 与 ZFC 的关系

如所知，ZFC 之所以被公认为整个精确性经典数学的理论基础，其重要的理由就是，由 ZFC 能推出整个经典数学。而 ZFC 通常包括外延、空集、对偶、并集、幂集、子集、无穷、选择、替换和正则等 10 条非逻辑公理。其中正则公理又叫做基础公理，它对于由 ZFC 推出整个经典数学是不起作用的，ZFC 设置该公理的目的在于保证关系∈的良基性和 ZFC 之集都是基本的。所以 ZFC 中用以推出整个经典数学的是除了正则公理的其余 9 条公理。但是，这 9 条公理并非都是独立的。例如子集公理即可替换公理推出，在 ZFC 设置子集公理，只是为了使用方便而已。如此，假如把 ZFC 中除正则公理和子集公理外的其余 8 条公理所构成的公理系统记为 ZFC^*，即知由 ZFC^*就可推出整个经典数学。

在对 MS 中个体和谓词加以必要限制后，在 MS 能推证出 ZFC^*中的 8 条公理，同时，严格证明了经典二值逻辑是中介逻辑系统 ML 的子系统。所以，以 MS 和 ML 为奠基理论的中介数学系统拓宽了精确性经典数学的逻辑基础与集合论基础，即整个精确性经典数学也能奠基于 MS 和 ML 上。然而，MS 与 ML 不仅研究和处理精确性量性对象，同时还研究和处理模糊性量性对象，因而表明，MS 与 ML 将成为研究精确现象的经典数学和研究模糊现象的不确定数学的共同基石。

2.1.3　Zadeh 模糊集的扩充

自 1965 年 Zadeh 模糊集问世以来，国内外许多学者根据理论与实际领域的需要，对 Zadeh 模糊集进行了扩充。其中典型的研究有（详见文献[28]）：1976 年 Grattan 将模糊集概念中的隶属度用区间表示，引入了隶属度上限、隶属度下限、非隶属度上限、非隶属度下限概念；1987 年 Gorzalczany 由此提出区间值模糊集(interval-valued fuzzy sets，IVFS)；1986 年 Atanassov 基于隶属度、非隶属度和犹豫度概念，创立了直觉模糊集(intuitionistic fuzzy sets，IFS)，在此基础上，1989 年 Atanassov 在对比分析区间值模糊集与直觉模糊集的基础上，结合区间值模糊集，提出隶属度区间、非隶属度区间和犹豫度区间的概念，创立了区间值直觉模糊集(interval-valued intuitionistic fuzzy sets，IVIFS)；1993 年 Gau 和 Buehrer 提出 Vague 集(vague sets，VS)；2001 年马志峰、邢汉承等在 Vague 集基础上，结合区间值模糊集，提出了区间值 Vague 集(interval-valued vague sets，IVVS)等。

1. 各种扩充模糊集的定义

为了讨论 Zadeh 模糊集及其各种扩充模糊集以及它们之间的关系等整体性质，Zadeh 模糊集及其各种扩充模糊集可定义如下[28]：

定义 1. 设 X 为论域。函数μ_A、ν_A 满足下列条件的 X 上的集合 $A = \{<x, \mu_A(x)> | x\in X\}$称为经典集：

μ_A：$X\to\{0, 1\}$, ν_A：$X\to\{0, 1\}$

$$\mu_A(x)=\begin{cases}1, x\in A\\ 0, x\notin A\end{cases},\qquad \nu_A(x)=\begin{cases}1, x\notin A\\ 0, x\in A\end{cases}$$

其中，μ_A、ν_A 称为集合 A 的隶属函数和非隶属函数；对于任意 $x\in X$，$\mu_A(x)$称为 x 对 A 的隶属度，$\nu_A(x)$称为 x 对 A 的不隶属度。

显然，$\mu_A(x)+\nu_A(x) = 1$。

定义 2. 设 X 为论域。函数μ_A、ν_A 满足下列条件的 X 上的集合 $A = \{<x, \mu_A(x)> | x\in X\}$称为 Zadeh 模糊集(fuzzy sets，FS)：

μ_A：$X\to[0, 1]$,　ν_A：$X\to[0, 1]$

$\{\mu_A(x) | \in X\} \subseteq [0, 1]$,　$\{\nu_A(x) | \in X\} \subseteq [0, 1]$

$\mu(x)+\nu_A(x) = 1$

显然，经典集是模糊集的特例。

定义 3. 设 X 为论域。函数μ_A、ν_A 和π_A 满足下列条件的 X 上的集合 $A = \{<x, \mu_A(x), \nu_A(x)> | x\in X\}$称为直觉模糊集(intuitionistic fuzzy sets，IFS)：

μ_A：$X\to[0, 1]$, ν_A：$X\to[0, 1]$

$\mu_A(x)+\nu_A(x)\in[0, 1]$，$\pi_A(x) = 1-\mu_A(x)-\nu_A(x)$

其中，π_A 称为 A 的犹豫度函数或不确定函数；对于任意 $x\in X$，$\pi_A(x)$称为 x 对 A 的犹豫度。

定义 4. 设 X 为论域。满足下列条件的 X 上的集合 $A = \{<x, M_A(x), N_A(x)> | x\in X\}$称为区间值模糊集(interval-valued fuzzy sets，IVFS)：

$M_A(x) = [\mu_A^-(x), \mu_A^+(x)] \subseteq [0, 1]$

$N_A(x) = [\nu_A^-(x), \nu_A^+(x)] \subseteq [0, 1]$

$\nu_A^+(x) = 1-\mu_A^-(x)$

$\nu_A^-(x) = 1-\mu_A^+(x)$

其中，对于任意 $x\in X$，$M_A(x)$、$N_A(x)$分别表示 x 对 A 的隶属度的范围和不隶属度的范围。

定义 5. 设 X 为论域。满足下列条件的 X 上的集合 $A = \{<x, M_A(x), N_A(x)> | x\in X\}$称为 Vague 集(vague sets，VS)：

$M_A(x) = [\mu_A(x), 1-\nu_A(x)]\subseteq[0, 1]$

$N_A(x) = [\nu_A(x), 1-\mu_A(x)]\subseteq[0, 1]$

$P_A(x) = [0, \pi_A(x)]\subseteq[0, 1]$

其中，对于任意 $x\in X$，$M_A(x)$、$N_A(x)$和 $P_A(x)$分别表示 x 对 A 的隶属度的范围、不

隶属度的范围和犹豫度的范围（亦称为不确定度的范围）；闭区间$[\mu_A(x), 1-\nu_A(x)]$称为 Vague 集 A 在点 x 的 Vague 值。

定义 6. 设X为论域。满足下列条件的X上的集合 $A = \{<x, M_A(x), N_A(x)> | x \in X\}$称为区间值直觉模糊集(interval-valued intuitionistic fuzzy sets，IVIFS)：

$M_A(x) = [\mu_A^-(x), \mu_A^+(x)] \subseteq [0, 1]$

$N_A(x) = [\nu_A^-(x), \nu_A^+(x)] \subseteq [0, 1]$

$P_A(x) = [\pi_A^-(x), \pi_A^+(x)] \subseteq [0, 1]$，$\pi_A^-(x) = 1-\mu_A^+(x)-\nu_A^+(x)$，$\pi_A^+(x) = 1-\mu_A^-(x)-\nu_A^-(x)$

$\sup M_A(x)+\sup N_A(x) = \mu_A^+(x)+\nu_A^+(x) \leqslant 1$

定义 6 中的区间值直觉模糊集 IVIFS 与“区间值 Vague 集”IVVS 是完全等价的。

2. 各种扩充模糊集之间的关系

在文献[27]中，还证明了 Zadeh 模糊集 FS 及其各种扩充模糊集之间具有如下关系：

（1） 经典集是 Zadeh 模糊集 FS 的特例；

（2） FS 是区间值模糊集 IVFS 的特例；

（3） FS 是直觉模糊集 IFS 的特例；

（4） IFS 与 Vague 集 VS 一一对应；

（5） IVFS 本质上是 VS；

（6） IFS 是区间值直觉模糊集 IVIFS（以及区间值 Vague 集 IVVS）的特例，但 VS 并非 IVIFS（以及 IVVS）的特例。

因此，Zadeh 模糊集 FS 以及各种扩充模糊集的关系，我们可用图 2-1 和图 2-2 说明。

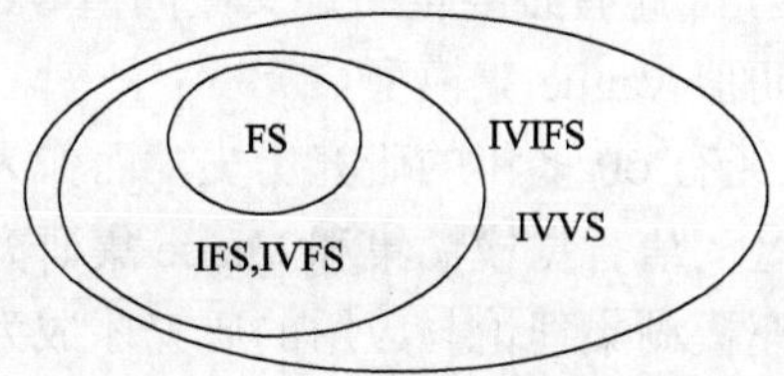

图 2-1　模糊集 FS、直觉模糊集 IFS、区间值直觉模糊集 IVIFS、区间值 Vague 集 IVVS 之间的关系

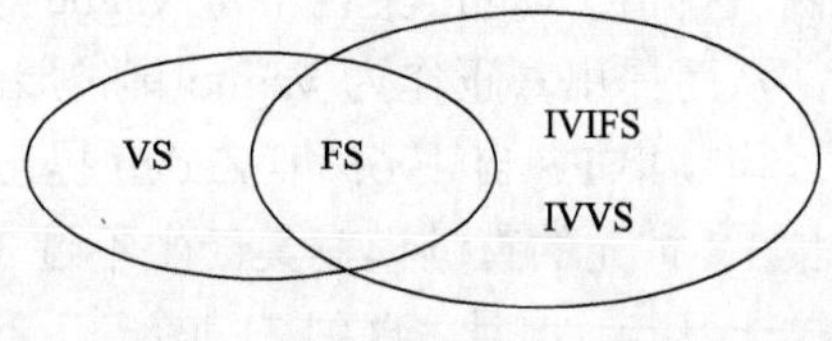

图 2-2　模糊集 FS、Vague 集 VS、区间值直觉模糊集 IVIFS、区间值 Vague 集 IVVS 之间的关系

3. 各种扩充模糊集的特点与不足

Zadeh 模糊集只考虑了隶属度的信息，因此相对而言，同时融合了隶属度、非隶属度、犹豫度三方面信息的直觉模糊集、Vague 集、区间值直觉模糊集和区

间值 Vague 集等，在处理不确定信息时，其处理能力和解释能力优于 Zadeh 模糊集。例如，在处理传统的投票决策问题时，Zadeh 模糊集在投票过程中只有支持票或反对票，而直觉模糊集和 Vague 集则涵盖了支持票、反对票和弃权票三部分信息，采纳的决策信息更全面更恰当；在处理模式识别问题时，对于不能分辨或者不能确定的样本数据完全可以用犹豫度描述，避免必须非此即彼的尴尬。也就是说，这些扩充模糊集在处理不确定信息时比 Zadeh 模糊集有更强的表示能力。

上述中已指出，Vague 集与直觉模糊集其本质是等价的，只是在表现形式上存在细微差异，在处理模式识别、模糊推理、模糊决策问题时所得到的方法也基本一致。但从直观角度说，Vague 集向决策者提供的信息比直觉模糊集更全面。二者都是用隶属度、非隶属度和犹豫度说明与解决问题，但是直觉模糊集只是一种单数值表达形式，而 Vague 集则是区间表达形式，且区间本身是有意义的，它表示了决策者对事物的最小-最大支持度、最小-最大犹豫度、最小-最大反对度，因此在对于不确定信息的表达方面更为全面。然而，由于 Vague 集的构成元素与直觉模糊集的构成元素完全相同，因此知道了直觉模糊集，也就唯一确定了 Vague 集，同理，知道了 Vague 集，也唯一确定了直觉模糊集。虽然在表达形式上二者存在差异，但由于它们之间存在一一映射，故二者可以相互确定。

区间值直觉模糊集和区间值 Vague 集二者是在区间值模型上的推广。在现有的区间值研究领域中，学者们用完全相同的定义分别研究区间值直觉模糊集和区间值集。从理论角度说，按照常规思维，任意区间值模糊集模型理应是其相应模糊集模型的扩展，事实上，在现有文献的定义中，区间值 Vague 集一直被认为是 Vague 集的自然推广。然而，在上述中已证明了 Vague 集不是区间值 Vague 集的特例，区间值 Vague 集也不是 Vague 集的扩展，因此有必要重新定义区间值 Vague 集，从而提出真正作为 Vague 集扩展的新区间值 Vague 集模型。

模糊集 FS 自 1965 年 Zadeh 提出以来已经有 60 多年的研究历史，而作为模糊集 FS 扩充的直觉模糊集诞生不过 30 年，区间值直觉模糊集和 Vague 集研究也才二十几年。况且，直到 21 世纪初，这些扩充模糊集理论与应用的研究才成为热点研究领域。由于上述理论发展的时间较短，其基础理论尚待完善，需要进一步深入研究。

2.2 模糊逻辑与模糊推理

模糊逻辑是以模糊集表述的模糊命题为研究对象，运用模糊集理论研究模糊性思维与语言形式及其规律的科学。它的最终目的是将模糊集理论作为一种主要工具，为不精确命题的近似推理提供理论基础。模糊逻辑的形成及发展大致分三个阶段，从 20 世纪 20 年代到 60 年代中期是模糊逻辑的孕育期，20 年代罗素已对含混性问题进行了探索，30 年代布莱克(Blake)进一步运用轮廓一致法对含混性问题进行了研 究[29-34]。50 年代，有人在心理学实验中研究了含混性问题。60 年代中期到 70 年代中期，是模糊逻辑的诞生期。1965 年 Zadeh 首次提出模糊集后，1966 年马里诺斯(Marinos)提出了模糊逻辑的内部研究报告，1972 年 Zadeh 研究了模糊语言变量问题，并把它应用于似然推理的研究；1974 年马丹尼(Mamdani)把模糊逻辑和模糊语言引入了模糊逻辑控制器的研究工作；同年斯卡勒(Skare)和梅杰斯(Majors)在一篇合作的论文中提到了模糊逻辑。1976 年，贝尔曼(Behrman)和 Zadeh 正式提出了模糊逻辑概念。1983 年，张锦文在关于“模糊集合论的结构”的英文论文中首先提出一种形式化的模糊逻辑 FL，尔后又在他与陈自立合作的《对模糊逻辑的句法分析》的英文论文中对 FL 作了修正，并讨论了它的特征。1994 年，Zadeh 首次将模糊逻辑明确地划分为狭义模糊逻辑与广义模糊逻辑。从狭义上说，模糊逻辑是一种逻辑形式系统(包括了语法、语义、完备性、可靠性、协调性、命题演算和谓词演算等)，它是多值逻辑的一个推广且作为近似推理的基础。这种狭义的模糊逻辑我们简称为模糊逻辑，目前以捷克逻辑学家 Hájk 于 1998 年提出的基础逻辑(basic logic，BL)最有影响。从广义上说，模糊逻辑是一个更广的理论，它主要用于模糊控制、自然语言和其他一些应用领域中的模糊性分析，它是一种软计算方法。广义的模糊逻辑主要以 Zadeh 主张的模糊语言逻辑为代表。

创立模糊逻辑的深远意义在于：①模糊逻辑从逻辑思想上为研究模糊性命题指明了方向，为寻找解决模糊性命题的突破口奠定了理论基础。②模糊逻辑从理论和实践的结合上，为处理非线性、变系数的复杂情况(如自动控制中不确定性问题)找到了途径。③模糊逻辑从方法论上为人类顺利地由确定性研究时期进入不确定性研究时期提供了逻辑方法。④模糊逻辑对解决自然语言与复杂思维的形式化问题，提出了一种具体的量化处理方法。

然而，虽然“模糊逻辑”一词已被广泛地使用，但不同的学者对它的含义却有不同的理解。在最具代表性的文献[29]中认为，对模糊逻辑至少有三种不同的理解：

(1) 作为使用日常语言进行的不精确推理的基础；

(2) 使用模糊集论对语言逻辑结构模糊化的近似推理的基础；

(3) 真值取在 [0, 1]上的多值逻辑。

这三种说法以(1)最广，(3)最狭。第一种说法势必要把所有非标推逻辑都称为模糊逻辑，含义未免过宽。第二种说法是 Zadeh 所主张的，这种逻辑使用模糊语言真值、语言谓词、语言量词、谓词的语言修饰词及语言限定词，我们称它为模糊语言逻辑。第三种说法是将模糊逻辑称为一种真值取在[0, 1]上的多值逻辑。

2.2.1 模糊语言逻辑

语言变量是模糊语言逻辑的最基本的概念。在日常生活中．当说“今天太热”或者说“今天的气温很高”时，词语“太热”“很高”等描述了“今天的气温”；如谈到人的“年纪”时，词语“年轻”“很年轻”“中年”“不老”等描述了人的“年纪”。换句话说，“太热”和“很高”等词语作为“今天的气温”的取值；“年轻”“很年轻”“中年”“不老”等作为“年纪”的取值。当然，词语“今大的气温”也可以取值为25℃、19℃等，人的“年纪”也可以用20岁、45岁、80岁等直接描述。虽然用字或句描述客观现象没有用数值描述那么精确，但是也有很多客观现象是因为本身没有度量单位及标准，难以用数值进行描述。如人的“容貌”，只能说“漂亮”“有点漂亮”“很美”“标致”“有点丑”等。为了能够处理这些日常生活中普遍存在的客观现象，1975年Zadeh引入了语言变量的概念[35]。对照上述例子，词语“今天的气温”“年纪”和“容貌”即为三个不同的语言变量。粗略地讲，所谓语言变量，是以自然语言中的字或句而不是以数作为值的变量，是用自然语言或人工语言的词语或句子来表示变量的值以及描述变量间的内在联系的一种系统化方法。

语言变量之所以能作为一种近似的表达法，去表达因为太复杂或定义太不完善而无法用精确的术语加以描述的客观现象，就是因为人们依靠了思维中的模糊概念而不是数值这一精确概念的使用。事实上，当一个变量取数值时，已经有一个完善的数学体系对其进行描述，而当一个变量取语言值时，在经典数学理论中并没有一个理论和方法可对其进行描述。由于语言变量的语言值中大都具有模糊性特征，一个语言值表达了一个模糊概念，由此，Zadeh 提出用模糊集来刻画语言值，并通过模糊集论中扩展原理的使用，使得现有的大多数系统分析的数学方法能够适应语言变量的计算，从而设计出一种语言变量的近似计算方法。所谓的语言变量，Zadeh给出了如下定义。

定义 1. 一个语言变量为四元组$(x, T(x), U, M)$。其中，x 是语言变量名，$T(x)$为 x 的语言值集，其中每个语言值是关于 x 的模糊概念；U 是 x 的论域；M 是语义规则，对每个语言值 $x^* \in T(x)$赋予词义 $M(x^*)$，$M(x^*)$为 x^*的隶属函数。

定义表明，一个语言变量所取的语言值(即词语)是一个模糊概念，如“青年”“非常真”等。由于一个模糊概念可由一个模糊集合描述，因而，一个语言变量的语言值为论域上的若干个模糊子集。

为了举例说明语言变量概念，我们运用模糊集论中的 S 函数（即模糊集隶属函数的近似标准型）概念。一个 S 函数是一个分段二次函数，定义如下：

$$S(u;\alpha,\beta,\gamma)=\begin{cases}0, & \text{当 } u\leqslant\alpha\\ 2[(u-\alpha)/(\gamma-\alpha)]^2, & \text{当 } \alpha\leqslant u\leqslant\beta\\ 1-2[(u-\gamma)/(\gamma-\alpha)]^2, & \text{当 } \beta\leqslant u\leqslant\gamma\\ 1, & \text{当 } u\geqslant\gamma\end{cases}$$

其中，α,β,γ 是参数，满足$\alpha<\beta<\gamma$，且$\beta=(\alpha+\gamma)/2$。

例 1. 语言变量“年龄”。其中

$x=$ 年龄

$T(x)=\{$青年，中年，老年，…$\}$

$U=[0,150]$，变量 $u(\in U)$ 表示一个人的年龄。

$$M(\text{青年})=\int_0^{150}S(u;20,25,30)/u$$

$$M(\text{中年})=\int_0^{150}S(u;35,40,45)/u$$

$$M(\text{老年})=\int_0^{150}S(u;50,55,70)/u$$

……

在日常的会话中，我们经常用非常真、十分真、有点真、基本上真、假、完全假之类的表达方法来表征一个陈述的真假程度。这些表达法与语言变量的语言值相似。这意味着，在一个断语的真伪的定义不明确的情况下，把“真假”作为一个语言变量处理可能是适当的。对于这一变量，真和假只不过是它的值域中的两个元素而不是真假值全域中的两个端点。

例 2. 语言变量“真假”。其中

$x=$ 真假

$T(x)=\{$真，不真，非常真，假，不假，…$\}$

$U=[0,1]$

至于 $M(x^*)$，Zadeh 和鲍德温(Baldwin)采用了不同的定义。

Zadeh 的定义($0<\alpha<1$)：

$$M(\text{真})=\int_0^1 S(u;\alpha,(\alpha+1)/2,1)/u$$

$$M(\text{假})=\int_0^1 S(1-u;\alpha,(\alpha+1)/2,1)/u$$

$$M(\text{非常真})=\int_0^1 [S(u;\alpha,(\alpha+1)/2,1)]^2/u$$

……

Baldwin 的定义：

$M(真) = \int_0^1 u/u$；$M(假) = \int_0^1 (1-u)/u$；$M(非常真) = \int_0^1 u^2/u$；……

如所知，一个模糊命题为一个含有模糊概念的陈述语句。也就是说，这样的陈述语句中必然至少含有一个取值为模糊概念的语言变量。Zadeh 基于语义变量的建立，对模糊命题的数学表示作了基础性的研究。他用可能性理论将一个模糊命题转化为(用符号“⇒”代表)可能性赋值方程，并用语义等价的思想将模糊命题转化统一表示形式的“基本命题”。为以基本命题为研究对象的模糊逻辑及模糊推理奠定基础。

基本命题（或称原始命题、简单命题）形式如下：

“x 是 A”

其中，x 是语言变量名，x 在 U 上取语言值。语言值 A 是用谓词表述的模糊概念，是 U 上的一个模糊子集。

设Π_x表示 x 的可能性分布，则模糊命题“x 是 A”可转化为可能性赋值方程，即

$$x \text{ 是 } A \Rightarrow \Pi_x = A$$

其中，若设 π_x: $U \to [0, 1]$为Π_x 的可能性分布函数，则 $\Pi_x = A$ 等价于

$$\pi_x(u) = \text{Poss}\{x=u\} = A(u), \forall u \in U \tag{*}$$

表示 x 取 u 值的可能程度，是 u 相对于 A 的隶属度。

一般地，$\pi_x(u)$表示 x 赋予 u 值的可行性程度（可能程度）。因 U 是 x 的取值范围，U 中至少有一个元素应当完全可能（即允许）作为 x 的值。换句话说，$\exists! u\in U$ 使得$\pi_x(u) = 1$。因此，A 应当是 U 上的正规模糊子集。方程(*)表示在“x 是 A”是唯一可以依据的前提下，$x = u$ 的可能程度被 u 关于 A 的隶属度 $A(u)$所估值。

可见，模糊命题的转化实质上是知识的表现形式，模糊命题的可能性方程反映了不完全或不确定知识的数量表现形式。

如何将用自然语言表达的模糊命题转换成标准形式的基本命题，需要注意命题所隐含的语言变量。例如，模糊命题：“彼得是老的”，等价说“彼得的年龄是老的”，“年龄”是该命题隐含的语言变量。因此，该模糊命题表达为“x 是 A”的形式时，x 应为“彼得的年龄”，而不是彼得；A 为“老的”，对应的论域是[0, 150]。相应的可能性赋值方程应是$\Pi_{年龄(彼得)}$ = 老的。如果“老的”用隶属函数 $S(u;50,55,70)$(即“老年”$= \int_0^{150} S(u;50,55,70)/u$)来定义，而彼得的年龄是 55 岁，则$\pi_{年龄(彼得)}(55) = 0.5$。0.5 就是“彼得是老的”的可能程度，或者说是模糊命题“彼得是老的”在彼得为 55 岁条件下的命题真值。

(1) 对于一般的模糊命题，可转化为基本命题：

例 3. 模糊命题：“今天的气温很高”。

$$\text{今天的气温很高} \Rightarrow x \text{ 是 } A$$

其中，$x=$ 气温(今天)，$A=$“很高”。

例 4. 模糊命题：“张三比李四更年轻”。

$$\text{张三比李四更年轻} \Rightarrow x \text{ 是 } A$$

其中，$x=(x_1, x_2)$，$x_1=$年龄(张三)，$x_2=$年龄(李四)，$A=$“更年轻”。

(2) 对于带有语气修饰词的模糊命题，这类命题具有如下标准形式：

$$\text{“}x \text{ 是 } mA\text{”}$$

$$(mA)(u)=m(A(u)), \forall u \in U$$

其中，x 与 A 如上述(1)；m 是否定词或修饰词，可取“非”“非常”“或多或少”等。

例 5. 模糊命题：“王五非常高”。

$$\text{王五非常高} \Rightarrow x \text{ 是 } mA$$

其中，$x=$身高(王五)，$A=$“高”，$m=$非常。

显然，若令 $mA=B$，则“x 是 mA”就是命题“x 是 B”。即带有语气修饰词的模糊命题是基本命题的一种特殊形式。

(3) 对于复合模糊命题，可由可能性赋值方程和逻辑算子导出。设 P, Q 是模糊命题，则 P 和 Q 的复合命题为 $R=P*Q$。其中，$*$是命题联结词“与”“或”以及“若…则…”(蕴含)。R 的可能性赋值方程可由 P 和 Q 的可能性赋值方程及逻辑算子$*$导出。

设 A、B 分别为论域 U、V 上的模糊子集且 $U \neq V$。

$$P\text{：“}x \text{ 是 } A\text{”}$$

$$Q\text{：“}y \text{ 是 } B\text{”}$$

则 P 与 Q 可分别转化为可能性赋值方程，即

$$x \text{ 是 } A \Rightarrow \Pi_x = A$$

$$y \text{ 是 } B \Rightarrow \Pi_y = B$$

如果“与”算子用 t-范数$\top$,“或”算子用 t-余范$\perp$，“蕴含”用正常蕴含θ，则复合命题 R 可分别转化为可能性赋值方程，即

(a)　$R=x$ 是 A 且 y 是 $B \Rightarrow \Pi_{(x,y)}=(A\times V)\top(U\times B)$

其中，$\pi_{(x,y)}(u,v)=A(u)\top B(v), \forall (u,v)\in U\times V$。

(b)　$R=x$ 是 A 或 y 是 $B \Rightarrow \Pi_{(x,y)}=(A\times V)\perp(U\times B)$

其中，$\pi_{(x,y)}(u,v)=A(u)\perp B(v), \forall (u,v)\in U\times V$。

(c)　$R=$若 x 是 A 则 y 是 $B \Rightarrow \Pi_{(x,y)}=(A\times V)\theta(U\times B)$

其中，$\pi_{(x,y)}(u,v)=A(u)\theta B(v), \forall (u,v)\in U\times V$。

例 6. 设 $U=\{1, 2, 3\}$，$V=\{4, 5, 6\}$。$A=$“小”$=1/1+0.6/2+0.1/3$；$B=$“大”

$= 0.1/4+0.6/5+1/6$。

取$\top = \wedge$，$\bot = \vee$，θ为武卡谢维奇(Łukasiewicz)蕴含θ_L。则

(i) x是小且y是大 $\Rightarrow \Pi_{(x,y)} = (A\times V)\wedge(U\times B)$

定义$(A\times V)\wedge(U\times B) = A\times B$：

$A\times B = 0.1/(1,4)+0.6/(1,5)+1/(1,6)+0.1/(2,4)+0.6/(2,5)+1/(2,6)+0.1/(3,4)+ 0.6/(3,5)+ 1/(3,6)$

(ii) x是小或y是大 $\Rightarrow \Pi_{(x,y)} = (A\times V)\vee(U\times B)$

定义$(A\times V)\vee(U\times B) = A+B$：

$A+B=1/(1,4)+1/(1,5)+1/(1,6)+0.6/(2,4)+0.6/(2,5)+0.6/(2,6)+0.1/(3,4)+ 0.1/(3,5)+ 0.1/(3,6)$

(iii) 若x是小则y是大 $\Rightarrow \Pi_{(x,y)} = (A\times V)\theta_L(U\times B)$

其中 $(A\times V)\theta_L(U\times B)=0.1/(1,4)+0.1/(1,5)+0.1/(1,6)+0.6/(2,4)+0.6/(2,5)+0.6/(2,6)+1/(3,4)+ 1/(3,5)+1/(3,6)$。

特别地，当$U = V$，即A与B为同一个论域上的模糊子集时，R的可能性赋值方程为

$$R = x\text{ 是 }A\text{ 且 }x\text{ 是 }B \Rightarrow \Pi_x = A\cap B$$

$$R = x\text{ 是 }A\text{ 或 }x\text{ 是 }B \Rightarrow \Pi_x = A\cup B$$

$$R = \text{若 }x\text{ 是 }A\text{ 则 }x\text{ 是 }B \Rightarrow \Pi_x = A\theta B$$

(4) 对于含有模糊量词的命题，这类命题具有如下标准形式：

"Qx是A"

其中，Q是模糊量词（即模糊语言量词），如"大多数""许多""几个"等。经典的全称量词$\forall$和存在量词$\exists$是特殊的模糊量词。

模糊量词分为两类：一类为绝对量词，其与元素的数目有关。如"大约 10 个""几个"等。它可表示为$\Re^+ = [0, \infty]$或自然数集n上的模糊集。另一类为相对量词，其与元素的比例有关。如"大多数""极少数"等。它可表示为[0, 1]上的或[0, 1]子集上的模糊集。

模糊命题"Qx是A"可转化为如下可能性赋值方程：

若$U = \{u_1, u_2, \cdots, u_n\}$，$x$是$A \Rightarrow \Pi_x = A$，则$Qx$是$A \Rightarrow \Pi_{|A|} = Q$

若U是连续统，则

$$Qx\text{ 是 }A \Rightarrow \Pi_{\|A\|} = Q$$

例 7. 模糊命题："张三有几个好朋友"。

张三有几个好朋友 $\Rightarrow Qx$是A

其中，$Q =$"几个"，$x =$ 张三的朋友，$A =$"好"，$U =${王明，李丽，刘星，张鹏，

保罗，杰克，贝克}。

A =“好”= 0.9/王明+0.7/李丽+0.6/刘星+0.8/张鹏+0.5/保罗+0.4/杰克+1/贝克

Q =“几个”= 0.2/3+0.7/4+1/5+0.8/6+0.6/7+0.2/8

这里 Q 是绝对量词，表为正整数集上的模糊集。

因为 $|A| = 0.9+0.7+0.6+0.8+0.5+0.4+1 = 4.9\approx 5$，所以

$$\text{张三有几个好朋友} \Rightarrow \Pi_{|A|}(5) = Q(5) = 1$$

总之，对于绝对量词 Q,“Qx 是 A” 语义等价于（用符号“$\leftrightarrow$”表示）“x 是 A 的数目为 Q”。对于相对量词 Q,“Qx 是 A” $\leftrightarrow$ “x 是 A 的比例为 Q”。如此，含量词的模糊命题转化为基本命题。

(5) 对于有限定词的模糊命题，这类命题具有如下标准形式：

“P 是∂”

其中，P 是一个基本命题，∂为限定词。限定词∂有三种限定：一是语言真值，如“很真”“有点真”等。二是语言概率值，如“可望”“非常可望”等。三是语言可能度，如“可能”“极可能”等。

下面以限定词∂是语言真值限定情况为例。

设 $P = x$ 是 A，有限定词的模糊命题 $T = x$ 是 A 是∂，∂为语言真值。则语义等价于一个基本命题“x 是 B”，即

$$x \text{ 是 } A \text{ 是} \partial \leftrightarrow x \text{ 是 } B$$

其中，$B(u) = \partial(A(u))$，$\forall u\in U$。

由于 x 是 $A \Rightarrow \Pi_x = A$，则

$$x \text{ 是 } A \text{ 是} \partial \Rightarrow \Pi_x = \partial\circ A$$

其中，$(\partial\circ A)(u) = \partial(A(u))$，$\forall u\in U$。

例 8. 模糊命题：“x 是小是非常真”。

$$x \text{ 是小是非常真} \Rightarrow x \text{ 是 } A \text{ 是} \partial$$

其中，A =“小”，∂ =“非常真”，$U = [0, \infty)$。

$$A(u) = 1-S(u; 5, 10, 15)$$

根据 Zadeh 的“非常真”定义，

$$\partial = \text{“非常真”} = \Pi_x{}^1(S(u; 0.6, 0.8, 1))^2/u$$

因此

$$x \text{ 是小是非常真} \Rightarrow \Pi_x(u) = S^2(1-S(u; 5, 10, 15); 0.6, 0.8, 1)$$

此例中如果“非常真”用 Baldwin 的定义，则有：x 是小是非常真 $\leftrightarrow x$ 是非常小。即此例转化为带有语气修饰词的模糊命题。

所谓“语义等价”，实质上是按照对模糊命题的语义理解而确定的，即设模

糊命题 p：x 是 A，模糊命题 q：x 是 B，则 $p\leftrightarrow q$ 当且仅当 $A=B$。通过模糊命题的语义等价，有如下结果：

(1) x 是 A 是真的 $\leftrightarrow x$ 是非 A 是假的；

(2) x 是 A 是非常真的 $\leftrightarrow x$ 是非常 A；

(3) 非(x 是 A) $\leftrightarrow x$ 是非 A；

(4) 非(x 是 A 是∂) $\leftrightarrow x$ 是 A 是非∂；

(5) 非(Qx 是 A) $\leftrightarrow$ (非 Q)x 是(非 A)；

(6) m(x 是 A) $\leftrightarrow$ (x 是 mA)；

(7) m(x 是 A 是∂) $\leftrightarrow x$ 是 A 是 $m\partial$；

(8) m(Qx 是 A) $\leftrightarrow$ (mQ)x 是 A；

(9) x 是 A 是$\partial \leftrightarrow x$ 是(非 A)是 ant ∂；

(10) Qx 是 $A \leftrightarrow$ (ant Q)x 是(非 A)。

上述表明，对于各种类型的模糊命题，都可以通过语义等价转化为标准的基本命题。研究以语言值为真值的模糊命题及其推理关系的逻辑称为模糊语言逻辑。模糊语言逻辑为近似推理提供一个基础。Zadeh 认为，模糊语言逻辑有下列五个主要特征[36]：

(1) 模糊命题的真值采用语言真值，如“非常真”“十分真”“比较假”等。

(2) 谓词除清晰渭词外还有模糊谓词，如“病”“疲倦”“小”“年轻”等。

(3) 量词除全称量词$\forall$和存在量词$\exists$外，还有众多的模糊量词，如‘大多数”“许多”“常常”“大约”等。

(4) 对于谓词可以用清晰或模糊的修饰词，如“不”“非常”“稍微”等。

(5) 模糊命题既可用语言真值来限定，也可用概率或可能度限定。

自 1974 年 Mamdani 将基于模糊语言逻辑的模糊推理引入模糊逻辑控制器的研究工作中，40 余年来，模糊语言逻辑及其推理方法在工业控制、决策以及家电产品等领域成功应用。然而，与有效的应用相比，模糊语言逻辑及其推理在理论基础上并非无懈可击。1993 年 7 月，在美国举行的第十一届人工智能年会上，Elkan 博士在题为“模糊逻辑似是而非的成功”的报告[37]中，指出“模糊推理缺乏严格的逻辑基础”这一问题，在模糊界与人工智能界引起了强烈反响，并由此引发了一场关于模糊逻辑作用的国际学术争论。对此，《IEEE 专家智能系统及其应用》杂志编委会组织模糊数学界和人工智能界的包括 Zadeh 在内的 15 位专家、学者对 Elkan 的文章进行评论，并于 1994 年 8 月刊出了一个题为“A Fuzzy Logic Symposium”专栏，其中包括 Elkan 的答复文章“关于模糊逻辑似是而非的争论”，表明这场争论并未取得一致的意见。一年后 Watkins 又在该刊上撰文指出，争论的双方都令人难以信服。事实上，这场争论始终没有平息。例如，2001 年西班牙学者 Trillas 和 Alsina 在《国际近似推理》杂志上撰文再次论及 Elkan 提出的问题。有趣的是，针对上述 Trillas 和 Alsina 的论文，Elkan 本人在该刊物发表了反驳文章，而 Trillas 和 Alsina 又在同期杂志上发表了对 Elkan 的反驳的“注解”。他们各持己见，仍然没能得到一致的结论。关于这场争论，虽然有许多学者也参与并各自发表了自己的研究观点，但表明模糊语言逻辑及其推理缺乏系统深入的理论基础却是不争的事实，模糊语言逻辑及其推理需要深入的理论研究[38-43]。

在上述争论中，Zadeh 在评述文章中首次将模糊逻辑明确划分为广义模糊逻辑与狭义模糊逻辑。他认为，从狭义上说，模糊逻辑是一个逻辑系统，它是多值逻辑的一个推广且作为近似推理的基础；从广义上说，模糊逻辑是一个更广的理论，它与“模糊集理论”是模糊的同义语，即没有明确边界的类的理论[44]。而捷克著名逻辑学家 Hájek 却认为：“即使我同意 Zadeh 关于多值逻辑与狭义模糊逻辑之区别的说法，我还是认为多值逻辑的形式推演是狭义模糊逻辑的内核或基础，而弄清 Zadeh 提及的那些演算方法，是一项很有前途的工作(但至今没有完成)”[45]。

我们需指出，尽管因为这场争论促使诸多学者对模糊语言逻辑继续进行深入研究，迄今为此，模糊语言逻辑仍未完全形式化和公理化，也就是说，模糊语言逻辑还不是一个形式化的公理系统。那么，什么理论可以作为模糊语言逻辑的基础呢？

在模糊语言逻辑中，由于任何模糊命题都可转化为基本命题形式，所以模糊语言逻辑中只有两种类型的模糊命题，即基本命题和由基本命题通过联结词“且”“或”“非”构成的复合模糊命题。对于基本命题“x 是 A”，因 x 的语言值 A 是论域 U 上的一个模糊子集，根据模糊集论，决定模糊集 A 的隶属函数是论域 U 到[0, 1]的一个映射，即 A 是在单位区间[0, 1]（A 的元素的隶属度范围）上进行表达，从而表明，决定基本命题“x 是 A”的真假值集为单位区间[0, 1]。对于复合模糊命题“x 是 A 且 y 是 B”“x 是 A 或 y 是 B”以及“非(x 是 A)”，根据模糊集论，它们可理解为三种不同的模糊关系。具体地讲，若用模糊交、模糊并和模糊补分别表示联结词“且”“或”和“非”，令 x 和 y 分别为论域 U 和 V 上的语言变量，A 和 B 分别为 U 和 V 上的语言值，则三种复合模糊命题“x 是 A 且 y 是 B”“x 是 A 或 y 是 B”和“非(x 是 A)”可分别解释为 $U\times V$、$U\times V$ 和 U 中的模糊关系 $A\cap B$, $A\cup B$ 和 $\overline{A}$，它们的隶属函数分别为

$$\mu_{A\cap B}(x, y) = t(\mu_A(x), \mu_B(y))$$

其中，t：$[0, 1]\times[0, 1] \to [0, 1]$是任意 t 范数；

$$\mu_{A\cup B}(x, y) = s(\mu_A(x), \mu_B(y))$$

其中，s：$[0, 1]\times[0, 1] \to [0, 1]$是任意 s 范数；

$$\mu_{\overline{A}}(x) = c(\mu_A(x)) = 1-\mu_A(x)$$

其中，c：$[0, 1] \to [0, 1]$。

从而表明，决定复合模糊命题的真假值集仍为单位区间[0, 1]。

在多值逻辑系统中，由于连续无穷值逻辑（如 Łukasiewicz 连续值系统）中命题的真值集为单位区间[0, 1]，所以在这个意义上，连续无穷值逻辑是模糊语言逻辑及其推理的一个理论基础。在狭义模糊逻辑中，模糊命题以[0, 1]中的数值为真值。它反映了模糊命题的一种真假程度，如果信息不全，真值无法确切地知道，则可用区间真值或模糊真值，它们都可以作为语言真值的近似的数量表示，这就进入了模糊语言逻辑。因此可以说，广义模糊逻辑和狭义模糊逻辑只是在处理“模糊性”的层次上有所不同，其基本思想和方法都是一致的。

2.2.2　狭义模糊逻辑

现代逻辑研究中的一个最基本的方法就是形式化方法。形式化方法是用一套特制的表意符号(其意义可以解释的)去表示概念、判断、推理，获得它们的形式结构，从而把对概念、判断、推理的研究转化为对形式符号表达式系统的研究的方法，现代科学中常常运用这一方法去揭示研究对象的内在联系和规律，希尔伯特(Hilbert)等曾对这一方法加以精确刻画。希尔伯特认为：“数学思维的对象就是符号本身，符号就是本质，它们并不代表理想的物理对象，公式可以蕴含直观的有意义的述说，但是这些含义并不属于数学”，“逻辑是一种记号语，它把数学语言表示成公式，用形式的程序表示推理，所有的符号在内容上都与它们的意义无关，这样所有含义也就都从数学符号上消失了。”卡尔纳普(Carnap)认为：“我们将把完全不提及意义或含义的、关于语言表达式的述说定义为‘形式的’，关于某个句子的形式的研究，并不涉及句子的意义或单词的含义，而仅涉及词的种类和它们相连接的次序。”塔尔斯基(Tarski)也表达了同样的看法，并且进而指出：“如果在构造一种理论时，我们在做法上宛如不了解这一学科的词项的意义，这并不等于否认这些词项的意义。”并且断言：“一种不可能给以任何解释的形式系统，是不会有人对它感兴趣的。”古代逻辑学家就曾偶尔使用过一些符号去表达词项、命题。而布尔的逻辑代数，德摩根的关系逻辑的处理，弗雷格的量词符号的引进，都是在某些关键之处使用了符号。形式化方法用于公理系统后产生的形式系统，是形式化方法高度发展的标志。形式化能克服自然语言的歧义性，简洁地表达理论，为科学研究提供了严格的、精确的表达工具。统一地使用形式语言，可以消除自然语言的不通用性，便于交流，为不同学科提供具有普遍适用性的共同逻辑形式，有利于揭示新联系，导致新发现。

理论形式化的标志是建立形式系统。形式系统是形式化了的公理系统。形式化公理系统由四个部分组成：①初始符号，构建形式系统的基本符号；②形成规则，规定由初始符号组成的有意义的符号序列(称为合式公式)；③公理；④推理规则（亦称变形规则），从给定的一个或多个合式公式可推出另外的合式公式。形式化的自然推理系统则由①和②两部分再加上一组推理规则组成。

逻辑演算在哲学里的中心问题，在于逻辑的形式系统与其所刻画的日常语言中的非形式原型是否具有恰当的相符性。从逻辑哲学观点看，逻辑学家建构形式系统的目的，就在于对日常语言中的非形式论证进行概括、提炼，在于增加精确性和严格性，在于通过创造性的建构，用科学的方法在形式系统中再现现实原型的本质特征。模糊逻辑也应当是这样，其形式系统的主要目标就在于，要将有效的模糊推理与非有效的推理严格区分开来，如何才能够恰到好处地刻画现实原型的某些本质的方面，让那些“在日常生活中实际上行之有效的模糊性论证”，从隐秩序中走出来转变为显秩序。Zadeh 在文献[34]中曾说，“让它们显示出来，变成标准形式”。

1. 模糊逻辑的形式化公理系统 FL

狭义模糊逻辑是一种基于模糊集理论、以模糊命题为研究对象的无穷值逻辑或多值逻辑，是一种完全形式化的公理系统。考察模糊逻辑的研究历史可知，我国学者张锦文于 1983 年首先提出了一种模糊逻辑的形式化公理系统 FL[46]。

FL 的公理如下：

(1) $A\to(B\to A)$

(2) $(A\to(A\to B))\to(A\to B)$

(3) $(A\to B)\to((B\to C)\to(A\to C))$

(4) $A\wedge B\to A,\ A\wedge B\to B$

(5) $(A\to B)\to((A\to C)\to(A\to B\wedge C))$

(6) $A\to A\vee B,\ B\to A\vee B$

(7) $(A\to C)\to((B\to C)\to(A\vee B\to C))$

(8) $(A\to B\vee C)\to(A\to B)\vee(A\to C)$

(9) $(A\wedge B\to C)\to(A\to C)\vee(B\to C)$

(10) $(A\leftrightarrow B)\to(A\to B),\ (A\leftrightarrow B)\to(B\to A)$

(11) $(A\to B)\to((B\to A)\to(A\leftrightarrow B))$

(12) $(A\to B)\to(\neg B\to\neg A)$

(13) $A\to\neg\neg A,\ \neg\neg A\to A$

(14) $\forall xA(x)\to A(a),\ A(a)\to\exists xA(x)$

(15) $\forall x(A\to B(x))\to(A\to\forall xB(x)),\forall x(A\vee B(x))\to(A\vee\forall xB(x)),\forall x(A(x)\to B)\to\exists x(A(x)\to B)$

(16) $(A\to\exists xB(x))\to\exists x(A\to B(x)),\ (A(a)\to B)\to\exists x(A(x)\to B)$

FL 的推理规则如下：

(i) $A, A\to B\vdash B$

(ii)　$A \to B \vdash \neg B \to \neg A$

(iii)　$\neg A \vee B \vdash A \to B$

(iv)　$\neg(B \wedge \neg B) \vdash (A \to B) \to (\neg B \to \neg A)$

张锦文率先提出的这种狭义模糊逻辑 FL，是一种采用了所有基本联结词的逻辑形式系统。采用所有基本联结词的系统有这样的优点：能将每一个基本联结词在逻辑推论中所起的作用都尽可能清晰地表示出来。根据这种观点而作出的逻辑形式系统，最早由希尔伯特与伯奈斯(Bernays)在其经典名著(Foundations of Mathematics)[47]中给出。若将 FL 的公理和推理规则与(Foundations of Mathematics)中的经典逻辑系统 BF 进行比较，显而易见：

$$\mathrm{BF} = \mathrm{FL} - \{(12)\} \cup \{(\mathrm{ii}), (\mathrm{iv})\}$$

其中，公理(12)为逆否律。

值得指出的是，巴西著名逻辑学家达·科斯塔(Da Costa)在 1958 年创立的“弗协调逻辑公理化系统 Cn”中，发明了一种对经典逻辑的公理、公式进行限定的方法：在经典公式(如归谬律)头上加上“在虚设不矛盾律成立的前提下”，使得经典公式(如归谬律)从“无条件成立”降格为“有条件成立”[48]。经典公式(如归谬律)降格为极限情况下的特例，对应的新的非经典逻辑公式（达·科斯塔称为“合经典”(well-behaved)的归谬律）才是更普遍的情况，正是它起到了沟通弗协调逻辑 Cn 与经典逻辑公式的桥梁作用。张锦文提出的模糊逻辑 FL 采用了达·科斯塔的形式化技巧，FL 的推理规则(iv)正是“在虚设不矛盾律（$\neg(B \wedge \neg B)$）成立的前提下”，逆否律（$(A \to B) \to (\neg B \to \neg A)$）才能成立。当我们撤除了“虚设不矛盾律为前提”的限定，它又重新回到了无条件成立的情况（公理(12)）。因此，推理规则(iv)也可以称做“逆否律的极限过渡公式”，它起到了沟通模糊逻辑 FL 与经典逻辑公式的桥梁作用。

单纯从公理和推理规则看，FL 与 BF 已经相当接近，只差“半步”，几乎可以由模糊跨越到精确或分明。然而，正像在复杂性科学里有一个必须遵循的普遍原理，叫做“对初始条件的敏感依赖性”，犹如“失之毫厘，差之千里”，逻辑的公理化系统亦不例外。模糊逻辑与经典逻辑在公理上的这种微弱的差异，却蕴藏着其定理集在本质上巨大的特异性。

模糊逻辑的定理集真正体现出了模糊逻辑的根本特征。首先体现在 BF 原先极为重要又极为基本的一些公式在 FL 中将变得不再成立，而另外一些相对弱的公式却继续有效。由于模糊逻辑是在[0, 1]上连续取值，因此通常都认为对这些问题展开分析比较困难。对此，Chen 等在对模糊逻辑的研究中首次提出了一些在模糊逻辑的发展中极有影响的概念与方法[49]。这些概念和方法主要内容如下。

1) 公式在单位区间[0, 1]上的赋值

定义 1. 设 D 为公式集。φ: $D \to [0, 1]$是公式的一个赋值函数。若 $A(A\in D)$ 的一个赋值$\varphi(A)\geqslant\lambda(\lambda\in[0, 1])$，则称 A 是可真的，否则称 A 是假的。

定义 2. 对于任何赋值函数φ，若$\varphi(A)\geqslant\lambda$，则称 A 是永真的，否则称 A 是永假的。

2) 正规模糊的逻辑系统

定义 3. 在一个逻辑系统中，如果“不矛盾律”$(\neg(A\wedge\neg A))$、“排中律”$(\neg A\vee A)$和“不否认排中律”$(\neg\neg(\neg A\vee A))$均不成立，则称该系统为正规模糊的逻辑系统。

然而，我们需指出，仅仅废止排中律(如直觉主义逻辑 H)未必是模糊逻辑。另一方面，在模糊逻辑中还存在非正规模糊的系统。正规模糊的系统是典型的模糊逻辑系统。

定理 1. FL 是正规模糊的逻辑系统。

由于当$\varphi(A) = 0.5$ 时，不矛盾律、排中律以及不否认排中律的赋值为 0.5，则根据定义 2，FL 是正规模糊的逻辑系统。

公式 A 在 FL 不可证，若记为$\Vdash_{FL} A$，则不矛盾律、排中律以及不否认排中律在 FL 中不可证为:

(1) $\Vdash_{FL} \neg(A\wedge\neg A)$

(2) $\Vdash_{FL} \neg A\vee A$

(3) $\Vdash_{FL} \neg\neg(\neg A\vee A)$

定理 2. FL:

$\vdash A\to A$

$\vdash A\to((A\to B)\to B)$

$\vdash (A\to(B\to C))\to(B\to(A\to C))$

$\vdash (A\to B)\to((C\to A)\to(C\to B))$

$\vdash (A\to(B\to C))\to((A\to B)\to(A\to C))$

$\vdash (A\to(B\to C))\to((C\to D)\to(A\to(B\to D)))$

$\vdash (A\to(B\to C))\to((D\to B)\to(A\to(D\to C)))$

$\vdash (A\to(B\to C))\to(A\wedge B\to C)$

$\vdash A\to(B\to A\wedge B)$

$\vdash (A\to C)\wedge(A\to B)\to(A\to B\wedge C)$

$\vdash \neg(A\vee B)\to\neg A\wedge\neg B$

$\vdash \neg A\wedge\neg B\to\neg(A\vee B)$

3) 模糊逻辑中联结词的独立性

在 FL 中，蕴含词“→”与否定词“¬”和合取词“∧”的组合不可互相定义，以及蕴含词“→”与否定词“¬”和析取词“∨”的组合不可互相定义。这种特性可由下面定理表征。

定理 3. FL:

(4) $\nVdash_{FL} (A\to B)\to\neg(A\wedge\neg B)$

(5) $\nVdash_{FL} \neg(A\wedge\neg B)\to(A\to B)$

(6) $\nVdash_{FL} (A\to B)\to\neg A\vee B$

(7) $\nVdash_{FL} \neg A\vee B\to(A\to B)$

(8) $\nVdash_{FL} (A\to A)\to\neg\neg(\neg A\vee A)$

(9) $\nVdash_{FL} (A\to\neg\neg A)\to\neg(A\wedge\neg A)$

(10) $\nVdash_{FL} (A\to\neg\neg A)\to\neg\neg(A\vee\neg A)$

(11) $\nVdash_{FL} (A\to\neg\neg A)\to\neg A\vee A$

(12) $\nVdash_{FL} (\neg\neg A\to A)\to\neg(A\wedge\neg A)$

(13) $\nVdash_{FL} (\neg\neg A\to A)\to\neg\neg(A\vee\neg A)$

(14) $\nVdash_{FL} (\neg\neg A\to A)\to\neg A\vee A$

(15) $\nVdash_{FL} \neg\neg(\neg\neg A\to A)\to\neg(A\wedge\neg A)$

(16) $\nVdash_{FL} \neg\neg(\neg\neg A\to A)\to\neg\neg(A\vee\neg A)$

(17) $\nVdash_{FL} \neg\neg(\neg\neg A\to A)\to\neg A\vee A$

而在经典逻辑中，上述各式的前后件因互相蕴含而等价，从而可互相定义。

此外，在《对模糊逻辑的句法分析》一文中还有其他一些定理，定理(8)涉及分配律，定理(9)关于矛盾式和悖论，定理(10)为避免怪论等。总之，与作为“精确性逻辑”的经典逻辑相比，模糊逻辑 FL 在对基本逻辑律在概念上的细致辨别上毫不含糊，毫不逊色。FL 澄清了不矛盾律、排中律、不否认排中律这三大逻辑律之间在概念上的细微差别，在逻辑联结词之间具有经典逻辑原先所没有的相互独立性，可以克服悖论式的矛盾，可以使系统具有次协调性（允许系统中包含不平庸的矛盾）。

关于模糊逻辑的形式化公理系统 FL，除了它是第一个狭义模糊逻辑并且具有上述这些特点外，我们还需指出的是，FL 是一个模糊逻辑研究的范例，它启示模糊逻辑研究者去开拓基于模糊集的狭义模糊逻辑研究。

2. 基础逻辑 BL

在模糊逻辑理论中，长期占主导地位的是基于 *t*-模(triangular norm，也称为‘*t*-范数或三角范数)的逻辑系统。在这类模糊逻辑中，用 *t*-模作为合取联结词的解释，并由此解释其他命题联结词，如蕴含、析取联结词分别解释为由 t-模诱导的剩余型蕴含、与 t-模关于否定算子对偶的 t-余模(conorm)，而否定联结词通常由蕴含解释为 $A\to 0$。这样定义的逻辑理论具有许多优良的逻辑性质，反映了人类日常思维与推理中的许多逻辑特征，这类逻辑理论在模糊推理和人工智能研究中获得广泛的应用。其中，以捷克逻辑学家 Hájek 于 1998 年提出的基础逻辑 BL 最有影响，几个重要的模糊逻辑系统如 Łukasiewicz 连续值系统、Gödel 系统、积逻辑系统等都是 BL 系统的扩张。关于逻辑系统 BL 的相关理论，集中反映在 Hájek 的专著 Metamathematics of Fuzzy Logic 等中[45]。

1) 基础模糊命题逻辑 BL

定义 1. 对于给定的连续 t-模$*$，命题演算系统 BL 具有命题变元 $p_1, p_2, \ldots$，联结词&，$\to$和真值常量$\bar{0}$（代表假）。每一个命题变元是公式，$\bar{0}$是公式，如果φ和ψ是公式，则$\varphi \& \psi$, $\varphi\to\psi$是公式。其他联结词如下：

$\varphi\wedge\psi$:　$\varphi\&(\varphi\to\psi)$

$\varphi\vee\psi$:　$((\varphi\to\psi)\to\psi)\wedge((\psi\to\varphi)\to\varphi)$

$\neg\varphi$:　$\varphi\to\bar{0}$

$\varphi\equiv\psi$:　$(\varphi\to\psi)\&(\psi\to\varphi)$

令 D 为 BL 的公式集。公式的赋值是一个映射 e：$D\to[0, 1]$。即有

$e(\bar{0}) = 0$

$e(\varphi\to\psi) = e(\varphi) \Rightarrow e(\psi)$

$e(\varphi\& \psi) = e(\varphi)*e(\psi)$

其中，$\Rightarrow$是与 t-模$*$相伴的蕴含算子。

定义 2. 一个公式φ称为 t-重言式或 BL-重言式，如果对任意的赋值 e 和任意连续 t-模$*$，有 $e(\varphi) = 1$。

BL 的公理如下：

(A1)　$(\varphi\to\psi)\to((\psi\to\chi)\to(\varphi\to\chi))$

(A2)　$(\varphi\&\psi)\to\varphi$

(A3)　$(\varphi\&\psi)\to(\psi\&\varphi)$

(A4)　$(\varphi\&(\varphi\to\psi))\to(\psi\&(\psi\to\varphi))$

(A5a)　$(\varphi\to(\psi\to\chi))\to((\varphi\&\psi)\to\chi)$

(A5b)　$((\varphi\&\psi)\to\chi)\to(\varphi\to(\psi\to\chi))$

(A6)　$((\varphi\to\psi)\to\chi)\to(((\psi\to\varphi)\to\chi)\to\chi)$

(A7)　$\bar{0}\to\varphi$

BL 的推理规则：由 φ 和 $\varphi\to\psi$ 推得 ψ（即 MP 规则）。

下面列举 BL 中的一些形式定理：

$\vdash \varphi\to(\psi\to\varphi)$

$\vdash (\varphi\&(\varphi\to\psi))\to\psi$

$\vdash \varphi\to(\psi\to(\psi\&\varphi))$

$\vdash (\varphi\to\psi)\to((\varphi\&\chi)\to(\psi\&\chi))$

$\vdash ((\varphi_1\to\psi_1)\&(\varphi_2\to\psi_2))\to((\varphi_1\&\varphi_2)\to(\psi_1\&\psi_2))$

$\vdash (\varphi\&\psi)\&\chi\to\varphi\&(\psi\&\chi),\ \varphi\&(\psi\&\chi)\to(\varphi\&\psi)\&\chi$

$\vdash (\varphi\wedge\psi)\to\varphi,\ (\varphi\wedge\psi)\to\psi,\ (\varphi\&\psi)\to(\varphi\wedge\psi)$

$\vdash (\varphi\to\psi)\to(\varphi\to(\varphi\wedge\psi))$

$\vdash (\varphi\wedge\psi)\to(\psi\wedge\varphi)$

$\vdash ((\varphi\to\psi)\wedge(\varphi\to\chi))\to(\varphi\to(\psi\&\chi))$

$\vdash \varphi\to(\varphi\vee\psi),\ \psi\to(\varphi\vee\psi),\ (\varphi\vee\psi)\to(\psi\vee\varphi)$

$\vdash (\varphi\to\psi)\to((\varphi\vee\psi)\to\psi)$

$\vdash (\varphi\to\psi)\vee(\psi\to\varphi)$

$\vdash ((\varphi\to\chi)\wedge(\psi\to\chi))\to((\varphi\vee\psi)\to\chi)$

$\vdash \varphi\to(\neg\varphi\to\psi),\ \varphi\to\neg\neg\varphi,\ \varphi\&\neg\varphi\to\bar{0}$

$\vdash \varphi\to(\psi\&\neg\psi)\to\neg\varphi$

$\vdash (\varphi\to\psi)\to(\neg\psi\to\neg\varphi),\ (\varphi\to\neg\psi)\to(\psi\to\neg\varphi)$

$\vdash \varphi\to(\bar{1}\&\varphi),\ (\bar{1}\to\varphi)\to\varphi$ （$\bar{1}$表示$\bar{0}\to\bar{0}$）

$\vdash (\varphi\wedge\psi)\wedge\chi\to\varphi\wedge(\psi\wedge\chi),\ \varphi\wedge(\psi\wedge\chi)\to(\varphi\wedge\psi)\wedge\chi$

$\vdash (\varphi\vee\psi)\vee\chi\to\varphi\vee(\psi\vee\chi),\ \varphi\vee(\psi\vee\chi)\to(\varphi\vee\psi)\vee\chi$

$\vdash \varphi\to\varphi\wedge(\varphi\vee\psi),\ \varphi\wedge(\varphi\vee\psi)\to\varphi$

文献[39]和[45]中还指出，Cintula 等研究了 BL 公理的独立性，证明了公理(A3)可由其他公理推出。在去掉公理(A3)后的形式系统 BL^-中，证明了如下形式定理：

(1) $\varphi\to((\varphi\to\psi)\to\psi)$

(2) $(\varphi\to(\psi\to\chi))\to(\psi\to(\varphi\to\chi))$

(3) $\varphi\to\varphi$

(4) $(\varphi\&\psi)\to(\psi\&\varphi)$

Cignoli 等证明了标准的完备性定理：一个公式 φ 是一个 t-重言式，当且仅当 φ 在 BL 中是可证的。基于 BL-代数，有一种更一般的 BL 的语义，每个 BL-代数可以充当 BL 的真值函数的代数。在这种语义下，一般的完备性定理即，一个公式 φ 在 BL 中是可证的，当且仅当 φ 是一个一般的 BL-重言式。

2) 基础模糊谓词逻辑系统 BL∀

基本模糊谓词逻辑系统 BL∀是在 BL 基础上，再加上谓词、个体词、量词∀和∃以及如下公理构成：

($\forall$1)　$\forall x\varphi(x)\to\varphi(y)$

($\exists$1)　$\varphi(y)\to\exists x\varphi(x)$

($\forall$2)　$\forall x(\chi\to\psi)\to(\chi\to\forall x\psi)$

($\exists$2)　$\forall x(\varphi\to\chi)\to(\exists x\varphi\to\chi)$

($\forall$3)　$\forall x(\varphi\vee\chi)\to(\forall x\varphi\vee\chi)$

其中，y 可被 x 替换到 φ 中，且 x 在 χ 中不是自由的。

2.2.3　模糊推理及其推理模式

模糊逻辑的最终目的是将模糊集理论作为一种主要工具，为模糊推理提供理论基础。模糊推理是从不精确的前提集合中得出可能不精确结论的推理过程，又称近似推理。Zadeh 首先将模糊数学的思想和方法应用于模糊推理。1973 年 Zadeh 在文献[35]中提出了著名的 CRI (compositional rule of inference)方法，用于解决 FMP (fuzzy modus ponens)问题和 FMT (fuzzy modus tollens)问题，从而为描述和处理事物的模糊性与系统的不确定性以及模拟人的智能和决策推理能力提供了十分有效的工具。40 余年来，模糊推理理论与技术得到了迅猛发展，国内外学者在这个领域做了大量卓有成效的工作，其中的许多探索是具有突破性的。模糊推理技术一个突出的优点就是能较好地描述与仿效人的推理方式，在复杂事物和系统中可进行近似的、有效的推理。

1. 关于模糊推理的研究

模糊推理研究主要有以下几个方面[50]：

(1) 对常用的已有的模糊推理方法从还原性、推理结果的合理性和减少运算量等多个角度进行改进和推广，使得模糊推理方法更加具有通用性和可调性。

(2) 完善模糊推理的逻辑基础，建立一整套严密的模糊逻辑的形式系统，使模糊推理能更好地应用于要求更高的模糊专家系统和模糊决策支持系统。

(3) 模糊推理方法本身的性质研究，例如逼近性和连续性等。

(4) 研究模糊推理中蕴含算子的性质。

(5) 基于数学插值的思想，研究模糊推理方法的插值本质。

(6) 研究贴近度、模糊度和相容度对模糊推理结果的影响，以及它们在模糊推理中的传播和应用。

(7) 研究如何更有效地获取隶属度和模糊规则库的模糊规则，并要求尽量准确地确定规则中模糊子集的隶属度和隶属函数。

(8) 研究模糊规则库的性能对模糊推理的影响。

(9) 研究模糊推理方法在各种情况下的鲁棒性和稳定性。

(10) 将模糊推理与其他技术相结合的研究。例如与神经网络、聚类技术或遗传算法等技术的结合。

(11) 如何更好地解决模糊推理方法的维数灾难问题。

(12) 扩大模糊推理在专家系统、家用电器、自动控制、数据挖掘、决策分析、时间序列预测和机器人等多个领域的成功应用，以此为基础逐步形成模糊技术产业。

(13) 研究模糊推理芯片的设计和实现。

(14) 研究模糊推理系统的结构和参数辨识。

(15) 以模糊技术更具说服力和代表性的研究成果，进一步展示模糊技术的实用性、独特性、科学性和生命性。

2. 关于模糊推理方法的研究

自 1973 年 Zadeh 提出 CRI 方法后，研究者们陆续提出多种定义模糊关系和复合运算的方法，或者是其他一些基于 CRI 方法的改进方法，从而把 CRI 方法加以扩充、推广。至今，以 CRI 方法为主线的模糊推理一直在不断吸收各种新的思想与方法，现在已成为模糊技术理论中的一个重要分支。直至今日，人们已经提出了多种模糊推理方法，其中比较有影响的模糊推理方法除了那些基于 CRI 方法的改进方法，还包括证据推理方法、区间值推理方法、全蕴含三 I 算法、真值流推理方法、基于相似度的模糊推理方法等。特别是，Baldwin 提出了一种用真值限定的近似推理方法(truth values reasoning，TVR)，以便使近似推理具有更多的逻辑特色。在以上提及的模糊推理方法中，在国内影响较大的是王国俊提出的全蕴含三 I 算法[51]。全蕴含三 I 算法从逻辑基础的角度修正了 CRI 方法，将模糊推理重新引入逻辑语义蕴含的正确轨道。此外，许多学者还提出了一些新的模糊推理方法，例如带参数的模糊推理合成法则(fuzzy inference synthesis rule with parameters)、基于规则的模糊似然推理方法、以贡献度最大值为中心的模糊推理方法、基于逼近规则模糊关系矩阵的模糊推理方法等。还有的学者总结和改进了一些模糊推理的相关理论，如张文修提出了包含度理论、李洪兴提出模糊控制具有插值机理，以及应明生、陈启浩在模糊推理方面做出的十分有意义的工作。这些研究成果都极大地促进了模糊推理理论的研究与发展。比较而言，国内的研究成果相对集中在对 CRI 方法的改进以及对三 I 算法的研究，而国外的学者对真值流推理与区间值推理算法等更作了大量细致的研究。纵观国内外的模糊推理理论的研究成果，都有一个共同的研究重点，即力求达到模糊逻辑与模糊推理的完善结合，以使模糊推理具有坚实的理论基础。

3. 关于模糊推理的逻辑基础的研究

1984 年，Goguen 和 Burstall 率先对模糊推理的逻辑基础进行研究[52]。其研究的主要方法是采用多值逻辑的形式化方法，研究基于各种蕴含算子的模糊逻辑形式演绎系统，包括各种逻辑的代数结构，各种形式系统的紧致性、可靠性和完备性等逻辑性质。在 Goguen 之后，众多专家学者对模糊推理的逻辑基础进行了研究，现在已经建立了多种基于不同蕴含算子的模糊逻辑系统，其中剩余格、强剩余格和三角模等代数理论作为研究模糊逻辑系统的重要工具。这方面的相关研究成果有，1998 年 Hájk 提出了基于连续三角模的基本逻辑系统 BL 和 BL 代数；2001 年 Esteva 和 Godo 在 Hájk 工作的基础上，提出了逻辑系统 MTL (monoidal t-norm based logic)和几种与该逻辑系统相应的代数结构，即 MTL 代数、NM 代数和 WNM 代数，并构建了这些形式系统的语义以及证明了它们关于相应语义的完备性。此外，具有较大影响的研究成果还有捷克学者 Pavelka 的基于剩余格和强剩余格的模糊逻辑的研究。在国内，我国一些学者的研究成果更显示出研究的直观合理性。如 1997 年张文修、梁怡的专著《不确定性推理原理》从更广泛的观点对模糊推理作了论述；1980 年刘叙华提出了一种取值于带分界元的有余格的模糊逻辑；文献[51]指出，1997 年王国俊提出了一种模糊命题演算的形式演绎系统并证明了该系统的可靠性定理，又在提出的模糊公式代数基础上建立了一阶准形式演绎系统；1998 年王国俊提出了修正的克林(Kleene)系统中的重言式理论，并提出了蕴含格与正则蕴含格等概念。此外，还有一些学者讨论了几个代数簇的完备公理化问题，其中最有意义的四个形式系统是 MV-代数、G-代数和积代数三个代数簇分别取两个和三个作交而得的结果，这些研究成果在讨论一些形式系统的完备性时发挥了重要的作用。我们应指出，虽然上述这些逻辑系统的语义解释都不尽相同，但它们都是基于三角范数的模糊逻辑系统。

模糊控制是模糊推理在自动控制方面的重要应用，这种应用体现了插值机理是模糊推理的一种重要特征。在这方面突出的研究有，1997 年李洪兴首先指出模糊控制器本质上是插值器，1998 年又指出六种模糊控制算法近似于插值算法或等效于插值算法，并认为目前常用的模糊控制算法差异不大,从形式上没有脱离 Mamdani 算法；1991 年 Dubois 和 Prade 也讨论了插值推理和模糊推理的关系；许多学者基于插值思想还提出一些模糊控制方法，并将这些方法应用于实际问题的解决，取得了一定的效果。

4. 关于模糊推理算法的研究

根据以模糊推理为基础的模糊系统类型的不同，常见的模糊推理算法可分为：

(1) 应用于纯模糊系统的模糊推理算法。Zadeh 的 CRI 算法、Mamdani 算法、Dubois-Prade 算法、陈永义的特征展开算法以及全蕴含三 I 算法等。

(2) 应用于模糊工业过程控制系统模糊推理算法。该方法鉴于模糊控制的要求，输入和输出都为精确值。如 Tsukamoto-模糊推理算法、Takagi-Sugeno 算法等。

(3) 应用于神经网络中的模糊推理。如应用于径向基函数网络中的模糊推理算法。

(4) 应用于模糊专家系统的模糊推理算法。如链式模糊推理。

5. 关于模糊蕴含算子的研究

除了模糊集合的运算，模糊蕴含算子也在模糊推理的过程中起着很重要的作用，模糊蕴含算子的性质直接影响模糊推理的结果。同一种模糊推理的算法，如果采用不同的模糊蕴含算子，其结果可能会大不相同。因此，模糊推理理论的一个重要的研究方向就是对模糊蕴含算子的研究。这包括模糊蕴含算子的构造、性质分析、特征研究及其在模糊推理和模糊控制中的应用等。关于模糊蕴含算子，一般定义如下[53]：

定义 1. 映射 I：$[0, 1]\times[0, 1]\to[0, 1]$，如果满足

I_1： 存在 $a\in[0, 1], b\in[0, 1]$, 使得 $I(a,b) = 1$

I_2： 存在 $c\in[0, 1], d\in[0, 1]$, 使得 $I(c,d) = 0$

则称 I 为模糊蕴含算子。若 I 还满足

I_3：$I(1, 0) = 0, I(0, 0) = I(0, 1) = I(1, 1) = 1$

则称 I 为正常蕴含，称非正常蕴含为异常蕴含。

上述定义只给出了模糊蕴含算子必须满足的条件。但在实际应用中，一个模糊蕴含算子只满足这三个条件是不够的，影响了应用效果。对此，许多学者针对不同的应用问题提出了模糊蕴含算子应具备的一些约束性质。如 Dubois 与 Prade 在文献[39]中提出如下约束条件：

I_4：若 $a\leqslant c$, 则 $I(a, b)\geqslant I(c, b)$

I_5：若 $b\leqslant c$, 则 $I(a, b)\geqslant I(a, c)$

I_6：$I(0, b) = 1$

I_7：$I(1, b) = b$

I_8：$I(a, b)\geqslant b$

I_9：$I(a, a) = 1$

I_{10}：$I(a, I(b, c)) = I(b, I(a, c))$

I_{11}：$I(a, b) = 1$, 当且仅当 $a\leqslant b$

I_{12}：$I(a, b) = I(N(b), N(b)), N = N_z$

I_{13}：$I(a, b)$在$[0, 1]\times[0, 1]$上连续

I_{14}：若 $a > 0$, 则 $I(a, 0) < 0$；若 $a < 1$, 则 $I(1, a) < 1$

I_{15}：对任意的 $x\in[0, 1]$, 函数 $l_a : [0, 1]\to[0, 1], x\mapsto I(x,a)$左连续

I_{16}：对任意的 $x\in[0, 1]$, 函数 $r_a : [0, 1]\to[0, 1], x\mapsto I(a,x)$右连续

对于以上模糊蕴含算子的约束性质，王国俊等在文献[38]和[52]中研究指出它们不是相互独立的，它们有如下关系：

a. 若性质 I_{12} 成立，则性质 I_4 与性质 I_5 等价。

b. 由性质 I_4 和性质 I_7 可推得性质 I_8。

c. 由性质 I_8 和性质 I_{12} 可推得性质 I_6。

d. 由性质 I_4 和性质 I_9 可推得性质 I_{11} 的充分性。

e. 性质 I_4 和 I_5 表示推理方法关于前件和后件可以换位，特别是 I_5 表示的推理方法关于后件的单调性，是人们在日常生活中的一种默认规则，因此绝大多数蕴含算子都能满足这条性质。

f. 性质 I_{10} 表示推理式 $A\to(B\to C)$ 与 $B\to(A\to C)$ 等价，即大前提与小前提是可以换位的。这是经典逻辑的推理中一条常用规则，也是模糊推理一般应该遵循的一条规则，很多重要的模糊蕴含算子都满足这条性质。

g. 性质 I_{11} 表明，若前件不超过后件的真值，则推理式的真值应为 1。这是经典逻辑中规则 $0\to0=0\to1=1$ 的自然推广。

h. 性质 I_{12} 反映了一个命题的真值应和其逆否命题的真值相等。

i. 性质 I_{15} 和性质 I_{16} 反映了推理式真值的变化不能太大，这是一种较弱的连续性要求，可以代替过强的连续性要求 I_{13}。许多模糊蕴含算子都满足 I_{15} 和 I_{16}，但不一定满足 I_{13}。

至此，结合模糊蕴含算子的约束性质，可对模糊蕴含进一步定义如下：

定义 2. 设映射 I: $[0,1]\times[0,1]\to[0,1]$ 为正常蕴含，且

(1) 若 I 满足性质 I_4, I_5, I_{14}, I_{15} 和 I_{16}，则称 I 为正规蕴含；

(2) 若 I 满足性质 I_5, I_{10}, I_{11}，则称 I 为强蕴含；

(3) 若 I 是满足性质 I_{13} 的强蕴含，则称 I 为连续强蕴含；

(4) 若 I 满足性质 $I_5, I_{10}, I_{11}, I_{12}$ 和 I_{16}，则称 I 为理想蕴含。

通常，模糊蕴含算子是用 t-范数和 t-余范数和强否定 N 构造，有四种常用的模糊蕴含算子：R-蕴含（剩余型蕴含），S-蕴含（或非型蕴含），QL-蕴含（与非型蕴含）以及 D-蕴含。其中，剩余型蕴含是最常用、研究得最多的一类蕴含。

定义 3. 一个映射 T: $[0,1]^2\to[0,1]$ 称为一个 t-范数，若满足

($T1$) 有界性：$T(0,0)=0$，$T(1,a)=a$，$T(0,a)=0$；

($T2$) 单调性：若 $a\leqslant b$，则 $T(a,c)\leqslant T(b,c)$;

($T3$) 交换性：$T(a,b)=T(b,a)$;

($T4$) 结合性：$T(a,T(b,c))=T(T(a,b),c)$。

定义 4. 一个映射 S: $[0,1]^2\to[0,1]$ 称为一个 t-余范数，若满足

($S1$) 有界性：$S(1,1)=1$，$S(1,a)=1$，$S(a,0)=a$;

($S2$) 单调性：若 $a\leqslant b$，则 $S(a,c)\leqslant S(b,c)$;

($S3$) 交换性：$S(a,b)=S(b,a)$;

($S4$) 结合性：$S(a,S(b,c))=S(S(a,b),c)$。

定义 5. $\forall a, b\in[0, 1]$。一个 R-蕴含 I_R: $[0, 1]^2\to[0, 1]$, S-蕴含 I_S: $[0, 1]^2\to[0, 1]$, QL-蕴含 I_{QL}: $[0, 1]^2\to[0, 1]$以及 D-蕴含 I_D 为

$I_R(a, b) = \sup\{s\in[0, 1] | T(a, s)\leqslant b\}$

$I_S(a, b) = N(T(a, N(b)))$

$I_{QL}(a, b) = S(N(a), T(a, b))$

$I_D(a, b) = S(T(N(a), N(b)), b)$

下面几个为常见的剩余型蕴含算子。

Gödel 模糊蕴含算子：

$$I_{\mathrm{GD}}(a,b) = \begin{cases} 1, & a\leqslant b \\ b, & \text{其他} \end{cases}$$

Goguen 模糊蕴含算子：

$$I_{\mathrm{GG}}(a,b) = \begin{cases} 1, & a\leqslant b \\ a/b, & \text{其他} \end{cases}$$

Łukasiewicz 模糊蕴含算子：

$$I_{\mathrm{LK}}(a,b) = \min\{1, 1-a+b\}$$

$\mathfrak{R}_0$ 蕴含算子：由范数 $T_0(a,b)$（当 $a\leqslant b$ 时，$T_0(a,b) = 0$, 否则 $T_0(a,b) = a\wedge b$）生成。

$$\mathfrak{R}_0(a,b) = \begin{cases} 1, & a\leqslant b \\ a'\vee b & \text{其他} \end{cases}$$

$\mathfrak{R}_0$ 蕴含算子较其他蕴含算子具有更多良好性质，也是全蕴含三 I 算法中所使用的蕴含算子。

在模糊推理中，采用不同的模糊蕴含算子，推理结果不同，即使是在同一种模糊推理方法中，推理结果一般是不相等的，甚至有可能相差很大。对此，王国俊与吴望名分别提出了一种与传统蕴含算子不同的带参数的模糊蕴含算子。迄今，关于模糊蕴含算子的研究，包括传统的模糊蕴含算子和其他一些由各种方法构造的模糊蕴含算子在内，统计已有 800 多个不同的模糊蕴含算子。

6. 关于模糊推理模式

在经典逻辑中，有三个最基本的推理模式，即取式推理(modus ponens，MP) 模式、拒式推理(modus tollens，MT) 模式、链式推理(chain syllogism，CS) 模式。它们的直观表示和符号表示如下所述。

MP 模式：

规则：	若 x 是 A，则 y 是 B	$A\to B$
前提：	x 是 A	A
结论：	y 是 B	B

MT 模式：

规则：	若 x 是 A，则 y 是 B	$A\to B$
前提：	y 是非 B	$\neg B$
结论：	x 是非 A	$\neg A$

CS 模式：

规则：	若 x 是 A，则 y 是 B	$A\to B$
前提：	若 y 是 B，则 z 是 C	$B\to C$
结论：	若 x 是 A，则 z 是 C	$A\to C$

因经典逻辑中存在换质位律：$A\to B\equiv\neg B\to\neg A$，所以 MP 模式与 MT 模式是等价的，而 CS 是 MP 模式的二次重复。正因为如此，各种逻辑形式系统中一般都只用 MP 作为推理规则，甚至在经典逻辑的研究中也很少提到 MT 模式和 CS 模式，所以，MP 是经典逻辑中最简单的推理模式。在经典逻辑中，MP 模式只适合前提 A 与规则 $A\to B$ 的前件完全重合时才能给出结论，否则推理结论不能得到。但是，人们在日常生活中所作的大量推理与 MP 模式不同，通常是所给前提与所给规则的前件不完全重合的情形，这种人们所必须面对的推理问题比 MP 模式要复杂得多。因此经典逻辑并不能解决日常生活中带有模糊性、不确定因素的推理问题，这就需要用到模糊推理。

模糊推理可视作经典推理的扩充，其命题都是由模糊集表述的模糊命题，其最终目的是将模糊集理论作为一种主要工具，为不精确命题的近似推理提供基础。类似于经典逻辑，模糊逻辑中也有三个最基本的推理模式，即模糊取式推理(fuzzy modus ponens，FMP) 模式、模糊拒式推理(fuzzy modus tollens，FMT) 模式、模糊链式推理(fuzzy chain syllogism，FCS) 模式。它们的直观表示和符号表示如下所述。

FMP 模式：

规则：	若 x 是 A，则 y 是 B	$A\to B$
前提：	x 是 A^*	A^*
结论：	y 是 B^*	B^*

FMT 模式：

规则：	若 x 是 A，则 y 是 B	$A\to B$
前提：	y 是 B^*	B^*
结论：	x 是 A^*	A^*

FCS 模式：

规则：	若 x 是 A，则 y 是 B	$A\to B$

前提：　若 y 是 B^*, 则 z 是 C　　　　$B^* \to C$

结论：　若 x 是 A, 则 z 是 C^*　　　　$A \to C^*$

其中，A 与 A^* 是论域 X 上的模糊集，B 与 B^* 是论域 Y 上的模糊集，C 与 C^* 是论域 Z 上的模糊集，$x \in X, y \in Y, z \in Z$。

由上可看出，在模糊推理中，FMP 用于当所给前提 A^* 与所给规则 $A \to B$ 的前件 A 不完全重合的推理，FMT 用于所给前提 B^* 与所给规则 $A \to B$ 的后件 B 不完全重合的推理，FCS 用于前提中的前件 B^* 与所给规则 $A \to B$ 的后件 B 不完全重合的推理。

模糊推理除了以上三个基本推理模式外，还有多维模糊推理 (multi-dimensional fuzzy modus ponens，MD-FMP) 模式、多重模糊推理(multiple conditional fuzzy modus ponens，MC-FMP) 模式、多重多维模糊推理(MCMD-FMP) 模式以及高阶多维模糊推理(high order multi-dimensional fuzzy modus ponens，HOMD-FMP)模式等。这些模糊推理模式的直观表示和符号表示如下所述。

MD-FMP 模式：

规则：　若 x_1 是 A_1, x_2 是 A_2, …, x_n 是 A_n, 则 y 是 B　　　　$A_1, A_2, \cdots, A_n \to B$

前提：　x_1 是 A_1^*, x_2 是 A_2^*, …, x_n 是 A_n^*　　　　$A_1^*, A_2^*, \cdots, A_n^*$

结论：　y 是 B^*　　　　B^*

其中，A_i 与 A_i^* 是论域 X_i 上的模糊集，B 与 B^* 是论域 Y 上的模糊集，$x_i \in X_i, y \in Y (i = 1, 2, \cdots, n)$。

MC-FMP 模式：

规则：　若 x 是 A_1 则 y 是 B_1　　　　$A_1 \to B_1$

若 x 是 A_2 则 y 是 B_2　　　　$A_2 \to B_2$

……　　　　……

若 x 是 A_n 则 y 是 B_n　　　　$A_n \to B_n$

前提：　x 是 A^*　　　　A^*

结论：　y 是 B^*　　　　B^*

其中，A_i 与 A^* 是论域 X 上的模糊集，B_i 与 B^* 是论域 Y 上的模糊集，$x \in X, y \in Y (i = 1, 2, \cdots, n, n \geqslant 2)$。

MCMD-FMP 模式：

规则：若 x_{11} 是 A_{11}, x_{12} 是 A_{12}, …, x_{1m} 是 A_{1m}, 则 y 是 B_1　　　　$A_{11}, A_{12}, \cdots, A_{1m} \to B_1$

若 x_{21} 是 A_{21}, x_{22} 是 A_{22}, …, x_{2m} 是 A_{2m}, 则 y 是 B_2　　　　$A_{21}, A_{22}, \cdots, A_{2m} \to B_2$

……　　　　……

若 x_{n1} 是 A_{n1}, x_{n2} 是 A_{n2}, …, x_{nm} 是 A_{nm}, 则 y 是 B_n　　　　$A_{n1}, A_{n2}, \cdots, A_{nm} \to B_n$

前提：　x_{i1} 是 A_1^*, x_{i2} 是 A_2^*, …, x_{im} 是 A_m^*　　　　$A_1^*, A_2^*, \cdots, A_m^*$

结论：　y 是 B^*　　　　B^*

其中，A_{ij} 和 A_j^* 分别是论域 X_{ij} 上的模糊集，B_i 与 B^* 分别是论域 Y 上的模糊集，$x_{ij} \in X_{ij}$, $y \in Y$ $(i = 1, 2, \cdots, n, j = 1, 2, \cdots, m)$。

在上述各种模糊推理模式中，模糊取式推理 FMP 是最简单的模式，其他的都可以通过一定的方法转化为 FMP 模式。如对于多重多维模糊推理 MCMD-FMP 模式，若 $n=1$，则转化为多维模糊推理 MD-FMP 模式；若 $m=1$，则转化为多重模糊推理 MC-FMP 模式；若 $n=m=1$，则转化为简单模糊推理 FMP 模式；由此可知，多重多维模糊推理模式是其他几种模糊推理模式的推广，是最一般的模糊推理模式，也是在模糊推理的实际应用中研究得最多的一种推理模式。

2.2.4 推理合成规则 CRI 与模糊推理算法

在模糊推理的理论研究以及应用研究中，模糊推理的算法研究是核心。其中最基本的问题，就是在 FMP 模式中如何求得模糊集合 B^*。随着模糊推理理论的发展，现在已存在许多种解决 FMP 问题的模糊推理算法。这些算法虽然各具特色，但迄今为止，Zadeh 在 1973 年提出的推理合成规则(compositional rule of inference，CRI)是最基本、最重要的概念，也仍是在工业生产领域使用最为广泛的模糊推理方法。在 CRI 方法诞生的这 40 多年里，多数专家学者已经提出的模糊推理算法，都是将 CRI 算法加以扩充而得到的改进方法。现在，以 CRI 为主体的模糊推理不断吸收各种新思想与方法，如今已成为模糊系统理论中的一个重要研究内容。

1. 合成规则 CRI 的原理和基本思想

在模糊集论中，有如下投影和柱状扩展概念：

定义 1. 令$\Re$为 $X_1\times X_2\times\cdots\times X_n$ 中的一个模糊关系，$\{i_1, i_2, \cdots, i_k\}$是$\{1, 2, \cdots, n\}$的一个子集。则 Q 在 $X_1\times X_2\times\cdots\times X_n$ 上的投影是 $X_{i_1}\times X_{i_2}\times\ldots\times X_{i_k}$ 中的一个模糊关系 Q_P。

作为特例，如果 Q 是 $X\times Y$ 上的一个二元模糊关系，则 Q 在 X 上的投影记作 Q_1，它是 X 上的一个模糊集，可用如下隶属函数定义：

$$\mu_{Q1}(x)=\max\{\mu_Q(x,y)\},\qquad y\in Y \tag{2-1}$$

投影将模糊关系约束于一个子空间。相反，柱状扩展则将模糊关系从一个子空间扩展到了整个空间。于是有下面定义：

定义 2. 令 Q_P 表示 $X_{i_1}\times X_{i_2}\times\ldots\times X_{i_k}$ 中的一个模糊关系，$\{i_1, i_2, \cdots, i_k\}$是$\{1, 2, \cdots, n\}$的一个子集。则 Q_P 扩展至 $X_1\times X_2\times\cdots\times X_n$ 的柱状扩展为 $X_1\times X_2\times\cdots\times X_n$ 中的一个模糊关系 Q_{PE}，即

$$\mu_{Q_{PE}}(x_1, x_2, \cdots, x_n)=\mu_{Q_P}(x_{i_1}, x_{i_2}, \cdots, x_{i_k})$$

作为特例，如果 Q_1 是 X 上的一个模糊集，则 Q_1 扩展至 $X\times Y$ 的柱状扩展就是 $X\times Y$ 中的一个模糊关系 Q_{1E}，即

$$\mu_{Q_{1E}}(x, y) = \mu_{Q_1}(x) \tag{2-2}$$

根据以上定义，可得到合成规则如下：

设 $x \in X, y \in Y, y = f(x)$是 $X \times Y$ 上的一条曲线。那么，若 $x = a$，则有 $y = b = f(x)$。将此推广：假设 a 为 X 上的一个区间，$f(x)$为一个区间值函数。则由区间 a 扩展得到一个端点为 x_1、x_2、f_1 和 f_2 的柱状集合 a_E，a_E 与区间值曲线的交集 I 以及 I 在 Y 上的投影即 Y 上的一个区间 b。再进行推广：假设 A^*是 X 上的一个模糊子集，Q 是 $X \times Y$ 中的一个模糊关系。则由 A^*的柱状扩展集 A_E^* 与 Q 得到一个交集 $A_E^* \cap Q$，与 I 类似，$A_E^* \cap Q$ 在 Y 上的投影即为模糊集 B^*。

给定$\mu_{A^*}(x)$和$\mu_Q(x, y)$，由式(2-2)可得

$$\mu_{A^*E}(x, y) = \mu_{A^*}(x)$$

于是，$\mu_{A^*E \cap Q}(x, y) = t[\mu_{A^*E}(x, y), \mu_Q(x, y)] = t[\mu_{A^*}(x), \mu_Q(x, y)]$。其中，$t$ 为任一 t-范数。

最后，由式(2-1)，可得 B^*。因 B^*为 $A^*{}_E \cap Q$ 在 Y 上的投影，即

$$\mu_{B^*}(y) = \sup_{x \in U} t[\mu_{A^*}(x), \mu_Q(x, y)] \tag{2-3}$$

式(2-3)称为推理合成规则 CRI。常记为 sup-t 合成。

对于上述合成规则，见图 2-3~图 2-5。

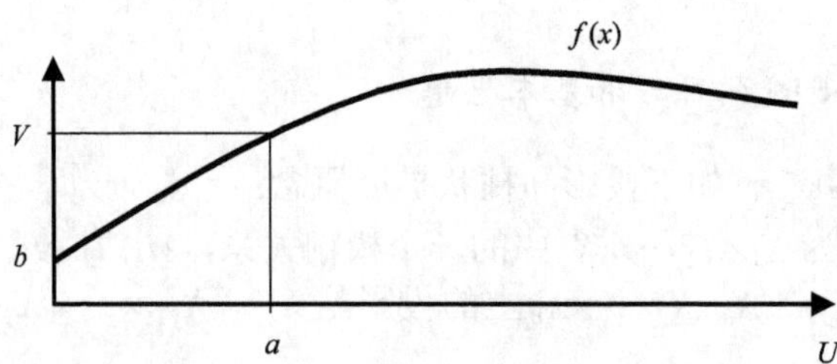

图 2-3　由 $x = a$ 和 $y = f(x)$，推出 $y = b$

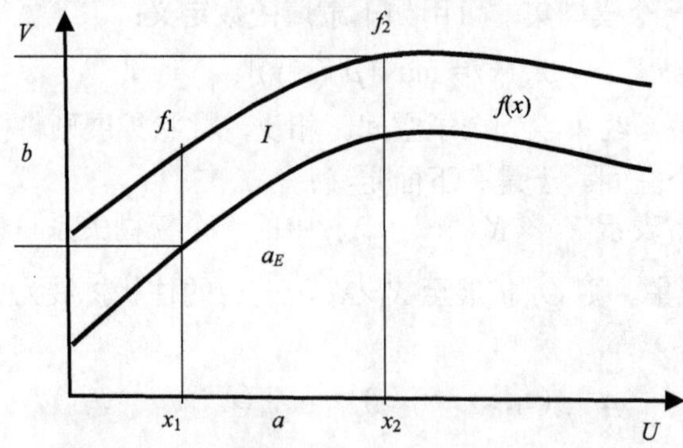

图 2-4　由区间 a 和区间值函数 $f(x)$推出区间 b

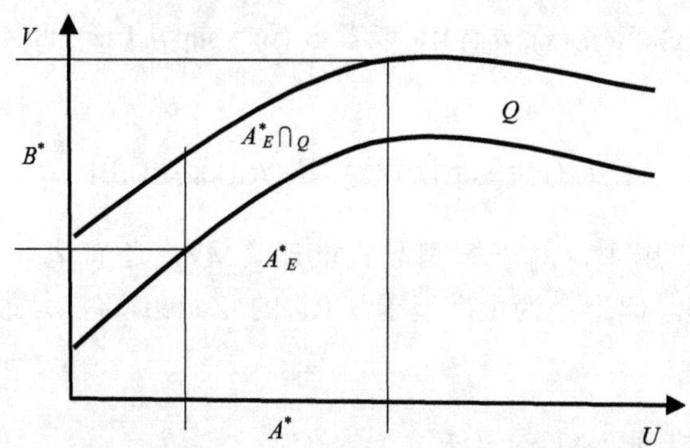

图 2-5　由模糊集 A^*和模糊关系 Q 推出模糊集 B^*

CRI 方法的基本思想：

（1）首先采用蕴含算子$\Re$将 FMP 模式中给定的规则 $A\to B$ 转化成一个 $X\times Y$ 上的模糊关系$\Re(x, y)$，该模糊关系为映射$\Re$：$X\times Y\to[0, 1]$，

$$\Re(x, y) = \Re(\mu_A(x), \mu_B(y))$$

（2）将 FMP 模式中给定的前提 A^*与模糊关系$\Re$作合成即得结论 B^*：

$$B^* = A^*\circ\Re, \quad \forall y\in Y$$

$$B^*(y) = A^*(x)\circ\Re(A(x), B(y)) \tag{2-4}$$

式(2-4)为 CRI 方法的基本模式。合成运算$\circ$在模糊控制中称为 sup-t 合成，t 为任一 t-范数。Zadeh 将 sup-t 合成取为“合取”运算$\wedge$，而在模糊控制中通常将 sup-t 合成取为$\wedge$或实数乘法。在 CRI 方法中，进行复合运算时还可采用更为一般的三角模方法，同时蕴含算子$\Re$也不限于使用一种，还可以使用多种其他类型的蕴含算子。当$\Re$取不同的蕴含算子时，可以得到各种不同的推理结果，有时候这些推理结果的差异可能相当大。Zadeh 最初在 CRI 方法中使用的蕴含算子是$\Re_Z$: $[0, 1]^2 \to[0, 1]$，即

$$\Re_Z(a, b) = (1-a)\vee(a\wedge b)$$

目前，在模糊控制中使用最多的则是由模糊控制的创始人 Mamdani 提出的蕴含算子$\Re_M$：

$$\Re_M(a, b) = (a\wedge b)\ a, \quad b\in[0, 1]$$

2. 模糊推理算法

1) 模糊取式推理 FMP 的算法

给定的规则为 $A\to B$，前提为 A^*。则结论 B^*的隶属函数为

$$\mu_{B^*}(y) = \sup_{x\in X} t[\mu_{A^*}(x), \Re(\mu_A(x), \mu_B(y))] \text{ 或者 } B^*(y) = \sup_{x\in X} t[A^*(x), \Re(A(x), B(y))] \quad (2\text{-}5)$$

Zadeh 算法：

$$\mu_{B^*}(y) = \sup_{x\in X} [\mu_{A^*}(x)\wedge\Re_Z(\mu_A(x), \mu_B(y))]$$

在模糊推理应用中，对于模糊取式推理 FMP，还有诸如 Baldwin 算法、Mizumoto 算法等。但迄今为止，基于 CRI 的 Zadeh 算法是最基本、最重要的方法。

2) 模糊拒式推理 FMT 的算法

给定的规则为 $A\to B$，前提为 B^*，则结论 A^*的隶属函数为

$$\mu_{A^*}(x) = \sup_{y\in Y} t[\mu_{B^*}(y), \Re(\mu_A(x), \mu_B(y))] \text{ 或 } B^*(y) = \sup_{y\in Y} t[B^*(y), \Re(A(x), B(y))] \quad (2\text{-}6)$$

3) 模糊链式推理 FCS 的算法

给定的规则为 $A\to B$，前提为 $B^*\to C$，则结论 $A\to C^*$（设 $A\to C^* = E$）的隶属函数为

$$\mu_E(x, z) = \Re_2(\mu_A(x), \mu_{C^*}(z)) = \sup_{y\in Y} t[\Re(\mu_A(x), \mu_B(y)), \Re_1(\mu_{B^*}(y), \mu_C(z))] \quad (2\text{-}7)$$

其中，$B^*\to C$ 为 $Y\times Z$ 上的一个模糊关系$\Re_1$: $Y\times Z\to[0, 1]$，$\Re_1(y, z) = \Re_1(\mu_{B^*}(y), \mu_C(z))$；$A\to C^*$为 $X\times Z$ 上的一个模糊关系$\Re_2$：$X\times Z\to[0, 1]$，$\Re_2(x, z) = \Re_2(\mu_A(x), \mu_{C^*}(z))$。

4) 多维模糊推理 MD-FMP 的算法

给定的规则为 $A_1, A_2, \cdots, A_n\to B$，前提为 $A_1^*, A_2^*, \cdots, A_n^*$。求解结论 B^*有多种算法，常用的有 Zadeh 算法和 Tsukamoto 算法。

Zadeh 方法：将所给规则的前件中的 n 个模糊集、前提中的 n 个模糊集分别作笛卡儿乘积：

$$A_1\times A_2\times\cdots\times A_n$$

$$A_1^*\times A_2^*\times\cdots\times A_n^*$$

这样，多维模糊推理 MD-FMP 就转化为模糊取式推理 FMP，从而由式(2-5)求得 B^*。即

$$B^* = (A_1^*\times A_2^*\times\cdots\times A_n^*)\circ(A_1\times\cdots\times A_n\to B)$$

$$\mu_{B^*}(y) = \bigvee_{(x_1,x_2,\cdots,x_n)\in X_1\times\cdots\times X_n} [\bigwedge_{i=1}^{n} \mu_{A_i^*}(x_i)\wedge\Re_Z(\bigwedge_{i=1}^{n} \mu_{A_i}(x_i), \mu_B(y))] \quad (2\text{-}8)$$

Tsukamoto 方法：将所给前提 $A_1^*, A_2^*, \cdots, A_n^*$分别按模糊取式推理 FMP 模式

处理：

$$\frac{A_1 \to B \quad A_1^*}{B_1^*} \qquad \frac{A_2 \to B \quad A_2^*}{B_2^*} \qquad \cdots \qquad \frac{A_n \to B \quad A_n^*}{B_n^*}$$

再将 $B_1^*, B_2^*, \cdots, B_n^*$ 取“交”运算，结果为 B^*。即

$$B^* = B_1^* \cap B_2^* \cap \cdots \cap B_n^*, \quad B_i^* = A_i^* \circ (A_i \to B)$$

$$\mu_{B^*}(y) = \bigwedge_{i=1}^{n} \bigvee_{x_i \in X_i} [\mu_{A_i^*}(x_i) \wedge \Re_Z(\mu_{A_i}(x_i), \mu_B(y))] \tag{2-9}$$

5) 多重模糊推理 MC-FMP 的算法

给定的规则为 $A_1 \to B_1, A_2 \to B_2, \cdots, A_n \to B_n$，前提为 A^*。为求解结论 B^*，通常有三种方法，即“先推理再聚合方法”(first infer then aggregate，FITA)、“先聚合再推理”(first aggregate then infer，FATI)方法和点火方法。

FITA 方法：先将所给前提 A^* 分别与各规则 $A_i \to B_i\ (i = 1, 2, \cdots, n)$ 按模糊取式推理 FMP 模式处理，即

$$\frac{A_1 \to B \quad A_1^*}{B_1^*} \qquad \frac{A_2 \to B \quad A_2^*}{B_2^*} \qquad \cdots \qquad \frac{A_n \to B \quad A_n^*}{B_n^*}$$

再将所得的 n 个中间结果 $B_1^*, B_2^*, \cdots, B_n^*$ 以某种方式聚合，结果为 B^*。即

$$B_1^* \oplus B_2^* \oplus \cdots \oplus B_n^* = B^*$$

其中，符号 $\oplus$ 表示聚合运算，通常 $\oplus$ 取为 $\cup$，有时也取为 $\cap$。

Zadeh 算法：

$$B^* = A^* \circ \bigcap_{i=1}^{n} (A_i \to B_i)$$

$$\mu_{B^*}(y) = \bigvee_{x \in X} [\mu_{A^*}(x) \wedge (\bigwedge_{i=1}^{n} \Re_Z(\mu_{A_i}(x), \mu_{B_i}(y)))] \tag{2-10}$$

FATI 方法：先将 n 条规则 $A_i \to B_i\ (i = 1, 2, \cdots, n)$ 聚合为一条规则 $A \to B$，即

$$(A_1 \to B_1) \otimes (A_2 \to B_2) \otimes \cdots \otimes (A_n \to B_n) = A \to B$$

其中，符号 $\otimes$ 表示聚合运算，通常 $\otimes$ 取为 $\cup$，有时也取为 $\cap$。这样就将 MC-FMP 转化为模糊取式推理 FMP。从而，由式(2-5)求得 B^*。

Dubois-Prade 算法：

$$B^* = \bigcap_{i=1}^{n} [A^* \circ (A_i \to B_i)]$$

$$\mu_{B^*}(y) = \bigwedge_{i=1}^{n} \bigvee_{x\in X} [\mu_{A^*}(x) \wedge \Re_{\mathrm{DP}}(\mu_{A_i}(x), \mu_{B_i}(y))] \tag{2-11}$$

其中，$\Re_{\mathrm{DP}}$ 为 Dubois 和 Prade 在 CRI 方法中使用的蕴含算子。

点火方法：点火法是通过衡量所给前提 A^* 与各条规则的前件 A_i 之间的“距离”或“贴近度”或“相似度”，并“激活” n 条规则中前件与 A^* 最接近的那条规则 $A_j \to B_j$ ($j \in \{1, 2, \cdots, n\}$)，从而求得结论 $B^* = B_j$ 的方法。

6) 多重多维模糊推理 MCMD-FMP 的算法

给定的规则为 $A_{i1}, A_{i2}, \cdots, A_{im} \to B_i$ ($i = 1, 2, \cdots, m$)，前提为 $A_1^*, A_2^*, \cdots, A_m^*$。在上述中曾指出， MCMD-FMP 模式是在模糊推理的实际应用中研究得最多的一种推理模式，为求解结论 B^*，研究者提出了许多方法。如多重 Zadeh 方法、多重 FITA 方法、多重 FATI 方法、多重Ⅰ型 Tsukamoto 方法、多重Ⅱ型 Tsukamoto 方法和 Takagi-Sugeno 方法等，其中最常用的是多重 Zadeh 方法、多重 FITA 方法和多重 FATI 方法。

多重 Zadeh 方法：首先将规则前件中的 n 个模糊集、前提中的 n 个模糊集分别作笛卡儿乘积：

$$\begin{gathered} A_{11} \times A_{12} \times \cdots \times A_{1m} = A_1 \\ A_{21} \times A_{22} \times \cdots \times A_{2m} = A_2 \\ \cdots\ \cdots \\ A_{n1} \times A_{n2} \times \cdots \times A_{nm} = A_n \\ A_1^* \times A_2^* \times \cdots \times A_m^* = A^* \end{gathered}$$

从而将 MCMD-FMP 转化为多重模糊推理 MC-FMP 模式，然后再按照 FITA 方法，或 FATI 方法，或点火法求得结论 B^*。

多重 FITA 方法：首先将 MCMD-FMP 分解成 n 个多维模糊推理 MD-FMP 模式：

$$\frac{\begin{matrix} A_{11}, A_{12}, \cdots, A_{1m} \to B_1 \\ A_1^*, A_2^*, \cdots, A_m^* \end{matrix}}{B_1^*} \quad \frac{\begin{matrix} A_{21}, A_{22}, \cdots, A_{2m} \to B_2 \\ A_1^*, A_2^*, \cdots, A_m^* \end{matrix}}{B_2^*} \quad \cdots \quad \frac{\begin{matrix} A_{n1}, A_{n2}, \cdots, A_{nm} \to B_n \\ A_1^*, A_2^*, \cdots, A_m^* \end{matrix}}{B_n^*}$$

从而，$B_1^*, B_2^*, \cdots, B_n^*$ 可由 4)求出。再将 $B_1^*, B_2^*, \cdots, B_n^*$ 聚合为结论 B^*，即

$$B_1^* \oplus B_2^* \oplus \cdots \oplus B_n^* = B^*$$

其中，聚合运算 $\oplus$ 可取为 $\cup$ 或 $\cap$。

多重 FATI 方法：首先将 $A_{1j}, A_{2j}, \cdots, A_{nj}$ 聚合为 A_j ($j = 1, 2, \cdots, m$)，将 $B_1, B_2, \cdots, B_n$ 聚合为 B：

$$A_{11} \oplus A_{21} \oplus \cdots \oplus A_{n1} = A_1$$

$$A_{12} \oplus A_{22} \oplus \cdots \oplus A_{n2} = A_2$$

$$\cdots\cdots$$

$$A_{1n} \oplus A_{2n} \oplus \cdots \oplus A_{nm} = A_m$$

$$B_1 \oplus B_2 \oplus \cdots \oplus B_n = B$$

如此，n 条 m 维规则聚合成了一条 m 维规则，从而将 MCMD-FMP 转化为多维模糊推理 MD-FMP 模式，由 4)可求出结论 B^*。

多重Ⅰ型 Tsukamoto 方法：首先将所给前提 $A_1^*, A_2^*, \cdots, A_m^*$分别按多重模糊推理 MC-FMP 模式处理如下：

$$\frac{\begin{matrix} A_{11} \to B_1 \\ A_{21} \to B_2 \\ \cdots \\ A_{n1} \to B_n \\ A_1^* \end{matrix}}{B_1^*} \quad \frac{\begin{matrix} A_{12} \to B_1 \\ A_{22} \to B_2 \\ \cdots \\ A_{n2} \to B_n \\ A_2^* \end{matrix}}{B_2^*} \quad \cdots \quad \frac{\begin{matrix} A_{1m} \to B_1 \\ A_{2m} \to B_2 \\ \cdots \\ A_{nm} \to B_n \\ A_m^* \end{matrix}}{B_n^*}$$

由 5)求出结论 $B_1^*, B_2^*, \cdots, B_n^*$。再将 $B_1^*, B_2^*, \cdots, B_n^*$取∩，从而合并为最终结论 B^*，即

$$B^* = B_1^* \cap B_2^* \cap \cdots \cap B_n^*$$

多重Ⅱ型 Tsukamoto 方法：首先将所给前提 $A_1^*, A_2^*, \cdots, A_m^*$与规则 $A_{i1}, A_{i2}, \cdots, A_{im} \to B_i\ (i = 1, 2, \cdots, n)$ 分别按多维模糊推理 MD-FMP 的 Tsukamoto 方法处理如下：

$$\frac{\begin{matrix} A_{i1} \to B_i \\ A_1^* \end{matrix}}{B_{i1}^*} \quad \frac{\begin{matrix} A_{i2} \to B_i \\ A_2^* \end{matrix}}{B_{i2}^*} \quad \cdots \quad \frac{\begin{matrix} A_{im} \to B_i \\ A_m^* \end{matrix}}{B_{in}^*}$$

由 1)求出结论 $B_{i1}^*, B_{i2}^*, \cdots, B_{in}^*$。再将 $B_1^*, B_2^*, \cdots, B_n^*$取∩，即

$$B_{i1}^* \cap B_{i2}^* \cap \cdots \cap B_{in}^* = B_i^*$$

然后，将所有的 $B_1^*, B_2^*, \cdots, B_n^*$聚合为结论 B^*，即

$$B_1^* \oplus B_2^* \oplus \cdots \oplus B_n^* = B^*$$

其中，聚合运算⊕可取为∪或∩。

多重多维模糊推理 MCMD-FMP 模式的求解方法是最为复杂和多样的。在以上各种方法中，有些还可以进一步分解成多种方法，如对于多重Ⅰ型 Tsukamoto 方法，根据求解多重模糊推理 MC-FMP 模式的方法不同，还可以进一步细化成三种不同的方法。若在多重Ⅰ型 Tsukamoto 方法中采用 FITA 方法求解多重模糊推理 MC-FMP 模式，则多重Ⅰ型 Tsukamoto 方法与多重Ⅱ型 Tsukamoto 方法相同。另外，对于常用的多重 FITA 方法和多重 FATI 方法来说，它们的推理机制与多重

模糊推理 MC-FMP 模式的 FITA 法和 FATI 法是相同的，从而也具有相同的推理性质。

2.2.5 模糊推理算法的数学原理

模糊推理作为近似推理的一个分支，是模糊控制的理论基础。在实际应用中，它以数值计算而不是以符号推演为特征，它并不注重如像经典逻辑那样的基于公理的形式推演或基于赋值的语义运算，而是通过模糊推理的算法，由推理的前提计算出（而不是推演出）结论。自 1973 年 Zadeh 首先给出了模糊推理中最基本的推理规则 FMP，在文献[35]和[50]中 Zadeh 和 Mamdani 将 FMP 算法化，形成了当今以推理合成规则 CRI 为主要基础的各种模糊推理方法。近年王国俊认为模糊推理算法以 CRI 为基础存在缺陷，并提出了一种完全基于蕴含算子的三 I 算法。30 余年来，模糊推理方法在工业生产控制，特别是在家电产品中的成功应用，使得它们在模糊系统以及自动控制等领域越来越受到人们的重视，如今在近似推理中已成为以数值计算而不是以符号推演为特征的一个研究发展方向。然而，尽管这些基于 Zadeh 与 Mamdani 等的工作而发展的各种模糊推理算法用于经验控制领域比其他方法有效，但从本质上不难看出实用中的模糊控制与逻辑控制的关联越来越少，而对算法的依赖却越来越多。因此，用算法代替模糊推理在理论上是否合理，其算法的理论基础是否可靠仍被人置疑。对此，如上述中已指出的 Elkan 在 1993 年国际人工智能大会上作的颇有影响的“模糊逻辑似是而非的成功”的报告。

我们知道，在推理系统中，一个结论是由前提通过逻辑推理而得出的结果，但模糊推理算法实质上是通过人为规定的方法计算出结果而不是推理出逻辑结论，具体就是将推理前提约定为一些算子，再借助于一些运算计算出结论，可见模糊推理算法虽实用但主观性强，本身的理论基础贫弱。因此，将模糊推理算法作为研究对象，从理论上对模糊推理算法的构造基础进行分析研究，论证用计算去替代模糊推理的算法的理论依据是重要的。本节从数学基础角度，对此给出一种分析和论证。

1. 模糊推理算法结构的分析

在上述中，我们介绍了各种模糊推理模式及其各种算法。并已指出，模糊取式推理 FMP 是最简单的模式，其他的都可以通过一定的方法转化为 FMP 模式；推理合成规则 CRI 是最基本、最重要的概念，是在工业生产领域使用最为广泛的模糊推理方法。各种模糊推理模式的算法，都是以 CRI 方法的思想为基础，将 CRI 加以扩充而得到的改进方法。简单讲，这些改进的方法采用了两种途径。第一种途径是先把推理模式的规则聚合为一个模糊关系，然后与前提进行合成求得 B^*；第二种途径则是先将推理模式的前提分别与规则合成得到模糊关系，然后进

行聚合求得 B^*。

然而，对于 CRI 方法在将前提中的蕴含关系转化为模糊关系时使用一次能体现推理思想的蕴含算子后就直接借助于合成运算给出推理结果的思想，王国俊认为有缺陷，并提出了一种完全基于蕴含算子的三 I 算法，即重新建立一个蕴含算子$\Re_o$，在三 I 原则（FMP 是三重蕴含关系：$(A(x)\to B(x))\to(A^*(x)\to B^*(x))$）下，提出了如下$\Re_o$型三 I 算法：

$$\Re_o(a, b) = 1，当 a\leqslant b；否则\ \Re_o(a, b) = a'\vee b$$

$$B^*(y) = \sup_{x\in E_y} [A^*(x)\wedge\Re_o(A(x), B(y))],\quad y\in Y \tag{*}$$

其中 $E_y = \{x\in X：(A^*(x))' < \Re_Z(A(x), B(y))\}$。

三 I 算法虽然未在实际应用中进行检验，但它是一个不使用合成运算而采用三重模糊蕴含关系的非 CRI 算法，理论上具有一些良好特性，使得模糊推理算法更具逻辑推理的特征。

从逻辑推理的本质来说，模糊逻辑与一般逻辑系统应具有相同的推理特征。即从一组前提 P_1，…，P_n 出发推导出结论 P 的演绎是由逻辑系统的推理规则（公理也可作为推理规则）支配的，所不同的是，在模糊逻辑中条件和结论均允许是模糊命题。由于模糊推理是一种由具有模糊性的前提推导出结论的逻辑过程，因此，模糊推理由前提推导出结论的准确程度，关键在于对模糊推理模式中的规则与前提置以什么样的（模糊）关系结构，以及前提条件与结论又置以什么样的（模糊）关系结构。

通过 2.2.4 节和上述对模糊推理模式及其算法的思想与构造分析，我们认为：

(1) 模糊推理算法的基本思想就是把模糊推理模式中的推理规则转换成描述中变项之间的一种模糊关系，从而使模糊推理过程的实现都基于模糊关系。据此，可认为模糊推理算法实质上是模糊推理变换成的模糊关系的算法。对具体算法来说，无论是 CRI 算法，还是以 CRI 为基础的各种算法以及三 I 算法，首先都是遵循 CRI 算法的第一步，即利用蕴含算子$\Re$将已知规则中的 $A\to B$ 转化为 $X\times Y$ 上一个模糊关系$\Re(x, y)$，然后 Zadeh 的思想是将 FMP 中所求的 B^*看作是以 $A\to B$ 和 A^*为前提而推导的结论，即形式关系为 $A^*\&(A\to B)\to B^*$，这一点是符合一般逻辑的推理规则的；三 I 算法的思想是将 FMP 中所求的 B^*看作是在以 $A\to B$ 为前提下由 A^*推导出来的，即形式关系为$(A\to B)\to(A^*\to B^*)$。对于这两种关于 FMP 推理意义的理解，若 $A^*\&(A\to B)\to B^*$为 $A^*\wedge(A\to B)\to B^*$，则从逻辑系统的语形的角度看，$A^*\wedge(A\to B)\to B^*$与$(A\to B)\to(A^*\to B^*)$是等同的，但是若从逻辑系统的语义的角度看，前者比后者更符合 FMP 的推理含义。然而，Zadeh 在 CRI 算法中却将模糊推理模式中的规则与前提之间的关系用复合运算刻画，这一点是缺乏根据的，并且致使 CRI 算法失去应有的推理含义。相比之下，思想基于 FMP 的形式推理结构为

$(A\to B)\to(A^*\to B^*)$的三Ⅰ算法，避免了 CRI 算法的缺陷并具有许多良好性质。但是，在三Ⅰ算法中，式(*)中结论 B^*的隶属度函数 $B^*(y)$从何而来，其为什么具有与 CRI 算法相同的关系结构“$A^*(x)\wedge\Re(A(x), B(y))$”，对此，王国俊没有给出理由。

(2) 从模糊推理算法的结构看，模糊推理模式的各种算法虽然各自采用的蕴含算子不同，但由于模糊蕴含算子是[0, 1]×[0, 1]到[0,1]上的一个映射，模糊蕴含可由代表模糊“与”、模糊“或”、模糊“非”的三个基础算子 $t^{\wedge}$(t-范数)、$t^{\vee}$(t-余范数)以及 t^{c}(补)构造得到，并且各种模糊推理算法中求解 $B^*(y)$的表达式也以 t-范数、t-余范数和补 t^{c} 为基础算子，由此我们认为，除了针对多维模糊推理 MD-FMP 和多重模糊推理 MC-FMP 而提出的引进距离函数或贴近度等概念的算法外，诸如上述的模糊推理的各种算法计算出的结论，实际上是由前提条件通过 $t^{\wedge}$、$t^{\vee}$ 和 t^{c} 三个基础算子在[0,1]上进行运算得出的结果，对模糊推理采用计算的算法其本质上是对计算对象（推理前提）运用基础算子进行运算的方法，因此通过这种方法计算得到的结果与计算对象之间就应存在相应的数学关系。

根据以上分析研究，关于模糊推理算法的数学原理，我们证明了如下结果（详见文献[54]~[57]）。

2. *模糊推理算法的数学基础*

定理 1. 对于模糊取式推理 FMP，设 A, A^*是论域 X 上的模糊集，B, B^*是论域 Y 上的模糊集。存在 X 到[0, 1]的一个有界函数Φ，使得对于任意 $x\in X$，存在 $y\in Y$，由 FMP 的算法（以 $t^{\wedge}, t^{\vee}, t^{c}$ 为基础算子）计算得出的结论 $B^*(y)$即是$\Phi(x)$。

证明：因 A 和 A^*是论域 X 上的模糊集，B 和 B^*是论域 Y 上的模糊集，所以 $A(x), A^*(x), B(y), B^*(y)\in[0,1]$，$x\in X$，$y\in Y$。

设蕴含算子$\Re$：$[0, 1]^2\to[0, 1]$。则 FMP 模式中的规则 $A\to B$ 可由$\Re$转换为 $X\times Y$ 上的一个模糊关系$\Re(x, y)$：

$$\Re(x, y) = \Re(A(x), B(y)), (x, y)\in X\times Y$$

对于 FMP，以 $A^*(x)$与$\Re(A(x), B(y))$为计算对象，通过以 $t^{\wedge}$、$t^{\vee}$ 和 t^{c} 为基础算子的模糊推理算法（如 CRI，三Ⅰ算法）进行计算得到结论 $B^*(y)$。

由FMP模式中的规则，表明存在X到Y的一个映射f:$X\to Y, x\mapsto f(x) = y\ (y\in Y)$。根据模糊集理论，由 f 可诱导出映射 f ：$(X)\to(Y)$（(X)、(Y)分别表示 X、Y 上的全体模糊集）。因 A、$A^*\in(X)$，B、$B^*\in(Y)$，根据 FMP 含义，有 $A\mapsto f(A) = B$，$A^*\mapsto f(A^*) = B^*$。于是，对任意 $x\in X$，若 $x\in A^*$，则 Y 中存在 y，有 $f(x) = y$，$y\in B^*$，即 $0 < B^*(y)\leqslant 1$；若 $x\notin A^*$，则 Y 中存在 y，有 $f(x) = y$，$y\notin B^*$，即 $B^*(y) = 0$。又因为 B^* 是论域 Y 上的模糊集，故存在 y 关于 B^*的隶属函数μ_{B^*}

$$\mu_{B^*}:\ Y\to[0, 1]$$

从而，存在一个从 X 到[0, 1]的复合映射 $\mu_{B^*}\circ f$，使得对于任意 $x\in X$，有 $y\in Y$,

$$(\mu_{B^*}\circ f)(x) = \mu_{B^*}(f(x)) = \mu_{B^*}(y)\in[0, 1]$$

即 $(\mu_{B^*}\circ f)(x) = B^*(y)$。

令 $\Phi = \mu_{B^*}\circ f$。又因 $\Phi(x)\in[0, 1]$，所以，Φ 有界。 □

对于多维模糊推理 MD-FMP 模式和多重模糊推理 MC-FMP 模式，同理可证如下定理。

定理 2. 对于多维模糊推理 MD-FMP，设 A_i 和 A_i^* 是论域 X_i 上的模糊集，B 和 B^* 是论域 Y 上的模糊集 $(i = 1, 2, \cdots, n)$。存在 $X\,(X = X_1\times X_2\times\ldots\times X_n)$ 到[0, 1]的一个有界函数 Φ，使得对于任意 $x_j\in X_j\,(j\in\{1, 2, \cdots, n\})$，存在 $y\in Y$，由 MD-FMP 的算法（以 $t^\wedge, t^\vee, t^c$ 为基础算子）计算得出的结论 $B^*(y)$ 即是 $\Phi(x)$。

定理 3. 对于多重模糊推理 MC-FMP，设 A_i 和 A_i^* 是论域 X_i 上的模糊集，B 和 B^* 是论域 Y 上的模糊集 $(i = 1, 2, \cdots, n)$。存在 X 到[0, 1]的一个有界函数 Φ，使得对于任意 $x\in X$，存在 $y\in Y$，由 MC-FMP 的算法（以 $t^\wedge, t^\vee, t^c$ 为基础算子）计算得出的结论 $B^*(y)$ 即是 $\Phi(x)$。

对于其他的模糊推理模式，同样具有类似的结果。

上述结论表明，对于模糊推理，通过对推理前提运用基础算子进行计算得到的视为“推理结论”的结果，是一个论域到[0, 1]的有界实函数值，而模糊推理的各种算法实际上是这一函数的具体构造。因此，模糊推理中将推理转为计算的算法是有理论依据的，其基础是可靠的。

2.3　中介逻辑的语义研究

如所知，任何一个完整的逻辑理论，包括语法理论和语义理论。自 1985 年中介逻辑 ML 与中介公理集合论 MS 陆续提出后[58-67]，关于 ML 的语义理论研究迅速展开。其中，自 1987 年我们给出中介命题逻辑 MP 和中介谓词逻辑 MF 的一种真值域为{0, (0, 1), 1}的语义解释，证明了 MP 和 MF 是可靠的、MP 是完备的（详见文献[68]~[81]）。1987 年潘勇给出 MP 的一种真值域为{0, 1/2, 1}的语义解释，并通过范式方法证明了 MP 是可靠的[82]。在三值语义解释下一些学者还证明了如下结果[83-87]：钱磊证明了 ML 是相容的；邹晶证明了 MP 的扩张系统 MP*、中介同异性演算系统 ME*是可靠的和完备的；钱磊证明了 ML 的 Gentzen 系统是相容的、可靠的和完备的；谭乃、肖奚安证明了 MP 的扩张系统 MP*中命题联结词的完全性，其中在 1989 年肖奚安、朱梧槚证明了 MP 中命题联结词的不完全性，并证明了 MP 若作为一种三值逻辑，则其与所有三值命题逻辑不等价的结果。在 MP 的真值域为{0, 1/2, 1}的语义解释下，李祥等证明了 MP 的可靠性、完备性等定理，并证明了 MP 的扩张 MP*与 Woodruff 三值系统等价[88, 89]。至此，研究者们包括中介逻辑提出者都认定中介逻辑系统 ML 是一种三值逻辑。中介逻辑 ML 确实是一种三值逻辑吗？

由模型论可知，对于一个形式化逻辑系统，对其形式语言给出一种语义解释即为对该逻辑建立了一个语义模型。由于中介命题逻辑 MP 是中介逻辑 ML 的核心基础，最能体现中介逻辑的特色，因此我们认为，认定 MP 是三值逻辑才能认定 ML 为一种三值逻辑，对 MP 给出真值域为{0, 1/2, 1}或为{0, (0, 1), 1}的语义解释，只能说是对 MP 给出了一种三值语义模型，认定 MP 是一种三值逻辑应证明 MP 不存在其他语义模型（如，直觉主义命题逻辑作为一种非经典逻辑，虽然有经典模型，但并不是由此就证明直觉主义命题逻辑是经典逻辑）。

2003 年，我们给出了中介命题逻辑系统 MP 的一种无穷值语义模型，并证明了 MP 是可靠的和完备的结果（详见文献[90]~[92]）。此模型更适合于反映中介逻辑的基本思想，而且用模型论方法易证此模型不是三值模型的扩张。由此表明中介逻辑除了具有上述三值语义模型外，还存在非三值的语义模型。因此，认定中介逻辑 ML 为一种三值逻辑的结论是不成立的。

2.3.1 中介命题逻辑 MP 的无穷值语义

一个形式化逻辑理论，在它的任何语义解释中，公式的赋值是由原子公式的赋值决定的。对于命题联结词集为{$\neg$, ~, →}的中介命题逻辑 MP 的无穷值解释定义，我们先给出它的赋值方法如下。对于 MP 的任一原子公式 p，我们给定一种赋值φ: $p \to [0, 1]$，即$\varphi(p)\in[0, 1]$。由于复合公式$\neg p$, $\sim p$ 在赋值φ下的真值$\varphi(\neg p)$与$\varphi(\sim p)$是由$\varphi(p)$决定的，所以，对于$\neg p$ 我们指派$\varphi(\neg p) = 1-\varphi(p)$。为了确定$\sim p$ 在赋值φ下在[0, 1]中的真值$\varphi(\sim p)$，我们在真值域[0, 1]中引入一可变参数$\lambda\in(0, 1)$，即有$\lambda\in(0, 1/2]$或$\lambda\in[1/2, 1)$。于是，当$\lambda\in[1/2, 1)$时，[0, 1]被λ划分成子区间$[0, 1-\lambda)$, $[1-\lambda, \lambda]$和$(\lambda, 1]$；当$\lambda\in(0, 1/2]$时，[0, 1]被λ划分成子区间$[0, \lambda)$, $[\lambda, 1-\lambda]$和$(1-\lambda, 1]$；因而，$\varphi(p)\in[0, 1]$即$\varphi(p)$属于这些与λ相关的某个子区间。因λ在(0, 1)中是可变的，所以，我们可指派$\varphi(\sim p)$如下：在$\varphi(p)\in[0, 1-\lambda)$，或$\varphi(p)\in(\lambda, 1]$（即$\lambda\in[1/2, 1)$ 情形）时，$\varphi(\sim p)\in[1-\lambda, \lambda]$；在$\varphi(p)\in[0, \lambda)$或$\varphi(p)\in(1-\lambda, 1]$（即$\lambda\in(0, 1/2]$ 情形）时，$\varphi(\sim p)\in[\lambda, 1-\lambda]$；在$\varphi(p) = 1/2$ 时，$\varphi(\sim p) = 1/2$。由于$\varphi(p)$与$\varphi(\sim p)$分别属于[0，1]在λ划分下的两两不相交子区间，又因为一维空间中任意两个不相交区间的点存在一一对应关系，从而，我们就可建立分别在两个不相交区间中的$\varphi(p)$与$\varphi(\sim p)$的关系表达式。这种对 MP 中命题的解释因为与可变参数λ相关，故称为 MP 的一种λ-解释。

1. 中介命题逻辑 MP 的一种无穷值语义解释

在文献[92]中，我们提出如下中介命题逻辑 MP 的一种无穷值语义解释，并证明了 MP 的可靠性定理与完备性定理。

定义 1. 设 Γ 是 MP 的一个合式公式集，$\lambda\in(0, 1)$。对于 $A, B\in\Gamma$，映射 ∂_λ: $\Gamma\to[0, 1]$ 称为 MP 的一个无穷值解释(或λ-解释)，如果

(1)　若 A 为一个原子公式，则$\partial_\lambda(A)\in[0, 1]$是唯一的；

(2)　$\partial_\lambda(A)+\partial_\lambda(ᆨA) = 1$；

(3)　$$\partial_\lambda(\sim A)=\begin{cases}\dfrac{2\lambda-1}{1-\lambda}(\partial_\lambda(A)-\lambda)+1-\lambda, & \text{当}\lambda\in[1/2, 1)\text{且}\partial_\lambda(A)\in(\lambda, 1] \quad (2\text{-}12)\\ \dfrac{2\lambda-1}{1-\lambda}\partial_\lambda(A)+1-\lambda, & \text{当}\lambda\in[1/2, 1)\text{且}\partial_\lambda(A)\in[0, 1-\lambda) \quad (2\text{-}13)\\ \dfrac{1-2\lambda}{\lambda}\partial_\lambda(A)+\lambda, & \text{当}\lambda\in(0, 1/2]\text{且}\partial_\lambda(A)\in[0, \lambda) \quad (2\text{-}14)\\ \dfrac{1-2\lambda}{\lambda}(\partial_\lambda(A)+\lambda-1)+\lambda, & \text{当}\lambda\in(0, 1/2]\text{且}\partial_\lambda(A)\in(1-\lambda, 1] \quad (2\text{-}15)\\ \dfrac{1}{2}, & \text{当}\partial_\lambda(A)=\dfrac{1}{2} \quad (2\text{-}16)\end{cases}$$

(4) $\partial_\lambda(A\to B) = \max(1-\partial_\lambda(A), \partial_\lambda(B))$。

关于(3)中公式~A 的真值$\partial_\lambda(\sim A)$，其表达式的建立思想和直观含义为：

因公式的真值域为[0, 1]，参数$\lambda\in(0, 1)$，由于λ是可变的，所以公式 A 的真值$\partial_\lambda(A)$ 在[0, 1]中的取值范围与λ值的关系存在以下情形：

(i) 当$\lambda\geqslant1/2$ 时，$\partial_\lambda(A)\in(\lambda, 1]$或$\partial_\lambda(A)\in[0, 1-\lambda)$或$\partial_\lambda(A)\in[1-\lambda, \lambda]$。其中，如果$\partial_\lambda(A)\in(\lambda, 1]$，则由(2)，有$\partial_\lambda(ᆨA)\in[0, 1-\lambda)$，此时若规定$\partial_\lambda(\sim A)\in[1-\lambda, \lambda]$，根据数学中“一维空间中任何两个不相交区间中的点存在一一对应关系”的原理，则公式~A 的真值$\partial_\lambda(\sim A)$与$\partial_\lambda(A)$具有关系式(2-12)；如果$\partial_\lambda(A)\in[0, 1-\lambda)$，同理得到$\partial_\lambda(A)$与$\partial_\lambda(\sim A)$的关系式(2-13)；如果$\partial_\lambda(A)\in[1-\lambda, \lambda]$，规定$\partial_\lambda(\sim A)$为$\partial_\lambda(A)$，即关系式(2-16)。

(ii) 当$\lambda\leqslant1/2$ 时，$\partial_\lambda(A)\in(1-\lambda, 1]$或$\partial_\lambda(A)\in[0, \lambda)$或$\partial_\lambda(A)\in[\lambda, 1-\lambda]$。类似(i)，可得到$\partial_\lambda(A)$与$\partial_\lambda(\sim A)$的关系式(2-14)、式(2-15)和式(2-16)。

(iii) 因公式的真值集为[0, 1]区间，若 A 是 MP 的原子公式，则$\partial_\lambda(A)$, $\partial_\lambda(ᆨA)$, $\partial_\lambda(\sim A)$的值域为三个不同的相邻区间。在[0, 1]内的这三个相邻区间中，$\partial_\lambda(\sim A)$的值域完全体现了$\partial_\lambda(A)$与$\partial_\lambda(ᆨA)$之间的过渡过程。$\partial_\lambda(A)$, $\partial_\lambda(ᆨA)$, $\partial_\lambda(\sim A)$在[0, 1]中的关系，可用图 2-6 和图 2-7 所示图形描述(图中符号“•”与“○”分别表示一个区间的闭端点和开端点)。

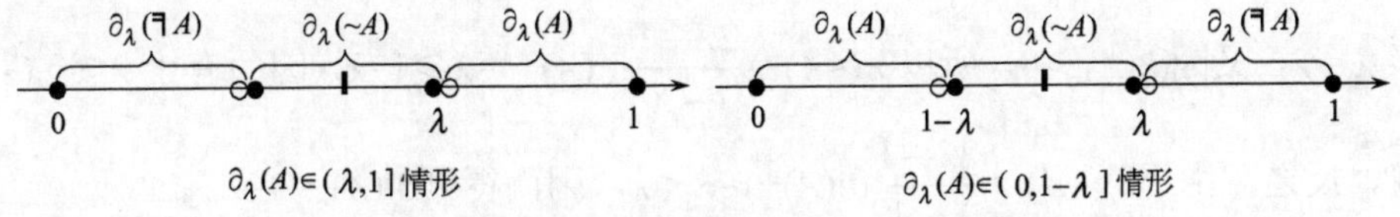

图 2-6　当 $\lambda\geqslant1/2$ 时, $\partial(A)$, $\partial(ᆨA)$, $\partial(\sim A)$在[0, 1]中的关系

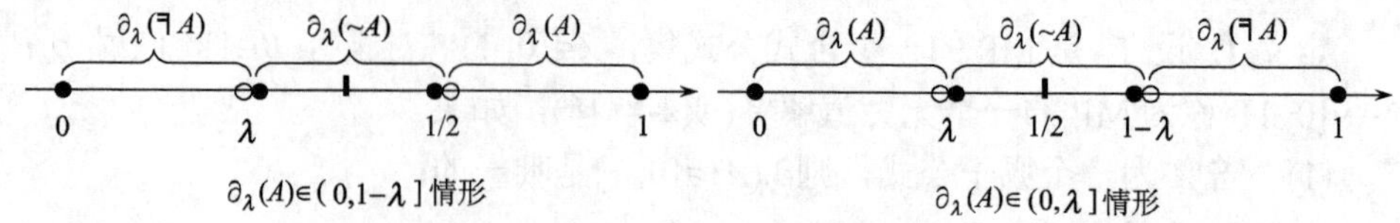

图 2-7　当 $\lambda\leqslant 1/2$ 时, $\partial(A)$, $\partial(╕A)$, $\partial(\sim A)$在[0, 1]中的关系

定理 (赋值唯一性). MP 的公式 A，在∂_λ中的赋值$\partial_\lambda(A)\in[0, 1]$是唯一的。

证明：只需施归纳于公式 A 中出现的命题联结词数，即可证明。□

命题 1. 设 A 为 MP 的一合式公式。当 $\lambda\geqslant 0.5$ 时，$1-\lambda\leqslant\partial_\lambda(\sim A)\leqslant\lambda$（即$\partial_\lambda(\sim A)\in[1-\lambda,\lambda]$）；当 $\lambda\leqslant 0.5$ 时，$\lambda\leqslant\partial_\lambda(\sim A)\leqslant 1-\lambda$（即$\partial_\lambda(\sim A)\in[\lambda, 1-\lambda]$）。

证明：由定义 1 易证。

定义 2 (公式的真). 设 G 是 MP 的一个公式。在 MP 的λ-解释下，当$\lambda\geqslant 1/2$ 时，若有$\partial_\lambda(G)>\lambda$，则称 G 是真的；若有$\partial_\lambda(G)<1-\lambda$，则 G 是假的。

如同 Post 的 n 值逻辑系统[93]，对于 MP 的具有$\partial_\lambda(G)>\lambda$ 的公式 G，$(\lambda, 1]$中的真值构成 G 为真的真值链(chain)，这个链的最大元素 1 表示公式 G“足够地真”。而对于 MP 的具有$\partial_\lambda(G)<1-\lambda$ 的公式 G，$[0, 1-\lambda)$中的真值构成 G 为假的真值链，这个链的最小元素 0 表示公式 G“足够地假”。

定义 3 (公式的语义后承). 设 A, B 是 MP 的公式。对于 MP 的λ-解释，在$\lambda\geqslant 1/2$ 时，若$\partial_\lambda(A)>\lambda$，有$\partial_\lambda(B)>\lambda$，则称 B 是 A 的语义后承，记为 $A\models B$。

定理 1. 设 $\lambda>1/2$，A 为 MP 的一个合式公式。则有

(1) $\partial_\lambda(A)>\lambda$，当且仅当 $1-\lambda<\partial_\lambda(\sim A)\leqslant\lambda$；

(2) $\partial_\lambda(A)<1-\lambda$，当且仅当 $1-\lambda\leqslant\partial_\lambda(\sim A)<\lambda$。

证明：(1) 设$\partial_\lambda(A)>\lambda$。由定义 1 中(2)，$\partial_\lambda(\sim A)=\dfrac{2\lambda-1}{1-\lambda}(\partial_\lambda(A)-\lambda)+1-\lambda\leqslant\dfrac{2\lambda-1}{1-\lambda}(1-\lambda)+1-\lambda=\lambda$，又因 $\lambda>0.5$，所以$\partial_\lambda(\sim A)=\dfrac{2\lambda-1}{1-\lambda}(\partial_\lambda(A)-\lambda)+1-\lambda>1-\lambda$，因而有 $1-\lambda<\partial_\lambda(\sim A)\leqslant\lambda$。反之，由于 $\lambda>0.5$ 且$\partial_\lambda(\sim A)=\dfrac{2\lambda-1}{1-\lambda}(\partial_\lambda(A)-\lambda)+1-\lambda>1-\lambda$，因而得到$\partial_\lambda(A)>\lambda$。

(2) 设$\partial_\lambda(A)<1-\lambda$。由定义 1 中(2)，则有$\partial_\lambda(\sim A)=\dfrac{2\lambda-1}{1-\lambda}\partial_\lambda(A)+1-\lambda<\dfrac{2\lambda-1}{1-\lambda}(1-\lambda)+1-\lambda=\lambda$，又因$\partial_\lambda(A)\geqslant 0$，所以$\partial_\lambda(\sim A)=\dfrac{2\lambda-1}{1-\lambda}\partial_\lambda(A)+1-\lambda\geqslant 1-\lambda$，因而有 $1-\lambda\leqslant\partial_\lambda(\sim A)<\lambda$。反之，由于$\partial_\lambda(\sim A)=\dfrac{2\lambda-1}{1-\lambda}\partial_\lambda(A)+1-\lambda<\lambda$，因而得到$\partial_\lambda(A)<1-\lambda$。□

命题 2. 设 $\lambda>0.5$。$\partial_\lambda(\neg A)\leqslant\lambda$ 当且仅当$\partial_\lambda(╕A)<\partial_\lambda(\sim A)\leqslant\lambda$。

证明：由于$\neg A = A\to\sim A$，从而$\partial_\lambda(\neg A) = \partial_\lambda(A\to\sim A) = \max(\partial_\lambda(\urcorner A), \partial_\lambda(\sim A))\leqslant\lambda$。因$\partial_\lambda(\urcorner A)$与$\partial_\lambda(\sim A)$分别属于两个不相交区间，所以，只有$\partial_\lambda(\urcorner A) < \partial_\lambda(\sim A)\leqslant\lambda$或$\partial_\lambda(\sim A) < \partial_\lambda(\urcorner A)\leqslant\lambda$。若$\partial_\lambda(\sim A) < \partial_\lambda(\urcorner A)\leqslant\lambda$，由命题1，有$1-\lambda\leqslant\partial_\lambda(\sim A)\leqslant\lambda$，因而$\lambda < \partial_\lambda(\urcorner A)\leqslant\lambda$，矛盾。所以，有$\partial_\lambda(\urcorner A) < \partial_\lambda(\sim A)\leqslant\lambda$。

反之，若$\partial_\lambda(\urcorner A) < \partial_\lambda(\sim A)\leqslant\lambda$，则$\partial_\lambda(\neg A) = \max(\partial_\lambda(\urcorner A), \partial_\lambda(\sim A)) = \partial_\lambda(\sim A)\leqslant\lambda$。□

定理 2. 设$\lambda > 0.5$。$\partial_\lambda(A)>\lambda$当且仅当$\partial_\lambda(\urcorner A) < \partial_\lambda(\sim A)\leqslant\lambda$。

证明：设$\partial_\lambda(A) > \lambda$，即$\partial_\lambda(\urcorner A) = 1-\partial_\lambda(A) < 1-\lambda$，又由定理1，有$1-\lambda < \partial_\lambda(\sim A)\leqslant\lambda$，所以，$\partial_\lambda(\urcorner A) < \partial_\lambda(\sim A)\leqslant\lambda$。相反，若$\partial_\lambda(\urcorner A) < \partial_\lambda(\sim A)\leqslant\lambda$，因由命题1，有$1-\lambda\leqslant\partial_\lambda(\sim A)\leqslant\lambda$，所以$\partial_\lambda(\urcorner A) < 1-\lambda$，因此$\partial_\lambda(A) > \lambda$。□

定理 3. 设$\lambda > 0.5$，A为MP的公式。则有

(1) $\partial_\lambda(A) > \lambda$，当且仅当 $\partial_\lambda(\neg A)\leqslant\lambda$；

(2) $\partial_\lambda(A)\leqslant\lambda$，当且仅当$\partial_\lambda(\neg A) > \lambda$。

证明：(1)由命题2和定理2可得。(2)由(1)可得。□

2. MP的可靠性与完备性

如所知，中介命题逻辑 MP 是一种自然推理形式系统，因而我们可证，MP中的推理规则都是永真推理式。

引理 1. MP推理规则中的形式推理式$\Gamma\vdash A$（Γ为合式公式集，A为合式公式）是无穷值永真推理式$\Gamma\models A$。即

(1) $A_1, A_2, \cdots, A_n\models A_i$（$A_i$为合式公式，$i$=1, 2, ⋯, n）；

(2) 如果$\Gamma\models A_1, A_2, \cdots, A_n\models A$，则$\Gamma\models A$；如果$\models A$，则$\Gamma\models A$；

(3) 如果$\Gamma, \neg A\models B, \neg B$，则$\Gamma\models A$；

(4) $A\to B, A\models B$；$A\to B, \sim A\models B$；

(5) 如果$\Gamma, A\models B$且$\Gamma, \sim A\models B$，则$\Gamma\models A\to B$；

(6) $A\to A\models\sim\sim A$；$\sim\sim A\models A\to A$；

(7) $A\models\neg\urcorner A, \neg\sim A$；　$\neg\urcorner A, \neg\sim A\models A$；

(8) $\sim A\models\neg A, \neg\urcorner A$；$\neg A, \neg\urcorner A\models\sim A$；

(9) $\urcorner A\models\neg A, \neg\sim A$；$\neg A, \neg\sim A\models\urcorner A$；

(10) $A\models\urcorner\urcorner A$；　$\urcorner\urcorner A\models A$；

(11) $A, \urcorner B\models\urcorner(A\to B)$。

证明: 尽管有些 MP 的推理规则不具有独立性，我们仍对以上全部无穷值永真推理式予以证明。

(1)和(2)，显然。

(3) 设MP的无穷值解释为$\partial_\lambda(\lambda > 0.5)$，如果$\partial_\lambda(\Gamma) > \lambda$且$\partial_\lambda(\neg A) > \lambda$时，必有$\partial_\lambda(B) > \lambda$与$\partial_\lambda(\neg B) > \lambda$。假若$\partial_\lambda(\Gamma) > \lambda$时，$\partial_\lambda(A)\leqslant\lambda$，据定理3中(2)，即$\partial_\lambda(\Gamma) > \lambda$时，

$\partial_\lambda(\neg A) > \lambda$，由条件有$\partial_\lambda(B) > \lambda$与$\partial_\lambda(\neg B) > \lambda$，据定理 3 中(2)，即有$\partial_\lambda(B) > \lambda$与$\partial_\lambda(B) \leqslant \lambda$，故矛盾。

(4) 设 MP 的无穷值解释为$\partial_\lambda(\lambda>0.5)$，设$\partial_\lambda(A\to B)>\lambda$且$\partial_\lambda(A)>\lambda$，即$\max(1-\partial_\lambda(A), \partial_\lambda(B))>\lambda$且$\partial_\lambda(A)>\lambda$，因$\partial_\lambda(A)>\lambda$，即$1-\partial_\lambda(A) <1-\lambda < \lambda$(因$\lambda > 0.5$)，所以有$\max(1-\partial_\lambda(A), \partial_\lambda(B)) = \partial_\lambda(B)>\lambda$。

设$\partial_\lambda(A\to B)>\lambda$且$\partial_\lambda(\sim A)>\lambda$，即$\max(1-\partial_\lambda(A), \partial_\lambda(B))>\lambda$且$\partial_\lambda(\sim A)>\lambda$。假若$\partial_\lambda(B)\leqslant\lambda$，则$\max(1- \partial_\lambda(A), \partial_\lambda(B)) = 1-\partial_\lambda(A)>\lambda$，即$\partial_\lambda(A)< 1-\lambda$，由定理 1(2)，则有$\partial_\lambda(\sim A) < \lambda$，故矛盾。

(5) 设 MP 的无穷值解释为$\partial_\lambda(\lambda > 0.5)$，如果$\partial_\lambda(\Gamma)>\lambda$且$\partial_\lambda(A) > \lambda$时，则有$\partial_\lambda(B)>\lambda$，以及$\partial_\lambda(\Gamma)>\lambda$且$\partial_\lambda(\sim A) > \lambda$时，则有$\partial_\lambda(B)>\lambda$。假设存在无穷值解释$\partial_\lambda^{\circ}(\lambda>0.5)$，$\partial_\lambda^{\circ}(\Gamma)>\lambda$时，$\partial_\lambda^{\circ}(A\to B) = \max(1-\partial_\lambda^{\circ}(A), \partial_\lambda^{\circ}(B))\leqslant\lambda$，即若$\partial_\lambda^{\circ}(\Gamma)>\lambda$，则$\partial_\lambda^{\circ}(B)\leqslant\lambda$，也即若$\partial_\lambda^{\circ}(\Gamma)>\lambda$且$\partial_\lambda^{\circ}(A)>\lambda$，则$\partial_\lambda^{\circ}(B)\leqslant\lambda$，以及若$\partial_\lambda^{\circ}(\Gamma)>\lambda$且$\partial_\lambda^{\circ}(\sim A)>\lambda$，则$\partial_\lambda^{\circ}(B)\leqslant\lambda$，由$\partial_\lambda$的任意性，与条件矛盾。

(6) 设 MP 的无穷值解释为$\partial_\lambda(\lambda > 0.5)$，设$\partial_\lambda(A\to A)>\lambda$。即$\max(1-\partial_\lambda(A), \partial_\lambda(A)) > \lambda$，即$\partial_\lambda(A)<1-\lambda$或$\partial_\lambda(A)>\lambda$，由定理 1，有$1-\lambda\leqslant\partial_\lambda(\sim A)\leqslant\lambda$，据定理 3 中(2)，由$\partial_\lambda(\sim A)\leqslant\lambda$有$\partial_\lambda(\neg\sim A) = \max(1-\partial_\lambda(\sim A), \partial_\lambda(\sim\sim A))>\lambda$，因$1-\lambda\leqslant\partial_\lambda(\sim A)$，即$1-\partial_\lambda(\sim A)\leqslant\lambda$，所以，$\partial_\lambda(\sim\sim A) > \lambda$。

反之，设$\partial_\lambda(\sim\sim A)>\lambda$，即$\partial_\lambda(\neg\sim A) = \max(1-\partial_\lambda(\sim A), \partial_\lambda(\sim\sim A))>\lambda$，据定理 3 中(2)，得到$\partial_\lambda(\sim A)\leqslant\lambda$，由命题 1，有$1-\lambda\leqslant\partial_\lambda(\sim A)\leqslant\lambda$，据定理 1，即$\partial_\lambda(A) > \lambda$或$\partial_\lambda(A)<1-\lambda$，故有$\partial_\lambda(A\to A)>\lambda = \max(1-\partial_\lambda(A), \partial_\lambda(A))>\lambda$。

(7) 设 MP 的无穷值解释为$\partial_\lambda(\lambda>0.5)$，设$\partial_\lambda(A)>\lambda$。由定理 1(1)，$1-\lambda<\partial_\lambda(\sim A)\leqslant\lambda$，由定理 3 中(2)，$\partial_\lambda(\neg\sim A)>\lambda$；因$\partial_\lambda(A) = 1-\partial_\lambda(\urcorner A) > \lambda$，所以，$\partial_\lambda(\neg \urcorner A) = \partial_\lambda(\urcorner A\to\sim\urcorner A) = \max(1- \partial_\lambda(\urcorner A), \partial_\lambda(\sim\urcorner A))>\lambda$。

反之，设$\partial_\lambda(\neg \urcorner A)>\lambda$且$\partial_\lambda(\neg\sim A) > \lambda$，由定理 3，$\partial_\lambda(\urcorner A)\leqslant\lambda$且$\partial_\lambda(\sim A)\leqslant\lambda$，即$\partial_\lambda(\neg A) = \max(\partial_\lambda(\urcorner A), \partial_\lambda(\sim A))\leqslant\lambda$，再据定理 3，$\partial_\lambda(A) > \lambda$。

(8) 设 MP 的无穷值解释为$\partial_\lambda(\lambda > 0.5)$，设$\partial_\lambda(\sim A) > \lambda$。即有$\partial_\lambda(\neg A)= \max(\partial_\lambda(\urcorner A), \partial_\lambda(\sim A)) > \lambda$；假设$\partial_\lambda(\neg \urcorner A) = \max(1-\partial_\lambda(\urcorner A), \partial_\lambda(\sim\urcorner A))\leqslant\lambda$，则$\partial_\lambda(A)\leqslant\lambda$且$\partial_\lambda(\sim\urcorner A)\leqslant\lambda$，据命题 2，$\partial_\lambda(\sim\urcorner A)\leqslant\lambda$，即$1-\lambda\leqslant\partial_\lambda(\sim\urcorner A)\leqslant\lambda$，由定理 1，即为$\partial_\lambda(\urcorner A) > \lambda$或$\partial_\lambda(\urcorner A) <1-\lambda$，其中$\partial_\lambda(\urcorner A) <1-\lambda$，即$\partial_\lambda(A) >\lambda$，与$\partial_\lambda(A)\leqslant\lambda$矛盾。而$\partial_\lambda(\urcorner A) > \lambda$，即$\partial_\lambda(A) < 1-\lambda$，由定理 1，$1-\lambda\leqslant\partial_\lambda(\sim A)<\lambda$，与$\partial_\lambda(\sim A)$矛盾。因此，有$\partial_\lambda(\neg \urcorner A) > \lambda$。

反之，设$\partial_\lambda(\neg A) > \lambda$且$\partial_\lambda(\neg\urcorner A) > \lambda$，即①$\max(1-\partial_\lambda(A), \partial_\lambda(\sim A)) > \lambda$且②$\max(1-\partial_\lambda(\urcorner A), \partial_\lambda(\sim\urcorner A)) > \lambda$。假若$\partial_\lambda(\sim A)\leqslant\lambda$，则由①有$\partial_\lambda(\urcorner A) = 1-\partial_\lambda(A) > \lambda$，即$1-\partial_\lambda(\urcorner A) < 1-\lambda < \lambda$(因$\lambda > 0.5$)，则由②有$\partial_\lambda(\sim\urcorner A) > \lambda$，但因$\partial_\lambda(\urcorner A) = 1-\partial_\lambda(A) > \lambda$，据定理 1(1)，得到$1-\lambda < \partial_\lambda(\sim\urcorner A)\leqslant\lambda$，故矛盾。所以，$\partial_\lambda(\sim A)>\lambda$。

(9) 设 MP 的无穷值解释为$\partial_\lambda(\lambda > 0.5)$，设$\partial_\lambda(\urcorner A) > \lambda$。即$\partial_\lambda(\neg A) = \max(\partial_\lambda(\urcorner A),$

$\partial_\lambda(\sim A)) > \lambda$；因$\partial_\lambda(\neg A) = 1-\partial_\lambda(A) > \lambda$，即$\partial_\lambda(A) < 1-\lambda$，由定理 1 中(2)，$1-\lambda \leqslant \partial_\lambda(\sim A) < \lambda$，据定理 3，$\partial_\lambda(\neg\sim A) > \lambda$。

反之，设$\partial_\lambda(\neg A) > \lambda$ 且$\partial_\lambda(\neg\sim A) > \lambda$，即① $\max(\partial_\lambda(\neg A), \partial_\lambda(\sim A)) > \lambda$ 且②$\max(1-\partial_\lambda(\sim A), \partial_\lambda(\sim\sim A)) > \lambda$。假若$\partial_\lambda(\neg A) \leqslant \lambda$，由①得$\partial_\lambda(\sim A) > \lambda$，即 $1-\partial_\lambda(\sim A) < 1-\lambda < \lambda$, 由②得$\partial_\lambda(\sim\sim A) > \lambda$，据(6)有$\partial_\lambda(A \to A) = \max(\partial_\lambda(\neg A), \partial_\lambda(A)) > \lambda$，则有$\partial_\lambda(A) > \lambda$，由定理 1 中(1)，$1-\lambda < \partial_\lambda(\sim A) \leqslant \lambda$，与$\partial_\lambda(\sim A) > \lambda$ 矛盾。所以，$\partial_\lambda(\neg A) > \lambda$。

(10) 设 MP 的无穷值解释为$\partial_\lambda(\lambda > 0.5)$，设$\partial_\lambda(A) > \lambda$，则$\partial_\lambda(\neg\neg A) = 1-\partial_\lambda(\neg A) = 1-（1-\partial_\lambda(A)）= \partial_\lambda(A) > \lambda$。反之，设$\partial_\lambda(\neg\neg A) > \lambda$，则$\partial_\lambda(A) = 1-(1-\partial_\lambda(A)) = 1-\partial_\lambda(\neg A) = \partial_\lambda(\neg\neg A) > \lambda$。

(11) 设 MP 的无穷值解释为∂_λ, 设$\partial_\lambda(A) > \lambda$ 且$\partial_\lambda(\neg B) > \lambda$。即 $1-\partial_\lambda(A) < 1-\lambda$ 且 $\partial_\lambda(B) = 1-\partial_\lambda(\neg B) < 1-\lambda$, 则$\partial_\lambda(A \to B) = \max(1-\partial_\lambda(A), \partial_\lambda(B)) < 1-\lambda$, 所以, $\partial_\lambda(\neg(A \to B)) = 1-\partial_\lambda(A \to B) > \lambda$。反之，设 $\partial_\lambda(\neg(A \to B)) > \lambda$，即 $1-\partial_\lambda(A \to B) > \lambda$，则$\partial_\lambda(A \to B) = \mathrm{Max}(1-\partial_\lambda(A), \partial_\lambda(B)) < 1-\lambda$, 所以, $1-\partial_\lambda(A) < 1-\lambda$ 且$\partial_\lambda(B) < 1-\lambda$, 即$\partial_\lambda(A) > \lambda$ 且$\partial_\lambda(\neg B) > \lambda$。□

定理 4 (可靠性定理). 对于 MP，设 Γ 是合式公式集，A 是合式公式，则有

(I) 如果 $\Gamma \vdash A$，则 $\Gamma \models A$。

(II) 如果 $\vdash A$，则 $\models A$。

证明：对(I) 施归纳于 $\Gamma \vdash A$ 的形式证明结构。

假设 $\Gamma \vdash A$，则存在一个形式推理式序列

$$\Gamma_1 \vdash A_1, \Gamma_2 \vdash A_2, \cdots, \Gamma_n \vdash A_n$$

其中 $\Gamma_n = \Gamma$，$A_n = A$。

若 $i = 1$，则 A 的形式证明只为 $\Gamma_1 \vdash A_1$，即 MP 的一推理规则。由引理 1, $\Gamma_1 \models A_1$，即 $\Gamma \models A$。

假设 $i < k$ 时，若 $\Gamma_i \vdash A_i$，则 $\Gamma_i \models A_i$。

当 $i = k$ 时，推理式的形式证明有如下三种情形。

情形 1：$\Gamma_i \vdash A_i$ 是 MP 的一推理规则，由引理 1，即 $\Gamma_i \models A_i$，即 $\Gamma \models A$。

情形 2：$\Gamma_i \vdash A_i$ 是由第 i 步之前的形式推理关系 $\Gamma_j \vdash A_j\ (j < i)$ 通过公式的代入和替换而得到，因代入与替换不改变原有推理关系，因而，由 $\Gamma_j \vdash A_j$，有 $\Gamma_i \vdash A_i$，据归纳假设，我们有 $\Gamma_j \models A_j$，因而 $\Gamma_i \models A_i$，即 $\Gamma \models A$。

情形 3：$\Gamma_i \vdash A_i$ 是由序列 $\Gamma_1 \vdash A_1, \Gamma_2 \vdash A_2, \cdots, \Gamma_{i-1} \vdash A_{i-1}$ 经应用推理规则而得，因而，由归纳假设和引理 1，则 $\Gamma_i \models A_i$，即 $\Gamma \models A$。

所以，对于所有 $k = n$，当 $\Gamma_k \vdash A_k$ 时，则 $\Gamma_k \models A_k$，即 $\Gamma \models A$。

(II) 可由 (I) 得到 (当 Γ 为空集)。□

引理 2. 设 A 是 MP 的合式公式。如果$\partial_\lambda(\neg\sim A) > \lambda$，则对于 MP 的任何合式公

式 B，$\partial_\lambda(B) > \lambda$。

证明：因在 MP 中 $ㅋ\sim A \vdash B$ 可证，则由定理 4，$ㅋ\sim A \models B$，即 $\partial_\lambda(ㅋ\sim A) > \lambda$ 时，$\partial_\lambda(B) > \lambda$。□

引理 3. 设 A 是 MP 的合式公式，$p_1, p_2, \cdots, p_n$ 是 A 中出现的所有互不相同的原子公式。当 $\lambda > 0.5$ 时，对于 MP 的无穷值解释 ∂_λ，令

$$A_i = \begin{cases} p_i, & \text{如果}\partial_\lambda(p_i) > \lambda\ (i = 1, 2, \cdots, n) \\ ㅋ p_i, & \text{如果}\partial_\lambda(p_i) < 1-\lambda \\ \sim p_i, & \text{如果 } 1-\lambda \leqslant \partial_\lambda(p_i) \leqslant \lambda \end{cases}$$

那么有：

(1) 如果 $\partial_\lambda(A) > \lambda$，则 $A_1, A_2, \cdots, A_n \vdash A$；

(2) 如果 $\partial_\lambda(A) < 1-\lambda$，则 $A_1, A_2, \cdots, A_n \vdash ㅋ A$；

(3) 如果 $1-\lambda \leqslant \partial_\lambda(A) \leqslant \lambda$，则 $A_1, A_2, \cdots, A_n \vdash \sim A$。

证明：施归纳于公式 A 的结构。

基始：A 为 MP 的原子公式，即设 A 为 p_1。如果 $\partial_\lambda(A) > \lambda$，即 $\partial_\lambda(p_1) > \lambda$，由所设，有 $A_1 = p_1 = A$，由于在 MP 中 $A \vdash A$，所以得 $A_1 \vdash A$。同理，如果 $\partial_\lambda(A) < 1-\lambda$，则 $A_1 \vdash ㅋ A$，如果 $1-\lambda \leqslant \partial_\lambda(A) \leqslant \lambda$，则 $A_1 \vdash \sim A$。引理得证。

B 为 MP 的公式，假设

(a) $\partial_\lambda(B) > \lambda$，则 $A_1, A_2, \cdots, A_n \vdash B$；

(b) $\partial_\lambda(B) < 1-\lambda$，则 $A_1, A_2, \cdots, A_n \vdash ㅋ B$；

(c) $1-\lambda \leqslant \partial_\lambda(B) \leqslant \lambda$，则 $A_1, A_2, \cdots, A_n \vdash \sim B$。

归纳，分三种情形：

设 $A = ㅋ B$。因 A 中诸原子公式与 B 中出现的所有原子公式相同，所以，如果 $\partial_\lambda(A) > \lambda$，即 $\partial_\lambda(B) = 1 - \partial_\lambda(ㅋ B) < 1-\lambda$，由(b)得 $A_1, A_2, \cdots, A_n \vdash ㅋ B$，即 $A_1, A_2, \cdots, A_n \vdash A$。如果 $\partial_\lambda(A) < 1-\lambda$，即 $1-\partial_\lambda(A) = 1-\partial_\lambda(ㅋ B) = \partial_\lambda(B) > \lambda$，由(a)得 $A_1, A_2, \cdots, A_n \vdash B$，因在 MP 中 $B \vdash ㅋㅋ B$，所以得 $A_1, A_2, \cdots, A_n \vdash ㅋ A$。如果 $1-\lambda \leqslant \partial_\lambda(A) \leqslant \lambda$，即 $1-\lambda \leqslant \partial_\lambda(ㅋ B) \leqslant \lambda$，即 $1-\lambda \leqslant \partial_\lambda(B) \leqslant \lambda$，由(c)得 $A_1, A_2, \cdots, A_n \vdash \sim B$，因在 MP 中 $\sim B \vdash \sim ㅋ B$，所以有 $A_1, A_2, \cdots, A_n \vdash \sim ㅋ B$，即 $A_1, A_2, \cdots, A_n \vdash \sim A$。

设 $A = \sim B$。由于 A 中与 $\sim B$ 中所出现的原子公式相同，所以，如果 $\partial_\lambda(A) > \lambda$，即 $\partial_\lambda(\sim B) > \lambda$，由定理 1（逆否命题），有 $1-\lambda \leqslant \partial_\lambda(B) \leqslant \lambda$，由(c)得 $A_1, A_2, \cdots, A_n \vdash \sim B$，即 $A_1, A_2, \cdots, A_n \vdash A$。如果 $\partial_\lambda(A) < 1-\lambda$，即 $\partial_\lambda(\sim B) < 1-\lambda$，则有 $\partial_\lambda(ㅋ\sim B) = 1-\partial_\lambda(\sim B) > \lambda$。据引理 2，对任意公式 C 都有 $\partial_\lambda(C) > \lambda$，由(a)得 $A_1, A_2, \cdots, A_n \vdash C$，令 $C = ㅋ A$，即得 $A_1, A_2, \cdots, A_n \vdash ㅋ A$。如果 $1-\lambda \leqslant \partial_\lambda(A) \leqslant \lambda$，即 $1-\lambda \leqslant \partial_\lambda(\sim B) \leqslant \lambda$，由定理 1，则有 $\partial_\lambda(B) > \lambda$ 或 $\partial_\lambda(B) < 1-\lambda$，其中若 $\partial_\lambda(B) > \lambda$，则由(a)有 $A_1, A_2, \cdots, A_n \vdash B$，若 $\partial_\lambda(B) < 1-\lambda$，则由(b)有 $A_1, A_2, \cdots, A_n \vdash ㅋ B$，因在 MP 中有 $B \vdash \sim\sim B$ 及 $ㅋ B \vdash \sim\sim B$，因而有 $A_1, A_2, \cdots, A_n \vdash \sim\sim B$，即 $A_1, A_2, \cdots, A_n \vdash \sim A$。

设 $A = B\to C$。归纳假设还有

(d)　$\partial_\lambda(C) > \lambda$，则 $A_1, A_2, \cdots, A_n \vdash C$；

(e)　$\partial_\lambda(C) < 1-\lambda$, 则 $A_1, A_2, \cdots, A_n \vdash ╕C$；

(f)　$1-\lambda \leqslant \partial_\lambda(C) \leqslant \lambda$, 则 $A_1, A_2, \cdots, A_n \vdash \sim C$。

因 A 中与 $B\to C$ 中所出现的原子公式相同，因而如果$\partial_\lambda(A) > \lambda$，即$\partial_\lambda(B\to C) = \max(1-\partial_\lambda(B), \partial_\lambda(C)) > \lambda$，其中若$\partial_\lambda(C) > \lambda$，由(d)得 $A_1, A_2, \cdots, A_n \vdash C$；若是 $1-\partial_\lambda(B) > \lambda$,即$\partial_\lambda(B) < 1-\lambda$，由(b)得 $A_1, A_2, \cdots, A_n \vdash ╕B$；因在 MP 中 $C \vdash B\to C$ 及$╕B \vdash B\to C$，所以有 $A_1, A_2, \cdots, A_n \vdash A$。如果$\partial_\lambda(A) < 1-\lambda$，即 $\max(1-\partial_\lambda(B), \partial_\lambda(C)) < 1-\lambda$，其中若是 $1-\partial_\lambda(B) < 1-\lambda$，即$\partial_\lambda(B) > \lambda$，由(a)得 $A_1, A_2, \cdots, A_n \vdash B$；若是$\partial_\lambda(C) < 1-\lambda$，由(e)得 $A_1, A_2, \cdots, A_n \vdash ╕C$；从而有 $A_1, A_2, \cdots, A_n \vdash B, ╕C$。因在 MP 中 $B, ╕C \vdash ╕(B\to C)$，所以有 $A_1, A_2, \cdots, A_n \vdash ╕(B\to C)$，即 $A_1, A_2, \cdots, A_n \vdash ╕A$。如果 $1-\lambda \leqslant \partial_\lambda(A) \leqslant \lambda$，即 $1-\lambda \leqslant \max(1-\partial_\lambda(B), \partial_\lambda(C)) \leqslant \lambda$，存在两种子情形：①假设 $1-\partial_\lambda(B) \leqslant \partial_\lambda(C)$，则 $1-\lambda \leqslant \partial_\lambda(C) \leqslant \lambda$，由(f)得 $A_1, A_2, \cdots, A_n \vdash \sim C$, 并且还有，若 $1-\lambda \leqslant 1-\partial_\lambda(B) \leqslant \lambda$，则有 $1-\lambda \leqslant \partial_\lambda(B) \leqslant \lambda$，由(c)得 $A_1, A_2, \cdots, A_n \vdash \sim B$；　若是 $1-\partial_\lambda(B) < 1-\lambda$，则有$\partial_\lambda(B) > \lambda$，由(a)得 $A_1, A_2, \cdots, A_n \vdash B$；从而得到 $A_1, A_2, \cdots, A_n \vdash \sim B, \sim C$, 或 $A_1, A_2, \cdots, A_n \vdash B, \sim C$。因在 MP 中有$\sim B, \sim C \vdash \sim(B\to C)$和 $B, \sim C \vdash \sim(B\to C)$, 所以，$A_1, A_2, \cdots, A_n \vdash \sim(B\to C)$, 即 $A_1, A_2, \cdots, A_n \vdash \sim A$。②假设 $1-\partial_\lambda(B) > \partial_\lambda(C)$，则有 $1-\lambda \leqslant 1-\partial_\lambda(B) \leqslant \lambda$，即 $1-\lambda \leqslant \partial_\lambda(B) \leqslant \lambda$，由(c)得 $A_1, A_2, \cdots, A_n \vdash \sim B$；并且还有，若是 $1-\lambda \leqslant \partial_\lambda(C)$，即 $1-\lambda \leqslant \partial_\lambda(C) \leqslant \lambda$，则由(f)得 $A_1,A_2, \cdots,A_n \vdash \sim C$，若是$\partial_\lambda(C) < 1-\lambda$，则由(e)得 $A_1, A_2, \cdots, A_n \vdash ╕C$，从而有 $A_1, A_2, \cdots, A_n \vdash \sim B, \sim C$, 或 $A_1, A_2, \cdots, A_n \vdash \sim B, ╕C$。又因在 MP 中$\sim B, ╕C \vdash \sim(B\to C)$，所以，$A_1, A_2, \cdots, A_n \vdash \sim(B\to C)$，即 $A_1, A_2, \cdots, A_n \vdash \sim A$。 □

定理 5 (完备性定理). 设 Γ 是 MP 的合式公式集，A 是合式公式，则有

(1)　如果$\models A$，则$\vdash A$；

(2)　如果 $\Gamma \models A$，则 $\Gamma \vdash A$。

证明：(1) 设$\models A$，即在 MP 的无穷值解释$\partial_\lambda(\lambda > 0.5)$下，总有$\partial_\lambda(A) > \lambda$。设 $p_1, p_2, \cdots, p_n$ 是所有在 A 中出现的互不相同的原子公式，则不论$\partial_\lambda(p_i)$ $(i = 1, 2, \cdots, n)$在[0, 1]中取任何值，都有$\partial_\lambda(A) > \lambda$。由此，根据引理 3，不论 $A_i = p_i$ 或 $A_i = ╕p_i$ 或 $A_i = ╕\sim p_i$，都有

(a)　$A_1, A_2, \cdots, A_n \vdash A$。

如果对于 $i = 1, 2, \cdots, n$，令

$$A_i^{\circ} = \begin{cases} p_i, & \text{当 } A_i = ╕p_i \text{ 时} \\ ╕p_i, & \text{当 } A_i = p_i \text{ 时} \\ ╕\sim p_i, & \text{当 } A_i = \sim p_i \text{ 时} \end{cases}$$

则根据引理 3，也可得

(b)　$A_1, A_2, \cdots, A_{n-1}, A_n^{\circ} \vdash A$。

因为对于无穷值解释∂_λ，由定义 1(1)，总有$\partial_\lambda(p_i)+\partial_\lambda(\neg p_i) = 1$，于是，由(a)与(b)可得

(c) $A_1, A_2, \cdots, A_{n-1} \vdash A$。

类似地，又可得

(d) $A_1, A_2, \cdots, A_{n-1}^{\circ}, A_n \vdash A$。

(e) $A_1, A_2, \cdots, A_{n-1}^{\circ}, A_n^{\circ} \vdash A$。

从而，同理可得

(f) $A_1, A_2, \cdots, A_{n-1}^{\circ} \vdash A$。

于是，由(c)与(f)，又得到

(g) $A_1, A_2, \cdots, A_{n-2} \vdash A$。

如此继续进行，可将(a)中的形式前提$A_1, A_2, \cdots, A_n$逐一消去，最后得到$\vdash A$。

(2) 设$\Gamma \models A$。即对于无穷值解释$\partial_\lambda(\lambda > 0.5)$，当$\partial_\lambda(\Gamma) > \lambda$时，总有$\partial_\lambda(A) > \lambda$。由上述(1)证明，可得到$\vdash A$，即由前提$\Gamma$可推证出$A$，即$\Gamma \vdash A$。 □

2.3.2 中介谓词逻辑 MF 的无穷值语义解释

将上述中介命题逻辑 MP 的λ-解释进行扩充，我们得到中介谓词逻辑 MF 的一种无穷值语义解释如下：

定义 1. 中介谓词逻辑 MF 中合式公式A的一个λ-解释$\partial_\lambda(\lambda\in(0, 1))$，由个体域$D$和$A$中每一常量符号、函数符号、谓词符号以下列规则给出的指派组成：

(1) 对每个常量符号，指定D中一对象与之对应；

(2) 对每个n元函数符号，指定D^n到D的一个映射与之对应；

(3) 对每个n元谓词符号，指定D^n到[0, 1]的一个映射与之对应；且有

[1] A是原子公式，$\partial_\lambda(A)$只取[0, 1]中的一个值；

[2] $\partial_\lambda(A)+\partial_\lambda(\neg A) = 1$；

[3]
$$\partial_\lambda(\sim A) = \begin{cases} \lambda - \dfrac{2\lambda-1}{1-\lambda}(\partial_\lambda(A)-\lambda), & \text{当}\lambda\in[1/2, 1)\text{且}\partial_\lambda(A)\in(\lambda, 1] \quad (2\text{-}17) \\ 1-\dfrac{1-2\lambda}{\lambda}\partial_\lambda(A), & \text{当}\lambda\in[1/2, 1)\text{且}\partial_\lambda(A)\in[0, 1-\lambda) \quad (2\text{-}18) \\ 1-\dfrac{1-2\lambda}{\lambda}\partial_\lambda(A)-\lambda, & \text{当}\lambda\in(0, 1/2]\text{且}\partial_\lambda(A)\in[0, \lambda) \quad (2\text{-}19) \\ 1-\dfrac{1-2\lambda}{\lambda}(\partial_\lambda(A)+\lambda-1)-\lambda, & \text{当}\lambda\in(0, 1/2]\text{且}\partial_\lambda(A)\in(1-\lambda, 1] \quad (2\text{-}20) \\ \partial_\lambda(A), & \text{其他} \quad (2\text{-}21) \end{cases}$$

[4] $\partial_\lambda(A\to B) = \max(1-\partial_\lambda(A), \partial_\lambda(B))$；

[5] $\partial_\lambda(A\vee B) = \max(\partial_\lambda(A), \partial_\lambda(B))$；

[6]　$\partial_\lambda(A \wedge B) = \min(\partial_\lambda(A), \partial_\lambda(B))$；

[7]　$\partial_\lambda(\forall xP(x)) = \min\limits_{x\in D}\{\partial_\lambda(P(x))\}$；

[8]　$\partial_\lambda(\exists xP(x)) = \min\limits_{x\in D}\{\partial_\lambda(P(x))\}$。

这样的中介谓词逻辑 MF 的λ-解释，称为 MF 的一种无穷值语义模型 Φ: $<D, \partial_\lambda>$。

由此，可进一步对 MF 中一元谓词的真值及关系刻画如下：

定义 2. 设 P 为中介谓词逻辑 MF 中的一个一元谓词。在无穷值语义模型 Φ 下，$\partial_\lambda(P(x)) = 1$，即称 $P(x)$为真，当且仅当个体域 D 中的任一对象 x 完全具有性质 P；$\partial_\lambda(P(x)) = 0$，即称 $P(x)$为假，当且仅当个体域中的任一对象 x 完全不具有性质 P；$\partial_\lambda(P(x))\in(0, 1)$，即称 $P(x)$部分真，当且仅当个体域中有对象 x 部分地具有性质 P。

可见，$\partial_\lambda(P(x))$代表了对象 x 具有性质 P 的程度。由此，我们再根据定义 1 以及中介逻辑关于清晰谓词和模糊谓词的定义，可得如下结论：

(I)　当$\partial_\lambda(P(x)) = 1$ 或$\partial_\lambda(P(x)) = 0$ 时，P 是清晰的一元谓词；

(II)　当$\partial_\lambda(P(x))\in(0, 1)$时，$P$ 是模糊的一元谓词；特别地，当$\partial_\lambda(P(x)) \equiv 1/2$ 时，P 是谓词常元。

关于 MF 的语义特征，可证明在无穷值语义模型 Φ 下 MF 是可靠的和完备的（与文献[26]中证明类似），由于证明篇幅较长，在此省略。

2.3.3　中介谓词逻辑的归结原理

归结原理（又称消解原理），是自动推理中的一条重要的基本原理。其是说，对于一个谓词逻辑中的子句集 S，设 S 中包含有子句$\neg P\vee Q_1$、$P\vee Q_2$，则 $Q_1\vee Q_2$ 称为它们的归结式，得到归结式的有限过程称为归结。在命题逻辑的情形下，归结较为容易。然而，在谓词逻辑的情形下，归结却比较困难。1965 年 Robinson 首先给出一阶逻辑的归结原理[94]，这是一阶逻辑迄今为止最有效的半可判定算法。1971 年，Lee 与 Chang 提出建立在[0, 1]区间上的模糊逻辑，并把归结方法引入该逻辑中[95]。1980 年以来，刘叙华等发展了模糊逻辑的归结原理，并在 1985 年提出算子模糊逻辑 OFL(operator fuzzy logic)，且将归结方法引入这个系统，得到所谓的λ-归结方法[96]。在刘叙华等的 OFL 系统中，任何模糊公式的所有程度词可明晰地用算子表示出来，λ-归结方法是在 OFL 中引入模糊公式的λ-恒真与λ-恒假值概念，用以描述模糊公式以及这个模糊公式能在多大程度上成立的模糊程度，并在二值解释下，λ-归结方法作为反向模糊推理规则，能够反证任何一个在 OFL 系统中的任意一个λ-恒真的模糊公式。但对于多值解释的情况没有给出。

中介逻辑 ML 坚持对事物中对立和矛盾的区分，因而扩充了其他逻辑系统中的“互补”概念（即在 ML 中，A 与╕A、A 与~A、╕A 与~A 均为互补公式），增大了文字(literal)集，在形式推导中保留了二值逻辑和模糊逻辑的合理内容。1990年，邱伟德等在给出中介逻辑标准三值语义解释(公式真值集为{0, 1/2, 1})的基础上，把传统归结方法引入中介谓词逻辑 MF 中[97]；1994 年朱梧槚等人引用 Tableau 推演方法讨论了中介逻辑的机器定理证明[98,99]；2003 年，我们基于上述中介谓词逻辑 MF 的无穷值语义模型，将λ-归结方法引入中介谓词逻辑 MF 中（详见文献[100]，[101]）。

基于上节给出的中介谓词逻辑 MF 的无穷值语义模型，MF 的λ-归结原理具体如下所述。

1. 公式的可满足性

定义 1(可满足性). 设 G 是 MF 的一个公式，$\lambda\in(0, 1)$。对于$\lambda\geqslant 1/2$，若存在 MF 的一个无穷值语义解释(λ-解释)∂_λ，使得$\partial_\lambda(G)>\lambda$，则称 G 是λ-可满足的。否则，则称 G 是λ-不可满足的。

定理 1. MF 中任何两个互补公式的合取是λ-不可满足的。

证明：假设 MF 中任何两个互补公式的合取是λ-可满足的。根据定义 1，则存在一个λ-解释∂_λ，使得$\partial_\lambda(A\wedge ╕A)>\lambda$或$\partial_\lambda(A\wedge \sim A)>\lambda$或$\partial_\lambda(╕A\wedge \sim A)>\lambda$。

若是$\partial_\lambda(A\wedge ╕A)>\lambda$，则$\partial_\lambda(A)>\lambda$且$\partial_\lambda(╕A)>\lambda$。由上节定义 1 中[2]，$\partial_\lambda(A) = 1-\partial_\lambda(╕A)>\lambda$。根据定义 1 的条件$\lambda\geqslant 1/2$，由此可得$\partial_\lambda(╕A)\leqslant\lambda$。因而矛盾。

若是$\partial_\lambda(A\wedge \sim A)>\lambda$，则有$\partial_\lambda(A)>\lambda$且$\partial_\lambda(\sim A)>\lambda$。于是，由上节定义 1 中[3]，$\partial_\lambda(\sim A) = \lambda-\dfrac{2\lambda-1}{1-\lambda}(\partial_\lambda(A)-\lambda)>\lambda$，由此可得 $1/2>\lambda$。根据定义 1 的条件$\lambda\geqslant 1/2$，故矛盾。

若是$\partial_\lambda(╕A\wedge \sim A)>\lambda$，则$\partial_\lambda(╕A)>\lambda$且$\partial_\lambda(\sim A)>\lambda$，即有$\partial_\lambda(A) = 1-\partial_\lambda(╕A)<\lambda$。由上节定义 1 中[3]，$\partial_\lambda(\sim A) = 1-\dfrac{1-2\lambda}{\lambda}\partial_\lambda(A)-\lambda$，由此可得$\lambda>1$。根据定义 1，因而矛盾。□

不难看出，如果公式 A 是λ-可满足的，由定义 1，则$\sim A$ 是λ-不可满足的。由于$\partial_\lambda(A)>\lambda$等价于$\partial_\lambda(╕A)<1-\lambda$，因此，$A$ 是λ-可满足的等价于$╕A$ 是$(1-\lambda)$-可满足的。所以，我们有

定理 2. A 是λ-可满足的，当且仅当 $╕A$ 是$(1-\lambda)$-可满足的。A 是λ-可满足的，则$\sim A$ 是λ-不可满足的。

在中介谓词逻辑 MF 中，保持了经典谓词逻辑中的“前束范式”和“Skolem 范式”等概念以及相关结论。故有以下结论：

定理 3. MF 中任一公式都等价于它的一个前束范式。

定理 4. MF 中公式 A 是λ-不可满足的，当且仅当 A 的 Skolem 范式是λ-不可满足的。

2. 中介谓词逻辑 MF 的λ-归结

定义 2. 在 MF 中，有限个文字的析取式称为一个子句。空子句用符号□表示。

如所知，合取范式以析取式为支。显然，Skolem 范式的母式可用一个子句集描述。因而，MF 中任一公式 A 都对应于一个子句集 S。由此，根据定理 4，有以下结果：

定理 5. 在 MF 中公式 A 是λ-不可满足的，当且仅当 A 所对应的子句集 S 是λ-不可满足的。

定理 6. 设 $A = L_1 \wedge L_2 \wedge \cdots \wedge L_n$ 是 MF 中的公式，L_i $(i = 1, 2, \cdots, n)$是基文字(不含变量的文字)。则在 MF 中，A 是λ-不可满足的，当且仅当 A 中至少含有一个互补对。

证明：假设 A 是λ-不可满足的。如果 A 中不含互补对，则取具有如下性质的λ-解释∂_λ：$\partial_\lambda(L_i) = 1$ $(i = 1, 2, \cdots, n)$，于是，$\partial_\lambda(A) = \partial_\lambda(L_1 \wedge L_2 \wedge \cdots \wedge L_n) = \prod_{i}^{n} \partial_\lambda(L_i) = 1 > \lambda$，故矛盾。假设 A 含一个互补对，不妨设为 $L_2 = *L_1$ $(* \{\neg, \sim\})$。于是，$\partial_\lambda(A) = \partial_\lambda(L_1 \wedge *L_1 \wedge \cdots \wedge L_n)$，由定理 1 可知，互补对公式的合取是$\lambda$-不可满足的，即有$\partial_\lambda(L_1) \leqslant \lambda$或$\partial_\lambda(L_2) \leqslant \lambda$，因而有$\partial_\lambda(A) = \partial_\lambda(L_1 \wedge L_2 \wedge \cdots \wedge L_n) = \prod_{i}^{n} \partial_\lambda(L_i) \leqslant \lambda$，所以 A 是λ-不可满足的。□

定义 3. 在 MF 中，设 H 为子句集，C_1、$C_2 \in H$ 且无公共变量，L_1、L_2 分别是 C_1、C_2 中的两个文字。如果 L_1 与 L_2 有 MGU-δ(most general unifier δ)，并且 L_1^{δ} 与 L_2^{δ} 互补，则句子

$$(C_1^{\delta} - L_1^{\delta}) \vee (C_2^{\delta} - L_2^{\delta})$$

称为 C_1 和 C_2 的二元λ-归结式，记为$\Re(C_1, C_2)$。

子句集合 S 的归结记为$\Re(S)$，它是由 S 的元素和 S 的元素的所有二元归结式构成。S 的第 n 次归结记为$\Re^n(S)(n \geqslant 0)$，规定为

$$\Re^0(S) = S$$
$$\Re^{n+1}(S) = \Re(\Re^n(S))$$

定义 4. 设 A, B 是 MF 的公式。对于λ-解释$\partial_\lambda(\lambda \in (1/2, 1))$，如果$\partial_\lambda(A) > \lambda$，则$\partial_\lambda(B) > \lambda$，就称 A 是λ-蕴含 B，记为 $A \Rightarrow B$。

下述定理可由 OFL 移植到 MF 中。

定理 7. 设 A_1, A_2 是 MF 中的两个子句，则有 $A_1 \wedge A_2 \Rightarrow \Re(A_1, A_2)$。

由于空子句□在任何解释下都是不可满足的，不难证明□在λ-解释下不可满足。从而由上述所得结果可知，由λ-可满足子句集，使用λ-归结方法演绎不出空子句□。

定理 8. 设 S 是 MF 中的子句集，且 $\lambda>1/2$。若存在从 S 推出□的 λ-归结演绎，则 S 必是 λ-不可满足的。

证明：设子句集 S 不是 λ-不可满足的，则由定义 1，存在一个 λ-解释 ∂_λ，使得 $\partial_\lambda(S)>\lambda$，即对任意 $C\in S$, $\partial_\lambda(C)>\lambda$。因为存在从 S 推出□的 λ-归结演绎，由定理 7，最后必得到 $\partial_\lambda(\square)>\lambda$。故矛盾。□

定义 5(无中介删除). 设 S 是 MF 的子句集，$S^\circ{}_\lambda$ 称为 S 的 λ-无中介子句集，如果 $S^\circ{}_\lambda$ 通过以下无中介删除方法得到：对于 S 中的文字 $\sim P$

(1)　若 $\lambda\geqslant 1/2$, $1-\lambda\leqslant\partial_\lambda(\sim P)\leqslant\lambda$，则从 S 中删除 $\sim P$；

(2)　若 $\lambda<1/2$, $\lambda\leqslant\partial_\lambda(\sim P)\leqslant 1-\lambda$，则从 S 中删除 $\sim P$。

显然，$S^\circ{}_\lambda = S^\circ{}_{1-\lambda}$。

定理 9. 设 S 为 MF 的子句集，且 $\lambda > 1/2$。S 是 λ-不可满足的，当且仅当 $S^\circ{}_\lambda$ 是 $(1-\lambda)$-不可满足的。

证明：如果 S 是 λ-不可满足的，则由定义 1，对任何 λ-解释 ∂_λ，都有 $\partial_\lambda(S)\leqslant\lambda$。设 $x_1, x_2, \cdots, x_n$ 为出现在 S 中的所有变量符号，任选 $(x_1', x_2', \cdots, x_n')\in D^n$，于是，$S$ 中至少存在一个子句 C，使得 $\partial_\lambda(C(x_1, x_2, \cdots, x_n))\leqslant\lambda$。从定义 5 可知，有 $\partial_\lambda(C^\circ{}_\lambda(x_1, x_2, \cdots, x_n))\leqslant 1-\lambda$，因而，$\partial_\lambda(S^\circ{}_\lambda(x_1,x_2,\cdots,x_n))\leqslant 1-\lambda$。所以有 $S^\circ{}_\lambda$ 是 $(1-\lambda)$-不可满足的。

如果 $S^\circ{}_\lambda$ 是 $(1-\lambda)$-不可满足的，则由定义 1，对于 λ-解释 ∂_λ，至少有一个子句 $C^\circ{}_\lambda\in S^\circ{}_\lambda$，使得 $\partial_\lambda(C^\circ{}_\lambda)\leqslant 1-\lambda$。显然，$\partial_\lambda(C^\circ{}_\lambda\vee\sim P)\leqslant\lambda$，其中 $1-\lambda\leqslant\partial_\lambda(\sim P)\leqslant\lambda$。因而 $\partial_\lambda(C)\leqslant l$，其中 C 是 S 中的子句且能够经过无中介删除后得到 $C^\circ{}_\lambda$。所以，$\partial_\lambda(S)\leqslant\lambda$。因此，$S$ 是 λ-不可满足的。□

定理 10. 设 S 为 MF 的子句集，且 $\lambda >1/2$。若 S 是 λ-不可满足的，则存在从 S 推出□的 λ-归结演绎。

证明：因 S 是 λ-不可满足的，则由定义 1，对任意 λ-解释 ∂_λ，都有 $\partial_\lambda(S)\leqslant\lambda$。由定理 9 可知，$S^\circ{}_\lambda$ 是 $(1-\lambda)$-不可满足的。于是，$S^\circ{}_\lambda$ 中至少存在一个子句 $C^\circ{}_\lambda$，使得 $\partial_\lambda(C^\circ{}_\lambda)\leqslant 1-\lambda$。设 $C^\circ{}_\lambda = L_1\vee L_2\vee\cdots\vee L_n$，则必定有 $\partial_\lambda(L_i)\leqslant 1-\lambda$ $(i = 1, 2,\cdots, n)$。令 $\lambda\to 1$ (λ 趋近于 1)，即为二值逻辑的解释，仍有 $\partial_\lambda(L_i)\leqslant 1-\lambda$，由此得到 $\partial_\lambda(L_1) = \partial_\lambda(L_2) = \cdots = \partial_\lambda(L_n) = 0$。因此，$S^\circ{}_\lambda$ 在二值逻辑中是不可满足的。由 Robinson 给出的一阶逻辑的归结原理的完备性可知，存在从 $S^\circ{}_\lambda$ 推出空子句□的归结演绎 $Q^\circ{}_\lambda$，将 $Q^\circ{}_\lambda$ 中的 $S^\circ{}_\lambda$ 的子句恢复(即去掉无中介删除)为 S 中的子句，则得到从 S 推出空子句□的归结演绎 Q。□

由定理 8 和定理 10，可证如下结果。

定理 11(完备性定理). 设 S 为 MF 的子句集，且 $\lambda>1/2$。S 是 λ-不可满足的，当且仅当存在从 S 推出空子句□的 λ-归结演绎。

3. 几点注记

(1) 从λ-不可满足的定义可以看出，当给定λ的一个取值范围($\lambda > 1/2$)，我们意指真值大于λ的命题才算是真的，对称地，真值小于 $1-\lambda$的命题才算是假的，真值在 $1-\lambda$与λ之间的命题(即~A)体现了真假过渡的特性。而在 Fuzzy 逻辑以及算子模糊逻辑 OFL 的归结原理中，这种命题真值在 $1-\lambda$与λ之间的情况不能反映。

(2) [0, 1]区间上命题真值，1/2 表示一种完全不确定性，可谓文字~P 的“中介中值”。中介中值 1/2 趋向 1，表示向“真”靠近；中介中值 1/2 趋向 0，表示了向“假”靠近。

(3) 对于中介谓词逻辑 MF，在使用λ-归结方法进行具体归结中，应力求让λ靠近 1 而推出空子句□，如果推演不出□，则可降低λ值推出□。

2.4　逻辑形式系统的语法和语义特征

一种形式化逻辑理论，是以一类命题作为研究对象，用数学方法研究由命题经联结词而构成的复杂命题及其形式关系以及推理规律的理论，由形式语言和推理工具组成。形式语言包括原始符号、命题联结词符号以及形成规则（合式公式定义），推理工具包括公理和推理规则。对一个逻辑理论的系统特征的研究，首先要求逻辑必须形式化。也就是说，被研究的逻辑理论必须为形式化逻辑系统（亦称为逻辑演算）。逻辑演算的系统特征研究是以逻辑演算为研究对象，主要研究逻辑演算的形式语言，系统的语法和语义及其关系和性质等，属于元逻辑的范畴。研究主要包括两方面：①研究给定的形式化逻辑系统的一致性、可靠性、完全性、可判定性以及公理之间的独立性等问题；②研究同类型逻辑形式系统之间在语形上和语义上的扩充关系，以及语形完全性与语义完全性的关系等一般系统特征。通常人们主要集中对①中问题的研究，很少涉及②中问题。在本节，我们介绍对②中问题进行研究的一些主要结果。

2.4.1　语法理论与语义理论扩充的特点

各种形式化逻辑理论虽然研究对象（命题）不同，但都以命题演算为基础，通过命题演算在语形和语义上的扩充得到内容更为丰富的层次更高的演算理论。每种逻辑演算的一种语义理论，是以对逻辑演算中公式的一种解释（赋值）为基础，每种解释确定了公式的真值集。所以，所谓语义上的扩充，主要指真值集的扩充。所谓语形上的扩充，指形式语言的扩充。因此，对于一种形式化逻辑理论，我们可从它的命题演算出发，研究确定该逻辑形式系统在语形上以及语义上的扩充关系。

(1) 经典逻辑以对能够判断真假（二值）的陈述语句即命题为研究对象，一阶谓词逻辑为经典命题逻辑在语形上的扩充，即在经典命题逻辑形式语言基础上增加了个体词、谓词和量词。二阶谓词逻辑为一阶谓词逻辑在语形上的扩充，即在一阶谓词逻辑形式语言基础上增加了谓词的谓词。这些扩充系统的公式的真值集不变，即[0, 1]。它们的扩充路线如下：

经典命题逻辑 $\Rightarrow$ 一阶谓词逻辑 $\Rightarrow$ 二阶谓词逻辑

虽然这种语义扩充不改变公式真值集，但语义结论并不一定保持一致。如，命题逻辑扩充为一阶谓词逻辑，保持了一致性、可靠性、完备性等语义结论，但命题逻辑是可判定的而一阶谓词逻辑却不可判定，一阶谓词逻辑是完备的而二阶谓词逻辑却不完备。

(2) 多值逻辑是一种非经典逻辑。如所知，在 Łukasiewicz 三值逻辑 $Ł_3$ 与 Post 三值逻辑 P_3 中，将第三值解释为“未决定的”或“可能的”；在 Bochvar 三值逻辑 B_3 中，将第三值解释为“无意义”或“悖论”； 在 Kleene 三值逻辑 K_3 中，将第三值解释为“未定义的”或“未知的”。所谓多值命题逻辑形式系统，可定义如下：

设自然数 $n > 3$。M 为一个 n 值代数结构（系统）：

$$M = < U, T, C >$$

其中，$U = \{0, 1, \cdots, n-1\}$表示公式的真值集；$T$ 为 U 的子集，T 中的元素代表真值“真”；C 为联结词集。称 M 为一个 n 值结构，每个联结词可看成 U 上的一元或多元函数。一个多值命题逻辑系统 $L(n)$是一个三元组：

$$< M, \Gamma, \Phi >$$

其中，Γ 为原子公式集；Φ 为 Γ 到 U 的一个映射（赋值），即公式的真值函数。

(a) tukasiewicz n 值逻辑 $Ł_n$：

$$Ł_n\text{: } < M, \Gamma, \Phi >$$

其中，$M = <\{0, 1, \cdots, n-1\}, \{n-1\}, \{\neg, \vee, \wedge, \rightarrow, \leftrightarrow\}>$。

$Ł_n$ 中任意公式的真值指派（赋值）可如下定义。

对任意 $A, B \in \Gamma$，

$\Phi(\neg A) = n - \Phi(A) - 1$

$\Phi(A \wedge B) = \min\{\Phi(A), \Phi(B)\}$

$\Phi(A \vee B) = \max\{\Phi(A), \Phi(B)\}$

$$\Phi(A \rightarrow B) = \begin{cases} n-1, & \text{若}\Phi(A) \leqslant \Phi(B) \\ \Phi(B), & \text{若}\Phi(A) > \Phi(B) \end{cases}$$

$\Phi(A \leftrightarrow B) = \min\{\Phi(A \rightarrow B), \Phi(B \rightarrow A)\}$。

(b) Post n 值逻辑 P_n：

$$P_n\text{：} < M, \Gamma, \Phi >$$

其中，$M = <\{0, 1, \cdots, n-1\}, \{n-1\}, \{\neg, \vee, \wedge, \rightarrow, d_0, d_1, \cdots, d_{n-1}\}>$。真值表如下（$m, m_1, m_2 < n$）：

$$\neg m = \begin{cases} n-1, & 若\ m = 0 \\ 0, & 否则 \end{cases} \qquad m_1 \vee m_2 = \max\{m_1, m_2\}，\ m_1 \wedge m_2 = \min\{m_1, m_2\}$$

$$m_1 \rightarrow m_2 = \begin{cases} n-1, & 若\ m_1 \leqslant m_2 \\ m_2, & 否则 \end{cases} \qquad d_{m_1}(m_2) = \begin{cases} n-1, & 若\ m_1 \leqslant m_2 \\ 0, & 否则 \end{cases}$$

虽然有些多值逻辑中存在与经典命题逻辑不同的联结词，但它们的联结词集可证明归纳为经典命题逻辑中的最小联结词集($\{\neg, \vee\}, \{\neg, \wedge\}, \{\neg, \rightarrow\}$)，它们的公式真值集是由$\{0, 1\}$扩充为$\{0, 1, \cdots, n-1\}$($n > 3$)或$[0, 1]$。从而可以说，多值逻辑保持了经典命题逻辑形式语言，是经典命题逻辑在语义上的扩充。多值逻辑的扩充路线如下：

二值命题逻辑 ⇒ 三值命题逻辑 ⇒ n 值命题逻辑 ⇒ 无穷值命题逻辑 ⇒ 连续值命题逻辑

(3) 模糊逻辑以模糊命题为研究对象，从它的公式真值集角度讲，它是一种多值逻辑，是经典逻辑在语义上的扩充。模糊逻辑的扩充路线为：

模糊命题逻辑 ⇒ 一阶模糊谓词逻辑 ⇒ 高阶模糊谓词逻辑

在此需指出，在第 6 章中提出的具有矛盾否定、对立否定和中介否定的模糊命题逻辑系统 FLCOM，是模糊命题逻辑在语形上和语义上的扩充。

2.4.2　逻辑形式系统的语法完全性与语义完全性

一个逻辑形式系统简称为形式系统，通常由初始符号、形成规则、形式公理集以及推理规则构成。作为一种完全符号化的抽象理论，一个逻辑形式系统的完全性（亦称完备性）体现了本身的整体性能，完全性研究是以逻辑形式系统为研究对象的元理论研究。一个逻辑形式系统的完全性包括语义完全性和语法完全性，语义完全性亦称弱完全性；语法完全性亦称语形完全性，它包括了强完全性和古典完全性。由于形式化是计算机计算任务的必要条件，因此，这种关于逻辑形式系统元理论的研究，除了对逻辑形式系统本身的发展具有重要的理论意义外，它还对解决计算机与人工智能领域中的许多实际问题也具有直接的理论指导作用。如，一个知识库 T，从结构上说是一个形式系统，而且多数采用自然推理系统的构成形式，即 T = <符号集，推理规则集>。T 的建立、更新、扩充等都涉及形式系统的概念与理论，从形式系统理论知道它们都不是语义完全的，因相应领域中的所有真命题（永真的知识）并没有证明已完全纳入 T 中[102]。任何知识库的一个基本要求是要保证库（即形式系统）是协调的，在对 T 进行修改、更新、维护等操作中，我们会发现，有时如果将一条不是永真的知识增加为 T 的推理规则，T 的协调性并不失去，这是因为多数经典和非经典逻辑形式系统（如谓词逻辑、模态命题逻辑等）不具有语法完全性的结果，但如果 T 是命题知识库(propositional knowledge base，PKB)（即 T 局限于命题逻辑），这样的操作将使 T 失去协调性，因命题逻辑形式系统是语法完全的。因而产生这样的理论问题，一个扩充后的形式系统的语法完全性与原来系统的语法完全性有什么关系？任何一个协调的形式系统，两种完全性在一定条件下是否有联系？可见，这些关于形式系统的元理论问题的研究对于计算机与 AI 的发展是需要的。

对此，我们对逻辑形式系统的语义完全性与语法完全性以及它们的关系进行了研究，得到如下结果（详见文献[103]~[109]）。

一个形式系统，它的语法完全性（强完全性）与语义完全性（弱完全性）定义如下：

定义 1. 对于一个协调的逻辑形式系统 S：

(1) S 是语义完全的，当且仅当对于 S 中任一合式公式 A，若 A 永真，则 A 在 S 中可证；

(2) S 是强完全的，当且仅当若将 S 中任一不可证的合式公式 A 作为 S 公理（或公理模式），则所得的逻辑形式系统是不协调的；

(3) S 是古典完全的，当且仅当对于 S 中任一合式公式 A，A 或 $\neg A$（A 的否定）必有一个可证。

由此可见，一个逻辑形式系统的语义完全性、强完全性以及古典完全性，含义各不相同。虽然都反映形式系统的特征，由于分别从语义与语法两种不同角度对系统特性进行刻画，因此它们没有任何直接的联系。然而，我们在上节中已指出，在任何经典逻辑或非经典逻辑形式系统中，命题逻辑是基础，谓词逻辑等都是命题逻辑的扩充，因而我们自然要问：

(i) 一个逻辑形式系统的完全性与扩张系统的完全性之间有什么关系？

(ii) 一个逻辑形式系统的语义完全性与强完全性在什么条件下具有关系？

在一般逻辑形式系统中，下列形式推演关系成立：$p, \neg p \vdash q$、$\vdash \neg p \to (p \to q)$、$\vdash (\neg p \to p) \to p$、分离规则以及演绎定理。为便于讨论，我们约定下述中的逻辑形式系统具有这些形式推演结论。

1. 逻辑形式系统与扩张系统的完全性关系

一个逻辑形式系统的强完全性，从定义 1 可看出，它与扩张系统以及协调性相关。关于扩张系统、协调性概念，有如下定义。

定义 2. 一个逻辑形式系统 S 是协调的，当且仅当 S 中不存在合式公式 A，A 与 $\neg A$ 都是 S 的定理。

定义 3. 设逻辑形式系统 S_1 是协调的。若 S_1 中任一合式公式都是逻辑形式系统 S_2 中合式公式，S_1 中任一形式定理都是 S_2 中形式定理，则称 S_2 是 S_1 的一个扩张系统。如果 S_2 是协调的，则称 S_2 是 S_1 的协调扩张系统。

显然，若扩张系统 S_2 是协调的，则原系统 S_1 必定协调。否则，根据定义 1，S_1 中存在合式公式 A，有 $\vdash_{S_1} A$ 且 $\vdash_{S_1} \neg A$，由定义 2，则有 $\vdash_{S_2} A$ 且 $\vdash_{S_2} \neg A$，即 S_2 是不协调的。

定理 1. 设 S_2 是逻辑形式系统 S_1 的协调扩张系统。当且仅当在 S_1 中存在合式公式 A，A 不是 S_2 的定理。

证明：设 S_2 协调。因 S_2 为 S_1 的扩张系统，所以，S_1 也是协调的，则对于 S_1 的任一合式公式 A，由定义 2，A 与 $\neg A$ 不可能都是 S_1 的定理，由此，A 与 $\neg A$ 也至少有一个不是 S_2 定理。否则，由定义 2，S_2 不协调，与假设矛盾。

设 S_2 不协调。我们证明 S_1 中不存在不是 S_2 的定理的合式公式，即 S_1 中任何合式公式都是 S_2 的定理。令 A 是 S_1 的任一合式公式，则 A 也是 S_2 的合式公式。因 S_2 不协调，则由定义 2，S_2 中存在合式公式 B，有 $\vdash_{S_2} B$ 且 $\vdash_{S_2} \neg B$。由于 $\vdash \neg p \to (p \to q)$，即 $\vdash_{S_1} \neg B \to (B \to A)$。而 S_2 为 S_1 的一个扩张，所以有 $\vdash_{S_2} \neg B \to (B \to A)$。再两次运用分离规则，得到 $\vdash_{S_2} A$，即 S_1 的任一合式公式 A 都是 S_2 的定理。□

定理 2. 设逻辑形式系统 S_1 的一个扩张 S_2 是协调的，A 是 S_1 的一个合式公式且不是 S_2 的定理。那么，将 $\neg A$ 增加为 S_2 的公理（或公理模式）而得到的扩张 S_2^* 是协调的。

证明：设 A 是 S_1 的一个合式公式且不是 S_2 的定理，S_2 的公理（或公理模式）集为 Σ，假设 S_2^* 不是协调的。则 S_2^* 中存在合式公式 B，有 $\vdash_{S_2^*} B$，$\neg B$。因 $p, \neg p \vdash q$，即 B，$\neg B \vdash_{S_2^*} A$，所以 $\vdash_{S_2^*} A$。因 S_2^* 的公理（或公理模式）集为 $\Sigma \cup \neg A$，故有 Σ，$\neg A \vdash_{S2} A$。根据演绎定理，有 $\Sigma \vdash_{S_2} \neg A \to A$，即 $\vdash_{S_2} \neg A \to A$。由于 $\vdash (\neg p \to p) \to p$，即 $\vdash_{S_2} (\neg A \to A) \to A$，所以，根据分离规则有 $\vdash_{S_2} A$，即 A 是 S_2 的一定理。与 A 不是 S_2 的定理矛盾。因此，S_2^* 是协调的。□

定理 3. 设 S_2 是逻辑形式系统 S_1 的协调扩张系统。若 S_1 不是强完全的，则 S_2 也不是强完全的（或者说，若 S_2 是强完全的，则 S_1 必定强完全）。

证明：因 S_1 不是强完全的，则由定义 1，S_1 中存在不可证公式 A（记为 $\nVdash_{S_1} A$），将 A 作为 S_1 的公理（或公理模式）得到的扩张 S_1^* 是协调的。因为在协调的逻辑形式系统中任取一命题词 q，有 $\nVdash q$ 与 $\nVdash \neg q$，因此，在 S_1^* 中存在命题词 $p\ (\neq A)$，有 $\nVdash_{S_1^*} p$，$\nVdash_{S_1^*} \neg p$。

假设 S_2 是强完全的。则 S_1^* 是强完全的（因 S_1^* 是 S_1 的一个协调的扩张）。因

$\Vdash_{S_1^*} \neg p$，由定义 1，将$\neg p$作为S_1^*的公理（或公理模式）得到的扩张系统不是协调的。然而，又因$\Vdash_{S_1^*} p$，则根据定理 2，将$\neg p$作为S_1^*的公理（或公理模式）得到的扩张系统却是协调的。故矛盾。所以S_2不是强完全的。□

对于一个逻辑形式系统来说，上述结论给出了它的一个扩张系统保持协调性的充分条件，即逻辑形式系统存在合式公式不是扩张系统的定理。并且强完全性定义表明，如果扩张系统不是强完全的，则还可对扩张系统再进行扩充得到新的协调的扩张系统。扩张中一旦协调性失去，扩张系统就失去意义。

关于逻辑形式系统的完全性，我们应区分形式系统的类别特征。古典完全性针对的是合式公式中没有自由变项的一类逻辑形式系统，而另一类逻辑形式系统，如命题演算和谓词演算系统，因含有自由变项，因而不是古典完全的。并且由 Gödel 不完全性定理表明了，无论哪一类逻辑形式系统，只要其含有初等算术，则它不可能是古典完全的。因而，我们可以说，逻辑形式系统的强完全性，通常是针对存在合式公式A，A或$\neg A$都不可证的形式系统的。

定理 4. 设S是合式公式不含自由变项的形式系统并且是不强完全的。若S_1是S的协调的扩张系统，则存在S_1的一个协调且古典完全的扩张系统。

证明：设Γ为S的全体合式公式集，$\Gamma=\{A_0, A_1, A_2, \cdots\}$并且$A_i\,(i=0, 1, 2, \cdots)$中没有自由变项。构造$S_1$的扩张系统的序列$J_0, J_1, J_2, \cdots$ 如下：

$J_0=S_1$;

如果$\vdash_{J_0} A_0$，令$J_1=J_0$;

如果$\Vdash_{J_0} A_0$，那么增加$\neg A_0$为J_0的公理，得到J_0的扩张系统J_1。

一般地，对于$n\geqslant 1$，从J_{n-1}构造J_n的方法为：如果$\vdash_{J_{n-1}} A_{n-1}$，那么$J_n=J_{n-1}$；如果$\Vdash_{J_{n-1}} A_{n-1}$，那么通过增加$\neg A_{n-1}$为J_{n-1}的公理而得到J_{n-1}的扩张系统J_n。据假设S_1是协调的，即J_0是协调的，由定理 2，对于$m\geqslant 1$，若J_m是协调的，那么J_{m+1}是协调的。因此，可由数学归纳法得知，每个J_n是协调的($n\geqslant 0$)。

设J是S的扩张系统，J把至少在J_n之一中为公理的一切合式公式都作为公理(即各J_n的公理集的并集作为J的公理集)，因此，J是各J_n的扩张系统，也即是S_1的扩张系统。

证明J是协调的。如果J不协调，则存在J中的一个合式公式A，有$\vdash_J A$ 且$\vdash_J \neg A$。因为逻辑形式系统中任何形式定理的证明是合式公式的有限序列，所以，A以及$\neg A$在J中的证明仅使用了i个J的公理(非公理模式)。因此，由以上S_1的扩张系统序列的构造，必存在$n\geqslant i$，J_n的公理集中含有这i个J的公理(或公理模式)。从而有$\vdash_{J_n} A$与$\vdash_{J_n} \neg A$。因J_n是协调的，故矛盾。

证明J是古典完全的。设A是S的一个合式公式，则$A\in\Gamma$，令A为$A_k\,(k=0, 1, 2, \cdots)$。如果$\vdash_{J_k} A_k$，因J是J_k的扩张系统，所以，$\vdash_J A_k$。如果$\Vdash_{J_k} A_k$，据J_{k+1}的构造，$\neg A_k$是J_{k+1}的一公理，所以，$\vdash_{J_{k+1}} \neg A_k$，因而，有$\vdash_J \neg A_k$。由定义 1，$J$是

古典完全的。□

在关于逻辑形式系统的完全性理论中已证明：在经典逻辑中，命题逻辑形式系统具有强完全性，一阶谓词逻辑作为命题逻辑形式系统的一个扩张系统却不是强完全的[110]。因为一阶谓词逻辑形式系统的解释是一个二元结构 $< D, \psi >$，D 是非空个体域，ψ是 D 上的一个赋值函数，系统的解释数与 D 中的个体数 k 相关，因此，若要表明系统的一个公式 A 是永真的，则系统的语义完全性要求公式 A 在 k 为任何值时的系统解释下都为真。然而，经典一阶谓词逻辑系统中存在许多公式，它们在 $k=i$ 时的系统解释下可为真，但在 $k=j$ 时的系统解释下可为假，因而，决定了一阶谓词逻辑形式系统是否强完全。

定理 5. 经典一阶谓词逻辑形式系统不是强完全的。

证明：令 A_k 为经典一阶谓词逻辑形式系统 L 的一个合式公式：$\exists xF(x)\rightarrow\forall xF(x)$。我们可对 L 给予一个解释 I_1：$< D_1, \psi_1 >$。$D_1 = \{d_1, d_2\}$, $\psi_1(x) = d_1$, $\psi_1(F) = \{d_1\}$；若 A、B 为合式公式，则有$\psi_1(A) = 1$，当且仅当$\psi_1(\neg A) = 0$；$\psi_1(A) = 0$，当且仅当$\psi_1(\neg A) = 1$；$\psi_1(A\rightarrow B) = 1$，当且仅当$\psi_1(A) = 0$，或$\psi_1(B) = 1$；$\psi_1(A\rightarrow B) = 0$ 当且仅当$\psi_1(A) = 1$ 且$\psi_1(B) = 0$。

A_k 在 I_1 解释下，可得

(a) $\psi_1(\exists xF(x)) = 1$；

(b) $\psi_1(\forall xF(x)) = 0$，因为存在 x，$\psi_1(F(x)) = 0$ (即$\psi_1(x) = d_2$ 时，$\psi_1(F(x)) = 0$)，所以，$\psi_1(\exists xF(x) \rightarrow \forall xF(x)) = 0$，即 A_k 不是永真公式。

由于 L 是可靠的，因此，A_k 不是 L 的定理。将 A_k 作为公理加到 L 中，得到一形式系统 L^*。我们可对 L^* 给予一个解释 I_2：$< D_2, \psi_2 >$。$D_2 = \{d_1\}$, $\psi_2(x) = d_1$, $\psi_2(F) = \{d_1\}$；若 A，B 为公式，则有$\psi_2(A) = 1$，当且仅当$\psi_2(\neg A) = 0$；$\psi_2(A) = 0$，当且仅当$\psi_2(\neg A) = 1$；　$\psi_2(A\rightarrow B) = 1$，当且仅当$\psi_2(A) = 0$ 或$\psi_2(B) = 1$；$\psi_2(A\rightarrow B) = 0$，当且仅当$\psi_2(A) = 1$ 且$\psi_2(B) = 0$。

A_k 在 I_2 解释下，可得

$$\psi_2(\exists xF(x)) = 1，\psi_2(\forall xF(x)) = 1$$

所以，$\psi_2(\exists xF(x)\rightarrow\forall xF(x)) = 1$。

由于 L^* 的其他公理都是 L 的公理，L^* 的推理规则都是 L 的推理规则，它们在任何解释下都应取值 1，因而 L^* 的任何定理在解释 I_2 下都为 1 值。但是，因为 $\psi_2(\neg(\exists xF(x)\rightarrow\forall xF(x))) = 0$，即 A_k 的否定$\neg A_k$ 在解释 I_2 下取值不是 1，所以，L 的公式$\neg A_k$ 不是 L^* 的定理。据定理 1，则 L^* 是协调的。因此，由定义 1，L 不是强完全的。□

在各种逻辑形式系统中，经典一阶谓词逻辑形式系统是最重要的系统。甚至可以说，所有一阶逻辑系统都是经典一阶谓词逻辑形式系统的扩张。对此，我们有：

定理 6. 在逻辑形式系统中，经典一阶谓词逻辑形式系统的任何协调的扩张系统都不是强完全的。

证明：由定理 2 与定理 5 可证。□

2. *逻辑形式系统的语义完全性与强完全性的关系*

定理 7. 设 S 是一个协调的且可靠的形式系统。若 S 是强完全的，则 S 语义完全。

证明：假设 S 不是语义完全的。则由定义 1，S 中存在一个合式公式 A，A 永真，但 A 在 S 中不可证，即 $\nVdash_S A$。因 A 是永真的，所以 $\neg A$ 永假。由于 S 是可靠的，故有 $\nVdash_S \neg A$，即 $\neg A$ 在 S 中不可证。

因 S 强完全，由定义 1，则将 $\neg A$ 作为 S 的公理（或公理模式）得到的形式系统 S^* 是不协调的。根据定理 1，则对于 S 的任意合式公式 P，均有 $\vdash_{S^*} P$。令 Σ 为 S 的公理集，因 S 与其扩张 S^* 的唯一不同是 S^* 比 S 多一条公理 $\neg A$，因而，$\vdash_{S^*} P$ 是 $\Sigma, \neg A \vdash_S P$。由 P 的任意性，则有 $\Sigma, \neg A \vdash_S A$。因 S 是协调的，于是由演绎定理，得到 $\Sigma \vdash_S \neg A \to A$，即 $\vdash_S \neg A \to A$。由 $\vdash (\neg p \to p) \to p$ 和分离规则，则 $\vdash_S A$。这与 $\nVdash_S A$ 矛盾。□

定理 8. 设 S 是一个协调的并且可靠的逻辑形式系统。若 S 是古典完全的，则 S 语义完全。

证明：假设 S 不是语义完全的。则 S 中存在一个合式公式 A，A 是永真的，但 $\nVdash_S A$。因 S 是古典完全的，所以，$\vdash_S \neg A$。因 S 是可靠的，则 $\neg A$ 永真。因 A、$\neg A$ 都永真，故矛盾。□

同理易证：

定理 9. 设 S 是一个协调的并且可靠的逻辑形式系统。若 S 是古典完全的，则 S 强完全。

我们需指出，上述结论具有如下重要意义：

(1) 表明了一个事实。在一定条件下，逻辑形式系统的强完全性与语义完全性的关系是存在的。即对于一个协调的逻辑形式系统 (一般的逻辑形式系统都有此基本特征，否则无意义)，当它具有“可靠的”这一条件时，如果它是强完全的则必定语义完全；反之，如果它是语义完全的则不一定强完全。

(2) 提供了一种直接判定一个可靠的逻辑形式系统是否是语义完全的新方法。如果它是强完全的，则一定是语义完全的。

(3) 提供了一种直接判定一个逻辑形式系统是否是强完全的新方法。如果它是经典一阶逻辑的一个扩张系统，或者它的一个子系统不是强完全的，则它一定不是强完全的。

(4) 提供了一种直接判定一个可靠的逻辑形式系统是否是语义完全和强完全

的新方法。如果它是古典完全的，则一定是语义完全的和强完全的。

2.5 本章小结

经典数学是以研究精确性（确定性、随机性）量性对象为标志的。从 1965 年 Zadeh 创立模糊集概念开始，数学的发展进入了既研究精确性（确定性、随机性）对象又研究模糊性对象的时代。众所周知，经典数学的奠基理论为公理集合论 ZFC 和经典逻辑（数理逻辑），所以，本章主要从数学的角度介绍了以模糊性事物为研究对象的模糊数学的集合基础与逻辑基础。

由于经典数学以公理集合论 ZFC 和经典逻辑为奠基理论，那自然地要问，模糊数学的奠基理论是什么？对此，我们讨论了两迄今具有三种为模糊数学奠基的不同方案。第一种方案是直接利用（或说“移植”）精确性经典数学的所有工具和方法，来构造各种模糊数学中的结构(它们仍然是经典数学的数学结构)，以表示我们所期望的模糊数学应具有的各种特征，也就是直接奠基于精确性经典数学之上的方案；第二种方案则是独立于已有的精确性数学之外，重新专门为模糊数学理论构造一个公理化集合论系统，即 Zadeh-Brown 公理集合论系统 ZB，该方案尽管为模糊数学构造了自己特有的公理集合论系统 ZB，但配套于 ZB 的推理工具仍然是刻画非此即彼、非真即假对象（模糊现象却并不具有如此特性）的经典二值逻辑，因此用二值逻辑作为逻辑工具来构建刻画模糊对象的公理系统与用精确性经典集合论来刻画模糊对象一样，虽也可以取得成功，却依然难于充分体现模糊性；为了改变这种状况，构建特有的研究模糊性对象的集合论公理系统以及配套的逻辑系统，对此，朱梧槚与肖奚安研究提出了一种直接为模糊数学奠基的中介公理集合论 MS 与中介逻辑 ML。

对于中介公理集合论 MS 与中介逻辑 ML 来说，本章中对于 ML 中命题逻辑系统 MP 和谓词逻辑系统 MF 而提出的无穷值语义模型是极其重要的。它具有如下意义：

(1) 表明 ML 是一种三值逻辑的认定结论不成立。

(2) MS 与 ML 要作为模糊数学的一种奠基理论，必然要求集合的隶属函数域和合式公式的真值域需为连续值域[0, 1]，ML 的无穷值语义解释的赋值域为[0, 1]正好体现了这一点，从而表明此模型更适合于反映 MS 与 ML 的基本思想。

(3) 在 MS 与 ML 理论的应用研究中，ML 的无穷值语义模型是一个有效的数值计算基础。

基于中介命题逻辑系统 MP 和谓词逻辑系统 MF 的无穷值语义模型，我们对中介逻辑开展系列的理论与应用研究（详见文献[111]~[133]）。这些研究结果表明，中介逻辑 ML 在其无穷值语义模型下的实际应用是极其有效的。

另外，基于无穷值语义模型提出的中介谓词逻辑的归结原理，可为中介逻辑的机器自动推理研究在理论上奠定了基础。

对于在模糊系统中被广泛应用的推理合成规则 CRI 及其各种模糊推理算法，因其本质是用计算去替代推理，因此，将模糊推理算法作为研究对象，从理论上对模糊推理算法的构造基础进行分析研究，论证用计算去替代模糊推理的算法的理论依据，这些工作是极其重要的。本章通过一种数学分析和论证，由三个定理确定了它们的数学原理。

本章还从元逻辑层次上，研究了逻辑理论研究中很少涉及的同类型逻辑形式系统之间在语法上和语义上的扩充关系，以及语法完全性与语义完全性的关系等一般系统特征问题。得到的结论具有如下重要意义：

(1) 表明了一个事实。在一定条件下，逻辑形式系统的强完全性与语义完全性的关系是存在的。即对于一个协调的逻辑形式系统 (一般的逻辑形式系统都有此基本特征，否则无意义)，当它具有“可靠的”这一条件时，如果它是强完全的则必定语义完全；反之，如果它是语义完全的则不一定强完全。

(2) 提供了一种直接判定一个可靠的逻辑形式系统是否是语义完全的新方法。如果它是强完全的，则一定是语义完全的。

(3) 提供了一种直接判定一个逻辑形式系统是否是强完全的新方法。如果它是经典一阶逻辑的一个扩张系统，或者它的一个子系统不是强完全的，则它一定不是强完全的。

(4) 提供了一种直接判定一个可靠的逻辑形式系统是否是语义完全和强完全的新方法。如果它是古典完全的，则一定是语义完全的和强完全的。

本章论述作为本书的一个导引，旨在为后面研究建立模糊概念中的三种否定及其集合基础与逻辑基础作一铺垫。其中，2.2.5 节、2.3 节和 2.4 节为我们的原创研究结果，是本书的主要理论研究结果之一。

第 3 章　关于知识中否定概念的重新认识与研究

3.1　关于否定概念认识历史的考察

在第 1 章中我们论述了知识、概念以及它们的关系，已知概念是反映事物本质属性的思维形式，任何知识的构建是通过已有的概念对事物的观察和认识开始的，概念是知识的最基本的成分，概念本身也是知识。

在认识论中人们普遍认为，客观世界中的事物是相互依存并具有联系的，因而反映事物的概念间也存在一定的关系。在形式逻辑中，概念的关系，不是指概念所反映的对象具有的关系，而是指概念的外延的关系，分为相容关系和不相容关系。相容关系是指两个概念的外延存在重合的关系，如“教师”与“妇女”、“动物”与“人”等。不相容关系是指两个概念的外延不存在重合的关系，如“戏剧”与“散文”、“液体”与“固体”等。关于概念的相容关系和不相容关系，我们可用图 3-1 和图 3-2 表示（图中 A、B 代表两个概念，矩形代表 A、B 的外延）：

(1) 概念 A 与 B 之间的关系为相容关系。

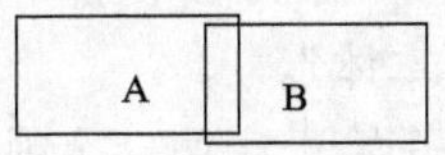

图 3-1　A 与 B 的外延有重合

(2) 概念 A 与 B 之间的关系为不相容关系。

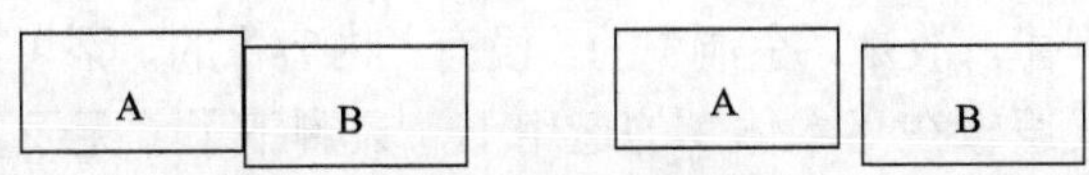

图 3-2　A 与 B 的外延没有重合

对于一个概念和它的“否定”概念来说，根据上述，它们之间的关系应是一种不相容关系。然而对于“否定”概念，在认识论中，人们至今没有统一的认识。尽管在数学中把一个集合的补集看成是该集合的否定，但在哲学、逻辑学、语言学等领域中，虽然“否定”概念是一个重要的特殊的基础概念，但对它的认识与理解一直存在差异。

(1) 在哲学领域中，从代表德国古典哲学的康德、费希特、谢林哲学到黑格尔哲学，对“否定”概念一直没有统一的认识[134]。在康德、费希特、谢林哲学到黑格尔哲学的演进史中，黑格尔通过将“否定性”概念引入“存在论”，从而完成德国古典哲学对传统形式逻辑的改造工作。黑格尔之所以能够建立起一门作为科学的逻辑学，依赖于他对“否定性”概念的理解和认识。可以说，“否定性”概念是理解黑格尔逻辑学的一把钥匙，是黑格尔哲学区别其他德国古典哲学的核心概念，整个黑格尔哲学体系的构成都奠基其上[135]。

对于“否定”概念的理解，有必要对“否定性”概念的发生史进行考察。通常意义上的“否定”比较容易理解，大体上是“理性”对“感觉经验”上的“规定性”，即“是什么—不是什么”的问题。譬如，“桌子—不是板凳”。这正如斯宾诺莎所说，一切规定都是否定，有了这个“否定”，大千世界与经验世界才显得多姿多彩，而要在这个“经验世界”寻找一个“源头”，这正是欧洲哲学要着力的地方。为此，从古希腊开始，欧洲哲学家们费尽了心思。若将“否定”概念作为逻辑范畴，我们可以简单地说这个传统是“概念论”的，把世间万物抽象为种种“概念”，然后从“概念”之间的“逻辑”来推论它们的“必然性”，从而把握事物之间变化的“规律”，以求得我们合理的“知识”。为求得这种规律性的“知识”，采用的“逻辑”（即形式逻辑）是重要的工具[136]。而这个“逻辑”之所以只是工具，在于它是形式的“逻辑”而“没有内容”，需要“感觉经验”为材料来填充其“内容”。但是，传统意义上的欧洲哲学恰恰不满足于填充“经验”的内容，它要追问这种形式的“逻辑”的“根基”和“源头”。也就是欧洲哲学常说的，它不仅要“认识”“现象”，而且要“认识”“本体”。

众所周知，这一寻根之旅开始于康德，德国古典哲学家都在试图为这种形式的“逻辑”（即形式逻辑）寻找一更深的基础，以便将形式逻辑奠基于这一基础上[137]。康德认为“本体”原本是“思想体”，因无“感性直观”，故无“经验”的内容，因而对于“本体”的“思维”，当然是符合形式逻辑的，但因形式逻辑只注重形式规律，故是“空洞”的，没有“内容”的，不可能成为“科学知识”。这就是说，形式逻辑在“本体”的运用上，只剩下了“无矛盾”的“思想”这一条。如果把形式逻辑中的其他“范畴”(如“因果”“或然”“有限”“无限”等)运用到 “本体”上，必然出现“二律背反”。那么，作为“本体”的形式的“逻辑”因“自相矛盾”将自行解体。康德揭示的那些“二律背反”，使得欧洲哲学面临抉择，设法强化“逻辑”而使之适应“本体”。为此，康德在《纯粹理性批判》中首次提出了“先验逻辑”这一学说，希望使“先验逻辑”成为适应“本体”的“知识”建构。但康德的这种改造工作就形而上学来说是不彻底的，他的“先验逻辑”仍然是“形式”的，而只是添加了从“外部”引进的“内容”，“先验逻辑”需要“外部”的“感觉材料”的支持。而那些不具备“感性直观”的“本体论”（存在论）之概念，正因为其不具备“感性直观”，于是只能是空洞的。因此表明，康德所阐述的各种“形而上学”，都只是一些“概念自洽”的无矛盾的“逻辑体系”，因而不是一种“知识论”的构建，从原则上、原理上只是一些单纯的“概念”体系。文献[137]指出，康德这个问题，因黑格尔“强化”了“否定”作用，将“否定”引入“本体论”的“逻辑范畴”而得到缓解，而为这个“否定”范畴奠基的则是费希特。

费希特为克服康德在“知识”论上的二元论，在逻辑概念上强调一个“否定”的范畴，使“否定”成为“一元本体”的逻辑“环节”，从而使一切“非逻辑”的感觉经验都成为逻辑概念的“否定”来理解。这样，一切“客体”都可以作“主体”的“否定”观，一切“存在”都可以作“思维”的“否定”观，“理性世界”通过“否定”自身而生化“感性世界”，这个“被否定”的“感性世界”就不是“理性”之外的另一个世界，无需将二者结合或建构起来，就可能有一个“合理性”的并且是“有内容”的“知识论”，这一“知识论”是由“理性世界”自身的“否定”运动使自己“建立”起来的。费希特认为，“知识”的材料也是“理性”自身提供的，是“理性”自己“否定”自己产生出来的，“肯定—否定”都源于“理性”。也就是说，从 $A=A$ 生化出 A 不等“非 A”，成为欧洲哲学的“第一原理”，但须得经过“否定”这一中间的环节。黑格尔把费希特奠定的“理性”一元论思想从逻辑方面发展完善，正是利用了“否定”这个环节[138]。

对于“否定”（或“否定性”）概念，黑格尔在《逻辑学》[139]中从本体论和方法论这两个方面作出了新的规定，但这样的规定并不是直接给出了否定概念的具体内容或定义。黑格尔自己表明，“……否定性是自在的否定性，它是它对自身的关系，所以这种自在是直接性；但它又是对自身的否定关系，是它自己的排斥否定，所以自在之有的直接性就是对否定性的否定物或规定物。但这种规定性本身就是绝对的否定性，绝对的否定性就是自身的扬弃，就是回到自身”。由此说，“否定性”首先是否定单纯自身。由于原初给出的除了否定外别无他物，“否定性”在这里是单一的、原初的，否定就是无对象的，或者说否定自身构成自身的对象。由此，否定只能否定自身，即否定之否定，而对自身的否定不过证明就是自身。因此，“否定性”首先意味着“同一”。其次，因一切否定都是规定，否定之否定的结果就是规定性，或者否定就是对否定物的否定，它就从自身建立起他物这一否定物，同时建立起自身的规定性[140]。于是，“否定性”意味着“对立”这一结构。但这他物由于就是否定性自身建立的，他物不过就是否定的自身关系，“否定性”就从他物中回到自身，是自身与他物的无限“统一”，“否定性”从他物中无限回到自身并且包含了他物这一中介，它是“绝对的否定性”。

为了更易理解《逻辑学》中黑格尔的“否定性”思想，亨利希在文献[138]中指出，否定是一个原初的概念，这表明否定是孤立的，这样的否定是“自律的否定”(autonomous negation)。但是否定还表明有否定所要否定的东西，故否定就是关系性的，但这否定所要否定的东西并不真的存在，那么否定只能否定自身。由于否定是关系性的，否定与其自身的关系就不是静止的，而是动态的逻辑状态。这个动态的结构表明否定之否定是否定自身把自身否定了，否定因此就被扬弃。如此一来，这里就存在着两个否定的状态，即否定开始的状态和否定消失的状态，这两个状态之间的对立表明了规定性这一关系。但与否定开始的状态对立的即否定消失的状态，也是否定的。因此，否定是蕴含着自我指称规定性（即否定与否定物是同一的）的否定。在亨利希看来，这种“自律的否定”包含三个方面：第一，否定要否定某物；第二，否定能运用到自身；第三，否定是蕴含着“否定与否定物是同一的”这一规定的否定。就第一条而言，它实际上是传统否定观的表达，而后两条否定则是黑格尔的否定性即否定之否定的特别之处。可见，所谓的“自律的否定”，第二和第三条就已表明它有别于传统的形式逻辑的否定含义。

(2) 在逻辑学领域中，对于经典逻辑中的“否定”概念，由于采用二值语义，所以经典逻辑是以排中律的普适性为特征的。经典逻辑的二值语义断定一个命题或思想要么是真的，要么是假的，真与假构成一对否定概念，二者必居其一。因此，对“真” 的否定得到的是“假”，对“假” 的否定得到的是“真”。虽然经典逻辑具有如此明确的二值特性，但逻辑学家对经典逻辑中“否定”概念的看法也不尽一致。如，金岳霖在《形式逻辑简明读本》[141]中认为“负概念就是反映不具有某种属性的事物的概念”，而在《逻辑学大辞典》[142]中杜柚石的《形式逻辑教程》认为“否定概念则是指不反映着什么，不包括着什么，不存在着什么的概念”；苏天辅的《形式逻辑》认为“否定概念是反映某一特定对象以外的事物的概念”；徐之英、沙青的《普通逻辑纲要》则认为“被否定的概念叫正概念或肯定概念，否定了的概念叫负概念或否定概念”等。可以看出，在这些著作中关于“否定”概念的认识，第一种说法实际上是认为“否定”概念没有属性，也就是说“否定”概念没有内涵。第二种说法似乎认为“否定”概念是不反映着什么对象的概念，当然“否定”概念也就没有什么内涵和外延。第三种说法，“否定”概念有没有范围？这个范围有多大，都包括哪些对象，也还是不够清楚。第四种说法，借用了数学科学中的术语定义“否定”概念。

对于第一、第二种说法，“否定”概念是否具有某种属性，到底有没有内涵和外延？对此，既然肯定“肯定”概念有某种属性，有内涵和外延，“否定”概念也不例外。如“动产”和“不动产”，肯定概念“ 动产” 的属性或内涵是指可以移动的财产，它的外延如金钱、器物等，否定概念“不动产”的属性或内涵是指不能移动的财产，它的外延如土地、房屋及附着于土地、房屋的不可分离的部分如树木、水暖设备等。

对于第三种说法，应该明确“否定”概念的外延（范围）是有限还是无限与内涵的确定是相关的，但内涵不明确使得外延是无限的认识也不完全正确。因为应看到，有的否定概念的内涵和外延有时的确不易为人们所把握。如“非红色”这个否定概念，不是“红色”这一点是明确的，但究竟是“白色”“黑色”还是“黄色”“绿色”，还是不清楚。不过，“非红色”是指颜色的，不是指“颜色”以外的“人”“山”“水”“鸟” 等事物。可见，“否定”概念的内涵既不是十分明确，也不是完全不明确，“否定”概念的外延既不是完全清楚，也不是无限的。

至于第四种说法，虽然借用了科学术语，《逻辑学大辞典》中也为此注释为“负概念”之“负”是援用数学中“负数”之“负”(“正概念”援用“正数”之“正”)，但依据这种说法，数学中的“零”概念是在“被否定的概念”里还是在“否定了的概念”里？因此，这种关于“否定”概念的说法还是不够准确和严密。

经典逻辑的“否定”概念，由于是建立在对事物进行静态认识的二值语义基础之上的，因此有其内在的认识缺陷。这主要表现在对于处于变化、过渡与发展过程中的事物以及相应的思维、概念，原有的否定概念无法加以把握和刻画。如植物的生长是对种子的否定，而植物的成熟、收成又是对植物的否定。这种否定的结果并不是无，而是一种连续性的发展；对于玻尔(早期的)原子理论和无穷小演算等不协调的理论，用经典逻辑的“否定”概念无法予以解释等。由于传统逻辑对于否定概念的这种认识缺陷，因而人类思维的发展必然要提出更高级的逻辑形式与相应的否定概念。

对于非经典逻辑中的“否定”概念，下面我们着重对具有代表性的三值逻辑进行考察，一窥非经典逻辑之全貌。

由于经典逻辑的“否定”概念存在上述的内在的认识缺陷，促使逻辑学者通过修改经典的否定或增加一些非逻辑常项、公理及推理规则等，以拓展逻辑演算的领域，从而发展出非经典逻辑[143]。在文献[144]中指出，人们对“否定”概念的认识和变化是促使其在 20 世纪初产生以及发展的一个主要思想。1907 年，荷兰数学家布劳威尔(Brouwer)提出在无穷集的推理中排中律不适用的思想，海廷(Heyting)为了提供直觉主义数学的形式基础而创立了直觉主义逻辑。直觉主义逻辑与经典逻辑的一个显著区别在于对否定的不同理解，由此在非经典逻辑中与经典逻辑不同的对于“否定”概念的认识也由之产生。1920 年，波兰逻辑学家 Łukasiewicz 和美国逻辑学家 Post 分别建立了三值逻辑 $Ł_3$ 和 P_3。对于三值逻辑 $Ł_3$ 和 P_3 来说，对真与假的否定其结果仍与经典逻辑相同，需要解决的是如何来定义第三值的否定。对此，他把第三值解释为“未决定的”或“可能的”，而对此第三值的否定，定义为“未决定的”或“可能的”。这似乎是说，“明天将会有海战”与说“明天将不会有海战”一样，都只是一种可能性，它在此时此刻是不确定的。1952 年，Kleene 提出三值逻辑 K_3，但他对第三值的理解却不同于 Łukasiewicz，将第三值解释为“未定义的”或“未知的”，即一个命题虽然可以为真，也可以为假，但如果无法证明，又无法证否，那么从认识论角度看，它的真值就是“无定义”。在三值逻辑 K_3 中，第三值的否定定义与三值逻辑 $Ł_3$ 和 P_3 相同。可见，在三值逻辑 K_3、$Ł_3$ 和 P_3 中的“否定”概念基本上保留了经典逻辑的相应定义，不同的是增加了第三值及其否定。与众不同的是，1939 年 Bochvar 试图解决逻辑悖论问题，建立了一种三值逻辑系统 B_3，将第三值解释为“无意义”或“悖论”。他对否定概念的思考较为全面，逻辑概念建构在有意义的(即真与假)与无意义的(即第三值)命题区分之上。在 B_3 中，否定区分为三种类型：内在的否定(记为 $\sim p$)，外在的否定($\neg p$)，内在肯定的外在否定($*p$)。三种类型的真命题与假命题的否定的值是各自相同的，其区别在于对“无意义的”命题的否定，取值各不相同。也就是说，当 $p = i$ 时，$\sim p = i$，$\neg p = f$，$*p = t$，即一个无意义命题的内在否定($\sim p$)仍是无意义命题，其外在否定($\neg p$)的结果却是假命题，而内在肯定的外在否定($*p$)的结果则是真命题。Bochvar 指出，当 $p = i$(p 取值为“无意义”)时，$\sim p$ 仍是 i 值(无意义的)，而不可以是其他含义；$\neg p$ 则是强调对命题内在意义的否定为假($\neg p = f$)；而 $*p$ 是对命题外在作用的否定，表现为无意义的对立面，故为真($*p = t$)；它们三者所包含的思想是不同的。Bochvar 由此建构的三值演算系统的目的，是试图用形式证明的方法来说明被确定为无意义的命题可能成为逻辑悖论。例如，Bochvar 在三值演算 B_3 中证明了并不存在这样一个罗素集合:“由下述条件定义的一个集合$\mathfrak{R}$：对任一 x，$x\in\mathfrak{R}$当且仅当 $x\notin x$；替换后得出，$\mathfrak{R}\in\mathfrak{R}$当且仅当$\mathfrak{R}\notin\mathfrak{R}$”（即罗素悖论）。当论及“不包含自身的集合的集合”时，事实上已是对一个无意义的、不存在的集合$\mathfrak{R}$进行内在否定，其结果仍然是无意义的、不存在的，即当 $\mathfrak{R} = i$ 时，$\sim\mathfrak{R} = i$。

量子逻辑的“否定”概念，是非经典逻辑中最引人注目的。以赖欣巴哈(Reichenbach)为代表的三值量子逻辑 R_3 主要是为了解决双缝实验“量子概率命题不遵守经典逻辑的排中律问题”。根据不确定原理，如果一个微观物理量的互补量已经被测量，那么这个微观物理量就没有确定值。海森伯等物理学家认为关于这些不可观察量的陈述是“无意义的”，但在 Reichenbach 看来，科学语言根本不包含任何无意义的陈述，他提出将关于不可测量的“无意义”命题称为“不确定”(indeterminate)命题。对这些“不确定”命题必须使用一种非经典的三值逻辑，即除了“真”和“假”两个真值，还需要增加第三个真值“不确定”。按照 Reichenbach 三值量子逻辑观点，双缝实验揭示出经典的排中律在量子世界中将失效。在 Reichenbach 的《量子力学的哲学基础》[145]中，详细讨论了在真与假之间引入第三值的问题。他把第三值定义为“不确定”(用 i 表示)。在 R_3 的关于否定的真值表中有三种否定类型：$\sim p$ 为循环否定，$\neg p$ 为对称否定，$*p$ 为完全否定。当 $p = i$ 时(即 p 为不确定命题)，$\sim p = f$(即不确定命题的循环否定为假命题)，$\neg p = i$(即不确定命题的对称否定仍为不确定命题)，$*p = t$(即不确定命题的完全否定为真命题)。Reichenbach 建构的以这三种否定类型为基本内容的量子逻辑，是为了摆脱传统逻辑追求的确定性。由于“非此即彼”的普效性在量子力学领域中陷入困境，因此他用量子语言中的“不确定”(“测不准原理”)作为第三值引入逻辑系统，以“否定”这一在他的量子逻辑中占有特殊地位的概念作为联结词，用来描述量子力学中由双缝洐射实验产生的现象，科学地解释了量子领域“亦此亦彼”性质的逻辑关系，并且将经典逻辑大大向前推进。正如现代著名物理学家海森伯所说“经典逻辑就可能类似于量子逻辑的前身，就像经典物理学是量子力学的前身一样。那么，经典逻辑就可能被包含于量子逻辑之中，作为它的一种极限形式，而后者将构成更为普遍的形式”。

从上述对逻辑学领域的“否定”概念历史性考察中可以看到，“否定”概念在人类思维及其逻辑中所具有的重要作用，了解到随着人类思维范围以及思维能力的发展，这一概念如何不断丰富着它的规定性。

(3) 在语言学领域中，对“否定”概念的看法也不尽相同。①一种看法认为[146]，根据“否定”概念的语言形式，“否定”概念须有否定词语。如，“非白色”是“白色”的否定概念，“不动产”是“动产”的否定概念。但另有人认为“否定”概念不一定要有否定词语，如“有些概念，如聋子、主观性、片面性等概念，由词方面来看，它们没有‘非’或‘不’等否定词语，但是它们的内涵有否定因素，也是负概念”，“相反，有些概念，如‘惰性气体’，虽然没有无、非、不，却是一个否定概念”。②另一种看法认为，“否定”概念是否定一个概念的概念，从结构上它必须是一个有意义词组。如“非正数”“不相等”“无权力”是“正数”“相等”“权力”的否定概念，而“非议”“非法行为”“无神论”“无线电”“无核区”“无性生殖”“不锈钢”“不定方程式”等就不能作为否定概念，因这些词语若去掉词“非”“无”“不”就不构成一个词组。③还有一种看法认为应将①与②结合更为全面。

芝加哥大学 Horn 在其著作 *A natural history of negation*[147]中研究认为，虽然命题逻辑及其推理规律在定义肯定命题与否定命题之间的一个绝对对称性中没有遇到特殊困难，但在普通语句中否定的形式和功能充满了相对明显或复杂的性质，确实在自然语言中的肯定与否定之间存在不对称性。从形式语言的角度来看，如何评估这种不对称？为了回答这个问题，自从亚里士多德关于否定的思索以来，理论的和经验的工作提出了大量的历史看法。

(i) 由这个观点会产生两个特别问题：(a) 语义假设，是否一个句子的语义成分可以通过其否定的恒定性在一个句子中被隔离，以便它必须在语句的语境中预先假定遵守排中律？看来，一个系统的语义只有预设否定的含义模糊才能保证这样的语义假设的有效性。(b) 经验主义基本原则（借鉴于心理学家和面向功能的语言学家的自然观察和实验数据）支持普遍承认的肯定命题比否定命题有优越性，并且怀疑逻辑否定概念的效用。

(ii) 有了这样的主张，自然语言中的定义和否定之间的不对称性可以用实际而不是语义的术语来解释，而不是加剧这种怀疑。运用一种实用的非理性推理理论，可以对逻辑学家和功能主义者之间的（a）和（b）的争论进行重构和解释。否定命题的功能和效用是由话语的结合引起的，因此，这种话语结合的上下文可以通过可被确定的关联矛盾的析取范式，填补对立（它不排除任何中间术语）之间的空白。

(iii) 提出使用否定的一个扩展的元语言，以避免需要添加适当的语义运算符的要求以及在基于真值条件运算符的泛化/统一的基础上尝试的歧义干扰。那么，否定是不明确的、非语义的，但是实用的；它的元语言使用相当于由其真值条件意义本身驱动的反对信号。否定将继续逃避语言学家和语言学哲学家的理解，只要其语用模糊性不成立。

(4) 在数学之外的自然科学领域中，对“否定”概念也存在不同的看法。在 *Applied Logic Series*[148]中，Gabbay 在题为“*What is Negation*?”(什么是否定)的“序言”中指出，“否定概念是逻辑的中心概念之一，它从古代就被研究，并在哲学逻辑、语言学、人工智能和逻辑编程发展中进行了彻底考察。目前，否定是一个‘热门话题’，并且迫切需要对这一逻辑关键概念进行全面的描述……”。在该书中，一些不同领域的知名学者对“否定”概念提出了如下看法：

(i) 以色列特拉维夫大学 Avron 教授在题为“*Negation: Two Points of View*”(否定：两种观点)的论文中认为，应该从语法的和语义的两个不同观点来看待“否定”，由此我们可确定两种不同类型的否定。句法观点是一个抽象的观点，其不管联结词的任何意义，而是根据联结词在一个逻辑的内部作用来表现其特征。在此观点下的“否定”，其有效性是我们的主要论点，我们称之为内部否定，其使逻辑在实质上是多重结论的。相反，语义观点是基于给定联结词的直观含义。否定情形只是直觉即如果命题 A 不真，则 A 的否定为真，如果 A 为真，则 A 的否定不为真。Avron 的研究结论是：经典逻辑中的“否定”是从语法和语义两个角度的完美否定；从任何观点来看，直觉主义逻辑中的“否定”不是一个真正的否定；线性逻辑中的“否定”关于与其关联的推理关系是一个完美的内在否定，但从语义角度，在任何意义上却不如此。

(ii) 德国勃兰登堡工业大学信息学研究所 Wagner 教授等在题为“*Partial Logics with Two Kinds of Negation as a Foundation for Knowledge-based Reasoning*”(具有两种否定的局部逻辑作为知识推理的一个基础)的论文中指出，在知识表示中，两种不同的假值概念以自然的方式出现。由于缺乏对知识库的任何预期模型的检验，某些事实在默认情况下隐含错误是无疑的。对应于所有预期模型中的虚假，其他的因为这些虚假而直接证明是虚假的。这两种假在知识表示中由两个否定记录，部分逻辑中称为弱否定和强否定，这些区分可以通过部分逻辑的两种否定意义表示。强否定通常用来表示明确的假或一些信息块的不相容性，弱否定作为一不持久稳固的算子，可用来表示局部的封闭世界假设(closed-world assumption)和缺省规则。

(iii) 澳大利亚国立大学 Sylvan 教授在题为“*What is that Item Designated Negation*?”(什么是指定的否定?) 的论文中认为，现在的逻辑传统观念关于“否定”概念是迷茫的，它比其他领域关于否定的迷茫更为严重。不幸的是，大多数的逻辑和语言对传统观念选择加工的阐述也是错误的。“否定”是一个项，是一个可确定和多个可确定两者之一的操作。主要的确定因素（即足以证明是本身）是一个应用于句子和它们的不饱和部分（如谓词）有关的否定。相比之下，除了一种退化的确定外，传统表示的经典的句子否定式，在通常的论述中没有广泛使用（因为这样的论述不支持不切题的推论，如从 A 与 not-A 推演任何语句等）。

(iv) 爱丁堡大学 Wales 和 Grieve 教授指出，先前的实验研究表明，处理“否定”概念是典型的困难。对“否定”的处理，似乎取决于将它作为对命题的一种操作，这个观点现在被广泛接受，我们质疑这种观点。认为处理否定性的困难在于与处理的对象相关的复杂性，例如模糊性、混淆性和上下文。提出的实验结果表明，混淆性的减少促进了真否定命题和假肯定命题的处理。

综上所述，尽管人们对于“否定”概念迄今没有统一的认识，但通过对诸如上述的在哲学、逻辑学、语言学等领域中的各种认识进行考察研究，从概念的内涵和外延以及概念的关系上讲，我们可归纳出这些关于“否定”概念的认识具有以下两个基本的共同点：

(a) 概念的“否定性”的基本特征是否定自身。

(b)“否定”概念是相对于一个具体概念（“肯定”概念）而言的，“否定”概念以否定“肯定”概念的内涵为自己的内涵。

(c)“否定”概念的外延与“肯定”概念的外延之间的关系是否定关系，是一种不相容关系。

3.2　知识处理领域中否定概念的认识

在知识处理与知识研究领域中，知识的区分、表示以及推理等是知识处理的理论基础。然而，在许多知识处理领域中，存在一类具有模糊性特征的知识，如“专家系统”领域中专家的经验知识，“自然语言理解”领域中语义不清晰的语言知识，“网络知识库与检索”中语义不分明的搜索词，“自动驾驶与环境感知”领域中自动驾驶车辆的加减速、进退、转弯、避障判断等知识。这些知识以及它们的各种否定知识都体现了模糊性，从而表明在知识处理领域中模糊性知识是普遍存在的。因此，如何对模糊性知识予以正确而有效的处理，尤其是对模糊性知识的各种不同否定知识如何区分、表达、推理以及计算等，在知识处理的理论与方法中是重要而又现实的问题。

然而，在知识表示与知识推理中，对于知识中的否定的认识和处理一直以经典逻辑为基础。在模糊知识表示与推理中，否定概念扮演了重要且特殊的角色。但在以具有模糊性的现象为研究对象的模糊数学的基础 Zadeh 模糊集、直觉模糊集以及粗糙集等中[149-155]，否定¬被定义为$\neg x = 1- x$；在诸如 Hájek 基础逻辑 BL 等典型的模糊逻辑理论中[156,157]，否定¬定义为$\neg x = x \rightarrow 0$ 或$\neg x = 1- x$。这些理论对否定概念的认识在概念本质上与经典集和经典逻辑没有区别，即只有一种否定，只是定义的表达式不同。随着人工智能、知识研究的发展，对于知识的“否定”的认知与处理，现今知识科学对此提出了新的需求。

近年来国外一些学者研究提出，知识处理领域中需要区分、处理不同的否定[158-178]。其中，具有代表性的是 Wagner，Kaneiwa 和 Ferré 等的研究。

Wagner 等研究认为，在自然语言、描述逻辑、逻辑程序语义、知识推理、产生式规则系统、语义网等领域以及在命令式程序语言 Java、数据库查询语言 SQL、模型语言 UML/OCL、产生式规则系统 CLIPS 和 JESS 等许多信息计算系统中，从逻辑观点看，否定是一个非清晰的概念。在这些信息计算系统中，存在一种普遍的偏爱即认为正信息为基础、否定信息为派生出来的。对于任何信息计算系统而言，否定概念扮演一个特殊的角色，否定信息与正信息在价值上是同等的。因此，研究提出在这些信息计算系统中区分“强否定”(strong negation) 和“弱否定”(weak negation)的思想，强否定表示明确的假(explicit falsity)，弱否定表示非-真(non-truth)，并以此对信息计算处理系统中的否定信息的处理进行研究。Wagner 在 1991 年就主张一个数据库，如像一知识表示系统，需要两种否定才能够处理 Partial 信息。1995 年在知识推理领域中提出一种具有强否定和弱否定的 Partial 逻辑（Partial logic with two kinds of negation）。Partial 逻辑以 Partial 模型论为基础，该模型论为经典模型论的自然推广，主要通过给定的语义核心进行选择，由从全部的真值指派到部分的真值指派的转换组成。Partial 逻辑与 Partial 模型的本质特征是它们承认区分两种类型的外延否定信息，即一个命题的明确的假与不真，用以区分两类否定知识即知识的缺省(absence)、知识的明确拒绝(explicit rejection)或者伪造(falsification)。简略说，部分逻辑的中心思想就是区分假与不真。随后，主张诸如自然语言理解等许多知识处理领域应区分强否定和弱否定。认为，在数据库查询语言 SQL 里，否定可能出现至少两种形式：如选择条件中的 not 算子，在关系代数形式中的 difference 算子（对应于 SQL 的 EXCEPT 算子）；在模型语言里，否定出现在约束陈述中，如在 OCL 中，有几个否定形式：除了在选择条件中的 not 算子之外，还有 reject 和 isEmpty 算子用来表示一否定；在产生式规则系统 CLIPS 以及在逻辑程序语言 Prolog 里，一个否定算子 not，典型地只出现在一个具有否定作为失败(negation-as-failure)的操作语义的规则的条件部分中，其在稳定模型的优先语义下可被理解成经典否定。为了表达与处理包括有真值缝隙(gap)和真值冲突(clash)的否定信息，语义网的基本语言需要提供两种否定。

Kaneiwa 在文献[174]中主张描述逻辑（即经典一阶谓词逻辑的一个子类）应区分两种否定，从而提出一个带有经典否定$\neg$和强否定~的扩展的描述逻辑 $ALC_{\sim}$。特别地，他使用谓词否定（如 not happy）和谓词项否定（如 unhappy）陈述反对的（contraries）、矛盾的（contradictories）以及小反对的（subcontraries）概念，为了获得这些概念，他们期望能为 $ALC_{\sim}$形式化后提供一个改进的语义，由此解释经典否定和强否定以及它们的各种结合。从而表明这样的语义对 $ALC_{\sim}$概念保持矛盾性(contradictoriness)和反对性(contrariness)。Kaneiwa 在研究中指出，在知识表示和推理中，否定信息扮演着一个重要的角色。经典否定$\neg F$ 代表了一个陈述 F 的否定，但一个强否定$\sim F$ 可能更适合于表示明白的否定信息（或否定事实）。换句话说，$\sim F$ 所指信息即 F 的专用的对立，其胜过 F 的补否定。因此，矛盾律$\neg(F\wedge\sim F)$成立但排中律 $F\vee\sim F$ 不成立。由于否定信息的不同特征，复杂的否定陈述使用强否定和经典否定可以有效地用于概念上的表达。Kaneiwa 为了证明带有经典否定$\neg$和强否定~的描述逻辑 $ALC_{\sim}$的表达能力，给出了如下的完全具有说服力的例子：表示知识“x 是既不富有的也不贫穷的”。若用公式 $rich(x)$ 表示“x 是富的”，因其反义的公式 $poor(x)$不是 $rich(x)$的经典否定$\neg rich(x)$（即 $poor(x)\neq\neg rich(x)$），故 $poor(x)$只能通过强否定表示为$\sim rich(x)$，由于排中律 $F\vee\sim F$ 不成立，即 $rich(x)\vee\sim rich(x)$不是有效的，所以“x 是既不富有的也不贫穷的”能且只能表示为$\neg rich(x)\wedge\neg\sim rich(x)$。

Ferré 在文献[175]中提出一种认识的扩充(epistemic extension)，将基于模态逻辑(all I know，AIK) 的一种逻辑变化（或改造）用在逻辑概念分析(logical concept analysis，LCA) 的框架中，其目的是考虑在一个特有的形式化中区分否定、对立和可能性。其中，区分否定与对立，如区分“年轻/不年轻”与“年轻/老”；区分否定与可能性，如区分“不年轻”与“可能不年轻”。而且这种认识的扩充不需失去 LCA 的普遍性。Ferré 在研究中认为：(i) 几乎任何逻辑都将否定扮演了对立的角色（任务）。(ii) AIK 可以同时用来表示完备的和不完备的知识，区分否定与对立，其结果比现有的形式概念分析(formal concept analysis，FCA)的扩充更具有表达能力。(iii) 三级不同的否定（通常的否定、对立、可能性）允许区分对象的必定/可能真（假）、正常/对立性质。例如它可能适合区分：“可能不年轻“（可能性）与“必然不年轻”（通常的否定），以及“年老”即“年轻的对立”（对立性）。所有这些区分在询问一个上下文时是十分重要的。(iv) 实际上在信息检索中存在的问题是，关于否定的询问得不到令人满意的回答。在询问中，Boolean 算子的解释通常是外延的(extensional)，也就是说，关于公式的逻辑运算（析取、合取和否定）被认为与关于范围（交、并和补）的集合运算是匹配的，但在描述中它们基本上是内涵的(intensional)。在内涵解释(intensional interpretation)中，否定可被理解为对立(opposition)。如，“雄性”与“雌性”之间存在对立，即一些事物既不是雄的也不是雌的。此刻，它们的析取将理解成未测定的(undetermination)。(v) 在自然语言中存在两种否定：“外延否定”和“内涵否定”。在英语中，词“not”是外延的否定，如 happy/not happy, hot/not hot。内涵否定在英语中不是明显的，是在词首加前缀，如 happy/unhappy, legal/illegal，或者是完全不同的词，如 hot/cold, tall/small。并且，为了区分否定词与对立词，使原词的对立词更明显，Ferré 还采用了世界语(Esperanto)中的方法，巧妙地用加前缀“mal-”办法代替对立词，如 tall / mal-tall。

对于上述学者关于信息中不同否定的研究，我们研究认为，它们具有如下共同特征：

(1) 不是专门针对模糊性信息中客观存在的各种不同否定的认知、区分、表示、推理与计算以及所具有的性质和一般规律进行的理论研究。

(2) 普遍是针对特定的实际信息处理领域的需要，在保持对“否定”概念的传统认识基础上，从语义角度对否定提出不同的处理方法，以此期望在该领域中能够处理不同的否定信息。

(3) 没有从概念本质上对模糊性信息中的各种否定认知与区分，没有研究能够刻画这些不同否定及其内在关系、性质以及规律的理论基础。

3.3　矛盾、对立概念的认识

从上述中已知，一个概念与其否定是同一个属概念的两个不同的种概念，根据概念的不相容关系定义，它们之间的关系是不相容的一种表现形式。由此，我们自然要问，在同一个属概念下，除了一个概念与它的否定这两个种概念外，具有不相容关系的种概念还有哪些？如所知，概念作为一种反映事物本质属性的思维形式，概念的不相容关系作为反映概念间的外延关系的一种形式，它们都属于逻辑的研究范畴。因此，对于这一问题，我们需对黑格尔的逻辑学思想进一步地进行考察和分析。

黑格尔之所以能够建立起一门作为科学的逻辑学，依赖于他对“否定性”概念的理解和认识。黑格尔在他的《逻辑学》中对事物的同一、差别、对立、矛盾概念及其相互联系的论述，实质上是黑格尔关于事物变化的“否定性”思想的深入贯彻。黑格尔认为，矛盾的产生和发展过程是本质自身的“反思”运动(本质向自身内部深入的无限运动)，开始是作为不同规定的同一出现的，然后产生差别，转而成为对立，最后显现矛盾。黑格尔所强调的同一，不是排除任何差别和具体内容的抽象的同一，而是在自身中就包含有差别的具体的同一，是异中之同, 差别中的同一。可见，黑格尔是把同一当作对立面的统一的一种关系来看待的，矛盾比同一更深刻、更本质，也更发展。因而，我们下面不过多涉及这一概念的考察。

黑格尔还认为，差别有三个不同的环节即差异、对立和矛盾。作为差异的差别，是事物的直接差别，是一种事物彼此间毫无内在联系的差别，这种差别是一种最低级的差别。甲就是甲，乙就是乙，事物都是其自身，而不是别的什么东西。黑格尔并不重视这种没有过渡到规定的最低级的差别，而是进一步强调了差别这个绝对概念作为内在的差别，必须纯粹表明、理解为自身与自身的排斥和不等同。他将“对立”视为一种内在的、本质的差别。在对立中，有差别之物并不是一般的他物，而是与它正相反对的他物。换句话说，存在每一方只在与另一方的联系中才能获得自己这样一种本质上的规定性，即此一方只有反映另一方，才能反映自己，另一方也是如此。所以，每一方都是它自己的对立的对方。因而，黑格尔是将对立作为差别的一种特殊形式和状态。黑格尔之所以逐步强调自身之内的差别、对立，是为了进一步的考虑与推进另一种规定性。他极力强调“纯粹的变化、自身之内的对立”是为了区分出一种对立，一种作为内在差别的对立。这种对立，“对立的一面并不仅仅是两个之中的一个……而乃是对立面的一个对立面，换句话说，那对方是直接地现存于它自身之内”。黑格尔强调的通过自身的否定的对立面而进一步把自己规定为差异和对立的那种对立，这样规定的对立就是建立起来的“矛盾”。因而，黑格尔又从对立中区分出一种作为内在差别的对立，而这种对立要“作为矛盾”，便是要在自身中反映自身。

在黑格尔那里，否定的辩证法是贯穿一切的最重要的原则，而矛盾原则正如他的辩证法中的一些其他原则一样，都不过是自否定原则的一种体现。所谓自否定(selbstnegation)表现在“矛盾”上，着重就是强调同一事物对自己的既肯定又否定。所以，矛盾应当首先被看作同一个东西自身与自身相矛盾，自身的对立面是自己自否定而成的，而矛盾的转化也应当是自身向自身的自否定的对立面的转化。矛盾中的每一方，不仅仅是通过另一方而被规定，更重要的是通过自身而被规定。因此，通常我们受汉语思维和语言的影响，把矛盾看作现存的两个事物或者一个事物内部的两个方面之间的矛盾，以及它们之间的种种的地位转化和循环的解释是不符合黑格尔的本意的。

除了上述的黑格尔在本源思想层面对对立与矛盾及其相关思想的辩证论述，黑格尔还对形式逻辑中的同一律(“A 是 A”)、排中律(“A 或是 A，或是非 A”)和矛盾律 (“A 不是非 A”) 这三大律发表了不同的看法，特别是针对排中律，“矛盾性”地运用这些形式推理规律推演他的观点。即对于形式逻辑中的矛盾律来说，是“A”同时又是“非 A”，这才是矛盾。也就是对于“A”来说，其矛盾对面是“非 A”。矛盾的这种性质，使得它也只能在语言逻辑的层面讨论。假如从具体事物进行讨论，那么就难以或者说无法讨论。比如，对于颜色“白”，它的对立面是“黑”，但是它的矛盾对面只能是“非白”。显然，“非白”不等于颜色“黑”，也不等于颜色“红”“黄”等。事实上，根本就不存在一个具体的“非白”这样的事物，它只能是一个概括了无限事物的抽象概念。所以可看出，黑格尔所说的矛盾，事实上只能在抽象的、概念的范围内使用，而不能用于具体事物身上。而“对立”却不然，它在肯定自身以及与自己相反的否定对面时，也肯定了其他的事物的存在。仍举颜色为例，颜色“黑”和颜色“白”是对立的，同时在两者之间，颜色“黄”、颜色“红”等也都存在着，事物层面上的这种对立是不适合于“排中律”的，因而不是矛盾，只是对立。

至此表明，黑格尔在《逻辑学》中，在抽象的概念范围内区分了“对立”概念和“矛盾”概念。黑格尔意义上的矛盾与对立的重要区别是，矛盾是一个事物在变化时存在的是什么同时又不是什么的互相否定的属性，对立则是两个事物不论在变化时还是在不变时都互相排斥又互相依存的共有性质。也就是说，对立只是在共同范围、共同条件、共同前提下的差别，即事物本身的差别。对立的双方互为依存条件，失去一方，他方就不存在。这种事物本身的差别已经由杂多性的外在差别发展到自己与自己正相对的自己的他物的差别，即作为对立的差别。对立的双方，每一方都只是另一方的对立物，两方面是互相否定的。

迄今，在形式逻辑中，关于“矛盾”概念和“对立”概念的认识有两方面结论[179,180]：

(i) 在概念的内涵关系上，所谓“矛盾”概念，是指在同一个属概念下的一个内涵否定另一内涵、外延互相排斥、非此即彼、外延之和等于属概念外延的两个种概念。如，属概念“数”下的“正数” 与 “非正数”，属概念“颜色”下的“红色”与“非红色”。所谓“对立”概念（亦称反对概念），是指在同一个属概念下的一个内涵否定另一内涵、内涵差异最大、外延互相排斥、外延之和小于属概念外延的两个种概念。如，属概念“颜色”下的“白色”与“黑色”，属概念“数”下的“正数”与“负数”。

(ii) 在概念的外延关系上，两个矛盾概念间的关系是一种不相容关系，称为矛盾关系；两个对立概念间的关系是一种不相容关系，称为对立关系（亦称反对关系）。因而，不相容关系区分为矛盾关系和对立关系。

综上所述，根据我们在前述中对概念的“否定性”认识，我们进一步认为（详见文献[181]~[183]）：

(1) 对于一个属概念下的两个具有矛盾关系的种概念而言，一个是另一个的一种否定形式。在概念的内涵关系上，一个种概念的内涵否定另一种概念的内涵；在概念的外延关系上，两个种概念的外延之和等于属概念的外延；所以，两个种概念之间的矛盾关系可进一步称为“矛盾否定关系”。如，在属概念“颜色”下，

“白色”与“非白色”的关系。

(2) 对于一个属概念下的两个具有对立关系的种概念而言，一个是另一个的一种否定形式。在概念的内涵关系上，一个种概念的内涵否定另一种概念的内涵，且内涵差异最大；在概念的外延关系上，两个种概念的外延之和小于属概念的外延；所以，两个种概念之间的对立关系可进一步称为“对立否定关系”。如，在属概念“颜色”下，“白色”与“黑色”的关系。

(3) 根据概念的不相容关系定义，概念的不相容关系包含了矛盾否定关系和对立否定关系。

3.4　概念中的不同否定关系

3.4.1　清晰概念与模糊概念中的五种否定关系

根据上述的概念的矛盾否定关系和对立否定关系，以及在 1.2.2 节中清晰概念与模糊概念的区分，可确定在清晰概念与模糊概念中存在下列五种矛盾否定关系和对立否定关系（详见文献[184]）。

(1) 清晰概念中的矛盾否定关系(contradictory negative relation in distinct concepts，CDC)

关系特征：“外延界限分明，非此即彼”。

例如，属概念“动物”下的种概念“哺乳动物”与“非哺乳动物”的关系；属概念“颜色”下种概念“白色”与“非白色”的关系，如图 3-3 所示。

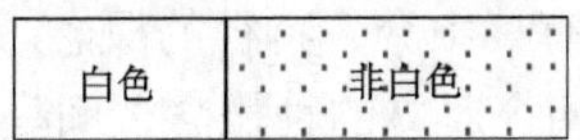

图 3-3　清晰概念 “白色”与其矛盾否定“非白色”的外延关系

(2) 清晰概念中的对立否定关系(opposite negative relation in distinct concepts，ODC)

关系特征：“外延界限分明，不非此即彼”。

例如，属概念“数”下种概念“正数”与“负数”的关系；属概念“颜色”下种概念“白色”与“黑色”的关系等，如图 3-4 所示。

图 3-4 清晰概念 “白色”与其对立否定“黑色”的外延关系

(3) 模糊概念中的矛盾否定关系(contradictory negative relation in fuzzy

concepts，CFC)

关系特征：“外延界限不分明，非此即彼”。

例如，属概念“速度”下种概念“速度快”与“速度不快”的关系；属概念“人”下种概念“青年人”与“非青年人”的关系，如图 3-5 所示。

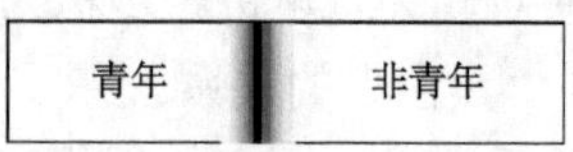

图 3-5　模糊概念“青年人”与其矛盾否定“非青年人”的外延关系图

(4) 模糊概念中的对立否定关系(opposite negative relation in fuzzy concepts，OFC)

关系特征：“外延界限不分明，不非此即彼”。

例如，属概念“速度”下种概念“速度快”与“速度慢”的关系；属概念“人”下种概念“青年人”与“老年人”的关系，如图 3-6 所示。

图 3-6　模糊概念“青年人”与其对立否定“老年人”的外延关系

如所知，肯定一些对立概念之间有中介对象存在，已作为认识论的一条基本原则。这种中介对象对于对立概念双方呈现出亦此亦彼性。具体地说，中介对象既部分地具有此方性质又部分地具有彼方性质。反映在现实世界的各种知识中，许多对立的概念之间存在具有“中介”特征的概念。所谓对立概念之间的中介概念，即指在同一个属概念下两个对立的种概念之间呈现出的具有“过渡”状态的另一个种概念，它的对象部分地具有对立概念双方各自反映的事物的本质属性。因此，这种中介概念是客观存在的。但是，在清晰概念中，对立的概念之间并不一定存在中介概念。例如，属概念“数”下的种概念“有理数”和“无理数”是一对对立概念，但它们之间却不存在中介概念；在同样的属概念“数”下的种概念“正整数”和“负整数”也是一对对立概念，它们之间却有中介概念“零”。

然而，我们需要指出的是，我们通过对大量的对立知识实例进行分析研究后发现，对于对立的模糊概念存在如下规律：

如果一对对立概念为模糊概念，则对立概念之间必然存在中介的模糊概念；如果一对对立概念之间存在中介的模糊概念，则对立概念一定是模糊概念。

换言之，对立概念之间存在中介的模糊概念的充分必要条件是对立否定概念为模糊概念。

例如，属概念“人”下的种概念“青年人”和“老年人”是一对对立的模糊概念，两者之间存在中介模糊概念“中年人”；属概念“一日”下的种概念“白昼”和“黑夜”是一对对立的模糊概念，两者之间存在中介模糊概念“黄昏”（或“黎明”）。

对于一对对立的模糊概念以及它们之间存在的中介模糊概念，根据它们的外延关系，我们称两个对立模糊概念与其中介模糊概念的关系为“中介否定”关系。

(5) 模糊概念中的中介否定关系(medium negative relation in fuzzy concepts, MFC)

关系特征：“外延界限不分明，彼与此的中介”。

例如：“中年人”是对立概念“青年人”与“老年人”之间的中介概念，中年人与青年人（或老年人）之间的关系是中介否定关系；“黄昏”或“黎明”是对立概念“白昼”与“黑夜”之间的中介概念，黄昏（或黎明）与白昼（或黑夜）之间的关系是中介否定关系；“半导体”是“导体”与“绝缘体”之间的中介概念，半导体与导体（或绝缘体）之间的关系是中介否定关系，如图 3-7 所示

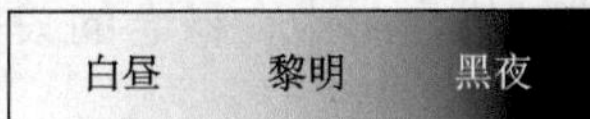

图 3-7　对立的模糊概念“白昼”“黑夜”与其中介概念“黎明”的外延

因而我们提出，在清晰概念和模糊概念中存在五种不同的否定关系，即清晰概念中的矛盾否定关系 CDC、清晰概念中的对立否定关系 ODC、模糊概念中的矛盾否定关系 CFC、模糊概念中的对立否定关系 OFC 和模糊概念中的中介否定关系 MFC。

既然外延为概念所反映的全部对象、概念之间的关系是概念外延的关系，因而从概念的外延角度，我们可给出清晰概念和模糊概念中存在的五种不同否定关系 CDC、ODC、CFC、OFC 和 MFC 的形式化定义。

定义 1. 设 $U\,(\neq\varnothing)$ 为论域（对象域），$X\,(X\subseteq U)$为关于 U 中对象的一个概念。对于 X，若存在一个划分 ξ: $\{X_1, X_2, \cdots, X_n\}$，$X_i\subseteq X$，$X_i\neq\varnothing$，$\bigcup_{i=1}^{n} X_i = X$，则称 X 为 $X_1, X_2, \cdots, X_n$ 的属概念，X_i（$i=1, 2, \cdots, n$）为 X 的种概念；其中，若 $X_i\cap X_j=\varnothing\,(i\neq j, i, j=1, 2, \cdots, n)$，则称种概念 X_i、X_j 为清晰概念，若 $X_i\cap X_j\neq\varnothing$，则称种概念 X_i、X_j 为模糊概念。

由于任何一对具有矛盾否定关系的概念和一对具有对立否定关系的概念，都是同一个属概念下的一对种概念，所以，CDC 与 ODC、CFC 与 OFC 分别是同一个属概念下的两个种概念之间的关系。由定义 1 可知，它们应分别是 $X\times X$ 上的二元关系，即 $X\times X$ 的不同的子集。因此，对于 CDC、ODC、CFC、OFC 的形式表达，我们可定义如下：

定义 2. 设一个属概念为 $A=\bigcup_{i=1}^{n} A_i$，A_i 是 A 的种概念。对于一个 A_i $(i\in\{1,2,\cdots,n\})$，若存在 A 的种概念 $A_j\,(\neq A_i)$和 $A_k\,(\neq A_i)$，$A_j\neq A_k$，A_i与A_j具有矛盾否定关系，A_i与A_k具有对立否定关系，则

(1) 当A_i, A_j, A_k为清晰概念时，A_i与A_j的关系记为CDC，A_i与A_k的关系记为ODC，有

$$\mathrm{CDC}=\{(A_i,A_j)\mid A_i\neq A_j, A_i\cap A_j=\varnothing, A_i\cup A_j=A\}\subset A\times A$$

$$\mathrm{ODC}=\{(A_i,A_k)\mid A_i\neq A_k, A_i\neq A_j, A_j\neq A_k, A_i\cap A_k=\varnothing, A_i\cup A_k\subseteq A\}\subset A\times A$$

(2) 当A_i, A_j, A_k是模糊概念时，A_i与A_j的关系记为CFC，A_i与A_k的关系记为OFC，有

$$\mathrm{CFC}=\{(A_i,A_j)\mid A_i\neq A_j, A_i\cap A_j\neq\varnothing, A_i\cup A_j=A\}\subset A\times A$$

$$\mathrm{OFC}=\{(A_i,A_k)\mid A_i\neq A_k, A_i\neq A_j, A_k\neq A_j, A_i\cap A_k\neq\varnothing, A_i\cup A_k\subseteq A\}\subset A\times A$$

在上述中我们已知，当对立概念是模糊概念时，则对立的模糊概念之间存在中介概念。因此，一对对立模糊概念与中介概念的关系 MFC 应是$(X\times X)\times X$的一个子集。

定义 3. 设一个属概念 $B=\bigcup_{i=1}^{n} B_i$，B_i 是 B 的种概念。若 $B_i, B_j\subseteq B\ (i\neq j)$是具有对立否定关系的模糊概念，则存在 $B_m\subseteq B\ (m\neq i, m\neq j)$，有

$$\mathrm{MFC}=\{((B_i,B_j),B_m)\mid B_i\neq B_j, B_i\cap B_m\neq\varnothing, B_j\cap B_m\neq\varnothing, B_i\cup B_j\cup B_m\subseteq B\}\subset(B\times B)\times B$$

由以上定义，容易证明 CDC、ODC、CFC、OFC 和 MFC 具有如下性质：

性质 1. CDC、CFC、ODC、OFC 和 MFC 互不等同。

性质 2. CDC、CFC、ODC、OFC 具有对称性，不具有自反性、传递性。

性质 3. MFC 不具有对称性、自反性、传递性。

3.4.2　现有逻辑与集合理论刻画五种否定关系的能力

上述中，我们确定了清晰概念和模糊概念中存在五种不同的否定关系 CDC、ODC、CFC、OFC 和 MFC。反映到一般知识中，即知识中亦同样存在这五种不同的否定关系。因而，对于知识的处理，自然要求现有的处理知识的理论和方法应能够完整地刻画这些关系。对此，我们对现有逻辑和数学理论进行分析考察如下。

(1) 如所知，在经典逻辑中，只有一种否定词¬，谓词为表示一个个体的性质和两个以上个体间关系的词。若 $P(x)$表示一元谓词，则¬ $P(x)$是一元谓词 $P(x)$的否定。由于经典逻辑在概念基础上没有区分对立概念与矛盾概念，所以一元谓词

的不相容关系（$P(x), \neg P(x)$）既代表一元谓词的矛盾否定关系，也代表了一元谓词的对立否定关系。因为经典逻辑不能处理模糊性对象，从而表明，经典逻辑只能处理清晰概念中的矛盾否定关系 CDC，不能处理对立否定关系 ODC，更不能处理模糊概念中的否定关系 CFC、OFC 和 MFC。例如，表达和处理如下常识知识：

① “衣服是白色的”，　② “衣服不是白色的”，　③“衣服是黑色的”

在经典逻辑中可形式表达如下：

$W(x)$：“x 是白色的”，$\neg W(x)$：“x 不是白色的，$B(x)$：“x 是黑色的”

显然，$W(x)$、$\neg W(x)$、$B(x)$都是清晰谓词。并且，②与①具有矛盾否定关系$(W(x), \neg W(x))\in$CDC，③与①具有对立否定关系$(W(x), B(x))\in$ODC。但是，由于经典逻辑将对立概念与矛盾概念等同，即③ = ②，所以 $(W(x), \neg W(x)) = (W(x), B(x))$。从而表明，将常识知识中的对立否定关系的处理当作了矛盾否定关系处理，没有区别以及反映出这些常识知识中存在的对立否定关系 $(W(x), B(x))$。因此，经典逻辑非此即彼地处理常识中的不相容关系，扩大了常识知识的矛盾范畴，因而运用它们表达、处理常识中的否定关系必然存在困难。

(2) 对于模糊集 FS 与模糊逻辑理论 FL，虽然它们扩充了经典数学与经典逻辑研究对象的范围，FS 和 FL 不再具有“非此即彼”的特性，但是，由于它们在概念基础上仍然没有区分矛盾概念和对立概念，所以，一元谓词的矛盾否定关系和对立否定关系都仍以（$P(x), \neg P(x)$）表达。因此，FS 和 FL 不能处理模糊概念间的对立否定关系 OFC 和中介否定关系 MFC。例如，表达和处理常识知识：

① “白昼”，②“非白昼”，　③“黑夜”，④ “黄昏”

在模糊集中可形式表达如下：

A:“白昼”，$\neg A$:“非白昼”，B:“黑夜”，C:“黄昏”

显然，A、$\neg A$、B 和 C 是不同的模糊集；①与②是矛盾概念，具有矛盾否定关系$(A, \neg A)\in$CFC；①与③是对立概念，具有对立否定关系$(A, B)\in$OFC；④是①与③之间的中介模糊概念，它们具有对立概念与中介概念的关系$((A, B), C) \in$ MFC。但是，由于模糊集在概念上没有区分对立概念和矛盾概念，因而，模糊集只能够确定并处理矛盾否定关系$(A, \neg A)$，不能区别、处理对立否定关系(A, B)，更不能确定并处理对立概念与中介概念的关系$((A, B), C)$。从而表明，模糊集 FS 与模糊逻辑理论 FL 用来处理模糊性知识是不足的。

(3) 对于模态逻辑、多值逻辑、归纳逻辑、时态逻辑、超协调逻辑以及非单调逻辑等非经典逻辑理论，如同上述(1)(2)，我们对这些理论的概念基础和形式语言予以考察，不难看出它们在概念基础上仍未对矛盾概念与对立概念进行区分。因而，这些非经典逻辑理论同样不具有处理清晰概念的对立否定关系 ODC、模糊概念的对立否定关系 OFC 和中介否定关系 MFC 的能力。

我们须指出，上述的一般数学和逻辑理论，它们之所以不能完整地处理不相容知识中五种不同的否定关系 CDC、CFC、ODC、OFC 和 MFC，一个根本原因是它们在理论的基础概念上都没有区分矛盾概念与对立概念，反映在它们的描述语言中，一元谓词(概念)之间的矛盾否定关系和对立否定关系只能以矛盾否定关系表达，因而不能处理一元谓词(概念)之间的对立否定关系及其规律。

然而，对于第 2 章中介绍的中介逻辑系统 ML 来说，由于中介逻辑系统 ML 理论在概念基础上区分了清晰概念、模糊概念中的矛盾与对立，区分了一元谓词(概念)之间的矛盾否定关系和对立否定关系，从而具有处理清晰概念和模糊概念中存在的五种不同否定关系 CDC、ODC、CFC、OFC 和 MFC 的能力。

(4) 对于中介谓词逻辑 MF，我们基于 MF 与其无穷值语义模型，能够刻画清晰概念与模糊概念中的五种否定关系 CDC、ODC、CFC、OFC 和 MFC，并可给出处理这五种否定关系的条件（详见文献[185]~[187]）。具体如下。

在 2.3.2 节中，我们介绍了中介谓词逻辑 MF 的一种无穷值语义模型 Φ：$<D, \partial_\lambda>$。由 Φ，可进一步对 MF 中一元谓词的真值及关系刻画如下：

定义 1. 设 P 为中介谓词逻辑 MF 中的一个一元谓词。在无穷值语义模型 Φ 下，$\partial_\lambda(P(x)) = 1$，即称 $P(x)$为真，当且仅当个体域 D 中的任一对象 x 完全具有性质 P；$\partial_\lambda(P(x)) = 0$，即称 $P(x)$为假，当且仅当个体域中的任一对象 x 完全不具有性质 P；$\partial_\lambda(P(x))\in(0, 1)$，即称 $P(x)$部分真，当且仅当个体域中有对象 x 部分地具有性质 P。

可见，$\partial_\lambda(P(x))$代表了对象 x 具有性质 P 的程度。由此，我们再根据无穷值语义模型 Φ 的定义以及中介逻辑关于清晰谓词和模糊谓词的定义，可得如下结论：

(I) 当$\partial_\lambda(P(x)) = 1$ 或$\partial_\lambda(P(x)) = 0$ 时，P 是清晰的一元谓词。

(II) 当$\partial_\lambda(P(x))\in(0, 1)$时，$P$ 是模糊的一元谓词；特别地，当$\partial_\lambda(P(x)) \equiv 1/2$ 时，P 是谓词常元。

对于任意的一元谓词 P，Φ 中不仅确定了$\partial_\lambda(P(x))\in[0, 1]$ 以及 $\partial_\lambda(P(x))$、$\partial_\lambda(╕P(x))$ 和$\partial_\lambda(\sim P(x))$ 三者之间的关系，实际上它还给出了对公式的真值域[0, 1]的一个划分 δ，δ 将[0,1]划分成三个互不相交的子区间。在 δ 划分下，由上述(Ⅰ)与(Ⅱ)，$\partial_\lambda(P(x))$、$\partial_\lambda(╕P(x))$和$\partial_\lambda(\sim P(x))$的取值与这些[0, 1]的子区间的关系有：

<1> 当$\lambda\geqslant 1/2$ 时，δ：$\{[0, 1-\lambda), [1-\lambda, \lambda], (\lambda, 1]\}$。在 δ 划分下，$\partial_\lambda(P(x))\in(\lambda, 1]$ 或者 $\partial_\lambda(P(x))\in[0, 1-\lambda)$。如果 $\partial_\lambda(P(x))\in(\lambda, 1]$，由 Φ 的定义，则 $\partial_\lambda(╕P(x)) = 1-\partial_\lambda(P(x))\in[0, 1-\lambda)$，$\partial_\lambda(\sim P(x))\in[1-\lambda, \lambda]$，$\partial_\lambda(\neg P(x)) = \max\{\partial_\lambda(╕P(x)), \partial_\lambda(\sim P(x))\} = \partial_\lambda(\sim P(x))$ (因在中介逻辑中$\neg P$ 被定义为 $P\rightarrow \sim P$)；同理，如果$\partial_\lambda(P(x))\in[0, 1-\lambda)$，则$\partial_\lambda(╕P(x)) = 1-\partial_\lambda(P(x))\in(\lambda, 1]$，$\partial_\lambda(\sim P(x))\in[1-\lambda, \lambda]$，$\partial_\lambda(\neg P(x)) = \max\{\partial_\lambda(╕P(x)), \partial_\lambda(\sim P(x))\}= \partial_\lambda(╕P(x))$。

<2> 当$\lambda\leqslant 1/2$ 时，δ：$\{[0, \lambda), [\lambda, 1-\lambda], (1-\lambda, 1]\}$。在 δ 划分下，$\partial_\lambda(P(x))\in[0, \lambda)$ 或者 $\partial_\lambda(P(x))\in (1-\lambda, 1]$。如果$\partial_\lambda(P(x))\in[0, \lambda)$，由 Φ 的定义，则$\partial_\lambda(╕P(x)) =$

$1-\partial_\lambda(P(x))\in(1-\lambda, 1]$，$\partial_\lambda(\sim P(x))\in[\lambda, 1-\lambda]$，$\partial_\lambda(\neg P(x)) = \max\{\partial_\lambda(╕P(x)), \partial_\lambda(\sim P(x))\} = \partial_\lambda(╕P(x))$；如果$\partial_\lambda(P(x))\in(1-\lambda, 1]$，则 $\partial_\lambda(╕P(x))=1-\partial_\lambda(P(x))\in[0, \lambda)$, $\partial_\lambda(\sim P(x)) \in[\lambda, 1-\lambda]$，$\partial_\lambda(\neg P(x)) = \max\{\partial_\lambda(╕P(x)), \partial_\lambda(\sim P(x))\}= \partial_\lambda(\sim P(x))$。

关于δ划分以及<1>与<2>情形的含义，我们可用图 3.8 和图 3-9 中图形解释（图中符号"•"，"○"分别表示闭区间和开区间的一个端点）。

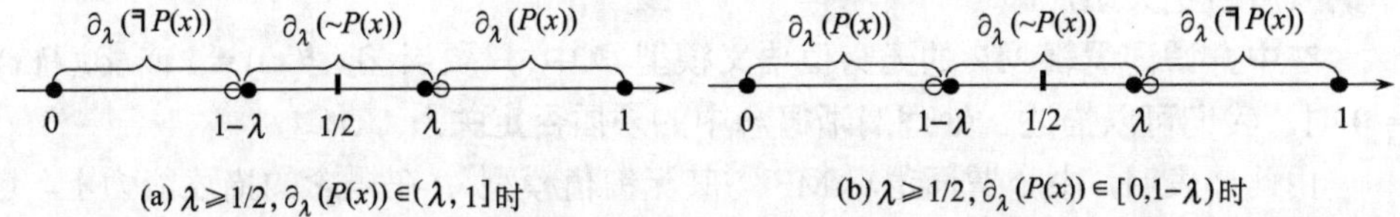

图 3-8　情形<1>：$\partial_\lambda(P(x)), \partial_\lambda(╕P(x)), \partial_\lambda(\sim P(x))$在[0, 1]中的关系

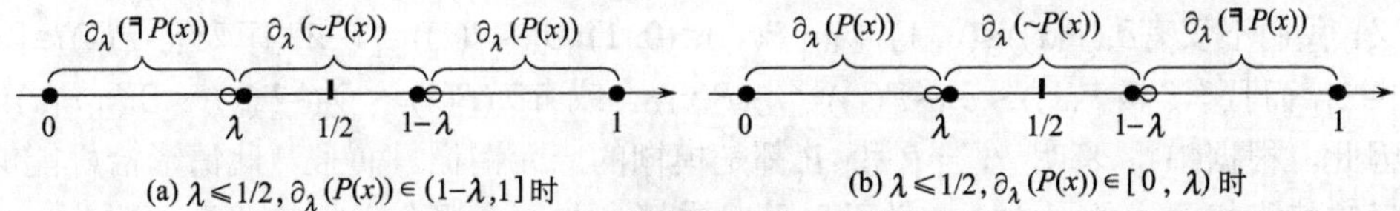

图 3-9　情形<2>：$\partial_\lambda(P(x)), \partial_\lambda(╕P(x)), \partial_\lambda(\sim P(x))$在[0, 1]中的关系

如所知，概念是一元谓词，所以概念的数值描述可由逻辑理论中谓词的真值进行反映。由以上<1>与<2>，表明一元谓词 P 的真值域[0, 1]被 δ 划分成的子区间的端点均与 λ 相关，且λ ($\in(0, 1)$) 是可变的，所以λ 的大小及变化，决定了一元谓词的真值$\partial_\lambda(P(x))$、$\partial_\lambda(╕P(x))$和 $\partial_\lambda(\sim P(x))$取值范围的大小与变化。因此，一元谓词的五种矛盾否定关系与对立否定关系 CDC、ODC、CFC、OFC 和 MFC 的真值描述也与λ 的大小及变化相关。对此，我们有如下结果：

(i) 当$\lambda = 1/2$ 时，由<1>与<2>，δ 将真值域[0, 1]划分为{[0, 1/2), 1/2, (1/2, 1]}，并且由 Φ 的定义，有 $\partial_\lambda(\sim P(x)) \equiv 1/2$。所以，对于划分$\delta$, $\partial_\lambda(P(x))\in[0, 1/2)\cup(1/2, 1]$，$\partial_\lambda(╕P(x))\in[0, 1/2)\cup(1/2, 1]$。因此，根据(I)与(II)，表明 P 与$╕P$ 既可为清晰的一元谓词，也可为模糊的一元谓词。此时，有以下两种情形：

(a) 如果$\partial_\lambda(P(x)) = 1$ 或 $\partial_\lambda(P(x)) = 0$，由（I），则 P 和 $╕P$ 为清晰的一元谓词。此情形恰好能够描述清晰概念中的对立否定关系，即

在中介谓词逻辑 MF 的无穷值语义模型 $\boldsymbol{\Phi}$ 中，当$\boldsymbol{\lambda} = 1/2$ 并且 $\partial\lambda(P(x)) = 1$（或$\partial\lambda(P(x)) = 0$）时，我们可以描述、处理清晰概念中的对立否定关系 ODC。

(b) 如果$\partial_\lambda(P(x)) \neq 1$ 且$\partial_\lambda(P(x)) \neq 0$，则由（II），$P$ 和$╕P$ 为模糊的一元谓词。此时，如果$\partial_\lambda(P(x))\in[0, 1/2)$，由 Φ 的定义，即有$\partial_\lambda(╕P(x))\in(1/2 , 1]$，又由于$\sim P$ 为谓词常元，即$\partial_\lambda(\sim P(x)) \equiv 1/2$，所以，$\partial_\lambda(\neg P) = \max (\partial_\lambda(╕P), \partial_\lambda(\sim P)) = \partial_\lambda(╕P)$。此情形恰好能够描述模糊概念中的矛盾否定关系，即

在中介谓词逻辑 MF 的无穷值语义模型 Φ 中，当 $\lambda = 1/2$ 并且 $\Re_\lambda(P(x))\in(0, 1/2)$ 时，我们可以描述、处理模糊概念中的矛盾否定关系 CFC。

(ii) 当$\partial_\lambda(P(x)) \equiv 1$ 或 $\partial_\lambda(P(x)) \equiv 0$ 时，据 Φ 的定义，即有$\partial_\lambda(ᆿP(x)) \equiv 0$ 或 $\partial_\lambda(ᆿP(x)) \equiv 1$，由(I)，则 P 与 $ᆿP$ 都是清晰谓词，并且$\partial_\lambda(P(x))$与$\partial_\lambda(ᆿP(x))$非此即彼，体现了二值逻辑的特征。因此，此情形（如同二值逻辑）可以描述清晰概念中的矛盾否定关系，即

在中介谓词逻辑 MF 的无穷值语义模型 Φ 中，只要当 $\partial_\lambda(P(x)) \equiv 1$ 或 $\partial_\lambda(P(x)) \equiv 0$ 时，我们可以描述、处理清晰概念中的矛盾否定关系 CDC。

由此亦表明，中介谓词逻辑 MF 与其无穷值模型 Φ 在概念的描述能力上，已涵盖了二值逻辑。

(iii) 除(i)与(ii)外，即当$\lambda \neq 1/2$ 且 $0 < \partial_\lambda(P(x)) < 1$ 时，由<1>、<2>和 Φ 的定义，我们不仅有$\partial_\lambda(P(x))\in(0, 1)$，$\partial_\lambda(ᆿP(x))\in(0, 1)$，$\partial_\lambda(\sim P(x))\in[1-\lambda, \lambda]$或$\partial_\lambda(\sim P(x))\in[\lambda, 1-\lambda]$，而且有$\partial_\lambda(ᆿP(x)) < \partial_\lambda(\sim P(x)) < \partial_\lambda(P(x))$，或者$\partial_\lambda(P(x)) < \partial_\lambda(\sim P(x)) < \partial_\lambda(ᆿP(x))$。因此，根据(II)，表明 P，$ᆿP$ 和$\sim P$ 都是模糊的一元谓词。而且，此情形恰好能够反映模糊概念中的对立否定关系以及对立概念与中介概念之间的关系，即

在中介谓词逻辑 MF 的无穷值语义模型 Φ 中，当$\lambda \neq 1/2$ 且 $0 < \partial_\lambda(P(x)) < 1$ 时，我们可以描述、处理模糊概念中的对立否定关系 OFC 以及对立概念与中介概念之间的关系 MFC。

3.5 本章小结

对于“否定”概念，虽然在认识论中人们至今没有统一的认识，但通过对在哲学、逻辑学、语言学等领域中的各种认识进行考察研究，从概念的内涵和外延以及概念的关系上归纳出这些认识的共同点，即概念的否定性的基本特征是否定自身，“否定”概念是相对于一个具体概念（“肯定”概念）而言的，“否定”概念以否定“肯定”概念的内涵为自己的内涵。当今在知识处理研究领域中关于否定概念的认识与处理，不是从概念本质上对模糊概念中客观存在的不同否定如何进行区分、表示以及推理的理论研究，都是基于“否定”概念的传统认识，对特定的实际信息处理领域的否定概念从语义和语用上提出不同的处理方法，更不是能够刻画这些不同否定及其内在关系、性质以及规律的理论。

对于一个属概念下的一对矛盾概念来说，在本章中我们认为，在概念的内涵上，一个概念的内涵是另一个概念的内涵的一种否定形式，它们的关系称为“矛盾否定关系”；而对于一个属概念下的一对对立概念，在概念的内涵上，一个概念的内涵是另一个概念的内涵的与矛盾概念不同的一种否定形式，它们的关系称为“对立否定关系”。

由于概念的不相容关系包含了矛盾否定关系和对立否定关系，我们由此确定，在清晰概念和模糊概念中，存在五种不同的矛盾否定关系和对立否定关系 CDC、ODC、CFC、OFC 和 MFC。在这些否定关系中，我们尤其需要强调“模糊概念中的中介否定关系 MFC”是极其特别和重要的，因为它肯定了在对立的模糊概念中存在规律：“如果一对对立概念为模糊概念，则对立概念之间必然存在中介的模糊概念，如果一对对立概念之间存在中介的模糊概念，则对立概念一定是模糊概念”，即肯定了在对立的模糊概念间一定存在中介的对象(模糊概念)。对此，在第 2 章中的中介数学的核心思想即“中介原则”里，只强调在对立的概念中存在中介的对象，并非肯定一定存在中介的对象。

关于清晰概念和模糊概念中五种不同否定关系的理论刻画，本章对现有逻辑和数学理论的能力进行了分析、考察。指出它们（除了中介逻辑系统）之所以不能完整地处理不相容知识中五种不同的否定关系的一个根本原因是，它们在理论的基础概念上都没有区分矛盾概念与对立概念，反映在它们的描述语言中，是一元谓词(概念)之间的矛盾否定关系和对立否定关系只能以矛盾否定关系表达，因而不能处理一元谓词(概念)之间的对立否定关系及其规律。而对于中介逻辑系统来说，由于在概念基础上区分了清晰概念、模糊概念中的矛盾与对立，区分了一元谓词(概念)之间的矛盾否定关系和对立否定关系，从而具有处理 CDC、ODC、CFC、OFC 和 MFC 的能力。并且本章基于中介谓词逻辑 MF 与其无穷值语义模型，研究给出了能够刻画五种否定关系 CDC、ODC、CFC、OFC 和 MFC 的条件。

基于模糊概念中存在矛盾否定关系 CFC、对立否定关系 OFC 和中介否定关系 MFC 的思想，我们进一步研究了在模糊知识推理中的应用（详见文献[188]~[191]）。

本章论述作为本书的一个导引，旨在为后面研究建立模糊概念中的三种否定及其集合基础与逻辑基础作一铺垫。其中，3.4 节为我们的原创研究结果，是本书的主要理论研究结果之一。

第 4 章　具有矛盾否定、对立否定和中介否定的模糊集

在上一章中，我们在从概念本质上对“否定”概念进行考察、分析和研究的基础上，根据矛盾概念与对立概念的区分，确定了清晰概念与模糊概念中存在的五种不同否定关系，研究了五种不同否定关系的理论刻画；并且根据模糊概念中存在矛盾否定关系 CFC、对立否定关系 OFC 和中介否定关系 MFC 的思想，进一步研究了在模糊知识推理中的应用。

如所知，集合概念及其方法，是描述事物及其规律的数学中的最基本的抽象概念和手段。因此，为了从数学角度研究模糊知识中的三种不同否定关系 CFC、OFC 和 MFC，以及其中的内在关系、性质以及规律，基于 Zadeh 模糊集定义，我们提出一种新的具有矛盾否定、对立否定和中介否定的模糊集（详见文献[192]~[194]）。其中，使用符号¬、╕和~分别称为矛盾否定符、对立否定符和中介否定符。

4.1　具有矛盾否定、对立否定和中介否定的模糊集 FSCOM

定义 1[13]. 设 U 是论域。映射 $\Psi_A: U \to [0, 1]$确定了 U 上的一个模糊子集 A，称 Ψ_A 为 A 的隶属函数，$\Psi_A(x)$为 x 对于 A 的隶属程度（简称隶属度），记为 $A(x)$。

定义 2. 设 A 是 U 上的模糊子集，$\lambda \in (0, 1)$。

（1）映射 $\Psi^{╕}: \{A(x) \mid x \in U\} \to [0, 1]$ 若满足 $\Psi^{╕}(A(x)) = 1 - A(x)$，则 $\Psi^{╕}$ 确定了 U 上的一模糊子集，记作 $A^{╕}$，$A^{╕}(x) = \Psi^{╕}(A(x))$，$A^{╕}$称为 A 的对立否定集。

（2）映射 $\Psi^{\sim}: \{A(x) \mid x \in U\} \to [0, 1]$若满足

$$\Psi^{\sim}(A(x)) = \begin{cases} \lambda - \dfrac{2\lambda - 1}{1 - \lambda}(A(x) - \lambda), & \text{当}\lambda \in [1/2, 1) \text{ 且 } A(x) \in (\lambda, 1] \quad \text{(a)} \\ \lambda - \dfrac{2\lambda - 1}{1 - \lambda}A(x), & \text{当}\lambda \in [1/2, 1) \text{ 且 } A(x) \in [0, 1-\lambda) \quad \text{(b)} \\ 1 - \dfrac{1 - 2\lambda}{\lambda}A(x) - \lambda, & \text{当}\lambda \in (0, 1/2] \text{ 且 } A(x) \in [0, \lambda) \quad \text{(c)} \\ 1 - \dfrac{1 - 2\lambda}{\lambda}(A(x) + \lambda - 1) - \lambda, & \text{当}\lambda \in (0, 1/2] \text{ 且 } A(x) \in (1-\lambda, 1] \quad \text{(d)} \\ A(x), & \text{其他} \quad \text{(e)} \end{cases}$$

则 $\Psi^{\sim}$ 确定了 U 上的一模糊子集，记作 $A^{\sim}$，$A^{\sim}(x) = \Psi^{\sim}(A(x))$，$A^{\sim}$ 称为 A 的中介否

定集。

（3）映射 $\Psi^{\neg}: \{A(x) \mid x \in U\} \to [0, 1]$若满足 $\Psi^{\neg}(A(x)) = \max(A^{ꟹ}(x), A^{\sim}(x))$，则 $\Psi^{\neg}$确定了 U 上的一模糊子集，记作 $A^{\neg}$，$A^{\neg}(x) = \Psi^{\neg}(A(x)) = \max(A^{ꟹ}(x), A^{\sim}(x))$，$A^{\neg}$称为 A 的矛盾否定集。

由以上定义确定的论域 U 上的模糊子集，我们称为“具有矛盾否定、对立否定和中介否定的模糊集”，简记为 FSCOM (fuzzy sets with contradictory negation, opposite negation and medium negation)。论域 U 上的 FSCOM 模糊集构成的集合记为 FSCOM (U)。

在以上 FSCOM 定义的建立中，模糊集 A 的中介否定集 $A^{\sim}$及其隶属度 $A^{\sim}(x)$的分段函数表示式的确立是定义的关键。其建立的基本思想如下：

由于 U 中元素 x 对于 A 的隶属度 $A(x)$、对于 A 的对立否定集 $A^{ꟹ}$ 的隶属度 $A^{ꟹ}(x)$ 以及对于 A 的中介否定集 $A^{\sim}$的隶属度 $A^{\sim}(x)$ 均在单位区间[0, 1]中取值，因此，怎样确定 $A(x)$、$A^{ꟹ}(x)$和 $A^{\sim}(x)$在[0, 1]中的取值范围及其关系是 FSCOM 定义的主要问题。对此，我们在开区间(0, 1)中引入一参数λ（$\lambda \in (0, 1)$），由此，当$\lambda \geqslant 1/2$ 时，λ与 $1-\lambda$将[0, 1]划分成三个区间$[0, 1-\lambda)$、$[1-\lambda, \lambda]$和$(\lambda, 1]$，如果 $A(x)$的取值范围是$(\lambda, 1]$，由 $A^{ꟹ}$ 的定义，$A^{ꟹ}(x)$的取值范围就是$[0, 1-\lambda)$，此时，如果 $A^{\sim}(x)$ 的取值范围是$[1-\lambda, \lambda]$（即图 4-1 中的 $A(x) \in (\lambda, 1]$情形），那么，根据实变函数中两两不相交区间中的点具有一一对应关系的原理，$A(x)$在区间$(\lambda, 1]$的取值与 $A^{\sim}(x)$在区间$[1-\lambda, \lambda]$中的取值就具有一一对应关系，即可得到 $A^{\sim}(x)$为因变量、$A(x)$为自变量的函数表示式(a)；同理，在$\lambda \geqslant 1/2$ 并且 $A(x) \in [0, 1-\lambda)$时，可得到 $A^{\sim}(x)$的表示式(b)。以此，可确立出当$\lambda \leqslant 1/2$ 时 $A^{\sim}(x)$的表示式(c)和(d)。

由 FSCOM 定义可看出，$\forall A \in$FSCOM (U)，A 与其对立否定集 $A^{ꟹ}$ 、中介否定集 $A^{\sim}$ 和矛盾否定集 $A^{\neg}$ 具有如下关系：

(1) 对于任意的 $x \in U$，$A(x), A^{ꟹ}(x), A^{\sim}(x), A^{\neg}(x) \in [0, 1]$。

(2) 矛盾否定由对立否定和中介否定确定，即 $A^{\neg}(x) = \max(A^{ꟹ}(x), A^{\sim}(x))$。

(3) 由于λ 是可变的，所以λ 的大小以及变化，决定了 x 对于 A、$A^{ꟹ}$和 $A^{\sim}$的隶属度 $A(x)$、$A^{ꟹ}(x)$和 $A^{\sim}(x)$的取值范围的大小和变化。其中，当$\lambda \geqslant 1/2$ 时，$A(x) \in (\lambda, 1]$或 $A(x) \in [0, 1-\lambda)$。若 $A(x) \in (\lambda, 1]$，则有 $A^{\sim}(x) \in [1-\lambda, \lambda]$ 与 $A^{ꟹ}(x) \in [0, 1-\lambda))$，若 $A(x) \in [0, 1-\lambda)$，则有 $A^{\sim}(x) \in [1-\lambda, \lambda]$与 $A^{ꟹ}(x) \in (\lambda, 1]$；当$\lambda \leqslant 1/2$ 时，$A(x) \in (1-\lambda, 1]$，或 $A(x) \in [0, \lambda)$。其中，若 $A(x) \in (1-\lambda, 1]$，则有 $A^{\sim}(x) \in [\lambda, 1-\lambda]$与 $A^{ꟹ}(x) \in [0, \lambda)$，若 $A(x) \in [0, \lambda)$，则有 $A^{\sim}(x) \in [\lambda, 1-\lambda]$与 $A^{ꟹ}(x) \in (1-\lambda, 1]$。

关于 $A(x)$、$A^{ꟹ}(x)$和 $A^{\sim}(x)$之间的关系，我们可用如图 4-1 和图 4-2 所示图形描述（图中符号“•”与“○”分别表示一个区间的闭端点和开端点）。

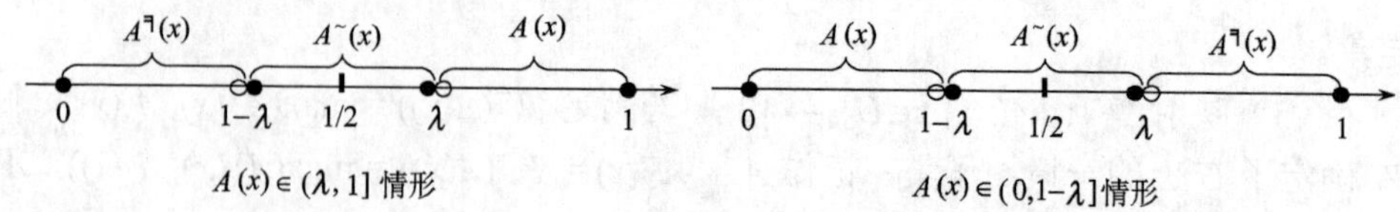

图 4-1 当 $\lambda \geqslant 1/2$ 时，$A(x), A^{╕}(x), A^{\sim}(x)$ 在 $[0, 1]$ 中的关系

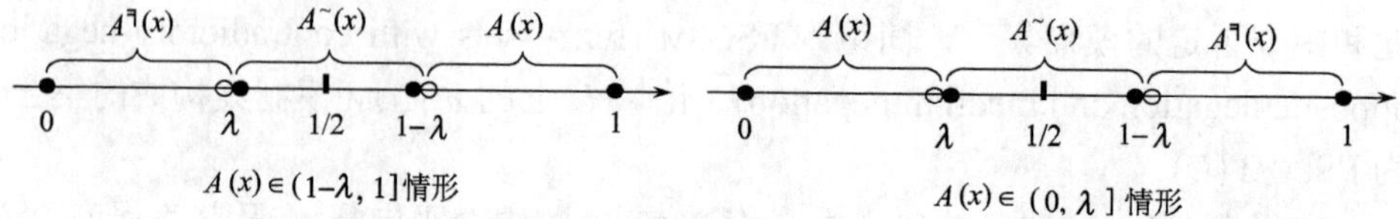

图 4-2 当 $\lambda \leqslant 1/2$ 时，$A(x), A^{╕}(x), A^{\sim}(x)$ 在 $[0, 1]$ 中的关系

由 FSCOM 模糊集的定义，容易验证 FSCOM 具有下列性质：

命题 1. $\forall A \in \text{FSCOM}(U)$。则

$A(x) < A^{\sim}(x) < A^{╕}(x)$，当且仅当 $A(x) < 1/2$；

$A(x) > A^{\sim}(x) > A^{╕}(x)$，当且仅当 $A(x) > 1/2$；

$A(x) = A^{\sim}(x) = A^{╕}(x)$，当且仅当 $A(x) = 1/2$。

因 $A(x) \in [0, 1]$，故 $A(x) \geqslant 1/2$ 或 $A(x) \leqslant 1/2$。因而有下列命题 2 成立。

命题 2. $\forall A \in \text{FSCOM}(U)$。则

$A(x) \geqslant A^{\sim}(x) \geqslant A^{╕}(x)$，或者 $A^{╕}(x) \geqslant A^{\sim}(x) \geqslant A(x)$。

在 FSCOM 模糊集定义中，因 $A^{\neg}(x) = \max(A^{╕}(x), A^{\sim}(x))$，根据命题 1 易证如下命题 3。

命题 3. $\forall A \in \text{FSCOM}(U)$。则

当 $A(x) \leqslant 1/2$ 时，$A^{\neg}(x) = A^{╕}(x)$；

当 $A(x) \geqslant 1/2$ 时，$A^{\neg}(x) = A^{\sim}(x)$。

对于 FSCOM 模糊集，$\forall a, b \in [0, 1]$，当 $a \leqslant b$ 时，有 $\Psi^{╕}(a) \geqslant \Psi^{╕}(b)$ 且 $\Psi^{\sim}(a) \geqslant \Psi^{\sim}(b)$。所以，FSCOM 具有如下性质：

命题 4. 在 FSCOM 模糊集中，$\Psi^{╕}$ 和 $\Psi^{\sim}$ 都是减函数。

4.2 FSCOM 模糊集的运算及其性质

在 Zadeh 模糊集及其各种扩充模糊集中，关于模糊集的相等、包含、并、交等运算关系具有相同定义，FSCOM 模糊集中保持了这些定义。具体如下：

定义 1. $\forall A, B \in \text{FSCOM}(U)$。

$A = B$，当且仅当 $A(x) = B(x)$；

$A \subseteq B$，当且仅当 $A(x) \leqslant B(x)$。

定义 2. $\forall A, B \in \mathrm{FSCOM}(U)$。$A \cup B$ 称为 A 与 B 的并集，$A \cap B$ 为 A 与 B 的交集，若

$(A \cup B)(x) = \max(A(x), B(x))$；

$(A \cap B)(x) = \min(A(x), B(x))$。

根据以上定义易证，FSCOM 模糊集具有下列在 Zadeh 模糊集及其各种扩充模糊集中的一般运算性质：

性质 1. $\forall A, B, C \in \mathrm{FSCOM}(U)$。则

(1) 幂等律：$A \cup A = A$，$A \cap A = A$；

(2) 交换律：$A \cup B = B \cup A$，$A \cap B = B \cap A$；

(3) 结合律：$(A \cup B) \cup C = A \cup (B \cup C)$，$(A \cap B) \cap C = A \cap (B \cap C)$；

(4) 吸收律：$A \cap (A \cup B) = A$，$A \cup (A \cap B) = A$；

(5) 分配律：$A \cup (B \cap C) = (A \cup B) \cap (A \cup C)$，$A \cap (B \cup C) = (A \cap B) \cup (A \cap C)$；

(6) 0-1 律：$A \cup \varnothing = A$，$A \cap \varnothing = \varnothing$，$U \cup A = U$，$U \cap A = A$。

证明：只证(5)，其余同理可证。

(5) 因$(A \cup (B \cap C))(x) = \max(A(x), \min(B(x), C(x)))$，$((A \cup B) \cap (A \cup C))(x) = \min(\max(A(x), B(x)), \max(A(x), C(x)))$，其中

若 $A(x) > \max(B(x), C(x))$，则$(A \cup (B \cap C))(x) = (((A \cup B) \cap (A \cup C))(x) = A(x)$。若 $A(x) \leqslant \max(B(x), C(x))$，则存在两种情形：①当 $B(x) > C(x)$时，有$(A \cup (B \cap C))(x) = \max(A(x), C(x))$，$((A \cup B) \cap (A \cup C))(x) = \min(B(x), \max(A(x), C(x))) = \max(A(x), C(x))$；②当 $B(x) \leqslant C(x)$ 时，有$(A \cup (B \cap C))(x) = \max(A(x), B(x))$，$(((A \cup B) \cap (A \cup C))(x) = \min(\mathrm{Max}(A(x), B(x)), C(x))) = \max(A(x), B(x))$；即当①和②时，均有$(A \cup (B \cap C))(x) = (((A \cup B) \cap (A \cup C))(x)$。所以，根据定义 1，$A \cup (B \cap C) = (A \cup B) \cap (A \cup C)$。

同理，可证 $A \cap (B \cup C) = (A \cap B) \cup (A \cap C)$。 □

由于 Zadeh 模糊集及其各种扩充模糊集中关于否定的认知和处理思想仍与传统集合一样，理论中都只有一种否定（补），没有区分模糊集之间的矛盾否定关系与对立否定关系，因此关于否定的运算结果贫乏简单。而在 FSCOM 模糊集中，因从概念上将否定区分为矛盾否定、对立否定和中介否定，所以，在 FSCOM 模糊集中关于否定的运算具有许多更加深入且有趣的性质。

性质 2. $\forall A, B, C \in \mathrm{FSCOM}(U)$。则

(1) $A \subseteq B$，当且仅当 $B^{\neg} \subseteq A^{\neg}$；

(2) $A \subseteq B$，当且仅当 $B^{\sim} \subseteq A^{\sim}$；

(3) $A^{\sim} \subseteq B^{\sim}$，当且仅当 $B^{\sim\sim} \subseteq A^{\sim\sim}$；

(4) $A \subseteq B^{\neg}$，当且仅当 $B \subseteq A^{\neg}$；

(5) $A^{\neg} \subseteq B$，当且仅当 $B^{\neg} \subseteq A$。

证明：(1) 若 $A \subseteq B$，由定义 1，有 $A(x) \leqslant B(x)$，即 $1 - B(x) \leqslant 1 - A(x)$。据 FSCOM

模糊集的定义，有 $B^{\urcorner}(x) \leqslant A^{\urcorner}(x)$，即 $B^{\urcorner} \subseteq A^{\urcorner}$。反之，同理可证。

(2) 若 $A \subseteq B$，由定义 1，有 $A(x) \leqslant B(x)$。根据命题 4，有 $\Psi^{\sim}(A(x)) \geqslant \Psi^{\sim}(B(x))$，即 $A^{\sim}(x) \geqslant B^{\sim}(x)$。根据定义 1，$B^{\sim} \subseteq A^{\sim}$。反之，同理可证。

(3) 若 $A^{\sim} \subseteq B^{\sim}$，由定义 1，有 $\Psi^{\sim}(A(x)) \leqslant \Psi^{\sim}(B(x))$。根据命题 4，有 $\Psi^{\sim}(\Psi^{\sim}(A(x))) \geqslant \Psi^{\sim}(\Psi^{\sim}(B(x)))$，根据定义 1，$B^{\sim\sim} \subseteq A^{\sim\sim}$。

(4) 若 $A \subseteq B^{\urcorner}$，由定义 1，有 $A(x) \leqslant B^{\urcorner}(x)$，即 $A(x) \leqslant 1 - B(x)$。故 $B(x) \leqslant 1 - A(x)$，即 $B(x) \leqslant A^{\urcorner}(x)$。由定义 1，有 $B \subseteq A^{\urcorner}$。反之，同理可证。

(5) 同(4)证可得。 □

由定义 2，我们易证 FSCOM 模糊集具有下列结论：

性质 3. $\forall A \in$ FSCOM (U)。若 $\Delta, \nabla \in \{\urcorner, \sim, \neg\}$，则

(1) $A \cup A^{\Delta} \neq U$;

(2) $A \cup A^{\nabla} \neq U$;

(3) $A^{\Delta} \cup A^{\nabla} \neq U$;

(4) $A \cap A^{\Delta} \neq \varnothing$;

(5) $A \cap A^{\nabla} \neq \varnothing$;

(6) $A^{\Delta} \cap A^{\nabla} \neq \varnothing$。

性质 3 表明，在 FSCOM 模糊集中，排中律和矛盾律都不成立。

在 FSCOM 模糊集中可证，一个模糊集 A 的矛盾否定集 $A^{\neg}$、对立否定集 $A^{\neg}$、中介否定集 $A^{\sim}$之间的运算关系具有如下性质：

性质 4. $\forall A, B, C \in$ FSCOM (U)。则

(1) $A^{\urcorner\urcorner} = A$;

(2) $A^{\sim} = A^{\urcorner\sim}$;

(3) $A^{\neg} = A^{\urcorner} \cup A^{\sim}$;

(4) $A^{\sim} = A^{\neg} \cap A^{\urcorner\neg}$;

(5) $A^{\urcorner\neg} = A \cup A^{\sim}$;

(6) $(A \cup B)^{\urcorner} = A^{\urcorner} \cap B^{\urcorner}$;

(7) $(A \cap B)^{\urcorner} = A^{\urcorner} \cup B^{\urcorner}$。

证明：(1) 由 FSCOM 定义，$A^{\urcorner\urcorner}(x) = 1 - A^{\urcorner}(x) = 1 - (1 - A(x)) = A(x)$，所以，$A^{\urcorner\urcorner} = A$ 得证。

(2) 如果 $A^{\sim}(x) > A^{\urcorner\sim}(x)$，则 $(A^{\urcorner})^{\sim}(x) > (A^{\urcorner})^{\urcorner\sim}(x) = A^{\urcorner\urcorner\sim}(x)$，因 $A^{\urcorner\urcorner} = A$，所以 $A^{\urcorner\sim}(x) > A^{\sim}(x)$；反之，如果 $A^{\sim}(x) < A^{\urcorner\sim}(x)$，则 $(A^{\urcorner})^{\sim}(x) < (A^{\urcorner})^{\urcorner\sim}(x) = A^{\urcorner\urcorner\sim}(x)$，即 $A^{\urcorner\sim}(x) < A^{\sim}(x)$；因此，有 $A^{\sim}(x) = A^{\urcorner\sim}(x)$。由定义 1，$A^{\urcorner\urcorner} = A$ 得证。

(3) 根据 FSCOM 定义与定义 2, $A^{\neg}(x) = \max(A^{\urcorner}(x), A^{\sim}(x)) = (A^{\urcorner} \cup A^{\sim})(x)$，由定义 1, $A^{\neg} = A^{\urcorner} \cup A^{\sim}$ 得证。

(4) 由定义 2 和 FSCOM 定义，$(A^{\neg} \cap A^{\urcorner\neg})(x) = \min(A^{\neg}(x), A^{\urcorner\neg}(x)) = \min$ (max

$(A^{╕}(x), A^{\sim}(x)), \max(A^{╕╕}(x), A^{╕\sim}(x))) = \min(\max(A^{╕}(x), A^{\sim}(x)), \max(A(x), A^{\sim}(x)))$。其中，若 $A(x) > A^{\sim}(x)$，根据命题 2，则有 $A^{\sim}(x) > A^{╕}(x)$，所以，$(A^{\neg} \cap A^{╕\neg})(x) = A^{\sim}(x)$；若 $A(x) \leqslant A^{\sim}(x)$，根据命题 2，则有 $A^{\sim}(x) < A^{╕}(x)$，所以，$(A^{\neg} \cap A^{╕\neg})(x) = A^{\sim}(x)$。由定义 1，$A^{\sim} = A^{\neg} \cap A^{╕\neg}$ 得证。

(5) 由(3)，$A^{\neg} = A^{╕} \cup A^{\sim}$，有 $A^{╕\neg} = A^{╕╕} \cup A^{╕\sim}$；再由(1)和(2)，得 $A^{╕\neg} = A \cup A^{\sim}$。

(6) 根据 FSCOM 定义，$(A \cup B)^{╕}(x) = 1 - (A \cup B)(x) = 1 - \max(A(x), B(x))$，$(A^{╕} \cap B^{╕})(x) = \min(1 - A(x), 1 - B(x))$。其中，若 $A(x) \geqslant B(x)$，则有 $(A \cup B)^{╕}(x) = (A^{╕} \cap B^{╕})(x) = 1 - A(x)$；若 $A(x) < B(x)$，则有 $(A \cup B)^{╕}(x) = (A^{╕} \cap B^{╕})(x) = 1 - B(x)$；所以，$(A \cup B)^{╕}(x) = (A^{╕} \cap B^{╕})(x)$。由定义 1，$(A \cup B)^{╕} = A^{╕} \cap B^{╕}$ 得证。

(7) 根据 FSCOM 定义，$(A \cap B)^{╕}(x) = 1 - (A \cap B)(x) = 1 - \min(A(x), B(x))$，$(A^{╕} \cup B^{╕})(x) = \max(1 - A(x), 1 - B(x))$。其中，若 $A(x) \geqslant B(x)$，则有 $(A \cap B)^{╕}(x) = (A^{╕} \cup B^{╕})(x) = 1 - B(x)$；若 $A(x) < B(x)$，则有 $(A \cap B)^{╕}(x) = (A^{╕} \cup B^{╕})(x) = 1 - A(x)$；所以，$(A \cap B)^{╕}(x) = (A^{╕} \cup B^{╕})(x)$。由定义 1，$(A \cap B)^{╕} = A^{╕} \cup B^{╕}$ 得证。 □

4.3 FSCOM 模糊集的理论研究

如所知，自 1965 年 Zadeh 提出模糊集概念以来，基于模糊集而形成的许多概念、理论和方法已成为能够处理模糊现象的有效数学工具，而模糊集的截集、距离、模糊度、包含度以及贴近度等概念成为这些理论和方法的基础。对于 FSCOM 模糊集来说，由于将模糊概念中的否定区分为矛盾否定、对立否定和中介否定，需要进一步地深入研究、完善 FSCOM 理论，研究、建立 FSCOM 模糊集的截集、距离、模糊度、包含度以及贴近度等概念，为运用 FSCOM 模糊集理论和方法有效地解决实际问题奠定理论基础。

4.3.1 中介否定的存在性

在上一章 3.2 节中，我们介绍了模糊概念中的对立否定关系，并指出在对立的模糊概念中存在规律："如果一对对立概念为模糊概念，则对立概念之间必然存在模糊的中介概念；如果一对对立概念之间存在模糊的中介概念，则对立概念一定是模糊概念。"这种存在于对立的模糊概念之间的中介模糊概念，从它的内涵和外延可知，它与对立的模糊概念的关系是一种否定关系，被称为"中介否定"关系 MFC。

为了在理论上刻画 MFC，在 FSCOM 模糊集中定义了中介否定集概念，即 $A^{\sim}$ 为模糊集 A 的中介否定集。关于 $A^{\sim}$，我们在 FSCOM 中严格证明了它与 A 的矛盾否定集 $A^{\neg}$、A 的对立否定 $A^{╕}$ 之矛盾否定集 $A^{╕\neg}$ 具有如下关系（性质 4 中(4)）：

$$A^{\sim} = A^{\neg} \cap A^{\urcorner\neg} \qquad (*)$$

由此表明了一个事实：在 FSCOM 中，模糊集 A 的中介否定集 $A^{\sim}$，是 A 的矛盾否定集 $A^{\neg}$与对立否定集 $A^{\urcorner}$的矛盾否定 $A^{\urcorner\neg}$的交集。

对于模糊知识中的中介否定~的存在性，在国外学者关于信息领域中否定信息的研究中（曾在 3.1.2 节中介绍），Kaneiwa 等已意识到在模糊知识中存在这种否定形式 (详见文献[172]和[174])。Kaneiwa 认为，由于否定信息的不同特征，复杂的否定陈述使用强否定和经典否定可以有效地用于概念上的表达，因此将否定区分为经典否定¬和强否定~，并区分了概念之间的“矛盾的”(contradictories)关系和“反对的”(contraries)关系。Kaneiwa 为了证明带有经典否定¬和强否定~的描述逻辑 $ALC_{\sim}$的表达能力，给出了如下完全极有说服力的模糊知识例子：

（1）若“*S* is happy”（*S* 是快乐的）用 Happy(*S*)表示，则“*S* is not happy”（*S* 不是快乐的）是 Happy(*S*)的经典否定¬Happy(*S*)，Happy(*S*)与¬Happy(*S*)的关系是矛盾的(contradictories)；

（2）因“*S* is happy”的反对命题是“*S* is unhappy”（*S* 是不快乐的），“*S* is unhappy”与“*S* is not happy”不同义，故“*S* is unhappy”只能通过强否定表示为~Happy(*S*)，而 Happy(*S*)与~Happy(*S*)的关系是反对的(contraries)；

（3）对于 “*S* are neither happy nor unhappy”（*S* 既不是快乐的也不是不快乐的”，能且只能如下表示：

$$\neg\text{Happy}(S) \wedge \neg{\sim}\text{Happy}(S) \qquad (**)$$

而¬Happy(*S*)与¬~Happy(*S*)的关系是小反对的(subcontraries)关系。

Kaneiwa 为了直观表示经典否定¬和强否定~，以及矛盾的 (contradictories)、反对的 (contraries)和小反对的 (subcontraries)这些关系，采用了如图 4-3 所示图示。

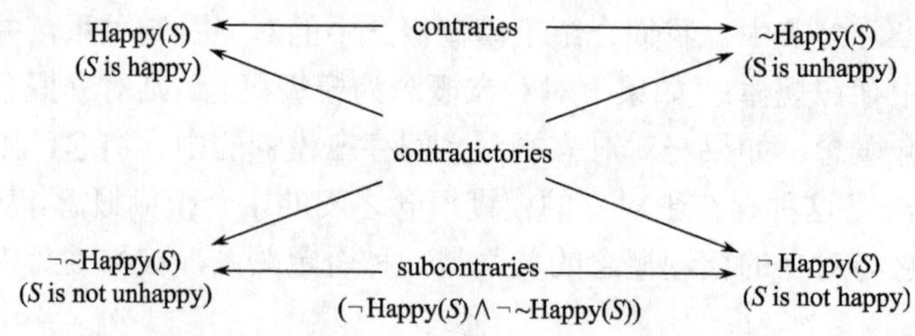

图 4-3　经典否定和强否定以及矛盾的、反对的和小反对的关系

我们将 Kaneiwa 的研究与 FSCOM 模糊集进行比较可看出，Kaneiwa 研究提出的各个概念与 FSCOM 中的概念具有对应关系。对照上述图形，FSCOM 模糊集中

的各个概念以及关系可用如图 4-4 所示图形表示。

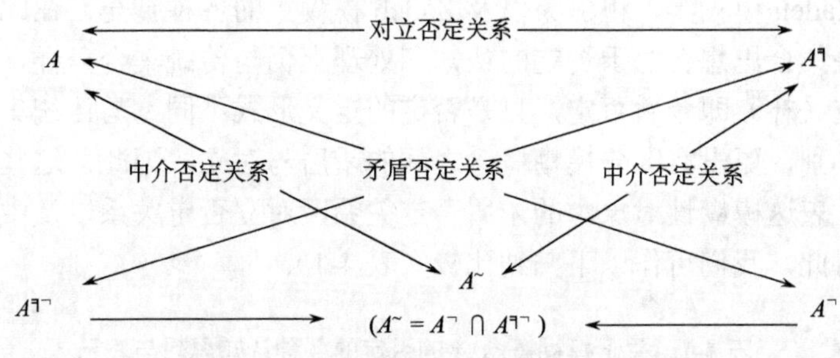

图 4-4　FSCOM 模糊集中各个概念关系

对比可见有下列结果：

(a)　Kaneiwa 的经典否定¬，即 FSCOM 模糊集中的矛盾否定¬。

(b)　Kaneiwa 的强否定~，即 FSCOM 模糊集中的对立否定╕。

(c)　Kaneiwa 指出的上述模糊知识中的关系(∗∗)，正是 FSCOM 中严格证明了的模糊集 A 的中介否定集 $A^{\sim}$具有的性质(∗)，即

$$\neg\text{Happy}(S)\wedge\neg\sim\text{Happy}(S) \Longleftrightarrow A^{\sim} = A^{\neg} \cap A^{╕\neg}$$

因此，我们可以指出：

(1) Kaneiwa 关于否定的研究，虽然提出了经典否定¬和强否定~应予区分的思想，并指出一种客观存在的模糊知识现象(3)：“*S* are neither happy nor unhappy”，表示为¬Happy(*S*)∧¬~Happy(*S*)，但 Kaneiwa 并没有对这种客观存在现象进行理论的分析与论证，也没有任何理论可对此能够予以分析论证。

(2) 这种客观存在的现象，正是 FSCOM 模糊集中研究的中介否定对象，在 FSCOM 模糊集中表示为模糊集 A 的中介否定集 $A^{\sim}$。

(3) 在 FSCOM 模糊集中，被严格证明为模糊集 $A^{\sim}$的一个运算性质：$A^{\sim} = A^{\neg} \cap A^{╕\neg}$，即从理论上论证了中介否定的客观存在性。因而可以说，FSCOM 模糊集能够作为处理这种客观存在现象的理论基础。

4.3.2　FSCOM 模糊集与 Zadeh 模糊集等的关系比较

在第 2 章中，我们深入讨论了模糊性对象的集合基础与逻辑基础。其中指出，经典数学的研究对象由精确性（确定性、随机性）对象到模糊量性对象的真正扩充，以 1965 年 Zadeh 创立模糊集的概念为标志，数学的发展进入了既研究精确性（确定性、随机性）对象又研究模糊性对象的时代，从此提供了一种相对可行的用精确性经典数学手段去处理模糊现象的方法，这种方法必然以 Zadeh 模糊集为基础。并且，在 2.1.3 节中，进一步深入地讨论了 Zadeh 模糊集及其各种典型的扩

充模糊集以及它们的关系，分析了 Zadeh 模糊集与各种扩充模糊集的特点。

对于 Zadeh 模糊集、粗糙集以及 Zadeh 模糊集的各种扩充，在此我们进一步认为，这些集合思想在对于否定的认知和处理上仍与传统集合一样，理论中都只有一种否定（补）即矛盾否定，只是否定的定义形式不同，与传统集合中的否定没有本质区别，更没有区分模糊概念之间的矛盾与对立。因此，这些集合理论不具有区分、表达模糊性对象中的矛盾否定关系、对立否定关系以及中介否定关系的能力。对此，我们可作以下归纳比较（表 4-1）。

表 4-1　关于模糊概念 A 的否定的各种认知思想与表示

认知思想	A 的否定 1	A 的否定 2	A 的其他否定
模糊集	矛盾否定: $\bar{A}$	×	×
直觉模糊集	矛盾否定: $A^{\neg}$	×	×
粗糙集	矛盾否定: A^{-}	×	×
Wagner	弱否定: $-A$	强否定:$\sim A$	×
Ferré	外延否定: $\neg A$	内涵否定:mal-A	×
Kaneiwa	经典否定: $\neg A$	强否定:$\sim A$	×
FSCOM 模糊集	矛盾否定: $A^{\neg}$	对立否定: $A^{╕}$	A 与 $A^{╕}$ 的中介否定 $A^{\sim}$

根据 FSCOM 模糊集定义，一个模糊集 A 的否定区分为矛盾否定集 $A^{\neg}$、对立否定集 $A^{╕}$ 以及中介否定集 $A^{\sim}$，并且 $A^{╕}(x) = 1-A(x)$。在 Zadeh 模糊集中，A 的矛盾否定（补）集定义为 $\bar{A}(x) = 1-A(x)$。从而表明，x 对于 Zadeh 模糊集中 A 的否定集 $\bar{A}$ 的隶属度与对于 FSCOM 中 A 的对立否定集 $A^{╕}$ 的隶属度相同，即 $\bar{A}(x) = A^{╕}(x)$。由于在 FSCOM 模糊集中，A 的矛盾否定集 $A^{\neg}$、对立否定集 $A^{╕}$ 以及中介否定集 $A^{\sim}$ 的关系为：$A^{\neg}(x) = \max(A^{╕}(x), A^{\sim}(x))$，因此，关于 FSCOM 模糊集中的否定与 Zadeh 模糊集中的否定之间的关系，我们有以下结论：

命题 1. 设 A 是一个模糊集。则在 Zadeh 模糊集中 A 的否定 $\bar{A}$ 与在 FSCOM 模糊集中 A 的矛盾否定 $A^{\neg}$、对立否定 $A^{╕}$ 和中介否定 $A^{\sim}$ 具有下列关系：

(1)　对任意 $A(x)\in [0, 1]$，FSCOM 模糊集中 A 的对立否定集 $A^{╕}$ 与 Zadeh 模糊集中 A 的否定集 $\bar{A}$ 相同；

(2)　当 $A(x)\geqslant 1/2$ 时，FSCOM 模糊集中 A 的中介否定集 $A^{\sim}$ 与 Zadeh 模糊集中 A 的否定集 $\bar{A}$ 相同；

(3)　当 $A(x) = 1/2$ 时，FSCOM 模糊集中 A 的对立否定集 $A^{╕}$、中介否定集 $A^{\sim}$ 和矛盾否定集 $A^{\neg}$ 都与 Zadeh 模糊集中 A 的否定集 $\bar{A}$ 相同。

证明：(1)根据 4.1 节中定义 2，有 $A^{╕}(x) = 1-A(x) =\bar{A}(x)$。故 FSCOM 模糊集中 A 的对立否定集 $A^{╕}$ 与 Zadeh 模糊集中 A 的否定集 $\bar{A}$ 相同。

(2) 若 $A(x)\geqslant 1/2$，则根据 4.1 节中命题 3，$A^{\neg}(x) = A^{\sim}(x)$。故 FSCOM 模糊集中 A 的中介否定集 $A^{\sim}$ 与 Zadeh 模糊集中 A 的否定集 $\bar{A}$ 相同。

(3) 若 $A(x) = 1/2$，则根据 FSCOM 定义，$A^{\neg}(x) = A^{╕}(x) = A^{\sim}(x) = 1/2$。故 FSCOM 模糊集中 A 的对立否定集 $A^{╕}$、中介否定集 $A^{\sim}$ 和矛盾否定集 $A^{\neg}$ 都与 Zadeh 模糊集中 A 的否定集 $\bar{A}$ 相同。 □

可见，根据命题 1 以及 FSCOM 模糊集的定义，Zadeh 模糊集是 FSCOM 模糊集的特殊情形。

4.3.3　FSCOM 模糊集中三种否定是不同的模糊否定

在经典集合中，一个集合 A 的特征函数值域为$\{0, 1\}$。对于模糊集来说，模糊集将经典集合的特征函数值域由$\{0, 1\}$扩充为$[0, 1]$，从而论域 X 上的一个模糊子集 A 由 X 到$[0, 1]$上的一个映射确定，这样的映射在模糊集论中称为 A 的隶属函数。因此，一个模糊子集 A 的否定（亦称为模糊否定）是$[0, 1] \to [0, 1]$的一个函数。

大家知道，在模糊集与模糊逻辑中，一个模糊否定定义如下（详见文献[46]）：

定义 1. 一个函数 $N : [0, 1] \to [0, 1]$是一种模糊否定，如果

(N1)　$N(1) = 0$ 并且 $N(0) = 1$；

(N2)　若 $x \leqslant y$，则 $N(y) \leqslant N(x)$，$\forall\, x, y \in [0, 1]$。

另外，(i) 模糊否定 N 是严格(strict)模糊否定，如果

(N3)　是连续的；

(N4)　若 $x < y$，则 $N(y) < N(x)$，$\forall\, x, y \in [0, 1]$。

(ii) 模糊否定 N 是强(strong)模糊否定，如果

(N5)　$N(N(x)) = x$，$\forall\, x \in [0, 1]$。

定义 2. 设函数 $N : [0, 1] \to [0, 1]$是一种模糊否定。若存在 $e \in [0, 1]$使得 $N(e) = e$，则 e 称为 N 的平衡点(equilibrium point)。

根据定义 1，我们用表 4-2 列举一些常用的模糊否定及其具有的性质。

表 4-2　常用的模糊否定及其性质

名称	表示式	具有性质
Zadeh 模糊否定	$N_Z(x) = 1 - x$	(N1), (N2), (N3), (N4), (N5)
阈值类模糊否定	$N^t(x) = \begin{cases} 1, & 若\ x < t \\ 1 或 0, & 若\ x = t, t \in (0, 1) \\ 0, & 若\ x > t \end{cases}$	(N1), (N2)
参数类模糊否定 (Sugeno class)	$N^{\lambda}(x) = \dfrac{1 - x}{1 + \lambda x}$，$\lambda \in (-1, \infty)$	(N1), (N2), (N3), (N4), (N5)
参数类模糊否定 (Yager class)	$N^w(x) = (1 - x^w)1/w$, $w \in (0, \infty)$	(N1), (N2), (N3), (N4), (N5)
—	$N(x) = \begin{cases} 1 - x, & 若\ x \in [0, 0.5) \\ 0.8(1 - x), & 若\ x \in [0.5, 1] \end{cases}$	(N1), (N2), (N3)

续表

名称	表示式	具有性质
—	$N(x)=\begin{cases}1-x, & 若\ x\in[0, 0.5)\\ 0.5, & 若\ x\in[0.5, 0.8]\\ 2.5(1-x), & 若\ x\in[0.8, 1]\end{cases}$	(N1), (N2), (N4)
—	$N_K(x)=1-x^2$	(N1), (N2), (N3), (N4)
—	$N_R(x)=1-\sqrt{x}$	(N1), (N2), (N3), (N4)

由表 4-2 可知，除 Zadeh 模糊否定 N_Z 外，其他的模糊否定都是 N_Z 的一种扩充，仅仅是表示式不同。但这些模糊否定与 Zadeh 模糊否定在对模糊概念中的"否定"概念的认知上却相同，即模糊概念中只有一种否定。而 FSCOM 模糊集却与此不同，FSCOM 从概念本质上区分了模糊概念中的矛盾否定¬、对立否定╕和中介否定~，并在下面可证明，¬、╕和~是三种不同的模糊否定。

根据 4.1 节中 FSCOM 模糊集的定义，x 的对立否定╕x、矛盾否定¬x 以及中介否定~x 可定义如下：

定义 3. 对于任意 $x\in[0, 1]$，一个映射╕：$[0, 1]\to[0, 1]$在 FSCOM 中称为对立否定，如果

$$╕x=1-x$$

定义 4. 对于任意 $x\in[0, 1]$，一个映射¬：$[0, 1]\to[0, 1]$在 FSCOM 中称为矛盾否定，如果

$$\neg x=\max(╕x, \sim x)$$

定义 5. 设 $\lambda\in(0, 1)$。对于任意 $x\in[0, 1]$，一个映射~：$[0, 1]\to[0, 1]$在 FSCOM 中称为中介否定，如果

$$\sim x=\begin{cases}\lambda-\dfrac{2\lambda-1}{1-\lambda}(x-\lambda), & \text{当}\lambda\in[1/2, 1)\text{且 } x\in(\lambda, 1] \quad (4\text{-}1)\\ \lambda-\dfrac{2\lambda-1}{1-\lambda}x, & \text{当}\lambda\in[1/2, 1)\text{且 } x\in[0, 1-\lambda) \quad (4\text{-}2)\\ 1-\dfrac{1-2\lambda}{\lambda}x-\lambda, & \text{当}\lambda\in(0, 1/2]\text{且 } x\in[0, \lambda) \quad (4\text{-}3)\\ 1-\dfrac{1-2\lambda}{\lambda}(x+\lambda-1)-\lambda, & \text{当}\lambda\in(0, 1/2]\text{且 } x\in(1-\lambda, 1] \quad (4\text{-}4)\\ x, & \text{其他} \quad (4\text{-}5)\end{cases}$$

命题 1. FSCOM 模糊集中的对立否定╕是一种严格的、强的模糊否定。

证明：根据 FSCOM 的定义，对于对立否定╕：╕$x=1-x$，因 ╕$(1)=1-1=0$，╕$(0)=1-0=1$，所以╕具有定义 1 中(N1)。因╕x 是连续的，╕(╕x)$=1-$╕$x=x$，

并且对于 $x, y \in [0, 1]$，若 $x < y$ 有$╕y = 1-y < ╕x = 1-x$，所以╕具有定义 1 中性质(N2)、(N3)、(N4)和(N5)。因此，根据定义 1，对立否定╕是一种严格的、强的模糊否定。□

命题 2. FSCOM 模糊集中的中介否定~是一种严格的模糊否定。

证明：对于中介否定~，根据定义 5，(i) $x = 1$ 只有式(4-1)和式(4-4)两种情形。若是式(4-1)的情形，则当 $x = 1$ 时，$\sim(1) = 1-\lambda$，因$\lambda\in[1/2, 1)$，所以，当$\lambda\to 1$ 时$\sim(1)$的极限为 0；若是式(4-4)的情形，则当 $x = 1$ 时，$\sim(1) = \lambda$，因$\lambda\in(0, 1/2]$，所以，当$\lambda\to 0$ 时$\sim(1)$的极限为 0。(ii) $x = 0$ 只有式(4-2)和式(4-3)两种情形。若是式(4-2)的情形，则当 $x = 0$ 时，$\sim(0) = \lambda$，因$\lambda\in[1/2, 1)$，所以，当$\lambda\to 1$ 时$\sim(0)$的极限为 1；若是式(4-3)的情形，则当 $x = 0$ 时，$\sim(0) = 1-\lambda$，因$\lambda\in(0, 1/2]$，所以，当$\lambda\to 0$ 时$\sim(0)$的极限为 1。由(i)与(ii)，~具有定义 1 中性质(N1)。若 $x < y$，根据定义 5，有$\sim y < \sim x$。因此，~具有定义 1 中性质(N2)和(N4)。又因为式(4-1)~式(4-5)中函数$\sim x$ 都是连续的，所以~具有定义 1 中性质(N3)。因此，根据定义 3，中介否定~是一种严格的模糊否定。□

命题 3. FSCOM 模糊集中的矛盾否定¬是一种严格的模糊否定。

证明：由定义 4，$\neg x = \max(╕x, \sim x)$。根据命题 1 和命题 2，╕与~是严格的模糊否定，所以¬也是严格的模糊否定。□

命题 4. FSCOM 模糊集中的对立否定╕、中介否定~和矛盾否定¬具有一个相同的平衡点 1/2。

证明：因 $╕(1/2) = \sim(1/2) = \neg(1/2) = 1/2$，所以，1/2 是╕、~和¬的平衡点。□

4.3.4　FSCOM 模糊集的截集、距离测度、模糊度、包含度和贴近度

一个模糊对象（概念），可以用一个模糊集合来刻画。基于 Zadeh 模糊集而形成的许多概念、理论和方法能够成为处理模糊现象的有效数学工具，模糊集的截集、距离、模糊度、包含度以及贴近度等概念的建立为这些理论和方法奠定了基础。为了丰富、完善 FSCOM 模糊集理论，使得基于 FSCOM 模糊集的理论和方法能够有效地解决实际问题，我们研究给出了 FSCOM 模糊集的截集、距离、模糊度、包含度以及贴近度等概念（详见文献[195]~[198]）。

1. FSCOM 模糊集的截集

截集(section set)是模糊系统理论中的一个重要概念，是搭建模糊集合与普通集合相互转化的主要基础，在模糊集的实际应用中（如模糊决策与优化、模糊推理、模糊聚类和模式识别等领域）有着广泛应用。

在模糊集理论中，截集概念如下定义[199]：

定义 1. 设 U 是论域，U 上全体模糊集记为 $F(U)$，$\lambda\in[0, 1]$。$\forall A\in F(U)$，

(1)　$A_\lambda = \{\mu \mid \mu \in U, A(\mu) \geqslant \lambda\}$，称 A_λ 为 A 的一个 λ-截集，λ 称为阈值(或置信水平)；

(2)　$A_{\underset{\cdot}{\lambda}} = \{\mu \mid \mu \in U, A(\mu) > \lambda\}$，称 $A_{\underset{\cdot}{\lambda}}$ 为 A 的一个 λ-强截集。

在 FSCOM 模糊集中，由于模糊集 A 的矛盾否定集 $A^{\neg}$、对立否定集 $A^{╕}$ 和中介否定集 $A^{\sim}$ 是不同的模糊集，基于上述定义，$A^{\neg}$、$A^{╕}$ 和 $A^{\sim}$ 的截集可定义如下：

定义 2. $\forall A \in$ FSCOM(U), $\alpha \in [0, 1]$。称 $A_\alpha = \{x \mid x \in U, A(x) \geqslant \alpha\}$ 为 A 的 α-上截集，$A_{[\alpha]} = \{\{x \mid x \in U, A(x) > \alpha\}$ 为 A 的 α-强上截集，$A^\alpha = \{x \mid x \in U, A(x) \leqslant \alpha\}$ 为 A 的 α-下截集，$A^{[\alpha]} = \{x \mid x \in U, A(x) < \alpha\}$ 为 A 的 α-强下截集。

定义 3. $\forall A \in$ FSCOM(U), $\alpha \in [0, 1]$。称 $A^{\neg}{}_\alpha = \{x \mid x \in U, A^{\neg}(x) \geqslant \alpha\}$ 为 $A^{\neg}$ 的 α-上截集，$A^{╕}{}_\alpha = \{x \mid x \in U, A^{╕}(x) \geqslant \alpha\}$ 为 $A^{╕}$ 的 α-上截集，$A^{\sim}{}_\alpha = \{x \mid x \in U, A^{\sim}(x) \geqslant \alpha\}$ 为 $A^{\sim}$ 的 α-上截集；称 $A^{\neg\alpha} = \{x \mid x \in U, A^{\neg}(x) \leqslant \alpha\}$ 为 $A^{\neg}$ 的 α-下截集，$A^{╕\alpha} = \{x \mid x \in U, A^{╕}(x) \leqslant \alpha\}$ 为 $A^{╕}$ 的 α-下截集，$A^{\sim\alpha} = \{x \mid x \in U, A^{\sim}(x) \leqslant \alpha\}$ 为 $A^{\sim}$ 的 α-下截集。

关于 $A^{\neg}$、$A^{╕}$ 和 $A^{\sim}$ 的 α-强上截集与 α-强下截集概念，由定义 2，可类似定义。

在 Zadeh 模糊集中，模糊集 A 的截集可证明是经典集合。因此，同样可证以上定义的模糊集 $A^{\sim}$、$A^{\neg}$ 和 $A^{╕}$ 的各种截集均是经典集合。但是，由于 $A^{\neg}$、$A^{╕}$ 和 $A^{\sim}$ 为 A 的不同否定集，因而 $A^{\sim}$、$A^{\neg}$ 和 $A^{╕}$ 的各种截集除了具有 A 的截集的性质外，还可证明 $A^{\sim}$、$A^{\neg}$ 和 $A^{╕}$ 的各种截集具有许多特殊而有趣的性质，我们列举一些如下：

性质 1. $\forall A \in$ FSCOM (U)。则

(1)　$A^{╕╕}{}_\alpha = A_\alpha$；

(2)　$A^{╕╕\alpha} = A^\alpha$；

(3)　$A^{\sim}{}_\alpha = A^{╕\sim}{}_\alpha$；

(4)　$A^{\sim\alpha} = A^{╕\sim\alpha}$。

证明：根据定义 2 与定义 3，以及 4.2 节中性质 4，$A^{╕╕} = A$，$A^{\sim} = A^{╕\sim}$，即可得证。不妨我们证(1)。

(1) $\forall x \in A^{╕╕}{}_\alpha$，由定义 3，$A^{╕╕}{}_\alpha = \{x \mid x \in U, A^{╕╕}(x) \geqslant \alpha\}$，即有 $A^{╕╕}(x) \geqslant \alpha$，根据 FSCOM 模糊集定义，$A^{╕}(x) = 1 - A(x)$，即 $A^{╕╕}(x) = 1 - A^{╕}(x) = 1 - (1 - A(x)) = A(x)$，故 $A(x) \geqslant \alpha$，则 $x \in A_\alpha = \{x \mid x \in U, A(x) \geqslant \alpha\}$，所以 $A^{╕╕}{}_\alpha \subseteq A_\alpha$；$\forall x \in A_\alpha$，由定义 2，$A_\alpha = \{x \mid x \in U, A(x) \geqslant \alpha\}$，即有 $A(x) \geqslant \alpha$，根据 FSCOM 模糊集定义，$A^{╕}(x) = 1 - A(x)$，即 $A^{╕╕}(x) = 1 - A^{╕}(x) = 1 - (1 - A(x)) = A(x) \geqslant \alpha$，则 $x \in \{x \mid x \in U, A^{╕╕}(x) \geqslant \alpha\} = A^{╕╕}{}_\alpha$，所以 $A_\alpha \subseteq A^{╕╕}{}_\alpha$。因此，$A^{╕╕}{}_\alpha = A_\alpha$。□

性质 2. $\forall A, B \in$ FSCOM (U)。则

(1)　$A^{\neg}{}_\alpha = A^{╕}{}_\alpha \cup A^{\sim}{}_\alpha$；

(2)　$A^{\neg\alpha} = A^{╕\alpha} \cup A^{\sim\alpha}$；

(3)　$A_\alpha = A^{╕\neg}{}_\alpha \cap A^{\sim\neg}{}_\alpha$；

(4)　$A^\alpha = A^{╕\neg\alpha} \cap A^{\sim\neg\alpha}$；

(5)　$A^{╕}{}_\alpha = A^{\neg}{}_\alpha \cap A^{\sim\neg}{}_\alpha$；

(6)　$A^{╕\alpha} = A^{\neg\alpha} \cap A^{\sim\neg\alpha}$；

(7)　$A^{\sim}{}_\alpha = A^{\neg}{}_\alpha \cap A^{╕\neg}{}_\alpha$；

(8)　$A^{\sim\alpha} = A^{\neg\alpha} \cap A^{╕\neg\alpha}$；

(9)　$A^{╕\neg}{}_\alpha = A_\alpha \cup A^{\sim}{}_\alpha$；

(10)　$A^{╕\neg\alpha} = A^\alpha \cup A^{\sim\alpha}$；

(11)　$(A \cup B)^{╕}{}_\alpha = A^{╕}{}_\alpha \cap B^{╕}{}_\alpha$；

(12)　$(A \cup B)^{╕\alpha} = A^{╕\alpha} \cap B^{╕\alpha}$；

(13)　$(A \cap B)^{╕}{}_\alpha = A^{╕}{}_\alpha \cup B^{╕}{}_\alpha$；

(14)　$(A \cap B)^{╕\alpha} = A^{╕\alpha} \cup B^{╕\alpha}$。

证明：选证(1)和(2)，其余的由上述定义 2 和定义 3 以及 4.2 节中性质 4 即可证明。

(1) $\forall x \in A^{\neg}{}_\alpha$，由定义 3，有 $A^{\neg}(x) \geqslant \alpha$。根据 FSCOM 模糊集定义，$A^{\neg}(x) = \max(A^{╕}(x), A^{\sim}(x))$，即 $\max(A^{╕}(x), A^{\sim}(x)) \geqslant \alpha$，于是有 $A^{╕}(x) \geqslant \alpha$ 或 $A^{\sim}(x) \geqslant \alpha$，故 $x \in \{x \mid x \in U, A^{╕}(x) \geqslant \alpha\}$ 或 $x \in \{x \mid x \in U, A^{\sim}(x) \geqslant \alpha\}$，即 $x \in A^{╕}{}_\alpha \cup A^{\sim}{}_\alpha$，所以 $A^{\neg}{}_\alpha \subseteq A^{╕}{}_\alpha \cup A^{\sim}{}_\alpha$；反之，$\forall x \in A^{╕}{}_\alpha \cup A^{\sim}{}_\alpha$，则 $x \in A^{╕}{}_\alpha = \{x \mid x \in U, A^{╕}(x) \geqslant \alpha\}$ 或 $x \in A^{\sim}{}_\alpha = \{x \mid x \in U, A^{\sim}(x) \geqslant \alpha\}$，根据 FSCOM 模糊集定义，则 $A^{\neg}(x) = \max(A^{╕}(x), A^{\sim}(x)) \geqslant \alpha$，即有 $x \in \{x \mid x \in U, A^{\neg}(x) \geqslant \alpha\} = A^{\neg}{}_\alpha$，所以 $A^{╕}{}_\alpha \cup A^{\sim}{}_\alpha \subseteq A^{\neg}{}_\alpha$；因此，$A^{\neg}{}_\alpha = A^{╕}{}_\alpha \cup A^{\sim}{}_\alpha$。

(2) $\forall x \in A^{\neg\alpha}$，根据定义 3，有 $A^{\neg}(x) \leqslant \alpha$，由 FSCOM 模糊集定义，$A^{\neg}(x) = \max(A^{╕}(x), A^{\sim}(x))$，即 $\max(A^{╕}(x), A^{\sim}(x)) \leqslant \alpha$，于是有 $A^{╕}(x) \leqslant \alpha$ 或 $A^{\sim}(x) \leqslant \alpha$，故 $x \in \{x \mid x \in U, A^{╕}(x) \leqslant \alpha\}$ 或 $x \in \{x \mid x \in U, A^{\sim}(x) \leqslant \alpha\}$，即 $x \in A^{╕\alpha} \cup A^{\sim\alpha}$，所以 $A^{\neg\alpha} \subseteq A^{╕\alpha} \cup A^{\sim\alpha}$；反之，$\forall x \in A^{╕\alpha} \cup A^{\sim\alpha}$，则 $x \in A^{╕}{}_\alpha = \{x \mid x \in U, A^{╕}(x) \leqslant \alpha\}$ 或 $x \in A^{\sim}{}_\alpha = \{x \mid x \in U, A^{\sim}(x) \leqslant \alpha\}$，由 FSCOM 模糊集定义，则 $A^{\neg}(x) = \max(A^{╕}(x), A^{\sim}(x)) \leqslant \alpha$，即有 $x \in \{x \mid x \in U, A^{\neg}(x) \leqslant \alpha\} = A^{\neg\alpha}$，所以 $A^{╕\alpha} \cup A^{\sim\alpha} \subseteq A^{\neg\alpha}$；因此，$A^{\neg\alpha} = A^{╕\alpha} \cup A^{\sim\alpha}$。□

性质 3. $\forall A \in \mathrm{FSCOM}(U)$。则

(1)　$A^{╕}{}_\alpha = A^{1-\alpha}$；

(2)　$A^{╕\alpha} = A_{1-\alpha}$。

证明：(1) $\forall x \in A^{╕}{}_\alpha$，由定义 3，$A^{╕}{}_\alpha = \{x \mid x \in U, A^{╕}(x) \geqslant \alpha\}$，即有 $A^{╕}(x) \geqslant \alpha$，根据 FSCOM 模糊集定义，$A^{╕}(x) = 1 - A(x) \geqslant \alpha$，即 $A(x) \leqslant 1 - \alpha$，则有 $x \in \{x \mid x \in U, A(x) \leqslant 1 - \alpha\} = A^{1-\alpha}$，所以，$A^{╕}{}_\alpha \subseteq A^{1-\alpha}$；反之，$\forall x \in A^{1-\alpha}$，由定义 3，$A^{1-\alpha} = \{x \mid x \in U, A(x) \leqslant 1 - \alpha\}$，即有 $A(x) \leqslant 1 - \alpha$，根据 FSCOM 模糊集定义，$A(x) = 1 - A^{╕}(x) \leqslant 1 - \alpha$，即 $A^{╕}(x) \geqslant \alpha$，则有 $x \in \{x \mid x \in U, A^{╕}(x) \geqslant \alpha\} = A^{╕}{}_\alpha$，所以，$A^{1-\alpha} \subseteq A^{╕}{}_\alpha$；因此，$A^{╕}{}_\alpha = A^{1-\alpha}$。

(2) $\forall x \in A^{╕\alpha}$，由定义 3，$A^{╕\alpha} = \{x \mid x \in U, A^{╕}(x) \leqslant \alpha\}$，即有 $A^{╕}(x) \leqslant \alpha$，根据 FSCOM

模糊集定义，$A^{\urcorner}(x) = 1-A(x) \leqslant \alpha$，即 $A(x) \geqslant 1-\alpha$，则有 $x \in \{x \mid x \in U, A(x) \geqslant 1-\alpha\} = A_{1-\alpha}$，所以 $A^{\urcorner\alpha} \subseteq A_{1-\alpha}$；$\forall x \in A_{1-\alpha}$，由定义 2，$\{x \mid x \in U, A(x) \geqslant 1-\alpha\} = A_{1-\alpha}$，即有 $A(x) \geqslant 1-\alpha$，而根据 FSCOM 模糊集定义，$A(x) = 1-A^{\urcorner}(x) \geqslant 1-\alpha$，即 $A^{\urcorner}(x) \leqslant \alpha$，则有 $x \in \{x \mid x \in U, A^{\urcorner}(x) \leqslant \alpha\}$，所以 $A_{1-\alpha} \subseteq A^{\urcorner\alpha}$；因此，$A^{\urcorner\alpha} = A_{1-\alpha}$。□

性质 4. $\forall A, B, C \in \text{FSCOM}(U)$。则

(1) $B^{\urcorner}{}_{\alpha} \subseteq A^{\urcorner}{}_{\alpha}$，当且仅当 $A_{\alpha} \subseteq B_{\alpha}$；

(2) $B^{\urcorner\alpha} \subseteq A^{\urcorner\alpha}$，当且仅当 $A^{\alpha} \subseteq B^{\alpha}$。

证明：(1) 必要性：若 $B^{\urcorner}{}_{\alpha} \subseteq A^{\urcorner}{}_{\alpha}$，由定义 3，即有若 $\forall x \in \{x \mid x \in U, B^{\urcorner}(x) \geqslant \alpha\} = B^{\urcorner}{}_{\alpha}$，则 $x \in \{x \mid x \in U, A^{\urcorner}(x) \geqslant \alpha\} = A^{\urcorner}{}_{\alpha}$。故有 $A^{\urcorner}(x) \geqslant B^{\urcorner}(x) \geqslant \alpha$，即 $1-B^{\urcorner}(x) \geqslant 1-A^{\urcorner}(x)$。根据 FSCOM 模糊集定义，$B(x) = 1-B^{\urcorner}(x)$，$A(x) = 1-A^{\urcorner}(x)$，于是 $B(x) \geqslant A(x)$。由此有，若 $x \in \{x \mid x \in U, A(x) \geqslant \alpha\}$，则必有 $x \in \{x \mid x \in U, B(x) \geqslant \alpha\} = B_{\alpha}$，由定义 2，即 $A_{\alpha} \subseteq B_{\alpha}$。充分性：若 $A_{\alpha} \subseteq B_{\alpha}$，由定义 2，即有若 $\forall x \in \{x \mid x \in U, A(x) \geqslant \alpha\} = A_{\alpha}$，则 $x \in \{x \mid x \in U, B(x) \geqslant \alpha\} = B_{\alpha}$。故有 $B(x) \geqslant A(x) \geqslant \alpha$，即 $1-A(x) \geqslant 1-B(x)$。根据 FSCOM 模糊集定义，$A^{\urcorner}(x) = 1-A(x)$，$B^{\urcorner}(x) = 1-B(x)$，于是 $A^{\urcorner}(x) \geqslant B^{\urcorner}(x)$。由此有，若 $x \in \{x \mid x \in U, B^{\urcorner}(x) \geqslant \alpha\}$，则必有 $x \in \{x \mid x \in U, A^{\urcorner}(x) \geqslant \alpha\}$，由定义 3，即 $B^{\urcorner}{}_{\alpha} \subseteq A^{\urcorner}{}_{\alpha}$。

(2) 同理可证。□

性质 5. $\forall A \in \text{FSCOM}(U)$。则

(1) $A^{\urcorner}{}_{\alpha} \subseteq A^{\sim}{}_{\alpha} \subseteq A_{\alpha}$，若 $\lambda \in [1/2, 1)$ 且 $A(x) \in (\lambda, 1]$；

(2) $A_{\alpha} \subseteq A^{\sim}{}_{\alpha} \subseteq A^{\urcorner}{}_{\alpha}$，若 $\lambda \in [1/2, 1)$ 且 $A(x) \in [0, 1-\lambda)$；

(3) $A^{\urcorner}{}_{\alpha} \subseteq A^{\sim}{}_{\alpha} \subseteq A_{\alpha}$，若 $\lambda \in (0, 1/2]$ 且 $A(x) \in (1-\lambda, 1]$；

(4) $A_{\alpha} \subseteq A^{\sim}{}_{\alpha} \subseteq A^{\urcorner}{}_{\alpha}$，若 $\lambda \in (0, 1/2]$ 且 $A(x) \in [0, \lambda)$。

证明：(1) 若 $\lambda \in [1/2, 1)$ 且 $A(x) \in (\lambda, 1]$，根据 4.1 节定义 2 中(a)，有 $1-\lambda \leqslant A^{\sim}(x) \leqslant \lambda$，因 $A(x) = 1-A^{\urcorner}(x) > \lambda$，所以有 $A^{\urcorner}(x) < 1-\lambda$，因此，有 $A(x) \geqslant A^{\sim}(x) \geqslant A^{\urcorner}(x)$。由此，根据定义 3，$\forall x \in A^{\urcorner}{}_{\alpha} = \{x \mid x \in U, A^{\urcorner}(x) \geqslant \alpha\}$，由 $A^{\urcorner}(x) \geqslant \alpha$，有 $A^{\sim}(x) \geqslant A^{\urcorner}(x) \geqslant \alpha$，所以 $x \in \{x \mid x \in U, A^{\sim}(x) \geqslant \alpha\} = A^{\sim}{}_{\alpha}$，故得 $A^{\urcorner}{}_{\alpha} \subseteq A^{\sim}{}_{\alpha}$；又 $\forall x \in A^{\sim}{}_{\alpha} = \{x \mid x \in U, A^{\sim}(x) \geqslant \alpha\}$，由 $A^{\sim}(x) \geqslant \alpha$，有 $A(x) \geqslant A^{\sim}(x) \geqslant \alpha$，所以，$x \in \{x \mid x \in U, A(x) \geqslant \alpha\} = A_{\alpha}$，故得 $A^{\sim}{}_{\alpha} \subseteq A_{\alpha}$；因而，$A^{\urcorner}{}_{\alpha} \subseteq A^{\sim}{}_{\alpha} \subseteq A_{\alpha}$。

(2) 若 $\lambda \in [1/2, 1)$ 且 $A(x) \in [0, 1-\lambda)$，根据 4.1 节定义 2 中(b)，有 $1-\lambda \leqslant A^{\sim}(x) \leqslant \lambda$，因 $A(x) = 1-A^{\urcorner}(x) < 1-\lambda$，所以有 $A^{\urcorner}(x) > \lambda$，因此，有 $A^{\urcorner}(x) \geqslant A^{\sim}(x) \geqslant A(x)$。由此，根据定义 3，$\forall x \in A_{\alpha} = \{x \mid x \in U, A(x) \geqslant \alpha\}$，由 $A(x) \geqslant \alpha$，有 $A^{\sim}(x) \geqslant A(x) \geqslant \alpha$，所以 $x \in \{x \mid x \in U, A^{\sim}(x) \geqslant \alpha\} = A^{\sim}{}_{\alpha}$，故得 $A_{\alpha} \subseteq A^{\sim}{}_{\alpha}$；又 $\forall x \in A^{\sim}{}_{\alpha} = \{x \mid x \in U, A^{\sim}(x) \geqslant \alpha\}$，由 $A^{\sim}(x) \geqslant \alpha$，有 $A^{\urcorner}(x) \geqslant A^{\sim}(x) \geqslant \alpha$，所以，$x \in \{x \mid x \in U, A^{\urcorner}(x) \geqslant \alpha\} = A_{\alpha}$，故得 $A^{\sim}{}_{\alpha} \subseteq A^{\urcorner}{}_{\alpha}$；因而，$A_{\alpha} \subseteq A^{\sim}{}_{\alpha} \subseteq A^{\urcorner}{}_{\alpha}$。

由(1)证明，同理可证(3)。由(2)证明，同理可证(4)。□

与性质 5 的证明类似，易证下列性质 6。

性质 6. $\forall A\in$FSCOM(U)。则

(1)　$A^{ᆨ\alpha}\subseteq A^{\sim\alpha}\subseteq A^{\alpha}$，若$\lambda\in[1/2, 1)$且$A(x)\in(\lambda, 1]$；

(2)　$A^{\alpha}\subseteq A^{\sim\alpha}\subseteq A^{ᆨ\alpha}$，若$\lambda\in[1/2, 1)$且$A(x)\in[0, 1-\lambda)$；

(3)　$A^{ᆨ\alpha}\subseteq A^{\sim\alpha}\subseteq A^{\alpha}$，若$\lambda\in(0, 1/2]$且$A(x)\in(1-\lambda, 1]$；

(4)　$A^{\alpha}\subseteq A^{\sim\alpha}\subseteq A^{ᆨ\alpha}$，若$\lambda\in(0, 1/2]$且$A(x)\in[0, \lambda)$。

关于 $A^{\neg}$、$A^{ᆨ}$和 $A^{\sim}$的α-强上截集与α-强下截集概念所具有的性质，有兴趣的读者可证明。

2. FSCOM 模糊集的距离和距离测度

模糊集之间的距离概念，是研究模糊集的模糊度与贴近度的一种基础手段。关于 FSCOM 模糊集的距离与距离测度概念，我们可定义如下：

定义 1. $\forall A, B, C\in$FSCOM(U)。若映射 D：$\wp(U)\times\wp(U)\to[0, 1]$，满足

(d_1)　$0\leqslant D(A, B)\leqslant 1$；

(d_2)　$D(A, A) = 0$；

(d_3)　$D(A, B) = D(B, A)$；

(d_4)　$D(A, C)\leqslant D(A, B)+D(B, C)$；

(d_5)　若对$\forall x\in U$，有 $A(x)\leqslant B(x)\leqslant C(x)$或者 $C(x)\leqslant B(x)\leqslant A(x)$，那么 $D(A, C)\geqslant\max(D(A, B), D(B, C))$；

则称 D 为 FSCOM(U)上的距离测度，$D(A, B)$为 A 与 B 间的距离。

由以上定义，可证明 FSCOM 模糊集的距离概念具有如下性质：

性质 1. $\forall A, B, C\in$FSCOM(U)。则

(1)　$0\leqslant D(A, B)\leqslant\min(D(A, C)+D(B, C), 1)$；

(2)　$\max(D(A, A^{\sim}), D(A^{\sim}, A^{ᆨ}))\leqslant D(A, A^{ᆨ})\leqslant\min(D(A, A^{\sim})+D(A^{\sim}, A^{ᆨ}), 1)$；

(3)　当 $A(x)\leqslant 1/2$ 时，$D(A^{\neg}, B) = D(A^{ᆨ}, B)$，$D(A, A^{\neg})\geqslant\max(D(A, A^{\sim}), D(A^{\sim}, A^{ᆨ}))$；

(4)　当 $A(x)\geqslant 1/2$ 时，$D(A^{\neg}, B) = D(A^{\sim}, B)$，$D(A, A^{\neg})\leqslant D(A, A^{ᆨ})$；

(5)　当 $A\subseteq B\subseteq C$ 时，有

$\max(D(A, B), D(B, C))\leqslant D(A, C)\leqslant\min(D(A, B)+D(B, C), 1)$；

$\max(D(A^{\sim}, B^{\sim}), D(B^{\sim}, C^{\sim}))\leqslant D(A^{\sim}, C^{\sim})\leqslant\min(D(A^{\sim}, B^{\sim})+D(B^{\sim}, C^{\sim}), 1)$；

$\max(D(A^{ᆨ}, B^{ᆨ}), D(B^{ᆨ}, C^{ᆨ}))\leqslant D(A^{ᆨ}, C^{ᆨ})\leqslant\min(D(A^{ᆨ}, B^{ᆨ})+D(B^{ᆨ}, C^{ᆨ}), 1)$。

证明：(1) 由定义 1 可直接得出：$0\leqslant D(A, B)\leqslant\min(D(A, C)+D(B, C), 1)$。

(2) 根据 4.1 节中命题 2，对$\forall x\in U$，有 $A(x)\leqslant A^{\sim}(x)\leqslant A^{ᆨ}(x)$或 $A(x)\geqslant A^{\sim}(x)\geqslant A^{ᆨ}(x)$。根据定义 1，可得 $\max(D(A, A^{\sim}), D(A^{\sim}, A^{ᆨ}))\leqslant D(A, A^{ᆨ})\leqslant\min(D(A, A^{\sim})+D(A^{\sim}, A^{ᆨ}),1)$。

(3) 根据 4.1 节中命题 3，当 $A(x)\leqslant 1/2$ 时，$A^{\neg} = A^{ᆨ}$。因此，有 $D(A^{\neg}, B) = D(A^{ᆨ},$

B)，$D(A, A^{\neg}) = D(A, A^{ㄱ}) \geqslant \max(D(A, A^{\sim}), D(A^{\sim}, A^{ㄱ}))$。

(4) 根据 4.1 节中命题 3，当 $A(x) \geqslant 1/2$ 时，$A^{\neg} = A^{\sim}$。因此，有 $D(A^{\neg}, B) = D(A^{\sim}, B)$，$D(A, A^{\neg}) = D(A, A^{\sim}) \leqslant D(A, A^{ㄱ})$。

(5) 当 $A \subseteq B \subseteq C$ 时，根据 4.2 节中定义 1 和性质 3，有 $A(x) \leqslant B(x) \leqslant C(x)$, $C^{\sim} \subseteq B^{\sim} \subseteq A^{\sim}$, $C^{ㄱ} \subseteq B^{ㄱ} \subseteq A^{ㄱ}$；而对于 $C^{\sim} \subseteq B^{\sim} \subseteq A^{\sim}$ 和 $C^{ㄱ} \subseteq B^{ㄱ} \subseteq A^{ㄱ}$，有 $A^{\sim}(x) \leqslant B^{\sim}(x) \leqslant C^{\sim}(x)$，$C^{ㄱ}(x) \leqslant B^{ㄱ}(x) \leqslant A^{ㄱ}(x)$。于是，根据定义 1，可得 $\max(D(A, B), D(B, C)) \leqslant D(A, C)$，$\max(D(A^{\sim}, B^{\sim}), D(B^{\sim}, C^{\sim})) \leqslant D(A^{\sim}, C^{\sim})$，$\max(D(A^{ㄱ}, B^{ㄱ}), D(B^{ㄱ}, C^{ㄱ})) \leqslant D(A^{ㄱ}, C^{ㄱ})$。由(1)，有 $\max(D(A, B), D(B, C)) \leqslant D(A, C) \leqslant \min(D(A, B)+D(B, C), 1)$，$\max(D(A^{\sim}, B^{\sim}), D(B^{\sim}, C^{\sim})) \leqslant D(A^{\sim}, C^{\sim}) \leqslant \min(D(A^{\sim}, B^{\sim})+D(B^{\sim}, C^{\sim}), 1)$，$\max(D(A^{ㄱ}, B^{ㄱ}), D(B^{ㄱ}, C^{ㄱ})) \leqslant D(A^{ㄱ}, C^{ㄱ}) \leqslant \min(D(A^{ㄱ}, B^{ㄱ})+D(B^{ㄱ}, C^{ㄱ}), 1)$。 □

性质 2. $\forall A, B \in$ FSCOM (U)。则

(1) $D(A, B) = \dfrac{1}{3n}\sum_{i=1}^{n}(|A(x_i) - B(x_i)| + |A^{\sim}(x_i) - B^{\sim}(x_i)| + |A^{ㄱ}(x_i) - B^{ㄱ}(x_i)|)$；

(2) $D(A, B) = \dfrac{1}{3}(\bigwedge_{i=1}^{n}|A(x_i) - B(x_i)| + \bigwedge_{i=1}^{n}|A^{\sim}(x_i) - B^{\sim}(x_i)| + \bigwedge_{i=1}^{n}|A^{ㄱ}(x_i) - B^{ㄱ}(x_i)|)$；

(3) $D(A, B) = \dfrac{1}{3}(\bigvee_{i=1}^{n}|A(x_i) - B(x_i)| + \bigvee_{i=1}^{n}|A^{\sim}(x_i) - B^{\sim}(x_i)| + \bigvee_{i=1}^{n}|A^{ㄱ}(x_i) - B^{ㄱ}(x_i)|)$；

都是 FSCOM 中模糊集 A 与 B 间的距离。

证明：(1) 显然满足定义 1 中(d_1), (d_2), (d_3)；下面证明满足(d_4)：因为

$$|A(x_i) - B(x_i)| \leqslant |A(x_i) - C(x_i)| + |C(x_i) - B(x_i)|$$

$$|A^{\sim}(x_i) - B^{\sim}(x_i)| \leqslant |A^{\sim}(x_i) - C^{\sim}(x_i)| + |C^{\sim}(x_i) - B^{\sim}(x_i)|$$

$$|A^{\neg}(x_i) - B^{\neg}(x_i)| \leqslant |A^{\neg}(x_i) - C^{\neg}(x_i)| + |C^{\neg}(x_i) - B^{\neg}(x_i)|$$

所以,

$$\begin{aligned} D(A, B) &= \frac{1}{3n}\sum_{i=1}^{n}(|A(x_i) - B(x_i)| + |A^{\sim}(x_i) - B^{\sim}(x_i)| + |A^{ㄱ}(x_i) - B^{ㄱ}(x_i)|) \\ &\leqslant \frac{1}{3n}\sum_{i=1}^{n}(|A(x_i) - C(x_i)| + |A^{\sim}(x_i) - C^{\sim}(x_i)| + |A^{ㄱ}(x_i) - C^{ㄱ}(x_i)|) \\ &\quad + \frac{1}{3n}\sum_{i=1}^{n}(|B(x_i) - C(x_i)| + |B^{\sim}(x_i) - C^{\sim}(x_i)| + |B^{ㄱ}(x_i) - C^{ㄱ}(x_i)|) \\ &= D(A, C) + D(B, C) \end{aligned}$$

下面证明满足(d_5)：

对 $\forall x \in U$，有 $A(x) \leqslant B(x) \leqslant C(x)$，则 $A^{\sim}(x) \leqslant B^{\sim}(x) \leqslant C^{\sim}(x)$, $C^{ㄱ}(x) \leqslant B^{ㄱ}(x) \leqslant A^{ㄱ}(x)$。因此有

$$|A(x_i) - B(x_i)| \leqslant |A(x_i) - C(x_i)|，\ |B(x_i) - C(x_i)| \leqslant |A(x_i) - C(x_i)|$$

$$|A^{\sim}(x_i) - B^{\sim}(x_i)| \leqslant |A^{\sim}(x_i) - C^{\sim}(x_i)|，\ |B^{\sim}(x_i) - C^{\sim}(x_i)| \leqslant |A^{\sim}(x_i) - C^{\sim}(x_i)|$$

$$|A^{\neg}(x_i)-B^{\neg}(x_i)|\leqslant|A^{\neg}(x_i)-C^{\neg}(x_i)|,\ |B^{\neg}(x_i)-C^{\neg}(x_i)|\leqslant|A^{\neg}(x_i)-C^{\neg}(x_i)|$$

所以,

$$\begin{aligned}D(A,C)&=\frac{1}{3n}\sum_{i=1}^{n}\left(|A(x_i)-C(x_i)|+|A^{\sim}(x_i)-C^{\sim}(x_i)|+|A^{\urcorner}(x_i)-C^{\urcorner}(x_i)|\right)\\&\geqslant\frac{1}{3n}\sum_{i=1}^{n}\left(|A(x_i)-B(x_i)|+|A^{\sim}(x_i)-B^{\sim}(x_i)|+|A^{\urcorner}(x_i)-B^{\urcorner}(x_i)|\right)=D(A,B)\end{aligned}$$

$$\begin{aligned}D(A,C)&=\frac{1}{3n}\sum_{i=1}^{n}\left(|A(x_i)-C(x_i)|+|A^{\sim}(x_i)-C^{\sim}(x_i)|+|A^{\urcorner}(x_i)-C^{\urcorner}(x_i)|\right)\\&\geqslant\frac{1}{3n}\sum_{i=1}^{n}\left(|B(x_i)-C(x_i)|+|B^{\sim}(x_i)-C^{\sim}(x_i)|+|B^{\urcorner}(x_i)-C^{\urcorner}(x_i)|\right)=D(B,C)\end{aligned}$$

因此，$D(A,C)\geqslant\max(D(A,B),D(B,C))$。

同理可得：对$\forall x\in U, C(x)\leqslant B(x)\leqslant A(x)$时，有 $D(A,C)\geqslant\max(D(A,B),D(B,C))$。

类似地，可证(2)和(3)。 □

3. FSCOM 模糊集的模糊度

模糊集是处理模糊现象的一种有力的数学工具，它与经典集合的最主要区别是它具有模糊性。怎样对模糊集的模糊程度进行度量，由此在模糊集理论中提出了模糊集的模糊度（亦称模糊熵）概念。模糊度的理论研究基本上可分为两类，一类是从数学出发，将函数论中的有关测度的概念和性质推广到模糊集；另一类是在“信息熵”(information entropy)概念的影响下，将模糊测度看成是对模糊集的模糊性的度量进行研究。模糊度概念和计算方法应用广泛，如在图像处理领域，由于图像所具有的不确定性（如图像增强、阈值选取和图像的质量评价等方面）往往是模糊性，需要模糊度概念进行分析、设计算法，从而达到图像增强、阈值选取和评价图像质量等目的。

关于模糊集的模糊度研究，1972 年，De Luca 和 Termini 首次给出了模糊性度量的公理化结构[201]，为模糊度理论的研究奠定了基础，其公理标准如下：

设 U 是论域，$\forall A,B\in\wp(U)$。若映射 $d:\wp(U)\to[0,1]$，满足

(1)　若 A 是经典集，那么 $d(A)=0$；

(2)　若 $A(x)\equiv 1/2$, 那么 $d(A)=1$；

(3)　$d(A)=d(\bar{A})$；

(4)　$d(A)\geqslant d(B)$：若 $A(x)\geqslant 1/2$，则 $B(x)\geqslant A(x)$，若 $A(x)\leqslant 1/2$，则 $B(x)\leqslant A(x)$；

则称 d 是 $\wp(U)$上的模糊度，$d(A)$为 A 的模糊度。

根据以上公理标准, 人们给出了许多计算模糊度的具体公式定义。常用的有 De Luca 和 Termini 参照 Shannon 的概率熵给出的定义, Kaufmann 根据模糊集与其最邻近

的经典集的距离给出的定义, Yager 基于模糊集与其余集的距离给出的定义。

关于 FSCOM 模糊集的模糊度计算公式，我们可定义如下：

定义 1. $\forall A \in \mathrm{FSCOM}(U)$。令 $B = \{x \mid A(x) \geqslant 1/2\}$, $C = \{x \mid A(x) < 1/2\}$。则

$$d(A) = 1 - \frac{D(B, B^{\sim}) + D(C^{\sim}, C^{\urcorner})}{1 + D(A, A^{\urcorner})}$$

称为 A 的模糊度。

由以上定义，可证明 FSCOM 模糊集的模糊度概念具有如下性质：

性质 1. 对于 $A \in \mathrm{FSCOM}(U)$，则有

(1)　$d(A) = d(A^{\urcorner})$;

(2)　当 $A(x) < 1/2$ 时，$d(A) = d(A^{\neg})$;

(3)　当 $A(x) \geqslant 1/2$ 时，$d(A^{\sim}) = d(A^{\neg})$。

证明: (1) 因 $A = (B \cup C)$且 $B \cap C = \varnothing$，可得 $A^{\urcorner} = (B \cup C)^{\urcorner} = B^{\urcorner} \cup C^{\urcorner}$。根据 4.2 节中性质 2，$A^{\urcorner\urcorner} = A$，$B^{\urcorner\urcorner} = B$，$B^{\urcorner\sim} = B^{\sim}$，$C^{\urcorner\sim} = C^{\sim}$，于是，有 $D(B^{\urcorner\urcorner}, B^{\urcorner\sim}) + D(C^{\urcorner\sim}, C^{\urcorner}) = D(B, B^{\sim}) + D(C^{\sim}, C^{\urcorner})$，$1 + D(A, A^{\urcorner}) = 1 + D(A^{\urcorner}, A^{\urcorner\urcorner})$。所以，$d(A) = d(A^{\urcorner})$。

(2) 若 $A(x) < 1/2$，则根据 4.1 节中命题 3，有 $A^{\neg}(x) = A^{\urcorner}(x)$。于是，由定义 1，可得 $d(A^{\urcorner}) = d(A^{\neg})$。由(1)，可得 $d(A) = d(A^{\neg})$。

(3) 若 $A(x) \geqslant 1/2$，则根据 4.1 节中命题 3，有 $A^{\neg}(x) = A^{\sim}(x)$。由定义 1，可得 $d(A^{\sim}) = d(A^{\neg})$。□

4. FSCOM 模糊集的包含度

在经典集合的“包含关系”中, 一个集合包含或者不包含另一个集合, 二者必居其一。这种极端的分界, 将“包含关系” 过于简化。比如“会飞的鸟”显然是“鸟”, 因为“会飞的鸟”是“鸟”的一部分。但是“鸟”并不一定是“会飞的鸟”, 按照传统的“包含关系”, 我们就不能得到“鸟会飞”的结论, 因为确实有某些种类的鸟是不会飞的, 这对人们在研究、处理知识关系中是一个很大的限制。在众多实际领域中，尤其是在复杂系统中，不确定性越来越占有主要地位, 不确定性推理的研究方法不断出现，如概率推理方法、证据推理方法、模糊推理方法等。这些推理中的蕴含关系, 实质上是一种具有不确定性的包含关系，为了度量这种具有不确定性的包含关系，我国学者张文修等提出了包含度理论[202]。

包含度是将“包含关系”度量化,从而包容了“关系”的不确定性。在模糊集理论中，包含度刻画了一个模糊集包含另一模糊集的程度，将两个模糊集间的包含关系定量化，对两集合之间包含关系进行了推广，是专家系统、模式识别等人工智能领域中用以研究处理模糊知识的一种重要工具。

关于 FSCOM 模糊集的包含度概念，我们可定义如下：

定义 1. $\forall A, B, C \in \mathrm{FS{\scriptsize COM}}(U)$。若映射 I：$\wp(U)\times\wp(U)\to[0,1]$满足

(d1)　$0\leqslant I(A, B)\leqslant 1$；

(d2)　若 $A\subseteq B$，则 $I(A, B) = 1$；

(d3)　若 $A\subseteq B$，则 $I(C, A)\leqslant I(C, B)$，　$I(B, C)\leqslant I(A, C)$；

则称 I 为 FSCOM 模糊集上的包含度，$I(A, B)$为 A 包含于 B 的程度。

由以上定义，可证明 FSCOM 模糊集的包含度具有如下性质：

性质 1. $\forall A, B, C \in \mathrm{FS{\scriptsize COM}}(U)$。则

(1)　$I(A^{\sim}, A^{\neg}) = I(A^{\text{╕}}, A^{\neg}) = 1$；

(2)　当 $A(x) < 1/2$ 时，$I(A^{\neg}, B) = I(A^{\text{╕}}, B)$，$I(B, A^{\neg}) = I(B, A^{\text{╕}})$；

(3)　当 $A(x)\geqslant 1/2$ 时，$I(A^{\neg}, B) = I(A^{\sim}, B)$，$I(B, A^{\neg}) = I(B, A^{\sim})$；

(4)　$\max(I(A, A^{\sim}), I(A, A^{\text{╕}}))\leqslant I(A, A^{\neg})$；

$$I(A^{\neg}, A)\leqslant\min(I(A^{\sim}, A), I(A^{\text{╕}}, A))$$
$$I(A^{\neg}, A^{\text{╕}})\leqslant I(A^{\sim}, A^{\text{╕}})\leqslant I(A^{\sim}, A^{\neg})$$
$$I(A^{\neg}, A^{\sim})\leqslant I(A^{\text{╕}}, A^{\sim})\leqslant I(A^{\text{╕}}, A^{\neg})$$

(5)　若 $A\subseteq B$，则 $I(A, B) = I(B^{\sim}, A^{\sim}) = I(B^{\text{╕}}, A^{\text{╕}}) = 1$；

(6)　若 $A\subseteq B\subseteq C$，则

$$I(C, A)\leqslant\min(I(C, B), I(B, A))$$
$$I(C^{\sim}, A^{\sim})\leqslant\min(I(A^{\sim}, B^{\sim}), I(B^{\sim}, C^{\sim}))$$
$$I(A^{\text{╕}}, C^{\text{╕}})\leqslant\min(I(B^{\text{╕}}, C^{\text{╕}}), I(A^{\text{╕}}, B^{\text{╕}}))$$

证明：(1) 根据 FSCOM 模糊集定义，$A^{\neg}(x) = \max(A^{\text{╕}}(x), A^{\sim}(x))$，有 $A^{\text{╕}}\subseteq A^{\neg}$和 $A^{\sim}\subseteq A^{\neg}$。由定义 1，可得 $I(A^{\sim}, A^{\neg}) = I(A^{\text{╕}}, A^{\neg})=1$。

(2) 若 $A(x) < 1/2$，则根据 4.1 节中命题 3，有 $A^{\neg}(x) = A^{\text{╕}}(x)$，即 $A^{\neg} = A^{\text{╕}}$。因此，有 $I(A^{\neg}, B) = I(A^{\text{╕}}, B)$，$I(B, A^{\neg}) = (B, A^{\text{╕}})$。

(3) 若 $A(x)\geqslant 1/2$，则根据 4.1 节中命题 3，有 $A^{\neg}(x) = A^{\sim}(x)$，即 $A^{\neg} = A^{\sim}$。因此，有 $I(A^{\neg}, B) = I(A^{\sim}, B)$，$I(B, A^{\neg}) = I(B, A^{\sim})$。

(4) 根据 FSCOM 模糊集定义，$A^{\neg}(x) = \max(A^{\text{╕}}(x), A^{\sim}(x))$，有 $A^{\text{╕}}\subseteq A^{\neg}$和 $A^{\sim}\subseteq A^{\neg}$。由此，根据定义 1 有：当 $A^{\text{╕}}\subseteq A^{\neg}$ 时，$I(A, A^{\text{╕}}))\leqslant I(A, A^{\neg})$，$I(A^{\neg}, A)\leqslant I(A^{\text{╕}}, A)$，$I(A^{\sim}, A^{\text{╕}})\leqslant I(A^{\sim}, A^{\neg})$，$I(A^{\neg}, A^{\sim})\leqslant I(A^{\text{╕}}, A^{\sim})$；当 $A^{\sim}\subseteq A^{\neg}$ 时，$I(A, A^{\sim})\leqslant I(A, A^{\neg})$，$I(A^{\neg}, A)\leqslant(I(A^{\sim}, A)$，$I(A^{\text{╕}}, A^{\sim})\leqslant I(A^{\text{╕}}, A^{\neg})$，　$I(A^{\neg}, A^{\text{╕}})\leqslant I(A^{\sim}, A^{\text{╕}})$。于是，可得 $\max(I(A, A^{\sim}), I(A, A^{\text{╕}}))\leqslant I(A, A^{\neg})$；$I(A^{\neg}, A)\leqslant\min(I(A^{\sim}, A), I(A^{\text{╕}}, A)$；$I(A^{\neg}, A^{\text{╕}})\leqslant I(A^{\sim}, A^{\text{╕}})\leqslant I(A^{\sim}, A^{\neg})$；$I(A^{\neg}, A^{\sim})\leqslant I(A^{\text{╕}}, A^{\sim})\leqslant I(A^{\text{╕}}, A^{\neg})$。

(5) 根据 4.2 节性质 3，$A\subseteq B\Leftrightarrow B^{\sim}\subseteq A^{\sim}\Leftrightarrow B^{\text{╕}}\subseteq A^{\text{╕}}$。由定义 1，可得 $I(A, B) = I(B^{\sim}, A^{\sim}) = I(B^{\text{╕}}, A^{\text{╕}}) = 1$。

(6) 若 $A\subseteq B\subseteq C$，则根据定义 1，由 $A\subseteq B$，有 $I(C, A)\leqslant I(C, B)$与 $I(B, C)\leqslant I(A, C)$；由 $B\subseteq C$，有 $I(A, B)\leqslant I(A, C)$与 $I(C, A)\leqslant I(B, A)$。因此，$I(C, A)\leqslant\min(I(C, B),$

$I(B, A)$)。

根据 4.2 节性质 3，$A\subseteq B\subseteq C \Leftrightarrow C^{\sim}\subseteq B^{\sim}\subseteq A^{\sim} \Leftrightarrow C^{ㄱ}\subseteq B^{ㄱ}\subseteq A^{ㄱ}$。于是，由上证，有 $I(A^{\sim}, C^{\sim})\leqslant\min(I(A^{\sim}, B^{\sim}), I(B^{\sim}, C^{\sim}))$，$I(A^{ㄱ}, C^{ㄱ})\leqslant\min(I(B^{ㄱ}, C^{ㄱ}), I(A^{ㄱ}, B^{ㄱ}))$。□

性质 2. 设 U 是有限论域，$U=\{x_1, x_2, \cdots, x_n\}$。$\forall A, B\in \mathrm{FSCOM}(U)$。则

$$I(A, B)=1-\frac{1}{3n}\Big[\sum_{i=1}^{n}(\max(0, A(x_i)-B(x_i))+\max(0, B^{\sim}(x_i)-A^{\sim}(x_i))$$
$$+\max(0, B^{ㄱ}(x_i)-A^{ㄱ}(x_i)))\Big]$$

证明：显然满足定义 1 中条件(d1)。下面证满足条件(d2)：

由 4.2 节中性质 3 可知，当 $A\subseteq B$ 时，$B^{\sim}\subseteq A^{\sim}$，$B^{ㄱ}\subseteq A^{ㄱ}$，即

$$A(x_i)\leqslant B(x_i),\ B^{\sim}(x_i)\leqslant A^{\sim}(x_i),\ B^{ㄱ}(x_i)\leqslant A^{ㄱ}(x_i)$$

因此，有

$$I(A, B)=1-\frac{1}{3n}\Big[\sum_{i=1}^{n}(\max(0, A(x_i)-B(x_i))+\max(0, B^{\sim}(x_i)-A^{\sim}(x_i))$$
$$+\max(0, B^{ㄱ}(x_i)-A^{ㄱ}(x_i)))\Big]=1$$

下证满足条件(d3)：

当 $A\subseteq B$ 时，因 $A(x_i)\leqslant B(x_i)$，$B^{\sim}(x_i)\leqslant A^{\sim}(x_i)$，$B^{ㄱ}(x_i)\leqslant A^{ㄱ}(x_i)$，所以有

$$C(x_i)-B(x_i)\leqslant C(x_i)-A(x_i)$$
$$B^{\sim}(x_i)-C^{\sim}(x_i)\leqslant A^{\sim}(x_i)-C^{\sim}(x_i)$$
$$B^{ㄱ}(x_i)-C^{ㄱ}(x_i)\leqslant A^{ㄱ}(x_i)-C^{ㄱ}(x_i)$$

于是，

$$\sum_{i=1}^{n}(\max(0, C(x_i)-B(x_i))+\max(0, B^{\sim}(x_i)-C^{\sim}(x_i))+\max(0, B^{ㄱ}(x_i)-C^{ㄱ}(x_i)))$$
$$\leqslant\sum_{i=1}^{n}(\max(0, C(x_i)-A(x_i))+\max(0, A^{\sim}(x_i)-C^{\sim}(x_i))+\max(0, A^{ㄱ}(x_i)-C^{ㄱ}(x_i)))$$

因此，

$$I(C, A)=1-\frac{1}{3n}\Big[\sum_{i=1}^{n}(\max(0, C(x_i)-A(x_i))+\max(0, A^{\sim}(x_i)-C^{\sim}(x_i))$$
$$+\max(0, A^{ㄱ}(x_i)-C^{ㄱ}(x_i)))\Big]$$
$$\leqslant 1-\frac{1}{3n}\Big[\sum_{i=1}^{n}(\max(0, C(x_i)-B(x_i))+\max(0, B^{\sim}(x_i)-C^{\sim}(x_i))$$
$$+\max(0, B^{ㄱ}(x_i)-C^{ㄱ}(x_i)))\Big]$$
$$=I(C, B)$$

由于 $A(x_i)\leqslant B(x_i)$，$B^{\sim}(x_i)\leqslant A^{\sim}(x_i)$，$B^{ㄱ}(x_i)\leqslant A^{ㄱ}(x_i)$，所以有

$$A(x_i)-C(x_i)\leqslant B(x_i)-C(x_i)$$
$$C^{\sim}(x_i)-B^{\sim}(x_i)\leqslant C^{\sim}(x_i)-A^{\sim}(x_i)$$

$$C^{\urcorner}(x_i) - B^{\urcorner}(x_i) \leqslant C^{\urcorner}(x_i) - A^{\urcorner}(x_i)$$

因此，

$$\begin{aligned} I(B, C) &= 1-\frac{1}{3n}\Big[\sum_{i=1}^{n}(\max(0, B(x_i) - C(x_i)) + \max(0, C^{\sim}(x_i) - B^{\sim}(x_i)) \\ &+ \max(0, C^{\urcorner}(x_i) - B^{\urcorner}(x_i)))\Big] \\ &\leqslant 1-\frac{1}{3n}\Big[\sum_{i=1}^{n}(\max(0, A(x_i) - C(x_i)) + \max(0, C^{\sim}(x_i) - A^{\sim}(x_i)) \\ &+ \max(0, C^{\urcorner}(x_i) - A^{\urcorner}(x_i)))\Big] \\ &= I(A, C) \square \end{aligned}$$

5. FSCOM 模糊集的贴近度

对于不同的模糊集合，如何衡量它们之间的相似程度，是模糊集理论中的一个重要概念，在计算图形学、模式识别等领域中具有重要作用。两个模糊集之间的相似程度在模糊集理论中是用贴近度概念来描述的。对于两个模糊集间的贴近度，1983 年，我国学者汪培庄采用内积和外积概念给出定义。

定义 1. 设 U 为论域，A 与 B 是 U 上的模糊集。则 $A \circ B = \vee_{x\in U} (\min(A(x), B(x)))$ 和 $A \odot B = \wedge_{x\in U} (\max(A(x), B(x)))$ 分别称为 A 与 B 的内积和外积。

定义 2. 设 A, B 是论域 U 上的任意模糊集。$A\circ B, A\odot B$ 分别为 A 与 B 的内积和外积。映射 δ：$\wp(U)\times\wp(U) \to [0, 1]$ 且

$$\delta(A, B) = \frac{1}{2}(A\circ B + (1-A\odot B))$$

则 $\delta(A, B)$ 称为 A 与 B 的贴近度。

针对贴近度的不足，人们对贴近度概念进一步给出了公理化描述：如果映射 δ：$\wp(U)\times\wp(U) \to [0, 1]$ 满足

(1)　$\delta(A, B) = \delta(B, A)$；

(2)　$\delta(A, A) = 1$；

(3)　若 $A \subseteq B \subseteq C$，则 $\delta(A, C) \subseteq \delta(A, B) \wedge \delta(B, C)$；

则 $\delta(A, B)$ 称为 A 与 B 的贴近度。

关于 FSCOM 模糊集的贴近度概念，我们可通过两条途径研究定义：一是通过上述的 FSCOM 模糊集的距离概念，二是通过上述定义 1，建立 FSCOM 模糊集中的内积和外积概念。

1) 基于距离概念的 FSCOM 模糊集的贴近度

定义 3. $\forall A, B\in$ FSCOM (U)。映射 σ：$\wp(U)\times\wp(U) \to [0, 1]$ 且

$$\sigma(A, B) = 1-(D(A, B)+D(A^{\sim}, B^{\sim})+D(A^{╕}, B^{╕}))$$

则$\sigma(A, B)$称为 A 与 B 的距离贴近度。

性质 1. $\forall A, B\in \text{FSCOM}(U)$。则

(1) $\sigma(A, A) = 1$；

(2) $\sigma(A, B) = \sigma(B,A)$;

(3) 当 $A(x) < 1/2$ 时，$\sigma(A^{\neg}, B) = \sigma(A^{╕}, B)$;

(4) 当 $A(x)\geqslant 1/2$ 时，$\sigma(A^{\sim}, B) = \sigma(A^{\neg}, B)$。

证明：根据定义 1，(1)与(2)显然。(3) 若 $A(x) < 1/2$，根据 4.1 节命题 3，有 $A^{\neg}(x) = A^{╕}(x)$。于是，可得$\sigma(A^{\neg}, B) = \sigma(A^{╕}, B)$。(4) 当 $A(x)\geqslant 1/2$，根据 4.1 节命题 3，有 $A^{\neg}(x) = A^{\sim}(x)$。于是，可得$\sigma(A^{\sim}, B) = \sigma(A^{\neg}, B)$。 □

对于模糊集的贴近度研究，不少学者给出了由不同距离表达的贴近度定义。相应地，根据上述的 FSCOM 模糊集的距离和距离测度，我们可如下提出基于几种不同距离的 FSCOM 模糊集贴近度定义。

(a) 基于 $D(A, B)$为 Hamming 距离的 FSCOM 模糊集贴近度：

$$\sigma(A, B) = 1-\frac{1}{n}\sum_{i=1}^{n}(|A(x_i)-B(x_i)|+|A^{\sim}(x_i)-B^{\sim}(x_i)|+|A^{╕}(x_i)-B^{╕}(x_i)|)$$

(b) 基于 $D(A, B)$为 Euclid 距离的 FSCOM 模糊集贴近度：

$$\sigma(A, B) = 1-\frac{1}{n}((\sum_{i=1}^{n}|A(x_i)-B(x_i)|^2)^{\frac{1}{2}}+(\sum_{i=1}^{n}|A^{\sim}(x_i)-B^{\sim}(x_i)|^2)^{\frac{1}{2}}+(\sum_{i=1}^{n}|A^{╕}(x_i)-B^{╕}(x_i)|^2)^{\frac{1}{2}})$$

(c) 基于 $D(A, B)$为 Minkowski 距离的 FSCOM 模糊集贴近度：

$$\sigma(A, B) = 1-\frac{1}{n}\sum_{i=1}^{n}|A(x_i)-B(x_i)|^p)^{\frac{1}{p}}+(\frac{1}{n}\sum_{i=1}^{n}|A^{\sim}(x_i)-B^{\sim}(x_i)|^p)^{\frac{1}{p}}+(\frac{1}{n}\sum_{i=1}^{n}|A^{╕}(x_i)-B^{╕}(x_i)|^p)^{\frac{1}{p}})$$

(d) 基于 $D(A, B)$为 Hamming 距离的 FSCOM 模糊集加权贴近度：

$$\sigma(A, B) = 1-\frac{1}{n}\sum_{i=1}^{n}(\eta|A(x_i)-B(x_i)|+\beta|A^{\sim}(x_i)-B^{\sim}(x_i)|+\gamma|A^{╕}(x_i)-B^{╕}(x_i)|)$$

其中，$\eta, \beta, \gamma\in[0, 1]$，$\eta+\beta+\gamma=1$。

2) 基于内积和外积概念的 FSCOM 模糊集的贴近度

关于 FSCOM 模糊集的内积和外积概念，我们沿用模糊集的内积和外积定义

（定义 1）。具体如下：

定义 4. $\forall A, B \in \text{FSCOM}(U)$。则 $A \circ B = \bigvee_{x\in U} (\min(A(x), B(x)))$ 和 $A \odot B = \bigwedge_{x\in U} (\max(A(x), B(x)))$ 分别称为 A 与 B 的内积和外积。

在此定义下，可证明 FSCOM 模糊集的内积和外积具有下列性质：

性质 2. $\forall A, B \in \text{FSCOM}(U)$。则

(1) $(A\circ B)^{\urcorner} = A^{\urcorner} \odot B^{\urcorner}$；

$(A\odot B)^{\urcorner} = A^{\urcorner} \circ B^{\urcorner}$。

(2) $A\circ A^{\urcorner} \leqslant 1/2$；

$A\odot A^{\urcorner} \geqslant 1/2$。

(3) 对于任意 $x\in U$，若 $A(x)\geqslant 1/2$，则

$\max(A^{\urcorner}(x)) \leqslant A\circ A^{\sim} \leqslant \min(A(x))$；

$\max(A^{\urcorner}(x)) \leqslant A^{\urcorner}\odot A^{\sim} \leqslant \min(A(x))$；

$A^{\urcorner}\circ A^{\sim} \leqslant 1/2$；

$A\odot A^{\sim} \geqslant 1/2$。

(4) 对于任意 $x\in U$，若 $A(x)\leqslant 1/2$，则

$\max(A(x)) \leqslant A^{\urcorner}\circ A^{\sim} \leqslant \min(A^{\urcorner}(x))$；

$\max(A(x)) \leqslant A^{\urcorner}\odot A^{\sim} \leqslant \min(A^{\urcorner}(x))$；

$A\circ A^{\sim} \leqslant 1/2$，$A^{\urcorner}\odot A^{\sim} \geqslant 1/2$。

(5) 对于任意 $x\in U$，若 $A(x)\geqslant 1/2$ 且 $B(x)\geqslant 1/2$，则

$A^{\urcorner}\circ B^{\urcorner} \leqslant A^{\sim}\circ B^{\sim} \leqslant A\circ B$；

$A^{\urcorner}\odot B^{\urcorner} \leqslant A^{\sim}\odot B^{\sim} \leqslant A\odot B$。

(6) 对于任意 $x\in U$，若 $A(x) < 1/2$ 且 $B(x) < 1/2$，则

$A\circ B < A^{\sim}\circ B^{\sim} < A^{\urcorner}\circ B^{\urcorner}$；

$A\odot B < A^{\sim}\odot B^{\sim} < A^{\urcorner}\odot B^{\urcorner}$。

证明：(1) 由 FSCOM 模糊集定义，$A^{\urcorner}(x) = 1-A(x)$，即 $A^{\urcorner}$ 与 Zadeh 模糊集的否定集 A^c 相同。由于在 Zadeh 模糊集中，$(A\circ B)^c = A^c\odot B^c$ 和 $(A\odot B)^c = A^c\circ B^c$，故得到 $(A\circ B)^{\urcorner} = A^{\urcorner}\odot B^{\urcorner}$，$(A\odot B)^{\urcorner} = A^{\urcorner}\circ B^{\urcorner}$。因为 $A^{\urcorner}(x) = 1-A(x)$，根据定义 4，有 $A\circ A^{\urcorner} \leqslant 1/2$ 和 $A\odot A^{\urcorner} \geqslant 1/2$。(1)与(2)得证。

(3) 若 $A(x)\geqslant 1/2$，则由 4.1 节命题 1，$A(x)\geqslant A^{\sim}(x)\geqslant A^{\urcorner}(x)$。根据定义 4，$A^{\urcorner}\circ A^{\urcorner} \leqslant A^{\sim}\circ A^{\sim} \leqslant A\circ A^{\sim} \leqslant A\circ A$，$A^{\urcorner}\odot A^{\urcorner} \leqslant A^{\urcorner}\odot A^{\sim} \leqslant A^{\sim}\odot A^{\sim} \leqslant A\odot A$。于是，有 $\max(A^{\urcorner}(x)) \leqslant A\circ A^{\sim} \leqslant \min(A(x))$，$\max(A^{\urcorner}(x)) \leqslant A^{\urcorner}\odot A^{\sim} \leqslant \min(A(x))$。根据(2)，有 $A^{\urcorner}\circ A^{\sim} \leqslant A^{\urcorner}\circ A \leqslant 1/2$，$A\odot A^{\sim} \geqslant A\odot A^{\urcorner} \geqslant 1/2$。

(4) 若 $A(x)\leqslant 1/2$，则由 4.1 节命题 1，$A^{\urcorner}(x)\geqslant A^{\sim}(x)\geqslant A(x)$。根据定义 4，$A^{\urcorner}\circ A^{\urcorner} \geqslant A^{\sim}\circ A^{\sim} \geqslant A\circ A^{\sim} \geqslant A\circ A$，$A^{\urcorner}\odot A^{\urcorner} \geqslant A^{\urcorner}\odot A^{\sim} \geqslant A^{\sim}\odot A^{\sim} \geqslant A\odot A$。于是，有

$\max(A(x))\leqslant A^{ꟾ}\circ A^{\sim}\leqslant\min(A^{ꟾ}(x))$，$\max(A(x))\leqslant A^{ꟾ}\odot A^{\sim}\leqslant\min(A^{ꟾ}(x))$。根据(2)，有 $A\circ A^{\sim}\leqslant A\circ A^{ꟾ}\leqslant 1/2$，$A^{ꟾ}\odot A^{\sim}\geqslant A\odot A^{ꟾ}\geqslant 1/2$。

(5) 若 $A(x)\geqslant 1/2$ 且 $B(x)\geqslant 1/2$，因为 $A(x)\geqslant A^{\sim}(x)\geqslant A^{ꟾ}(x)$ 且 $B(x)\geqslant B^{\sim}(x)\geqslant B^{ꟾ}(x)$，则根据定义 4，得到 $A^{ꟾ}\circ B^{ꟾ}\leqslant A^{\sim}\circ B^{\sim}\leqslant A\circ B$，$A^{ꟾ}\odot B^{ꟾ}\leqslant A^{\sim}\odot B^{\sim}\leqslant A\odot B$。

(6) 若 $A(x)<1/2$ 且 $B(x)<1/2$，因为 $A^{ꟾ}(x)>A^{\sim}(x)>A(x)$，$B^{ꟾ}(x)>B^{\sim}(x)>B(x)$，则根据定义 4，得到 $A\circ B<A^{\sim}\circ B^{\sim}<A^{ꟾ}\circ B^{ꟾ}$，$A\odot B<A^{\sim}\odot B^{\sim}<A^{ꟾ}\odot B^{ꟾ}$。 □

定义 5. $\forall A, B\in \mathrm{FSCOM}(U)$。映射 τ ：$\wp(U)\times\wp(U)\to[0, 1]$ 且

$$\tau(A, B)=\frac{1}{3}(A\circ B+(A\odot B)^{ꟾ}+A^{\sim}\circ B^{\sim})$$

则 $\tau(A, B)$ 称为 A 与 B 贴近度。

如同性质 1 证明，可证定义 5 定义下的 FSCOM 模糊集的贴近度仍然具有如下性质：

性质 3. $\forall A, B\in \mathrm{FSCOM}(U)$。则

(1) $\tau(A, A)=1$；

(2) $\tau(A, B)=\tau(B,A)$；

(3) 当 $A(x)<1/2$ 时，$\tau(A^{\neg}, B)=\tau(A^{ꟾ}, B)$；

(4) 当 $A(x)\geqslant 1/2$ 时，$\tau(A^{\sim}, B)=\tau(A^{\neg}, B)$。

3) FSCOM 模糊集的贴近度的公理化描述

上述中，我们分别通过距离概念、内积和外积概念研究了 FSCOM 模糊集的贴近度，给出了贴近度的不同表达式。为了 FSCOM 模糊集的贴近度概念的一致性，我们进一步给出其公理化描述如下：

$\forall A, B, C\in \mathrm{FSCOM}(U)$。若映射 t：$\wp(U)\times\wp(U)\to[0, 1]$ 满足

(t_1) $0\leqslant t(A, B)\leqslant 1$；

(t_2) $t(A, A)=1$；

(t_3) $t(A, B)=t(B, A)$；

(t_4) $\forall x\in U$，如果 $A(x)\leqslant B(x)\leqslant C(x)$ 或者 $C(x)\leqslant B(x)\leqslant A(x)$，那么 $t(A, C)\leqslant\min(t(A, B), t(B, C))$；

则 $t(A, B)$ 称为 FSCOM 模糊集 A 与 B 的贴近度。

性质 4. $\forall A, B, C\in \mathrm{FSCOM}(U)$。则

(1) $t(A, A^{ꟾ})\leqslant\min(t(A, A^{\sim}), t(A^{\sim}, A^{ꟾ}))$；

(2) 当 $A(x)\leqslant 1/2$ 时，$t(A^{\neg}, B)=t(A^{ꟾ}, B)$，$t(A, A^{\neg})\leqslant\min(t(A, A^{\sim}), t(A^{\sim}, A^{ꟾ}))$；

(3) 当 $A(x)\geqslant 1/2$ 时，$t(A^{\neg}, B)=t(A^{\sim}, B)$，$t(A, A^{ꟾ})\leqslant t(A, A^{\neg})$，$t(A, A^{ꟾ})\leqslant t(A^{\neg}, A^{ꟾ})$；

(4) 若 $A\subseteq B\subseteq C$，则

$$t(A, C)\leqslant \min(t(A, B), t(B, C))$$
$$t(A^{\sim}, C^{\sim})\leqslant \min(t(A^{\sim}, B^{\sim}), t(B^{\sim}, C^{\sim}))$$
$$t(A^{╕}, C^{╕})\leqslant \min(t(A^{╕}, B^{╕}), t(B^{╕}, C^{╕}))$$

证明：(1) 由 4.1 节命题 2，对$\forall x\in U$，有 $A(x)\leqslant A^{\sim}(x)\leqslant A^{╕}(x)$或者 $A(x)\geqslant A^{\sim}(x)\geqslant A^{╕}(x)$。根据$(t_4)$，$t(A, A^{╕})\leqslant \min(t(A, A^{\sim}), t(A^{\sim}, A^{╕}))$。

(2) 当$A(x)\leqslant 1/2$ 时，由 4.1 节命题 3，有 $A^{\neg}=A^{╕}$，因此，$t(A^{\neg}, B)=t(A^{╕}, B)$；再由 4.1 节命题 1，有$A(x)\leqslant A^{\sim}(x)\leqslant A^{╕}(x)$，根据$(t_4)$，$t(A^{\neg}, B)=t(A, A^{╕})\leqslant \min(t(A, A^{\sim}), t(A^{\sim}, A^{╕}))$。

(3) 当$A(x)\geqslant 1/2$ 时，由 4.1 节命题 3，有 $A^{\neg}=A^{\sim}$，因此，$t(A^{\neg}, B)=t(A^{\sim}, B)$；再由 4.1 节命题 1，有$A(x)\geqslant A^{\sim}(x)\geqslant A^{╕}(x)$，根据$(t_4)$，$t(A, A^{╕})\leqslant \min(t(A, A^{\sim}), t(A^{\sim}, A^{╕}))$。因 $t(A, A^{\sim}) = t(A, A^{\neg})$，所以，$t(A, A^{╕})\leqslant \min(t(A, A^{\neg}), t(A^{\neg}, A^{╕}))\leqslant t(A, A^{\neg})$，$t(A, A^{╕})\leqslant \min(t(A, A^{\neg}), t(A^{\neg}, A^{╕}))\leqslant t(A^{\neg}, A^{╕})$。

(4) 若 $A\subseteq B\subseteq C$，由 4.2 节性质 3，有 $A^{\sim}\subseteq B^{\sim}\subseteq C^{\sim}$，$C^{╕}\subseteq B^{╕}\subseteq A^{╕}$。于是，由 4.2 节定义 1，有$A(x)\leqslant B(x)\leqslant C(x)$，$A^{\sim}(x)\leqslant B^{\sim}(x)\leqslant C^{\sim}(x)$，$C^{╕}(x)\leqslant B^{╕}(x)\leqslant A^{╕}(x)$。因此，根据$(t_4)$，得到 $t(A, C)\leqslant \min(t(A, B), t(B, C))$，$t(A^{\sim}, C^{\sim})\leqslant \min(t(A^{\sim}, B^{\sim}), t(B^{\sim}, C^{\sim}))$，$t(A^{╕}, C^{╕})\leqslant \min(t(A^{╕}, B^{╕}), t(B^{╕}, C^{╕}))$。□

4.3.5　λ–中介否定集和 λ–区间函数

在第 3 章中我们已指出，如果一对对立概念为模糊概念，则对立概念之间必然存在“中介”的模糊概念。这种“中介”概念至少具有如下特征：

(1) 它是在同一个属概念下的两个对立的模糊种概念之间呈现出的具有“过渡”状态的一个种概念；

(2) 它对于对立的模糊概念双方呈现出亦此亦彼性，即中介概念部分地具有对立概念双方的属性；

(3) 它与对立的模糊概念之间的外延关系表现为界限不分明，三者的外延之和等于属概念的外延。

由此，我们认为，一对对立的模糊概念之间存在的“中介”概念具有唯一性。

然而，在大量的客观实际中，一对对立的模糊概念之间可能存在多个具有“过渡”状态但又不完全具有上述特征的概念。如，评定学生学习成绩有“好”“较好”“中等”“较差”和“差”等级，在“好”与“差”这一对对立的模糊概念间存在“较好”“中等”和“较差”三个不同的具有“过渡”状态的模糊概念。它们的外延关系可如图 4-5 所示。

图 4-5　一对对立模糊概念中的“过渡”状态的模糊概念

从这些概念的内涵和外延不难看出，虽然“较好”“中等”和“较差”三个概念是对立概念“好”与“差”之间存在的具有“过渡”状态的概念，但由于它们中的每个对于“好”与“差”既没有呈现亦此亦彼性，其外延与“好”和“差”的外延之和也不等于属概念“成绩”的外延。由此表明，它们不是对立概念“好”与“差”之间的中介概念（如“非好非差”），但却与中介概念有关联。

为了使得 FSCOM 模糊集能够刻画这些在对立模糊概念之间存在的具有“过渡”状态的模糊概念，我们在 FSCOM 模糊集中引入如下“λ–中介否定集”概念。

定义 1(λ–中介否定集). $\forall A\in$FSCOM(U)，假设存在于 A 与 $A^{ᆨ}$ 之间的具有“过渡”状态的模糊概念为 $A^{\sim}_i\,(i=1,2,\cdots,n)$，$\lambda_i\in(0,1)$。则

$$A^{\sim}=A^{\sim}_1\cup A^{\sim}_2\cup\cdots\cup A^{\sim}_n$$

$A^{\sim}_i$ 称为 A 与 $A^{ᆨ}$ 的 λ-中介否定集，λ_i 称为确定 $A^{\sim}_i$ 的参数。其中，$i\neq j$ 时，$A_i^{\sim}\neq A_j^{\sim}$，$A_i^{\sim}\cap A_j^{\sim}\neq\varnothing$。特别地，当 $n=1$ 时，$A^{\sim}=A_1^{\sim}$。

根据 4.2 节定义 2，有

$$A^{\sim}(x)=\max\left(A^{\sim}_1(x),A^{\sim}_2(x),\ldots,A^{\sim}_n(x)\right)$$

由上述以及 FSCOM 模糊集定义及其性质，易证 λ-中介否定集具有下列性质：

性质 1. $\forall A\in$FSCOM(U)，$A^{\sim}_i\,(i=1,2,\cdots,n)$为 A 与 $A^{ᆨ}$ 的 λ-中介否定集。则

(1) $\lambda_i\leqslant\lambda$，当 $n=1$ 时，$\lambda_1=\lambda$；

(2) $A^{ᆨ}(x)\geqslant A^{\sim}_i(x)\geqslant A(x)$或者 $A(x)\geqslant A^{\sim}_i(x)\geqslant A^{ᆨ}(x)$；

(3) 当 $1/2\leqslant\lambda_j<\lambda_i\leqslant1$ 时，$A^{\sim}_j(x)<A^{\sim}_i(x)$；

(4) 当 $0<\lambda_j<\lambda_i\leqslant1/2$ 时，$A^{\sim}_j(x)>A^{\sim}_i(x)$；

(5) 当 $A(x)=1/2$ 时，$A(x)=A^{\sim}_i(x)=A^{ᆨ}(x)$。

在 FSCOM 模糊集定义中，由于 $A^{\sim}(x)\in[1-\lambda,\lambda]$（当$\lambda\geqslant1/2$ 时）或者 $A^{\sim}(x)\in[\lambda,1-\lambda]$（当$\lambda\leqslant1/2$ 时），因而 $A^{\sim}(x)\in(0,1)$。由此，表明 A 与 $A^{ᆨ}$ 的中介否定集 $A^{\sim}$是一个非正规模糊集。即是说，在论域 U 中不存在对象 x 使得 $A^{\sim}(x)=1$。这限制了 FSCOM 模糊集在实际中的应用（因在大多数实际领域要求模糊集为正规模糊集，即存在对象 x 使得 $A^{\sim}(x)=1$）。为了解决这一问题，我们将 $A^{\sim}(x)$从区间$[1-\lambda,\lambda]$或者$[\lambda,1-\lambda]$映射到区间$[0,1]$，从而使得 $A^{\sim}$是一个正规模糊集。称这一映射为关于中介否定集 $A^{\sim}$的“λ–区间函数”。该映射定义如下：

定义 2(λ–区间函数). $\forall A\in$FSCOM(U)，$A^{\sim}$是 A 的中介否定集。映射 $f: A^{\sim}(x)\to[0,1]$若满足

$$f(A^{\sim}(x))=\begin{cases}\dfrac{1}{1-2\lambda}(A^{\sim}(x)-\lambda), & \text{当}\lambda\in[0,1/2)\\ 1/2, & \text{当}\lambda=1/2\\ \dfrac{1}{2\lambda-1}(A^{\sim}(x)+\lambda-1), & \text{当}\lambda\in(1/2,1]\end{cases}$$

则 f 称为[0, 1]上的关于中介否定集 $A^{\sim}$ 的 λ–区间函数，$f(A^{\sim}(x))$ 记为 $A^{\sim}_{f}(x)$。

对于 A 与其对立否定集 $A^{╕}$ 之间的各中介否定集 $A_i^{\sim}(i\in\{1, 2, \cdots, n\})$，同样地可定义关于 $A_i^{\sim}$ 的 λ–区间函数 f_i，$f_i(A^{\sim}(x))$ 记为 $A^{\sim}_{f\,i}(x)$。

至此，我们可将 λ–中介否定集与 λ–区间函数概念进行结合，进一步给出论域 U 中对象 x 对于 A、$A_i^{\sim}$ 和 $A^{╕}$ 的“综合隶属度”概念。

定义 3. 设 A 为论域 U 上的一个 FSCOM 模糊集，$A^{\sim}_{f\,i}(x)$ $(i\in\{1, 2, \cdots, n\})$ 是 U 中对象 x 对于 $A_i^{\sim}$ 在区间[0, 1]上的隶属度。

$$M(A(x))\frac{A(x)}{A(x)+A_{f1}(x)+A_{f2}(x)+\cdots+A_{fn}(x)+A^{\neg}(x)}=\frac{A(x)}{1+A^{\sim}_{f1}(x)+A^{\sim}_{f2}(x)+\ldots+A^{\sim}_{fn}(x)}$$

称为 x 对于 A 的综合隶属度；

$$M(A^{\sim}_{i}(x))=\frac{A_{fi}(x)}{A(x)+A_{f1}(x)+A_{f2}(x)+\cdots+A_{fn}(x)+A^{\neg}(x)}=\frac{A^{\sim}_{fi}(x)}{1+A^{\sim}_{f1}(x)+A^{\sim}_{f2}(x)+\ldots+A^{\sim}_{fn}(x)}$$

称为 x 对于 $A_i^{\sim}$ 的综合隶属度；

$$M(A^{╕}(x))=\frac{A^{\neg}(x)}{A(x)+A_{f1}(x)+A_{f2}(x)+\cdots+A_{fn}(x)+A^{\neg}(x)}=\frac{A^{\neg}(x)}{1+A_{f1}(x)+A_{f2}(x)+\cdots+A_{fn}(x)}$$

称为 x 对于 $A^{╕}$ 的综合隶属度。

根据以上定义与性质 1，可证下列性质：

性质 2. $\forall A\in$FSCOM (U)。则

(1) $M(A(x))+M(A^{\sim}_{1}(x))+M(A^{\sim}_{2}(x))+\cdots+M(A^{\sim}_{n}(x))+M(A^{╕}(x))=1$;

(2) 若 $A^{\sim}_{i}(x)\leqslant A^{\sim}_{j}(x)$，则 $M(A^{\sim}_{i}(x))\leqslant M(A^{\sim}_{j}(x))$。

4.3.6 FSCOM 模糊集的改进与扩充

自 FSCOM 模糊集提出后，在 FSCOM 模糊集的应用研究中我们认识到，在一些应用领域中 FSCOM 模糊集存在一定的局限性，需要对 FSCOM 模糊集进行改进、扩充才能更好地刻画这些领域中的模糊知识的三种否定以及关系。为此，我们对 FSCOM 模糊集定义进行了修改与扩充研究（详见文献[203]~[206]）。

1. IFSCOM 模糊集

将 4.1 节中 FSCOM 模糊集的定义细化，修改定义 2 中的(1)和(2)，得到一种对 FSCOM 模糊集进行改进的“IFSCOM 模糊集”。

定义 1. 设 U 是论域。映射 f_A：$U\rightarrow[0, 1]$确定了 U 上的一个模糊子集 A，称 f_A 为 A 的隶属函数，$f_A(x)$为 x 对于 A 的隶属程度（简称隶属度），记为 $A(x)$。

定义 2. 设 A 是论域 U 上的一个模糊集，$\lambda\in(1/2, 1)$。

(1) 若映射 $f^{╕}$：$\{A(x)\mid x\in U\}\rightarrow[0，1]$满足

$$f^{╕}(A(x)) = \begin{cases} 1-A(x), & 当A(x)\in[0, 1-\lambda)或A(x)\in(\lambda, 1] \\ A(x), & 当A(x)\in[1-\lambda, \lambda] \end{cases}$$

则$f^{╕}$确定了U上的一模糊子集，称为A的对立否定集，记作$A^{╕}$。

(2) 若映射$f^{\sim}$：$\{A(x) \mid x\in U\} \to [0，1]$满足

$$f^{\sim}(A(x))=\begin{cases} \dfrac{2\lambda-1}{1-\lambda}(1-A(x))+1-\lambda, & 当A(x)\in(\lambda, 1] \\ \dfrac{2\lambda-1}{1-\lambda}A(x)+1-\lambda, & 当A(x)\in[0, 1-\lambda) \\ \dfrac{1-\lambda}{2\lambda-1}(\lambda-A(x))+\lambda, & 当A(x)\in[1-\lambda, \lambda] \end{cases}$$

则$f^{\sim}$确定了U上的一模糊子集，称为A的中介否定集，记作$A^{\sim}$。

定义 3. 设A是论域U上的一个模糊集，$\forall x\in U$，称$A^{\neg}$为A的矛盾否定集，若

$$A^{\neg}(x) = \max(A^{╕}(x), A^{\sim}(x)) = A^{╕}(x) \vee A^{\sim}(x)$$

至此定义的FSCOM模糊集的改进，我们称为“改进的区分矛盾否定、对立否定和中介否定的模糊集”（improved fuzzy set for differentiating contradictory negation, opposite negation and medium negation），简记为IFSCOM。

根据上述定义，易证具有下列性质：

性质 1. 设A是U上的IFSCOM模糊集，$\lambda\in(1/2, 1)$。则

(1) $A(x) > \lambda$或$A(x) < 1-\lambda$，当且仅当$1-\lambda\leqslant A^{\sim}(x) < \lambda$；

(2) $1-\lambda\leqslant A(x)\leqslant\lambda$，当且仅当$\lambda\leqslant A^{\sim}(x)\leqslant 1$。

2. IFSCOM模糊集的运算及其性质

定义 4. 设A, B是U上的IFSCOM模糊集。

(1) $A=B$，当且仅当$A(x)=B(x)$；

(2) $A\subseteq B$，当且仅当$A(x)\leqslant B(x)$；

(3) $(A\cup B)(x)=A(x)\vee B(x)=\max(A(x), B(x))$；

(4) $(A\cap B)(x)=A(x)\wedge B(x)=\min(A(x), B(x))$。

性质 2. 设A是U上的IFSCOM模糊集，$\lambda\in(1/2, 1)$。则

$A^{\neg}(x) < \lambda$，当且仅当$A^{╕}(x) < A^{\sim}(x) < \lambda$。

证明：由于$A^{\neg}=A^{╕}\cup A^{\sim}$，从而$\forall x\in U$，有$A^{\neg}(x)=\max(A^{╕}(x)，A^{\sim}(x)) < \lambda$，又由定义2及性质1，我们可得$A^{╕}(x) < A^{\sim}(x) < \lambda$或$A^{\sim}(x) < A^{╕}(x) < \lambda$。若$A^{\sim}(x) < A^{╕}(x) < \lambda$，根据性质1中的（1），有$1-\lambda\leqslant A^{\sim}(x) < \lambda$，从而$1-\lambda < A^{\neg}(x) < \lambda$，即$1-\lambda < A(x) < \lambda$。又根据性质1中的（2），可得$\lambda < A^{\sim}(x)\leqslant 1$，矛盾。所以$A^{╕}(x) < A^{\sim}(x) < \lambda$。反之，若$A^{╕}(x) < A^{\sim}(x) < \lambda$，则$A^{\neg}(x)=\max(A^{╕}(x)，A^{\sim}(x))=A^{\sim}(x) < \lambda$。□

性质 3. 设 A 是 U 上的 IFSCOM 模糊集，$\lambda \in (1/2, 1)$。则

$A(x) > \lambda$，当且仅当 $A^{╕}(x) < A^{\sim}(x) < \lambda$。

证明：若 $A(x) > \lambda$，即 $A^{╕}(x)=1-A(x) < 1-\lambda$，又由性质 1，有 $1-\lambda \leqslant A^{\sim}(x) < \lambda$，从而 $A^{╕}(x) < A^{\sim}(x) < \lambda$。反之，若 $A^{╕}(x) < A^{\sim}(x) < \lambda$，即 $A^{╕}(x) < 1-\lambda$，据定义 2，易知 $A(x) > \lambda$。□

由定义 2 和 3，易证下面结论。

性质 4. 设 A 是 U 上的 IFSCOM 模糊集，$*, \Delta \in \{╕, \sim, \neg\}$。则

$A \cup A^* \neq U, A^{\Delta} \cup A^* \neq U, A \cap A^* \neq \varnothing, A^{\Delta} \cap A^* \neq \varnothing$。

由此表明，在 IFSCOM 模糊集中，排中律和矛盾律都不成立。

容易证明 IFSCOM 模糊集也具有下列的经典集合和模糊集合的性质。

性质 5. 设 A, B 是 U 上的 IFSCOM 模糊集。则

(1)　$A \cup A = A$;

(2)　$A \cap A = A$。

性质 6. 设 A, B 是 U 上的 IFSCOM 模糊集。则

(1)　$A \cup B = B \cup A$;

(2)　$A \cap B = B \cap A$。

性质 7. 设 A, B, C 是 U 上的 IFSCOM 模糊集。则

(1)　$(A \cup B) \cup C = A \cup (B \cup C)$;

(2)　$(A \cap B) \cap C = A \cap (B \cap C)$。

性质 8. 设 A, B, C 是 U 上的 IFSCOM 模糊集。则

(1)　$A \cup (B \cap C) = (A \cup B) \cap (A \cup C)$;

(2)　$A \cap (B \cup C) = (A \cap B) \cup (A \cap C)$。

IFSCOM 模糊集具有如下特殊的性质：

性质 9. 设 A, B 是 U 上的 IFSCOM 模糊集。则

(1)　若$(A \cup B)(x) \notin [1-\lambda, \lambda]$，则$(A \cup B)^{╕} = A^{╕} \cap B^{╕}$；

(2)　若$(A \cap B)(x) \notin [1-\lambda, \lambda]$，则$(A \cap B)^{╕} = A^{╕} \cup B^{╕}$。

证明：不失一般性，我们可假设$\forall x \in U$，有 $A(x) \geqslant B(x)$。

(1) 若$(A \cup B)(x) \notin [1-\lambda, \lambda]$，又 $A(x) \geqslant B(x)$，即 $A(x) \notin [1-\lambda, \lambda]$。据定义 2，存在两种情形。

情形 1：若 $A(x) \in (\lambda, 1]$，则$(A \cup B)^{╕}(x) = A(x) \vee B(x) \in (\lambda, 1]$，从而$(A \cup B)^{╕}(x) = 1-(A \cup B)(x) = 1-(A(x) \vee B(x)) = (1-A(x)) \wedge (1-B(x)) = 1-A(x) = A^{╕}(x)$。而$(A^{╕} \cap B^{╕})(x) = A^{╕}(x) \wedge B^{╕}(x)$具有以下两种情形(a)与(b)：(a) 当 $B(x) \in [0, 1-\lambda)$或 $B(x) \in (\lambda, 1]$时，则 $B^{╕}(x) = 1-B(x) \geqslant 1-A(x) = A^{╕}(x)$，从而$(A^{╕} \cap B^{╕})(x) = A^{╕}(x)$，故$(A \cup B)^{╕} = A^{╕} \cap B^{╕}$。(b) 当 $B(x) \in [1-\lambda, \lambda]$，则 $B^{╕}(x) = B(x) \in [1-\lambda, \lambda]$，而 $A^{╕}(x) = 1-A(x) \in [0, 1-\lambda)$，因此 $A^{╕}(x) < B^{╕}(x)$，从而$(A^{╕} \cap B^{╕})(x) = A^{╕}(x) \wedge B^{╕}(x) = A^{╕}(x) = (A \cup B)^{╕}(x)$，故$(A \cup B)^{╕}$

$= A^{\urcorner} \cap B^{\urcorner}$。综合(a)和(b)可知，当 $A(x) \in (\lambda, 1]$时，$(A \cup B)^{\urcorner} = A^{\urcorner} \cap B^{\urcorner}$。

情形 2: 若 $A(x) \in [0, 1-\lambda)$，又 $A(x) \geqslant B(x)$，从而 $B(x) \in [0, 1-\lambda)$，$(A \cup B)(x) = A(x) \vee B(x) = A(x) \in [0, 1-\lambda)$，故$(A \cup B)^{\urcorner}(x) = 1-(A \cup B)(x) = 1-A(x) = A^{\urcorner}(x)$，而$(A^{\urcorner} \cap B^{\urcorner})(x) = A^{\urcorner}(x) \wedge B^{\urcorner}(x) = (1-A(x)) \wedge (1-B(x)) = 1-A(x) = A^{\urcorner}(x)$，因此$(A \cup B)^{\urcorner}(x) = (A^{\urcorner} \cap B^{\urcorner})(x)$，所以$(A \cup B)^{\urcorner} = A^{\urcorner} \cap B^{\urcorner}$。

由情形 1 和情形 2，(1)得证。

(2) 与(1)类似可证。□

性质 10. 设 A 是 U 上的 IFSCOM 模糊集。则

(1) $A = A^{\urcorner\urcorner}$；

(2) $A^{\sim} = A^{\urcorner\sim}$；

(3) $A^{\urcorner} \cup A = A^{\sim\sim}$。

证明：(1) 由定义 2，若 $A(x) \in [0, 1-\lambda)$或 $A(x) \in (\lambda, 1]$，则 $A^{\urcorner}(x) = 1-A(x) \in (\lambda, 1]$或 $A^{\urcorner}(x) \in [0, 1-\lambda)$，从而 $A^{\urcorner\urcorner}(x) = 1-A^{\urcorner}(x) = 1-(1-A(x)) = A(x)$；若 $A(x) \in [1-\lambda, \lambda]$，有 $A^{\urcorner}(x) \in [1-\lambda, \lambda]$，从而 $A^{\urcorner\urcorner}(x) = A^{\urcorner}(x) = A(x)$，所以 $A = A^{\urcorner\urcorner}$。

(2) 根据定义 2，存在三种情形：

(a) 若 $A(x) \in (\lambda, 1]$，则 $A^{\urcorner}(x) = 1-A(x)$ $[0, 1-\lambda)$，从而 $A^{\urcorner\sim}(x) = \dfrac{2\lambda-1}{1-\lambda} A^{\urcorner}(x) + 1-\lambda = \dfrac{2\lambda-1}{1-\lambda}(1-A(x)) + 1-\lambda$，而 $A^{\sim}(x) = \dfrac{2\lambda-1}{1-\lambda}(1-A(x)) + 1-\lambda$，故 $A^{\sim}(x) = A^{\urcorner\sim}(x)$。

(b) 若 $A(x) \in [0, 1-\lambda)$，则 $A^{\urcorner}(x) = 1-A(x) \in (\lambda, 1]$，从而 $A^{\urcorner\sim}(x) = \dfrac{2\lambda-1}{1-\lambda}(1-A^{\urcorner}(x)) + 1-\lambda = \dfrac{2\lambda-1}{1-\lambda}[1-(1-A(x))] + 1-\lambda = \dfrac{2\lambda-1}{1-\lambda} A(x) + 1-\lambda$，又 $A^{\sim}(x) = \dfrac{2\lambda-1}{1-\lambda} A(x) + 1-\lambda$，故 $A^{\sim}(x) = A^{\urcorner\sim}(x)$。

(c) 若 $A(x) \in [1-\lambda, \lambda]$，根据定义 2，$A^{\urcorner}(x) = A(x) \in [1-\lambda, \lambda]$，故 $A^{\sim}(x) = A^{\urcorner\sim}(x)$。

由情形(a),(b),(c)，$\forall x \in U$，都有 $A^{\sim}(x) = A^{\urcorner\sim}(x)$，从而 $A^{\sim} = A^{\urcorner\sim}$。

(3) 根据定义 2，存在三种以下情形：

情形 1：若 $A(x) \in (\lambda, 1]$，则 $A^{\urcorner}(x) = 1-A(x) \in [0, 1-\lambda)$，$A^{\sim}(x) = \dfrac{2\lambda-1}{1-\lambda}(1-A(x)) + 1-\lambda \in [1-\lambda, \lambda)$，从而$(A^{\urcorner} \cup A)(x) = A^{\urcorner}(x) \vee A(x) = A(x)$，$A^{\sim\sim}(x) = \dfrac{1-\lambda}{2\lambda-1}(\lambda - A^{\sim}(x)) + \lambda = \dfrac{1-\lambda}{2\lambda-1}\{\lambda - [\dfrac{2\lambda-1}{1-\lambda}(1-A(x)) + 1-\lambda]\} + \lambda = 1-\lambda-1+A(x)+\lambda = A(x)$，故有$(A^{\urcorner} \cup A)(x) = A^{\sim\sim}(x)$。

情形 2：若 $A(x) \in [0, 1-\lambda)$，则 $A^{\urcorner}(x) = 1 - A(x) \in (\lambda, 1]$，$A^{\sim}(x) = \dfrac{2\lambda-1}{1-\lambda} A(x)$

$+1-\lambda\in[1-\lambda,\lambda)$，从而$(A^{╕}\cup A)(x)=A^{╕}(x)\vee A(x)=A^{╕}(x)$，$A^{\sim\sim}(x)=\dfrac{1-\lambda}{2\lambda-1}(\lambda-A^{\sim}(x))$ $+\lambda=\dfrac{1-\lambda}{2\lambda-1}[\lambda-(\dfrac{2\lambda-1}{1-\lambda}A(x)+1-\lambda)]+\lambda=1-\lambda-A(x)+\lambda=1-A(x)=A^{╕}(x)$，故有$(A^{╕}\cup A)(x)=A^{\sim\sim}(x)$。

情形 3：若 $A(x)\in[1-\lambda,\lambda]$，则 $A^{╕}(x)=A(x)$，$A^{\sim}(x)=\dfrac{1-\lambda}{2\lambda-1}(\lambda-A(x))+\lambda\in[\lambda,1]$，从而$(A^{╕}\cup A)(x)=A(x)$。当 $A^{\sim}(x)=\lambda$，这时 $A^{\sim\sim}(x)=\lambda$，而 $A(x)=\lambda$，从而$(A^{╕}\cup A)(x)=A(x)$；当 $A^{\sim}(x)\in(1-\lambda,\lambda]$时，有 $A^{\sim\sim}(x)=\dfrac{2\lambda-1}{1-\lambda}(1-A^{\sim}(x))+1-\lambda=\dfrac{2\lambda-1}{1-\lambda}$ $\{1-[\dfrac{1-\lambda}{2\lambda-1}(\lambda-A(x))+\lambda]\}+1-\lambda=2\lambda-1-\lambda+A(x)+1-\lambda=A(x)$，故$(A^{╕}\cup A)(x)=A(x)$。

因此，$\forall x\in U$，都有$(A^{╕}\cup A)(x)=A^{\sim\sim}(x)$，所以，$A^{╕}\cup A=A^{\sim\sim}$。□

性质 11. 设 A 是 U 上的 IFSCOM 模糊集。则

(1)　$A^{\sim\sim\sim}=A^{\sim}$；

(2)　$A^{\neg\neg\neg}=A^{\neg}$。

证明：(1) 存在两种情形：(a) 若 $A(x)\in(\lambda,1]$或 $A(x)\in[0,1-\lambda)$，则由性质 1，$A^{\sim}(x)\in[1-\lambda,\lambda)$，从而 $A^{\sim\sim}(x)=\dfrac{1-\lambda}{2\lambda-1}(\lambda-A^{\sim}(x))+\lambda\in(\lambda,1]$，故 $A^{\sim\sim\sim}(x)=\dfrac{2\lambda-1}{1-\lambda}(1-A^{\sim\sim}(x))+1-\lambda=\dfrac{2\lambda-1}{1-\lambda}\{1-[\dfrac{1-\lambda}{2\lambda-1}(\lambda-A^{\sim}(x))+\lambda]\}+1-\lambda=2\lambda-1-\lambda+A^{\sim}(x)+1-\lambda=A^{\sim}(x)$。(b) 若 $A(x)\in[1-\lambda,\lambda]$，由性质 10 中(3)，$A^{\sim\sim}(x)=(A^{╕}\cup A)(x)=A(x)$，从而 $A^{\sim\sim\sim}=A^{\sim}$。

(2) 存在四种情形：(I) 若 $A(x)\in(\lambda,1]$，则由定义 2 及性质 1，$A^{╕}(x)=1-A(x)\in[0,1-\lambda)$，$A^{\sim}(x)\in[1-\lambda,\lambda]$，从而 $A^{\neg}(x)=(A^{╕}\cup A^{\sim})(x)=A^{╕}(x)\vee A^{\sim}(x)=A^{\sim}(x)$，即 $A^{\neg}=A^{\sim}$，故有 $A^{\neg\neg}(x)=(A^{\neg╕}\cup A^{\neg\sim})(x)=(A^{\sim╕}\cup A^{\sim\sim})(x)=(A^{\sim╕}\cup(A^{╕}\cup A))(x)=A^{\sim╕}(x)\vee A^{╕}(x)\vee A(x)=A(x)$，即 $A^{\neg\neg}=A$。$A^{\neg\neg\neg}(x)=(A^{\neg\neg╕}\cup A^{\neg\neg\sim})(x)=(A^{╕}\cup A^{\sim})(x)=A^{╕}(x)\vee A^{\sim}(x)=A^{\sim}(x)$，从而 $A^{\neg\neg\neg}(x)=A^{\sim}(x)=A^{\neg}(x)$，即 $A^{\neg\neg\neg}=A^{\neg}$。(II) 若 $A(x)\in[0,1-\lambda)$，则 $A^{╕}(x)=1-A(x)\in(\lambda,1]$，$A^{\sim}(x)\in[1-\lambda,\lambda)$，从而 $A^{\neg}(x)=(A^{╕}\cup A^{\sim}](x)=A^{╕}(x)\vee A^{\sim}(x)=A^{╕}(x)$，即 $A^{\neg}=A^{╕}$。$A^{\neg\neg}(x)=(A^{\neg╕}\cup A^{\neg\sim})(x)=(A^{╕\neg}\cup A^{╕\sim})(x)=(A\cup A^{\sim})(x)=A(x)\vee A^{\sim}(x)=A^{\sim}(x)$，即 $A^{\neg\neg}=A^{\sim}$。$A^{\neg\neg\neg}(x)=(A^{\neg\neg╕}\cup A^{\neg\neg\sim})(x)=(A^{\sim\neg}\cup A^{\sim\sim})(x)=(A^{\sim╕}\cup A^{\sim\sim})(x)=(A^{\sim}\cup(A\cup A^{╕}))(x)=A^{╕}(x)$，故 $A^{\neg\neg\neg}(x)=A^{\neg}(x)$，从而 $A^{\neg\neg\neg}=A^{\neg}$。(III) 若 $A(x)\in[1-\lambda,\lambda]$，则由定义 2 及性质 1，$A^{╕}(x)=A(x)\in[1-\lambda,\lambda]$，$A^{\sim}(x)\in(\lambda,1]$，从而 $A^{\neg}(x)=(A^{╕}\cup A^{\sim})(x)=A^{\sim}(x)$，即 $A^{\neg}=A^{\sim}$，从而有 $A^{\neg\neg}(x)=(A^{\neg╕}\cup A^{\neg\sim})(x)=(A^{\sim╕}\cup A^{\sim\sim})(x)=A^{\sim╕}(x)\vee A^{\sim\sim}(x)=(1-A^{\sim}(x))\vee(A^{╕}(x)\vee A(x))=A(x)$，即 $A^{\neg\neg}=A$，而 $A^{\neg\neg\neg}(x)=(A^{\neg\neg╕}\cup A^{\neg\neg\sim})(x)=(A^{╕}\cup A^{\sim})(x)=A^{╕}(x)\vee A^{\sim}(x)=A^{\sim}(x)$，故有 $A^{\neg\neg\neg}(x)$

$=A^{\neg}(x)$, 即 $A^{\neg\neg\neg}=A^{\neg}$。(IV) 若 $A(x)=\lambda$, 则由定义 2, $A^{ᆿ}(x)=A^{\sim}(x)=\lambda$, 易得 $A^{\neg\neg\neg}(x)=A^{\neg}(x)=\lambda$。

因此，$\forall x\in U$，都有 $A^{\neg\neg\neg}(x)=A^{\neg}(x)$，所以，$A^{\neg\neg\neg}=A^{\neg}$。□

性质 12. 设 A 是 U 上的 IFScom 模糊集。则

(1) $A^{\sim}=A^{\neg}\cap A^{ᆿ\neg}$;

(2) $A^{ᆿ\neg}=A\cup A^{\sim}$;

(3) $A^{\sim\neg}=A\cup A^{ᆿ}$。

证明: (1) 根据定义 3 及性质 10，知 $A^{\neg}=A^{ᆿ}\cup A^{\sim}$，$A^{ᆿ\neg}=A^{ᆿᆿ}\cup A^{ᆿ\sim}=A\cup A^{\sim}$，又据性质 8，有 $A^{\neg}\cap A^{ᆿ\neg}=(A^{ᆿ}\cup A^{\sim})\cap(A\cup A^{\sim})=(A^{ᆿ}\cap A)\cup A^{\sim}$。又因为$\forall x\in U$，必有$(A^{ᆿ}\cap A)(x)=A^{ᆿ}(x)\wedge A(x)\in[0,\lambda]$，从而存在两种情形：(a) 若 $A^{ᆿ}(x)\wedge A(x)\in[0,1-\lambda)$，则必有 $A^{\sim}(x)\in[1-\lambda,\lambda)$，从而有$((A^{ᆿ}\cap A)\cup A^{\sim})(x)=A^{\sim}(x)$，即$(A^{ᆿ}\cap A)\cup A^{\sim}=A^{\sim}$；(b) 若 $A^{ᆿ}(x)\wedge A(x)\in[1-\lambda,\lambda]$，则必有 $A^{\sim}(x)\in[\lambda,1]$，从而$((A^{ᆿ}\cap A)\cup A^{\sim})(x)=A^{\sim}(x)$，即$(A^{ᆿ}\cap A)\cup A^{\sim}=A^{\sim}$。因此，$\forall x\in U$，有 $A^{\sim}(x)=((A^{ᆿ}\cap A)\cup A^{\sim})(x)=A^{\neg}\cap A^{ᆿ\neg}(x)$，所以 $A^{\sim}=A^{\neg}\cap A^{ᆿ\neg}$。

(2) 根据定义 3 及性质 10，$A^{ᆿ\neg}=A^{ᆿᆿ}\cup A^{ᆿ\sim}=A\cup A^{\sim}$。

(3) 根据定义 3 及性质 10，$A^{\sim\neg}=A^{\simᆿ}\cup A^{\sim\sim}=A^{\simᆿ}\cup(A^{ᆿ}\cap A)$。若 $A(x)\in(\lambda,1]$ 或 $A(x)\in[0,1-\lambda)$，据定义 2 及性质 1，有 $A^{ᆿ}(x)\in[0,1-\lambda)$或 $A^{ᆿ}(x)\in(\lambda,1)$，$A^{\sim}(x)\in[1-\lambda,\lambda)$，从而$(A^{ᆿ}\cup A)(x)=A^{ᆿ}(x)\vee A(x)\in(\lambda,1)$，$A^{\simᆿ}(x)\in[1-\lambda,\lambda]$，故有$(A^{ᆿ}\cup A)(x)>A^{\simᆿ}(x)$，从而$(A^{\simᆿ}\cup(A^{ᆿ}\cup A))(x)=(A^{ᆿ}\cup A)(x)$，所以 $A^{\sim\neg}(x)=(A^{ᆿ}\cup A)(x)$；若 $A(x)\in[1-\lambda,\lambda)$，则 $A^{ᆿ}(x)=A(x)$，$A^{\sim}(x)\in(\lambda,1]$，从而$(A^{ᆿ}\cup A)(x)=A^{ᆿ}(x)\vee A(x)\in[1-\lambda,\lambda)$，$A^{\simᆿ}(x)=1-A^{\sim}(x)\in[0,1-\lambda)$，所以$(A^{\simᆿ}\cup(A^{ᆿ}\cup A))(x)=(A^{ᆿ}\cup A)(x)$，故有 $A^{\sim\neg}(x)=(A^{ᆿ}\cup A)(x)$；若 $A(x)=\lambda$，则 $A^{ᆿ}(x)=A^{\sim}(x)=\lambda$，从而 $A^{\simᆿ}(x)=\lambda$，因此 $A^{\sim\neg}(x)=(A^{\simᆿ}\cup(A^{ᆿ}\cap A))(x)=(A^{ᆿ}\cup A)(x)=\lambda$。综上可知, $\forall x\in U$，$A^{\sim\neg}(x)=(A^{ᆿ}\cup A)(x)$，从而 $A^{\sim\neg}=A^{ᆿ}\cup A$。□

由性质 11 和性质 12，易证下列性质 13。

性质 13. 设 A,B 是 U 上的 IFScom 模糊集。则

$A^{\sim\sim}=A^{\sim\neg}=A^{ᆿ}\cup A$。

由定义 4 以及性质 7 和性质 8，易证下列性质 14。

性质 14. 设 A,B 是 U 上的 IFScom 模糊集。若 $A\subseteq B$，则

(1) $A\cup B=B$;

(2) $A\cap B=A$。

由性质 14，易证下列性质 15。

性质 15. 设 A，B 为 IFScom，若 $A\subseteq B$，则

(1) $A^{\sim}\cup B^{\sim}=(A\cup B)^{\sim}\cup(A\cap B)^{\sim}$;

(2) $A^{\sim}\cap B^{\sim}=(A\cup B)^{\sim}\cap(A\cap B)^{\sim}$。

3. GFSCOM 模糊集

对于 FSCOM 模糊集在一些领域中的应用存在的局限性，除了在上节中已指出的中介否定集 $A^{\sim}$是非正规模糊集（即 $A^{\sim}(x)\in(0, 1)$）外，由于在 FSCOM 模糊集定义中矛盾否定集 $A^{\neg}(x) = \max(A^{ᆨ}(x), A^{\sim}(x))$，当 $A^{ᆨ}(x)\leqslant A^{\sim}(x)$时，有 $A^{\neg}(x) = \max(A^{ᆨ}(x), A^{\sim}(x))\geqslant A^{\sim}(x) > 0$，这就表明即使有论域 U 中的一个对象 x 对于 A 的隶属度 $A(x)$ 为 1，x 对于 $A^{\neg}$ 的隶属度 $A^{\neg}(x)$大于 0，即 x 部分地属于 $A^{\neg}$，这就限制了 FSCOM 在一些实际领域（如模糊系统）中的应用。

为了解决这些 FSCOM 模糊集在应用中存在的局限性问题，在 FSCOM 模糊集基础上，我们提出了“带有矛盾否定、对立否定和中介否定的广义模糊集”(generalized fuzzy set with contradictory，opposite and medium negation)，简记为 GFSCOM，并研究了它的基本性质及其应用。具体如下：

在一些实际领域中，由于可将论域 U 进行有限数值化映射，进而得到(一维)有限数值集，因此以下都把论域 U 视为一个有限数值集，并以 $F(U)$表示 U 上全体模糊子集构成的集合。

定义 1. $\forall A\in F(U)$，设 a, b 为 U 的左、右端点，$*$为 t-模，n 为补算子。

(1) 若映射 $A^{\neg}$：$U\to[0, 1]$满足 $A^{\neg}(x) = n(A(x))$，称 $A^{\neg}$ 确定的模糊子集 $A^{\neg}$ 为 A 的 n 矛盾否定集。特别地，若 n 为线性补，则 $A^{\neg}(x) = n(A(x)) = 1-A(x)$ 确定的模糊子集为 A 的矛盾否定集。

(2) 若映射 $A^{ᆨ}$：$U\to[0, 1]$满足 $A^{ᆨ}(x) = A(a + b - x)$且 $A^{ᆨ}(x) + A(x)\leqslant 1$，则称 $A^{ᆨ}$ 确定的模糊子集为 A 的对立否定集。

(3) 若映射 $A^{\sim}$：$U\to[0, 1]$满足 $A^{\sim}(x) = A^{\neg}(x)*(A^{ᆨ})^{\neg}(x) = n(A(x))*n(A^{ᆨ}(x)) = n(A(x))*n(A(a + b - x))$，称 $A^{\sim}$ 确定的模糊子集为 A 的$*$-n 中介否定集。特别地，若 t-模$*$取 min，n 取线性补，则称 $A^{\sim}(x) = \min\{1-A(x), 1 - A(a + b - x)\}$为 A 的中介否定集。

上述定义中给出的模糊集称为“带有矛盾否定、对立否定和中介否定的广义模糊集”(generalized fuzzy set with contradictory，opposite and medium negation)，简记为 GFSCOM。

下列为 GFSCOM 的运算及其性质：

定义 2. 设 A, B 是 U 上的 GFSCOM 模糊集。

(1) $A = B$，当且仅当 $A(x) = B(x)$；

(2) $A\subseteq B$，当且仅当 $A(x)\leqslant B(x)$；

(3) $(A\cup B)(x) = A(x)\vee B(x) = \max(A(x), B(x))$；

(4) $(A\cap B)(x) = A(x)\wedge B(x) = \min(A(x), B(x))$。

容易证明 GFSCOM 模糊集也具有下列的经典集合和模糊集合的性质。

性质 1. 设 A, B, C 是 U 上的 GFSCOM 模糊集。则

(1) $A\cup A=A$，$A\cap A=A$;

(2) $A\cup B=B\cup A$，$A\cap B=B\cap A$;

(3) $(A\cup B)\cup C=A\cup(B\cup C)$;

(4) $(A\cap B)\cap C=A\cap(B\cap C)$;

(5) $A\cup(B\cap C)=(A\cup B)\cap(A\cup C)$;

(6) $A\cap(B\cup C)=(A\cap B)\cup(A\cap C)$;

(7) $A\cup(A\cap B)=A$，$A\cap(A\cup B)=A$;

(8) $U\cap A=A$，$U\cup A=U$;

(9) $\varnothing\cap A=\varnothing$，$\varnothing\cup A=A$。

GFSCOM 模糊集具有如下特殊性质：

性质 2. 设 A, B, C 是 U 上的 GFSCOM 模糊集。则

(1) $A^{\neg\neg}=A$;

(2) $A=A^{ᆨᆨ}$;

(3) $A^{\sim}=A^{ᆨ\sim}$。

证明：(1) $\forall x\in U$，因 $A^{\neg\neg}(x)=1-(1-A(x))=A(x)$，所以 $A^{\neg\neg}=A$。

(2) $\forall x\in U$，因 $A^{ᆨᆨ}(x)=A^{ᆨ}(a+b-x)=A(a+b-(a+b-x))=A(x)$，所以 $A=A^{ᆨᆨ}$。

(3) $\forall x\in U$，因 $A^{ᆨ\sim}(x)=\min\{1-A^{ᆨ}(x), 1-A^{ᆨ}(a+b-x)\}=\min\{1-A^{ᆨ}(x), 1-A(x)\}=\min\{1-A(x), 1-A(a+b-x)\}=A^{\sim}(x)$，所以 $A^{\sim}=A^{ᆨ\sim}$。

性质 2 中(1)在 FSCOM 模糊集和 IFSCOM 模糊集不成立，其说明 GFSCOM 模糊集对否定算子定义的合理性，它体现了经典数学中的“否定之否定”(即矛盾否定之矛盾否定)等于其本身的思想。

性质 3. 设 A, B, C 是 U 上的 GFSCOM 模糊集，$(A\cup B)^{ᆨ}$ 和 $(A\cap B)^{ᆨ}$ 存在，且 $(A\cup B)^{ᆨ}(x)+(A\cup B)(x)\leqslant 1$，　$(A\cap B)^{ᆨ}(x)+(A\cap B)(x)\leqslant 1$。则

(1) $(A\cup B)^{\neg}=A^{\neg}\cap B^{\neg}$;

(2) $(A\cap B)^{\neg}=A^{\neg}\cup B^{\neg}$;

(3) $(A\cup B)^{ᆨ}=A^{ᆨ}\cup B^{ᆨ}$;

(4) $(A\cap B)^{ᆨ}=A^{ᆨ}\cap B^{ᆨ}$。

证明：由定义 1 与定义 2 易得。□

性质 4. 设 A, B, C 是 U 上的 GFSCOM 模糊集。则

(1) $A^{\sim}=A^{\neg}\cap A^{ᆨ\neg}$;

(2) $(A\cup B)^{\sim}=A^{\sim}\cap B^{\sim}$。

证明：(1) 由定义 1 与定义 2 易得。

(2) 由(1)和性质 3，$(A\cup B)^{\sim}=A\cup B)^{\neg}\cap(A\cup B)^{ᆨ\sim}=(A^{\neg}\cap B^{\neg})\cap(A^{ᆨ}\cup B^{ᆨ})^{\neg}=$

$(A^{\neg}\cap B^{\neg})\cap(A^{╕\neg}\cap B^{╕\neg}) = (A^{\neg}\cap A^{╕\neg})\cap(B^{\neg}\cap B^{╕\neg}) = A^{\sim}\cap B^{\sim}$。□

性质 5. 设 A, B, C 是 U 上的 GFSCOM 模糊集。则

(1) $A\subseteq B \Leftrightarrow B^{\neg}\subseteq A^{\neg}$；

(2) $A\subseteq B \Leftrightarrow A^{╕}\subseteq B^{╕}$；

(3) $A\subseteq B \Leftrightarrow B^{\sim}\subseteq A^{\sim}$。

证明：(1) $\forall x\in U$，因 $A\subseteq B$，根据定义 2, $A(x)\leqslant B(x)$, 从而 $1-B(x)\leqslant 1-A(x)$。由定义 1，则有 $B^{\neg}(x)\leqslant A^{\neg}(x)$，故 $B^{\neg}\subseteq A^{\neg}$。反之，同理可证。

(2) $\forall x\in U$, 根据定义 1, $(a+b-x)\in U$。若 $A\subseteq B$, 根据定义 2, $A(a+b-x)\leqslant B(a+b-x)$，即 $A^{╕}(x)\leqslant B^{╕}(x)$，所以 $A^{╕}\subseteq B^{╕}$。反之，若 $A^{╕}\subseteq B^{╕}$，从而 $A^{╕╕}\subseteq B^{╕╕}$，又由性质 2 中(2)，可得 $A\subseteq B$。

(3) 若 $A\subseteq B$，由(1)和(2)得 $B^{\neg}\subseteq A^{\neg}$，$B^{╕\neg}\subseteq A^{╕\neg}$。从而 $B^{\neg}\cap B^{╕\neg}\subseteq A^{\neg}\cap A^{╕\neg}$，即 $B^{\sim}\subseteq A^{\sim}$。

性质 6. 设 A 是 U 上的 GFSCOM 模糊集，$*, \Delta\in\{╕, \sim, \neg\}$。则

$$A\cup A^{*} = U,\ A^{\Delta}\cup A^{*} = U,\ A\cap A^{*} = \varnothing,\ A^{\Delta}\cap A^{*} = \varnothing$$

都不成立。

性质 6 说明了在 GFSCOM 模糊集中，排中律和矛盾律都不成立。

4. FSCOM 模糊集、IFSCOM 模糊集与 GFSCOM 模糊集的关系

FSCOM 模糊集、IFSCOM 模糊集以及 GFSCOM 模糊集均在 Zadeh 模糊集中考虑了三种不同的否定及其关系，从概念层面上区分、刻画了模糊知识中存在的三种否定及其关系，扩展了 Zadeh 模糊集。IFSCOM 和 GFSCOM 对 FSCOM 定义进行了修改，尤其 GFSCOM 模糊集进一步深入完善了 FSCOM 模糊集理论。在 GFSCOM 模糊集中，一个模糊集 A 的中介否定集 $A^{\sim}$可以为正规的，只要在论域 U 中存在 x_0，使得 $A(x_0) = 0$ 且 $A^{╕}(x_0) = 0$，则必有 $A^{\sim}(x_0) = 1$。因为每一个补算子 n 和 t-模都具有一定的实际应用背景，所以，通过使用补算子 n 和 t-模来对矛盾否定和中介否定进行刻画就会使得 GFSCOM 模糊集具有应用上的广泛性，同时在应用中避免了 FSCOM 模糊集与 IFSCOM 模糊集中参数 λ 的确定问题。

根据上述，我们可对 FSCOM 模糊集与 GFSCOM 模糊集中的三种否定算子之间的关系分析如下：

在 FSCOM 模糊集中，对于任意的 $x\in U$，A 的对立否定集 $A^{╕}$被定义为 $A^{╕}(x) = 1-A(x)$，即 GFSCOM 模糊集中的矛盾否定集 $A^{\neg}$，表明 FSCOM 中对立否定集与 GFSCOM 中的矛盾否定集相同。当 $A(x)\geqslant 1/2$ 时，因为在 GFSCOM 中有 $A^{╕}(x) + A(x)\leqslant 1$，所以 $A^{╕}(x)\leqslant 1/2$，于是 $A^{╕\neg}(x)\geqslant 1/2$；因 $A^{\neg}(x)\leqslant 1/2$，故而 $A^{\sim}(x) = A^{\neg}(x)\wedge A^{╕\neg}(x) = A^{\neg}(x)$，即此时，GFSCOM 中的中介否定集与 FSCOM 中矛盾否定集相同。当 $A(x) < 1/2$ 时，因此时在 FSCOM 中可证 $A^{\neg}(x) = \max(A^{╕}(x), A^{\sim}(x)) = A^{╕}(x)$，所以，

此时，FSCOM 中矛盾否定集与 GFSCOM 中的矛盾否定集完全相同。因而我们有如下结论。

对于 FSCOM 模糊集和 GFSCOM 模糊集而言：

(1) FSCOM 中对立否定集与 GFSCOM 中的矛盾否定集相同。

(2) 当 $A(x)\geqslant 1/2$ 时，GFSCOM 中的中介否定集与 FSCOM 中的对立否定集相同。

(3) 当 $A(x) < 1/2$ 时，GFSCOM 中的矛盾否定集与 FSCOM 中的矛盾否定集相同。

4.4 本章小结

在上一章中，我们从概念本质上研究分析了概念的否定，确定了在概念中客观存在的五种不同否定关系，其中，模糊概念中的否定关系为矛盾否定关系 CFC、对立否定关系 OFC 和中介否定关系 MFC。为了从数学角度研究这三种不同否定关系以及其中的内在关系、性质及规律，本章中提出一种具有矛盾否定、对立否定和中介否定的模糊集 FSCOM，并研究了模糊集 FSCOM 的运算及其一般性质和特有的性质。FSCOM 定义中的“模糊集”概念虽然与 Zadeh 定义相同，但我们要强调的是，Zadeh 模糊集、粗糙集以及 Zadeh 模糊集的各种扩展如直觉模糊集、区间值模糊集等在理论基础上只有一种否定的认识与描述，“否定”这一概念与经典集合和经典逻辑中的否定思想没有本质区别，只是对否定定义的表达形式不同，因而这些集合理论不具有区分、表达模糊性对象中的矛盾否定关系、对立否定关系以及中介否定关系的能力，在对模糊知识及其不同否定的区分、表达以及计算等处理将存在困难。

在 FSCOM 的理论研究中，对于模糊知识中的中介否定的客观存在性，虽然 2007 年 Kaneiwa 等已意识到模糊知识中的这种否定的存在，但 Kaneiwa 并没有从理论上对这种客观存在现象进行分析研究。这种客观存在的现象，在 FSCOM 模糊集中表达为模糊集 A 的中介否定集 $A^{\sim}$，并在本章中被严格证明为 FSCOM 模糊集的一个运算性质：$A^{\sim} = A^{\neg} \cap A^{╕\neg}$。从而表明 FSCOM 模糊集从理论上肯定了模糊知识中的中介否定的客观存在性，并且给出它与其他对象（$A^{\neg}$和 $A^{╕\neg}$）的关系。因此可以说，FSCOM 模糊集能够作为处理这种客观存在现象的理论基础。为了从理论上表明 FSCOM 模糊集中的三种否定为不同的模糊否定，本章根据通常的模糊否定定义，证明了 FSCOM 模糊集中的三种否定是具有不同性质的模糊否定。为了完善 FSCOM 模糊集理论、运用 FSCOM 模糊集有效地解决实际问题，本章进一步建立了 FSCOM 模糊集的截集、距离、模糊度、包含度、贴近度和 λ-中介否定与 λ-区间函数等概念，以及 FSCOM 模糊集的改进和扩充，即 IFSCOM 模糊集和 GFSCOM

模糊集。

本章内容均为我们的原创研究结果，是本书的主要理论研究结果之一。

关于 FSCOM 模糊集的理论研究，除了本章介绍的内容外，还有一些值得进一步对 FSCOM 模糊集进行充实、完善的研究内容，有待于有兴趣的读者对它们进行研究。我们试列举几个可研究的问题如下。

(1) FSCOM 模糊集的分解定理。分解定理是 Zadeh 模糊集论中的一个基本定理，其揭示了模糊集与传统集之间的内在联系，它表明了一个模糊集是模糊集的一族截集（传统集）与$\lambda(\lambda\in[0, 1]$之积的并集。由于 Zadeh 模糊集论中只有一种否定，根据 Zadeh 模糊集分解定理表达式，模糊集 A 的否定集 $\bar{A}$ 的分解定理表达式能简单推出（因 $\bar{A}(x) = 1-A(x)$）。由于 FSCOM 模糊集中的否定集区分为矛盾否定集 $A^{\neg}$、对立否定集 $A^{╕}$ 和中介否定集 $A^{\sim}$，所以 FSCOM 模糊集的分解定理及其不同否定集的分解定理表达式不可能都可由 Zadeh 模糊集分解定理表达式推出。

在本章中，已给出了 FSCOM 模糊集中一个集合 A 以及 A 的矛盾否定集 $A^{\neg}$、对立否定集 $A^{╕}$ 和中介否定集 $A^{\sim}$的截集（即下截集）概念，根据 FSCOM 模糊集定义，显然 A 的分解定理表达式与现有分解定理相同，$A^{╕}$ 的分解定理表达式同样容易推出（因 $A^{╕}(x) = 1- A^{╕}(x)$），但关于 $A^{\sim}$的分解定理表达式则需研究给出。而 $A^{\neg}$ 的分解定理表达式可由 $A^{╕}$ 与 $A^{\sim}$ 的分解定理表达式推出(因 $A^{\neg} = A^{╕} \cup A^{\sim}$)。本问题研究目标是给出模糊集 A、$A^{╕}$ 和 $A^{\sim}$的分解定理表达式。

(2) FSCOM 模糊集的表现定理。表现定理是分解定理的另一面。即一族精确集合只须满足一定的条件，就可用以表示一个模糊子集。与 1)同理，本问题研究目标是给出模糊集 A、$A^{╕}$ 和 $A^{\sim}$的表现定理表达式。

(3) FSCOM 模糊集与其他模糊集的关系。在本章中已知 FSCOM 模糊集与 Zadeh 模糊集的关系，即 Zadeh 模糊集是 FSCOM 模糊集的特例，在第 2 章我们亦论述了 Zadeh 模糊集与其各种扩充模糊集（如区间值模糊集 IVFS、直觉模糊集 IFS 等）之间的关系。研究 FSCOM 模糊集与 Zadeh 模糊集的各种扩充模糊集的关系，将使得我们更加全面地理解、把握以事物模糊性为研究对象的模糊数学的理论基础。

(4) FSCOM 模糊集的截集的未证性质。对于 FSCOM 模糊集的截集，本章中只证明了它的部分性质，还有许多有趣的性质有待于研究证明。

第5章　FSCOM 模糊集的应用

在模糊知识的处理与研究中，模糊决策、模糊综合评判以及模糊系统设计等是典型的模糊知识处理领域。对这些实际领域中的模糊知识如何区分、表示、推理以及计算等，迄今以 Zadeh 模糊集为主要基础。然而，由于 Zadeh 模糊集及其扩展理论中的否定概念与经典集合没有本质区别，理论中只有一种否定概念且否定信息计算简单（否定¬定义为 $N(x) = 1 - x$ 或者 $N(x) = x \to 0$），更没有从理论上认知、研究模糊知识中的不同否定关系及其性质与规律，尽管它们在这些典型的模糊知识处理领域的应用中有效，但对于应用的实际问题中的事物关系的认识处理不深入，信息计算（如模糊集的隶属度计算）量大等。另外，在模糊知识的处理与研究中，存在一种普遍的偏执的认识，即认为正信息为基础、否定信息为派生出来的。我们研究认为，对于任何模糊知识处理领域而言，否定概念扮演了一个特殊的角色，否定信息与正信息具有同等的价值。因此，基于这样的认识，我们以 FSCOM 模糊集理论为基础，分别研究提出了在这些领域中的模糊知识处理方法，即“基于 FSCOM 模糊集的模糊多属性决策方法”“基于 FSCOM 模糊集的模糊综合评判方法”和“基于 GFSCOM 模糊集的模糊系统设计方法”，研究了这些方法在解决相应领域的一些实际问题中的应用，并与 Zadeh 模糊集及其各种扩展理论的方法进行了比较研究(详见文献[207]~[221])。研究结果表明，这些基于 FSCOM 模糊集理论的模糊知识处理方法是更加深入并且合理有效的。

5.1　FSCOM 模糊集在模糊多属性决策中的应用

决策是人类的一项基本活动，它是指人们从若干备选方案中选择一个满意的行动方案的过程。决策行为普遍存在于人们生活的方方面面，大到一个国家经济发展的战略决策，小到一家企业的新产品开发决策以及一个家庭或个人的投资理财决策，因此可以说决策无处不在、无时不在，决策的科学性和客观性是保证做出成功决策的关键。随着现代社会的复杂性不断增加，各行各业所面临的决策问题越来越复杂，信息量越来越大，决策者单纯依靠直觉和经验来完成决策的时代已经成为历史，决策分析特别是基于模糊信息的决策分析便应运而生，进而成为运筹、管理等学科的一个重要研究领域。

模糊决策是一种在模糊环境下进行定量决策的数学理论和方法。1970 年，享有“动态规划之父”盛誉的南加州大学教授 Bellman 与 Zadeh 一起在多目标决策的基础上，提出了模糊决策的基本模型[222]。在该模型中，凡决策者不能精确定义的参数、概念和事件等，都被处理成某种适当的模糊集合，蕴含着一系列具有不同置信水平的可能选择。这种柔性的数据结构与灵活的选择方式大大增强了模型的表现力和适应性，被人们发展和推广为研究模糊决策的基础。迄今为止，模糊集理论的应用已经渗透到了决策科学的各个领域。无论是独裁决策还是群决策，是单一规则（准则）决策还是多规则决策，是一次性决策还是多阶段决策，或者是不同种类交叉的混合性决策，模糊集理论在决策思想、决策逻辑和决策技术等方面都发挥了重要的作用，并取得了良好的效果。

在各种决策中，根据决策空间的不同，多规则决策可分为多属性决策和多目标决策。多属性决策，是指决策空间具有离散性(即备选方案个数有限)的决策；多目标决策，是指决策空间具有连续性(即备选方案个数无限)的决策。一般认为，前者是研究已知方案的评价选择问题，后者是研究未知方案的规划设计问题。

经典多属性决策问题可以描述为：给定一组可能的备选方案，对于每个方案，都需要从它的若干个属性(每个属性有不同的评价准则)去对其进行综合评价，决策的目的就是要从这一组备选方案中找到一个使决策者达到最满意的方案，或者对这一组备选方案进行综合评价排序，且排序结果能够反映决策者的意图。多属性决策问题广泛地存在于社会、经济、管理等各个领域中，如投资决策、项目评估、质量评估、方案优选、企业选址、资源分配、科研成果评价、人员考评、经济效益综合排序等。多属性决策理论从其诞生以来就一直是学术界关注的研究热点，但随着社会、经济的发展，人们所考虑问题的复杂性、不确定性以及人类思维的模糊性在不断增强，当经典多属性决策问题中的各属性的决策指标值或各属性的权重表现为模糊语言或模糊数等不确定性信息时，则称为模糊多属性决策问题。

国内外关于模糊多属性决策的研究[222-227]，我们认为体现了以下几个主要方面。

1) 模糊决策指标的规范化方法研究

在模糊多属性决策问题中，和经典多属性决策问题一样，需要将每个备选方案的多个属性指标值综合在一起考虑，形成备选方案的综合效用。但是各个属性的量纲、单位、数量级等一般是不同的，相应的评价标准一般情况下也是不同的。所以，不能简单地直接将各属性的指标值综合在一起，而是首先要将属性间的量纲、单位、数量级等方面存在的差异通过一定的规则(转换规则)消除掉，这个过程就是属性指标的规范化。

2) 模糊数的比较和排序方法研究

决策问题最终要反映为决策综合效用指标的比较和排序，模糊多属性决策问题最终也将是多属性模糊决策综合指标的比较和排序。因此，模糊数的比较和排序方法也成为模糊多属性决策问题的一个核心问题。

3) 属性的权重确定方法研究

在多属性决策问题中，属性权重的大小反映了各属性的相对重要程度，属性越重要，其权重应该越大，反之则越小，所以属性权重的确定正确与否在多属性决策中具有举足轻重的作用，对于模糊多属性决策问题也是如此。因此，属性权重的确定方法研究也是模糊多属性决策问题的核心问题之一。

4) 模糊多属性决策理论、方法及其应用研究

多属性决策方法(决策方案的综合排序方法)是在规范化后的决策矩阵和各属性权重确定的基础上，利用一定数学方法计算出符合决策者偏好的各方案的综合效用指标，并进行比较和排序的理论和方法，也称为多属性效用理论。目前，国内外常用的模糊多属性决策方法，基本上都是在经典多属性决策方法的基础上，改进或直接套用得出。

5) 模糊多属性群决策理论、方法及其应用研究

为了决策的科学化、民主化，对于重大的复杂决策问题一般采用群体决策的方式。群决策的结果来自于个人决策，是对个人决策结果的加权、综合过程，多属性群决策解决的问题核心是如何集结决策群体全体成员的偏好以形成群体的偏好(决策结果)。模糊多属性群决策研究亦如此。

他们关于模糊多属性决策的理论与方法具有以下特点：

(1) 模糊多属性群决策理论和方法基本上都是在经典多属性决策理论和方法的基础上建立的。由于经典多属性决策方法本身就存在一定的不足，因此直接套用于模糊决策以及决策者的主观不确定态度等对模糊决策的结果有着很大的影响。

(2) 迄今的模糊多属性决策方法，没有考虑每个备选方案中的模糊性属性之间的关系，以及各备选方案的模糊性属性之间的关系，本质上是将各备选方案视为独立的决策方法；没有考虑模糊集之间的关系，使得求解每个模糊集的隶属度都是互无关系的单独求解。

(3) 对于基于实际统计数据的模糊多属性决策问题，没有建立直接通过数据求解属性中不同模糊集的隶属度的方法。

5.1.1　基于 FSCOM 模糊集的模糊多属性决策方法

根据上述研究分析，在文献[207]中，我们提出一种基于 FSCOM 模糊集理论的新的模糊多属性决策方法。方法的具体步骤如下：

步骤 1：确定备选方案中的模糊属性、模糊集的区分及关系；

步骤 2：备选方案的形式表示；

步骤 3：确定实际数据对于备选方案中的模糊集及其不同否定集的隶属度；

步骤 4：确定备选方案中模糊集及其不同否定集的隶属度范围的阈值；

步骤 5：采用适应的模糊推理方法对实例推理决策，得到决策结果。

该模糊多属性决策方法具有如下特点：

(1) 不是一种考虑备选方案属性的权重或对备选方案进行综合评价和排序的方法；

(2) 充分考虑同一个备选方案中的模糊属性之间的关系以及各备选方案的模糊属性之间的关系，通过与其他模糊多属性决策方法比较，该方法更加适用有效；

(3) 区分、确定备选方案属性中的不同模糊集及其关系，并用 FSCOM 模糊集中的三种否定及其关系予以刻画；

(4) 特别适用于基于实际统计数据的模糊多属性决策问题；

(5) 对于基于实际统计数据的模糊多属性决策，通过对数据特点的分析，给出一种直接通过数据确定属性中模糊集及其不同否定集的隶属度求解方法，该方法相对客观、通用简便；

(6) 提出一种关于属性中模糊集及其不同否定集的隶属度范围的“阈值”概念及其确定方法，使得采用与决策相适应的模糊推理方法对实例进行推理决策更加便利有效。

为了检验该模糊多属性决策方法的有效性，我们研究了该方法在个体理财决策、股票投资决策、期货投资决策等实际问题中的应用（详见文献[207]~[210]）。下面我们介绍在两个具体实例中的应用研究。

5.1.2　应用实例一：个体理财决策

在现实生活中，个体（人、家庭）每月的经济收入除了满足日常生活外，将剩余的钱存入银行还是消费？决策取决于个体目前每月的经济收入多少以及在银行有多少储蓄。

假设有如下四个决策（备选）方案：

(a)　如果个体在银行的存款少，则将每月剩余的钱存入银行。

(b)　如果个体在银行的存款多且月收入高，则将每月剩余的钱用于消费。

(c)　如果个体在银行的存款多且月收入中等，则将每月剩余的钱大部分消费，少部分存入银行。

(d) 如果个体在银行的存款中等且月收入中等，则将每月剩余的钱大部分存入银行，少部分消费。

(注：如果个体每月收入低，则视为每月无剩余的钱。)

实例：假设一个个体 M 的月收入是 5000 元、银行存款有 120 000 元。那么四个备选方案中哪个是最适合 M 的决策方案？

1. 备选方案的模糊属性及其模糊集的区分及关系

在我国，人们关于“收入高（或高收入）”“收入低（或低收入）”“存款多（或高存款）”以及“存款少（或低存款）”的认识观点受多方面因素影响，其中地区差异影响最为明显。对此，我们对生活在中国经济比较发达的一些地区的人们进行随机调查统计，得到结果见表 5-1。

表 5-1　长江三角洲及附近地区人们关于收入高(低)和存款多(少)的观点

观点	省市	收入高/(元/月)	收入低/(元/月)	存款多/元	存款少/元
1	上海市区	≥15 000	≤2000	≥200 000	≤100 000
2	上海浦东	≥20 000	≤2500	≥250 000	≤150 000
3	上海徐汇	≥10 000	≤2000	≥200 000	≤80 000
4	江苏南京	≥10 000	≤1500	≥200 000	≤80 000
5	江苏无锡	≥12 000	≤1200	≥150 000	≤100 000
6	江苏苏州	≥15 000	≤1500	≥150 000	≤100 000
7	安徽合肥	≥6 000	≤1000	≥100 000	≤80 000
8	安徽阜阳	≥5 000	≤1000	≥100 000	≤50 000
9	安徽黄山	≥4 000	≤800	≥100 000	≤50 000
10	山东济南	≥7 000	≤1200	≥150 000	≤80 000
11	山东烟台	≥6 000	≤1000	≥120 000	≤50 000
12	山东威海	≥10 000	≤1500	≥150 000	≤80 000

表 5-1 中只列出 12 个地区的调查数据，这些地区分别属于四个不同的省市。我们取同省市数据的平均值为同一个省市的综合数据。显然，被调查地区的人数越多/综合数据越准确。为增强综合数据的准确性，我们进一步对每类综合数据各取一个“弹性值”，其中，关于“收入高”的综合数据的弹性值为±500 元/月，关于“收入低”的综合数据的弹性值为 ±100 元/月，关于“存款多”的综合数据的弹性值为 ±2 0000 元，关于“存款少”的综合数据的弹性值为±10 000 元。如此，我们得到下列各省市的综合数据表（表 5-2）。

表 5-2　各省市关于月收入高(低)和存款多(少)观点的综合数据

省市	收入高(± 500 元/月)	收入低(±100 元/月)	存款多(± 20000 元)	存款少(± 10 000 元)
上海	≥14 400	≤2000	≥210 000	≤100 000
江苏	≥11 000	≤1340	≥160 000	≤82 000
安徽	≥5000	≤920	≥100 000	≤56 000
山东	≥7000	≤1100	≥124 000	≤68 000

根据上述“弹性值”，可见各类综合数据分别具有一个反映其准确性的“弹性区间”如下：

“收入高”最低数据为 5000 元/月以上，最高为 14 400 元/月以上，综合数据对应的弹性区间分别为　[4500，5500]，[13 900，14 900]。

“收入低”最低数据为 920 元/月以下，最高为 2000 元/月以下，数据对应的弹性区间分别为[820，1020]，[1900，2100]。

“存款多”最低数据为 100 000 元以上，最高为 210 000 元以上，数据对应的弹性区间分别为[80 000，120 000]，[190 000，230 000]。

“存款少”最低数据为 68 000 元以下，最高为 100 000 元以下，数据对应的弹性区域分别为[58 000，78 000]，[90 000，110 000]。

显然，四个备选方案的属性都具有模糊性。这些模糊属性具体如下：

(1) 方案(a)的模糊属性：“在银行的存款少”；

(2) 方案(b)的模糊属性：“在银行的存款多且月收入高”；

(3) 方案(c)的模糊属性：“在银行的存款多且月收入中等”；

(4) 方案(d)的模糊属性：“在银行的存款中等且月收入中等”；

其中，“收入高”“收入低”“存款多”“存款少”“收入中等”以及“存款中等”都是不同的模糊集。

特别需要指出的是，根据 FSCOM 模糊集，可知四个备选方案的模糊属性中的模糊集还具有如下关系：

(5) 模糊集“收入低”是模糊集“收入高”的对立否定集，模糊集“收入中等”是模糊集“收入低”与“收入高”的中介否定集。

(6) 模糊集“存款少”是模糊集“存款多”的对立否定集，模糊集“存款中等”是模糊集“存款少”与“存款多”的中介否定集。

基于 FSCOM，这些不同的模糊集可表示成如下形式：

A：　表示模糊集“存款多”；

$A^{\urcorner}$：表示模糊集“存款少”；

$A^{\sim}$：表示模糊集“存款中等”；

B：　表示模糊集“收入高”；

$B^{\urcorner}$：表示模糊集“收入低”；

$B^{\sim}$：表示模糊集“收入中等”；

其中，$A^{\urcorner}$和 $A^{\sim}$分别是 A 的对立否定与中介否定，$B^{\urcorner}$和 $B^{\sim}$分别是 B 的对立否定与中介否定。

对于备选方案中的结论，可表示成如下形式：

Bank(*surplus*)：表示投资者将剩余的钱存银行；

Consume(*overplus*)：　表示投资者将剩余的钱用于消费；

More(*a*, *b*)：　表示 a 超过 b。

设表 5-2 中的月收入数据为 x，存款数据为 y。由于四个备选方案均为“if… then…”（如果……则……）推理形式，所以根据上述，四个备选方案可表示成如下形式：

(a) $A^{\urcorner}(y) \to Bank(surplus)$；

(b) $A(y) \wedge B(x) \to Consume(overplus)$；

(c) $A(y) \wedge B^{\sim}(x) \to (Consume(overplus) \wedge Bank(surplus) \wedge More(overplus, surplus))$；

(d) $A^{\sim}(y) \wedge B^{\sim}(x) \to (Consume(overplus) \wedge Bank(surplus) \wedge More(surplus, overplus))$。

2. 实际数据对于备选方案中的模糊集及其不同否定集的隶属度

由于各备选方案中的模糊属性由上述模糊集决定，因而，确定月收入（或存款）数据对于备选方案中相应模糊集的隶属度是投资决策的基础。根据 FSCOM 模糊集的定义以及表 5-2 中的数据，我们给出如下一种确定月收入（或存款）数据对于备选方案中相应模糊集的隶属度的方法。

由表 5-2 可以看出，综合数据具有以下特征：对于一个个体的月收入数据 a 来说，如果 a 在上海属于高收入范围（即 $a \geqslant 14\,400$），则 a 在其他地区肯定也属于高收入范围，如果 a 在安徽属于低收入范围（即 $a \leqslant 920$），则 a 在其他地区也肯定属于低收入范围；若 a 是个体的一个存款数据，同样具有如此特征。根据数据的这一特征，运用一维欧几里得距离 $d(x, y) = |x - y|$ 以及我们在文献[118]中给出的“距离比率函数”定义，在 FSCOM 模糊集的定义基础上，综合数据对于备选方案中的各模糊集的隶属度可确定如下。

月收入数据 x 对于模糊集“收入高”的隶属度 $B(x)$和存款数据 y 对于模糊集“存款多”的隶属度 $A(y)$的表示式：

$$B(x) = \begin{cases} 0, & \text{当 } x < \alpha_F \\ \dfrac{d(x, \alpha_F + \varepsilon_F)}{d(\alpha_F + \varepsilon_F, \alpha_T - \varepsilon_T)}, & \text{当 } \alpha_F \leqslant x \leqslant \alpha_T \\ 1, & \text{当 } x > \alpha_T \end{cases} \tag{5-1}$$

$$A(y)=\begin{cases}0, & \text{当 } y<\alpha_F \\ \dfrac{d(y,\alpha_F+\varepsilon_F)}{d(\alpha_F+\varepsilon_F,\alpha_T-\varepsilon_T)}, & \text{当 } \alpha_F\leqslant y\leqslant\alpha_T \\ 1, & \text{当 } y>\alpha_T\end{cases} \tag{5-2}$$

其中，α_T为表 5-2 中“收入高”（或“存款多”）的最大值，ε_T为其弹性值；α_F为“收入低”（或“存款少”）的最小值，ε_F 为其弹性值。

因模糊集“收入低”是模糊集“收入高”的对立否定集，所以，x 对于模糊集“收入低”的隶属度为

$$B^{\urcorner}(x)=1-B(x) \tag{5-3}$$

同样地，由于模糊集“存款少”是 “存款多”的对立否定集，所以，y 对于模糊集“存款少”的隶属度为

$$A^{\urcorner}(y)=1-A(y) \tag{5-4}$$

由于模糊集“收入中等”为模糊集“收入低”与“收入高”的中介否定集，模糊集“存款中等”为模糊集“存款少”与“存款多”的中介否定集，因此，根据第 5 章中 FScom 模糊集的定义，x 对于模糊集“收入中等”的隶属度 $B^{\sim}(x)$、y 对于模糊集“存款中等”的隶属度 $A^{\sim}(y)$为

$$B^{\sim}(x)=\begin{cases}\lambda-\dfrac{2\lambda-1}{1-\lambda}(B(x)-\lambda), & \text{当 } \lambda\in[1/2,1) \text{ 且 } B(x)\in(\lambda,1] \\ \lambda-\dfrac{2\lambda-1}{1-\lambda}B(x), & \text{当 } \lambda\in[1/2,1) \text{ 且 } B(x)\in[0,1-\lambda) \\ 1-\dfrac{1-2\lambda}{\lambda}B(x)-\lambda, & \text{当 } \lambda\in(0,1/2] \text{ 且 } B(x)\in[0,\lambda) \\ 1-\dfrac{1-2\lambda}{\lambda}(B(x)+\lambda-1)-\lambda, & \text{当 } \lambda\in(0,1/2] \text{ 且 } B(x)\in(1-\lambda,1] \\ A(x), & \text{其他}\end{cases} \tag{5-5}$$

$$A^{\sim}(y)=\begin{cases}\lambda-\dfrac{2\lambda-1}{1-\lambda}(A(y)-\lambda), & \text{当 } \lambda\in[1/2,1) \text{ 且 } A(y)\in(\lambda,1] \\ \lambda-\dfrac{2\lambda-1}{1-\lambda}A(y), & \text{当 } \lambda\in[1/2,1) \text{ 且 } A(y)\in[0,1-\lambda) \\ 1-\dfrac{1-2\lambda}{\lambda}A(y)-\lambda, & \text{当 } \lambda\in(0,1/2] \text{ 且 } A(y)\in[0,\lambda) \\ 1-\dfrac{1-2\lambda}{\lambda}(A(y)+\lambda-1)-\lambda, & \text{当 } \lambda\in(0,1/2] \text{ 且 } A(y)\in(1-\lambda,1] \\ A(x), & \text{其他}\end{cases} \tag{5-6}$$

3. 备选方案中模糊集及其不同否定集的隶属度范围的阈值及意义

根据 FSCOM 模糊集的定义可知，$\lambda(\in(0,\ 1))$是在 FSCOM 中为了确定模糊集 A 的中介否定集 $A^{\sim}$ 而引入的一个参变量。λ 的大小变化，既反映了论域 U 中一个对象 x 对于 A 的隶属度 $A(x)$和对立否定集 $A^{\urcorner}$的隶属度 $A^{\urcorner}(x)$的范围大小，也反映了 x 对于中介否定集 $A^{\sim}$的隶属度 $A^{\sim}(x)$的范围大小。表明在模糊集 FSCOM 中，模糊集的隶属度范围与λ 值相关，λ是模糊集的隶属度范围的一个“阈值”(λ的阈值意义，可见第 4 章 4.1 节中图 4-1 和图 4-2)。因此，对于一个收入(或存款)数据，要确定备选方案中不同模糊集的隶属度范围，需要确定与其相关的阈值。对此，我们给出一种阈值λ的确定方法。

在表 5-2 中，对于江苏省的收入数据来说，11 000 是关于模糊集“收入高”(B)的最小（下限）收入数据，1340 是“收入低”($B^{\urcorner}$)的最大（上限）收入数据。因此，对于江苏省的任何大于 11 000 的收入数据 $a_1(a_1>11\ 000)$，都应有 $B(a_1)=1$；对于江苏省的任何小于 1340 的收入数据 $a_2(a_2<1340)$，都应有 $B^{\urcorner}(a_2)=1$。然而，根据式(5-1)和式(5-3)，有

$$B(11\ 000)=\frac{d(11\ 000,1020)}{d(1020,13\ 900)}=0.775\neq 1$$

$$B^{\urcorner}(1340)=1-B(1340)=0.975\neq 1\ (\text{因 } B(1340)=\frac{d(1340,1020)}{d(1020,13\ 900)}=0.025)$$

那么，如何衡量江苏省的任意一个收入数据 x 是否属于高收入范围？为此，我们将 $B(11\ 000)$与 $B^{\urcorner}(1340)$ 的平均值

$$\frac{1}{2}(B(11\ 000)+B^{\urcorner}(1340))=0.875$$

作为一个“平衡量”，其代表了衡量江苏省的任意一个收入数据 x 是否属于高收入范围的“阈值”。即对于江苏省来说，这一阈值作为反映 x 对于模糊集“收入高”的隶属度 $B(x)$的范围的λ值。

对于表 5-2 中其他省市的任意一个收入数据 x，同样方法我们可确定 x 对于各省市的模糊集“收入高”的隶属度范围的阈值λ。对于表 5-2 中各省市的任意一个存款数据 y，同样方法我们可确定 y 对于模糊集“存款多”的隶属度范围的阈值λ(表 5-3)。

表 5-3　各省市数据对于模糊集“收入高”与“存款多”的隶属度范围的阈值 λ

模糊集	江苏	上海	安徽	山东
“收入高”	0.875	0.962	0.655	0.729
“存款多”	0.815	0.863	0.637	0.726

1) 备选方案中模糊集“收入高”和“存款多”的隶属度范围的阈值及意义

在表 5-3 中，我们只确定几个省市的收入数据对于模糊集“收入高”和存款数据对于“存款多”的隶属度范围的阈值 λ。为了得到具有普遍意义的备选方案中模糊集“收入高”和“存款多”的隶属度范围的阈值，我们对表 5-3 中各省市关于同一个模糊集的隶属度范围的阈值取平均值，分别作为备选方案中收入数据对于模糊集“收入高”和存款数据对于“存款多”的隶属度范围的阈值 λ(表 5-4)。

表 5-4　备选方案中收入数据对于模糊集“收入高”和存款数据对于“存款多”的隶属度范围的阈值λ

模糊集	“收入高”	“存款多”
阈值 λ	0.805	0.760

阈值意义：对于任意一个收入数据 x，如果 x 对于模糊集“收入高”的隶属度 $B(x)\geqslant\lambda$，则表明 x 属于高收入范围；若 $B(x)\leqslant 1-\lambda$, 则表明 x 属于低收入范围。对于任意一个存款数据 y，如果 y 对于模糊集“存款多”的隶属度 $A(y)\geqslant\lambda$，则表明 y 属于高存款范围；若 $A(y)\leqslant 1-\lambda$，则表明 y 属于低存款范围。阈值意义如图 5-1 所示。

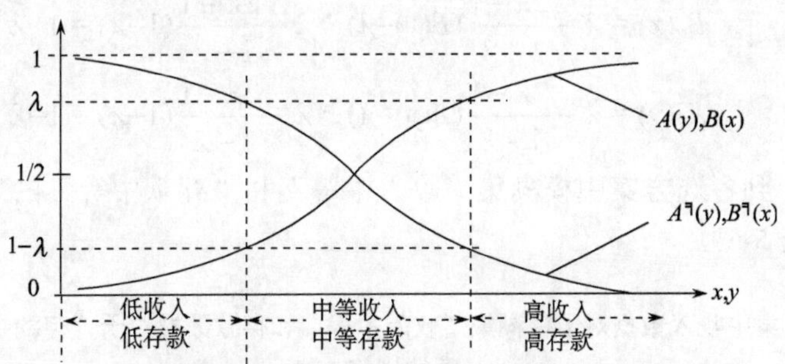

图 5-1 备选方案中模糊集的隶属度范围的阈值及其意义

2) 备选方案中模糊集“收入低”和“存款少”的隶属度范围的阈值及意义

因为模糊集“收入低”为模糊集“收入高”的对立否定，模糊集“存款少”为模糊集“存款多”的对立否定，根据式(5-3)和式(5-4)，x 对于模糊集“收入低”的隶属度和 y 对于模糊集“存款少”的隶属为

$$B^{ᆨ}(x) = 1- B(x)，A^{ᆨ}(y) = 1- A(y)$$

根据(1)中阈值意义：当 $B(x)\leqslant 1-\lambda$与 $A(y)\leqslant 1-\lambda$时，表明 x 属于低收入范围、

y 属于低存款范围，据此得到结果：当 $B^{\neg}(x) = 1 - B(x) \geqslant \lambda$ 时，表明 x 属于低收入范围；当 $A^{\neg}(y) = 1 - A(y) \geqslant \lambda$ 时，表明 y 属于低存款范围。所以，我们可得到备选方案中模糊集“收入低”和“存款少”的隶属度范围的阈值 λ (表 5-5)。

表 5-5 备选方案中收入数据对于模糊集“收入低”和存款数据对于“存款少”的隶属度范围的阈值 λ

模糊集	“收入低”	“存款少”
阈值 λ	0.805	0.760

阈值意义：对于任意一个收入数据 x，如果 x 对于模糊集“收入低”的隶属度 $B^{\neg}(x) \geqslant \lambda$，则表明 x 属于低收入范围；对于任意一个存款数据 y，如果 y 对于模糊集“存款少”的隶属度 $A^{\neg}(y) \geqslant \lambda$，则表明 y 属于低存款范围。阈值意义如图 5-1 所示。

3) 备选方案中模糊集“收入中等”和“存款中等”的隶属度范围的阈值及意义

表 5-4 表明，x 对于模糊集“收入高”的隶属度范围的阈值 $\lambda = 0.805 > 1/2$，y 对于模糊集“存款多”的隶属度范围的阈值 $\lambda = 0.760 > 1/2$ 。根据式(5-5)和式(5-6)，则有

$$B^{\sim}(x) = \lambda - \frac{2\lambda - 1}{1 - \lambda}(B(x) - \lambda) \geqslant \lambda - \frac{2\lambda - 1}{1 - \lambda}(1 - \lambda) = 1 - \lambda$$

$$A^{\sim}(y) = \lambda - \frac{2\lambda - 1}{1 - \lambda}(A(y) - \lambda) \geqslant \lambda - \frac{2\lambda - 1}{1 - \lambda}(1 - \lambda) = 1 - \lambda$$

由此，我们得到备选方案中模糊集“收入中等”和“存款中等”的隶属度范围的阈值 $1-\lambda$（表 5-6）。

表 5-6 备选方案中收入数据对于模糊集“收入中等”和存款数据对于“存款中等”的隶属度范围的阈值 $1-\lambda$

模糊集	“收入中等”	“存款中等”
阈值 $1-\lambda$	0.195	0.240

阈值意义：对于任意一个收入数据 x，如果 x 对于模糊集“收入中等”的隶属度 $B^{\sim}(x) \geqslant 1-\lambda$，则表明 x 属于中等收入范围；对于任意一个存款数据 y，如果 y 对于模糊集“存款中等”的隶属度 $A^{\sim}(y) \geqslant 1-\lambda$，则表明 y 属于中等存款范围。阈值意义可见图 5-1。

4. 实例的推理决策

由于四个备选方案都是同一的“if…then…”（如果……则……）模糊推理形式，为了从四个备选方案中确定出最适合 M 的决策方案，我们采用“模糊产生式规则”进行推理。模糊产生式规则的一般形式如下：

$$P_1, P_2, \cdots, P_m \to Q \mid \langle bd, (\tau_1, \tau_2, \cdots, \tau_m) \rangle \tag{5-7}$$

其中，$P_i\ (i = 1, 2, \cdots, m)$为模糊集，表示规则的前提或条件；$Q$ 表示推理结论（或行动）；$bd\ (0 \leqslant bd \leqslant 1)$表示规则的置信度（$bd$ 可通过随机调查统计或领域专家决定等方法确定）；$\tau_i\ (0 \leqslant \tau_i \leqslant 1, i = 1, 2, \cdots, m)$表示 $P_i(x)$的范围的阈值。模糊产生式规则的意义如下：

“若每个 $P_i(x) \geqslant \tau_i$，则可以 bd 的信任度由 $P_1, P_2, \cdots, P_m$ 推出（或执行）Q”

四个备选方案中哪个是最适合 M 的决策方案？结论如下：

因在实例中个体 M 的月收入是 5000（元）、存款有 120 000（元），所以，根据式(5-1)和式(5-2)，5000（元）对于模糊集“收入高”的隶属度 $B(5000)$、120 000（元）对于模糊集“存款多”的隶属度以及 $A(120\,000)$为

$$B(5000) = \frac{d(5000, 1020)}{d(1020, 13\,900)} = 0.309，A(120\,000) = \frac{d(120\,000, 66\,000)}{d(66\,000, 190\,000)} = 0.435$$

根据式(5-3)和式(5-4)，5000（元）对于模糊集“收入低”的隶属度 $B^{\urcorner}(5000)$、120 000（元）对于模糊集“存款少”的隶属度 $A^{\urcorner}(120\,000)$为

$$B^{\urcorner}(5000) = 1 - B(5000) = 0.691$$

$$A^{\urcorner}(120\,000) = 1 - A(120\,000) = 0.565$$

(i) 对于备选方案(a)：因(a)的模糊属性中的模糊集为“存款少”，根据表 5-5，存款数据 y 对于模糊集“存款少”的隶属度 $A^{\urcorner}(y)$的范围的阈值为 0.760，从而与备选方案(a)对应的模糊产生式规则为

$$A^{\urcorner}(y) \to Bank(surplus) \mid \langle bd, (0.760) \rangle$$

由于 $A^{\urcorner}(120\,000) = 0.565 < 0.760$，表明 $A^{\urcorner}(120\,000)$不满足式(5-7)。因此，备选方案(a)不可采纳。

(ii) 对于备选方案(b)：因(b)的模糊属性中的模糊集为“存款多”和“收入高”，根据表 5-4，存款数据 y 对于模糊集“存款多”的隶属度 $A(y)$的范围的阈值为 0.760，收入数据 x 对于模糊集“收入高”的隶属度 $B(x)$的范围的阈值为 0.805，从而与备选方案(b)对应的模糊产生式规则为

$$A(y) \wedge B(x) \to Consume(overplus) \mid \langle bd, (0.760, 0.805) \rangle$$

由于 $A(120\,000) = 0.435 < 0.760$ 且 $B(5000) = 0.309 < 0.805$，表明 $A^{\urcorner}(120\,000)$和 $B(5000)$都不满足式(5-7)。因此，备选方案(b)不可采纳。

(iii) 对于备选方案(c)：因(c)的模糊属性中的模糊集为“存款多”和“收入中等”，根据表 5-4，存款数据 y 对于模糊集“存款多”的隶属度 $A(y)$的范围的阈值为 0.760，根据表 5-6，收入数据 x 对于模糊集“收入中等”的隶属度 $B^{\sim}(x)$的范围的阈值为 0.195，从而与备选方案(c)对应的模糊产生式规则为

$$A(y) \wedge B^{\sim}(x) \rightarrow (Consume(overplus) \wedge Bank(surplus) \wedge More(overplus, surplus)) \mid \langle bd, (0.760, 0.195) \rangle$$

由于 $A(120\,000) < 0.760$，表明 $A(120\,000)$ 不满足式(5-7)。因此，备选方案(c)不可采纳。

(iv) 对于备选方案(d)：因(d)的模糊属性中的模糊集为“存款中等”和“收入中等”，根据表 5-6，存款数据 y 对于模糊集“存款中等”的隶属度 $A^{\sim}(y)$的范围的阈值为 0.240，收入数据 x 对于模糊集“收入中等”的隶属度 $B^{\sim}(x)$的范围的阈值为 0.195，从而与备选方案(d)对应的模糊产生式规则为

$$A^{\sim}(y) \wedge B^{\sim}(x) \rightarrow (Consume(overplus) \wedge Bank(surplus) \wedge More(surplus, overplus)) \mid \langle bd, (0.240, 0.195) \rangle$$

因在表 5-4 中，y 对于模糊集“存款多”的隶属度 $A(y)$的范围的阈值$\lambda = 0.760 > 1/2$，而 $1-\lambda < A(120\,000) = 0.435 < \lambda$，因此，根据 4.1 节 FSCOM 模糊集定义中(e)，有 $A^{\sim}(120\,000) = A(120\,000) = 0.435 \geqslant 0.240$；同理，由表 5-4，$x$ 对于模糊集“收入高”的隶属度 $B(x)$的范围的阈值$\lambda = 0.805 > 1/2$，而 $1-\lambda < B(5000) = 0.309 < \lambda$，由此，根据 FSCOM 模糊集定义中(e)，有 $B^{\sim}(5000) = B(5000) = 0.309 \geqslant 0.195$。所以，表明 $A^{\sim}(120\,000)$和 $B^{\sim}(5000)$满足式(5-7)。因此，备选方案(d)可采纳。

至此表明：在模糊产生式规则推理形式下，备选方案(d)是最适合 M 的决策方案。

5.1.3　应用实例二：股票投资决策

在现实生活中，股票市场是人类经济生活的一个重要领域。人们在股票投资中，市盈率是投资者所必须掌握的一个重要指标，在对股票进行价值判断时，市盈率高低是判断和比较股票投资价值大小的有用指标，是判断和比较股票安全边际大小的有用依据，它既适用于个股投资价值的判断和比较，也适用于股市整体投资价值的判断和比较。股票的涨跌幅是投资者所必须掌握的另一个重要指标，尽管股票价格的涨跌原因是多方面的，但一般来讲股票涨幅越大越好。虽然股票的市盈率与股票的涨跌幅没有直接关系，然而根据国外成熟股市的惯例以及中国股市的实际情况，投资者一般认为，市盈率 20 倍以下的股票是一支有投资价值的好股票，市盈率 30 倍、40 倍以上就比较危险。股票的市盈率越高，其价格与价值的背离程度就越高，收回买入股票的资金的时间就长，股票的市盈率越低，则投资回收期越短，风险越小。因此，从投资价值上来讲，股票涨幅越大越好，市盈率值越低越好。

我们对许多股票投资者对于股票市场的认知以及投资经验等进行分析和归纳，可得出投资者（人、家庭或其他）在股票投资中具有普遍性的基本投资决策规则（备选方案）如下：

(A) 如果涨幅小且市盈率高，则不投资这支股票。

(B) 如果涨幅大且市盈率低，则将全部资金投资这支股票。

(C) 如果涨幅大且市盈率中等，或涨幅一般且市盈率低，则将大部分资金投资这支股票。

(D) 如果涨幅小且市盈率中等，或涨幅大且市盈率高，则将少部分资金投资这支股票。

(E) 如果涨幅一般且市盈率中等，或涨幅小且市盈率低，则将一半资金投资这支股票。

实例：在 2012 年 Wind 资讯统计中，截至当年 6 月 30 日的 38 支股票数据，见表 5-7。那么，根据以上股票投资备选方案，这些股票中哪些不能投资？哪些可投资、可投资多少？投资哪支股票胜算最大？

表 5-7 2012 年 Wind 资讯统计中截至当年 6 月 30 日的 38 支股票数据

证券简称	涨幅	市盈率	证券简称	涨幅	市盈率
海润光伏	203.20	25.93	胜利股份	79.84	915.74
国海证券	201.73	159.95	多伦股份	78.66	156.98
浙江东日	180.79	61.57	上海建工	75.42	12.12
维维股份	146.57	102.18	科力远	72.24	699.83
包钢稀土	143.07	26.25	金丰投资	72.11	20.10
零七股份	139.36	582.59	山东墨龙	71.72	39.82
中科三环	117.41	23.55	酒鬼酒	71.71	45.13
凯乐科技	113.87	50.30	尖峰集团	69.81	13.18
ST 昌九	113.75	527.97	永安林业	69.61	–35.22
穗恒运 A	111.11	38.46	重庆实业	69.36	22.04
东宝生物	94.07	91.85	冠城大通	69.10	8.71
广晟有色	92.97	116.22	苏宁环球	68.13	22.62
ST 宝龙	92.40	2289.7	广州药业	67.73	55.11
沱牌舍得	91.16	39.65	兆驰股份	67.62	20.05
江钻股份	90.90	82.89	中航地产	67.60	6.69
ST 天一	90.75	–43.52	厦门钨业	67.48	33.01
科学城	85.62	195.74	金螳螂	64.38	36.63
中茵股份	83.00	21.58	ST 园城	63.28	61.99
宋都股份	82.04	15.66	冠昊生物	63.07	90.09

1. 备选方案的模糊属性及其模糊集的区分及关系

在以上股票投资中的五个基本决策备选方案中，显而易见，五个备选方案的属性都具有模糊性。这些模糊属性具体如下：

(1) 方案(A)的模糊属性："涨幅小且市盈率高"；

(2) 方案(B)的模糊属性："涨幅大且市盈率低"；

(3) 方案(C)的模糊属性："涨幅大且市盈率中等，或涨幅一般且市盈率低"；

(4) 方案(D)的模糊属性："涨幅小且市盈率中等，或涨幅大且市盈率高"；

(5) 方案(E)的模糊属性："涨幅一般且市盈率中等，或涨幅小且市盈率低"；

其中，"市盈率低""市盈率高""市盈率中等""涨幅小""涨幅大""涨幅一般"都是不同的模糊集。

特别需要指出的是，根据 FSCOM 模糊集，可知五个基本决策备选方案的模糊属性中的模糊集还具有如下关系：

(6) 模糊集"涨幅小"是模糊集"涨幅大"的对立否定集，模糊集"涨幅一般"是模糊集"涨幅小"与"涨幅大"的中介否定集。

(7) 模糊集"市盈率低"是模糊集"市盈率高"的对立否定集，模糊集"市盈率中等"是模糊集"市盈率低"与"市盈率高"的中介否定集。

基于 FSCOM，这些不同的模糊集可表示成如下形式：

A：表示模糊集"涨幅大"；

$A^{\urcorner}$：表示模糊集"涨幅小"；

$A^{\sim}$：表示模糊集"涨幅一般"；

B：表示模糊集"市盈率高"；

$B^{\urcorner}$：表示模糊集"市盈率低"；

$B^{\sim}$：表示模糊集"市盈率中等"；

对于五个基本决策备选方案中的结论，可表示成如下形式：

$Stock(no)$：表示投资者不投资这支股票；

$Stock(all)$：表示投资者投资这支股票；

$Stock(more)$：表示投资者将大部分资金投资这支股票；

$Stock(little)$：表示投资者将少部分资金投资这支股票；

$Stock(half)$：表示投资者将资金一半投资这支股票；

设表 5-7 中的涨幅数据为 x，市盈率数据为 y。则五个基本决策备选方案可表示成如下形式：

(A) $A^{\urcorner}(x) \wedge B\, y) \to Stock\,(no)$；

(B) $A(x) \wedge B^{\urcorner}(\,y) \to Stock(all)$；

(C) $(A(x) \wedge B^{\sim}(\,y) \vee (A^{\sim}(x) \wedge B^{\urcorner}(y)) \to Stock\,(more)$；

(D)　$(A^{\urcorner}(x) \wedge B^{\sim}(y)) \vee (A(x) \wedge B(y)) \rightarrow Stock(little)$；

(E)　$(A^{\sim}(x) \wedge B^{\sim}(y)) \vee (A^{\urcorner}(x) \wedge B^{\urcorner}(y)) \rightarrow Stock(half)$。

2. 实际数据对于备选方案中的模糊集及其不同否定集的隶属度

在上述中已指出，对于市盈率，从其本质意义上来看，正市盈率是静态回收期，负市盈率完全没有意义。股票的市盈率越高，收回买入股票的资金的时间就长，购置股票的风险就越大。所以，我们可假设市盈率为负值以及市盈率 200 倍以上的股票都不在有效决策范围之内。由此，对于实例，其有效决策范围内的股票数据见表 5-8。

表 5-8　在决策范围内的股票数据

证券简称	涨幅	市盈率	证券简称	涨幅	市盈率
海润光伏	203.20	25.93	上海建工	75.42	12.12
国海证券	201.73	159.95	金丰投资	72.11	20.10
浙江东日	180.79	61.57	山东墨龙	71.72	39.82
维维股份	146.57	102.18	酒鬼酒	71.71	45.13
包钢稀土	143.07	26.25	尖峰集团	69.81	13.18
中科三环	117.41	23.55	重庆实业	69.36	22.04
凯乐科技	113.87	50.30	冠城大通	69.10	8.71
穗恒运 A	111.11	38.46	苏宁环球	68.13	22.62
东宝生物	94.07	91.85	广州药业	67.73	55.11
广晟有色	92.97	116.22	兆驰股份	67.62	20.05
沱牌舍得	91.16	39.65	中航地产	67.60	6.69
江钻股份	90.90	82.89	厦门钨业	67.48	33.01
科学城	85.62	195.74	金螳螂	64.38	36.63
中茵股份	83.00	21.58	ST 园城	63.28	61.99
宋都股份	82.04	15.66	冠昊生物	63.07	90.09
多伦股份	78.66	156.98			

由于备选方案的前提中模糊属性主要由上述模糊集构成，因而确定涨幅（或市盈率）数据对于这些模糊集的隶属度是投资决策的基础。

然而，本节实例中已知的实际数据与上节实例中已知的实际数据具有不同的特点。在上节中，对于备选方案中的各模糊集来说，实际给出的收入数据、存款数据分别属于各模糊集的范围是已知的（表 5-2）；而本节中实际给出的涨幅数据、市盈率数据中，那些属于或不属于各模糊集的范围却未知。因此，本节确立的备选方案中各模糊集的隶属度表示式与上节中结果不同。

我们运用一维欧几里得距离 $d(x, y) = |x-y|$ 与"距离比率函数"定义，确定涨幅数据 x 对于模糊集"涨幅大"的隶属度 $A(x)$、市盈率数据 y 对于模糊集"市盈率高"的隶属度 $B(y)$如下：

$$A(x)=\begin{cases}0, & \text{当 } x<\alpha_F \\ \dfrac{d(x,\alpha_F+\varepsilon)}{d(\alpha_F,\alpha_T)}, & \text{当 } \alpha_F\leqslant x\leqslant\alpha_T \\ 1, & \text{当 } x>\alpha_T\end{cases} \tag{5-8}$$

$$B(y)=\begin{cases}0, & \text{当 } y<\alpha_F \\ \dfrac{d(y,\alpha_F+\varepsilon)}{d(\alpha_F,\alpha_T)}, & \text{当 } \alpha_F\leqslant y\leqslant\alpha_T \\ 1, & \text{当 } y>\alpha_T\end{cases} \tag{5-9}$$

其中，α_T 为表 5-8 中"涨幅"（或"市盈率"）的最大值；α_F 为最小值；ε 为弹性值。

因模糊集"涨幅小"是模糊集"涨幅大"的对立否定集，所以，x 对于模糊集"涨幅小"的隶属度为

$$A^{\urcorner}(x)=1-A(x) \tag{5-10}$$

同样地，由于模糊集"市盈率低"是模糊集"市盈率高"的对立否定集，所以，y 对于模糊集"市盈率低"的隶属度为

$$B^{\urcorner}(y)=1-B(y) \tag{5-11}$$

由于模糊集"涨幅一般"为模糊集"涨幅大"与"涨幅小"的中介否定集，模糊集"市盈率中等"为模糊集"市盈率高"与"市盈率低"的中介否定集，因此，根据 FSCOM 模糊集的定义，x 对于模糊集"涨幅一般"的隶属度 $A^{\sim}(x)$、y 对于模糊集"市盈率中等"的隶属度 $B^{\sim}(y)$为

$$A^{\sim}(x)=\begin{cases}\lambda-\dfrac{2\lambda-1}{1-\lambda}(A(x)-\lambda), & \text{当}\lambda\in[1/2,1)\text{且 } A(x)\in(\lambda,1] \\ \lambda-\dfrac{2\lambda-1}{1-\lambda}A(x), & \text{当}\lambda\in[1/2,1)\text{且 } A(x)\in[0,1-\lambda) \\ 1-\dfrac{1-2\lambda}{\lambda}A(x)-\lambda, & \text{当}\lambda\in(0,1/2]\text{且 } A(x)\in[0,\lambda) \\ 1-\dfrac{1-2\lambda}{\lambda}(A(x)+\lambda-1)-\lambda, & \text{当}\lambda\in(0,1/2]\text{且 } A(x)\in(1-\lambda,1] \\ A(x), & \text{其他}\end{cases} \tag{5-12}$$

$$
B^{\sim}(y)=\begin{cases}\lambda-\dfrac{2\lambda-1}{1-\lambda}(B(y)-\lambda), & \text{当}\lambda\in[1/2,1)\text{且 }B(y)\in(\lambda,1]\\ \lambda-\dfrac{2\lambda-1}{1-\lambda}B(y), & \text{当}\lambda\in[1/2,1)\text{且 }B(y)\in[0,1-\lambda)\\ 1-\dfrac{1-2\lambda}{\lambda}B(y)-\lambda, & \text{当}\lambda\in(0,1/2]\text{且 }B(y)\in[0,\lambda)\\ 1-\dfrac{1-2\lambda}{\lambda}(B(y)+\lambda-1)-\lambda, & \text{当}\lambda\in(0,1/2]\text{且 }B(y)\in(1-\lambda,1]\\ A(x), & \text{其他}\end{cases} \tag{5-13}
$$

3. 备选方案中模糊集及其不同否定集的隶属度范围的阈值及意义

根据 FScom 模糊集的定义可知，在 FScom 中，模糊集的隶属度范围与参数 $\lambda(\in(0,1))$相关，λ的大小决定了模糊集的隶属度范围的大小。因此，λ是模糊集的隶属度范围的一个“阈值”。在上一节中，我们介绍了一种确定阈值的方法，该方法是以已知人们分别对模糊集“收入高”和“收入低”（或“存款多”和“存款少”）的一些认知数据而研究提出的，但本例却不具有这一特点。本例中只知“涨幅”（“市盈率”）数据，因此，仍然采用这种确定阈值λ的方法不可行。怎样确定本例中模糊集“涨幅大”“涨幅小”以及“涨幅一般”（或“市盈率高”“市盈率低”以及“市盈率中等”）的隶属度范围的阈值，我们采用如下方法进行。

1) 确定涨幅（或市盈率）的弹性值

在表 5-8 中，各支股票的涨幅和市盈率的变化幅度（弹性值）不同，我们采用如下方法分别给出涨幅（或市盈率）的统一的弹性值：

$$\text{涨幅(或市盈率)的弹性值}=\frac{\text{最大值}-\text{最小值}}{\text{股票数}}$$

由此得到，涨幅的弹性值: $(203.20-63.07)/31\approx 4.5$，市盈率的弹性值: $(195.74-6.69)/31\approx 6$。

2) 确定模糊集的隶属度范围的阈值

(1) 对于备选方案中“涨幅大”模糊集，将表 5-8 中的“涨幅”数据降序排列，因 203.20 是“涨幅”中的最大数据，63.07 是最小数据，根据式(5-8)，203.20 对于模糊集“涨幅大”的隶属度为

$$A(203.20)=\frac{d(203.2,63.07+4.5)}{d(63.07+4.5,203.2+4.5)}=0.967$$

对于 “涨幅”数据在降序排列下的数据 201.73、180.79、146.57 和 143.07，

这些数据对于模糊集“涨幅大”的隶属度为

$$A(201.73) = 0.957，A(180.79) = 0.808$$

$$A(146.57) = 0.564，A(143.07) = 0.538$$

其他小于 143.07 的“涨幅”数据 x，x 对于模糊集“涨幅大”的隶属度均小于 1/2（如 $A(117.41) = 0.356$）。

将以上大于或等于 1/2 的隶属度的平均值：

$$(0.967+0.957+0.808+0.564+0.538)/5 = 0.767$$

作为一个“平衡量”，其可衡量表 5-8 中任意一个“涨幅”数据 x 对于模糊集“涨幅大”的隶属度 $A(x)$相距 1 的范围。我们将这一平衡量作为反映“涨幅”数据 x 对于模糊集“涨幅大”的隶属度范围的阈值λ。即

$$\lambda = 0.767$$

同理，对于备选方案中“市盈率高”模糊集，同样将表 5-8 中的“市盈率”数据降序排列，可见 195.74 是“市盈率”中的最大数据，6.69 是“市盈率”中的最小数据。根据式(5-9)，195.74 对于模糊集“市盈率高”的隶属度 $B(195.74)$为

$$B(195.74) = \frac{d(195.74, 6.69+6)}{d(6.69+6, 195.74+6)} = 0.968$$

对于“市盈率”在降序排列下的数据 159.95, 156.98, 116.22，它们对于模糊集“市盈率高”的隶属度为

$$B(159.95) = 0.779，B(156.98) = 0.763，B(116.22) = 0.547$$

其中小于 116.22 的“市盈率”数据 y，y 对于模糊集“市盈率高”的隶属度均小于 1/2（如 $B(102.18) = 0.473$）。

将这些隶属度的平均值作为模糊集“市盈率高”的隶属度范围的阈值λ，即

$$\lambda = (0.968+0.779+0.763+0.547)/4 = 0.764$$

至此，我们得到“涨幅”数据对于模糊集“涨幅大”和“市盈率”数据对于“市盈率高”的隶属度范围的阈值λ (表 5-9)。

表 5-9 “涨幅”和“市盈率”数据分别对于模糊集“涨幅大”和“市盈率高”的隶属度范围的阈值λ

模糊集	“涨幅大”	“市盈率高”
阈值 λ	0.767	0.764

阈值λ的意义如下：

① 对于任意的“涨幅”数据 x，如果 $A(x)\geqslant\lambda$，则 x 属于涨幅大的范围；如果 $A(x)\leqslant 1-\lambda$，则 x 属于涨幅小的范围。

② 对于任意的“市盈率”数据 y，如果 $B(y)\geqslant\lambda$，则 y 属于市盈率高的范围；如果 $B(y)\leqslant 1-\lambda$，则 y 属于市盈率低的范围。

(2) 对于备选方案中“涨幅小”和“市盈率低”模糊集，因为由式(5-10)和式(5-11)，有 $A(x)=1-A^{\urcorner}(x)$，$B(y)=1-B^{\urcorner}(y)$，根据上述阈值λ的意义：如果 $A(x)\leqslant 1-\lambda$，则 x 属于涨幅小的范围，如果 $B(y)\leqslant 1-\lambda$，则 y 属于市盈率低的范围，从而有：如果 $A^{\urcorner}(x)\geqslant\lambda$，则 x 属于涨幅小的范围，如果 $B^{\urcorner}(y)\geqslant\lambda$，则 y 属于市盈率低的范围。因此，我们得到备选方案中模糊集“涨幅小”和“市盈率低”的隶属度范围的阈值λ (表 5-10)。

表 5-10　“涨幅”和“市盈率”数据分别对于模糊集“涨幅小”和“市盈率低”的隶属度范围的阈值λ

模糊集	“涨幅小”	“市盈率低”
阈值 λ	0.767	0.764

阈值λ的意义如下：

① 对于任意的“涨幅”数据 x，如果 $A^{\urcorner}(x)\geqslant\lambda$，则 x 属于涨幅小的范围。

② 对于任意的“市盈率”数据 y，如果 $B^{\urcorner}(y)\geqslant\lambda$，则 y 属于市盈率低的范围。

(3) 对于备选方案中“涨幅一般”和“市盈率中等”模糊集，因表 5-9 表明，x 对于模糊集“涨幅大”的隶属度范围的阈值 $\lambda=0.767>1/2$，y 对于模糊集“市盈率高”的隶属度范围的阈值$\lambda=0.764>1/2$，根据式(5-12)和式(5-13)，有

$$A^{\sim}(x)=\lambda-\frac{2\lambda-1}{1-\lambda}(A(x)-\lambda)\geqslant\lambda-\frac{2\lambda-1}{1-\lambda}(1-\lambda)=1-\lambda$$

$$B^{\sim}(y)=\lambda-\frac{2\lambda-1}{1-\lambda}(B(y)-\lambda)\geqslant\lambda-\frac{2\lambda-1}{1-\lambda}(1-\lambda)=1-\lambda$$

由此，我们得到“涨幅”数据对于模糊集“涨幅一般”和“市盈率”数据对于“市盈率中等”的隶属度范围的阈值 $1-\lambda$（表 5-11）。

表 5-11　“涨幅”和“市盈率”数据分别对于模糊集“涨幅一般”和“市盈率中等”的隶属度范围的阈值 $1-\lambda$

模糊集	“涨幅一般”	“市盈率中等”
阈值 $1-\lambda$	0.233	0.236

阈值 $1-\lambda$的意义如下：

① 对于任意的“涨幅”数据 x，如果 $A^{\sim}(x)\geqslant 1-\lambda$，则 x 属于涨幅一般的范围。

② 对于任意的“市盈率”数据 y，如果 $B^{\sim}(y)\geqslant 1-\lambda$，则 y 属于市盈率中等

的范围。

至此，上述阈值对于备选方案中各模糊集“涨幅大”“涨幅小”“涨幅一般”“市盈率高”“市盈率低”和“市盈率中等”的意义为：

(a) 如果 $A(x) \geqslant 0.767$（或 $B(y) \geqslant 0.764$），则与 x 对应的股票涨幅大(或与 y 对应的股票市盈率高)；

(b) 如果 $A^{\urcorner}(x) \geqslant 0.767$（或 $B^{\urcorner}(y) \geqslant 0.764$），则与 x 对应的股票涨幅小(或与 y 对应的股票市盈率低)；

(c) 如果 $A^{\sim}(x) \geqslant 0.233$（或 $B^{\sim}(y) \geqslant 0.236$），则与 x 对应的股票涨幅一般(或与 y 对应的股票市盈率中等)。

4. 实例的推理决策

由于五个备选方案都是同一的“if…then…”模糊推理形式，为了从五个备选方案中确定出实例的决策，我们采用“模糊产生式规则” 进行推理。模糊产生式规则的一般形式如下：

$$P_1, P_2, \cdots, P_m \to Q \mid \langle bd, (\tau_1, \tau_2, \cdots, \tau_m) \rangle \tag{5-14}$$

其中，$P_i\,(i = 1, 2, \cdots, m)$为模糊集，表示规则的前提或条件；$Q$ 表示推理结论（或行动）；bd $(0 \leqslant bd \leqslant 1)$表示规则的置信度（$bd$ 可通过随机调查统计或领域专家决定等方法确定）；$\tau_i\,(0 \leqslant \tau_i \leqslant 1, i = 1, 2, \cdots, m)$表示 $P_i(x)$的范围的阈值。模糊产生式规则的意义如下：

“若每个 $P_i(x) \geqslant \tau_i$，则可以 bd 的信任度由 $P_1, P_2, \cdots, P_m$ 推出（或执行）Q”

根据式(5-14)，五个备选方案对应的模糊产生式规则如下：

(a) $A^{\urcorner}(x) \wedge B(y) \to Stock\,(no) \mid \langle bd, (0.767, 0.764) \rangle$；

(b) $A(x) \wedge B^{\urcorner}(y) \to Stock\,(all) \mid \langle bd, (0.767, 0.764) \rangle$；

(c) $(A(x) \wedge B^{\sim}(y) \vee (A^{\sim}(x) \wedge B^{\urcorner}(y)) \to Stock\,(more) \mid \langle bd, ((0.767, 0.236) \text{ or } (0.233, 0.764)) \rangle$；

(d) $(A^{\urcorner}(x) \wedge B^{\sim}(y)) \vee (A(x) \wedge B(y)) \to Stock\,(little) \mid \langle bd, ((0.767, 0.236) \text{ or } (0.767, 0.764) \rangle$；

(e) $(A^{\sim}(x) \wedge B^{\sim}(y)) \vee (A^{\urcorner}(x) \wedge B^{\urcorner}(y)) \to Stock\,(half) \mid \langle bd, ((0.233, 0.236) \text{ or } (0.767, 0.764) \rangle$。

对于表 5-8 中的股票要进行哪些可投资、哪些不可投资等决策，根据如上五个备选方案对应的模糊产生式规则，我们具体推理如下：

首先，以股票“海润光伏”为例。在表 5-8 中，股票“海润光伏”的涨幅为 203.20，市盈率为 25.93。根据式(5-8)和式(5-9)，203.20 关于模糊集“涨幅大”的隶属度 $A(203.20) = 0.967$，25.93 关于模糊集“市盈率高”的隶属度 $B(25.93) = 0.07$。

因 $A(203.20) = 0.967 > 0.767$，$B^{\neg}(25.93) = 1- B(25.93) = 0.93 > 0.764$，从而表明 $A(203.20)$与 $B^{\neg}(25.93)$满足(b)。因此，可将全部资金投资“海润光伏”这支股票。

其次，以股票“科学城”为例。在表 5-8 中，股票“科学城”的涨幅为 85.62，市盈率为 195.74。根据式(5-8)和式(5-9)，85.62 关于模糊集“涨幅大”的隶属度 $A(85.62) = 0.129$，195.74 关于模糊集“市盈率高”的隶属度 $B(195.74) = 0.968$。因 $A^{\neg}(85.62) = 1- A(85.62) = 0.871 > 0.767$，$B(195.74) = 0.968 > 0.764$，从而表明 $A^{\neg}(85.62)$与 $B(195.74)$满足(a)。因此，不可投资“科学城”这支股票。

另外，以股票“江钴股份”为例。在表 5-8 中，股票“江钴股份”的涨幅为 90.90，市盈率为 82.89。根据式(5-8)和式(5-9)，90.90 关于模糊集“涨幅大”的隶属度 $A(90.90) = 0.166$，82.89 关于模糊集“市盈率高”的隶属度 $B(82.89) = 0.37$。因 $1-\lambda = 0.236 < B(82.89) = 0.37< \lambda = 0.764$，根据模糊集 FScom 定义中(e)，有 $B^{\sim}(82.89) = B(82.89) = 0.37 > 0.236$，而 $A^{\neg}(90.90) = 1- A(90.90) = 0.834 > 0.767$，从而表明 $A^{\neg}(90.90)$与 $B^{\sim}(82.89)$满足(d)。因此，可将少部分资金投资“江钴股份”这支股票。

对于表 5-8 中的其他股票，同理可推出决策结果。所有决策结果见表 5-12。

表 5-12　表 5-8 中股票是否投资的决策结果

证券简称	涨幅	市盈率	决策结果	证券简称	涨幅	市盈率	决策结果
海润光伏	203.20	25.93	投资全部资金	上海建工	75.42	12.12	投资一半资金
国海证券	201.73	159.95	投资少部分资金	金丰投资	72.11	20.10	投资一半资金
浙江东日	180.79	61.57	投资大部分资金	山东墨龙	71.72	39.82	投资一半资金
维维股份	146.57	102.18	投资一半资金	酒鬼酒	71.71	45.13	投资一半资金
包钢稀土	143.07	26.25	投资大部分资金	尖峰集团	69.81	13.18	投资一半资金
中科三环	117.41	23.55	投资大部分资金	重庆实业	69.36	22.04	投资一半资金
凯乐科技	113.87	50.30	投资大部分资金	冠城大通	69.10	8.71	投资一半资金
穗恒运 A	111.11	38.46	投资大部分资金	苏宁环球	68.13	22.62	投资一半资金
东宝生物	94.07	91.85	投资少部分资金	广州药业	67.73	55.11	投资一半资金
广晟有色	92.97	116.22	投资少部分资金	兆驰股份	67.62	20.05	投资一半资金
沱牌舍得	91.16	39.65	投资一半资金	中航地产	67.60	6.69	投资一半资金
江钴股份	90.90	82.89	投资少部分资金	厦门钨业	67.48	33.01	投资一半资金
科学城	85.62	195.74	不投资	金螳螂	64.38	36.63	投资一半资金
中茵股份	83.00	21.58	投资一半资金	*ST 园城	63.28	61.99	投资一半资金
宋都股份	82.04	15.66	投资一半资金	冠昊生物	63.07	90.09	投资少部分资金
多伦股份	78.66	156.98	投资少部分资金				

在表 5-12 中，对于决策结果，存在多个股票的决策结果相同的情况。为了进一步从可投资的决策结果相同的股票中确定出投资胜算大的股票，我们提出一种对每支股票设定一个“投资胜算值”f、由 f 值大小判定是否为投资胜算大的股票的方法：

对涨幅和市盈率在股票的投资决策中的作用赋予权重，并根据每支可投资的股票所满足的产生式规则，确定其“投资胜算值”f。f 值大者，即为投资胜算大的股票。

假设涨幅、市盈率在股票投资决策中所占权重均为 0.5。对于决策结果为“投资全部资金”“投资大部分资金”“投资少部分资金”和“投资一半资金”四类股票，根据以上方法，它们中的投资胜算大的股票结果如下：

(i) 对于决策结果为“投资全部资金”的股票，因满足产生式规则(b)：

$$A(x) \wedge B^{\urcorner}(y) \rightarrow Stock(yes) \mid \langle bd, (0.767, 0.764) \rangle$$

所以，这些股票的投资胜算值 f 如下：

海润光伏：因 $A(203.20) = 0.967 > 0.767$，$B^{\urcorner}(25.93) = 0.93 > 0.764$，所以

$$f = 0.5 \times 0.967 + 0.5 \times 0.93 = 0.949$$

(ii) 对于决策结果为“投资大部分资金”的股票，因满足产生式规则(c)：

$$(A(x) \wedge B^{\sim}(y) \vee (A^{\sim}(x) \wedge B^{\urcorner}(y)) \rightarrow Stock(more) \mid \langle bd, ((0.767, 0.236) \text{ or } (0.233, 0.764)) \rangle$$

所以，这些股票的投资胜算值 f 如下：

浙江东日：$A(180.79) = 0.808 > 0.767$，因 $B(61.57) = 0.258$，$1-\lambda = 0.236 < B(61.57) < \lambda = 0.764$，根据模糊集 FSCOM 定义(e)，有 $B^{\sim}(61.57) = B(61.57) = 0.258 > 0.236$。所以

$$f = 0.5 \times 0.808 + 0.5 \times 0.258 = 0.533$$

包钢稀土：因 $A(143.07) = 0.538$, $1-\lambda = 0.233 < A(143.07) < \lambda = 0.767$, 根据 FSCOM 模糊集定义(e), 有 $A^{\sim}(143.07) = A(143.07) = 0.538 > 0.233$。因 $B(26.25) = 0.072$, 故 $B^{\urcorner}(26.25) = 1 - B(26.25) = 0.928 > 0.764$。所以

$$f = 0.5 \times 0.538 + 0.5 \times 0.928 = 0.733$$

中科三环：因 $A(117.41) = 0.356$，$1-\lambda = 0.233 < A(117.41) < \lambda = 0.767$，根据 FSCOM 模糊集定义(e),有 $A^{\sim}(117.41) = A(117.41) = 0.356 > 0.233$。因 $B(23.55) = 0.057$, 故 $B^{\urcorner}(26.25) = 1 - B(23.55) = 0.943 > 0.764$。所以

$$f = 0.5 \times 0.356 + 0.5 \times 0.943 = 0.65$$

凯乐科技：因 $A(113.87) = 0.33$，$1-\lambda = 0.233 < A(113.87) < \lambda = 0.767$，根据 FSCOM 模糊集定义(e)，有 $A^{\sim}(113.87) = A(113.87) = 0.33 > 0.233$。因 $B(50.3) =$

0.199，所以 $B^{\neg}(50.3) = 1 - B(50.3) = 0.801 > 0.764$。所以

$$f = 0.5\times 0.33 + 0.5\times 0.801 = 0.56$$

穗恒运 A：因 $A(111.11) = 0.311$，$1-\lambda = 0.233 < A(111.11) < \lambda = 0.767$，根据模糊集 FSCOM 定义(e)，有 $A^{\sim}(111.11) = A(111.11) = 0.311 > 0.233$。因 $B(38.46) = 0.136$，故 $B^{\neg}(38.46) = 1 - B(38.46) = 0.864 > 0.764$。所以

$$f = 0.5\times 0.311 + 0.5\times 0.864 = 0.59$$

在以上 f 值中，0.733 最大。因此，在决策结果为“投资大部分资金”的股票中，“包钢稀土”为投资胜算大的股票。

(iii) 对于决策结果为“投资少部分资金”的股票，因满足产生式规则(d)：

$(A^{\neg}(x)\wedge B^{\sim}(y))\vee(A(x)\wedge B(y)) \to Stock\,(little) \,|\, \langle bd, ((0.767, 0.236)\text{ or }(0.767, 0.764)\rangle$

所以，这些股票的投资胜算值 f 如下：

国海证券：因 $A(201.73) = 0.957 > 0.767$，$B(159.95) = 0.779 > 0.764$，所以

$$f = 0.5\times 0.957 + 0.5\times 0.779 = 0.868$$

东宝生物：因 $A(94.07) = 0.189$，所以 $A^{\neg}(94.07) = 1 - A(94.07) = 0.811 > 0.767$。因 $B(91.85) = 0.419$，$1-\lambda = 0.236 < B(91.85) < \lambda = 0.767$，根据 FSCOM 模糊集定义中(e)，有 $B^{\sim}(91.85) = B(91.85) = 0.419 > 0.236$。所以

$$f = 0.5\times 0.811 + 0.5\times 0.419 = 0.615$$

广晟有色：因 $A(92.97) = 0.181$，所以 $A^{\neg}(92.97) = 1 - A(92.97) = 0.819 > 0.767$。因 $B(116.22) = 0.548$，$1-\lambda = 0.236 < B(116.22) < \lambda = 0.764$，根据 FSCOM 模糊集定义中(e)，有 $B^{\sim}(116.22) = B(116.22) = 0.548 > 0.236$。故

$$f = 0.5\times 0.819 + 0.5\times 0.548 = 0.684$$

江钻股份：因 $A(90.9) = 0.166$，所以 $A^{\neg}(90.9) = 1 - A(90.9) = 0.834 > 0.767$。因 $B(82.89) = 0.371$，$1-\lambda = 0.236 < B(82.89) < \lambda = 0.767$，根据 FSCOM 模糊集定义中(e)，有 $B^{\sim}(82.89) = B(82.89) = 0.371 > 0.236$。所以

$$f = 0.5\times 0.843 + 0.5\times 0.371 = 0.607$$

多伦股份：因 $A(78.66) = 0.079$，所以 $A^{\neg}(78.66) = 1 - A(78.66) = 0.921 > 0.767$。因 $B(156.98) = 0.763$，$1-\lambda = 0.236 < B(156.98) < \lambda = 0.764$，根据模糊集 FSCOM 定义中(e)，有 $B^{\sim}(156.98) = B(156.98) = 0.763 > 0.236$。故

$$f = 0.5\times 0.921 + 0.5\times 0.763 = 0.842$$

冠昊生物：因 $A(63.07) = 0.032$，所以 $A^{\neg}(63.07) = 1 - A(63.07) = 0.968 > 0.767$。因 $B(90.09) = 0.409$，$1-\lambda = 0.236 < B(90.09) < \lambda = 0.764$，根据 FSCOM 模糊集定义中(e)，有 $B^{\sim}(90.09) = B(90.09) = 0.409 > 0.236$。所以

$$f = 0.5\times 0.968 + 0.5\times 0.409 = 0.689$$

在以上 f 值中，0.868 最大。因此，在决策结果为“投资少部分资金”的股票中，“国海证券”为投资胜算大的股票。

(iv) 对于决策结果为“投资一半资金”的股票，因满足产生式规则(e)：

$(A^{\sim}(x)\wedge B^{\sim}(y))\vee(A^{\urcorner}(x)\wedge B^{\urcorner}(y)) \rightarrow Stock(half) \,|\, \langle bd, ((0.233, 0.236) \text{ or } (0.767, 0.764)\rangle$

所以，这些股票的投资胜算值 f 如下：

维维股份：因 $A(146.57) = 0.564$，$1-\lambda = 0.233 < A(146.57) < \lambda = 0.767$，根据FSCOM模糊集定义中(e)，有 $A^{\sim}(146.57) = A(146.57) = 0.564 > 0.233$。同理，因 $B(102.18) = 0.473$，$1-\lambda = 0.236 < B(102.18) < \lambda = 0.764$，根据FSCOM模糊集定义中(e)，有 $B^{\sim}(102.18) = B(102.18) = 0.473 > 0.236$。所以

$$f = 0.5\times0.564 + 0.5\times0.473 = 0.519$$

宋都股份：因 $A(82.04) = 0.103$，$B(15.66) = 0.016$，故有 $A^{\urcorner}(82.04) = 1- A(82.04) = 0.897 > 0.767$，$B^{\urcorner}(15.66) = 1- B(15.66) = 0.984 > 0.764$。所以

$$f = 0.5\times0.897 + 0.5\times0.984 = 0.941$$

中茵股份：因 $A(83.57) = 0.110$，$B(21.58) = 0.047$，故有 $A^{\urcorner}(83.57) = 1- A(83.57) = 0.89 > 0.767$，$B^{\urcorner}(21.58) = 1- B(21.58) = 0.953 > 0.764$。所以

$$f = 0.5\times0.89 + 0.5\times0.953 = 0.922$$

沱牌舍得：因 $A(91.16) = 0.168$，$B(39.65) = 0.142$，故有 $A^{\urcorner}(91.16) = 1- A(91.16) = 0.832 > 0.767$，$B^{\urcorner}(39.65) = 1- B(39.65) = 0.858 > 0.764$。所以

$$f = 0.5\times0.832 + 0.5\times0.858 = 0.845$$

上海建工：因 $A(75.42) = 0.056$，$B(12.12) = 0.003$，故有 $A^{\urcorner}(75.42) = 1- A(75.42) = 0.944 > 0.767$，$B^{\urcorner}(12.12) = 1- B(12.12) = 0.997 > 0.764$。所以

$$f = 0.5\times0.944 + 0.5\times0.997 = 0.971$$

中航地产：因 $A(67.6) = 0.0002$，$B(6.69) = 0.032$，所以

$$f = 0.5\times0.999 + 0.5\times0.968 = 0.984$$

冠城大通：因 $A(69.1) = 0.011$，$B(8.71) = 0.021$，所以

$$f = 0.5\times0.989 + 0.5\times0.979 = 0.984$$

尖峰集团：因 $A(69.81) = 0.016$，$B(13.18) = 0.003$，所以

$$f = 0.5\times0.984 + 0.5\times0.997 = 0.991$$

其余股票的投资胜算值 f，我们可依次按上述步骤计算得出。

在以上 f 值中，0.991 最大。因此，本实例的最终决策结果为：可投资“投资一半资金”的股票，并且“尖峰集团”为投资胜算大的股票。

本小节中，我们以 Wind 资讯实际统计的 2012 年 6 月 30 日 38 支股票数据为基础，以符合股票市场和股票投资者普遍经验而制定的分类较细的基本决策规则

为投资备选方案，根据基于模糊集 FSCOM 的模糊多属性决策方法，对于实例进行决策。对各个股票分别给出了不投资、投资全部资金、投资大部分资金、投资少部分资金、投资一半资金 5 种决策结果，并对每种可投资的决策结果，进一步确定出投资胜算大的股票。与决策结果只有“投资”“不投资”的其他决策方法(如决策树方法）相比，具有股票投资模糊决策更透彻、决策结果更全面等特点。

5.2　FSCOM 模糊集在模糊综合评判中的应用

在生产、科研和日常生活中，人们总要比较各种事物，评价优劣好坏，以作相应的处理。例如，评判自然灾害的等级、商品的好坏、教学效果的档次等。由于同一事物具有多种属性，或受多种因素的影响，因此，在评判事物时，应综合这些因素(或属性)进行评判。在模糊集理论产生之前，人们对事物进行综合评判已有一些方法，常用的传统方法有：

总分法：对评判对象按每一影响因素评定一个分数，然后用所有分数的总分作为评判标准的一种综合评判方法。

例如，在高考招生时，可用各门课程考分(如“政治”S_1、”语文”S_2、“数学”S_3、“物理”S_4、“化学”S_5和“外语”S_6等)的总分 S：

$$S = S_1+S_2+S_3+S_4+S_5+S_6$$

作为评判考生的标准，以决定取舍。

总分法把每个因素都看成是同等重要的，这显然不完全符合客观实际。实际上，影响事物的各个因素，其重要程度是各不一样的，而且同一因素，对甲事物很重要，对乙事物可能并不重要。因此，进行综合评判时，不仅应考虑因素的性质和多少，而且还应考虑各因素的重要程度。例如，招研究生时，物理专业应侧重物理，化学专业应侧重化学，若仅按总分录取，便不能反映专业的特点和要求。这时，为了正确地评判考生的质量，做到合理录取，应采用如下加权平均法。

加权法：对每一因素按其重要程度分配一相应的权重（满足归一性和非负性)，将各因素的评分进行加权计算，然后用所有加权计算值之和作为评判标准的一种综合评判方法。

如上例，若规定各门课程的权重为：“政治”a_1、”语文”a_2、“数学”a_3、“物理”a_4、“化学”a_5和“外语”a_6，任何 $a_i \geqslant 0$（$i=1, 2,\cdots,6$）且 $a_1+a_2+a_3+a_4+a_5+a_6 = 1$（归一性和非负性)，则如下加权计算值 E：

$$E = S_1a_1+ S_2a_2+ S_3a_3+ S_4a_4+ S_5a_5+ S_6a_6$$

作为对考生的综合评判标准。

显然，由于加权法考虑了各个因素的不同的重要程度，所以加权法比总分法能给出更加合理的评判结果，并且，总分法是加权法在各权重 a_i 相同时的特殊情形。

然而，在对许多实际评判对象的评判中，由于各种影响因素(或属性)不再是用一个确定的数值描述，而往往是定性的具有模糊性的描述，或者评判标准具有模糊性，因此，不能简单地以如上方法采用一个分数加以评判。这样的模糊性表现在两个方面：

(1) 评判对象的影响因素（或属性）具有模糊性。如人们对服装的评判，影响因素(或属性)主要有花色、样式、价格、耐用度和舒适度等，对同一影响因素(或属性)如服装的花色，不同的人认识不同，有的认为“好”，有的认为“差”，有的认为“一般”，对服装的价格有的认为“贵”，有的认为“适中”，有的认为“便宜”等；显然，这些对服装的花色和价格两个因素(或属性)的语言表达的概念是不同的模糊概念，影响因素(或属性)呈现出模糊性。

(2) 评判标准具有模糊性。如对教学效果的评判，教学效果的评判标准有“优秀””良好”“一般”和“较差”，自然灾害等级的评判标准有“重灾””中灾”“轻灾”等；显然，这些评判标准为不同的模糊概念，评判标准呈现出模糊性。

在 Zadeh 模糊集创立后，基于 Zadeh 模糊集，对这种影响因素(或属性)具有模糊性或者评判标准具有模糊性的事物进行的定量评判称为模糊综合评判（或模糊综合评价）。

5.2.1 模糊综合评判的原理与方法

对评判对象进行模糊综合评判的目的，就是在综合考虑对评判对象的评判有影响的所有因素(或属性)的基础上，从评判标准集中，得出一最佳的评判结果。假设所有因素的集合为 U：$U=\{u_1, u_2,\cdots, u_m\}$，评判标准集合为 V：$V=\{v_1, v_2,\cdots, v_n\}$，因为集合 U 中的元素 u_i $(\mathrm{i}=1, 2,\cdots, m)$是影响评判对象的因素，评判标准集 V 中的元素 v_j $(j=1, 2,\cdots, n)$是评判者对评判对象作出的评判结果，因此，需要分别确定 U 中每个因素 u_i 对评判对象的影响程度，即评判对象对 V 中评判标准 v_j 的隶属度。

因为 U 中第 i 个因素 u_i 对评判对象的影响程度为评判对象对于 V 中第 j 个评判标准 v_j 的隶属程度 r_{ij}，故得到下列模糊集（可称为单因素评判集）：

$$\Re_i = r_{i1}/v_1 + r_{i2}/v_2 + \cdots + r_{in}/v_n = (r_{i1}, r_{i2}, \cdots, r_{in})$$

将各因素评判集为行组成矩阵（可称为单因素评判矩阵）：

$$\Re=\begin{bmatrix} r_{11} & r_{12} & \dots & r_{1n} \\ r_{21} & r_{22} & \dots & r_{2n} \\ \vdots & \vdots & & \vdots \\ r_{m1} & r_{m2} & \dots & r_{mn} \end{bmatrix}$$

显然，$\Re$为一模糊矩阵。

从单因素评判矩阵$\Re$可以看出，$\Re$中的 1 行，反映了 1 个因素(或属性)影响评判对象对于 V 中各个评判标准的程度（即隶属度）；而$\Re$的 1 列，则反映了所有因素影响评判对象对于 V 中 1 个评判标准的程度（即隶属度）。因此，可用每列元素之和

$$\Re_j = \sum_{i=1}^{m} r_{ij} \quad (j=1, 2,\cdots, n) \qquad (*)$$

来反映所有因素对于评判对象隶属于每个评判标准的综合影响。但是，这样做就与上述的总分法类似，并未考虑各因素的重要程度，所以需要对每一因素按其重要程度分配一相应的权重，即在式(*)中的各项赋予相应因素的权重 a_i (i =1, 2,⋯, m)，才能合理地反映所有因素对于评判对象隶属于每个评判标准的综合影响。因此，最终的模糊综合评判可表示为

$$B=(a_1 \quad a_2 \quad \dots \quad a_m)\circ\begin{bmatrix} r_{11} & r_{12} & \dots & r_{1n} \\ r_{21} & r_{22} & \dots & r_{2n} \\ \vdots & \vdots & & \vdots \\ r_{m1} & r_{m2} & \dots & r_{mn} \end{bmatrix}=(b_1, b_2,\cdots, b_n)$$

其中，$b_j=\sum_{i=1}^{m}(a_i \times r_{ij})$ (j = 1, 2,⋯, n)。B 称为模糊综合评判集，b_j (j = 1, 2,⋯, n)称为模糊综合评判指标，简称评判指标。评判指标 b_j 的含义，即是在综合考虑所有因素对评判对象的影响下，评判对象对于评判标准集 V 中第 j 个元素的隶属度。

至此，可根据模糊集论中最大隶属度原则，取 b_j (j = 1, 2,⋯, n)中最大者所对应的 V 中的评判标准为评判结果。

由上述，可给出模糊综合评判的数学模型如下：

设因素的集合为 U: $U=\{u_1, u_2,\cdots, u_m\}$，评判标准集合为 V: $V=\{v_1, v_2,\cdots, v_n\}$。此时，存在 U 上的一个模糊子集 A:

$$A=a_1/u_1+a_2/u_2+\cdots+a_m/u_m$$

记为 A = (a_1, a_2,⋯, a_m)，各 a_i (i =1, 2,⋯, m) 满足非负性和归一性：$a_i \geqslant 0$ 且 $a_1+a_2+\cdots+a_m=1$。

设$\Re$是从 U 到 V 的一个模糊关系：

$$\Re=\begin{bmatrix} r_{11} & r_{12} & \cdots & r_{1n} \\ r_{21} & r_{22} & \cdots & r_{2n} \\ \vdots & \vdots & & \vdots \\ r_{m1} & r_{m2} & \cdots & r_{mn} \end{bmatrix}$$

则根据矩阵的合成运算，由$\Re$确定了一个变换：对于 U 上的模糊子集 A，可确定 V 上的一个模糊子集

$$B = A \circ \Re = b_1/v_1 + b_2/v_2 +\cdots+ b_n/v_n \qquad (0 \leqslant b_i \leqslant 1)$$

记为 $B = (b_1, b_2,\cdots, b_n)$。其中，$A$ 称为因素权重集；$\Re$称为单因素评判矩阵。

根据以上模糊综合评判的原理及其数学模型，可确定出基于 Zadeh 模糊集的模糊综合评判基本方法。模糊综合评判主要分为两步：第一步先按每个因素单独评判；第二步再按所有因素综合评判。其基本步骤和方法如下：

第一步，按每个因素单独评判：

(1) 建立因素集 U：$U = \{u_1, u_2,\cdots, u_m\}$。

(2) 建立评判标准集 V：$V = \{v_1, v_2,\cdots, v_n\}$。

(3) 建立单因素评判矩阵：确定评判对象的因素 $u_i\,(i = 1, 2,\cdots, m)$关于评判集 $v_j\,(j = 1, 2,\cdots, n)$的隶属度 r_{ij}，得出单因素评判矩阵$\Re = (r_{ij})_{m\times n}$。

第二步，再按所有因素综合评判：

(4) 确定因素权重集：对每个因素 $u_i\,(i = 1, 2,\cdots, m)$确定其权重 a_i，则权重集 A：

$$A = (a_1, a_2,\cdots, a_m)$$

各 $a_i\,(i =1, 2,\cdots, m)$需满足非负性和归一性：$a_i \geqslant 0$ 且 $a_1+a_2+\cdots+a_m = 1$。

(5) 确定模糊综合评判集：通过 A 与$\Re$的合成运算，得到模糊综合评判集 B：

$$B = A \circ \Re = (b_1, b_2,\cdots, b_n)$$

(6) 确定评判结果：根据模糊集论中最大隶属度原则，$b_j\,(j = 1, 2,\cdots, n)$中最大者所对应的 V 中的评判标准为评判结果。

5.2.2　基于 FSCOM 模糊集的模糊综合评判方法

在基于 Zadeh 模糊集的综合评判方法中，对于合成运算 $A \circ \Re$，最基本的具有 max-min 取值性质的计算模型为 $M(\wedge, \vee)$：

$$b_j = \bigvee_{i=1}^{m} (a_i \wedge r_{ij}) \quad (j = 1, 2,\cdots, n)$$

该算法虽然简洁，但因采用 max-min 计算取值使得许多信息丢失，再加之权重非负性和归一性要求使得评判因素很多时导致每个因素的权重比较小，以致出现评判结果不能进行分辨的情况。于是不少学者对综合评判中的合成运算进行改进，提出了一些修改的合成运算模型。如：

(a) 加权平均模型 $M(\cdot,+)$:

$$b_j = \sum_{i=1}^{m}(a_i \cdot r_{ij})$$

(b) 主因素突出模型 $M(\cdot,\vee)$:

$$b_j = \bigvee_{i=1}^{m}(a_i \cdot r_{ij}) \quad (j = 1, 2,\cdots, n)$$

通过上述对现今的基于 Zadeh 模糊集理论的模糊综合评判方法的考察和分析，我们认为这些方法都具有以下特点：

(1) 每种方法都没有考虑评判对象的各个评判标准之间的关系，本质上是将各个评判标准作为独立对象，导致各因素的数据对于不同评判标准的隶属度需逐一进行计算，所以计算量大。

(2) 对于基于实际统计数据、评判标准为模糊集的模糊综合评判问题，没有建立直接通过数据确定评判标准集中不同模糊集隶属度的求解方法，对各个模糊集的隶属度求解都是采用互无关系的、主观性强的方法。

根据上述，我们以 FScom 模糊集理论为基础，在文献[211]~[218]中提出一种新的模糊综合评判方法如下：

步骤 1：建立因素集 U: $U = \{u_1, u_2,\cdots, u_m\}$, 评判标准集 V: $V = \{v_1, v_2,\cdots, v_n\}$。

步骤 2：确定 V 中不同评判标准(模糊集)及其关系，并用模糊集 FScom 中的否定概念进行刻画。

步骤 3：确定评判对象的各个因素数据 $x_i\,(i = 1, 2,\cdots, m)$关于各评判标准 $v_j\,(j = 1, 2,\cdots, n)$的隶属度 r_{ij}，得出单因素评判矩阵$\Re = (r_{ij})_{m\times n}$。

步骤 4：通过重集 A 与 $\Re$的合成运算，确定模糊综合评判集 B。

步骤 5：根据模糊集论中最大隶属度原则，$b_j\,(j = 1, 2,\cdots, n)$中最大者所对应的 V 中的评判标准为评判结果。

该模糊综合评判方法具有如下特点：

(1) 充分考虑评判对象的各个评判标准之间的关系；

(2) 区分、确定不同评判标准(模糊集)及其关系，并用 FScom 模糊集中的三种否定及其关系予以刻画，适用范围广；

(3) 对于基于实际统计数据的模糊综合评判，给出一种简便而相对客观的、直接通过各因素数据确定其对于不同评判标准的隶属度的方法，计算量小。该方法特别适用于基于实际统计数据的模糊综合评判问题。

为了检验运用这种方法解决实际问题的有效性，我们研究了该方法在一些实际领域中的应用（详见文献[211]~[218]）。

如所知，人类社会中的灾害（自然灾害和人为灾害），它的最主要和最普遍的特点是给人类社会的进步造成影响和损害，因而，减轻灾害的影响和损害是世界各国都在努力的目标。灾害的等级是表示灾害给人类带来损失大小的重要指标，灾害等级划分的重要目的是它不仅表示灾害给人类及其生存空间带来损失大小的尺度，而且是人类组织救灾行动的依据以及衡量灾区恢复能力和灾害管理方式的指标。因此，客观的对灾害造成的破坏程度进行评判对社会的发展具有重要意义[228]。

对此，我们在几届研究生、本科生毕业论文中，专门以基于模糊集 FSCOM 的模糊综合评判为题，集中研究了台风灾害、洪涝灾害、地震灾害、旱灾、雾霾、水质污染、森林火灾、交通事故、大气污染、土壤污染、石油平台溢油污染、核事故辐射、泥石流灾害、高速公路边坡稳定性、埃博拉病毒等实例的等级综合评判，并与采用其他方法进行了比较研究。研究结果表明，基于模糊集 FSCOM 的模糊综合评判方法对自然灾害等级的评判是有效的。下面，我们介绍两个基于 FSCOM 模糊集的模糊综合评判方法的实际应用研究结果。

5.2.3 应用实例一：高速公路边坡稳定性等级评判

近年来，我国高速公路建设飞速发展。高速公路覆盖区域不断扩大，山区和偏远地区高速公路建设普遍地进行。然而，山区高速公路建设受当地地理气候环境的限制，山区泥石流频发、环境恶劣，各种不利因素使得公路边坡失稳事故频发，人身财产受到极大损失。因此，高速公路的稳定性研究具有重要意义。在高速公路边坡稳定性的研究中，在对路况稳定调查研究中的一项重要内容就是针对不同地区高速公路边坡稳定性级别的判定。

影响边坡稳定性的因素主要有三个方面：①高速公路所在地的地形地貌；②当地的气象水文条件；③当地的地质环境因素。地形地貌因素又由高速公路坡度，边坡坡高和坡面横、纵向特征共同决定。气象水文因素包括最大降雨量、暴雨日数（一昼夜降水量超过 50mm 的天数）和水作用。地质因素包括岩层的倾向与边坡的夹角角度、边坡的岩石构造类型、边坡的抗压性（强度）。当然稳定性还受到其他的客观实际因素的影响，如人为破坏、防护等。由此，高速公路边坡稳定性的影响因素以及稳定性级别见表 5-13。

表 5-13 高速公路边坡稳定性因素与级别

级别	坡度 μ_1	坡高 μ_2	单轴抗压强度 μ_3	岩石倾角 μ_4	抗水性 μ_5	最大降雨量/年 μ_6	暴雨日数/年 μ_7
好(稳定)	(0, 0.63]	(0, 0.17]	(0.5, 1]	(0.75, 1]	(0.75, 0.9]	(0, 0.4]	(0, 0.25]
一般(局部稳定)	(0.63, 0.88]	(0.17, 0.5]	(035, 0.5]	(0.5, 0.75]	(0.56, 0.75]	(0.4, 0.8]	(0.25, 0.63]
差(不稳定)	(0.88, 1]	(0.5, 1]	(0, 0.35]	(0, 0.5]	(0, 0.56]	(0.8, 1]	(0.63, 1]

实例：广西桂柳高速公路穿越于低丘陵地带，路段中深挖方和高填方路等造成了桂柳高速的边坡不稳定，泥石流与滑坡频发。根据对其 K420～K450 路段边坡失稳原因及路段内 53 个滑坡和 14 个崩塌的数据分析，得出了影响边坡稳定性的因素数据及权重，见表 5-14。评判这一边坡稳定性为什么级别？

表 5-14　广西桂柳高速公路边坡稳定性因素数据

因素	μ_1	μ_2	μ_3	μ_4	μ_5	μ_6	μ_7
数据	0.77	0.92	0.351	0.81	0.49	0.74	0.71
权重	0.20	0.15	0.18	0.14	0.08	0.14	0.11

1. 确定因素集与评判标准集及其评判标准之间的关系

由表 5-13 易知，边坡稳定性的主要影响因素为坡度(μ_1)、坡高(μ_2)、单轴抗压强度(μ_3)、岩石倾角(μ_4)、抗水性(μ_5)、年旬内最大降雨量(μ_6)、年暴雨日数(μ_7)；边坡稳定性等级标准为：好，一般，差。

显然，在 3 个稳定性等级标准中，“好”“一般”和“差”是不同的模糊集。根据模糊集 FSCOM，这 3 个不同的模糊集具有以下关系：

① “好”是“差”的对立否定集（反之亦然）；

② “一般”是“好”与“差”的中介否定集。

基于模糊集 FSCOM，这些模糊集可表示如下：

A：　表示模糊集“差”；

$A^{\sim}$：表示模糊集“一般”；

$A^{\urcorner}$：表示模糊集“好”。

由此，可确定因素集和评判标准集为

因素集 $U=\{\mu_1, \mu_2, \mu_3, \mu_4, \mu_5, \mu_6, \mu_7\}$，评判标准集 $V=\{A, A^{\sim}, A^{\urcorner}\}$

2. 确定因素对于评判标准的隶属度及隶属度范围的阈值

1) 确定因素对于评判标准的隶属度

对表 5-13 中数据进行分析，可知这些数据具有如下特点：

(a) 各因素的数据值都存在上下限（如因素 μ_1 的数据值上限为 1，下限为 0）。

(b) 对于每个评判标准，各因素规定了一个数据标准值域（如因素 μ_1 对于 A 规定的数据标准值域为(0.88, 1]）。

(c) 每个因素对于评判标准规定的数据标准值域具有连续性（如因素 μ_1 对于评判标准 $A^{\urcorner}$、$A^{\sim}$、A 规定的数据标准值域为连续区间(0, 0.63]、(0.63, 0.88]、(0.88, 1]）。

由此，根据一维欧几里得距离 $d(x,y)=|x-y|$ 与 “距离比率函数”定义，依据各因素数据值的上下限，我们可给出确定各因素的数据值对于评判标准（模糊集）隶属度的方法如下：

根据(a)，设任一因素的数据值为 x，x 的上限为α，下限为β。

因为因素 μ_1、μ_2、μ_6、μ_7 对于评判标准 A 规定的数据标准值域的上限值为 1，所以，因素 μ_1、μ_2、μ_6、μ_7 的数据值 x 对于 A 的隶属度 $A(x)$为

$$A(x)=\begin{cases}0, & \text{当 } x\leqslant\beta\\ 1-\dfrac{d(d(\alpha,\beta),x)}{d(\alpha,\beta)} & \text{当 } \beta<x\leqslant\alpha\\ 1, & \text{当 } x>\alpha\end{cases} \tag{5-15}$$

因为因素 μ_3、μ_4、μ_5 对于评判标准 A 规定的数据标准值域的上限值为$\delta<1$，所以，因素 μ_3、μ_4、μ_5 的数据值 x 对于 A 的隶属度 $A(x)$为

$$A(x)=\begin{cases}0, & \text{当 } x\leqslant\beta\\ \dfrac{d(d(\alpha,\beta+\delta),d(\delta,x))}{d(\alpha,\beta+\delta)}, & \text{当 } \beta<x\leqslant\alpha\\ 1, & \text{当 } x>\alpha\end{cases} \tag{5-16}$$

对于评判标准 $A^{\urcorner}$，因 $A^{\urcorner}$ 是 A 的对立否定，根据模糊集 FSCOM 定义，x 对于 $A^{\urcorner}$ 的隶属度 $A^{\urcorner}(x)$为

$$A^{\urcorner}(x)=1-A(x)$$

2) 确定隶属度范围的阈值

对于评判标准 $A^{\sim}$，因 $A^{\sim}$是 A 与 $A^{\urcorner}$ 的中介否定集，根据 FSCOM 模糊集定义，要确定 x 对于模糊集 $A^{\sim}$的隶属度 $A^{\sim}(x)$，需确定与 $A^{\sim}(x)$相关的参数 $\lambda(\in(0,1))$。λ 的大小变化，既反映了对象 x 对于 A 与 $A^{\urcorner}$ 的隶属度 $A(x)$与 $A^{\urcorner}(x)$的范围大小，也反映了 x 对于中介否定集 $A^{\sim}$的隶属度 $A^{\sim}(x)$的范围大小。表明在模糊集 FSCOM 中，λ 是模糊集的隶属度范围的一个“阈值”(阈值λ 的意义，见第 4 章 4.1 节中图 4-1 和图 4-2)。

由表 5-13 可知，因素 μ_1 对于评判标准 $A^{\urcorner}$、$A^{\sim}$、A 规定的数据标准值域为连续区间[0, 0.63]、(0.63, 0.88]、(0.88, 1]，$A^{\sim}$ 的数据标准值域上限 0.88 是 A 的数据标准值域的下限，$A^{\sim}$ 的数据标准值域下限 0.63 是 $A^{\urcorner}$ 的数据标准值域的上限。由于 $A^{\sim}$是 A 与 $A^{\urcorner}$ 的中介否定，根据 5.1.1 节中隶属度范围“阈值”的确定方法，因素 μ_1 的数据值 x 对于 $A^{\sim}$ 的隶属度的相关参数 $\lambda_{(\mu_1)}$，可由 $A(0.88)$与 $A^{\urcorner}(0.63)$的平均值确定。

据此，由式(5-15)得

$$A(0.88)=1-\frac{d(d(1,0),0.88)}{d(1,0)}=0.88，A(0.63)=1-\frac{d(d(1,0),0.63)}{d(1,0)}=0.63$$

所以，$A^{\neg}(0.63)=1-A(0.63)=0.37$。因此

$$\lambda_{(\mu_1)}=\frac{1}{2}(A(0.88)+A^{\neg}(0.63))=0.625$$

同理，可得因素 μ_2,μ_6,μ_7 的数据值 x 对于 $A^{\sim}$ 的隶属度的相关参数 $\lambda_{(\mu_2)},\lambda_{(\mu_6)},\lambda_{(\mu_7)}$:

$$\lambda_{(\mu_2)}=0.665，\lambda_{(\mu_6)}=0.7，\lambda_{(\mu_7)}=0.69$$

由表 5-13 可知，因素 μ_3 对于评判标准 A、$A^{\sim}$、$A^{\neg}$ 规定的数据标准值域为连续区间[0, 0.35]、(0.35, 0.5]、(0.5, 1]，$A^{\sim}$ 的数据标准值域下限 0.35 是 A 的数据标准值域的上限，$A^{\sim}$ 的数据标准值域上限 0.5 是 $A^{\neg}$ 的数据标准值域的上限。由于 $A^{\sim}$ 是 A 与 $A^{\neg}$ 的中介否定，根据 5.1.1 节中隶属度范围“阈值”的确定方法，因素 μ_3 的数据值 x 对于 $A^{\sim}$ 的隶属度的相关参数 $\lambda_{(\mu_3)}$，可由 $A(0.35)$ 与 $A^{\neg}(0.5)$ 的平均值确定。

据此，由式(5-16)得

$$A(0.35)=\frac{d(d(1,0+0.35),d(0.35,0.35))}{d(1,0+0.35)}=1，A(0.5)=\frac{d(d(1,0+0.35),d(0.35,0.5))}{d(1,0+0.35)}=0.7692$$

所以，$A^{\neg}(0.5)=1-A(0.5)=0.2318$。因此

$$\lambda_{(\mu_3)}=\frac{1}{2}(A(0.35)+A^{\neg}(0.5))=0.6159$$

同理，对于因素 μ_4 的数据值 x 对于 $A^{\sim}$ 的隶属度的相关参数 $\lambda_{(\mu_4)}$，因为因素 μ_4 对于评判标准 $A^{\sim}$ 规定的数据标准值域为(0.5, 0.75]，所以，由式(5-16)得

$$A(0.5)=\frac{d(d(1,0+0.5),d(0.5,0.5))}{d(1,0+0.5)}=1，A(0.75)=\frac{d(d(1,0+0.5),d(0.5,0.75))}{d(1,0+0.5)}=0.5$$

因此

$$\lambda_{(\mu_4)}=\frac{1}{2}(A(0.5)+A^{\neg}(0.75))=0.75$$

对于因素 μ_5 的数据值 x 对于 $A^{\sim}$ 的隶属度的相关参数 $\lambda_{(\mu_5)}$，因为因素 μ_5 对于评判标准 $A^{\sim}$ 规定的数据标准值域为(0.56, 0.75]，所以，由式(5-16)得

$$A(0.56)=\frac{d(d(1,0+0.56),d(0.56,0.56))}{d(1,0+0.56)}=1$$

$$A(0.75)=\frac{d(d(1,0+0.56),d(0.56,0.75))}{d(1,0+0.56)}=0.5682$$

因此

$$\lambda_{(\mu_5)} = \frac{1}{2}(A(0.56) + A^{\urcorner}(0.75)) = 0.7159$$

3. 确定评判矩阵

至此，对于评判对象{0.77, 0.92, 0.351, 0.81, 0.49, 0.74, 0.71}，根据模糊集 FSCOM 定义，可分别求解评判对象中各个因素数据对于评判标准 A、$A^{\sim}$、$A^{\urcorner}$ 的隶属度 $r_{ij}\,(i = 1, 2, 3, 4, 5, 6, 7;\ j = 1, 2, 3)$如下：

对于评判对象中因素 μ_1 的数据 0.77，由式(5-15)得

$$r_{11} = A(0.77) = 1 - \frac{d(d(1,0), 0.77)}{d(1,0)} = 0.77$$

$$r_{13} = A^{\urcorner}(0.77) = 1 - A(0.77) = 0.23$$

因 $A(0.77) = 0.77$，$\lambda_{(\mu_1)} = 0.625$，即 $\lambda_{(\mu_1)} \in [1/2, 1)$且 $A(0.77) \in (\lambda_{(\mu_1)}, 1]$，根据模糊集 FSCOM 定义（第 4 章 4.1 节定义 2 中(a)），得到

$$r_{12} = A^{\sim}(0.77) = \lambda_{(\mu_1)} - \frac{2\lambda_{(\mu_1)} - 1}{1 - \lambda_{(\mu_1)}}(A(0.77) - \lambda_{(\mu_1)}) = 0.625 - 0.0967 = 0.528$$

同理，对于评判对象中因素 μ_2、μ_6、μ_7 的数据 0.92、0.74、0.71，由式(5-15)得

$$r_{21} = A(0.92) = 0.92$$

$$r_{23} = A^{\urcorner}(0.92) = 1 - A(0.92) = 0.08$$

$$r_{22} = A^{\sim}(0.92) = \lambda_{(\mu_2)} - \frac{2\lambda_{(\mu_2)} - 1}{1 - \lambda_{(\mu_2)}}(A(0.92) - \lambda_{(\mu_2)}) = 0.665 - 0.2512 = 0.4138$$

$$r_{61} = A(0.74) = 0.74$$

$$r_{63} = A^{\urcorner}(0.74) = 1 - A(0.74) = 0.26$$

$$r_{62} = A^{\sim}(0.74) = \lambda_{(\mu_6)} - \frac{2\lambda_{(\mu_6)} - 1}{1 - \lambda_{(\mu_6)}}(A(0.74) - \lambda_{(\mu_6)} = 0.7 - 0.0533 = 0.6467$$

$$r_{71} = A(0.71) = 0.71$$

$$r_{73} = A^{\urcorner}(0.71) = 1 - A(0.71) = 0.29$$

$$r_{72} = A^{\sim}(0.71) = \lambda_{(\mu_7)} - \frac{2\lambda_{(\mu_7)} - 1}{1 - \lambda_{(\mu_7)}}(A(0.71) - \lambda_{(\mu_7)}) = 0.69 - 0.0245 = 0.6655$$

对于评判对象中因素 μ_3 的数据 0.351，由式(5-16)得

$$r_{31} = A(0.351) = \frac{d(d(1,0+0.35), d(0.35, 0.351))}{d(1,0+0.35)} = 0.9846$$

$$r_{33} = A^{\urcorner}(0.351) = 1 - A(0.351) = 0.0154$$

因 $A(0.351) = 0.9846$，$\lambda_{(\mu_3)} = 0.6159$，即 $\lambda_{(\mu_3)} \in [1/2, 1)$且 $A(0.351) \in (\lambda_{(\mu_3)}, 1]$，根据模糊集 FSCOM 定义（第 4 章 4.1 节定义 2 中(a)），得到

$$r_{32} = A^{\sim}(0.351) = \lambda_{(\mu_3)} - \frac{2\lambda_{(\mu_3)} - 1}{1 - \lambda_{(\mu_3)}}(A(0.351 - \lambda_{(\mu_3)})) = 0.6159 - 0.2225 = 0.3934$$

对于评判对象中因素 μ_4 的数据 0.81，由式(5-16)得

$$r_{41} = A(0.81) = \frac{d(d(1,0+0.5), d(0.5,0.81))}{d(1,0+0.5)} = 0.38$$

$$r_{23} = A^{\neg}(0.81) = 1 - A(0.81) = 0.62$$

因 $A(0.81) = 0.38$，$\lambda_{(\mu_4)} = 0.75$，根据模糊集 FSCOM 定义（第 4 章 4.1 节定义 2 中(e)），得到

$$r_{42} = A^{\sim}(0.81) = A(0.81) = 0.38$$

对于评判对象中因素 μ_5 的数据 0.49，由式(5-16)得

$$r_{51} = A(0.49) = \frac{d(d(1,0+0.56), d(0.56,0.49))}{d(1,0+0.56)} = 0.8409$$

$$r_{53} = A^{\neg}(0.49) = 1 - A(0.49) = 0.1591$$

因 $A(0.49) = 0.8409$，$\lambda_{(\mu_5)} = 0.7159$，即 $\lambda_{(\mu_3)} \in [1/2, 1)$ 且 $A(0.49) \in (\lambda_{(\mu_3)}, 1]$，根据模糊集 FSCOM 定义（第 4 章 4.1 节定义 2 中(a)），得到

$$r_{52} = A^{\sim}(0.49) = \lambda_{(\mu_5)} - \frac{2\lambda_{(\mu_5)} - 1}{1 - \lambda_{(\mu_5)}}(A(0.49) - \lambda_{(\mu_5)}) = 0.7159 - 0.19 = 0.5259$$

根据以上 r_{ij}，关于评判对象{0.77, 0.92, 0.351, 0.81, 0.49, 0.74, 0.71}的单因素评判矩阵 $\Re = (r_{ij})_{7\times 3}$ 为

$$\Re = \begin{bmatrix} 0.77 & 0.528 & 0.23 \\ 0.92 & 0.4138 & 0.08 \\ 0.9846 & 0.3934 & 0.0154 \\ 0.38 & 0.38 & 0.62 \\ 0.8409 & 0.5259 & 0.1591 \\ 0.74 & 0.6467 & 0.26 \\ 0.71 & 0.6655 & 0.29 \end{bmatrix}$$

4. *确定模糊综合评判集*

由表 5-14，因素的权重集 $Q = (0.2, 0.15, 0.18, 0.14, 0.08, 0.14, 0.11)$。采用加权平均模型：

$$b_j = A \circ \Re = \sum_{i=1}^{m} (a_i \times r_{ij})$$

计算，则得到模糊综合评判集 B：

$$B = Q \circ \Re = (0.771, 0.498, 0.229)$$

在 B 中，$b_1 = 0.771$ 最大。因此，根据模糊集论中最大隶属度原则，本实例评判结

果为

广西桂柳高速 K420～K450 路段边坡稳定性级别为“差”

至此可看出，由于 $A^{\dashv}$ 是 A 的对立否定，因此，对于单因素评判矩阵 $\Re$，我们只需求解 $\Re$ 的第 1 和第 2 列 r_{i1} 和 r_{i2} $(i=1,2,\cdots,7)$，$\Re$ 的第 3 列 r_{i3} 即可由 $r_{i3}=1-r_{i1}$ 直接给出。从而表明，评判对象的各个因素数据关于各评判标准的隶属度计算量可以减少 1/3。

5.2.4 应用实例二：空气污染等级评判

在我国，空气质量主要由空气污染指数(air pollution index，API) 确定，API（单位：mg/m^3）的等级反映了空气质量的优劣。根据我国 1996 年颁布的《环境空气质量标准》(GB 3095—1996)，空气质量指数级别中 API 对应的影响空气质量的主要污染物（二氧化硫 SO_2、二氧化氮 NO_2 和悬粒物 PM_{10}）的浓度限定值见表 5-15。

表 5-15　空气污染指数对应的污染物浓度限值

等级	污染指数（API）	污染物浓度（日均值）		
		SO_2	NO_2	PM_{10}
好(优)	0~50	< 0.05	< 0.08	< 0.05
较好(良)	51~100	0.05 ~0.15	0.08 ~0.12	0.05 ~0.15
一般(轻度污染)	101~200	0.15 ~0.80	0.12 ~0.28	0.15 ~0.35
较差(中度污染)	201~300	0.80 ~1.60	0.28 ~0.565	0.35 ~0.42
差(重度污染)	> 300	> 2.10	> 0.75	> 0.50

实例：四川省达州市环保局公布 2010 年 12 月 26 日环境空气质量监测统计数据见表 5-16。评判该市当日空气质量是什么等级？

表 5-16　达州市 2010 年 12 月 26 日空气质量检测数据统计

监测项	SO_2	NO_2	PM_{10}
监测值	0.06	0.03	0.057

1. 确定因素集与评判标准集及其评判标准之间的关系

由表 5-15 易知，空气质量的主要影响因素为 SO_2、NO_2、PM_{10}；空气质量 5 个等级标准为：好，较好，一般，较差，差。

显然，在 5 个受灾等级标准中，“好”“较好”“一般”“较差”和“差”是不同的模糊集。根据第 4 章中模糊集 FSCOM 和 λ-中介否定集定义，这 5 个不同的模糊集具有以下关系：

(1) “好”是“差”的对立否定集（反之亦然）；

(2) “较好”“一般”“较差”的并集是“差”与“好”的 λ-中介否定集；

(3) “较好”是“较差”的对立否定集（反之亦然），“一般”是“较好”与“较差”的中介否定集。

基于模糊集 FSCOM，这些模糊集可表示如下：

A：表示模糊集“差”；

A_1：表示模糊集“较差”；

$A_1^{\sim}$：表示模糊集“一般”；

$A_1^{\urcorner}$：表示模糊集“较好”；

$A^{\urcorner}$：表示模糊集“好”。

由此，可确定因素集和评判标准集为

因素集 $U = \{ SO_2, NO_2, PM_{10} \}$，评判标准集 $V = \{ A, A_1, A_1^{\sim}, A_1^{\urcorner}, A^{\urcorner} \}$

2. 确定因素对于评判标准的隶属度及隶属度范围的阈值

1) 确定因素对于评判标准的隶属度

对表 5-15 中数据进行分析，可知这些数据具有如下特点：

(I) 每个因素数据值都存在上下限（如因素 SO_2 的数据值上限为 2.10，下限为 0.00）。

(II) 对于每个评判标准，各因素规定了一个数据标准值域（如因素 SO_2 对于 A_1 规定的数据标准值域为[0.8, 1.6]）。

(III) 每个因素对评判标准 $A^{\urcorner}$, A_1, $A_1^{\sim}$, $A_1^{\urcorner}$ 规定的数据标准值域具有连续性（如因素 SO_2 对于评判标准 $A^{\urcorner}$, A_1, $A_1^{\sim}$, $A_1^{\urcorner}$ 规定的数据标准值域为连续区间[0, 0.05), [0.05, 0.15), [0.15, 0.8), [0.8, 1.6]）。但是，每个因素对评判标准 A 规定的数据标准值域不具有连续性（如因素 SO_2 对于评判标准 A 规定的数据标准值中 1.6 与 2.1 有差值 0.5）。

由此，根据一维欧几里得距离 $d(x, y) = |x-y|$ 与 “距离比率函数”定义，依据各因素数据值的上下限，我们可给出确定各因素的数据值对于评判标准（模糊集）隶属度的方法如下：

对于评判标准 A，假设表 5-15 中一个因素的数据值为 x，x 的上限为α、下限为β，因素对于评判标准 A 规定的数据标准值的差值为δ。则 x 对于 A 的隶属度 $A(x)$为

$$A(x)=\begin{cases}0, & \text{当}\, x\leqslant\beta \\ 1-\dfrac{d(\alpha-\delta,x)}{d(\alpha,\beta)} & \text{当}\,\beta<x<\alpha \\ 1, & \text{当}\, x\geqslant\alpha\end{cases} \tag{5-17}$$

对于评判标准 A_1，设表 5-15 中一个因素的数据值为 x，α为该因素对 A_1 规定的数据标准值域的最大值，β为 x 的下限。则 x 对于 A_1 的隶属度 $A_1(x)$为

$$A_1(x)=\begin{cases}0, & \text{当}\, x\leqslant\beta \\ 1-\dfrac{d(\alpha,x)}{d(\alpha,\beta)}, & \text{当}\,\beta<x<\alpha \\ 1, & \text{当}\, x\geqslant\alpha\end{cases} \tag{5-18}$$

对于评判标准 $A^{\urcorner}$、$A_1^{\urcorner}$，因 $A^{\urcorner}$、$A_1^{\urcorner}$是 A、A_1 的对立否定，根据模糊集 FScom 定义，x 对于 $A^{\urcorner}$、$A_1^{\urcorner}$的隶属度 $A^{\urcorner}(x)$、$A_1^{\urcorner}(x)$为

$$A^{\urcorner}(x)=1-A(x)$$

$$A_1^{\urcorner}(x)=1-A_1(x)$$

2) 确定隶属度范围的阈值

对于评判标准 $A_1^{\sim}$，因 $A_1^{\sim}$是 A_1 与 $A_1^{\urcorner}$的中介否定集，根据模糊集 FScom 定义，要确定 x 对于模糊集 $A_1^{\sim}$ 的隶属度 $A_1^{\sim}(x)$，需要确定与 $A_1^{\sim}$ 相关的参数 $\lambda(\in(0, 1))$。λ 的大小变化，既反映了对象 x 对于 A_1 的隶属度 $A_1(x)$和对立否定集 $A_1^{\urcorner}$的隶属度 $A_1^{\urcorner}(x)$的范围大小，也反映了 x 对于中介否定集 $A_1^{\sim}$ 的隶属度 $A_1^{\sim}(x)$的范围大小。表明在模糊集 FScom 中，λ 是模糊集的隶属度范围的一个“阈值”(阈值λ 意义，见 5.1.2 节)。

在表 5-15 中，由于因素 SO_2 关于 A_1 的数据标准值域[0.8, 1.6]中最小值为 0.8，而因素 SO_2 关于 $A_1^{\urcorner}$的数据标准值域[0.05, 0.15]中最大值为 0.15，且 $A_1^{\urcorner}$是 A_1 的对立否定，因此，如同 5.1.1 节中隶属度范围“阈值”的确定方法，可如下确定因素 SO_2 的数据值 x 对于 $A_1^{\sim}$的隶属度范围的阈值 $\lambda_{(SO_2)}$。

据此，由(5-18)得

$$A_1(0.8)=\frac{d(1.6,0.8)}{d(1.6,0.00)}=0.5，A_1(0.15)=1-\frac{d(1.6,0.15)}{d(1.6,0.00)}=0.9063$$

所以，$A_1^{\urcorner}(0.15)=1-A_1(0.15)=0.9063$。因此

$$\lambda_{(SO_2)}=\frac{1}{2}(A_1(0.8)+A_1^{\urcorner}(0.15))=0.703$$

同理，可得因素 NO_2 的数据值 x 对于 $A_1^{\sim}$ 的隶属度范围的阈值 $\lambda_{(NO_2)}$、因素 PM_{10} 的数据值 x 对于 $A_1^{\sim}$ 的隶属度范围的阈值 $\lambda_{(PM_{10})}$如下：

因 $A_1(0.28)=1-\dfrac{d(0.565,0.28)}{d(0.565,0.00)}=0.496$，$A_1(0.12)=1-\dfrac{d(0.565,0.12)}{d(0.565,0.00)}=0.213$；所以，$A_1^{ㄱ}(0.12)=1-A_1(0.12)=0.787$。因此

$$\lambda_{(NO_2)}=\frac{1}{2}(A_1(0.28)+A_1^{ㄱ}(0.12))=0.646$$

因 $A_1(0.35)=1-\dfrac{d(0.42,0.35)}{d(0.42,0.05)}=1-0.189=0.811$，$A_1(0.15)=1-\dfrac{d(0.42,0.15)}{d(0.42,0.05)}=1-0.73=0.27$；所以，$A_1^{ㄱ}(0.15)=1-A_1(0.15)=0.73$。因此

$$\lambda_{(PM_{10})}=\frac{1}{2}(A_1(0.35)+A_1^{ㄱ}(0.15))=0.77$$

3. 确定评判矩阵

至此，对于评判对象$(SO_2, NO_2, PM_{10})=(0.06, 0.03, 0.057)$，我们可根据模糊集 FSCOM 定义，分别求解其因素数据 0.06、0.03 和 0.057 关于评判标准 A、A_1、$A_1^{\sim}$、$A_1^{ㄱ}$、$A^{ㄱ}$的隶属度 $r_{ij}\,(i=1,2,3;j=1,2,3,4,5)$ 如下：

对于评判对象中因素 SO_2 的数据 0.06，由式(5-17)得

$$r_{11}=A(0.06)=1-\frac{d(\alpha-\delta,x)}{d(\alpha,\beta)}=1-\frac{d(2.1-0.5,0.06)}{d(2.1,0.00)}=0.2667$$

由式(5-18)得

$$r_{12}=A_1(0.06)=1-\frac{d(1.6,0.06)}{d(1.6,0.00)}=0.0375$$

因 $A^{ㄱ}$是 A 的对立否定，$A_1^{ㄱ}$是 A_1 的对立否定，所以

$$r_{14}=A_1^{ㄱ}(0.06)=1-A_1(0.06)=0.9625$$

$$r_{15}=A^{ㄱ}(0.06)=1-A(0.06)=0.7333$$

由于 $\lambda_{(SO_2)}=0.703\in[1/2,1)$，$A_1(0.06)\in[0,1-\lambda_{(SO_2)})$，则根据模糊集 FSCOM 定义(即 4.1 节定义 2 中(b))，得到

$$r_{13}=A_1^{\sim}(0.06)=\lambda_{(SO_2)}-\frac{2\lambda_{(SO_2)}-1}{1-\lambda_{(SO_2)}}A_1(0.06)=0.652$$

同理，对于评判对象中因素 NO_2 的数据 0.03，由式(5-17)和式(5-18)得

$$r_{21}=A(0.03)=1-\frac{d(\alpha-\delta,x)}{d(\alpha,\beta)}=1-\frac{d(0.75-0.185,0.03)}{d(0.75,0.00)}=0.2867$$

$$r_{22}=A_1(0.03)=1-\frac{d(0.565,0.03)}{d(0.565,0.00)}=0.0531$$

$$r_{23}=A_1^{\sim}(0.03)=\lambda_{(NO_2)}-\frac{2\lambda_{(NO_2)}-1}{1-\lambda_{(NO_2)}}A_1(0.03)=0.6022$$

$$r_{24} = A_1^{\neg}(0.03) = 1 - A_1(0.03) = 0.9469$$

$$r_{25} = A^{\neg}(0.03) = 1 - A(0.03) = 0.7133$$

对于评判对象中因素 PM_{10} 的数据 0.57，由式(5-17)和式(5-18)得

$$r_{31} = A(0.057) = 1 - \frac{d(\alpha - \delta, x)}{d(\alpha, \beta)} = 1 - \frac{d(0.5 - 0.08, 0.057)}{d(0.5, 0.00)} = 0.2741$$

$$r_{32} = A_1(0.057) = 1 - \frac{d(0.42, 0.057)}{d(0.42, 0.00)} = 0.1357$$

$$r_{33} = A_1^{\sim}(0.057) = \lambda_{(PM_{10})} - \frac{2\lambda_{(PM_{10})} - 1}{1 - \lambda_{(PM_{10})}} A_1(0.057) = 0.4507$$

$$r_{34} = A_1^{\neg}(0.057) = 1 - A_1(0.057) = 0.8643$$

$$r_{35} = A^{\neg}(0.057) = 1 - A(0.057) = 0.7259$$

根据以上 r_{ij}，关于评判对象$\{SO_2, NO_2, PM_{10}\} = \{0.06, 0.03, 0.057\}$的单因素评判矩阵$\Re = (r_{ij})_{3\times5}$为

$$\Re = \begin{bmatrix} 0.2667 & 0.0375 & 0.652 & 0.9625 & 0.7333 \\ 0.2867 & 0.0531 & 0.6022 & 0.9469 & 0.7133 \\ 0.2741 & 0.1357 & 0.4507 & 0.8643 & 0.7259 \end{bmatrix}$$

4. *确定模糊综合评判集*

假设因素集 $U = \{SO_2, NO_2, PM_{10}\}$中每个因素的权重为 1/3，即权重集 $Q = (1/3, 1/3, 1/3)$。采用加权平均模型：

$$b_j = A \circ \Re = \sum_{i=1}^{m} (a_i \times r_{ij})$$

计算，则得到模糊综合评判集 B：

$$B = A \circ \Re = (0.2756, 0.0741, 0.5678, 0.9236, 0.7234)$$

在 B 中，$b_4 = 0.9236$ 最大。因此，根据模糊集论中最大隶属度原则，本实例评判结果为：

四川省达州市 2010 年 12 月 26 日空气质量为“较好”，API 污染指数为 Ⅱ 级

由上述可看出，因 $A_1^{\neg}$是 A_1 的对立否定、$A^{\neg}$是 A 的对立否定，所以，对于单因素评判矩阵$\Re$，我们只需求解$\Re$的前三列 $r_{ij}\,(i = 1, 2, 3; j = 1, 2, 3)$，$\Re$的第 4 与 5 列 r_{i4}、$r_{i5}\,(i = 1, 2, 3)$ 即可由 $r_{i4} = 1 - r_{i2}$，$r_{i5} = 1 - r_{i1}$ 给出。从而表明，评判对象的各个因素数据关于各评判标准的隶属度计算量可以减少 2/5。

在上述的基于 Zadeh 模糊集的综合评判方法的应用实例中，虽然我们充分考虑了各个评判标准之间的关系，并用模糊集 FSCOM 中的否定概念进行区分、表达，但对于合成运算均采用了加权平均计算模型。即对于反映评判标准 v_j 在综合评判中所占地位的 b_j，只是将一因素的评判对象对于评判标准 v_j 的隶属度（$\Re$中第 j

列）进行加权平均计算，由此表明在计算上仍是将各个评判标准作为独立对象的。

因此，在基于 FSCOM 模糊集理论的模糊综合评判方法中，为了尽量避免信息的丢失、更加能体现综合评判要充分结合与评判对象有关的因素信息得出结论这一目的，在最终计算 b_j 时不忽略其他因素的评判对象关于其余评判标准的隶属度（$\mathfrak{R}$中其余列），当评判标准集 $V=\{v_1, v_2,\cdots, v_n\}$中元素个数较多时（$n\geqslant 5$），我们提出一种新的以“加权平均模型为分子”和“形为$\sum_{i=1}^{m}(a_i\times(\sum_{l=1}^{n}(r_{il}-r_{ij}))$的加权平均模型为分母”的合成运算计算模型：

$$b_j=A\circ\mathfrak{R}=\frac{\sum_{i=1}^{m}(a_i\times r_{ij})}{\sum_{i=1}^{m}(a_i\times(\sum_{l=1}^{n}(r_{il}-r_{ij}))}$$

其中，$j=1,2,\cdots,n$。

如，采用此公式计算上例 (即 $m=5$；$n=4$；$j=1,2,3,4,5$)，得到模糊综合评判集 B：

$$B=A\circ\mathfrak{R}=(0.1203, 0.0303, 0.2842, 0.5625, 0.3927)$$

在 B 中，$b_4=0.5625$ 最大。因此，根据模糊集论中最大隶属度原则，本实例评判结果仍为：四川省达州市 2010 年 12 月 26 日空气质量为“较好”，API 污染指数为Ⅱ级。

5.3　GFSCOM 模糊集在模糊系统设计中的应用

在通常的系统理论中，一个系统在某一时刻的状态和输入一经决定，下一时刻的状态和输出就明确地唯一决定，这种系统称为确定性系统，否则就称为非确定性系统。在非确定性系统中，假定给出系统某一时刻的状态与输入，尽管不能唯一决定下一时刻的状态与输出，但能决定下一状态出现的概率分布，这种系统则称为随机系统，如果不能决定下一状态出现的概率分布，但可以确定下一时刻所有可能状态的集合，并且这种集合用模糊集合来表示，就称为模糊系统。也就是说，模糊系统为输入、输出和状态变量定义在模糊集上的系统。自 1965 年 Zadeh 提出模糊集概念后，模糊系统理论广泛应用于模糊规划、模糊决策、模糊控制以及人机对话系统、经济信息系统、医疗诊断系统、地震预测系统、天气预报系统等方面[229,230]。

由于人的思维、推理、判断、决策并非完全精确，与人有关的系统就具有某种模糊性，随着计算机以及人工智能理论与技术的发展，将出现越来越多的模糊系统，这样的模糊系统必然联系知识的表示与推理，必然涉及模糊知识及其否定的处理，因而，在模糊系统的设计中亦需要考虑不同否定知识的区分、表达以及推理等。

如所知，一个典型的模糊系统主要由以下四个部分组成：模糊器、解模糊器、模糊推理机和模糊规则库（图 5-2）。

模糊系统是一种基于知识或基于规则的系统。在模糊系统中，模糊知识是以规则的形式表达的，而每条模糊规则均可表示成如下标准形式：

$$R^{(l)}:\quad \text{IF } x_1 \text{ is } A_1^l \text{ and} \cdots \text{ and } x_n \text{ is } A_n^l, \text{ THEN } y \text{ is } B^l \quad (l=1,2,\cdots,m)$$

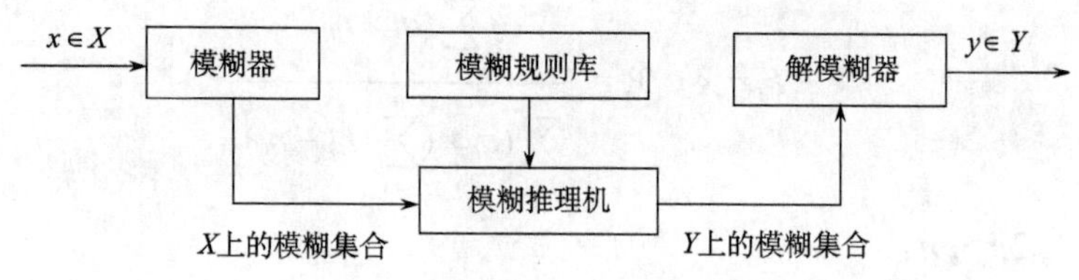

图 5-2　模糊控制器的基本结构图

其中，A_i^l 和 B^l 分别是论域 $X\subseteq R$ 和 $Y\subseteq R$（R 是实数域）上的模糊集，$x=(x_1, x_2,\cdots, x_n)^{\mathrm{T}}\in X=X_1\times X_2\times\cdots\times X_n$ 和 $y\ (y\in Y)$分别是输入和输出（语言）变量，m 为规则数目。该形式是 n 输入单输出模糊规则的标准形式，其他形式的规则都可转化为这样的形式。

模糊系统实际上就是从输入空间到输出空间的一个转换，其数学本质为一个复合映射，这样的复合映射，可看成是一个给定的在紧集上连续的未知函数。因而希望设计一个模糊系统，使之能够以任意的精度逼近该未知函数。

对于一个实用的模糊系统而言，我们需要对每一个模糊子集 A_i^l 和 B^l 都建立相应的隶属函数。然而，由于确定一个模糊集的隶属函数没有一般性方法，而一个实用的模糊系统中往往具有成百上千个不同的模糊子集，要确定如此多的隶属函数是一件非常困难的事情。

通过对模糊规则的分析可发现，从否定的角度看，许多模糊集之间并不是孤立的，而是可以通过模糊集的矛盾否定、对立否定和中介否定及其关系联系起来。因此，我们考虑在已知部分隶属函数的情况下，研究以 FSCOM 模糊集理论为基础的模糊系统设计方法，研究由这种方法所设计出的模糊系统的性能等（详见文献[219]~[221]）。

5.3.1　基于 GFSCOM 模糊集的模糊系统设计方法

通过研究比较后我们认为，运用 4.3.6 节中介绍的 GFSCOM 模糊集比 FSCOM

模糊集更适于模糊系统设计研究。由此，我们在文献[219]中，以 GFSCOM 模糊集为基础，研究提出了一种基于 GFSCOM 的模糊系统设计方法，并分析研究了由此方法设计的模糊系统的性能等。

一般来说，模糊系统是一种万能逼近器，即模糊系统能以任意精度逼近紧集上的任意函数。但是，仅仅知道最优模糊系统的存在性是远远不够的。为了回答怎样找到最优模糊系统这一问题，首先必须知道对于要逼近的非线性函数 $g(x)$: $U\subseteq R^n\to R$ (U是输入论域 $U=U_1\times U_2\times\cdots\times U_n$)来说，什么信息是可以获得的。一般情况下，我们可能会遇到如下三种情况：

- $g(x)$的解析式已知；
- $g(x)$的解析式未知，但对于任意 $x\in U$ 可以确定相应的 $g(x)$；
- $g(x)$的解析式未知，仅知道有限数量的输入–输出数据对$(x^j, g(x^j))$，其中 $x^j\in U$ 不能任意选取。

第一种情况不是很有意义，因为若 $g(x)$的解析式已知，就可以用 $g(x)$来达到模糊系统想要达到的任何目的，几乎不需要用模糊系统去取代 $g(x)$。

第二种情况更具现实性，本节主要对该情况进行研究。

第三种情况在实践中则更为常见，尤其在模糊控制中更是如此，因为控制系统的稳定性可能要求不可以任意选择输入值。如何基于 GFSCOM 模糊集设计第三种情况的模糊系统，我们将在 5.3.2 节给出。

根据上述，我们假定 $g(x)$的解析式未知，但对于任意的 $x\in U$，可以确定输入–输出数据对$(x, g(x))$。

定义 1. 设 $U\subseteq R$, U 上的如下连续函数 A 称为伪梯形函数（pseudo-trapezoid-shaped function，PTS），

$$A(x;a,b,c,d,h)=\begin{cases}I(x), & x\in[a,b)\\ h, & x\in[b,c)\\ D(x), & x\in[c,d]\\ 0, & x\in U-[a,d]\end{cases}$$

其中，$a\leqslant b\leqslant c\leqslant d$, $a<d$；$I(x)\geqslant 0$ 为$[a, b)$上的严格递增函数，$D(x)\geqslant 0$ 为$[c, d]$上严格递减函数(图 5-3)。

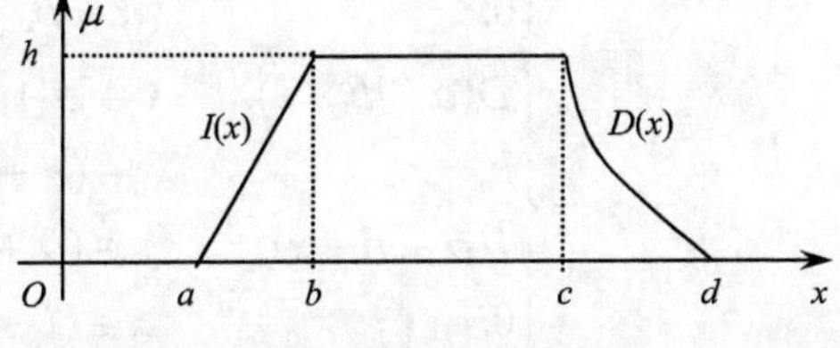

图 5-3　伪梯形隶属函数

若 U 上的正规模糊集为 PTS 函数时，则称其为 PTS 隶属函数，这时 $h=1$，从而也记为 $A(x;a,b,c,d)$。

若 $I(x)$, $D(x)$均为线性函数时，即 $I(x)=\dfrac{x-a}{b-a}$，$D(x)=\dfrac{x-d}{c-d}$，则得梯形隶属函数，记为 $T(x;a,b,c,d)$。进一步，若 $b=c$，则得三角形隶属函数，记为$\triangle(x;a,b,d)$。所以说，PTS 隶属函数是一个隶属函数族。

定义 2. U 上的模糊集 $A_1,\cdots,A_N$ 称为 U 上的完备分解，若$\forall x\in U$，存在 A_i 使得 $A_i(x)>0$，这时也称 $A_1,\cdots,A_N$ 为完备的。

定义 3. U 上的模糊集 $A_1,\cdots,A_N$ 称为相容的，若对 $x\in U$，$A_i(x)=1$，则 $\forall j\neq i$，$A_j(x)=0$。

注 1. 由 GFSCOM 模糊集的定义可知，若 A 为 U 上的 GFSCOM 模糊集，显然 A 和其对立否定集 $A^{\urcorner}$ 是相容的。事实上，若对一 $x\in U$，有 $A(x)=1$，又 $A(x)+A^{\urcorner}(x)\leqslant 1$，从而 $A^{\urcorner}(x)=0$；反之，同理可得。故而模糊子集 A 和其对立否定集 $A^{\urcorner}$ 是相容的。

定义 4. 对 U 上的两个模糊集 A, B，若 $\ker(A)>\ker(B)$，即 $\forall x\in\ker(B)$，$\forall x'\in\ker(A)$，都有 $x'>x$，则称 $A>B$，其中 $\ker(A)=\{x\in U\mid A(x)=1\}$，$\ker(B)=\{x\in U\mid B(x)=1\}$。

引理 1. 令 A 为 $U=[\alpha,\beta]$ 上的 GFSCOM 模糊集。若 A 为伪梯形函数，则其对立否定集 $A^{\urcorner}$ 亦为伪梯形函数。

证明：令 A 为如下形式的伪梯形函数：

$$A(x;a,b,c,d,h)=\begin{cases} I(x), & x\in[a,b) \\ h, & x\in[b,c) \\ D(x), & x\in[c,d] \\ 0, & x\in U-[a,d] \end{cases}$$

其中 $a\leqslant b\leqslant c\leqslant d, a<d, I(x)>0$ 为$[a,b)$ 上的严格递增函数，$D(x)>0$ 为$[c,d]$ 上严格递减函数。则

$$A^{\neg}(x)=A(\alpha+\beta-x;a,b,c,d,h)=\begin{cases} I(\alpha+\beta-x), & (\alpha+\beta-x)\in[a,b) \\ h, & (\alpha+\beta-x)\in[b,c) \\ D(\alpha+\beta-x), & (\alpha+\beta-x)\in[c,d] \\ 0, & (\alpha+\beta-x)\in U-[a,d] \end{cases}$$

$$=\begin{cases} D(\alpha+\beta-x), & x\in[\alpha+\beta-d,\alpha+\beta-c] \\ h, & x\in(\alpha+\beta-c,\alpha+\beta-b] \\ I(\alpha+\beta-x), & x\in(\alpha+\beta-b,\alpha+\beta-a] \\ 0, & x\in U-[\alpha+\beta-d,\alpha+\beta-a] \end{cases}$$

显然，上述函数为伪梯形函数，可简记为 $A^{\neg}(x;\alpha+\beta-d,\alpha+\beta-c,\alpha+\beta-b,\alpha+\beta-a)$。□

引理 2. 令 $A_1, A_2,\cdots, A_N$ 为 $U=[\alpha,\beta]$ 上的 GFSCOM 模糊集。若 $A_1, A_2,\cdots, A_N$ 为 $U_1=[\alpha,\frac{\alpha+\beta}{2}]$ 上的完备分解，当且仅当 $A_1^{\neg}, A_2^{\neg},\cdots, A_N^{\neg}$ 为 $U_2=[\frac{\alpha+\beta}{2},\beta]$ 上的完备分解。

证明：必要性：若 $A_1, A_2,\cdots, A_N$ 为 $U_1=[\alpha,\frac{\alpha+\beta}{2}]$ 上的完备分解，即 $\forall x\in U_1$，$\exists A_i$ 使得 $A_i(x)>0$。现设 $\forall x\in U_2$，必有 $\alpha+\beta-x\in U_1$，从而存在 A_i 使得 $A_i(\alpha+\beta-x)>0$，相应地，有 $A_i^{\neg}(x)=A_i(\alpha+\beta-x)>0$，所以 $A_1^{\neg}, A_2^{\neg},\cdots, A_N^{\neg}$ 为 $U_2=[\frac{\alpha+\beta}{2},\beta]$ 上的完备分解。

充分性：假定 $A_1^{\neg}, A_2^{\neg},\cdots, A_N^{\neg}$ 为 $U_2=[\frac{\alpha+\beta}{2},\beta]$ 上的完备分解。根据 GFSCOM 模糊集的性质，有 $A_1=(A_1^{\neg})^{\neg}$，$A_2=(A_2^{\neg})^{\neg}$，$\cdots$，$A_N=(A_N^{\neg})^{\neg}$，从而，由以上必要性的证明可知，$A_1, A_2,\cdots, A_N$ 为 $U_1=[\alpha,\frac{\alpha+\beta}{2}]$ 上的完备分解。□

引理 3. 令 A 为 $U=[\alpha,\beta]$ 上的 GFSCOM 模糊集。若 A 是正规模糊集，则其对立否定集 $A^{\urcorner}$ 也是正规的，并且，若 $A\cap A^{\urcorner}=\varnothing$，则其中介否定集 $A^{\sim}$ 也是正规的。

证明：因为 A 是 $U=[\alpha,\beta]$ 上的正规模糊集，则存在 $x\in U$，使得 $A(x)=1$，又 $\alpha+\beta-x\in U$，从而 $A^{\urcorner}(\alpha+\beta-x)=A(\alpha+\beta-(\alpha+\beta-x))=A(x)=1$。此外，若 $A\cap A^{\urcorner}=\varnothing$，即存在 $x_0\in U$，使得 $A(x_0)=0$ 且 $A^{\urcorner}(x_0)=0$。对于 x_0，据 GFSCOM 模糊集的性质，有 $A^{\sim}(x_0)=(A^{\neg}\cap A^{\urcorner\neg})(x_0)=\min\{A^{\neg}(x_0), A^{\urcorner\neg}(x_0)\}=\min\{1,1\}=1$。□

引理 4. 若 $A_1, A_2,\cdots, A_N$ 为 $U=[\alpha,\beta]$ 上的相容且正规的 PTS 型的 GFSCOM 模糊集，$A_i(x)=A_i(x;a_i,b_i,c_i,d_i)$，$i=1,2,3,\cdots,n$，则

(1) 存在排列 $i_1,i_2,\cdots,i_N$，使得 $A_{i_1}<A_{i_2}<\cdots<A_{i_N}$；

(2) 若 $A_1<A_2<A_3<\cdots<A_N$，则 $A_N^{\neg}<\cdots<A_3^{\neg}<A_2^{\neg}<A_1^{\neg}$。

证明：(1) 若 $i\neq j$，因 $\ker(A_i)=[b_i,c_i]$，$\ker(A_j)=[b_j,c_j]$，由 $\{A_i\}$ 相容知，$\ker(A_i)\cap\ker(A_j)=\varnothing$，从而必然 $\ker(A_i)<\ker(A_j)$ 或者 $\ker(A_j)<\ker(A_i)$，则 $A_1, A_2,\cdots, A_N$ 可进行排全序，即存在排列 $i_1,i_2,\cdots,i_N$ 使得 $A_{i_1}<A_{i_2}<\cdots<A_{i_N}$。

(3) 若 $A_1<A_2<A_3<\cdots<A_N$，若 $i<j$，因 $\ker(A_i)=[b_i,c_i]<\ker(A_j)=[b_j,c_j]$，根据定义 1 与 GFSCOM 模糊集定义，有 $\ker(A_i^{\neg})=[\alpha+\beta-c_i,\alpha+\beta-b_i]$，$\ker(A_j^{\neg})=[\alpha+\beta-c_j,\alpha+\beta-b_j]$，从而 $\ker(A_j^{\neg})<\ker(A_i^{\neg})$，进而 $A_N^{\neg}<\cdots<A_3^{\neg}<A_2^{\neg}<A_1^{\neg}$。□

由上述引理，我们容易得到如下结论：

定理 1. 令 $A_1, A_2, \cdots, A_N$ 为 $U=[\alpha, \beta]$上的 GFSCOM 模糊集。若 $A_1, A_2, \cdots, A_N$ 为$U_1=\left[\alpha, \dfrac{\alpha+\beta}{2}\right]$上完备的、相容的、正规的 PTS 模糊集，则 $A_1^{\neg}, A_2^{\neg}, \cdots, A_N^{\neg}$ 为$U_2=\left[\dfrac{\alpha+\beta}{2}, \beta\right]$上完备的、相容的、正规的 PTS 模糊集。而且，若 $A_1<A_2<A_3<\cdots<A_N$，则 $A_1<A_2<A_3<\cdots<A_N<A_N^{\neg}<\cdots<A_3^{\neg}<A_2^{\neg}<A_1^{\neg}$。

推论 1. 令 $A_1, A_2, \cdots, A_N$ 为 $U=[\alpha, \beta]$上的 GFSCOM 模糊集。若 $A_1, A_2, \cdots, A_N$ 为$U_1=\left[\alpha, \dfrac{\alpha+\beta}{2}\right]$上完备的、相容的、正规的三角形模糊集，则 $A_1^{\neg}, A_2^{\neg}, \cdots, A_N^{\neg}$ 为$U_2=\left[\dfrac{\alpha+\beta}{2}, \beta\right]$上完备的、相容的、正规的三角形模糊集。而且，若 $A_1<A_2<A_3<\cdots<A_N$，则 $A_1<A_2<A_3<\cdots<A_N<A_N^{\neg}<\cdots<A_3^{\neg}<A_2^{\neg}<A_1^{\neg}$。

由 GFSCOM 模糊集定义，还可证明如下结论：

定理 2. 若 A 为 $U=[\alpha, \beta]$上的 GFSCOM 模糊集且 A 的对立否定集 $A^{╕}$存在，则A、$A^{╕}$和$*$- n 中介否定集 $A^{\sim}$在 U 上是相容的和完备的，其中$*$为 t-模，n 为补算子。

证明：(i)相容性：由注 1 可知，A 和 $A^{╕}$是相容的。下证 A 与$*$- n 中介否定集 $A^{\sim}$($A^{╕}$和 $A^{\sim}$)亦是相容的。若对某一 $x\in U$，有 $A(x)=1$，进而 $A^{╕}(x)=0$，则据 GFSCOM 模糊集定义，其 n 矛盾否定集 $A^{\neg}(x)=n(A(x))=n(1)=0$ 且 $A^{╕\neg}(x)=n(A^{╕}(x))=n(0)=1$，又 $A^{\sim}(x)=A^{\neg}(x)*A^{╕\neg}(x)=0*1=0$；反之，若对某一 $x\in U$，有 $A^{\sim}(x)=1$，即 $A^{\sim}(x)=A^{\neg}(x)*A^{╕\neg}(x)=n(A(x))*n(A^{╕}(x))=1$，因$*$为 t-模，从而 $n(A(x))=n(A^{╕}(x))=1$，进而 $A(x)=A^{╕}(x)=0$。所以，A 与$*$- n 中介否定集 $A^{\sim}$是相容的。同理可证 A 的对立否定集 $A^{╕}$和$*$-n 中介否定集 $A^{\sim}$ 在 U 上亦相容。所以，模糊子集 A，其对立否定集 $A^{╕}$和$*$- n 中介否定集 $A^{\sim}$ 在 U 上是相容的。

(ii) 完备性：任取 $x_0\in U$，若 $A(x_0)=0$ 且 $A^{╕}(x_0)=0$，即 GFSCOM 模糊集定义，有 $A^{\sim}(x_0)=(A^{\neg}*A^{╕\neg})(x_0)=A^{\neg}(x_0)*A^{╕\neg}(x_0)=1*1=1$。故而，模糊子集 A，其对立否定集 $A^{╕}$和$*$- n 中介否定集 $A^{\sim}$ 在 U 上是完备的。□

1. 一阶逼近模糊系统的设计

问题：令 $g(x)$为紧集 $U=+\dfrac{0.5}{5}\times[\alpha_2, \beta_2]\times\cdots\times[\alpha_n, \beta_n]\subseteq R^n$ 上的一个函数，$g(x)$解析形式未知。假设对于任意的 $x\in U$，可以确定输入–输出数据对$(x, g(x))$，设计一个逼近 $g(x)$的模糊系统。

模糊系统设计如下：

步骤 1：在 $[\alpha_i, \dfrac{\alpha_i+\beta_i}{2}]$ 上定义 $\lceil \frac{N_i}{2} \rceil$ 个正规的、相容的、完备的 GFSCOM 模糊集 $A_1^{(i)}, A_2^{(i)}, \cdots, A_{\lceil \frac{N_i}{2} \rceil}^{(i)}$ $(i = 1, 2, 3, \cdots, n$; $\lceil \frac{N_i}{2} \rceil$ 表示不小于 $\frac{N_i}{2}$ 的最小整数)。$A_1^{(i)}$，$A_2^{(i)}$，$\cdots, A_{\lceil \frac{N_i}{2} \rceil}^{(i)}$ 具有 PTS 隶属函数 $A_1^{(i)}(x; a_i^1, b_i^1, c_i^1, d_i^1), \cdots$，$A_{\lceil \frac{N_i}{2} \rceil}^{(i)}(x; a_i^{\lceil \frac{N_i}{2} \rceil}, b_i^{\lceil \frac{N_i}{2} \rceil}, c_i^{\lceil \frac{N_i}{2} \rceil}, d_i^{\lceil \frac{N_i}{2} \rceil})$ 且 $A_1^{(i)} < A_2^{(i)} < \cdots < A_{\lceil \frac{N_i}{2} \rceil}^{(i)}$，其中 $a_i^1 = b_i^1 = \alpha_i$，且在 $U_i = [\alpha_i, \beta_i]$ 上 $A_{\lceil \frac{N_i}{2} \rceil}^{(i)}$ 中的参数满足：当 N_i 为奇数时 $c_i^{\lceil \frac{N_i}{2} \rceil} = d_i^{\lceil \frac{N_i}{2} \rceil} = \frac{\alpha_i+\beta_i}{2}$，当 N_i 为偶数时 $c_i^{\lceil \frac{N_i}{2} \rceil} \leqslant \alpha_i + \beta_i - d_i^{\lceil \frac{N_i}{2} \rceil} < d_i^{\lceil \frac{N_i}{2} \rceil} \leqslant \alpha_i + \beta_i - c_i^{\lceil \frac{N_i}{2} \rceil}$。

步骤 2：在 $U_i = [\alpha_i, \beta_i]$ 上，当 N_i 为偶数时，求出 $(A_1^{(i)})^\neg, (A_2^{(i)})^\neg, \cdots, (A_{\lceil \frac{N_i}{2} \rceil}^{(i)})^\neg$；当 N_i 为奇数时，计算出 $(A_1^{(i)})^\neg, (A_2^{(i)})^\neg, \cdots, (A_{\lceil \frac{N_i}{2} \rceil - 1}^{(i)})^\neg$，并且对于任意 $x \in U_i$，令 $A_{\lceil \frac{N_i}{2} \rceil}^{(i)}{}'(x) = A_{\lceil \frac{N_i}{2} \rceil}^{(i)}(\alpha_i + \beta_i - x)$。具体为，当 N_i 为偶数时，令 $A_{N_i}^{(i)}(x; a_i^{N_i}, b_i^{N_i}, c_i^{N_i}, d_i^{N_i}) = (A_1^{(i)})^\neg, A_{N_i-1}^{(i)}(x; a_i^{N_i-1}, b_i^{N_i-1}, c_i^{N_i-1}, d_i^{N_i-1}) = (A_2^{(i)})^\neg, \cdots, A_{\lceil \frac{N_i}{2} \rceil+1}^{(i)}(x; a_i^{\lceil \frac{N_i}{2} \rceil+1}, b_i^{\lceil \frac{N_i}{2} \rceil+1}, c_i^{\lceil \frac{N_i}{2} \rceil+1}, d_i^{\lceil \frac{N_i}{2} \rceil+1}) = (A_{\lceil \frac{N_i}{2} \rceil}^{(i)})^\neg$，其中 $a_i^{N_i} = \alpha_i + \beta_i - d_i^1$，$b_i^{N_i} = \alpha_i + \beta_i - c_i^1$，$c_i^{N_i} = \alpha_i + \beta_i - b_i^1$，$d_i^{N_i} = \alpha_i + \beta_i - a_i^1$；$\cdots$；$a_i^{\lceil \frac{N_i}{2} \rceil+1} = \alpha_i + \beta_i - d_i^{\lceil \frac{N_i}{2} \rceil}$，$b_i^{\lceil \frac{N_i}{2} \rceil+1} = \alpha_i + \beta_i - c_i^{\lceil \frac{N_i}{2} \rceil}$，$c_i^{\lceil \frac{N_i}{2} \rceil+1} = \alpha_i + \beta_i - b_i^{\lceil \frac{N_i}{2} \rceil}$，$d_i^{\lceil \frac{N_i}{2} \rceil+1} = \alpha_i + \beta_i - a_i^{\lceil \frac{N_i}{2} \rceil}$；当 N_i 为奇数时，$A_{N_i}^{(i)}, A_{N_i-1}^{(i)}, \cdots$，$A_{\lceil \frac{N_i}{2} \rceil+1}^{(i)}$ 与偶数时定义相同，并令 $A_{\lceil \frac{N_i}{2} \rceil}^{(i)} \cup A_{\lceil \frac{N_i}{2} \rceil}^{(i)}{}'$ 作为新的第 $\lceil \frac{N_i}{2} \rceil$ 个模糊集，其中 $\cup$ 为取大运算，为方便计，仍用符号 $A_{\lceil \frac{N_i}{2} \rceil}^{(i)}(x; a_i^{\lceil \frac{N_i}{2} \rceil}, b_i^{\lceil \frac{N_i}{2} \rceil}, c_i^{\lceil \frac{N_i}{2} \rceil}, d_i^{\lceil \frac{N_i}{2} \rceil})$ 表示，即 $a_i^{\lceil \frac{N_i}{2} \rceil} = a_i^{\lceil \frac{N_i}{2} \rceil}$，$b_i^{\lceil \frac{N_i}{2} \rceil} = b_i^{\lceil \frac{N_i}{2} \rceil}$，$c_i^{\lceil \frac{N_i}{2} \rceil} = \alpha_i + \beta_i - b_i^{\lceil \frac{N_i}{2} \rceil}$，$d_i^{\lceil \frac{N_i}{2} \rceil} = \alpha_i + \beta_i - a_i^{\lceil \frac{N_i}{2} \rceil}$。由定理 1 知，$A_1^{(i)}, A_2^{(i)}, \cdots, A_{N_i}^{(i)}$ 为 $U_i = [\alpha_i, \beta_i]$ 上的 N_i 个正规的、相容的、完备的广义模糊集且 $A_1^{(i)} < A_2^{(i)} < \cdots < A_{N_i}^{(i)}$。

步骤 3：定义 $e_j^1 = \alpha_j$，$e_j^{N_j} = \beta_j$，$e_j^{i_j} = \frac{1}{2}(b_j^{i_j} + c_j^{i_j})$ $(i_j = 2, \cdots, N_j - 1; j = 1, 2, 3, \cdots, n)$。

步骤 4：以如下形式组建 $m = N_1 \times N_2 \times \cdots \times N_n = \prod_{i=1}^{n} N_i$ 条 if…then 规则：

$R_{i_1 i_2\cdots i_n}$：IF x_1 is $A_{i_1}^{(1)}$ and⋯ and x_n is $A_{i_n}^{(n)}$，THEN y is $C_{i_1 i_2\cdots i_n}$。

其中，$i_1=1,\cdots,N_1$；⋯；$i_n=1,\cdots,N_n$。

将模糊集 $C_{i_1 i_2\cdots i_n}$ 的中心用 $\overline{y}_{i_1 i_2\cdots i_n}$ 表示，并且选择为

$$\overline{y}_{i_1 i_2\cdots i_n}=g(e_1^{i_1},e_2^{i_2},\cdots,e_n^{i_n}) \tag{5-19}$$

步骤 5：采用“单点模糊器”“中心平均解模糊器”“乘积推理法”，即 and 取代数积算子，蕴含算子为 Mamdani 积型蕴含算子(即 $a\to b=ab,\ \forall a,b\in[0,1]$)，则根据步骤 4 中的 $\prod_{i=1}^{n}N_i$ 条规则构造的模糊系统 $f(x)$的分析表达式为

$$y=f(x)=\frac{\sum_{i_n=1}^{N_n}\cdots\sum_{i_1=1}^{N_1}A_{i_1 i_2\cdots i_n}(x)\overline{y}_{i_1 i_2\cdots i_n}}{\sum_{i_n=1}^{N_n}\cdots\sum_{i_1=1}^{N_1}A_{i_1 i_2\cdots i_n}(x)}=\sum_{i_n=1}^{N_n}\cdots\sum_{i_1=1}^{N_1}B_{i_1 i_2\cdots i_n}(x)\overline{y}_{i_1 i_2\cdots i_n} \tag{5-20}$$

其中，分别输入为 $x=(x_1,x_2,\cdots,x_n)\in U$，$A_{i_1 i_2\cdots i_n}(x)=A_{i_1}^{(1)}(x_1)\ A_{i_2}^{(2)}(x_2)\cdots A_{i_n}^{(n)}(x_n)$，

$$B_{i_1 i_2\cdots i_n}(x)=\frac{A_{i_1 i_2\cdots i_n}(x)}{\sum_{i_n=1}^{N_n}\cdots\sum_{i_1=1}^{N_1}A_{i_1 i_2\cdots i_n}(x)}=\frac{A_{i_1}^{(1)}(x_1)A_{i_2}^{(2)}(x_2)\cdots A_{i_n}^{(n)}(x_n)}{\sum_{i_n=1}^{N_n}\cdots\sum_{i_1=1}^{N_1}A_{i_1}^{(1)}(x_1)A_{i_2}^{(2)}(x_2)\cdots A_{i_n}^{(n)}(x_n)}$$

注 2. 由于广义模糊集 $A_1^{(i)},A_2^{(i)},\cdots,A_{N_i}^{(i)}$ 是完备的，在每个 $x\in U$ 处都存在 $i_1,\cdots,i_n$，使得 $A_{i_1}^{(1)}(x_1)\ A_{i_2}^{(2)}(x_2)\cdots A_{i_n}^{(n)}(x_n)\neq 0$，故而模糊系统式(5-20)是良定义的，即其分母总是非零的。

注 3. 上述设计方法中仅仅考虑了在 $[\alpha_i,\frac{\alpha_i+\beta_i}{2}]$ 上的隶属函数分布情况，若我们能在 $[\frac{\alpha_i+\beta_i}{2},\beta_i]$ 上找到适当的隶属函数分布情况，则据 GFSCOM 模糊集的定义，亦可做类似处理，继而得到一模糊系统。

2. 二阶逼近模糊系统的设计

要求设计的模糊系统与“1.　一阶逼近模糊系统的设计”相同。下面给出基于 GFSCOM 模糊集的具有二阶逼近精度的模糊系统的设计方法。

步骤 1：在 $[\alpha_j,\frac{\alpha_j+\beta_j}{2}]$ 上定义 $\lceil\frac{N_j}{2}\rceil$ 个 GFSCOM 模糊集 $A_1^{(j)},A_2^{(j)},\cdots,A_{\lceil\frac{N_j}{2}\rceil}^{(j)}$ ($j=1,2,3,\cdots,n$；$\lceil\frac{N_j}{2}\rceil$ 表示不小于 $\frac{N_j}{2}$ 的最小整数)。这些模糊集均为正规的、相容的和完备的 GFSCOM 模糊集，其三角形隶属函数为 $A_{i_j}^{(j)}(x_j)=\ \Delta_{i_j}^{(j)}(x_j;\ e_{i_j-1}^{j},e_{i_j}^{j},e_{i_j+1}^{j})$

$(i_j=1,2,3,\cdots\lceil\frac{N_j}{2}\rceil)$，其中 $e_0^j=e_1^j=\alpha_j$，$e_1^j<e_2^j<\cdots<e^j_{\lceil\frac{N_j}{2}\rceil}\leqslant e^j_{\lceil\frac{N_j}{2}\rceil+1}$ 且当 N_j 为奇数时 $e^j_{\lceil\frac{N_j}{2}\rceil}=e^j_{\lceil\frac{N_j}{2}\rceil+1}=\frac{\alpha_j+\beta_j}{2}$，当 N_j 为偶数时 $e^j_{\lceil\frac{N_j}{2}\rceil}<\frac{\alpha_j+\beta_j}{2}$ 且 $e^j_{\lceil\frac{N_j}{2}\rceil}+e^j_{\lceil\frac{N_j}{2}\rceil+1}=\alpha_j+\beta_j$。

步骤 2：在 $U_j=[\alpha_j,\beta_j]$ 上，当 N_j 为偶数时，求出 $(A_1^{(j)})^\neg,(A_2^{(j)})^\neg,\cdots,(A^{(j)}_{\lceil\frac{N_j}{2}\rceil})^\neg$；当 N_j 为奇数时，计算出 $(A_1^{(j)})^\neg$，$(A_2^{(j)})^\neg,\cdots,(A^{(j)}_{\lceil\frac{N_j}{2}\rceil-1})^\neg$，并且对于任意 $x\in U_j$，令 $A^{(j)}_{\lceil\frac{N_j}{2}\rceil}{}'(x)=A^{(j)}_{\lceil\frac{N_j}{2}\rceil}(\alpha_j+\beta_j-x)$。具体地说，对于 $j=1,2,3,\cdots,n$，当 N_j 为偶数时，令 $A^{(j)}_{N_j}(x_j)=\Delta^{(j)}_{N_j}(x_j;\ e^j_{N_j-1},e^j_{N_j},e^j_{N_j+1})=(A_1^{(j)})^\neg$，$A^{(j)}_{N_j-1}(x_j)=\Delta^{(j)}_{N_j-1}(x_j;\ e^j_{N_j-2},e^j_{N_j-1},e^j_{N_j})=(A_2^{(j)})^\neg$，$\cdots$，$A^{(j)}_{\lceil\frac{N_j}{2}\rceil+1}(x_j)=\Delta^{(j)}_{\lceil\frac{N_j}{2}\rceil+1}(x_j;\ e^j_{\lceil\frac{N_j}{2}\rceil},e^j_{\lceil\frac{N_j}{2}\rceil+1},e^j_{\lceil\frac{N_j}{2}\rceil+2})=(A^{(j)}_{\lceil\frac{N_j}{2}\rceil})^\neg$，其中 $e^j_{N_j}=e^j_{N_j+1}=\beta_j$，$e^j_{N_j-1}=\alpha_j+\beta_j-e_2^j$；$e^j_{N_j-2}=\alpha_j+\beta_j-e_3^j$，$e^j_{N_j-1}=\alpha_j+\beta_j-e_2^j$，$e^j_{N_j}=\alpha_j+\beta_j-e_1^j=\beta_j$；$\cdots$；$e^j_{\lceil\frac{N_j}{2}\rceil}=e^j_{\lceil\frac{N_j}{2}\rceil}$，$e^j_{\lceil\frac{N_j}{2}\rceil+1}=e^j_{\lceil\frac{N_j}{2}\rceil+1}$，$e^j_{\lceil\frac{N_j}{2}\rceil+2}=\alpha_j+\beta_j-e^j_{\lceil\frac{N_j}{2}\rceil-1}$；当 N_j 为奇数时，$A^{(j)}_{N_j},A^{(j)}_{N_j-1},\cdots,A^{(j)}_{\lceil\frac{N_j}{2}\rceil+1}$ 与偶数时定义相同，并令 $A^{(j)}_{\lceil\frac{N_j}{2}\rceil}\cup A^{(j)}_{\lceil\frac{N_j}{2}\rceil}{}'$ 作为新的第 $\lceil\frac{N_j}{2}\rceil$ 个模糊集，其中 $\cup$ 为取大运算，为方便计，仍用符号 $A^{(j)}_{\lceil\frac{N_j}{2}\rceil}(x_j)=\Delta^{(j)}_{\lceil\frac{N_j}{2}\rceil}(x_j;\ e^j_{\lceil\frac{N_j}{2}\rceil-1},e^j_{\lceil\frac{N_j}{2}\rceil},e^j_{\lceil\frac{N_j}{2}\rceil+1})$ 表示，即 $e^j_{\lceil\frac{N_j}{2}\rceil-1}=e^j_{\lceil\frac{N_j}{2}\rceil-1}$，$e^j_{\lceil\frac{N_j}{2}\rceil}=\frac{\alpha_j+\beta_j}{2}$，$e^j_{\lceil\frac{N_j}{2}\rceil+1}=\alpha_j+\beta_j-e^j_{\lceil\frac{N_j}{2}\rceil-1}$。

步骤 3 和步骤 4 分别与“1.　一阶逼近模糊系统的设计”中的步骤 4 和步骤 5 相同，即所构造的模糊系统由式(5-20)给出，其中 $\overline{y}_{i_1i_2\cdots i_n}$ 由式(5-19)给定。

注 4. 与传统的模糊系统设计方法相比，我们所提出的基于 GFScom 模糊集的模糊系统的设计方法最主要优势在于：传统的模糊系统设计方法需要知道每一个模糊集的隶属函数，亦即需要在整个论域 U 上找到所有模糊子集的隶属函数分布情况。如前所述，在一个具体的论域中寻找到一个模糊集的隶属函数是困难的，而我们所提出的以上模糊系统的设计方法，只需要建立一部分模糊子集的隶属函数，而后即可计算出其他隶属函数的分布情况，并且，下述中将表明其所设计的模糊系统仍然具有逼近性能。

注 5. 当所设计的模糊系统逼近精度要求不是很高的情况下，只要在论域 U 上找到 GFScom 模糊集 A 的隶属函数分布情况，由定理 2 可知，模糊集 A，其对

立否定集 $A^{\urcorner}$ 和*- n 中介否定集 $A^{\sim}$ 就是 U 上相容的、完备的模糊集，进而就可以对所要逼近的函数 $g(x)$进行粗糙地逼近。但传统的模糊系统的设计方法，在仅仅知道模糊子集 A 的隶属函数的情况下，则无法实现这一点。

3. 一阶逼近模糊系统的逼近精度

在“1. 一阶逼近模糊系统的设计”中，我们提出了一种基于 GFSCOM 模糊集的一阶逼近模糊系统(2)，以下讨论它。

假设 $g(x)$为定义在 $U=[\alpha_1, \beta_1]\times[\alpha_2, \beta_2]\times\cdots\times[\alpha_n, \beta_n]\subseteq R^n$ 上的被逼近函数，而 $f(x)$为由式(5-20)给出的模糊系统。令 g 在 U 上的无穷范数为 $\|g\|_\infty=\sup_{x\in U}|g(x)|$，并分别令

$$\omega(g, h, U)=\sup\{|g(x)-g(y)|\,|x_i-y_i|\leqslant h_i\}\quad (i=1, 2, \cdots, n)$$

$$U_{i_1i_2\cdots i_n}=[e_1^{i_1}, e_1^{i_1+1}]\times\cdots\times[e_n^{i_n}, e_n^{i_n+1}]$$

其中，$h=(h_1, h_2, \ldots, h_n)$（$h_i\geqslant 0$，$i=1, 2, \cdots, n$），$e_j^1=\alpha_j$，$e_j^{N_j}=\beta_j$，$e_j^{i_j}=\frac{1}{2}(b_j^{i_j}+c_j^{i_j})$，$i_j=2, \cdots, N_j-1$；$j=1, 2, \cdots, n$。

定理 3. 令 $f(x)$为由式(5-20)给出的模糊系统，$g(x)$为式(5-19)中的未知函数，则有

$$\max\{|g(x)-f(x)|\,|x\in U_{i_1i_2\cdots i_n}\}\leqslant\omega(g, h_{i_1i_2\cdots i_n}, U_{i_1i_2\cdots i_n}),\quad i_1i_2\cdots i_n\in\hat{I} \tag{5-21}$$

$$\|g-f\|_\infty\leqslant\omega(g, h, U) \tag{5-22}$$

其中，$\hat{I}=\{i_1i_2\cdots i_n\,|\,i_j=1, 2, \cdots, N_j-1;\ j=1, 2, \cdots, n\}$，$h_{i_1i_2\cdots i_n}=(h_{i_1}^1, h_{i_2}^2, \cdots, h_{i_n}^n)$，$h_{i_j}^j=e_j^{i_j+1}-e_j^{i_j}$，$h=(h_1, h_2, \cdots, h_n)$，而 $h_j=\max\{h_{i_j}^j\,|\,i_j=1, 2, \cdots, N_j-1\}$。

若 g 在 U 上连续可微，则

$$\|g-f\|_\infty\leqslant\sum_{j=1}^{n}\left\|\frac{\partial g}{\partial x_j}\right\|_\infty h_j\leqslant h\sum_{j=1}^{n}\left\|\frac{\partial g}{\partial x_j}\right\|_\infty \tag{5-23}$$

其中 $h=\max\{h_j\,|\,j=1, 2, \cdots, n\}$。

证明：首先，容易验证下列结论成立：

(i) $U=\bigcup_{i_1i_2\cdots i_n\in\hat{I}}U_{i_1i_2\cdots i_n}$，其中 $\hat{I}=\{i_1i_2\cdots i_n\,|\,i_j=1, 2, \cdots, N_j-1;\ j=1, 2, \cdots, n\}$；

(ii) $\forall x\in U_{i_1i_2\cdots i_n}$，$f(x)=\sum_{k_1k_2\cdots k_n\in I_{2^n}}B_{i_1+k_1,\cdots,i_2+k_2,\cdots,i_n+k_n}(x)\overline{y}_{i_1+k_1,\cdots,i_n+k_n}$，　(5-24)

其中 $I_{2^n}=\{k_1k_2\cdots k_n\,|\,k_j=0, 1;\ j=1,\cdots,n\}$。

注意到 $\sum_{k_1\cdots k_n\in I_{2^n}}B_{i_1+k_1,\cdots,i_n+k_n}(x)=1$ 及式(5-24)，则 $\forall x\in U_{i_1i_2\cdots i_n}$ $(i_1i_2\cdots i_n\in\hat{I})$

$$\begin{aligned}|g(x)-f(x)|&\leqslant\sum_{k_1\cdots k_n\in I_{2^n}}B_{i_1+k_1,\cdots,i_n+k_n}(x)|g(x)-\overline{y}_{i_1+k_1,\cdots,i_n+k_n}|\\&\leqslant\max\{|g(x)-\overline{y}_{i_1+k_1,\cdots,i_n+k_n}|\,|k_1\cdots k_n\in I_{2^n}\}\end{aligned} \tag{5-25}$$

注意到 $\overline{y}_{i_1+k_1,\cdots,i_n+k_n}=g(e_1^{i_1+k_1},\cdots,e_n^{i_n+k_n})$ 以及 $(e_1^{i_1+k_1},\cdots,e_n^{i_n+k_n})\in U_{i_1\cdots i_n}$ $(k_1,\cdots,k_n\in I_{2^n})$，因此 $|x_j-e_j^{i_j+k_j}|\leqslant(e_j^{i_j+1}-e_j^{i_j})$ $(k_j=0,1;\ j=1,2,\cdots,n)$，从而 $\forall x\in U_{i_1\cdots i_n}$，

$$|g(x)-\overline{y}_{i_1+k_1,\cdots,i_n+k_n}|\leqslant\omega(g,h_{i_1\cdots i_n},U_{i_1\cdots i_n})\quad(k_1\cdots k_n\in I_{2^n})\tag{5-26}$$

由式(5-25)与式(5-26)，则式(5-21)和式(5-22)得证。

另外，若 g 连续可微，则由多元函数的中值定理，有 $\omega(g,h,U)=\sup\{|g(x)-g(y)|\ \big|\ |x_j-y_j|\leqslant h_j;\ j=1,2,\cdots,n\}\leqslant\sum_{j=1}^{n}\left\|\frac{\partial g}{\partial x_j}\right\|_\infty h_j\leqslant h\sum_{j=1}^{n}\left\|\frac{\partial g}{\partial x_j}\right\|_\infty$，即式(5-23)成立。□

注 6. 因为 U 为紧集及 g 为 U 上的连续函数，从而 g 在 U 上一致连续。这说明，$\forall\varepsilon>0,\exists\delta>0$，只要 $\|h\|<\delta$，就有 $\omega(g,h,U)<\varepsilon$，从而定理 3 对应的模糊系统具有逼近性能，而且式(5-23)给出了该逼近器的一阶逼近精度分析。

注 7. 由式(5-23)以及 h 的定义可以看出，通过对每个 x_i 定义更多的广义模糊集可以得到更为精确的逼近。进而这一结论直观地说明了：模糊规则越多，所产生的模糊系统越有效。另外，由式(5-23)还可以进一步看出，为了设计一个具有预定精度的模糊系统，必须知道连续可微函数 $g(x)$ 关于 x_i 的导数边界，即 $\left\|\frac{\partial g}{\partial x_i}\right\|_\infty$。同时，在设计过程中，还必须知道 $g(x)$ 在 $x=(e_1^{i_1},e_2^{i_2},\cdots,e_n^{i_n})$ $(i_1=1,2,\cdots,N_1;\ \cdots;\ i_n=1,2,\cdots,N_n)$ 处的值。

注 8. 由定理 3 的证明可以看出，将 $A_{i_1}^{(1)}(x_1)\ A_{i_2}^{(2)}(x_2)\cdots A_{i_n}^{(n)}(x_n)$ 变为 $\min\{A_{i_1}^{(1)}(x_1),\cdots,A_{i_n}^{(n)}(x_n)\}$ 后，其证明仍然是成立的。所以在模糊系统的设计中使用最小推理法，即 and 取 min 算子，蕴含算子为 Mamdani 取小型蕴含算子(即 $a\rightarrow b=a\wedge b=\min\{a,b\}$，$\forall a,b\in[0,1]$)，其他部分保持不变，则所设计的模糊系统仍具有定理 3 中的逼近性质。

4. 二阶逼近模糊系统的逼近精度

对于“2. 二阶逼近模糊系统的设计”中提出的基于 GFSCOM 模糊集的二阶逼近模糊系统，我们讨论它的逼近特性如下：

定理 4. 设 $f(x)$ 为“2. 二阶逼近模糊系统的设计”中所设计的模糊系统。即广义模糊集 $A_{i_j}^j$ 为三角形隶属函数 $A_{i_j}^j(x_j)=\Delta_{i_j}^j(x_j;\ e_{i_j-1}^j,e_{i_j}^j,e_{i_j+1}^j)$ $(i_j=1,2,\cdots,N_j;\ j=1,2,\cdots,n)$，其中 $e_0^j=e_1^j=\alpha_j$，$e_{N_j}^j=e_{N_j+1}^j=\beta_j$ 且 $e_1^j<e_2^j<\cdots<e_{N_j}^j$，采用单点模糊器、中心平均解模糊器以及乘积推理法，则

(i) $\forall x \in U$，$f(x)=\sum_{i_1\cdots i_n\in I}[\prod_{j=1}^{n}A_{i_j}^{j}(x_j)]\overline{y}_{i_1\cdots i_n}$ (5-27)

(ii) 若 g 在 U 上连续可微，则

$$\|g-f\|_\infty \leqslant \sum_{j=1}^{n}\frac{1}{2}h_j\left\|\frac{\partial g}{\partial x_j}\right\|_\infty \leqslant \frac{1}{2}h\sum_{j=1}^{n}\left\|\frac{\partial g}{\partial x_j}\right\|_\infty \tag{5-28}$$

(iii) 若 g 在 U 上二阶连续可微，则

$$\|g-f\|_\infty \leqslant \frac{1}{8}\sum_{j=1}^{n}(h_j)^2\left\|\frac{\partial^2 g}{\partial x_j^2}\right\|_\infty \leqslant \frac{1}{8}h^2\sum_{j=1}^{n}\left\|\frac{\partial^2 g}{\partial x_j^2}\right\|_\infty \tag{5-29}$$

其中 $I=\{i_1i_2\cdots i_n \mid i_j=1, 2, \cdots, N_j;\ j=1, 2, \cdots, n\}$，$h_{i_j}^{j}=e_{i_j+1}^{j}-e_{i_j}^{j}$，$h_j=\max\{h_{i_j}^{j} \mid i_j=1, 2, \cdots, N_j-1\}$，$h=\max\{h_j \mid j=1, 2, \cdots, n\}$

证明：(i) 由推论 1 知，A_1^j，A_2^j，…，$A_{N_j}^j$ 为 $U_j=[\alpha_j,\beta_j]$ 上的 N_j 个正规的、相容的、完备的广义模糊集且 $A_1^j<A_2^j<\cdots<A_2^j$，又 $A_{i_j}^j$ 为三角形隶属函数，所以 $\sum_{i_j=1}^{N_j}A_{i_j}^j(x_j)=1$，$\forall x_j\in[\alpha_j,\beta_j]$，由此则易得 $\sum_{i_1i_2\cdots i_n\in I}\prod_{j=1}^{n}A_{i_j}^j(x_j)=1$，从而 $B_{i_1\cdots i_n}(x)=\prod_{j=1}^{n}A_{i_j}^j(x_j)$，由式(5-20)即得式(5-27)。

(ii)与(iii)由推论 1 和文献[221]中定理 2 得到。□

5. 应用示例

令 $g(x)=\sin x$，$U=[-3, 3]$，令 $\varepsilon=0.2$ 或 $\varepsilon=0.1$。对于基于 GFSCOM 模糊集的模糊系统设计方法而设计的模糊系统 $f(x)$，有 $\sup_{x\in U}|g(x)-f(x)|<\varepsilon$。

因为$\left\|\frac{\mathrm{d}^2 g}{\mathrm{d}x^2}\right\|_\infty=1$，由定理 4， 要使$\frac{1}{8}\left\|\frac{\mathrm{d}^2 g}{\mathrm{d}x^2}\right\|_\infty h^2<\varepsilon=0.2$，只需取 $h=1$，这时 $\|g-f\|_\infty\leqslant\frac{1}{8}<\varepsilon=0.2$。故而我们可用(3− (−3)) / h +1 = 7 个广义模糊集去逼近 $g(x)$。据“2. 二阶逼近模糊系统的设计”中设计步骤，首先，我们可先在[−3, 0]上定义$\lceil\frac{7}{2}\rceil=4$ 个 GFSCOM 模糊集 $A_j(j=1, 2, 3, 4)$ 满足

$$A_j=\Delta_j(x;e_{j-1},e_j,e_{j+1})=\begin{cases}I_j(x), & x\in[e_{j-1},e_j)\\1, & x=e_j\\D_j(x), & x\in(e_j,e_{j+1}]\\0, & x\in[-3,3]-[e_{j-1},e_{j+1}]\end{cases}$$

其中 $I_j(x)=\dfrac{x-e_{j-1}}{e_j-e_{j-1}}$，$D_j(x)=\dfrac{x-e_{j+1}}{e_j-e_{j+1}}$，$e_j=-3+(j-1)h=-3+(j-1)$，$e_0=e_1=-3$，$e_4=e_5=0$。

其次，在[-3, 3]上求出 $A_j\,(j=1，2，3)$的对立否定集$(A_j)^{\neg}$，令 $A'_4(x)=A_4(-x)$，其中 $x\in U=[-3,3]$，据 GFSCOM 模糊集的定义，有

$$(A_j)^{\neg}=\Delta_j^{\neg}(x;-e_{j+1},-e_j,-e_{j-1})=\begin{cases}D_j(-x), & x\in[-e_{j+1},-e_j)\\ 1, & x=-e_j\\ I_j(-x), & x\in[-e_j,-e_{j-1})\\ 0, & x\in[-3,3]-[-e_{j+1},-e_{j-1}]\end{cases}$$

并记 $A_7=(A_1)^{\neg}$，$A_6=(A_2)^{\neg}$，$A_5=(A_3)^{\neg}$，令 $A_4\cup A'_4$为第 4 个模糊集，仍记为 A_4。

最后，模糊规则形式为

$$R_j\text{：IF } x \text{ is } A_j\text{, THEN } y=y_j \quad (j=1,2,\cdots,7)$$

其中 $y_j=g(e_j)$，$e_j=-3+(j-1)h=-3+(j-1)$，$e_0=e_1=-3$，$e_7=e_8=3$。从而对应模糊系统表达式为

$$f(x)=\sum\nolimits_{j=1}^{7}A_j(x)\sin(e_j)$$

类似地，$\varepsilon=0.1$，只需取 $h=0.75$，这时 $\|g-f\|_\infty\leqslant 0.09375<\varepsilon=0.1$。故我们可用$(3-(-3))/h+1=6/0.75+1=9$ 个广义模糊集去逼近 $g(x)$。据“2. 二阶逼近模糊系统的设计”中设计步骤，可构造出如下模糊系统：

$$R_j\text{：IF } x \text{ is } B_j\text{，THEN } y=y_j \quad (j=1，2，\cdots，9)$$

其中 $y_j=g(e_j)$, $e_j=-3+(j-1)h=-3+0.75(j-1)$，$e_0=e_1=-3$，$e_9=e_{10}=3$。对应模糊系统表达式为

$$f(x)=\sum\nolimits_{j=1}^{9}B_j(x)\sin(e_j)$$

其中 $B_j=\Delta_j(x;e_{j-1},e_j,e_{j+1})$为三角形隶属函数。

对于上述构造的模糊系统 $y=f(x)$与所要逼近的函数 $g=\sin(x)$，它们在 $U=[-3,3]$上的图像对比见图 5-4。由图 5-4 可看出，只要给定逼近精度，基于 GFSCOM 模糊集的模糊系统设计方法而设计的模糊系统就能以该精度逼近函数 $g=\sin(x)$。

下面，我们可进一步对分别基于 FSCOM 模糊集、IFSCOM 模糊集以及 GFSCOM 模糊集而设计的模糊系统性能进行比较。

令 $g(x)=\sin x$ (未知)，$U=[-1,1]$，并且已知可用三个分别表示为“小”“中”“大”的模糊集去粗略逼近 $g(x)$。若已知要设计的系统中其中一个表示模糊集 $A=$“小”的隶属函数为

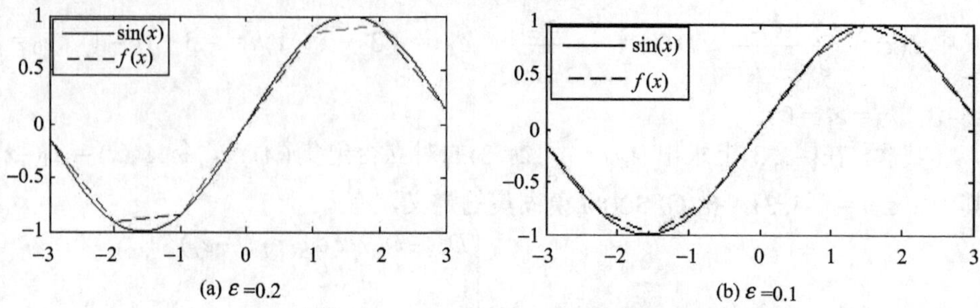

图 5-4　$\varepsilon=0.2$ 和 $\varepsilon=0.1$ 时系统函数 $y=f(x)$与原始函数 $g=\sin(x)$的比较

$$A(x)=\begin{cases}-x, & 若-1\leqslant x\leqslant 0\\ 0, & 其他\end{cases}$$

显然，A 的对立否定集 $A^{\urcorner}$=“大”，中介否定集 $A^{\sim}$=“中”。

因在 FSCOM 模糊集或 IFSCOM 模糊集中，需要首先确定参数 λ 的值，这里不妨取为 $\lambda=0.8$，所以，可分别根据 FSCOM 模糊集或 IFSCOM 模糊集定义，求出所对应的 $A^{\urcorner}$=“大”与 $A^{\sim}$=“中”的隶属函数。

至此，分别基于 GFSCOM 模糊集、FSCOM 模糊集以及 IFSCOM 模糊集所设计的模糊系统对应的形式表达式为

$$f(x)=A(x)\sin(e_1)+A^{\sim}(x)\sin(e_2)+A^{\urcorner}(x)\sin(e_3)$$

其中，$A^{\urcorner}(x)$、$A^{\sim}(x)$是分别基于 GFSCOM 模糊集、FSCOM 模糊集以及 IFSCOM 模糊集的 $A^{\urcorner}$、$A^{\sim}$的隶属函数，$e_1=-1$，$e_2=0$，$e_3=1$。

图 5-5 为基于 GFSCOM 模糊集、FSCOM 模糊集以及 IFSCOM 模糊集所设计的模糊系统 $f(x)$逼近函数 $g=\sin(x)$的图形对比图。可以看出，基于 GFSCOM 所构造的系统对 $g=\sin(x)$的逼近效果明显优于分别基于 FSCOM 及 IFSCOM 所构造的系统。

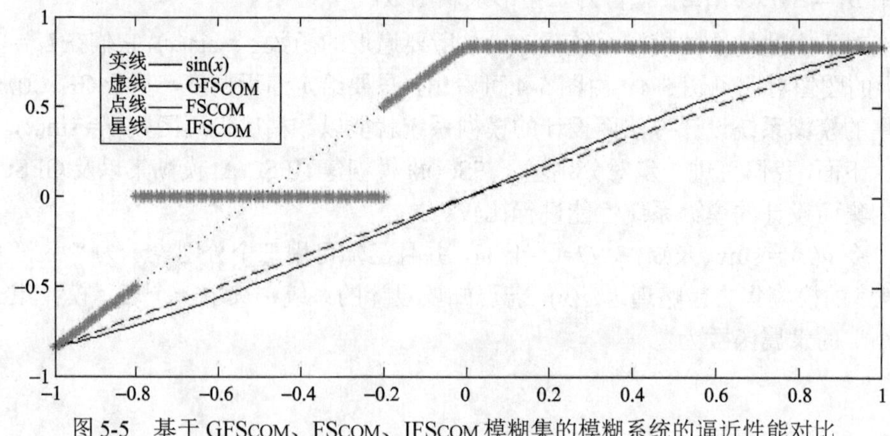

图 5-5　基于 GFSCOM、FSCOM、IFSCOM 模糊集的模糊系统的逼近性能对比

其中,实线代表要逼近函数 $g=\sin(x)$;虚线、点线、星线分别表示基于 GFSCOM 模糊集、FSCOM 模糊集、IFSCOM 模糊集所构造的模糊系统函数 $f(x)$。

5.3.2　基于 GFSCOM 模糊集的模糊规则库设计方法

模糊控制规则库是模糊控制器的核心，是设计控制系统的主要内容。模糊控制规则的生成方法主要有两种：一种是根据操作人员或专家对系统进行控制的实际操作经验和知识，归纳总结得到；另一种是对系统进行测试实验，从分析系统的输入-输出数据中，归纳总结出来。在文献[220]和[221]中，我们基于第二种方法，研究提出基于 GFSCOM 模糊集的模糊规则库设计方法，由此方法可生成模糊控制规则库。

为叙述方便计,以单输入-单输出系统为例。设输入变量为 e,输出变量为 u, 经测试得到 n 个数据组:

$$(e^p,u^p)\text{，}\ p=1,2,3,\cdots,n$$

p 为测试的批次，e^p 和 u^p 构成第 p 次测试得出的一个数据组。根据这 n 个数据组，逐步生成模糊控制规则库的设计方法如下：

步骤 1：根据测试数据为每个变量选择适当的有限数值化区域，即每个变量的取值范围为一有限数值化区域, 不妨设输入变量、输出变量的取值范围分别为 $[\alpha,\beta],[\lambda,\mu]\subseteq R$。

如，假设 e 和 u 为某系统的输入量和输出量，已知它们的测量数据值最大分别为 $e_{\max}=10, u_{\max}=40$，最小分别为 $e_{\min}=-10, u_{\min}=-40$，从而可令有限数值化区域映射 f 为恒等映射，得到它们的取值范围均为有限数值化区域如下：

$$e\in[\alpha,\beta]=[-10,10]\text{，}\ u\in[\lambda,\mu]=[-40,40]$$

步骤 2：选定能完全覆盖每个论域的一半的 GFSCOM 模糊集及其隶属函数。

具体说,就是在 $[\alpha,\frac{\alpha+\beta}{2}]$ 上定义 $\lceil\frac{N}{2}\rceil$($\lceil\frac{N}{2}\rceil$ 表示不小于 $\frac{N}{2}$ 的最小整数,下同)个正规的 GFSCOM 模糊集 $A^1,A^2,\cdots,A^{\lceil\frac{N}{2}\rceil}$，且这 $\lceil\frac{N}{2}\rceil$ 个广义模糊子集要能完全覆盖区间 $[\alpha,\frac{\alpha+\beta}{2}]$。所谓完全覆盖区间 $[\alpha,\frac{\alpha+\beta}{2}]$，即 $\forall x\in[\alpha,\frac{\alpha+\beta}{2}]$，至少存在一个广义模糊子集 $A^i\ (i=1,2,\cdots,\lceil\frac{N}{2}\rceil)$，使得 $A^i(x)>0$。为方便计，可令它们具有 PTS 隶属函数 $A^1(x;a^1,b^1,c^1,d^1),\cdots,A^{\lceil\frac{N}{2}\rceil}(x;a^{\lceil\frac{N}{2}\rceil},b^{\lceil\frac{N}{2}\rceil},c^{\lceil\frac{N}{2}\rceil},d^{\lceil\frac{N}{2}\rceil})$，其中 $a^1=b^1=\alpha$，且在 $[\alpha,\beta]$ 上 $A^{\lceil\frac{N}{2}\rceil}$ 中的参数满足：当 N 为奇数时，$c^{\lceil\frac{N}{2}\rceil}=d^{\lceil\frac{N}{2}\rceil}=\frac{\alpha+\beta}{2}$；当 N 为偶数时，$c^{\lceil\frac{N}{2}\rceil}\leqslant\alpha+\beta-d^{\lceil\frac{N}{2}\rceil}<d^{\lceil\frac{N}{2}\rceil}\leqslant\alpha+\beta-c^{\lceil\frac{N}{2}\rceil}$。特别地，当 $N=3$ 时，我们

只需要在$[\alpha, \frac{\alpha+\beta}{2}]$(或者$[\frac{\alpha+\beta}{2}, \beta]$)上恰当地定义一个 GFSCOM 模糊子集 A，且使其具有 PTS 隶属函数类。类似地，在$[\lambda, \frac{\lambda+\mu}{2}]$上定义$\lceil \frac{M}{2} \rceil$个正规的 GFSCOM 模糊集 $B^1, B^2, \cdots, B^{\lceil \frac{M}{2} \rceil}$，且这$\lceil \frac{M}{2} \rceil$个 GFSCOM 模糊子集要能完全覆盖区间$[\lambda, \frac{\lambda+\mu}{2}]$。特别地，当 $M = 3$ 时，只需在$[\lambda, \frac{\lambda+\mu}{2}]$(或者$[\frac{\lambda+\mu}{2}, \mu]$)上恰当地定义一个 GFSCOM 模糊子集 B，且使其具有 PTS 隶属函数。

如，①对于变量 e，取 $N=5$，即用$\lceil \frac{5}{2} \rceil = 3$个 GFSCOM 模糊子集覆盖$[-10,0]$，GFSCOM 模糊子集分别为 S_2(负大), S_1(负小)和 ZO(零)，它们的隶属函数图形见图 5-6 中(a)。

②对于变量 u，取 $M = 7$，即用$\lceil \frac{7}{2} \rceil = 4$个 GFSCOM 模糊子集覆盖$[-3,0]$，GFSCOM 模糊子集分别为 S_3(负大), S_2(负中), S_1(负小)和 ZO(零)，它们的隶属函数图形见图 5-6 中(b)。

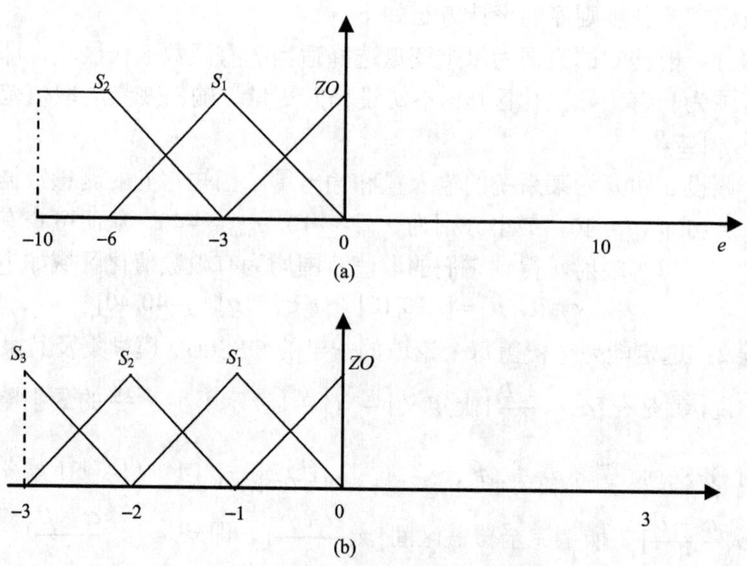

图 5-6　部分模糊子集及其隶属函数

步骤 3：根据 GFSCOM 模糊集的定义，在$[\alpha, \beta]$和$[\lambda, \mu]$上分别求出$(A^1)^\neg$, $(A^2)^\neg, \cdots$, $(A^{\lceil \frac{N}{2} \rceil})^\neg$和$(B^1)^\neg$, $(B^2)^\neg, \cdots$, $(B^{\lceil \frac{M}{2} \rceil})^\neg$。

具体说，当 N 为偶数时，据 GFSCOM 模糊集定义直接求出；当 N 为奇数时，令$A^{\lceil \frac{N}{2} \rceil} \cup (A^{\lceil \frac{N}{2} \rceil})^\neg$作为新的第$\lceil \frac{N}{2} \rceil$个模糊集，其中$\cup$为取大运算，为方便计，仍用

符号 $A^{\lceil\frac{N}{2}\rceil}$ 表示，其他与偶数时处理相同。对于 $[\lambda,\mu]$ 上的 $(B^1)^{\neg},(B^2)^{\neg},\cdots,(B^{\lceil\frac{M}{2}\rceil})^{\neg}$ 做类似处理。

如，对于变量 e，在[−10, 10]上可分别求出 S_2(负大)和 S_1(负小)的对立否定集 B_2(正大) = $(S_2)^{\neg}$ 和 B_1(正小) = $(S_1)^{\neg}$，且新 ZO(零) = $ZO\cup(ZO)^{\neg}$，它们的隶属函数图形见图 5-7 中(a)。

类似地，对于变量 u，在[−40,40]上可分别求出 S_3(负大)、S_2(负中)和 S_1(负小)的对立否定集 B_3(正大) = $(S_3)^{\neg}$、B_2(正中) = $(S_2)^{\neg}$ 和 B_1(正小) = $(S_1)^{\neg}$，并且新 ZO(零) = $ZO\cup(ZO)^{\neg}$，它们的隶属函数图形见图 5-7 中(b)。

步骤 4：每组数据构成一条模糊规则。

具体做法：对于每组数据，求出变量关于对应的 GFSCOM 模糊子集的隶属度，选出隶属度最大的模糊子集，用于构成模糊控制规则。

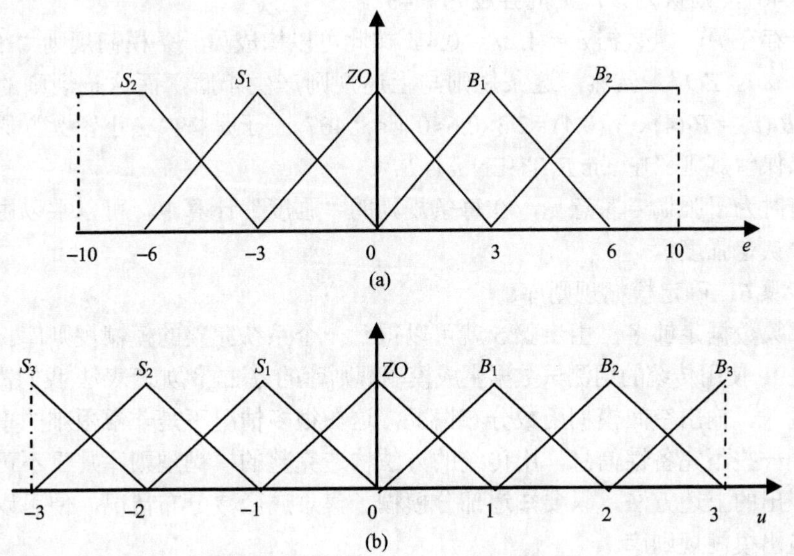

图 5-7 全部模糊子集及其隶属函数

假设已知 e 和 u 分别为 $e = 4$ 和 $u = 0.7$，使用这组数据并按如下方式构成一条模糊规则。

(1) 对于变量 $e = 4$，根据图 5-6 中(a)，可以算出 $B_1(4) = 2/3 > B_2(4) = 1/3$，挑选其中大者，即用 $B_1(e)$去构成模糊规则；

(2) 同样，对于变量 $u = 0.7$，据图 5-6 中(b)，可得 $B_1(0.7) = 0.7 > ZO(0.7) = 0.3$，选其中大者，即用 $B_1(u)$去构成模糊规则。

通过上述计算、选择，用数组 $e = 4, u = 0.7$ 构成一条模糊规则：

“IF e is B_1 THEN u is B_1”

按照此办法，每组数据都可以构成一条模糊规则，然后再进行筛选。

步骤 5：给每条模糊规则赋予一个强度，根据强度的大小按“去小留大”原则决定矛盾规则的去留。

因为每组数据都可以生成一条模糊规则，但在所生成的模糊规则中，有可能由于测量误差等原因会出现矛盾情形，即有些规则的前件 e 一样，而后件 u 却不同。为了对矛盾的模糊规则进行筛选、取舍，对每条模糊规则可定义一个“强度”，按其强度大小进行筛选。规则强度可定义为，将构成规则的每个数据属于其模糊子集的隶属度相乘，乘积为该规则的“强度”。遇到矛盾规则出现时，则根据其强度大小，按“去小留大”原则决定取舍。

如，假设刚才得到的模糊规则为“If e is B_1 THEN u is B_1”，据强度的定义，有 $B_1(e)\times B_1(u)$，从而若代入 e 和 u 的取值，有 $B_1(e)\times B_1(u) = B_1(4)\times B_1(0.7)=2/3\times 0.7\approx 0.467$，则认为该规则的强度为 0.467。

若存在另一组数据 $e = 4, u = 0.4$。按此可以构成另一条模糊规则“If e is B_1 THEN u is ZO”。显然，这条规则与上述规则产生矛盾，而这条规则的强度为 $B_1(e)\times B_1(u) = B_1(4)\times B_1(0.4) =2/3\times 0.6\approx 0.4 < 0.467$。于是按“去小留大”原则，我们应该保留规则“IF e is B_1 THEN u is B_1”。

有时为了强调专家意见，在每条规则的“强度”计算中，可以乘以由专家给出的“认定强度”。

步骤 6：确定模糊规则库。

如果数据足够多，由步骤 5 就可以得到一个系统完整的模糊规则库。

注 1. 使用传统的用测试数据生成模糊规则库的方法，例如查表法,我们需要知道整个输入、输出空间模糊函数分布情况，这在很多情况下是非常困难的事情，特别对于一些不完备性信息，用传统的方法构造完整的模糊规则库几乎不可能。而我们提出的上述方法，只要知道部分模糊子集隶属函数分布情况，便可以较完整地构造出模糊规则库。

注 2. 当所构造的模糊规则中某一变量的论域可由三个模糊子集进行覆盖时，则我们仅仅知道一个模糊子集的隶属函数，就可以求出其他两个模糊子集的隶属函数。但用传统的方法构造完整的模糊规则库，另两个模糊子集的隶属函数则无法知晓，必须重新构造。显然，这就会使得所得到的模糊规则不够客观，甚至出现较大的偏差。

下面，我们通过一个示例，说明上述的基于 GFSCOM 模糊集的模糊规则库设计方法的有效性和正确性。

5.3.3 应用实例：倒车模糊控制

倒车控制问题：将卡车后倒至一装卸车位的模糊控制问题。假设已知卡车的状态以及司机将卡车后倒至车位的控制行为，见图 5-8。具体如下：

卡车所处的位置由三个状态变量确定：卡车位置的坐标 x,y 和卡车前行方向与 X 轴的夹角φ。已知 $x\in[0,20]$，$\varphi\in[-90°,270°]$。为了使它倒入预留车位，即到达状态$(x, \varphi)=(10°, 90°)$，司机用“匀速后退”行驶，仅靠“控制方向盘”的操作完成这一任务，方向盘的转角$\theta\in[-40°,40°]$。

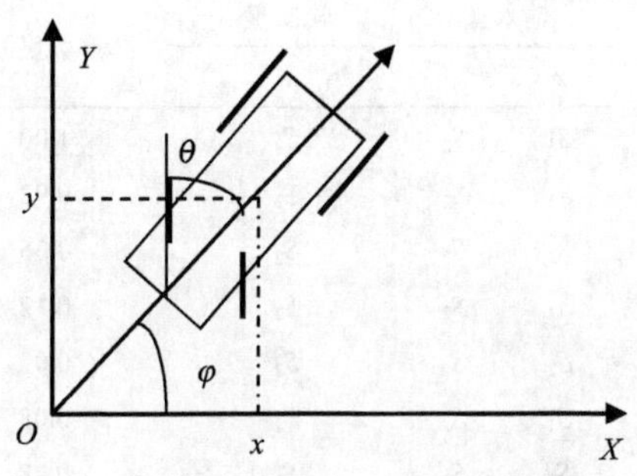

图 5-8 卡车位置示意

对司机倒车入位的操作过程进行等时的(时间为 t)间隔记录，把输入(x, φ)及输出θ的数据经过反复试验筛选和整理，得出有代表性的部分数据表（表 5-17）。

根据这些数据，运用基于 GFSCOM 模糊集的模糊规则库设计方法，设计解决该问题的模糊系统中的模糊规则库。

表 5-17 倒车入位输入–输出数据表

t	输入量		输出量	t	输入量		输出量
	x	φ	θ		x	φ	θ
0	1.00	0.00	−19.00	9	8.72	65.99	−9.55
1	1.95	9.37	−14.95	10	9.01	70.85	−8.50
2	2.88	18.23	−16.90	11	9.28	74.98	−7.45
3	3.79	26.57	−15.85	12	9.46	80.70	−6.40
4	4.65	34.44	−14.80	13	9.59	81.90	−5.34
5	5.45	41.78	−13.75	14	9.72	84.57	−4.30
6	6.18	48.60	−12.70	15	9.81	86.72	−3.25
7	7.48	54.91	−11.65	16	9.88	88.34	−2.20
8	7.99	60.71	−10.60	17	9.91	89.44	0.00

根据这些数据，定义$\left\lceil \frac{5}{2} \right\rceil=3$ 个广义模糊子集覆盖[0, 10]；定义$\left\lceil \frac{7}{2} \right\rceil=4$ 个广义模糊子集覆盖[−90°,90°]；定义$\left\lceil \frac{7}{2} \right\rceil=$ 4 个 GFSCOM 模糊子集覆盖[−40°,0°]，假设这些模糊子集的隶属函数图形如图 5-9 所示，由步骤 3 可求出倒车控制中全部的隶属函数图形（图 5-10）分布情况。

根据步骤 4 和步骤 5，由表 5-17 中的数据可以计算出控制规则和相应的强度，见表 5-18。

表 5-18　根据表 5-17 中的数据组生成的模糊控制规则及其强度

输入量		输出量	强度	输入量		输出量	强度
x	φ	θ		x	φ	θ	
S_2	S_2	S_2	1.00	S_1	S_1	S_1	0.60
S_2	S_2	S_2	0.92	CE	S_1	CE	0.16
S_2	S_2	S_2	0.35	CE	CE	CE	0.32
S_2	S_2	S_2	0.12	CE	CE	CE	0.45
S_2	S_2	S_2	0.07	CE	S_1	S_1	0.35
S_1	S_2	S_1	0.08	CE	S_1	S_1	0.21
S_1	S_1	S_1	0.18	CE	CE	CE	0.54
S_1	S_1	S_1	0.53	CE	CE	CE	0.88
S_1	S_1	S_1	0.56	CE	CE	CE	0.92

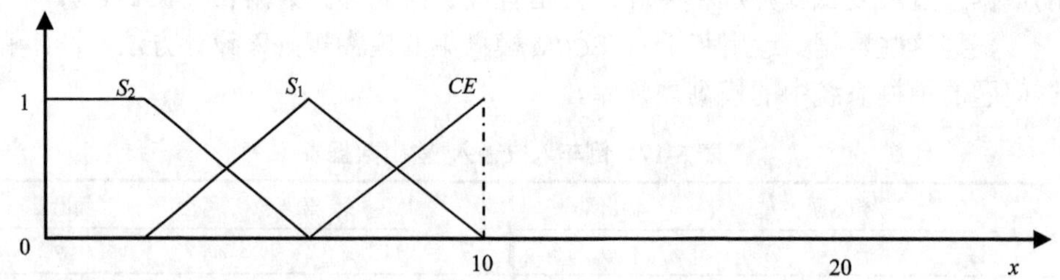

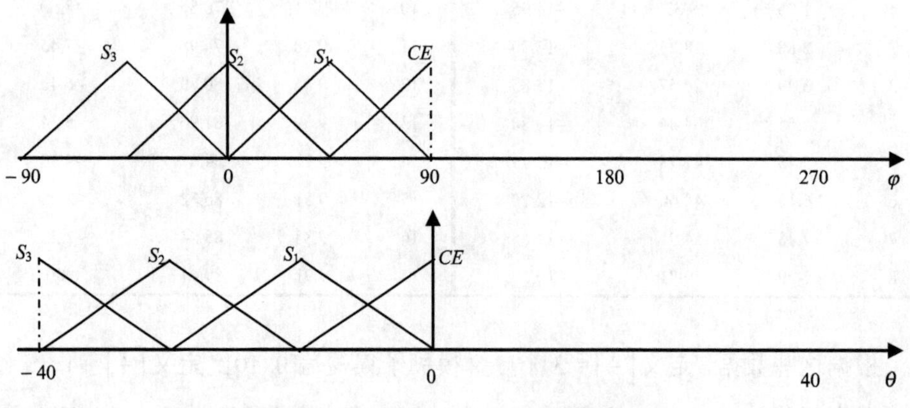

图 5-9　倒车控制中的部分隶属函数分布

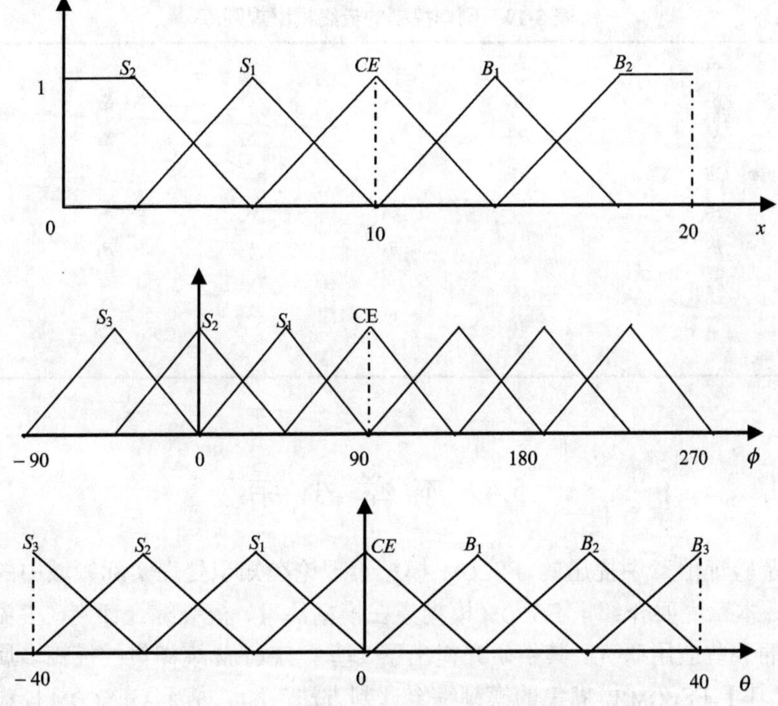

图 5-10　倒车控制中的全部隶属函数分布

根据表 5-18，可以得出 6 条模糊规则：

“$S_2(x)\wedge S_2(\varphi)\to S_2(\theta)$”

“$S_1(x)\wedge S_2(\varphi)\to S_1(\theta)$”

“$S_1(x)\wedge S_1(\varphi)\to S_1(\theta)$”

“$CE(x)\wedge S_1(\varphi)\to S_1(\theta)$”

“$CE(x)\wedge S_1(\varphi)\to CE(\theta)$”

“$CE(x)\wedge CE(\varphi)\to CE(\theta)$”

综合更多的实验数据，可以得到由 27 条模糊控制规则构成的倒车控制的最终模糊规则库（表 5-19）。

由表 5-19 可见，运用基于 GFSCOM 模糊集的模糊规则库设计方法得到的倒车控制问题的模糊规则库，与在文献[229]中的用查表法设计模糊系统模糊规则库是一致的。因而表明，基于 GFSCOM 模糊集的模糊规则库设计方法设计模糊系统中的模糊规则库是合理有效的，而且与用测试数据组来生成模糊规则库的传统方法（如查表法）相比，更为简便。

表 5-19　倒车控制的最终模糊规则库

	S_3	S_2	S_3			
	S_2	S_2	S_3	S_3	S_3	
	S_1	B_1	S_1	S_2	S_3	S_2
φ	CE	B_2	B_2	CE	S_2	S_2
	B_1	B_2	B_3	B_2	B_1	S_1
	B_2		B_3	B_3	B_3	B_2
	B_3				B_3	B_2
		S_2	S_1	CE	B_1	B_2
				x		

5.4　本 章 小 结

为了验证上章中提出的 FScom 模糊集理论在知识处理实际领域中的作用与有效性，本章主要介绍了 FScom 模糊集在模糊决策、模糊综合评判、模糊系统设计领域的一些应用研究。其中研究提出了“基于 FScom 模糊集的模糊多属性决策方法”“基于 FScom 模糊集的模糊综合评判方法”和“基于 GFScom 模糊集的模糊系统设计方法”，并且研究了运用这些方法解决相应领域中的实际问题。除了本章介绍的几个应用实例外，我们还研究了在金融投资风险评估决策中的应用，研究了在水质、大学排名、企业风险、教学质量、膨胀土胀缩等级模糊综合评判中的应用，特别是集中研究了在（自然或人为）灾害（如洪涝灾害、地震灾害、旱灾、雾霾、水质污染、森林火灾、交通事故、土壤污染、石油平台溢油污染、核事故辐射、泥石流灾害、埃博拉病毒）等级模糊综合评判实例中的应用，并与其他方法进行了比较研究。研究结果表明，我们提出的这些方法是合理有效的。

本章内容均为我们的原创研究结果，是本书的主要理论与应用研究结果之一。

除了本章介绍的 FScom 模糊集在三个领域的应用研究外，我们列举如下一些值得研究的问题。

(1) FScom 模糊集在概念格属性约简中的应用。形式概念分析(formal concept analysis，FCA)是德国著名学者 Wille 1982 年提出的，它的核心数据结构是概念格。在 FCA 中，概念的外延被理解为属于这个概念的所有对象的集合，内涵则被认为是所有这些对象所共有的属性集。概念和概念间的泛化和例化关系可构成一个概念格，概念格属性约简研究是一核心问题。其主要研究如何使用具有最小的属性集合的概念格去表示全部属性集决定的概念格，简单地说，如何运用 FScom 模糊集，删除一些与要求关联性不大或者不够重要的属性，能够让知识的表示更加简洁，又能保持原有背景条件下的层次结构。

(2) FSCOM 模糊集的包含度与形式概念分析。基于 FSCOM 模糊集的包含度概念以及形式概念分析中的概念之间的包含度，并利用包含度描述概念之间的量化关系，对概念格中概念之间的亚概念和超概念进行刻画；研究这样的包含度进行关联规则提取的算法，并通过实例验证算法的有效性，为从定量分析角度研究形式概念分析提供新的依据等。

(3) FSCOM 模糊集与直觉模糊集的关系。直觉模糊集是传统模糊集的一种拓展，以隶属度、非隶属度和犹豫度概念为基础，而 FSCOM 模糊集中区分了矛盾否定、对立否定和中介否定概念。研究两种集合的基础概念间的关系，以及在应用中的相同点与不同点等。

(4) FSCOM 模糊集的截集、模糊度、包含度以及贴近度的应用研究。基于 Zadeh 模糊集而形成的许多理论和方法之所以能够成为处理模糊现象的有效数学工具，模糊集的截集、距离、模糊度、包含度以及贴近度等这些基本概念的建立为其奠定了基础。而且，这些基本概念本身也在模糊推理、模糊聚类、模式识别、图像处理等领域得到应用。因而此问题研究包含两个方面：一是 FSCOM 模糊集的截集、模糊度、包含度以及贴近度等概念在现有的运用模糊集的理论或方法中的应用；二是它们直接在模糊推理、模糊聚类、模式识别、图像处理等领域中的应用。

第 6 章　具有矛盾否定、对立否定和中介否定的模糊逻辑

如所知，逻辑理论的主要目的是研究推理，即研究推理中前提与结论之间的关系，而一个形式化的逻辑理论则是为了研究前提和结论之间的形式推理关系及其规律。模糊逻辑的目的是以模糊命题为研究对象，运用模糊集理论研究模糊推理关系及其规律，为不精确命题的近似推理提供理论基础。

在第 4 章中，为了建立能够完全反映模糊知识中的矛盾否定关系、对立否定关系和中介否定关系及其性质与规律的数学基础，我们提出了一种具有矛盾否定、对立否定和中介否定的 FSCOM 模糊集，并研究了 FSCOM 的相关理论。本章在此基础上，进一步研究能够完整刻画这些不同否定关系及其性质与规律的逻辑基础。在本章中，我们研究提出了一种具有矛盾否定、对立否定和中介否定的模糊命题逻辑 FLCOM (fuzzy propositional logic system with contradictory negation, opposite negation and medium negation)（详见文献 [231]和[232]），并且进一步研究了以 FLCOM 为基础的系列相关理论。由此形成的具有矛盾否定、对立否定和中介否定的模糊逻辑，旨在以 FSCOM 模糊集作为主要工具，以模糊命题为研究对象，运用 FSCOM 模糊集理论研究模糊命题及其不同否定的性质、关系和推理规律，为模糊推理尤其是含有不同否定命题的模糊推理提供理论基础。

6.1　具有矛盾否定、对立否定和中介否定的模糊命题逻辑系统 FLCOM

6.1.1　FLCOM 的形式化定义

定义 1. (I) 设 S 是非空集，其元素称为原子命题或原子公式，“¬”“╕”“~”“→”“∧”和“∨”是联结词，“(”与“)”是括号。其中，¬、╕和~为矛盾否定、对立否定和中介否定符号。规定：

(a) 对每个 $A \in S$，A 是合式公式（简称公式）。

(b) 若 A 和 B 是公式，则$\neg A$，╕A，$\sim A$，$(A\to B)$，$(A\vee B)$和$(A\wedge B)$是公式。

(c) 由(a)与(b)生成的全体公式集为$\mathfrak{I}(S)$，简记为$\mathfrak{I}$。

(II) $\mathfrak{I}$中的下列公式称为公理：

(A1) $A\to(B\to A)$

(A2)　$(A\to(A\to B))\to(A\to B)$

(A3)　$(A\to B)\to((B\to C)\to(A\to C))$

(M_1)　$(A\to \neg B)\to(B\to \neg A)$

(M_2)　$(A\to ╕B)\to(B\to ╕A)$

(H)　$\neg A\to(A\to B)$

(C)　$((A\to \neg A)\to B)\to((A\to B)\to B)$

($\vee_1$)　$A\to A\vee B$

($\vee_2$)　$B\to A\vee B$

($\wedge_1$)　$A\wedge B\to A$

($\wedge_2$)　$A\wedge B\to B$

($Y_╕$)　$╕A\to\neg A\wedge\neg \sim A$

($Y_\sim$)　$\sim A\to \neg A\wedge\neg ╕A$

(III) 推理规则：

[dr1]　$A_1, A_2,\ldots, A_n\vdash A_i\ (1\leqslant i\leqslant n)$

[dr2]　$A\to B, A\vdash B$

由(I)、(II)与(III)构成的形式系统，称为“区分矛盾否定、对立否定和中介否定的模糊命题逻辑形式化系统 FLcom”。

在第 4 章中，已证明 FScom 中一个模糊集 P 的矛盾否定 $P^{\neg}$与对立否定 $P^{╕}$、中介否定 $P^{\sim}$具有关系：

$$P^{\neg}=P^{╕}\cup P^{\sim}$$

由此，在 FLcom 中，我们可定义模糊公式 A 矛盾否定$\neg A$ 与对立否定$╕A$、中介否定$\sim A$ 的关系如下：

定义 2. 在 FLcom 中，

$$\neg A=╕A\vee \sim A$$

注 1.　FLcom 中的公理系由 13 条公理构成。其中除了(M_2)、($Y_╕$)和($Y_\sim$)外，其余公理是根据其他模糊逻辑（如张锦文的模糊逻辑 FL[31]，Hájek 的基础逻辑 BL[45]，王国俊的模糊命题演算£[233]等）而确定。可以证明：FLcom 中的一些公理并不具有独立性。

注 2.　FLcom 中有些联结词也不具有独立性。联结词集$\{\neg, ╕, \sim, \vee, \wedge, \to\}$可归约为$\{╕, \sim, \vee, \to\}$，而且若将$\vee$，$\wedge$作为系统中引入的定义符号：$A\vee B=_{df}╕A\to B$，$A\wedge B=_{df}╕(A\to ╕B)$，则联结词集$\{\neg, ╕, \sim, \vee, \wedge, \to\}$可归约为$\{╕, \sim, \to\}$，即 FLcom 的初始联结词为 $╕$，$\sim$和$\to$。

注 3. 因在 FScom 中已证 $A^{╕}=A^{\neg}\cap A^{\sim\neg}$，$A^{\sim}=A^{\neg}\cap A^{╕\neg}$，所以我们将 $Y_╕$和 $Y_\sim$作为 FLcom 的公理。

注 4. 在 FLCOM 中，$A \to B$ 与$\neg A \vee B$、$\urcorner A \vee B$ 并不逻辑等价。

6.1.2 FLCOM 中的形式推理关系及意义

由于 FLCOM 中将“否定”概念区分为“矛盾否定”“对立否定”和“中介否定”，所以，FLCOM 具有许多本身特有的以及与其他模糊逻辑形式系统相同的形式推理关系（形式定理）。这些形式推理关系体现了 FLCOM 所具有的反映模糊知识中的推理关系及其规律的能力。我们列举一些主要结果如下：

定理 1. 在 FLCOM 中，

[1] $\vdash A\to A$

[2] $\vdash ((A\to B)\to C)\to(B\to C)$

[3] $\vdash A\to((A\to B)\to(C\to B))$

[4] $\vdash A\to((A\to B)\to B)$

[5] $\vdash (((A\to B)\to B)\to C)\to(A\to C)$

[6] $\vdash (A\to(B\to C))\to(B\to(A\to C))$

[7]* $\vdash (B\to C)\to((A\to B)\to(A\to C))$

[8] $\vdash ((A\to B)\to(A\to(A\to C)))\to((A\to B)\to(A\to C))$

[9] $\vdash (B\to(A\to C))\to((A\to B)\to(A\to C))$

[10] $\vdash (A\to(B\to C))\to((A\to B)\to(A\to C))$

证[1]：

(1) $(A\to(A\to A))\to(A\to A)$　(A2)

(2) $A\to(A\to A)$　(A1)

(3) $A\to A$　(1)(2)[dr2]

证[2]：

(1) $(B\to(A\to B))\to(((A\to B)\to C)\to(B\to C))$　(A3)

(2) $B\to(A\to B)$　(A1)

(3) $((A\to B)\to C)\to(B\to C)$　(1)(2) [dr2]

证[3]：

(1) $(C\to A)\to((A\to B)\to(C\to B))\to(A\to((A\to B)\to(C\to B)))$　[2]

(2) $(C\to A)\to((A\to B)\to(C\to B)$　(A3)

(3) $A\to((A\to B)\to(C\to B))$　(1)(2) [dr2]

证[4]：

(1) $(A\to((A\to B)\to((A\to B)\to B)))\to((((A\to B)\to((A\to B)\to B))\to((A\to B)\to B))\to$ $(A\to((A\to B)\to B)))$　(A3)

(2) $A\to((A\to B)\to((A\to B)\to B))$　[3]

(3) $(A\to B)\to((A\to B)\to B))\to((A\to B)\to B))\to(A\to((A\to B)\to B))$　(1)(2)[dr2]

(4) $(A\to B)\to(((A\to B)\to B)\to((A\to B)\to B))$　[3]

(5) $A\to((A\to B)\to B)$　(3)(4)[dr2]

同样方法，可证明[5]~[10]。

定理 2. 在 FLCOM 中，

[11]　$\vdash\neg A\to(A\to\neg(B\to B))$

[12]　$\vdash B\to((A\to\neg B)\to\neg A)$

[13]　$\vdash(A\to\neg B)\to((A\to B)\to\neg A)$

[14]*　$\vdash(A\to B)\to((A\to\neg B)\to\neg A)$　(归谬律)

[15]*　$\vdash(A\to B)\to(\neg B\to\neg A)$

[16]　$\vdash(A\to\neg A)\to\neg A$

[17]*　$\vdash A\to\neg\neg A$

[18]*　$\vdash(\neg A\to\neg B)\to(B\to A)$

[19]　$\vdash\neg\neg A\to(\neg\neg A\to A)$

[20]*　$\vdash\neg\neg A\to A$

[21]*　$\vdash(\neg A\to B)\to((\neg A\to\neg B)\to A)$　(反证律)

证明：(选证[11]、[14]*和[17]*，其余的同法可证明)

证[11]：

(1)　$((B\to B)\to\neg A)\to(A\to\neg(B\to B))$　(M_1)

(2)　$((B\to B)\to\neg A)\to(A\to\neg(B\to B))\to(\neg A\to(A\to\neg(B\to B)))$　[2]

(3)　$\neg A\to(A\to\neg(B\to B))$　(1)(2) [dr2]

证[14]*

(1)　$(A\to\neg B)\to((A\to B)\to\neg A)$　[13]

(2)　$((A\to\neg B)\to((A\to B)\to\neg A))\to((A\to B)\to((A\to\neg B)\to\neg A))$　[6]

(3)　$(A\to B)\to((A\to\neg B)\to\neg A)$　(1)(2) [dr2]

证[17]*：

(1)　$\neg A\to\neg A$　[1]

(2)　$(\neg A\to\neg A)\to(A\to\neg\neg A)$　(A4)

(3)　$A\to\neg\neg A$　(1)(2) [dr2]

定理 1 与定理 2 表明，FLCOM 保持了许多模糊逻辑形式系统通常具有的基本性质。如“归谬律”([14]*)和反证律([21]*)，以及[7]*、[15]*、[17]*、[18]* 和[20]*。

定理 3. 在 FLCOM 中，

[1^0]　$\vdash ╕A\to(A\to ╕(B\to B))$

[2^0]　$\vdash B\to((A\to ╕B)\to ╕A)$

[3^0]　$\vdash(A\to ╕B)\to(A\to(B\to ╕(B\to B)))$

[4^0]　$\vdash(A\to B)\to((A\to ╕B)\to ╕A)$　(新“归谬律”)

[5^0] $\vdash(A\to B)\to(ㅋB\to ㅋA)$

[6^0] $\vdash(A\to ㅋA)\to ㅋA$

[7^0] $\vdash A\to ㅋㅋA$

[8^0] $\vdash(ㅋA\to ㅋB)\to(B\to A)$

[9^0] $\vdash ㅋㅋA\to(ㅋㅋA\to A)$

[10^0] $\vdash ㅋㅋA\to A$

证[1^0]：

(1) $((B\to B)\to ㅋA)\to(A\to ㅋ(B\to B))$ (M_2)

(2) $((B\to B)\to ㅋA)\to(A\to ㅋ(B\to B))\to(ㅋA\to(A\to ㅋ(B\to B)))$ [2]

(3) $ㅋA\to(A\to ㅋ(B\to B))$ *(1)(2)* [dr2]

证[2^0]~[10^0]，如同[22]证明即在[11]~[20]的证明中，将 M_1 换成 M_2 即得到证明。

定理 3 呈现了 FLCOM 具有的与其他模糊逻辑不同的性质，具有独立意义。FLCOM 在定理 2 中既保持了模糊逻辑中的“归谬律”（[14]*），在定理 3 中又新增了一个归谬律（[4^0]），表明 FLCOM 扩充了“归谬律”的含义。

定理 4. 在 FLCOM 中，

[11^0] $\vdash\neg(A\wedge\neg A)$ (无矛盾律)

[12^0] $\vdash\neg(ㅋA\wedge\sim A)$ (无矛盾律 1)

[13^0] $\vdash\neg(A\wedge\sim A)$ (无矛盾律 2)

[14^0] $\vdash\neg(A\wedge ㅋA)$ (无矛盾律 3)

证[11^0]：

(1) $A\wedge\neg A\to A$ ($\wedge_1$)

(2) $A\wedge\neg A\to\neg A$ ($\wedge_2$)

(3) $\neg(A\wedge\neg A)$ [14]*(1)(2)*[dr2]

证[12^0]：

(1) $ㅋA\wedge\sim A\to ㅋA$ ($\wedge_1$)

(2) $ㅋA\wedge\sim A\to\sim A$ ($\wedge_2$)

(3) $ㅋA\to\neg A\wedge\neg\sim A$ ($Y_ㅋ$)

(4) $ㅋA\wedge\sim A\to\neg A\wedge\neg\sim A$ *(1)(3)*(A3)[dr2]

(5) $\neg A\wedge\neg\sim A\to\neg\sim A$ ($\wedge_2$)

(6) $ㅋA\wedge\sim A\to\neg\sim A$ *(4)(5)*(A3)[dr2]

(7) $\neg(ㅋA\wedge\sim A)$ *(2)(6)*[14][dr2]

证[13^0]：

(1) $A\wedge\sim A\to A$ ($\wedge_1$)

(2) $A\wedge\sim A\to\sim A$ ($\wedge_2$)

(3) $\sim A\to\neg A\wedge\neg ㅋA$ ($Y_\sim$)

(4)　$A\wedge\sim A\rightarrow\neg A\wedge\neg ╕A$　　(2)(3)(A3)[dr2]

(5)　$\neg A\wedge\neg ╕A\rightarrow\neg A$　　($\wedge_1$)

(6)　$A\wedge\sim A\rightarrow\neg A$　　(4)(5)(A3)[dr2]

(7)　$\neg(A\wedge\sim A)$　　(1)(6)[14][dr2]

证$[14^0]$：

(1)　$A\wedge ╕A\rightarrow A$　　($\wedge_1$)

(2)　$A\wedge ╕A\rightarrow ╕A$　　($\wedge_2$)

(3)　$╕A\rightarrow\neg A\wedge\neg\sim A$　　($Y_{╕}$)

(4)　$A\wedge ╕A\rightarrow\neg A\wedge\neg\sim A$　　(2)(3)(A3)[dr2]

(5)　$\neg A\wedge\neg ╕A\rightarrow\neg A$　　($\wedge_1$)

(6)　$A\wedge ╕A\rightarrow\neg A$　　(4)(5)(A3)[dr2]

(7)　$\neg(A\wedge ╕A)$　　(1)(6)[14][dr2]

由于“否定”概念在 FLCOM 中区分为“矛盾否定”“对立否定”和“中介否定”，因而通常意义下的“矛盾”概念的含义在 FLCOM 中应该得到扩充，定理 4 反映了这种扩充意义。具体地，FLCOM 保持了模糊逻辑中的无矛盾律$[11^0]$，增加了三个新的无矛盾律（$[12^0]$, $[13^0]$, $[14^0]$）。即在这种扩充后的新的“矛盾”概念含义下，不仅 A 与$\neg A$ 是矛盾的，而且$\{A, ╕A, \sim A\}$中任意二者也是矛盾的。

在 FLCOM 中，还可证明许多诸如下列的形式推理关系：

定理 5. 在 FLCOM 中，

(1)　$A\vdash A$

(2)　$A\vdash ╕╕A$

(3)　$╕╕A\vdash A$

(4)　$A\vdash\neg\neg A$

(5)　$\neg\neg A\vdash A$

(6)　$A, ╕B\vdash ╕(A\rightarrow B)$

(7)　$╕(A\rightarrow B)\vdash A, ╕B$

(8)　$\sim A\vdash\sim ╕A$

(9)　$\sim ╕A\vdash\sim A$

(10)　$A\vdash\neg ╕A\wedge\neg\sim A$

(11)　$\neg ╕A\wedge\neg\sim A\vdash A$

证明：(选证(1), (2), (3)，(10)，其余的同法可证明)

证(1)：

(a)　A

(b)　$A\rightarrow(A\rightarrow A)$　　(A1)

(c)　A　　(a)(b)[dr2]

证(2)：

(a)　A

(b)　$A\to ╕╕A$　　[7^0]

(c)　A　　(a)(b)[dr2]

证(3)：

(a)　$╕╕A$

(b)　$╕╕A\to A$　　[10^0]

(c)　A　　(a)(b)[dr2]

证(10)：

(a)　A

(b)　$╕╕A$　　(2)(3)

(c)　$╕╕A\to\neg ╕A\wedge\neg\sim ╕A$　　($Y_{╕}$)

(d)　$\neg ╕A\wedge\neg\sim ╕A$　　(b)(c)[dr2]

(e)　$\neg ╕A\wedge\neg\sim A$　　(8)(9)

如所知，在经典逻辑中，由矛盾前提可推导出任何结论。同样地，下面定理6表明，在FLCOM中，由A与$\neg A$或者$\{A, ╕A, \sim A\}$中任意二者为前提可推导出任何结论。

定理 6. 在FLCOM中，

(12)　$A, \neg A\vdash B$

(13)　$A, ╕A\vdash B$

(14)　$A, \sim A\vdash B$

(15)　$╕A, \sim A\vdash B$

(16)　$A\vdash\neg ╕\sim A$

(17)　$╕\sim A\vdash B$

证(12)：

(a)　A

(b)　$\neg A$

(c)　$\neg A\to(A\to B)$　　(H)

(d)　$A\to B$　　(b)(c)[dr2]

(e)　B　　(a)(d)[dr2]

证(13)：

(a)　A

(b)　$╕A$

(c)　$╕A\to\neg A\wedge\neg\sim A$　　($Y_{╕}$)

(d)　$\neg A\wedge\neg\sim A$　　(b)(c)[dr2]

(e)　$\neg A\wedge\neg\sim A\rightarrow\neg A$　$(\wedge_1)$

(f)　$\neg A$　(d)(e)[dr2]

(g)　B　(a)(f)(12)

证(14)：

(a)　A

(b)　$\sim A$

(c)　$\sim A\rightarrow\neg A\wedge\neg ╕A$　$(Y_{\sim})$

(d)　$\neg A\wedge\neg ╕A$　(b)(c)[dr2]

(e)　$\neg A\wedge\neg ╕A\rightarrow\neg A$　$(\wedge_1)$

(f)　$\neg A$　(d)(e)[dr2]

(g)　B　(a)(f)(12)

证(15)：

(a)　$╕A$

(b)　$\sim A$

(c)　$╕A\rightarrow\neg A\wedge\neg\sim A$　$(Y_{╕})$

(d)　$\neg A\wedge\neg\sim A$　(a)(c)[dr2]

(e)　$\neg A\wedge\neg\sim A\rightarrow\neg\sim A$　$(\wedge_2)$

(f)　$\neg\sim A$　(d)(e)[dr2]

(g)　B　(a)(f)(12)

证(16)：

(a)　A

(b)　$\neg ╕A\wedge\neg\sim A$　(10)

(c)　$\neg ╕\sim A\wedge\neg\sim\sim A$　(b)

(d)　$\neg ╕\sim A\wedge\neg\sim\sim A\rightarrow\neg ╕\sim A$　$(\wedge_1)$

(e)　$\neg ╕\sim A$　(c)(d) [dr2]

证(17)：如同第 2 章 2.1.2 节介绍的中介逻辑 ML 中的证明。

6.1.3　FLcom 中的否定与其他模糊逻辑中否定的对比与关系

对模糊概念中“否定”的认识，如所知，Zadeh 模糊逻辑、直觉模糊逻辑、Hájek 基础逻辑等在理论上仅认知一种否定（即矛盾否定），对否定的定义只是表达式不同，而我们从概念层面上区分了模糊概念中存在的三种否定关系即矛盾否定关系、对立否定关系和中介否定关系，由此确定了模糊概念中存在三种不同的否定（即矛盾否定、对立否定与中介否定）。因而，FLcom 与这些模糊逻辑理论对于模糊命题的“否定”的认识不同，这些模糊逻辑中的否定在概念本质上即为 FLcom 中的矛盾否定。在 3.2 节中，我们曾考察了 Wagner 等提出的弱否定与强否定[158-162]，Kaneiwa

提出的经典否定与强否定[174]，以及 Ferré 提出的外延否定与内涵否定[175]，经过对比研究后我们认为，它们提出的两种否定分别为FLCOM中的矛盾否定与对立否定。对此，我们可归纳比较如表 6-1 所示。

表 6-1 关于模糊公式 *A* 的否定的认知处理的比较

对否定的认知处理	*A* 的否定 1	*A* 的否定 2	*A* 的否定 3
Zadeh 模糊逻辑	矛盾否定:$\neg A$	×	×
直觉模糊逻辑	矛盾否定:$\neg A$	×	×
Hájek 基础逻辑	矛盾否定:$\neg A$	×	×
王国俊模糊逻辑	矛盾否定: $\neg A$	×	×
Wagner	弱否定: $-A$	强否定: $\sim A$	×
Ferré	外延否定: $\neg A$	内涵否定: mal-A	×
Kaneiwa	经典否定: $\neg A$	强否定: $\sim A$	×
FLCOM	矛盾否定: $\neg A$	对立否定: ╕A	中介否定: $\sim A$

为叙述方便，我们将 Zadeh 模糊逻辑、直觉模糊逻辑、Hájek 基础逻辑以及王国俊模糊逻辑记为 L。

在下节 FLCOM 的无穷值语义解释下，FLCOM 中的三种否定与 L 中的否定具有如下关系：

(1) 对任意$\partial(A)\in[0, 1]$，FLCOM 中 A 的对立否定╕A 与 L 中 A 的否定$\neg A$ 相同；

(2) 当$\partial(A)\geqslant 1/2$ 时，FLCOM 中 A 的中介否定$\sim A$ 与 L 中 A 的否定$\neg A$ 相同；

(3) 当$\partial(A) = 1/2$ 时，FLCOM 中 A 的对立否定╕A、中介否定$\sim A$ 和矛盾否定$\neg A$ 都与 L 中 A 的否定$\neg A$ 相同。

证明：(1) 根据下节中定义 1，有$\partial($╕$A) = 1- \partial(A)$。故 FLCOM 中 A 的对立否定╕A 与 L 中 A 的否定$\neg A$ 相同。

(2) 若$\partial(A) > 1/2$，则根据下节中命题 4，有$\partial(\neg A) = \partial(\sim A)$。故 FLCOM 中 A 的中介否定$\sim A$ 与 L 中 A 的否定$\neg A$ 相同。

(3) 若$\partial(A) = 1/2$，则根据下节中命题 1，有$\partial(\neg A) = \partial($╕$A) = \partial(\sim A) = 1/2$。故 FLCOM 中 A 的对立否定╕A、中介否定$\sim A$ 和矛盾否定$\neg A$ 都与 L 中 A 的否定$\neg A$ 相同。□

6.2　FLCOM 的语义研究

一个形式化的模糊逻辑理论是以模糊命题作为研究对象，用数学方法研究由命题经联结词而构成的复杂命题及其形式关系以及推理规律的理论。而构造、研究一个逻辑形式系统的目的，是为了通过研究其中的形式推理以研究非形式的演绎推理。具有矛盾否定、对立否定和中介否定的模糊命题逻辑 FLCOM，作为一个形式系统（亦称为逻辑演算），其语义研究与通常形式系统的语义研究一样，是以 FLCOM 系统为对象、通过对系统中形式语言的解释，研究系统的一致性、可靠性和完备性以及系统的语义与语形（语法）关系及其性质等系统特征，这种研究属于元逻辑的范畴。

在本节，我们介绍关于 FLCOM 的语义研究的一些主要结果。

6.2.1　FLCOM 的一种无穷值语义解释

关于 FLCOM 的语义理论研究，在文献[232]中，我们给出了 FLCOM 的一种无穷值语义解释，并在此语义解释下证明了 FLCOM 的可靠性定理。由此表明，FLCOM 中形式推理所反映的前提与结论之间的关系，在演绎推理中都是成立的。

定义 1 (无穷值解释). 设$\lambda\in(0, 1)$。映射∂ : $\mathfrak{I}\to[0, 1]$ 称为$\mathfrak{I}$的一个λ-赋值，如果

(a)　$\partial(A)+\partial(\neg A)=1$　(6-1)

(b)
$$\partial(\sim A)=\begin{cases}\lambda-\dfrac{2\lambda-1}{1-\lambda}(\partial(A)-\lambda), & \text{当}\lambda\geqslant 1/2\ \text{且}\ \partial(A)\in(\lambda, 1] \quad (6\text{-}2)\\ \lambda-\dfrac{2\lambda-1}{1-\lambda}\partial(A), & \text{当}\lambda\geqslant 1/2\ \text{且}\ \partial(A)\in[0, 1-\lambda) \quad (6\text{-}3)\\ 1-\dfrac{1-2\lambda}{\lambda}(\partial(A)+\lambda-1)-\lambda, & \text{当}\lambda\leqslant 1/2\ \text{且}\ \partial(A)\in(1-\lambda, 1] \quad (6\text{-}4)\\ 1-\dfrac{1-2\lambda}{\lambda}\partial(A)-\lambda, & \text{当}\lambda\leqslant 1/2\ \text{且}\ \partial(A)\in[0, \lambda) \quad (6\text{-}5)\\ \partial(A), & \text{其他} \quad (6\text{-}6)\end{cases}$$

(c)　$\partial(A\vee B)=\max(\partial(A), \partial(B))$，$\partial(A\wedge B)=\min(\partial(A), \partial(B))$　(6-7)

(d)　$\partial(A\to B)=\mathfrak{R}(\partial(A), \partial(B))$

其中$\mathfrak{R}$: $[0, 1]^2\to[0, 1]$是某个二元函数。　(6-8)

此定义的关键是如何确定$\sim A$ 在赋值∂下其在[0, 1]中的真值$\varphi(\sim A)$？对此，如同我们在第 2 章里对中介命题逻辑 MP 给出的无穷值语义解释，此定义的构建思想为：在真值域[0, 1]中引入一个可变参数$\lambda\in(0, 1)$，即有$\lambda\in(0, 1/2]$或$\lambda\in[1/2, 1)$。于是，当$\lambda\in[1/2, 1)$时，[0, 1]被λ划分成子区间$[0, 1-\lambda)$, $[1-\lambda, \lambda]$和$(\lambda, 1]$；当$\lambda\in(0, 1/2]$时，[0, 1]被λ划分成子区间$[0, \lambda)$, $[\lambda, 1-\lambda]$和$(1-\lambda, 1]$。因而，$\partial(A)\in[0, 1]$即$\partial(A)$属于这些与λ相关的某个子区间。因λ在(0, 1)中是可变的，所以，我们可指派$\partial(\sim A)$如下：在$\partial(A)\in[0, 1-\lambda)$，或$\partial(A)\in(\lambda, 1]$（即$\lambda\in[1/2, 1)$ 情形）时，$\partial(\sim A)\in[1-\lambda, \lambda]$；在

$\partial(A)\in[0, \lambda)$或$\partial(A)\in(1-\lambda, 1]$（即$\lambda\in(0, 1/2]$ 情形）时，$\partial(\sim A)\in[\lambda, 1-\lambda]$；在$\partial(A) = 1/2$时，$\partial(\sim A) = 1/2$。由于$\partial(A)$与$\partial(\sim A)$分别属于[0，1]在$\lambda$划分下的两两不相交子区间，又因为一维空间中任两个不相交区间的点存在一一对应关系，从而，我们就可建立分别在两个不相交区间中的$\partial(p)$与$\partial(\sim p)$的关系表达式。

具体地说，定义中(b)的含义如下：因公式的真值域为[0, 1]，参数$\lambda\in0, 1)$，由于λ是可变的，所以公式 A 的真值 $\partial(A)$在[0, 1]中的取值范围与λ值的关系存在以下情形：

(i) 当$\lambda\geqslant1/2$ 时，$\partial(A)\in(\lambda, 1]$或$\partial(A)\in[0, 1-\lambda)$或$\partial(A)\in[1-\lambda, \lambda]$。其中，如果$\partial(A)\in(\lambda, 1]$，则由(a)有$\partial(╕A)\in[0, 1-\lambda)$，此时若规定$\partial(\sim A)\in[1-\lambda, \lambda]$)，根据数学中一维空间中任何两个不相交区间中的点存在一一对应关系的原理，则公式$\sim A$ 的真值$\partial(\sim A)$与$\partial(A)$具有关系式(6-2)；如果$\partial(A)\in[0, 1-\lambda)$，同理得到$\partial(A)$与$\partial(\sim A)$的关系式(6-3)；如果$\partial(A)\in[1-\lambda, \lambda]$，规定$\partial(\sim A)$为$\partial(A)$，即关系式(6-6)。

(ii) 当$\lambda\leqslant1/2$ 时，$\partial(A)\in(1-\lambda, 1]$或$\partial(A)\in[0, \lambda)$或$\partial(A)\in[\lambda, 1-\lambda]$。类似(i)，得到$\partial(A)$与$\partial(\sim A)$的关系式(6-4)、式(6-5)和式(6-6)。

(iii) 因公式的真值集为[0, 1]区间，若 A 是 FLcom 的原子公式，则$\partial(A)$, $\partial(╕A)$, $\partial(\sim A)$的值域为 3 个不同的相邻区间。在[0, 1]内的这 3 个相邻区间中，$\partial(\sim A)$的值域完全体现了$\partial(A)$与$\partial(╕A)$之间的过渡过程。对于$\partial(A)$、$\partial(╕A)$和$\partial(\sim A)$在[0, 1]中的关系，我们可用图 6-1 和图 6-2 描述（图中符号“•”与“○”分别表示一个区间的闭端点和开端点）。

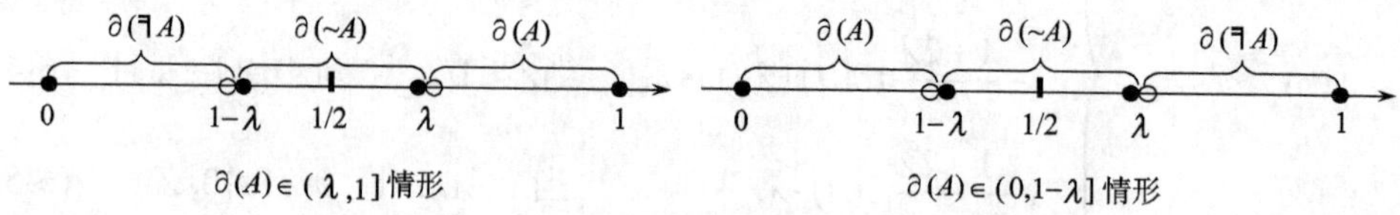

图 6-1　当 $\lambda\geqslant1/2$ 时, $\partial(A)$, $\partial(╕A)$, $\partial(\sim A)$在[0, 1]中的关系

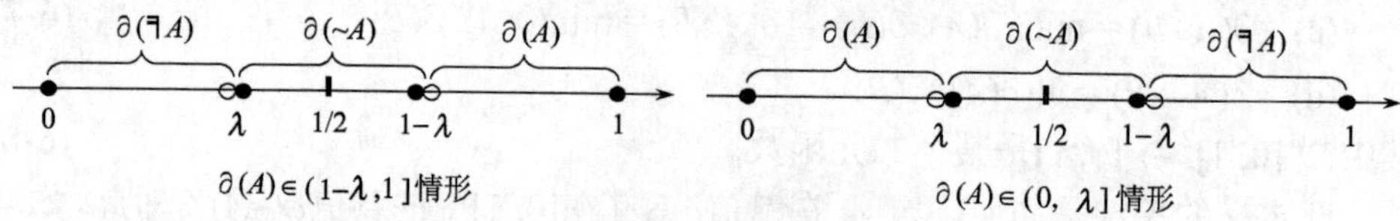

图 6-2　当 $\lambda\leqslant1/2$ 时, $\partial(A)$, $\partial(╕A)$, $\partial(\sim A)$在[0, 1]中的关系

由定义 1 易证，$\partial(A)$、$\partial(╕A)$和$\partial(\sim A)$在[0, 1]中具有下列关系：

命题 1. 若$\partial(A) = 1/2$，则

$\partial(\neg A) = \partial(╕A) = \partial(\sim A) = 1/2$。

命题 2. 若$\lambda\geqslant1/2$，则

$\partial(A) \geqslant \partial(\sim A) \geqslant \partial(╕A)$，当且仅当$\partial(A) \in (\lambda, 1]$。

$\partial(╕A) \geqslant \partial(\sim A) \geqslant \partial(A)$，当且仅当$\partial(A) \in [0, 1-\lambda)$。

命题 3. 若$\lambda \leqslant 1/2$，则

$\partial(A) \geqslant \partial(\sim A) \geqslant \partial(╕A)$，当且仅当$\partial(A) \in (1-\lambda, 1]$。

$\partial(╕A) \geqslant \partial(\sim A) \geqslant \partial(A)$，当且仅当$\partial(A) \in [0, \lambda)$。

由以上命题以及 FLCOM 的定义，易证下列关系：

命题 4. 若$\lambda \geqslant 1/2$，则

$\partial(\neg A) = \partial(\sim A)$，当且仅当$\partial(A) \in (\lambda, 1]$。

$\partial(\neg A) = \partial(╕A)$，当且仅当$\partial(A) \in [0, 1-\lambda)$。

命题 5. 若$\lambda \leqslant 1/2$，则

$\partial(\neg A) = \partial(\sim A)$，当且仅当$\partial(A) \in (1-\lambda, 1]$。

$\partial(\neg A) = \partial(╕A)$，当且仅当$\partial(A) \in [0, \lambda)$。

命题 6.

$\partial(\sim A) \in [1-\lambda, \lambda]$，当$\lambda \geqslant 1/2$ 。

$\partial(\sim A) \in [\lambda, 1-\lambda]$，当$\lambda \leqslant 1/2$ 。

定义 2 (λ-重言式). 设Γ是$\Im$的λ–赋值集，$\forall A \in \Im$。如果对每个$\xi \in \Gamma$，恒有$\xi(A)=1$，则称 A 为Γ-重言式。如果$\lambda>1/2$ 时，使得对每个λ–赋值ξ，恒有$\xi(A) \geqslant \lambda$，则称 A 为λ–重言式。

为了证明 FLCOM 的所有公理都是λ-重言式，我们需要确立式(6-8)中的函数$\Re$。

定义 3. 设 $a, b \in [0, 1]$，$\Re^{o}$：$[0, 1]^2 \to [0, 1]$是一个满足下式的二元函数$\Re$：

$$\Re^{o}(a, b) = 1，若\ a \leqslant b \tag{6-9}$$

$$\Re^{o}(a, b) = \max(1-a, b),\quad 若\ a > b \tag{6-10}$$

容易证明，$\Re^{o}$ 具有如下性质：

命题 7. 设 $a, b, c \in [0, 1]$。则

$$a \geqslant b，当且仅当\ \Re^{o}(a, c) \leqslant \Re^{o}(b, c) \tag{6-11}$$

$$a \geqslant b，当且仅当\ \Re^{o}(c, a) \geqslant \Re^{o}(c, b) \tag{6-12}$$

定理 1. 对于 FLCOM，如果 A 和 $A \to B$ 是λ-重言式，那么 B 是λ-重言式。

证明: 设 $\Re = \Re^{o}$，A 和 $A \to B$ 是λ-重言式。假若 B 不是λ-重言式，则根据定义 2，存在一个λ-赋值$\beta \in \Gamma$，使得$\beta(B) < \lambda$，而 $\beta(A) \geqslant \lambda$，且由式(6-8)，有$\beta(A \to B) = \Re^{o}(\beta(A), \beta(B)) \geqslant \lambda$。因$\beta(A) > \beta(B)$，由式(6-12)得到 $\Re^{o}(\beta(A), \beta(B)) = \max(1-\beta(A), \beta(B)) < \lambda$，矛盾。因此，$B$ 是λ-重言式。□

定理 2. FLCOM 中的各条公理都是λ-重言式。

证明: 任取$\upsilon \in \Gamma$，a, b, c 分别表示$\upsilon(A)$, $\upsilon(B)$和$\upsilon(C)$，设$\Re = \Re^{o}$。则由式(6-8)和定义 3，公理(A1), (A2)和(A3)可表示为以下各式：

$$(A1):\quad \Re(a, \Re(b, a)) \geqslant \lambda \tag{6-13}$$

(A2): $\Re(\Re(a, \Re(a, b)), \Re(a, b)) \geqslant \lambda$ (6-14)

(A3): $\Re(\Re(a, b), \Re(\Re(b, c), \Re(a, c))) \geqslant \lambda$ (6-15)

对于式(6-13)，根据定义 3，如果 $a \leqslant b$，则$\Re(a, \Re(b, a)) = \Re(a, \max(1-b, a))$，其中，若 $1-b > a$，则有$\Re(a, \max(1-b, a)) = \Re(a, 1-b) = 1 \geqslant \lambda$，若 $1-b \leqslant a$，则有$\Re(a, \max(1-b, a)) = \Re(a, a) = 1 \geqslant \lambda$。如果 $a > b$，则$\Re(a, \Re(b, a)) = \Re(a, 1) = 1 \geqslant \lambda$。所以，公理(A1)是$\lambda$-重言式。

对于式(6-14)，根据定义 3，只需证明$\Re(a, \Re(a, b)) \leqslant \Re(a, b)$。因 $a \leqslant b$ 时，$\Re(a, \Re(a, b)) \leqslant \Re(a, b)$成立，所以，只需证明 $a > b$ 时$\Re(a, \Re(a, b)) \leqslant \Re(a, b)$成立。

当 $a > b$ 时，假设 $\Re(a, \Re(a, b)) > \Re(a, b)$。则由式(6-12)有$\Re(a, b) > b$，即 $\Re(a, b) = \max(1-a, b) > b$。所以，有$\Re(a, b) = 1-a > b$。代入假设，得到$\Re(a, 1-a) > 1-a$。但当 $a > 1-a$ 时，由式(6-9)得到$\Re(a, 1-a) = \max(1-a, 1-a) > 1-a$，因而矛盾。因此，$\Re(a, \Re(a, b)) \leqslant \Re(a, b)$成立。所以，(A2) 是$\lambda$-重言式。

对于式(6-15)，根据定义 3，只需证明$\Re(a, b) \leqslant \Re(\Re(b, c), \Re(a, c))$。假设$\Re(a, b) > \Re(\Re(b, c), \Re(a, c))$，则$\Re(\Re(b, c), \Re(a, c)) \neq 1$，由定义 3，即

$$\Re(b, c) > \Re(a, c) \tag{6-16}$$

对此，根据式(6-11)得到 $a > b$。由于$\Re(a, c) \neq 1$，由(9)有 $a > c$，则根据(6-10)有$\Re(a, c) = \max(1-a, c)$。代入式(6-16)得到$\Re(b, c) > \max(1-a, c)$。即无论是 $b > c$ 还是 $b \leqslant c$ 时，均有$\Re(b, c) > \max(1-a, c)$。当 $b \leqslant c$ 时，根据式(6-9)有$\Re(b, c) = 1$，所以，$\Re(b, c) > \max(1-a, c)$成立。当 $b > c$ 时，根据式(6-10)有$\Re(b, c) = \max(1-b, c)$，又由于 $a > b$ 即 $1-a < 1-b$，所以，有$\Re(b, c) = \max(1-b, c) > \max(1-a, c)$。然而，其中若 $1-b \leqslant c$，则有 $\max(1-b, c) = c > \max(1-a, c) = c$，矛盾。所以，只有在 $b > c$ 且 $1-b > c$ 时，$\Re(b, c) > \max(1-a, c)$成立。

将 $a > b$，$b > c$ 和 $1-b > c$ 代入假设：$\Re(a, b) > \Re(\Re(b, c), \Re(a, c))$。根据式(6-11)，得到 $\max(1-a, b) > \max(1-\max(1-b, c), \max(1-a, c)) = \max(b, \max(1-a, c))$。然而，当 $1-a < b$ 时，有 $\max(1-a, b) = b > \max(b, \max(1-a, c)) = b$，矛盾；当 $1-a \geqslant b$ 时，有 $\max(1-a, b) = 1-a > \max(b, \max(1-a, c)) = 1-a$，矛盾。所以，假设 $\Re(a, b) > \Re(\Re(b, c), \Re(a, c))$不成立。因此，(A3)是$\lambda$-重言式。

类似地，可以验证在 $\Re = \Re^{o}$ 时，其余的公理(M) ~ ($Y_{\sim}$)也都是λ-重言式。□

定义 4. 形式系统 FLCOM 中一个形式定理 A 的证明为一个有限的公式序列 $A_1, A_2, \cdots, A_n$，其中 A_k ($k = 1, 2, \cdots, n$)是 FLCOM 的公理，或者是由 A_i 与 A_j ($i < k, j < k$)通过(dr2)推导出的公式，并且 $A_n = A$。

定理 3 (可靠性定理). FLCOM 中的每个形式定理是λ-重言式。

证明：令 A 是 FLCOM 的一形式定理。对 A 的证明的公式序列 $A_1, A_2, \cdots, A_n$ 的长度 n 进行归纳。

(i) 若 $n=1$，则根据定义 4，A_1 (即 A)是 FLCOM 的一公理。由定理 2，FLCOM 的所有公理都是λ-重言式，所以 A 是λ-重言式。

(ii) 假设 $k<n$ 时定理成立，即 A 的证明的小于 n 步的序列公式都是λ-重言式，我们证明 $n=k$ 时定理成立。根据定义 4，存在两种情形：(a) A_n 是 FLCOM 的公理；(b) A_n (即 A)是由 A_i 与 A_j ($i<n, j<n$)通过(dr2)推导出的公式。

若(a)情形，如(i)得证。若(b)情形，A_i 与 A_j 必为 B 和 $B\to A$ 的形式，而根据归纳假设，B 和 $B\to A$ 是λ-重言式。因此，由定理 1，A (即 A_n)是λ-重言式。

根据数学归纳原理，FLCOM 的每个形式定理是λ-重言式。□

由上可见，在$\Re=\Re_0$时，FLCOM 的所有公理都是λ-重言式，可靠性定理成立。对于其他的$\Re$，可以验证可靠性定理不一定成立。如，对于 Łukasiewicz 的 $\Re_{Łu}$ 而言($\Re_{Łu}$：$a\leqslant b$ 时，$\Re_{Łu}(a, b)=1$；$a>b$ 时，$\Re_{Łu}(a, b)=\min(1, 1-a+b)$)，可靠性定理成立。但对于 Gődel 的 $\Re_G$ ($a\leqslant b$ 时，$\Re_G(a, b)=1$；$a>b$ 时，$\Re_G(a, b)=b$))，Gaines-Recher 的 $\Re_{GR}$ ($a\leqslant b$ 时，$\Re_{GR}(a, b)=1$；$a>b$ 时，$\Re_{GR}(a, b)=0$)) 以及 Mamdani 的 $\Re_M$ ($a\leqslant b$ 时，$\Re_M(a, b)=1$；$a>b$ 时，$\Re_M(a, b)=\min(a, b)$)，可靠性定理都不成立。

对于上述中的$\Re$和$\Re_{Łu}$，可以验证 FLCOM 完备性定理不成立。但对于某特定的$\Re$而言，FLCOM 完备性定理是否成立，可进行讨论。

6.2.2　FLCOM 的一种三值语义解释

关于 FLCOM 的语义理论研究，我们进一步给出了 FLCOM 的一种三值语义解释，并在此三值语义解释下证明了 FLCOM 是可靠的和完备的（详见文献[234]）。

由于 FLCOM 是一个形式化系统，FLCOM 中一个公式 A 是可证的定义与通常定义相同。具体如下：

定义 1. 称 A 在 FLCOM 中可证，如果存在一个公式序列 $E_1, E_2,\cdots, E_n$ 使得 $E_n=A$ 且对每个 E_k ($1\leqslant k\leqslant n$)，E_k 或为 FLCOM 的一个公理，或者 E_k 由 E_i 与 E_j ($i<k, j<k$)使用 FLCOM 的推理规则而得到，则 $E_1, E_2,\cdots, E_n$ 称为 A 的一个“证明”(proof)，n 为证明的长度。

定义 2 (三值解释). 设Σ为公式集。映射$\partial: \Sigma\to\{0, 1/2, 1\}$称为$\Sigma$中公式 A、B 的一个三值指派，若

(i)　$\partial(A)+\partial(\neg A)=1$；

(ii)　$\partial({\sim}A)=\begin{cases}1/2, & 若\partial(A)=1\\ 1, & 若\partial(A)=1/2;\\ 1/2, & 若\partial(A)=0\end{cases}$

(iii)　$\partial(A\to B)$为二元函数$\Re(\partial(A), \partial(B))$：

$\Re$	1	1/2	0
1	1	1/2	0
1/2	1	1	1/2
0	1	1	1

(iv)　$\partial(A \wedge B) = \min(\partial(A), \partial(B))$；

(v)　$\partial(\neg A) = \max(\partial(\neg\!\!\!\!\neg A), \partial(\sim A))$。

定义 3 (三值永真公式). (i) 若对任何三值指派∂皆有$\partial(A) = 1$，则称 A 为三值永真公式，并记为$\models A$。(ii)若有三值指派∂使得对任何 $B \in \Sigma$皆有$\partial(B) = 1$，则称Σ是三值可满足的。(iii)若满足Σ的任何三值指派必然满足$\{A\}$，则称$\Sigma \vdash A$ 为三值永真推理式，并记为$\Sigma \models A$。

定理 1 (可靠性定理).

(a) 若$\vdash A$，则$\models A$。

(b) 若$\Sigma \vdash A$，则$\Sigma \models A$。

证明：(a) 假设$\vdash A$。则由定义 1，存在 A 的一个证明：$E_1, E_2, \cdots, E_n$。其中 $E_n = A$。下面施归纳于 A 的证明 $E_1, E_2, \cdots, E_n$ 的长度 n。

(I) 若 $n = 1$，则根据定义 1，$E_1 = A$，即 A 是 FLCOM 的一个公理。因 FLCOM 的公理都是三值永真公式，所以$\vdash A$ 是三值永真推理式。根据定义 3，则$\models A$。

(II) 假设 $n < k$ 时，(a)成立。当 $n = k$ 时，根据定义 1，E_n 为 FLCOM 的一个公理，或者 E_n 由 E_i 与 E_j $(i < n, j < n)$使用 FLCOM 的推理规则而得到。若 E_n 为 FLCOM 的一个公理，如(I)得证；若 E_n 由 E_i 与 E_j $(i < n, j < n)$使用 FLCOM 的推理规则而得，则由归纳假设，E_i 与 E_j 是三值永真公式，所以 E_n 是三值永真公式。即$\vdash A$ 是三值永真推理式。根据定义 3，则$\models A$。

由(I)和(II)，(a)得证。同样方法可证(b)。□

定义 4 (极大相容集). 设Σ为 FLCOM 的(有穷或无穷)公式集。如果对任何公式 A 都有$\Sigma \vdash A$ 在 FLCOM 可证，则称Σ是不相容集。如果Σ是相容的，并且对任何相容的公式集$\Sigma' \supseteq \Sigma$，都有$\Sigma' = \Sigma$，则称Σ是极大相容集。

引理 1. 对于任何相容集Σ，都存在极大相容集Σ^*且$\Sigma \subseteq \Sigma^*$。

证明：将 FLCOM 的一切公式枚举为 $A_1, A_2, \cdots, A_n, \cdots$，归纳定义$\Sigma_n$：$\Sigma_1 = \Sigma$，若$\Sigma_n \cup \{A_n\}$相容，则$\Sigma_{n+1} = \Sigma_n \cup \{A_n\}$，否则$\Sigma_{n+1} = \Sigma_n$。令$\Sigma^* = \bigcup_{n=1}^{\infty} \Sigma_n$，由定义 4，可验证$\Sigma^*$是包含$\Sigma$的极大相容集。□

引理 2. 设 A 是一个 FLCOM 的公式，A_1 与 A_2 是$\{A, \neg\!\!\!\!\neg A, \sim A\}$中不重复的两个公式，$\Sigma$为 FLCOM 的公式集。则下述命题等价：

(i)　Σ是不相容集；

(ii)　存在 $A \in \Sigma$，使得$\Sigma \vdash A_1, A_2$ 在 FLCOM 中可证；

(iii)　存在 $A\in\Sigma$，使得$\Sigma\vdash A\wedge\neg A$ 在 FLCOM 中可证。

证明：根据 6.1.1 节中定理 4，$\{A, ╕A, \sim A\}$中任意两个公式是矛盾的（即不相容的），所以 A_1 与 A_2 是不相容公式。如果Σ是不相容的，则由定义 4，存在 $A\in\Sigma$ 使得$\Sigma\vdash A_1, A_2$ 在 FLCOM 中可证，故(i) ⇒ (ii)。如果存在 $A\in\Sigma$使得$\Sigma\vdash A_1, A_2$ 在 FLCOM 中可证，因 A_1, A_2 是不相容公式，所以有 $A_1, A_2\vdash B$，即有$\Sigma\vdash A_1, A_2\vdash B$。因公式 B 的任意性，可令 $B=A\wedge\neg A$，故(ii) ⇒ (iii)。如果存在 $A\in\Sigma$，使得$\Sigma\vdash A\wedge\neg A$ 在 FLCOM 中可证，根据 6.1.2 节中定理 4:$\vdash\neg(A\wedge\neg A)$，因而Σ是不相容的，故(iii) ⇒ (i)。□

引理 3. 设Σ为极大相容集。则

(i)　$\Sigma\vdash A$ 在 FLCOM 中可证，当且仅当 $A\in\Sigma$；

(ii) 若 $A\vdash B$ 与 $B\vdash A$ 在 FLCOM 中可证，则 $A\in\Sigma$当且仅当 $B\in\Sigma$。

证明：(i) 假设 $A\notin\Sigma$。由于Σ是极大相容集，所以$\Sigma\cup\{A\}$是不相容集，由此存在两种情形：要么 $╕A\in\Sigma$，要么$\sim A\in\Sigma$。若是$╕A\in\Sigma$，则据推理规则(dr1)，$\Sigma\vdash ╕A$ 在 FLCOM 中可证，由引理 2 得知$\Sigma\vdash A$ 在 FLCOM 中不可证。若是$\sim A\in\Sigma$，则据推理规则(dr1)，$\Sigma\vdash\sim A$ 在 FLCOM 中可证，由引理 2 得知$\Sigma\vdash A$ 在 FLCOM 中不可证。反之，假设$\Sigma\vdash A$ 不可证。由推理规则(dr1)，得知 $A\notin\Sigma$。至此，(i)证毕。

(ii)可由(i)推证。□

引理 4. 设Σ为极大相容集，A 和 B 是 FLCOM 的任意两个公式。则

(i)　$A\in\Sigma, ╕A\in\Sigma, \sim A\in\Sigma$中有且仅有一个成立。

(ii)　$A\to B\in\Sigma$，当且仅当$╕A\in\Sigma$或 $B\in\Sigma$。

(iii)　$╕(A\to B)\in\Sigma$，当且仅当 $A\in\Sigma$且$╕B\in\Sigma$。

证明：(i) 若 $A\in\Sigma, ╕A\in\Sigma, \sim A\in\Sigma$中有两个成立，则由引理 2，Σ不相容，这与Σ是极大相容集矛盾。

(ii) 如果 $A\to B\in\Sigma$，则由引理 3，$\Sigma\vdash A\to B$。若$╕A\in\Sigma$，由引理 3，$\Sigma\vdash ╕A$。由 FLCOM 的公理(F)：$\vdash ╕A\to(A\to B)$，根据(dr2)，得$\vdash(A\to B)$。由引理 3，$A\to B\in\Sigma$。若 $B\in\Sigma$，由引理 3，$\Sigma\vdash B$。由 FLCOM 的公理(A)：$\vdash B\to(A\to B)$，根据(dr2)，得$\vdash(A\to B)$。由引理 3，$A\to B\in\Sigma$。

(iii) 由 6.1.2 节的定理 5，有$╕(A\to B)\vdash A, ╕B$，根据引理 3，得证。□

引理 5. 设Σ为极大相容集，(A_1, A_2, A_3)是$(A, ╕A, \sim A)$的一个排列。若$\Sigma\cup\{A_1\}$与$\Sigma\cup\{A_2\}$是不相容集，则$\Sigma\vdash A_3$ 在 FLCOM 中可证。

证明：因Σ是极大相容集，并且(A_1, A_2, A_3)是$(A, ╕A, \sim A)$的一个排列，则必然有一个 $A_i\in\{A, ╕A, \sim A\}$且 $A_i\in\Sigma$ $(1\leqslant i\leqslant 3)$。假设$\Sigma\vdash A_3$ 在 FLCOM 中不可证，则有 $A_3\notin\Sigma$，由于$\Sigma\cup\{A_1\}$和$\Sigma\cup\{A_2\}$都是不相容集，故 $A_1\notin\Sigma, A_2\notin\Sigma$。从而 $A_1, A_2, A_3\notin\Sigma$ 与 $A_i\in\Sigma$ $(1\leqslant i\leqslant 3)$矛盾。□

引理 6. 设Σ是相容集，Σ^*是极大相容集，A 是 FLCOM 的一个公式。则存在三

值指派∂，使得

(i) $\partial(A)=1$，当且仅当$A\in\Sigma^*$。

(ii) $\partial(A)=1/2$，当且仅当$\sim A\in\Sigma^*$。

(iii) $\partial(A)=0$，当且仅当$╕A\in\Sigma^*$。

证明：若p为一个FLCOM的原子公式，在定义2的基础上，继续定义∂如下：

$$\partial(p)=\begin{cases}1, & 若\ p\in\Sigma^* \\ 1/2, & 若\sim p\in\Sigma^* \\ 0, & 若╕p\in\Sigma^*\end{cases} \qquad (*)$$

下面施归纳于A中联结词出现的总次数n。

当$n=0$，即A为原子公式，根据式(*)，(i), (ii)和(iii)成立。

假设$n<k$时，(i), (ii)和(iii)成立。当$n=k$时，A有三种情形：$A=╕B$，或$A=\sim B$，或$A=B\to C$。

设$A=╕B$。根据定义2，有：(i) $\partial(╕B)=1$，当且仅当$\partial(B)=0$，由式(*)得到$╕B\in\Sigma^*$，即$A\in\Sigma^*$；(ii) $\partial(╕B)=1/2$，当且仅当$\partial(B)=1/2$，由式(*)得到$\sim B\in\Sigma^*$，根据6.1.2节的定理5，有$\sim A\vdash\sim╕A$，所以，$\sim╕B\in\Sigma^*$，即$\sim A\in\Sigma^*$；(iii) $\partial(╕B)=0$当且仅当$\partial(B)=1$，由式(*)得到$B\in\Sigma^*$，又根据6.1.2节中定理3，$\vdash B\to╕╕B$，得到$╕╕B\in\Sigma^*$，即$╕A\in\Sigma^*$。

设$A=\sim B$。分三部分进行证明：

(a) 根据定义2，$\partial(\sim B)=1$当且仅当$\partial(B)=1/2$。于是，由式(*)得到$\sim B\in\Sigma^*$，即$A\in\Sigma^*$；

(b) 为证$\partial(\sim B)=1/2$当且仅当$\sim\sim B\in\Sigma^*$(即$\sim A\in\Sigma^*$)。若$\partial(\sim B)=1/2$，则由式(*)，$\sim\sim B\in\Sigma^*$，即$\sim A\in\Sigma^*$。若$\sim\sim B\in\Sigma^*$，则由引理4，$\sim B\notin\Sigma^*$。

我们可证$\partial(\sim B)\neq 1/2$当且仅当$\sim\sim B\notin\Sigma^*$如下：假设$\partial(\sim B)\neq 1/2$，根据定义4，$\partial(B)=1/2$，由式(*)得到$\sim B\in\Sigma^*$，再根据引理4中(i)，$\sim\sim B\notin\Sigma^*$；反之，假设$\sim\sim B\notin\Sigma^*$，则由引理4中(i)，$\sim B\in\Sigma^*$或$╕\sim B\in\Sigma^*$，因$╕\sim B\in\Sigma^*$不成立(否则由引理3，得$\Sigma^*\vdash╕\sim B$，又由6.1.2节定理6中[52]，得$\Sigma^*\vdash╕\sim B\vdash C$。因公式C的任意性，即$\Sigma^*$是不相容的)，故$\sim B\in\Sigma^*$，则由式(*)有$\partial(B)=1/2$，又根据定义4，$\partial(\sim B)=1$，即$\partial(\sim B)\neq 1/2$。

(c) 为证$\partial(\sim B)=0$当且仅当$╕\sim B\in\Sigma^*$(即$╕A\in\Sigma^*$)，我们可证$\partial(\sim B)\neq 0$当且仅当$╕\sim B\notin\Sigma^*$如下：假设$╕\sim B\notin\Sigma^*$，则由引理4中(i)，$\sim B\in\Sigma^*$或$\sim\sim B\in\Sigma^*$。若$\sim B\in\Sigma^*$，由式(*)有$\partial(B)=1/2$，根据定义4，$\partial(\sim B)=1(\neq 0)$；若$\sim\sim B\in\Sigma^*$，由引理4中(i)，有$\sim B\notin\Sigma^*$，故有$B\in\Sigma^*$或$╕B\in\Sigma^*$，由式(*)，$\partial(B)=1$或$\partial(B)=0$，据定义4，$\partial(\sim B)=1/2$，即$\partial(\sim B)\neq 0$；反之，如果$\partial(\sim B)\neq 0$，根据定义4，$\partial(B)=1$或$\partial(B)=1/2$或$\partial(B)=0$，因$\Sigma^*$相容，由引理2，故$\partial(B)=1$或$\partial(B)=1/2$或$\partial(B)=0$中任一情形皆使$╕\sim B\notin\Sigma^*$。

设$A=B\to C$。分三部分进行证明：(a) 根据定义4与式(*)，$\partial(B\to C)=1$，当且仅当$\partial(B)=0$或$\partial(C)=1$，当且仅当$╕B\in\Sigma^*$或$C\in\Sigma^*$，则由引理4中(ii)得到

$B\to C\in\Sigma^*$。(b) 根据定义 4 与式(*)，$\partial(B\to C)=0$，当且仅当$\partial(B)=1$ 并且$\partial(C)=0$，当且仅当 $B\in\Sigma^*$且$\neg C\in\Sigma^*$，则由引理 4 中(iii)，得到$\neg(B\to C)\in\Sigma^*$。(c) 为证$\partial(B\to C)=1/2$ 当且仅当$\sim(B\to C)\in\Sigma^*$，可证$\partial(B\to C)\neq 1/2$ 当且仅当$\sim(B\to C)\notin\Sigma^*$如下：根据定义 4，$\partial(B\to C)\neq 1/2$ 当且仅当$\partial(B\to C)=1$ 或$\partial(B\to C)=0$，则由以上(a)、(b)以及引理 4 中(i)得到：$\partial(B\to C)=1$ 或$\partial(B\to C)=0$，当且仅当 $B\to C\in\Sigma^*$或$\neg(B\to C)\in\Sigma^*$，当且仅当$\sim(B\to C)\notin\Sigma^*$。□

定理 2 (完备性定理).

(a) 若$\Sigma\models A$，则$\Sigma\vdash A$；

(b) 若$\models A$，则$\vdash A$。

证明：(a) 若$\Sigma\vdash A$ 在 FLcom 中不可证，则依引理 5 有$\Sigma\cup\{\neg A\}$或$\Sigma\cup\{\sim A\}$相容，于是由引理 6，存在三值指派∂使得∂满足Σ时$\partial(A)\leqslant 1/2$。根据定义 3，$\Sigma\models A$ 不成立。(b) 同理可证。□

定理 3 (紧致性定理). 设Σ为 FLcom 的无穷的公式集。对于任何有穷公式集$\Gamma\subset\Sigma$，若Γ相容，则Σ相容。

证明：若Σ是不相容的，则根据引理 2，$\Sigma\vdash A\wedge\neg A$ 在 FLcom 中可证。由定义 1，在 FLcom 中存在有穷的公式集$\Gamma\subseteq\Sigma$，使得$\Gamma\vdash A\wedge\neg A$。根据 6.1.2 节中定理 4，有$\vdash\neg(A\wedge\neg A)$，所以$\Gamma$是不相容的。□

6.3 基于 FLcom 的模糊逻辑理论研究

上述的具有矛盾否定、对立否定和中介否定的模糊命题逻辑 FLcom，它不仅是一个具有合理的语法和语义的形式化逻辑系统，尤为重要的是，由于 FLcom 是从概念本质上认知、区分模糊概念中的三种不同否定关系(矛盾否定关系、对立否定关系、中介否定关系)等客观背景（如第 3 章所述）出发、研究建立了能够刻画这些不同否定关系及其性质和规律的集合基础（即 FScom）之上而构建的，因此，不能认为 FLcom 仅仅是一种在某个传统模糊命题逻辑演算中增加否定联结词就能得到扩充的系统。当然，从逻辑演算理论的扩充思想上讲，FLcom 是传统模糊命题逻辑在语法上和语义上的扩充，FLcom 与传统模糊逻辑理论存在相关性，FLcom 具有它们的一般理论特征。

自 FLcom 提出后，我们展开了关于 FLcom 的理论及其扩充的研究，这些研究使得 FLcom 在理论上更加的深入和完善。本节介绍关于 FLcom 的几个主要理论研究结果。

6.3.1 具有矛盾否定、对立否定和中介否定的模糊谓词逻辑∀FLcom

如所知，逻辑演算的创立者 Frege 早在 19 世纪就将取值是真值的一元函项称为概念。所以概念是逻辑中的一元谓词，概念间的关系就是逻辑中一元谓词的关系。由于概念是构成知识的最小成分，所以仅用 FLcom 研究、描述模糊知识及其不同否定的逻辑推理关系是不足的。因此，需要在 FLcom 基础上，进一步研究建立具有个体、谓词以及量词等概念的更为复杂的命题的规律以及这些命题之间的关系的逻辑演算。为此，我们研究提出如下“具有矛盾否定、对立否定和中介否定的模糊谓词逻辑”，简记为∀FLcom。

首先，我们需要解释什么是模糊谓词。如所知，在一个陈述语句中，谓词是反映事物（对象）的性质和关系的词句。在经典逻辑和经典数学中，除了不考虑和研究普遍存在的模糊性质或模糊概念外，也没有区分概念中的矛盾否定¬和对立否定╕，进而使在所给论域中，矛盾否定¬和对立否定╕被视为同一，以致任给谓词 A 和对象 x，要么 x 完全满足 A（即 $A(x)$真），要么 x 完全满足╕A（即╕$A(x)$真）。然而，在∀FLcom 中，并非对于任何谓词 A 和对象 x，总是要么 $A(x)$真，要么╕$A(x)$真，而肯定存在这样的谓词 A，有对象 x 使得 $A(x)$和╕$A(x)$都部分地真（在 2.1.2 节中称为“中介原则”）。对于谓词 A，若对任一对象 x 而言，总是要么 x 完全满足 A，要么 x 完全不满足 A，则称 A 是清晰谓词。若存在对象 x，它部分满足 A，部分满足╕A，则称 A 是模糊谓词。并且，╕A 称为谓词 A 的对立否定，$\sim A$ 称为谓词 A 的中介否定，$\neg A$ 称为谓词 A 的矛盾否定。

具有矛盾否定、对立否定和中介否定的模糊谓词逻辑∀FLcom，是在 FLcom 的基础上再加上谓词、个体词、量词∀和∃以及如下公理和推理规则构成。

公理:

(∀1)　$\forall xA(x) \rightarrow A(a)$

(∀2)　$\forall x(A\rightarrow B(x))\rightarrow(A\rightarrow \forall xB(x))$

(∀3)　$\forall x(A\vee B(x))\rightarrow(A\vee \forall xB(x))$

(∃1)　$A(a)\rightarrow \exists xA(x)$

(∃1)　$\forall x(A(x)\rightarrow B)\rightarrow \exists x(A(x)\rightarrow B)$

(╕∀)　╕$\forall xA(x)$ ├┤ $\exists x$╕$A(x)$

(╕∃)　╕$\exists xA(x)$ ├┤ $\forall x$╕$A(x)$

推理规则:

[dr3] 若 $\Gamma \vdash A(a)$, 其中 a 不在 Γ中出现, 则 $\Gamma \vdash \forall xA(x)$。

对于∀FLcom 的语义解释，可在 6.2 节中的具有矛盾否定、对立否定和中介否定的模糊命题逻辑 FLcom 的无穷值语义解释基础上进行扩充，从而得到∀FLcom 的一种无穷值语义解释如下：

定义 1. ∀FLcom 中合式公式 A 的一个λ-解释$\partial(\lambda\in(0, 1))$，由个体域 D 和 A 中每一常量符号、函数符号、谓词符号以下列规则给出的指派组成：

(1)　对每个常量符号，指定 D 中一对象与之对应；

(2) 对每个 n 元函数符号，指定 D^n 到 D 的一个映射与之对应；

(3) 对每个 n 元谓词符号，指定 D^n 到[0, 1]的一个映射与之对应；且有

[1] A 是原子公式，$\partial_\lambda(A)$只取[0, 1]中的一个值；

[2] $\partial(A)+\partial(\neg A)=1$；

[3] $$\partial({\sim}A)=\begin{cases}\lambda-\dfrac{2\lambda-1}{1-\lambda}(\partial(A)-\lambda), & \text{当}\lambda\in[1/2,1)\text{且}\partial(A)\in(\lambda,1]\\ \lambda-\dfrac{2\lambda-1}{1-\lambda}\partial(A), & \text{当}\lambda\in[1/2,1)\text{且}\partial(A)\in[0,1-\lambda)\\ 1-\dfrac{1-2\lambda}{\lambda}\partial(A)-\lambda, & \text{当}\lambda\in(0,1/2]\text{且}\partial(A)\in[0,\lambda)\\ 1-\dfrac{1-2\lambda}{\lambda}(\partial(A)+\lambda-1)-\lambda, & \text{当}\lambda\in(0,1/2]\text{且}\partial(A)\in(1-\lambda,1]\\ \partial(A), & \text{其他}\end{cases}$$

[4] $\partial(A\to B)=\max(1-\partial(A),\partial(B))$；

[5] $\partial(A\vee B)=\max(\partial(A),\partial(B))$；

[6] $\partial(A\wedge B)=\min(\partial(A),\partial(B))$；

[7] $\partial(\forall xP(x))=\min\limits_{x\in D}\{\partial(P(x))\}$；

[8] $\partial(\exists xP(x))=\max\limits_{x\in D}\{\partial(P(x))\}$。

以上∀FLcom 的无穷值解释，称为∀FLcom 的无穷值语义模型 Φ：$<D, \partial_\lambda>$。

在此语义解释下研究∀FLcom 的语义，与中介谓词逻辑的语义研究类似(见 2.3 节和文献[96])，可证明∀FLcom 是可靠和完备的。当然，亦可采用真值域为{0, 1/2, 1}的三值语义解释，或 Hájk 的基于 BL-代数、研究基础模糊谓词逻辑系统 BL∀ 语义的方法。无论采用哪一种方法，因研究过程繁复、篇幅较大，所以本节对∀FLcom 的语义研究不作详述。

6.3.2　三种否定的算子特征及其表现定理

在模糊逻辑中，模糊否定是经典否定(或补) ¬ ($\neg 0=1, \neg 1=0$) 的一种扩充，即模糊否定的真值域由{0, 1}扩充为[0, 1]。关于模糊否定，自 1965 年 Zadeh 定义为$\neg x=1-x$，人们从理论和应用上对模糊否定进行了许多研究。其中典型的是，1973 年 Bellman 和 Giertz 提出模糊否定函数应满足“正则性”“逆序性”和“对合性”等条件[235]；1978 年 Lowen 在范畴理论的框架内对模糊否定进行更一般的讨论；1979 年 Trillas 对模糊否定函数的性质进行了深入研究，提出了“表现定理”(确定一个函数为模糊否定的充分必要条件)[236]；形成了至今普遍接受的模糊否定的公理化定义。

定义 1. 一个函数 $N:[0,1]\to[0,1]$是一种模糊否定，如果

(N1)　$N(1) = 0$，$N(0) = 1$；

(N2)　$\forall x, y\in[0, 1]$，若 $x\leqslant y$，则 $N(y)\leqslant N(x)$。

此外，(i) 模糊否定 N 是严格(strict)模糊否定，如果

(N3)　是连续的；

(N4)　$\forall x, y\in[0, 1]$，若 $x < y$，则 $N(y) < N(x)$；

(ii) 模糊否定 N 是强(strong)模糊否定，如果

(N5)　$\forall x\in[0, 1]$，$N(N(x)) = x$。

在定义 1 中，称(N1)为函数 N 的“正则性”，(N2)为“逆序性”，(N5)为“对合性”（或“复归性”）；称满足(N1)、(N2)和(N3)的函数 N 为“伪否定”（或“伪补”）。

定义 2. 设函数 $N : [0, 1] \to [0, 1]$是一种模糊否定。若存在 $e\in[0, 1]$使得 $N(e) = e$，则 e 称为 N 的平衡点(equilibrium point)。

根据以上定义，我们可列举一些常见的模糊否定及其具有的性质，见表 6-2。

表 6-2　常见模糊否定及其性质

名称	表示式	具有性质
Zadeh 模糊否定	$N_Z(x) = 1- x$	(N1) ~ (N5)
阈值类模糊否定	$N^t(x) = \begin{cases} 1, & \text{if } x < t \\ 1 \text{ or } 0, & \text{if } x = t, \quad t\in(0, 1) \\ 0, & \text{if } x > t \end{cases}$	(N1), (N2)
阈值类模糊否定	$N(x) = \begin{cases} 1-x, & \text{if } x\in[0, 0.5) \\ 0.8(1-x), & \text{if } x\in[0.5,1] \end{cases}$	(N1) ~ (N3)
阈值类模糊否定	$N(x) = \begin{cases} 1-x, & \text{if } x\in[0, 0.5) \\ 0.5, & \text{if } x\in[0.5, 0.8] \\ 2.5(1-x), & \text{if } x\in[0.8, 1] \end{cases}$	(N1), (N2), (N4)
阈值类模糊否定	$N_K(x) = 1- x^2$	(N1) ~ (N4)
阈值类模糊否定	$N_R(x) = 1- \sqrt{x}$	(N1) ~ (N4)
参数类模糊否定 (Sugeno class)	$N^{\lambda}(x) = \dfrac{1-x}{1+\lambda x}, \quad \lambda\in(-1, \infty)$	(N1) ~ (N5)
参数类模糊否定 (Yager class)	$N^{w}(x) = (1-x^{w})\dfrac{1}{w}, \ \mathrm{w}\in(0, \infty)$	(N1) ~ (N5)

由表 6-2 可知，除了 Zadeh 模糊否定 N_Z 外的其他模糊否定定义都是 N_Z 的一种扩充，因而这些模糊否定与 Zadeh 模糊否定在对模糊概念的“否定”含义的认知上本质是相同的，即模糊概念中只有一种否定，仅仅是表示式的定义不同。

需要指出的是，FLCOM 与∀FLCOM 从概念本质上认知区分了模糊概念中的矛盾否定¬、对立否定╕和中介否定~，并且可验证，基于 6.2.1 节和 6.3.1 节中 FLCOM 与∀FLCOM 的无穷值语义解释，我们可验证¬、╕和~是三种不同的模糊否定。

定义 3. $\forall x\in[0, 1]$，映射$\urcorner : [0, 1] \to [0, 1]$在 FLCOM 与∀FLCOM 中称为对立否定算子，如果

$$\urcorner(x) = 1 - x$$

定理 1. 对立否定算子 $\urcorner$ 是一种严格的、强的模糊否定。

证明：根据 FLCOM 与∀FLCOM 的无穷值语义解释，有$\urcorner(1) = 1-1 = 0$，$\urcorner(0) = 1-0 = 1$，所以，$\urcorner$ 满足(N1)。因$\urcorner(x) = 1 - x$，即 $\urcorner$ 在[0, 1]上没有间断点，故$\urcorner$ 是连续函数。因$\urcorner(\urcorner(x)) = 1 - \urcorner(x) = x$，并且对于任意的 $x, y\in[0, 1]$，若 $x < y$ 有 $\urcorner(y) = 1-y < 1-x = \urcorner(x)$，所以，$\urcorner$ 满足(N2)、(N3)、(N4)和(N5)。因此，根据定义 1，$\urcorner$ 是一种严格的、强的模糊否定。□

根据上述，可证对立否定算子$\urcorner$ 具有如下性质：

命题 1. 对于对立否定算子$\urcorner$，

(1) $\urcorner$ 是双射函数。

(2) $\urcorner$ 是连续函数。

证明：(1) 若 $x, y\in[0, 1]$使$\urcorner(x) = \urcorner(y)$，则 $x = \urcorner(\urcorner(x)) = \urcorner(\urcorner(y)) = y$; $\forall x\in[0, 1]$，存在 $y = \urcorner(x)$，使$\urcorner(y) = x$，故$\urcorner$ 是满射。

(2) 由(N1)与(1)，可知$\urcorner$ 没有间断点，故$\urcorner$ 是连续函数。□

对于对立否定算子$\urcorner : \urcorner(x) = 1 - x$ 来说，一个函数 f：[0, 1] → [0, 1]具备什么条件才可作为对立否定算子？为此，基于定义 3，我们可证明下列关于对立否定算子$\urcorner$ 的“表现定理”，表现定理确定了一个函数为对立否定算子的充分必要条件。

定理 2 (表现定理 1). 一个函数 $N^{\urcorner}$：$[0, 1] \to [0, 1]$是对立否定算子，当且仅当存在一个连续且严格递增函数 $f : [0, 1] \to R$(实数集) 满足 $f(0) = 0$ 和 $f(1) = 1$，使得对于任意 $x\in[0, 1]$，$N^{\urcorner}$可表示为

$$N^{\urcorner}(x) = f^{-1}(f(1) - f(x)) \tag{6-17}$$

证明：设 $N^{\urcorner}$可表示为式(6-17)。由于 f 是连续且严格递增函数且满足 $f(0) = 0$，则对于任意 $a, b\in[0, 1]$, $a < b \Rightarrow f(a) < f(b) \Rightarrow f(1) - f(a) > f(1) - f(b) \Rightarrow f^{-1}(f(1) - f(a)) > f^{-1}(f(1) - f(b))$，即 $a < b \Rightarrow N^{\urcorner}(a) > N^{\urcorner}(b)$，故 $N^{\urcorner}$满足(N4)。因 $N^{\urcorner}(N^{\urcorner}(a)) = N^{\urcorner}(f^{-1}(f(1) - f(a))) = f^{-1}(f(1) - f(f^{-1}(f(1) - f(a)))) = f^{-1}(f(1) - f(1) + f(a)) = a$，故 $N^{\urcorner}$满足(N5)。又因 $N^{\urcorner}(1) = f^{-1}(f(1) - f(1)) = 0$，$N^{\urcorner}(0) = f^{-1}(f(1) - f(0)) = 1$，所以，$N^{\urcorner}$满足(N1)。由于 $N^{\urcorner}(x)$在[0, 1]上无间断点，故 $N^{\urcorner}$是连续函数，即 $N^{\urcorner}$满足(N3)。

因此，根据定义 1，$N^{\urcorner}$是一种严格的、强的模糊否定。因 $N^{\urcorner}(x) = f^{-1}(f(1) - f(x)) = 1 - x$，由定义 3，$N^{\urcorner}$是对立否定算子。

设 $N^{\urcorner}$是对立否定算子，e 是 $N^{\urcorner}$的平衡点。任取 $a > 0$，构造函数 f：$[0, 1] \to [0, a]$如下：

$$f(x)=\begin{cases}\dfrac{a}{2e}x, & \text{当 } x\in[0,e]\\[2ex] a(1-N^{\urcorner}(x)/2e), & \text{当 } x\in(e,1]\end{cases}$$

易见，f 连续且严格递增，$f(0)=0$，$f(1)=a$，$f(e)=\dfrac{a}{2}$，f 的逆 f^{-1}：$[0,a]\to[0,1]$ 有如下的表达式：

$$f^{-1}(y)=\begin{cases}\dfrac{2e}{a}y, & \text{当 } y\in[0,\dfrac{a}{2}]\\[2ex] N^{\urcorner}(2e(1-\dfrac{y}{a})), & \text{当 } y\in[\dfrac{a}{2},a]\end{cases}$$

为验证式(6-17)，分两种情形讨论：

(i) 若 $x\in[0,e]$，则 $a(1-\dfrac{x}{2e})\in[\dfrac{a}{2},a]$。因此，$f^{-1}(f(1)-f(x))=f^{-1}(a-\dfrac{ax}{2e})=f^{-1}(a(1-\dfrac{x}{2e}))=N^{\urcorner}(2e(1-\dfrac{a(1-\frac{x}{2e})}{a}))=N^{\urcorner}(x)$；

(ii) 若 $x\in(e,1]$，则 $N^{\urcorner}(x)\in[0,e]$，$\dfrac{a}{2e}N^{\urcorner}(x)\in[0,\dfrac{a}{2}]$。于是，$f^{-1}(f(1)-f(x))=f^{-1}(a-a(1-N^{\urcorner}(x)/2e))=f^{-1}(\dfrac{a}{2e}N^{\urcorner}(x))=\dfrac{2e}{a}\cdot\dfrac{a}{2e}N^{\urcorner}(x)=N^{\urcorner}(x)$。

至此，定理 2 得证。□

为了验证 FLCOM 与∀FLCOM 中的中介否定是一种模糊否定，我们对 6.2.1 节中 FLCOM 的无穷值语义解释改进，定义如下：

定义 4. $\forall x\in[0,1]$，$\lambda'\in(0,1)$。映射～：$[0,1]\to[0,1]$在 FLCOM 中称为中介否定算子，如果

$$\sim(x)=\begin{cases}\lambda'-\dfrac{2\lambda'-1}{1-\lambda'}(x-\lambda'), & \text{当 } x\in(\lambda',1] & (6\text{-}18)\\[2ex] \lambda'-\dfrac{1-\lambda'}{1-2\lambda'}(x-\lambda'), & \text{当 } x\in[1-\lambda',\lambda'] & (6\text{-}19)\\[2ex] \lambda'-\dfrac{2\lambda'-1}{1-\lambda'}x, & \text{当 } x\in[0,1-\lambda') & (6\text{-}20)\\[2ex] x, & \text{其他} & (6\text{-}21)\end{cases}$$

其中，

$$\sim(1)=\sup_{\lambda'\in[1/2,1)}\{\sim(x)\mid x\in(\lambda',1]\},\quad \sim(0)=\sup_{\lambda'\in[1/2,1)}\{\sim(x)\mid x\in[0,1-\lambda')\}$$

$$\lambda' = \begin{cases} \lambda, & 若\lambda\in[1/2, 1) \\ 1-\lambda, & 若\lambda\in(0, 1/2] \end{cases}$$

定理 3. 中介否定算子~是一种严格的模糊否定。

证明：根据定义 4，(i) 因只有式(6-18)时 $x=1$，则$\sim(1) = \sup\limits_{\lambda'\in[1/2,1)} \{\lambda' - \frac{2\lambda'-1}{1-\lambda'}(1-\lambda')\} = \sup\limits_{\lambda'\in[1/2,1)} \{(1-\lambda')\} = 0$；因只有式(6-20)时 $x=0$，则$\sim(0) = \sup\limits_{\lambda'\in[1/2,1)} \{\lambda' - \frac{2\lambda'-1}{1-\lambda'}\times 0\} = \sup\limits_{\lambda'\in[1/2,1)} \{\lambda'\} = 1$；因此，~ 满足(N1)。

(ii) $\forall x, y\in(\lambda', 1]$，若 $x<y$，则有$\sim(y) = \lambda' - \frac{2\lambda'-1}{1-\lambda'}(y-\lambda') < \lambda' - \frac{2\lambda'-1}{1-\lambda'}(x-\lambda') = \sim(x)$。$\forall x, y\in[1-\lambda', \lambda']$，若 $x<y$，则有$\sim(y) = \lambda' - \frac{1-\lambda'}{1-2\lambda'}(y-\lambda') < \lambda' - \frac{1-\lambda'}{1-2\lambda'}(x-\lambda') = \sim(x)$。$\forall x, y\in[0, 1-\lambda')$，若 $x<y$，则有$\sim(y) = \lambda' - \frac{2\lambda'-1}{1-\lambda'}y < \lambda' - \frac{2\lambda'-1}{1-\lambda'}x = \sim(x)$。所以，~ 满足(N2)和(N4)。

(iii) 因$\sim(x)$分别在区间$[0, 1-\lambda']$、$[1-\lambda', \lambda']$和$[\lambda', 1]$，即$[0, 1]$ $([0, 1] = [0, 1-\lambda']\cup[1-\lambda', \lambda']\cup[\lambda', 1])$上没有间断点，故$\sim(x)$是连续的。所以，~ 满足(N3)。

由(i), (ii)和(iii)，根据定义 1，中介否定算子~是严格的模糊否定。□

对于中介否定算子~来说，一个函数 f：$[0, 1]\to[0, 1]$具备什么条件才可作为中介否定算子？为此，基于定义 4，我们可证明下列关于中介否定算子~的“表现定理”，表现定理确定了一个函数为中介否定算子的充分必要条件。

定理 4 (表现定理 2). 一个函数 $N^{\sim}$：$[0, 1]\to[0, 1]$是中介否定算子，当且仅当存在一个 f：$[0, 1]\to R$(实数集)分别在区间$[0, 1-\lambda')$, $[1-\lambda', \lambda']$和$(\lambda', 1]$上连续且严格递增的，满足$f(\lambda') = \lambda'(\lambda'\in(1/2, 1))$，$f(0)=0$ 和$f(1)=1$，使得对于任意 $x\in[0, 1]$，$N^{\sim}$可表示为

$$N^{\sim}(x) = \begin{cases} f^{-1}\left(f(\lambda') - \frac{2\lambda'-1}{1-\lambda'}f(x)\right), & 当 x\in[0, 1-\lambda') \quad (6\text{-}22) \\ f^{-1}\left(f(\lambda') - \frac{1-\lambda'}{1-2\lambda'}(f(x)-f(\lambda'))\right), & 当 x\in[1-\lambda', \lambda'] \quad (6\text{-}23) \\ f^{-1}\left(f(\lambda') - \frac{2\lambda'-1}{1-\lambda'}(f(x)-f(\lambda'))\right), & 当 x\in(\lambda', 1] \quad (6\text{-}24) \end{cases}$$

其中，

$$N^{\sim}(1) = \sup_{\lambda'\in[1/2,1)} \{N^{\sim}(x) \mid x\in(\lambda', 1]\},\quad N^{\sim}(0) = \sup_{\lambda'\in[1/2,1)} \{N^{\sim}(x) \mid x\in[0, 1-\lambda')\}$$

$$\lambda' = \begin{cases} \lambda, & 若\lambda\in[1/2, 1) \end{cases}$$

$1-\lambda$, 若$\lambda\in(0, 1/2]$

证明：充分性(⇐)：设$N^{\sim}(x)$在区间$[0, 1-\lambda')$, $[1-\lambda', \lambda']$和$(\lambda', 1]$可分别表示为式(6-22), 式(6-23)和式(6-24)。由于f分别在区间$[0, 1-\lambda')$，$[1-\lambda', \lambda']$和$(\lambda', 1]$是连续且严格递增函数且满足$f(\lambda') = \lambda'$与$f(1) = 1$，则

(i) $\forall a, b\in[0, 1-\lambda')$，有 $a\leqslant b \Rightarrow f(a)\leqslant f(b) \Rightarrow f(\lambda') - f(a)\geqslant f(\lambda') - f(b) \Rightarrow f^{-1}(f(\lambda') - \frac{2\lambda'-1}{1-\lambda'}f(a))\geqslant f^{-1}(f(\lambda') - \frac{2\lambda'-1}{1-\lambda'}f(b))$，即 $a\leqslant b \Rightarrow N^{\sim}(a)\geqslant N^{\sim}(b)$；(ii) $\forall a, b\in [1-\lambda', \lambda']$，有 $a\leqslant b \Rightarrow f(a)\leqslant f(b) \Rightarrow f(\lambda') - f(a)\geqslant f(\lambda') - f(b) \Rightarrow f^{-1}(f(\lambda') - \frac{1-\lambda'}{1-2\lambda'}(f(a) - f(\lambda')))\geqslant f^{-1}(f(\lambda') - \frac{1-\lambda'}{1-2\lambda'}(f(b) - f(\lambda')))$，即 $a\leqslant b \Rightarrow N^{\sim}(a)\geqslant N^{\sim}(b)$；(iii) $\forall a, b\in(\lambda', 1]$，有 $a\leqslant b \Rightarrow f(a)\leqslant f(b) \Rightarrow f(\lambda') - f(a)\geqslant f(\lambda') - f(b) \Rightarrow f^{-1}(f(\lambda') - \frac{2\lambda'-1}{1-\lambda'}(f(a) - f(\lambda')))\geqslant f^{-1}(f(\lambda') - \frac{2\lambda'-1}{1-\lambda'}(f(b) - f(\lambda')))$，即 $a\leqslant b \Rightarrow N^{\sim}(a)\geqslant N^{\sim}(b)$；由(i), (ii)和(iii)，根据定义 1，$N^{\sim}$ 满足(N2)。

因为$x = 1$只有式(6-24)满足，故有 $N^{\sim}(1) = \sup\limits_{\lambda'\in[1/2,1)}\{f^{-1}(f(\lambda') - \frac{2\lambda'-1}{1-\lambda'}(f(1) - f(\lambda')))\} = \sup\limits_{\lambda'\in[1/2,1)}\{1-\lambda'\} = 0$; $x = 0$只有式(6-22)满足，故有 $N^{\sim}(0) = \sup\limits_{\lambda'\in[1/2,1)}\{f^{-1}(f(\lambda') - \frac{2\lambda'-1}{1-\lambda'}f(0))\} = \sup\limits_{\lambda'\in[1/2,1)}\{\lambda'\} = 1$。所以，$N^{\sim}$满足(N1)。

因此，由定义 1，$N^{\sim}$是一种模糊否定。根据定义 4，$N^{\sim}$是中介否定算子。

设$N^{\sim}$是中介否定算子。根据定义 4，构造函数f:

$$f(x)=\begin{cases}\dfrac{1-\lambda'}{2\lambda'-1}(f(\lambda')-f(\lambda'-\dfrac{2\lambda'-1}{1-\lambda'}x)), & \text{当 } x\in[0, 1-\lambda')\\ \dfrac{1-2\lambda'}{1-\lambda'}[f(\lambda')-f(\lambda'-\dfrac{1-\lambda'}{1-2\lambda'}(x-\lambda'))]+f(\lambda'), & \text{当 } x\in[1-\lambda', \lambda']\\ \dfrac{1-\lambda'}{2\lambda'-1}[f(\lambda')-f(\lambda'-\dfrac{2\lambda'-1}{1-\lambda'}(x-\lambda')]+f(\lambda'), & \text{当 } x\in(\lambda', 1]\end{cases}$$

其中，

$$\lambda'=\begin{cases}\lambda, & \text{若 } \lambda\in[1/2, 1)\\ 1-\lambda, & \text{若 } \lambda\in(0, 1/2]\end{cases}$$

为验证式$f(x)$，分三种情形讨论：

(i) 当$x\in[0, 1-\lambda')$时，

$N^{\sim}(x) = f^{-1}(f(\lambda') - \frac{2\lambda'-1}{1-\lambda'}f(x))$

$$=f^{-1}(f(\lambda')-\frac{2\lambda'-1}{1-\lambda'}(\frac{1-\lambda'}{2\lambda'-1}(f(\lambda')-f(\lambda'-\frac{2\lambda'-1}{1-\lambda'}x))))$$

$$=f^{-1}(f(\lambda'-\frac{2\lambda'-1}{1-\lambda'}x)$$

$$=\lambda'-\frac{2\lambda'-1}{1-\lambda'}x=N^{\sim}(x)\text{ (由定义 4 中式(6-20))}$$

(ii) 当 $x\in[1-\lambda', \lambda']$时，

$$N^{\sim}(x)=f^{-1}(f(\lambda')-\frac{1-\lambda'}{1-2\lambda'}(f(x)-f(\lambda')))$$

$$=f^{-1}(f(\lambda')-\frac{1-\lambda'}{1-2\lambda'}(\frac{1-2\lambda'}{1-\lambda'}[f(\lambda')-f(\lambda'-\frac{1-\lambda'}{1-2\lambda'}(x-\lambda'))]+f(\lambda'))-f(\lambda')))$$

$$=f^{-1}(f(\lambda')-[f(\lambda')-f(\lambda'-\frac{1-\lambda'}{1-2\lambda'}(x-\lambda'))])$$

$$=f^{-1}(f(\lambda'-\frac{1-\lambda'}{1-2\lambda'}(x-\lambda')))$$

$$=\lambda'-\frac{1-\lambda'}{1-2\lambda'}(x-\lambda')$$

$$=N^{\sim}(x)\text{ (由定义 4 中式(6-19))}$$

(iii) 当 $x\in(\lambda', 1]$时，

$$N^{\sim}(x)=f^{-1}(f(\lambda')-\frac{2\lambda'-1}{1-\lambda'}(f(x)-f(\lambda')))$$

$$=f^{-1}(f(\lambda')-\frac{2\lambda'-1}{1-\lambda'}(\frac{1-\lambda'}{2\lambda'-1}[f(\lambda')-f(\lambda'-\frac{2\lambda'-1}{1-\lambda'}(x-\lambda'))]+f(\lambda')-f(\lambda')))$$

$$=f^{-1}(f(\lambda')-(f(\lambda')-f(\lambda'-\frac{2\lambda'-1}{1-\lambda'}(x-\lambda'))))$$

$$=f^{-1}(f(\lambda'-\frac{1-\lambda'}{1-2\lambda'}(x-\lambda')))$$

$$=\lambda'-\frac{2\lambda'-1}{1-\lambda'}(x-\lambda')$$

$$=N^{\sim}(x)\text{ (由定义 4 中式(6-18))}$$

至此，定理 4 得证。□

定义 5.　$\forall x\in[0, 1]$，$\lambda'\in(0, 1)$。映射$\neg$: $[0, 1]\rightarrow[0, 1]$在 FLCOM 与∀FLCOM 中称为矛盾否定算子，如果

$$\neg(x)=\max\{ᆿ(x), \sim(x)\}$$

定理 5. 矛盾否定算子$\neg$是一种严格的模糊否定。

证明：根据定理 1 和定理 3，ᆿ 与~是严格的模糊否定。由定义 5，$\neg(x)=\max\{ᆿ(x), \sim(x)\}$，因此，$\neg$是一种严格的模糊否定。□

对于矛盾否定算子¬来说，一个函数 f: [0, 1] → [0, 1]具备什么条件才可作为矛盾否定算子？为此，根据定义 5 以及定理 2 和定理 4，我们可证明下列关于矛盾否定算子¬的“表现定理”，表现定理确定了一个函数为矛盾否定算子的充分必要条件。

定理 6(表现定理 3). 一个函数 $N^{\neg}$：[0, 1] → [0, 1]是矛盾否定算子，当且仅当存在一个连续且严格递增函数 f : [0, 1] → R(实数集) 满足 $f(\lambda') = \lambda'(\lambda' \in (1/2, 1))$，$f(0) = 0$ 和 $f(1) = 1$，使得对于任意 $x \in [0, 1]$，$N^{\neg}$可表示为

$$N^{\neg}(x) = \begin{cases} N^{\urcorner}(x), \text{ 若 } N^{\urcorner}(x) \geqslant N^{\sim}(x) \\ N^{\sim}(x), \text{ 若 } N^{\urcorner}(x) < N^{\sim}(x) \end{cases}$$

命题 2. 对立否定算子╕、中介否定算子~和矛盾否定算子¬具有一个相同的平衡点。

证明：由定义 3、定义 4 和定义 5，╕(1/2) = ~(1/2) = ¬(1/2) = 1/2。所以，1/2 是对立否定算子╕、中介否定算子~和矛盾否定算子¬的平衡点。□

6.3.3 具有三种否定的模糊命题逻辑自然推理系统 FNDSCOM

上述构建的具有矛盾否定、对立否定和中介否定的模糊命题逻辑系统 FLCOM 是一种重言式系统。所谓重言式系统，就是以一些形式公理与形式推理规则为基础，由此能生成重言式全体，并在其中通过重言式来处理形式推理关系的系统。在数理逻辑的历史发展中，首先构造起来的是逻辑演算的重言式系统。

重言式系统中的形式公理本身都是重言式，并不直接揭示出推理的性质，它们的含义是不直观、不明显的，用重言式系统中的形式推理来反映演绎推理是不直接和不自然的。由此，在数理逻辑的发展中，出现了一些较为直接、自然地反映演绎推理的逻辑演算形式系统。自 1928 年 Herbrand 证明的演绎定理比较直接地、自然地反映演绎推理的思想，到 1952 年 Kleene[237]、1981 年胡世华、陆钟万构造的逻辑形式系统[238]，以及我们在第 2 章 2.1.2 节介绍的中介逻辑演算 ML，这些著说都反映了如上所说的趋势。在他们所构造的逻辑演算形式系统中，形式推理规则直接而自然地反映了演绎推理规则，形式推理关系直接而自然地反映了演绎推理关系，形式证明直接而自然地反映了演绎推理中的证明。这样的逻辑演算形式系统，称为自然推理系统。

在本节中，我们基于具有矛盾否定、对立否定和中介否定的模糊命题逻辑系统 FLCOM，结合 ML 中的中介命题演算系统 MP 的 12 条形式推理规则以及文献[233]中的模糊命题系统的构造公理，给出一种具有矛盾否定、对立否定和中介否定的模糊命题自然推理系统（fuzzy propositional natural deduction system with contradictory negation, opposite negation and medium negation，FNDSCOM），并在对

FLcom 的无穷值语义解释进行改进而得的赋值模型下，证明了 FNDScom 是可靠的和完备的（详见文献[239]和[240]）。

根据 6.1 节中 FLcom 的形式化定义，假设 FLcom 的全体公式集为$\Im(S)$。

定义 1. 设 S 是原子公式集；$\Gamma, \Delta \subseteq \Im(S)$；$A, A_i, B, C \in \Im(S)$ ($i = 1, 2, 3, \cdots, n$)。下列形式推理式为推理规则：

(∈)　$A_1, A_2, \cdots, A_n \vdash A_i$

(τ)　如果 $\Gamma \vdash \Delta \vdash A$, 则 $\Gamma \vdash A$

(∨)　$A \vdash A \vee B$

若 $\Gamma, A \vdash C$ 且 $\Gamma, B \vdash C$，则 $\Gamma, A \vee B \vdash C$(其中 Γ 可为空)

(∧)　$A, B \vdash\dashv A \wedge B$

(¬)　如果 $\Gamma, \neg A \vdash B, \neg B$ 则 $\Gamma \vdash A$

($\to_-$)　$A \to B, A \vdash B$

$A \to B, {\sim}A \vdash B$

($\to_+$)　如果 $\Gamma, A \vdash B$ 且 $\Gamma, {\sim}A \vdash B$ 则 $\Gamma \vdash A \to B$

($\to_\wedge$)　$A \to B, A \to C \vdash A \to (B \wedge C)$

($ꟻ_\vee$)　$ꟻA, ꟻB \vdash\dashv ꟻ(A \vee B)$

($\sim_\vee$)　${\sim}(A \vee B) \vdash\dashv ({\sim}A \wedge {\sim}B) \vee ({\sim}A \wedge ꟻB) \vee (ꟻA \wedge {\sim}B)$

(~ ~)　$A \to A \vdash {\sim}{\sim}A$

(Y)　$\neg ꟻA, \neg{\sim}A \vdash A$

($Y_\sim$)　${\sim}A \vdash \neg A, \neg ꟻA$

(ꟻꟻ)　$A \vdash\dashv ꟻꟻA$

其中，$P \to Q$ 与$ꟻP \vee Q$、$P \wedge Q$ 与$ꟻ(ꟻP \vee ꟻQ)$逻辑等价。则由$\Im(S)$和以上推理规则组成的系统称为带有矛盾否定、对立否定和中介否定的模糊命题自然推理系统 FNDScom。

定义 2. 在 FNDScom 中，

$$\neg A = ꟻA \vee {\sim}A$$

注 1. 根据 FNDScom 的定义可看出，如果把 FNDScom 中的联结词ꟻ, ~, ¬, →, ∧和∨分别视为中介命题演算系统 MP 中的联结词或定义符号，不难证明 MP 中的所有推理规则均可由 FNDScom 推导出。FNDScom 从一定意义上可以视为对中介命题演算系统 MP 的改进。所以，从形式化的角度，FNDScom 中的推理规则(∈)、(τ)、(¬)、($\to_-$)、($\to_+$)、(~ ~)、(Y)、(Y~)和(ꟻꟻ)其含义和意义与 MP 一样，(∨)和(∧)的意义与一般逻辑演算中的意义相同，而($\sim_\vee$)实际上是对一般逻辑演算中的 De Morgan 律: $\neg(A \vee B) \vdash \neg A \wedge \neg B$ 和$\neg A \wedge \neg B \vdash \neg(A \vee B)$的形式推广。

注 2. 在 FNDScom 中，De Morgan 律并不成立。但在 FNDScom 中，由推理

规则($╕_\vee$)（直观解释为由 $A\vee B$ 的“对立否定”，有 A 的“对立否定”和 B 的“对立否定”；反之亦然）与($\sim_\vee$)（直观解释为由 $A\vee B$ 的“中介否定”，有 A 的“中介否定”且 B 的“中介否定”，或者有 A 的“中介否定”且 B 的“对立否定”，或者有 A 的“对立否定”且 B 的“中介否定”；反之亦然）以及定义 2（即$\neg(A\vee B)$ $=╕(A\vee B)\vee\sim(A\vee B)$），从而可保证 $A\vee B$ 在不同否定下的推理关系。

注 3. 如同 MP，在 FNDSCOM 中$\vee$和$\wedge$可不作为初始联结词，而通过如下定义作为定义符号引入：

$$A\vee B = ╕A\to B \tag{D_1}$$

$$A\wedge B = ╕(A\to ╕B) \tag{D_2}$$

如此，则 FNDSCOM 的初始联结词集$\{\neg, ╕, \sim, \vee, \wedge, \to\}$可归约为$\{╕, \sim, \to\}$。

1. FNDSCOM 中的一些推理性质

与许多逻辑演算系统一样，依据 FNDSCOM 中的推理规则，可得到许多自然推理关系。我们给出其中一些比较重要的结果如下（其证明参见中介逻辑演算文献[23]）：

命题 1. 在 FNDSCOM 中，

(1)　$A, \neg A\vdash B$

(2)　$A, ╕A\vdash B$

(3)　$A, \sim A\vdash B$

(4)　$╕A, \sim A\vdash B$

命题 2. 在 FNDSCOM 中，

(1)　$\neg\neg A\dashv\vdash A$

(2)　若 $\Gamma, A\vdash B, \neg B$ 则 $\Gamma\vdash\neg A$

命题 3. 在 FNDSCOM 中，

(1)　若 $\Gamma, ╕A\vdash B, \neg B$ 且 $\Gamma, \sim A\vdash C, \neg C$ 则 $\Gamma\vdash A$

(2)　若 $\Gamma, A\vdash B, \neg B$ 且 $\Gamma, ╕A\vdash C, \neg C$ 则 $\Gamma\vdash\sim A$

(3)　若 $\Gamma, A\vdash B, \neg B$ 且 $\Gamma, \sim A\vdash C, \neg C$ 则 $\Gamma\vdash ╕A$

命题 4. 在 FNDSCOM 中，

(1)　若 $A\vdash B$ 且$\sim A\vdash\sim B$ 且$╕A\vdash ╕B$，则 $B\vdash A$ 且$\sim B\vdash\sim A$ 且$╕B\vdash ╕A$

(2)　若 $A\dashv\vdash B$ 且$╕A\dashv\vdash ╕B$，则$\sim B\dashv\vdash\sim A$

命题 5. 在 FNDSCOM 中，

(1)　$\vdash\neg ╕\sim A$

(2)　$\vdash\neg ╕\neg A$

(3)　$╕\sim A\vdash B$

(4) $\exists\neg A \vdash B$

注. 命题 5 中(3)与(4)表明，在 FNDSCOM 中，$\exists{\sim}A$ 和$\exists\neg A$ 无意义。这一点说明，虽然大多数模糊性对象都具有对立否定面，但并不主张所有的模糊概念都具有对立否定面。

定理 1 (替换定理). 在 FNDSCOM 中，若 $A \vdash\dashv B$ 且$\exists A \vdash\dashv \exists B$ 且${\sim}A \vdash\dashv {\sim}B$，则对于任何合式公式 $f(p)\in\Im(S)$，均有 $f(A)\vdash\dashv f(B)$且$\exists f(A)\vdash\dashv\exists f(B)$且${\sim} f(A)\vdash\dashv{\sim}f(B)$。

证明：只需施归纳于公式 $f(p)$中出现的命题联结词数进行证明。

设 $f(p)$中出现的所有原子公式为 $p_1, p_2, \cdots, p_n\in S$。则当 $f(p)$中不含联结词时，$f(p)$为一个原子公式，不妨设 $f(p)$为 p_1。显然有 $f(A) = A$、$B = f(B)$、$\exists f(A) = \exists A$、$\exists B = \exists f(B)$、${\sim} f(A) = {\sim}A$ 和${\sim}B = {\sim} f(B)$，由条件，则有 $f(A)\vdash\dashv f(B)$且$\exists f(A)\vdash\dashv\exists f(B)$且${\sim} f(A)\vdash\dashv {\sim}f(B)$，结论成立。

奠基：$f(p)$中含有不多于 k 个联结词时定理成立。

(1) 设 $f(p) = \exists g(p)$。由奠基可知，$g(A)\vdash\dashv g(B)$且$\exists g(A)\vdash\dashv\exists g(B)$且${\sim}g(A)\vdash\dashv{\sim}g(B)$。于是，$f(A) = \exists g(A)\vdash\dashv\exists g(B) = f(B)$，又$\exists f(A) = \exists\exists g(A)\vdash\dashv g(A)\vdash\dashv g(B)\vdash\dashv\exists\exists g(B) = \exists f(B)$，根据命题 4 中(2)，有${\sim}f(A)\vdash\dashv{\sim} f(B)$。从而，定理成立。

(2) 设 $f(p) = {\sim}g(p)$。由奠基可知，$g(A)\vdash\dashv g(B)$且$\exists g(A)\vdash\dashv\exists g(B)$且${\sim}g(A)\vdash\dashv{\sim}g(B)$。于是，$f(A) = {\sim}g(A)\vdash\dashv{\sim}g(B) = f(B)$，根据命题 5，$\exists f(A) = \exists{\sim}g(A)\vdash\dashv\exists{\sim}g(A)= \exists f(B)$，因而，根据命题 4 中(2)，${\sim} f(A)\vdash\dashv{\sim} f(B)$。故定理成立。

(3) 设 $f(p) = g(p)\vee h(p)$。由奠基可知，$g(A)\vdash\dashv g(B)$且$\exists g(A)\vdash\dashv\exists g(B)$且${\sim}g(A)\vdash\dashv{\sim}g(B)$，并且，$h(A)\vdash\dashv h(B)$且$\exists h(A)\vdash\dashv\exists h(B)$且${\sim}h(A)\vdash\dashv{\sim}h(B)$。根据 FNDSCOM 的推理规则($\vee$)，有(i)：$g(A)\vdash g(B)\vdash g(B)\vee h(B)$且 $h(A)\vdash h(B)\vdash h(B)\vee g(B)\vdash g(B)\vee h(B)$，即 $g(A)\vdash g(B)\vee h(B)$且 $h(A)\vdash g(B)\vee h(B)$，即 $g(A)\vee h(A)\vdash g(B)\vee h(B)$；同理有 $g(B)\vee h(B)\vdash g(A)\vee h(A)$；因此，$f(A) = g(A)\vee h(A)\vdash\dashv g(B)\vee h(B) = f(B)$。(ii)：根据 FNDSCOM 的推理规则($\exists_\vee$)，有$\exists f(A) = \exists(g(A)\vee h(A))\vdash\exists g(A), \exists h(A)\vdash\exists g(B), \exists h(B)\vdash\exists(g(B)\vee h(B)) = \exists f(B)$。由(i)和(ii)以及命题 4 中(2)，可得${\sim} f(A)\vdash\dashv{\sim} f(B)$。故定理成立。

(4) 设 $f(p) = \neg g(p)$。根据定义 2，$\neg g(p) = \exists g(p)\vee{\sim}g(p)$。由(1)、(2)和(3)可知，定理成立。

(5) 设 $f(p) = g(p)\to h(p)$。因在 FNDSCOM 中 $g(p)\to h(p)$与$\exists g(p)\vee h(p)$逻辑等价，从而由(1)和(3)可知，定理成立。

(6) 设 $f(p) = g(p)\wedge h(p)$。由(1)和(5)以及(D_2)，可证定理成立。

因此，$f(p)$中含有 k+1 个联结词时定理成立。　□

定义 3. 在 FNDSCOM 中，对于任意的 $f(p)\in\Im(S)$，总有

$$f(A)\vdash\dashv f(B)$$

则称 A 与 B 等值，或者说在任意公式中任何 A 的出现和 B 的出现可以互相替换，记作 $A \Leftrightarrow B$。

由此，可证下面一些常用可证等值式。

命题 6. 在 FNDSCOM 中，

(1) $A \Leftrightarrow ╕╕A$

(2) $A \to A \Leftrightarrow {\sim}{\sim}A$

(3) $\sim ╕A \Leftrightarrow {\sim}A$

命题 7. 在 FNDSCOM 中，

(1) $╕(A \vee B) \Leftrightarrow ╕A \wedge ╕B$

(2) $╕(A \wedge B) \Leftrightarrow ╕A \vee ╕B$

(3) $(A \vee B) \vee C \Leftrightarrow A \vee (B \vee C)$

(4) $(A \wedge B) \wedge C \Leftrightarrow A \wedge (B \wedge C)$

(5) $A \vee A \Leftrightarrow A$

(6) $A \wedge A \Leftrightarrow A$

命题 8. 在 FNDSCOM 中，

(1) $A \vee (B \wedge C) \Leftrightarrow (A \vee B) \wedge (A \vee C)$

(2) $A \wedge (B \vee C) \Leftrightarrow (A \wedge B) \vee (A \wedge C)$

命题 9. 在 FNDSCOM 中，

(1) $A \to B \Leftrightarrow ╕B \to ╕A$

(2) $A \wedge ╕B \Leftrightarrow ╕(A \to B)$

下面证明命题 8，其他命题类似可证。

证(1)：根据命题 4 中(2)和定理 1，我们只需证(i)：$A \vee (B \wedge C) \vdash\dashv (A \vee B) \wedge (A \vee C)$；(ii)：$╕(A \vee (B \wedge C)) \vdash\dashv ╕((A \vee B) \wedge (A \vee C))$。

(i) 先证"$\vdash$"：根据 FNDSCOM 的推理规则($\vee$)与($\wedge$)，$A \vdash A \vee B$, $A \vee C \vdash (A \vee B) \wedge (A \vee C)$，又因 $B \wedge C \vdash B, C$，而 $B \vdash A \vee B$，$C \vdash A \vee C$，从而 $B, C \vdash A \vee B, A \vee C \vdash (A \vee B) \wedge (A \vee C)$，由推理规则($\tau$)，$B \wedge C \vdash (A \vee B) \wedge (A \vee C)$。于是，再由推理规则($\vee$)，$A \vee (B \wedge C) \vdash (A \vee B) \wedge (A \vee C)$。再证"$\dashv$"：由"$\to$"的定义和"$A \Leftrightarrow ╕╕A$"，我们有 $(A \vee B) \wedge (A \vee C) \vdash (╕╕A \vee B) \wedge (╕╕A \vee C) = (╕A \to B) \wedge (╕A \to C)$，由推理规则($\wedge$)与($\to_{\wedge}$)，$(╕A \to B) \wedge (╕A \to C) \vdash (╕A \to B), (╕A \to C) \vdash ╕A \to (B \wedge C) = ╕╕A \vee (B \wedge C)$，再据推理规则($\tau$)和命题 7 中(1), $(A \vee B) \wedge (A \vee C) \vdash A \vee (B \wedge C)$。因此，$A \vee (B \wedge C) \vdash\dashv (A \vee B) \wedge (A \vee C)$。

(ii) 根据命题 7，只需要证 $╕A \wedge (╕B \vee ╕C) \vdash\dashv (╕A \wedge ╕B) \vee (╕A \wedge ╕C)$。可分两步证之：先证"$\vdash$"：据推理规则($\wedge$)，有 $╕A \wedge (╕B \vee ╕C) \vdash ╕A, ╕B \vee ╕C$，据推理规则($\wedge$)与($\vee$)，有 $╕A, ╕B \vdash ╕A \wedge ╕B \vdash (╕A \wedge ╕B) \vee (╕A \wedge ╕C)$，再据推理规则($\wedge$)与($\vee$)，有 $╕A, ╕C \vdash ╕A \wedge ╕C \vdash (╕A \wedge ╕C) \vee (╕A \wedge ╕B) \vdash (╕A \wedge ╕B) \vee (╕A \wedge ╕C)$，再由推理规则($\vee$)，$╕A, ╕B \vee ╕C \vdash (╕A \wedge ╕B) \vee (╕A \wedge ╕C)$；从而，由推理规则($\tau$)得 $╕A \wedge (╕B \vee$

$\neg C)\vdash(\neg A\wedge\neg B)\vee(\neg A\wedge\neg C)$。再证“$\dashv$”：根据推理规则$(\wedge)$，$\neg A\wedge\neg B\vdash\neg A,\neg B\vdash\neg A,\neg B\vee\neg C\vdash\neg A\wedge(\neg B\vee\neg C)$；同理，有$\neg A\wedge\neg C\vdash\neg A\wedge(\neg B\vee\neg C)$，从而有$(\neg A\wedge\neg B)\vee(\neg A\wedge\neg C)\vdash\neg A\wedge(\neg B\vee\neg C)$。因此，$\neg A\wedge(\neg B\vee\neg C)\dashv\vdash(\neg A\wedge\neg B)\vee(\neg A\wedge\neg C)$，即$\neg(A\vee(B\wedge C))\vdash\dashv\neg((\vee B)\wedge(A\vee C))$。

由(i)与(ii)及命题 4 中(2)，$\sim(A\vee(B\wedge C))\vdash\dashv\sim((A\vee B)\wedge(A\vee C))$。由定理 1 得$A\vee(B\wedge C)\Leftrightarrow(A\vee B)\wedge(A\vee C)$。□

证(2)：与(1)类似可证。

2.　FNDSCOM 的可靠性和完备性

在 6.2.1 节中，为了研究具有矛盾否定、对立否定和中介否定的模糊命题逻辑系统 FLCOM 的语义，我们给出了 FLCOM 的一种无穷值语义模型。对此进行改进，我们得到对 FNDSCOM 中公式的赋值定义如下：

定义 4(无穷值解释). 设$\lambda\in(1/2,1)$。映射 v_λ: $\Im(S)\to[0,1-\lambda]\cup(1-\lambda,\lambda)\cup(\lambda,1]$ 称为$\Im(S)$中公式的一个 λ–赋值，如果

(1)　A 是原子公式，$v_\lambda(A)$只取$[0,1-\lambda]\cup(1-\lambda,\lambda)\cup(\lambda,1]$中的一个值；

(2)　$v_\lambda(\neg A)=1-v_\lambda(A)$；

(3)
$$v_\lambda(\sim A)=\begin{cases}\dfrac{2\lambda-1}{1-\lambda}(1-v_\lambda(A))+1-\lambda, & \text{当 } v_\lambda(A)\in(\lambda,1)\\ \dfrac{2\lambda-1}{1-\lambda}v_\lambda(A)+1-\lambda, & \text{当 } v_\lambda(A)\in(0,1-\lambda)\\ \dfrac{2-2\lambda}{1-2\lambda}(1-\lambda-v_\lambda(A))+\lambda, & \text{当 } v_\lambda(A)\in(1-\lambda,0.5]\\ \dfrac{2-2\lambda}{1-2\lambda}(v_\lambda(A)-\lambda)+\lambda, & \text{当 } v_\lambda(A)\in[0.5,\lambda)\\ \dfrac{1}{2}, & \text{当 } v_\lambda(A)=0 \text{ 或 } 1\end{cases}$$

(4)　$v_\lambda(A\vee B)=\max(v_\lambda(A),v_\lambda(B))$；

(5)　$v_\lambda(\neg A)=v_\lambda(\neg A\vee\sim A)=\max(v_\lambda(\neg A),v_\lambda(\sim A))$。

由此定义，易证下列结论：

定理 2. $\forall A\in\Im(S)$。则

(1)　$v_\lambda(A)>\lambda$ 或者 $v_\lambda(A)<1-\lambda$，当且仅当 $1-\lambda<v_\lambda(\sim A)<\lambda$；

(2)　$1-\lambda<v_\lambda(A)<\lambda$，当且仅当$\lambda<v_\lambda(\sim A)\leqslant 1$。

定义 5. $\forall A\in\Im(S)$，$\Gamma\subseteq\Im(S)$。对于$\Im(S)$的任何无穷值赋值(λ–赋值) ∂，皆有$\partial(A)=1$，则称 A 为 λ–赋值恒真公式，并记为$\models A$；如果$\lambda>1/2$ 时，使得对任何无穷值赋值∂，若$\partial(\Gamma)\geqslant\lambda$ 则$\partial(A)\geqslant\lambda$，则称形式推理式$\Gamma\vdash A$ 为 λ–恒真推理式，记作$\Gamma\models A$。

定义 6. $\forall A\in\Im(S)$。若有无穷值赋值(λ–赋值) ξ使得$\xi_\lambda(A)\geqslant\lambda$，则称 A 是 λ–可

满足的；若有$\xi_\lambda(A) < \lambda$，则称 A 是 λ–可假的。

在如上定义下，对于 FNDScom，我们可证具有下列重要结论。

引理 1. $\forall A\in\Im(S)$。则

$$v_\lambda(\neg A) < \lambda \text{ 当且仅当 } v_\lambda(\exists A) < v_\lambda(\sim A) < \lambda$$

证明：由于 $v_\lambda(\neg A) = v_\lambda(\exists A\vee\sim A\ ) = \max(v_\lambda(\exists A), v_\lambda(\sim A)) < \lambda$，由定义 4 易知，$v_\lambda(\exists A)$与 $v_\lambda(\sim A)$分别属于两个不相交区间，所以只有 $v_\lambda(\exists A) < v_\lambda(\sim A) < \lambda$ 或 $v_\lambda(\sim A)< v_\lambda(\exists A) < \lambda$。假若 $v_\lambda(\sim A)< v_\lambda(\exists A) < \lambda$，由定理 2，有 $1-\lambda < v_\lambda(\sim A) < \lambda$，因而 $1-\lambda < v_\lambda(\exists A) < \lambda$，即 $1-\lambda< v_\lambda(A) < \lambda$; 再由定理 2，有$\lambda < v_\lambda(\sim A)\leqslant 1$，故矛盾。因此，$v_\lambda(\exists A) < v_\lambda(\sim A) < \lambda$。反之，若 $v_\lambda(\exists A) < v_\lambda(\sim A) < \lambda$，则 $v_\lambda(\neg A) = \max(v_\lambda(\exists A), v_\lambda(\sim A)) = v_\lambda(\sim A) < \lambda$。□

引理 2. $\forall A\in\Im(S)$。则

$$v_\lambda(A) > \lambda \text{ 当且仅当 } v_\lambda(\exists A) < v_\lambda(\sim A) < \lambda$$

证明：设 $v_\lambda(A) > \lambda$，即 $v_\lambda(\exists A) = 1- v_\lambda(A) < 1- \lambda$，又由定理 2，有 $1- \lambda < v_\lambda(\sim A) < \lambda$，从而 $v_\lambda(\exists A) < v_\lambda(\sim A) < \lambda$；相反，若 $v_\lambda(\exists A) < v_\lambda(\sim A) < \lambda$，据定理 2，$1-\lambda < v_\lambda(\sim A) < \lambda$，所以 $v_\lambda(\exists A) < 1-\lambda$，从而 $v_\lambda(A) > \lambda$。□

定理 3. $\forall A\in\Im(S)$。则

(1)　$v_\lambda(A) > \lambda$ 当且仅当 $v_\lambda(\neg A) < \lambda$;

(2)　$v_\lambda(A) < \lambda$ 当且仅当 $v_\lambda(\neg A) > \lambda$。

证明：(1) 由引理 1 和引理 2 可得。(2)由(1)可得。

定理 4. $\forall A\in\Im(S)$。则

$$v_\lambda(\Delta A \wedge *A) < \lambda$$

其中，ΔA、$*A$ 为 A 与$\neg A$，或$\neg A$ 与 A，或者 A，$\exists A$ 和$\sim A$ 中任两者。

证明：否则，则存在λ-赋值 v_λ，使得 $v_\lambda(A\wedge\neg A) > \lambda$ 或 $v_\lambda(A \wedge \exists A) > \lambda$ 或 $v_\lambda(A\wedge\sim A) > \lambda$ 或 $v_\lambda(\exists A\wedge\sim A) > \lambda$。

若 $v_\lambda(A\wedge\neg A) > \lambda$，则 $v_\lambda(A) > \lambda$且 $v_\lambda(\neg A) > \lambda$，与定理 3 矛盾。

若 $v_\lambda(A\wedge \exists A) > \lambda$，则 $v_\lambda(A) > \lambda$且 $v_\lambda(\exists A) > \lambda$。由定义 4 知，由 $v_\lambda(A) > \lambda$，必有 $v_\lambda(\exists A) = 1-v_\lambda(A) < 1 - \lambda$，故矛盾。

若 $v_\lambda(A\wedge\sim A) > \lambda$，则 $v_\lambda(A) > \lambda$且 $v_\lambda(\sim A) > \lambda$。据定理 2，$v_\lambda(A) > \lambda$时，必有 $1-\lambda < v_\lambda(\sim A) < \lambda$，因此矛盾。

若 $v_\lambda(\exists A\wedge\sim A) > \lambda$，则 $v_\lambda(\exists A) > \lambda$且 $v_\lambda(\sim A) > \lambda$。由定义 4，$v_\lambda(A) = 1-v_\lambda(\exists A) < 1-\lambda$，再根据定理 2，必有 $1-\lambda < v_\lambda(\sim A) < \lambda$，故矛盾。□

引理 3. 设$\Gamma, \Delta\subseteq \Im(S)$。$A, A_i, B, C\in\Im(S)$ ($i = 1, 2, 3,\ldots, n$)。则在 λ–赋值 v_λ 下，FNDScom 中的推理规则是 λ–恒真推理式。即

(1)　　$A_1, A_2, \cdots, A_n \models A_i$

(2)　　如果 $\Gamma\models\Delta\models A$，则 $\Gamma\models A$

(3)　$A \models A \vee B$

若 $\Gamma, A \models C$ 且 $\Gamma, B \models C$，则 $\Gamma, A \vee B \models C$

(4)　$A \vee B \models B \vee A$

(5)　$A \wedge B \models A, B$

$A, B \models A \wedge B$

(6)　如果 $\Gamma, \neg A \models B, \neg B$ 则 $\Gamma \models A$

(7)　$A \to B, A \models B$

$A \to B, {\sim}A \models B$

(8)　如果 $\Gamma, A \models B$ 且 $\Gamma, {\sim}A \models B$ 则 $\Gamma \models A \to B$

(9)　$A \to B, A \to C \models A \to (B \wedge C)$

(10)　$╕A, ╕B \models ╕(A \vee B)$

$╕(A \vee B) \models ╕A, ╕B$

(11)　${\sim}(A \vee B) \models ({\sim}A \wedge {\sim}B) \vee ({\sim}A \wedge ╕B) \vee (╕A \wedge {\sim}B)$

$({\sim}A \wedge {\sim}B) \vee ({\sim}A \wedge ╕B) \vee (╕A \wedge {\sim}B) \models {\sim}(A \vee B)$

(12)　$A \to A \models {\sim}{\sim}A$

(13)　$\neg ╕A, \neg {\sim}A \models A$

(14)　${\sim}A \models \neg A, \neg ╕A$

(15)　$A \models ╕╕A$

$╕╕A \models A$

证明：(1), (2), (3), (4)和(5)显然成立。

(6) 令$\mathfrak{I}(S)$的 λ–赋值为 $v_\lambda(\lambda > 0.5)$。则有，当 $v_\lambda(\Gamma) > \lambda$ 且 $v_\lambda(\neg A) > \lambda$ 时，$v_\lambda(B) > \lambda$ 与 $v_\lambda(\neg B) > \lambda$。假设 $v_\lambda(\Gamma) > \lambda$ 时 $v_\lambda(A) < \lambda$，据定理 3 中(2)，即是 $v_\lambda(\Gamma) > \lambda$ 时 $v_\lambda(\neg A) > \lambda$，由条件知 $v_\lambda(B) > \lambda$ 与 $v_\lambda(\neg B) > \lambda$，再据定理 3 中(2)，即有 $v_\lambda(B) > \lambda$ 与 $v_\lambda(B) < \lambda$，故矛盾。

(7) 令$\mathfrak{I}(S)$的 λ–赋值为 $v_\lambda(\lambda > 0.5)$。若 $v_\lambda(A \to B) > \lambda$ 且 $v_\lambda(A) > \lambda$，因 $A \to B = ╕A \vee B$，故 $v_\lambda(A \to B) = \max(v_\lambda(╕A), v_\lambda(B)) > \lambda$ 且 $v_\lambda(A) > \lambda$。因 $v_\lambda(A) > \lambda$ 时 $v_\lambda(╕A) = 1 - v_\lambda(A) < 1 - \lambda < \lambda$，所以有 $\max(v_\lambda(╕A), v_\lambda(B)) = v_\lambda(B) > \lambda$。若 $v_\lambda(A \to B) > \lambda$ 且 $v_\lambda({\sim}A) > \lambda$，即 $\max(v_\lambda(╕A), v_\lambda(B)) > \lambda$ 且 $v_\lambda({\sim}A) > \lambda$，据定理 2 中(2)，有 $1 - \lambda < v_\lambda(A) < \lambda$，从而 $1 - \lambda < v_\lambda(╕A) = 1 - v_\lambda(A) < \lambda$，故得 $\max(v_\lambda(╕A), v_\lambda(B)) = v_\lambda(B) > \lambda$。

(8) 令$\mathfrak{I}(S)$的 λ–赋值为 $v_\lambda(\lambda > 0.5)$。若 $v_\lambda(\Gamma) > \lambda$ 且 $v_\lambda(A) > \lambda$ 时则有 $v_\lambda(B) > \lambda$，以及 $v_\lambda(\Gamma) > \lambda$ 且 $v_\lambda({\sim}A) > \lambda$ 时有 $v_\lambda(B) > \lambda$。假设存在λ-赋值 $v_\lambda^{\text{o}}(\lambda > 0.5)$，当 $v_\lambda^{\text{o}}(\Gamma) > \lambda$ 时 $v_\lambda^{\text{o}}(A \to B) = \max(v_\lambda^{\text{o}}(╕A), v_\lambda^{\text{o}}(B)) < \lambda$，即 $v_\lambda^{\text{o}}(╕A) < \lambda$ 且 $v_\lambda^{\text{o}}(B) < \lambda$。分两种情况：(i) 若 $1 - \lambda < v_\lambda^{\text{o}}(╕A) < \lambda$，从而 $1 - \lambda < v_\lambda^{\text{o}}(A) = 1 - v_\lambda^{\text{o}}(╕A) < \lambda$，据定理 2，$v_\lambda^{\text{o}}({\sim}A) > \lambda$，又由题设可知 $v_\lambda^{\text{o}}(B) > \lambda$，故矛盾；(ii) 若 $v_\lambda^{\text{o}}(╕A) < 1 - \lambda$，据定义 4，$v_\lambda^{\text{o}}(A) = 1 - v_\lambda^{\text{o}}(╕A) > \lambda$，于是由题设可得 $v_\lambda^{\text{o}}(B) > \lambda$，故矛盾。综合(i)和(ii)知，结论成立。

(9) 令$\Im(S)$的 λ–赋值为 $v_\lambda(\lambda > 0.5)$。设 $v_\lambda(A\to B) > \lambda$ 且 $v_\lambda(A\to C) > \lambda$, 即 $\max(v_\lambda(╕A), v_\lambda(B)) > \lambda$ 且 $\max(v_\lambda(╕A), v_\lambda(C)) > \lambda$, 若 $v_\lambda(╕A) > \lambda$,显然有 $v_\lambda(A\to(B\wedge C)) = \max(v_\lambda(╕A), v_\lambda(B\wedge C)) > \lambda$；若 $v_\lambda(╕A) < \lambda$,从而 $v_\lambda(B) = \max(v_\lambda(╕A), v_\lambda(B)) > \lambda$ 且 $v_\lambda(C) = \max(v_\lambda(╕A), v_\lambda(C)) > \lambda$，于是 $v_\lambda(B\wedge C) = \min(v_\lambda(B), v_\lambda(C)) > \lambda$，故 $v_\lambda(A\to(B\wedge C)) = \max(v_\lambda(╕A), v_\lambda(B\wedge C)) > \lambda$。

(10) 令$\Im(S)$的$\Im(S)$的 λ–赋值为 $v_\lambda(\lambda > 0.5)$。由定义 4，$v_\lambda(╕(A\vee B)) = 1-v_\lambda(A\vee B) =1-\max(v_\lambda(A), v_\lambda(B)) = \min(1- v_\lambda(A), 1-v_\lambda(B)) = \min(v_\lambda(╕A), v_\lambda(╕B)) = v_\lambda(╕A\wedge╕B)$，故若 $v_\lambda(╕(A\vee B)) > \lambda$ 有 $v_\lambda(╕A) > \lambda$ 且 $v_\lambda(╕B) > \lambda$, 若 $v_\lambda(╕A) > \lambda$ 且 $v_\lambda(╕B) > \lambda$,有 $v_\lambda(╕(A\vee B)) > \lambda$。

(11) 设$\Im(S)$的 λ–赋值为 $v_\lambda(\lambda > 0.5)$。令 $v_\lambda(\sim(A\vee B)) > \lambda$，据定理 2 中(2)，$1-\lambda < v_\lambda(A\vee B) < \lambda$，即 $1-\lambda < \max(v_\lambda(A), v_\lambda(B)) < \lambda$，由对称性只需证 $v_\lambda(A)\leqslant v_\lambda(B)$时，$v_\lambda((\sim A\wedge\sim B)\vee(\sim A\wedge╕B)\vee(╕A\wedge\sim B)) > \lambda$ 成立。此时 $1 - \lambda < v_\lambda(B) < \lambda$，并且还有若 $1 - \lambda < v_\lambda(A)\leqslant v_\lambda(B) < \lambda$，据定理 2，$v_\lambda(\sim B) >\lambda$ 且 $v_\lambda(\sim A) >\lambda$,从而 $\min(v_\lambda(\sim A), v_\lambda(\sim B)) > \lambda$, 即 $v_\lambda(\sim A\wedge\sim B) > \lambda$，于是 $v_\lambda((\sim A\wedge\sim B)\vee(\sim A\wedge╕B)\vee(╕A\wedge\sim B))\geqslant v_\lambda(\sim A\wedge\sim B) > \lambda$。

反之，设 $v_\lambda((\sim A\wedge\sim B)\vee(\sim A\wedge╕B)\vee(╕A\wedge\sim B)) > \lambda$，即 $\max(v_\lambda(\sim A\wedge\sim B), v_\lambda(\sim A\wedge╕B), v_\lambda(╕A\wedge\sim B)) > \lambda$。若有 $v_\lambda(\sim A\wedge\sim B) > \lambda$，即 $\min(v_\lambda(\sim A), v_\lambda(\sim B)) > \lambda$，从而 $v_\lambda(\sim A) > \lambda$ 且 $v_\lambda(\sim B) > \lambda$，由定理 2 得，$1-\lambda < v_\lambda(A) < \lambda$ 且 $1-\lambda < v_\lambda(B) < \lambda$，故 $1-\lambda < \max(v_\lambda(A), v_\lambda(B)) < \lambda$，即 $1-\lambda < v_\lambda(A\vee B) < \lambda$，再据定理 1，$v_\lambda(\sim(A\vee B)) > \lambda$; 若 $v_\lambda(\sim A\wedge╕B) > \lambda$, 即 $\min(v_\lambda(\sim A), v_\lambda(╕B)) >\lambda$, 从而 $v_\lambda(\sim A) > \lambda$ 且 $v_\lambda(╕B) > \lambda$，由定理 2 及定义 4 得 $1-\lambda < v_\lambda(A) < \lambda$ 且 $v_\lambda(B) < 1-\lambda$，故 $1-\lambda < \max(v_\lambda(A), v_\lambda(B)) = v_\lambda(A) < \lambda$，即 $1-\lambda < v_\lambda(A\vee B) < \lambda$，再由定理 2，$v_\lambda(\sim(A\vee B)) > \lambda$；若 $v_\lambda(╕A\wedge\sim B) >\lambda$，同理可得 $v_\lambda(\sim(A\vee B)) > \lambda$。于是，$v_\lambda(\sim(A\vee B)) > \lambda$。

(12) 令$\Im(S)$的 λ–赋值为 $v_\lambda(\lambda > 0.5)$。设 $v_\lambda(A\to A) > \lambda$, 即 $\max(v_\lambda(╕A), v_\lambda(A)) = \max(1-v_\lambda(A), v_\lambda(A)) > \lambda$，即 $1-v_\lambda(A) > \lambda$或 $v_\lambda(A) > \lambda$，也即 $v_\lambda(A) < 1-\lambda$ 或 $v_\lambda(A) > \lambda$。由定理 2 中(1)，有 $1-\lambda < v_\lambda(\sim A) < \lambda$，于是，由定理 2 中(2)，有 $v_\lambda(\sim\sim A) > \lambda$。

(13) 令$\Im(S)$的 λ–赋值为 $v_\lambda(\lambda > 0.5)$。若 $v_\lambda(\neg╕A) > \lambda$ 且 $v_\lambda(\neg\sim A) > \lambda$，由定理 3，$v_\lambda(╕A) < \lambda$ 且 $v_\lambda(\sim A) < \lambda$，即 $v_\lambda(\neg A) = \max(v_\lambda(╕A), v_\lambda(\sim A)) < \lambda$，再据定理 2，$v_\lambda(A) > \lambda$。据定理 2 中(1)，$1-\lambda < v_\lambda(\sim A) < \lambda$，又由定理 3 中(2)，$v_\lambda(\neg\sim A) > \lambda$；因 $v_\lambda(A) > \lambda$，由定义 4，$v_\lambda(╕A) = 1-v_\lambda(A) < 1-\lambda < \lambda$，又据定理 3 中(2)，有 $v_\lambda(\neg╕A) > \lambda$。

(14) 令$\Im(S)$的 λ–赋值为 $v_\lambda(\lambda > 0.5)$。设 $v_\lambda(\sim A) > \lambda$，即有 $v_\lambda(\neg A) = \max(v_\lambda(╕A), v_\lambda(\sim A)) > \lambda$；因 $v_\lambda(\sim A) > \lambda$，根据定理 2 中(2)，有 $1-\lambda< v_\lambda(A) < \lambda$，又由定义 4，$1-\lambda < v_\lambda(╕A) = 1-v_\lambda(A) < \lambda$。从而，再根据定理 2，$v_\lambda(\sim╕A) > \lambda$，故有 $v_\lambda(\neg╕A) = \max(v_\lambda(╕╕A), v_\lambda(\sim╕A)) > \lambda$。

(15) 令$\Im(S)$的 λ–赋值为 $v_\lambda(\lambda > 0.5)$。设 $v_\lambda(A) > \lambda$，则 $v_\lambda(╕A) = 1-v_\lambda(A) < 1-\lambda$，因而 $v_\lambda(╕╕A) = 1-v_\lambda(╕A) > \lambda$。反之，设 $v_\lambda(╕╕A) > \lambda$，则 $v_\lambda(╕A) = 1-v_\lambda(╕╕A) < 1-\lambda$，

故 $v_\lambda(A) = 1 - v_\lambda(\urcorner A) > \lambda$。□

定理 5 (FNDSCOM 可靠性). 对于 FNDSCOM，

(I)　如果$\Gamma \vdash A$，则$\Gamma \models A$。

(II)　如果$\vdash A$，则$\models A$。

证明：(I) 施归纳于$\Gamma \vdash A$ 的形式证明结构。假设$\Gamma \vdash A$，则存在一个形式推理式序列

$$\Gamma_1 \vdash A_1, \Gamma_2 \vdash A_2, \cdots, \Gamma_n \vdash A_n$$

其中，$\Gamma_n = \Gamma$，$A_n = A$。

当 $i = 1$ 时，A 的形式证明只有一步 $\Gamma_1 \vdash A_1$，即为 FNDSCOM 的一推理规则，由引理 3 得 $\Gamma_1 \models A_1$，即 $\Gamma \models A$。

假设 $i < k$ 时，若 $\Gamma_i \vdash A_i$ 则 $\Gamma_i \models A_i$。

当 $i = k$ 时，推理式的形式证明有如下三种情形：

情形 1：$\Gamma_i \vdash A_i$ 是 FNDSCOM 的一推理规则，由引理 3，即 $\Gamma_i \models A_i$，即 $\Gamma \models A$。

情形 2：$\Gamma_i \vdash A_i$ 是由第 i 步之前的形式推理关系 $\Gamma_j \vdash A_j\,(j < i)$ 通过公式的代入和替换而得到，因代入与替换不改变原有推理关系，因而，由 $\Gamma_j \vdash A_j$ 有 $\Gamma_i \vdash A_i$，据归纳假设，我们有 $\Gamma_j \models A_j$，因而 $\Gamma_i \models A_i$，即 $\Gamma \models A$。

情形 3：$\Gamma_i \vdash A_i$ 是由序列 $\Gamma_1 \vdash A_1, \Gamma_2 \vdash A_2, \cdots, \Gamma_{i-1} \vdash A_{i-1}$ 使用推理规则而得，因而，由归纳假设和引理 3，则 $\Gamma_i \models A_i$，即 $\Gamma \models A$。

所以，对于所有 $k = n$，　当 $\Gamma_k \vdash A_k$ 时，则 $\Gamma_k \models A_k$，即 $\Gamma \models A$。

(II) 可由 (I) 得到 (当 Γ 为空集)。□

引理 4. $\forall A \in \Im(S)$。如果 $\urcorner\sim A$ 为 λ–赋值恒真公式，则$\Im(S)$中的任何公式 B 都是 λ–赋值恒真公式。

证明：据命题 5 中(3)，$\urcorner\sim A \vdash B$。则由定理 5，$\urcorner\sim A \models B$，即 $v_\lambda(\urcorner\sim A) > \lambda$ 时 $v_\lambda(B) > \lambda$。□

引理 5. $\forall A \in \Im(S)$，$p_1, p_2, \ldots, p_n$ 是 A 中出现的所有互不相同的原子公式。对于$\Im(S)$的λ-赋值 v_λ，令

$$A_i = \begin{cases} p_i, & \text{如果 } v_\lambda(p_i) > \lambda \\ \urcorner p_i, & \text{如果 } v_\lambda(p_i) < 1-\lambda \\ \sim p_i, & \text{如果 } 1-\lambda < v_\lambda(p_i) < \lambda \end{cases} \qquad (*)$$

则有

(1) 如果 $v_\lambda(A) > \lambda$，则 $A_1, A_2, \ldots, A_n \vdash A$；

(2) 如果 $v_\lambda(A) < 1-\lambda$，则 $A_1, A_2, \cdots, A_n \vdash \urcorner A$；

(3) 如果 $1-\lambda < v_\lambda(A) < \lambda$，则 $A_1, A_2, \cdots, A_n \vdash \sim A$。

证明：施归纳于 A 中联结词出现的总次数 n。

当 $n = 0$，即 A 为原子公式，根据(*)，以及在 FNDSCOM 中可证 $A \vdash A$，于是有(1)、(2)和(3)。

假设 $n < k$ 时，由(*)使得(1), (2)和(3)成立。当 $n = k$ 时，归纳证明 A 在如下六种情形：$A = ╕B$、$A = {\sim}B$、$A = \neg B$、$B \rightarrow C$、$A = B \vee C$ 和 $A = B \wedge C$ 时，(1)、(2)和(3)成立。其中

(a) $v_\lambda(B) > \lambda$，则 $A_1, A_2, \cdots, A_n \vdash B$；

(b) $v_\lambda(B) < 1-\lambda$, 则 $A_1, A_2, \cdots, A_n \vdash ╕B$；

(c) $1-\lambda < v_\lambda(B) < \lambda$, 则 $A_1, A_2, \cdots, A_n \vdash {\sim}B$。

设 $A = ╕B$。如果 $v_\lambda(A) > \lambda$，即 $v_\lambda(╕B) > \lambda$，由定义 4，有 $v_\lambda(B) = 1-v_\lambda(╕B) < 1-\lambda$，由(b)得 $A_1, A_2, \cdots, A_n \vdash A$。如果 $v_\lambda(A) < 1-\lambda$，即 $v_\lambda(╕B) < 1-\lambda$，由定义 4，$v_\lambda(B) = 1-v_\lambda(╕B) > \lambda$，由(a)得 $A_1, A_2, \cdots, A_n \vdash B$，因在 FNDSCOM 中 $B \vdash ╕╕B$，所以有 $A_1, A_2, \cdots, A_n \vdash ╕A$。如果 $1-\lambda < v_\lambda(A) < \lambda$，即是 $1-\lambda < v_\lambda(╕B) < \lambda$，根据定义 4，即 $1-\lambda < v_\lambda(B) = 1-v_\lambda(╕B) < \lambda$，由(c)得 $A_1, A_2, \cdots, A_n \vdash {\sim}B$，根据命题 6，有 ${\sim}B \vdash {\sim}╕B$，所以有 $A_1, A_2, \cdots, A_n \vdash {\sim}╕B$，即 $A_1, A_2, \cdots, A_n \vdash {\sim}A$。

设 $A = {\sim}B$。如果 $v_\lambda(A) > \lambda$，即 $v_\lambda({\sim}B) > \lambda$，由定理 2，$1-\lambda < v_\lambda(B) < \lambda$，由(c)得 $A_1, A_2, \cdots, A_n \vdash {\sim}B$，即 $A_1, A_2, \cdots, A_n \vdash A$。如果 $v_\lambda(A) < 1-\lambda$，即 $v_\lambda({\sim}B) < 1-\lambda$，则有 $v_\lambda(╕{\sim}B) = 1- v_\lambda({\sim}B) > \lambda$，由此，据引理 4，对任意公式 C 都有 $v_\lambda(C) > \lambda$，于是令 $C = ╕A$，由(a)得 $A_1, A_2, \cdots, A_n \vdash ╕A$。如果 $1-\lambda < v_\lambda(A) < \lambda$，即 $1-\lambda < v_\lambda({\sim}B) < \lambda$，由定理 2，则有 $v_\lambda(B) > \lambda$ 或 $v_\lambda(B) < 1-\lambda$；其中，若 $v_\lambda(B) > \lambda$，则由(a)有 $A_1, A_2, \cdots, A_n \vdash B$，若 $v_\lambda(B) < 1-\lambda$, 则由(b)有 $A_1, A_2, \cdots, A_n \vdash ╕B$；因在 FNDSCOM 中可证 $B \vdash {\sim\sim}B$ 及 $╕B \vdash {\sim\sim}B$，故得 $A_1, A_2, \cdots, A_n \vdash {\sim\sim}B$，即 $A_1, A_2, \cdots, A_n \vdash {\sim}A$。

由归纳假设，有

(d) $v_\lambda(C) > \lambda$，则 $A_1, A_2, \cdots, A_n \vdash C$；

(e) $v_\lambda(C) < 1-\lambda$, 则 $A_1, A_2, \cdots, A_n \vdash ╕C$；

(f) $1-\lambda < v_\lambda(C) < \lambda$, 则 $A_1, A_2, \cdots, A_n \vdash {\sim}C$。

设 $A = B \vee C$。如果 $v_\lambda(A) > \lambda$，即 $v_\lambda(B \vee C) = \max(v_\lambda(B), v_\lambda(C)) > \lambda$；其中，若 $v_\lambda(C) > \lambda$，由(d)得 $A_1, A_2, \cdots, A_n \vdash C$，若 $v_\lambda(B) > \lambda$，由(a)得 $A_1, A_2, \cdots, A_n \vdash B$；据定义 1 中($\vee$)，$C \vdash B \vee C$ 及 $B \vdash B \vee C$，所以有 $A_1, A_2, \cdots, A_n \vdash A$。如果 $v_\lambda(A) < 1-\lambda$，即 $\max(v_\lambda(B), v_\lambda(C)) < 1-\lambda$；其中，当 $v_\lambda(B) < 1-\lambda$ 时，由(b)得 $A_1, A_2, \cdots, A_n \vdash ╕B$，当 $v_\lambda(C) < 1-\lambda$ 时，由(e)得 $A_1, A_2, \cdots, A_n \vdash ╕C$，又因在 FNDSCOM 中，有 $╕B, ╕C \vdash ╕(B \vee C)$，因而有 $A_1, A_2, \cdots, A_n \vdash ╕(B \vee C)$，即是 $A_1, A_2, \cdots, A_n \vdash ╕A$。如果 $1-\lambda < v_\lambda(A) < \lambda$，即 $1-\lambda < \max(v_\lambda(B), v_\lambda(C)) < \lambda$，存在两种子情形：(i) 如果 $v_\lambda(B) \leqslant v_\lambda(C)$，因 $1-\lambda < v_\lambda(C) < \lambda$，则由(f)得 $A_1, A_2, \cdots, A_n \vdash {\sim}C$，且若 $1-\lambda < v_\lambda(B) < \lambda$，则由(c)得 $A_1, A_2, \cdots, A_n \vdash {\sim}B$；若是 $v_\lambda(B) < 1-\lambda$，则由(b)得 $A_1, A_2, \cdots, A_n \vdash ╕B$，从而得 $A_1, A_2, \cdots, A_n \vdash {\sim}B, {\sim}C$ 或 $A_1, A_2, \cdots, A_n \vdash ╕B, {\sim}C$；因在 FNDSCOM 中可证 ${\sim}B, {\sim}C \vdash {\sim}(B \vee C)$ 和 $╕B, {\sim}C \vdash$

$\sim(B\vee C)$，所以有 $A_1, A_2, \cdots, A_n \vdash \sim(B\vee C)$，即 $A_1, A_2, \cdots, A_n \vdash \sim A$。(ii) 如果 $v_\lambda(B) > v_\lambda(C)$，因 $1-\lambda < v_\lambda(B) < \lambda$，则由(c)得 $A_1, A_2, \cdots, A_n \vdash \sim B$，且若 $1-\lambda < v_\lambda(C)$，即是 $1-\lambda < v_\lambda(C) < \lambda$，则由(f)得 $A_1, A_2, \cdots, A_n \vdash \sim C$；若是 $v_\lambda(C) < 1-\lambda$，则由(e)得 $A_1, A_2, \cdots, A_n \vdash ╕C$，从而得 $A_1, A_2, \cdots, A_n \vdash \sim B, \sim C$ 或 $A_1, A_2, \cdots, A_n \vdash \sim B, ╕C$；又因在 FNDScom 中可证 $\sim B, \sim C \vdash \sim(B\vee C)$ 和 $\sim B, ╕C \vdash \sim(B\vee C)$，所以有 $A_1, A_2, \cdots, A_n \vdash \sim(B\vee C)$，即 $A_1, A_2, \cdots, A_n \vdash \sim A$。

设 $A = \neg B$。由定义 2，$\neg B = ╕B \vee \sim B$，根据上述证明，(1)、(2)和(3)成立。

设 $A = B\to C$ 或 $A = B\wedge C$。因在定义 1 中 $B\to C$ 与 $╕B\vee C$、$B\wedge C$ 与 $╕(╕B\vee ╕C)$ 逻辑等价，根据上述证明，(1)、(2)和(3)成立。□

定理 5 (FNDScom 的完备性). 对于 FNDScom，

(I)　如果 $\models A$，则 $\vdash A$。

(II)　如果 $\Gamma\models A$，则 $\Gamma\vdash A$。

证明：(I) 若 $\models A$，根据定义 5，即为在 λ-赋值 $v_\lambda(\lambda > 1/2)$ 下，总有 $v_\lambda(A) > \lambda$。设 $p_1, p_2, \cdots, p_n$ 是所有在 A 中出现的互不相同的原子公式，则不论 $v_\lambda(p_i)$ $(i = 1, 2, 3, \cdots, n)$ 在 $[0, 1-\lambda) \cup (1-\lambda, \lambda) \cup (\lambda, 1]$ 中取何值，都有 $v_\lambda(A) > \lambda$。由此，根据引理 5，不论 $A_i = p_i$ 或 $A_i = ╕p_i$ 或 $A_i = \sim p_i$ $(i = 1, 2, 3, \cdots, n)$，都有

(1)　$A_1, A_2, \cdots, A_n \vdash A$。

对于任意 i，令

$$A_i^{\circ} = \begin{cases} p_i, & \text{当 } A_i = ╕p_i \text{ 时} \\ ╕p_i, & \text{当 } A_i = p_i \text{ 时} \\ \sim p_i, & \text{当 } A_i = \sim p_i \text{ 时} \end{cases}$$

则根据引理 5，可得

(2)　$A_1, A_2, \cdots, A_{n-1}, A_n^{\circ} \vdash A$。

因对于λ-赋值 v_λ，由 A_i 和 A_i° 的构造可知，对于任意的$\lambda\in(1/2, 1)$，总有 $\max(v_\lambda(A_i), v_\lambda(A_i^{\circ})) > \lambda$，即 $A_i\vee A_i^{\circ}$ 为 λ–恒真公式，所以，由(1)与(2)可得

(3)　$A_1, A_2, \cdots, A_{n-1} \vdash A$。

类似地，又可得

(4)　$A_1, A_2, \cdots, A_{n-1}^{\circ} \vdash A$

从而，由(3)与(4)，又可得

(5)　$A_1, A_2, \cdots, A_{n-2} \vdash A$。

如此继续进行，可将(1)中的形式前提 $A_1, A_2, \cdots, A_n$ 逐一消去，最后得到 $\vdash A$。

(II) 若 $\Gamma\models A$，根据定义 5，即在λ-赋值 $v_\lambda(\lambda > 1/2)$下，当 $v_\lambda(\Gamma) > \lambda$ 时，总有 $v_\lambda(A) > \lambda$。因在定义 1 中 $B\to C$ 与 $╕B\vee C$ 逻辑等价，而在定义 4 中 $v_\lambda(A\vee B) = \max(v_\lambda(A), v_\lambda(B))$，故有 $\models \Gamma\to A$。于是，由(I)可得 $\vdash \Gamma\to A$，即有 $\Gamma\vdash\Gamma\to A$。因 $\Gamma\vdash\Gamma$，根据定

义 1 中$(\rightarrow_{-})$，从而得 $\Gamma \vdash A$。 □

6.3.4 具有三种否定的模糊模态命题逻辑系统 MKCOM

模态逻辑作为一种研究必然性与可能性的非经典逻辑理论，对命题演算给出了一个非常恰当的非真值系统。模态逻辑(modal logic)是研究含有“可能”“必然”等模态词的命题及推理的结构和规律的一门逻辑学的新分支学科。“模态”是英文 modal 的音译，源出于拉丁文 modalis。在语法中称为“情态”，指说话人说话的方式。在逻辑中，“必然”“可能”称为模态词。模态词“必然”通常用符号“□”表示，“可能”用符号“◊”表示。模态逻辑的基本内容，就是在古典的命题演算或谓词演算中再加入“可能”“必然”模态词而得到的逻辑演算系统。模态逻辑的思想渊源可以追溯到古希腊的亚里士多德，他不仅创立了直言三段论，而且还有丰富的朴素的模态逻辑思想。他提出可能性、不可能性、必然性和偶然性四种模态词。1910 年，美国逻辑学家路易斯第一个开始用数理逻辑的观点和方法研究模态逻辑，成为现代模态逻辑的开创者。模态逻辑渐渐地从纯粹逻辑领域走向应用领域，备受人工智能与计算机理论研究学者的重视。

近年来，为拓展模态逻辑应用价值，一些学者依然致力于模态逻辑的理论研究，并提出了许多新的模态逻辑系统。其中，1991 年邹晶等基于中介逻辑给出了一种新的模态逻辑系统及其语义，并对中介逻辑的基础进行了模态概念的扩充[241]；同样地，1995 年宫宁生、张东摩等在中介逻辑的基础上建立了一类具有不同语形结构和语义形式的模态逻辑系统 MK、MT、MS_4 及 MS_5，其中 MK 为基本系统[242,243]。MK 的主要思想是，将“必然 A”($\Box A$)成立理解为 A 在所有可达的可能世界中为真，“必然 A”为假（即$\urcorner\Box A$ 为真）理解为存在一个可达的可能世界，在其中 A 为假；而“必然 A”处于中介状态（即$\sim\Box A$ 为真）理解为存在一个可达的可能世界，在其中 A 为中介状态，但在所有可达的可能世界中 A 不为假。同样，“可能 A”($\Diamond A$)为真可理解为存在一个可达的可能世界，在其中 A 为真；“可能 A”为假（即$\urcorner\Diamond A$ 为真）可理解为在任何可达世界中 A 均为假；而“可能 A”处于中介状态（即$\sim\Diamond A$ 为真）表明存在一个可达世界，在其中 A 处于中介状态，但在所有可达世界 A 均不为真。在上述思想下，MK 具有如下形式推演性质：

$$\Diamond A \vdash\dashv \urcorner\Box\urcorner A,\ \sim\Box A \vdash\dashv \Box\lnot\urcorner A\wedge\Diamond\sim A,\ \sim\Diamond A \vdash\dashv \Box\lnot A\wedge\Diamond\sim A \tag{*}$$

在本节中，我们基于具有矛盾否定、对立否定和中介否定的模糊命题逻辑系统 FLCOM，结合中介模态逻辑正规系统 MK，构造了一类具有矛盾否定、对立否定和中介否定的模糊模态命题逻辑系统 MKCOM、MTCOM、MS_4COM 和 MS_5COM（详见文献[244]和[245]），为刻画具有模态概念的命题及不同否定的性质、关系及其推理规律奠定基础。

1. 具有三种否定的模糊模态命题逻辑系统 MKCOM

在 FLCOM 的基础上，在联结词集和形成规则中加入模态词$\Box$、$\Diamond$，从而构成形式语言，在推理工具（公理、推理规则）中，将“若$\vdash A$，则$\vdash \Box A$”、“$\Box(A\to B)\vdash \Box A\to\Box B$”以及(*)中的形式推理性质增加为推理规则，由此构成一个模态命题逻辑演算。具体定义如下：

定义 1. (I) 设在 FLCOM 的基本符号集和形成规则中加入模态词$\Box$、$\Diamond$构成的形式语言为Π。

(II) Π中的下列公式为公理：

(A_1)　$A\to(B\to A)$

(A_2)　$(A\to(A\to B))\to(A\to B)$

(A_3)　$(A\to B)\to((B\to C)\to(A\to C))$

(M_1)　$(A\to \neg B)\to(B\to \neg A)$

(M_2)　$(A\to ╕B)\to(B\to ╕A)$

(H)　$\neg A\to(A\to B)$

(C)　$((A\to \neg A)\to B)\to((A\to B)\to B)$

($\vee_1$)　$A\to A\vee B$

($\vee_2$)　$B\to A\vee B$

($\wedge_1$)　$A\wedge B\to A$

($\wedge_2$)　$A\wedge B\to B$

($Y_{╕}$)　$╕A\to \neg A\wedge\neg{\sim}A$

($Y_{\sim}$)　${\sim}A\to \neg A\wedge\neg ╕A(\neg A\wedge\neg {\sim}A\to ╕A)$

(III) 推理规则：

(R_1)　若$\vdash A$，则$\vdash \Box A$

(R_2)　$\Box(A\to B)\vdash \Box A\to\Box B$

(R_3)　$\Diamond A\dashv\vdash ╕\Box ╕A$

(R_4)　${\sim}\Box A\dashv\vdash \Box\neg ╕A\wedge\Diamond{\sim}A$

(R_5)　${\sim}\Diamond A\dashv\vdash \Box\neg A\wedge\Diamond{\sim}A$

(R_6)　$A_1, A_2,\cdots, A_n\vdash A_i\ (1\leqslant i\leqslant n)$

(R_7)　$A\to B, A\vdash B$

由上述(I)、(II)和(III)构成的形式系统，称为具有三种否定的模糊模态命题逻辑系统 MKCOM。

注 1. 由定义 1 可知，MKCOM 是在 FLCOM 的基础上的扩充。

注 2. 在 MKCOM 的推理规则中，(R_2)相应于经典模态正规系统的 K 公理规则。(R_3)、(R_4)、(R_5)反映了模态词$\Box$与$\Diamond$的关系。直观上讲，R_3 表示“A 可能真当且仅

当不会必然 A 假”；R_4 表示“必然 A 真取中介值当且仅当 A 必然不取假值但可能取中介值”；R_5 表示“A 可能真取中介值当且仅当 A 必然不真但可能取中介值”。

在 MKCOM 中，可证明如下结论：

引理 1. 若 $\vdash A\to B$，则 $\vdash \Box A\to\Box B$。

证明：

(a)　$\vdash A\to B$

(b)　$\vdash \Box(A\to B)$　　(a)(R_1)

(c)　$\vdash \Box(A\to B)\to(\Box A\to\Box B)$　　(b)(R_2)

(d)　$\vdash \Box A\to\Box B$　　(b)(c)(R_7)

引理 2.　$\sim\Diamond A\dashv\vdash\sim ╕\Box ╕A$。

证明：因 $A\to ╕╕A\dashv\vdash ╕╕A\to A$，从而 $\neg A\dashv\vdash\neg ╕╕A$，故 $\Box\neg A\dashv\vdash\Box\neg ╕╕A$。又因 $\sim ╕A\vDash\Dashv\sim A$，从而 $╕\sim ╕A\vDash\Dashv ╕\sim A$，故 $\Box ╕\sim ╕A\vDash\Dashv\Box ╕\sim A$，因此 $╕\Box ╕\sim ╕A\vDash\Dashv ╕\Box ╕\sim A$。由上面两个结果可得，$\sim\Diamond A\dashv\vdash\Box\neg A\wedge\Diamond\sim A\dashv\vdash\Box\neg A\wedge ╕\Box ╕\sim A\dashv\vdash\Box\neg A\wedge ╕\Box ╕\sim ╕A\dashv\vdash\Box\neg A\wedge\Diamond\sim ╕A\dashv\vdash\Box\neg ╕╕A\wedge\Diamond\sim ╕A\dashv\vdash\sim\Box ╕A\dashv\vdash\sim ╕\Box ╕A$。 □

定理 1. 在 MKCOM 中，

(1)　$\Box(A\wedge B)\vdash\Box A\wedge\Box B$；

(2)　$\Box A\wedge\Box B\vdash\Box(A\wedge B)$；

(3)　$\Box A\vee\Box B\vdash\Box(A\vee B)$；

(4)　$\Diamond(A\vee B)\vdash\Diamond A\vee\Diamond B$；

(5)　$\Diamond A\vee\Diamond B\vdash\Diamond(A\vee B)$；

(6)　$\Diamond(A\wedge B)\vdash\Diamond A\wedge\Diamond B$。

证(1)：

(a)　$\Box(A\wedge B)$

(b)　$A\wedge B\to A$　　($\wedge_1$)

(c)　$\Box(A\wedge B\to A)$　　(b)(R_1)

(d)　$\Box(A\wedge B)\to\Box A$　　(c)(R_2)

(e)　$\Box A$　　(a)(d)(R_7)

(f)　$A\wedge B\to B$　　($\wedge_2$)

(g)　$\Box(A\wedge B\to B)$　　(f)(R_1)

(h)　$\Box(A\wedge B)\to\Box B$　　(g)(R_2)

(i)　$\Box B$　　(a)(h)(R_7)

(j)　$\Box A\wedge\Box B$　　(e)(i)

证(2)：

(a)　$\Box A\wedge\Box B$

(b) $\Box A \wedge \Box B \to \Box A$　　($\wedge_1$)

(c) $\Box A$　　(a)(b)(R_7)

(d) $\Box A \wedge \Box B \to \Box B$　　($\wedge_2$)

(e) $\Box B$　　(a)(d)(R_7)

(f) $A \to (B \to (A \wedge B))$　　FLCOM 中可证

(g) $\Box A \to \Box(B \to (A \wedge B))$　　(f)(R_1)

(h) $\Box(B \to (A \wedge B))$　　(c)(g)(R_7)

(i) $\Box B \to \Box(A \wedge B)$　　(h)(R_2)

(j) $\Box(A \wedge B))$　　(e)(i)(R_7)

证(3)：

(a) $\Box A \vee \Box B$

(b) $A \to A \vee B$　　($\vee_1$)

(c) $\Box(A \to A \vee B)$　　(b)(R_1)

(d) $\Box A \to \Box(A \vee B))$　　(c)(R_2)

(e) $B \to A \vee B$　　($\vee_2$)

(f) $\Box(B \to A \vee B)$　　(e)(R_1)

(g) $\Box B \to \Box(A \vee B))$　　(f)(R_2)

(h) $\Box(A \vee B)$　　(a)(d)(g)

其余类似可证。 □

定理 2. 在 MKCOM 中，

(1) $\neg \Box A \vdash \Diamond \neg A$；

(2) $\neg \Diamond A \vdash \Box \neg A$。

我们选证(1)，类似可证(2)。

证(1)：$\neg \Box A \vdash \Diamond \neg A$

(a) $\neg \Box A$

(b) $╕\Box A \vee {\sim}\Box A$　　(a)(6.1.1 定义 2)

(c) ${\sim}\Box A$　　假设

(d) $\Box \neg ╕A \wedge \Diamond {\sim} A$　　(c)(R_4)

(e) $\Diamond {\sim} A$　　(d)($\wedge_2$)

(f) $\Diamond ╕A \vee \Diamond {\sim} A$　　(e)($\vee_2$)

(g) $\Diamond(╕A \vee {\sim} A)$　　(f)(定理 1(5))

(h) $\Diamond \neg A$　　(6.1.1 定义 2)

(i) $╕\Box A$　　假设

(j) $╕\Box ╕╕A$　　(i)(6.1.2 定理 5)

(k) $\Diamond ╕A$　　(j)(R_3)

(l) $\Diamond ╕A \vee \Diamond \sim A$ (k)($\vee_1$)

(m) $\Diamond(╕A \vee \sim A)$ (l)(定理 1(5))

(n) $\Diamond \neg A$ (6.1.1 定义 2)

(o) $\Diamond \neg A$ (a)(c)(h)(i)(n)

2. MKCOM 的一种三值语义模型

具有三种否定的中介模糊模态逻辑系统 MKCOM 的语义解释由下列正规结构的四元组$<W, \mathfrak{R}, \xi, T>$构成。其中，$W$ 称为可能世界集，$\mathfrak{R}$为 W 上的一个二元关系，记为$\mathfrak{R}[w] = \{w' | <w, w'> \in \mathfrak{R}\}$，$\xi$为由$\Gamma \times W$ 到 T 上的映射（Γ 为Π的合式公式集），T 为真值集$\{0, 1/2, 1\}$。

对于任意的 $A \in \Gamma$ 和 $w \in W$，$\xi(A, w)$表示公式 A 在可能世界 w 下的取值，其可递归定义如下：

(1) $$\xi(╕A, w) = \begin{cases} 0, & \text{若}\xi(A, w) = 1 \\ 1/2, & \text{若}\xi(A, w) = 1/2 \\ 1, & \text{若}\xi(A, w) = 0 \end{cases}$$

(2) $$\xi(\sim A, w) = \begin{cases} 1, & \text{若}\xi(A, w) = 1/2 \\ 1/2, & \text{其他} \end{cases}$$

(3) $$\xi(\neg A, w) = \max(\xi(╕A, w), \xi(\sim A, w)) = \begin{cases} 1/2, & \text{若}\xi(A, w) = 1 \\ 1, & \text{若}\xi(A, w) = 1/2 \\ 1, & \text{若}\xi(A, w) = 0 \end{cases}$$

(4) $\xi(A \wedge B, w) = \min(\xi(A, w), \xi(B, w))$

(5) $\xi(A \vee B, w) = \max(\xi(A, w), \xi(B, w))$

(6) $$\xi(A \to B, w) = \begin{cases} 1, \text{若}\xi(A, w) = 0\text{ 或者}\xi(B, w) = 1\text{, 或者}\xi(A, w) = 1/2\text{ 且}\xi(B, w) = 1/2 \\ 0, \text{若}\xi(A, w) = 1\text{ 且}\xi(B, w) = 0 \\ 1/2, \quad \text{其他} \end{cases}$$

(7) $$\xi(\Box A, w) = \begin{cases} 1, & \text{若}\forall w' \in R[w], \xi(A, w') = 1 \\ 0, & \text{若}\exists w' \in R[w], \xi(A, w') = 0 \\ 1/2, & \text{其他} \end{cases}$$

(8) $$\xi(\Diamond A, w) = \begin{cases} 1, & \text{若}\exists w' \in R[w], \xi(A, w') = 1 \\ 0, & \text{若}\forall w' \in R[w], \xi(A, w') = 0 \\ 1/2, & \text{其他} \end{cases}$$

定义 2. 称 A 在 MKCOM 中可证，如果存在一个公式序列 $E_1, E_2, \cdots, E_n$ 使得 $E_n=A$ 且对每个 E_k ($1 \leqslant k \leqslant n$)，$E_k$ 或为 MKCOM 的一个公理，或者 E_k 由 E_i 与 E_j ($i < k, j < k$)使用 MKCOM 的推理规则而得到，则序列 $E_1, E_2, \cdots, E_n$ 称为 A 的一个“证

明”，n 为证明的长度。

定义 3. $\forall A \in \Gamma$。对于所有 MKCOM 的语义解释 $<W, \Re, \xi, T>$，$\forall w \in W$ 有 $\xi(A, w) = 1$，则称 A 是永真公式，记为 $\models A$。

定义 4. 公式集 Γ 为 MKCOM 中的协调集当且仅当不存在公式 A，使 $\Gamma \vdash A, \neg A$。

定义 5. 若 Γ 为协调集且对任何不在 Γ 中的 A，$\Gamma \cup \{A\}$ 不协调，则称 Γ 为极大协调集。

定理 3 (MKCOM 的可靠性).

(a) 若 $\vdash A$，则 $\models A$。

(b) 若 $\Gamma \vdash A$，则 $\Gamma \models A$。

证明：(a) 假设 $\vdash A$。则由定义 2，存在 A 的一个证明 $E_1, E_2, \cdots, E_n$，其中 $E_n = A$。下面施归纳于 A 的证明 $E_1, E_2, \cdots, E_n$ 的长度 n。

(i) 若 $n = 1$，则根据定义 2，$E_1 = A$，即 A 是 MKCOM 的一个公理。因 MKCOM 的公理都是永真公式，根据定义 3，则 $\models A$。

(ii) 假设 $n < k$ 时(a)成立。当 $n = k$ 时，E_n 或为 MKCOM 的一个公理，或者 E_n 由 E_i 与 E_j ($i < n$，$j < n$)使用 MKCOM 的推理规则而得到。若 E_n 为 MKCOM 的一个公理，如(i)得证；若 E_n 由 E_i 与 E_j ($i < n$，$j < n$)使用 MKCOM 的推理规则而得，则由归纳假设，E_i 与 E_j 是永真公式，所以 E_n 是永真公式，即 A 是永真公式。根据定义 3，$\models A$。

由(i)和(ii)，(a)得证。同理可证(b)。□

引理 3. 设 $A_1, A_2 \in \Gamma$，A_1 与 A_2 是 $\{A, ╕A, \sim A\}$ 中不重复的两个公式。则下述命题等价：

(a)　Γ 是不协调集；

(b)　存在 $A \in \Gamma$，使得 $\Gamma \vdash A_1, A_2$ 在 MKCOM 中可证；

(c)　存在 $A \in \Gamma$，使得 $\Gamma \vdash ╕\sim A$ 在 MKCOM 中可证。

证明：因 $\{A, ╕A, \sim A\}$ 中任意两个公式是矛盾的(即不协调的)，所以 A_1 与 A_2 是不协调公式。如果 Γ 是不协调的，则由定义 4，存在 $A \in \Gamma$ 使得 $\Sigma \vdash A_1, A_2$ 在 MKCOM 中可证，故(a) $\Rightarrow$ (b)。如果存在 $A \in \Gamma$ 使得 $\Gamma \vdash A_1, A_2$ 在 MKCOM 中可证，因 A_1 与 A_2 是不协调公式，所以有 $A_1, A_2 \vdash B$，即有 $\Gamma \vdash A_1, A_2 \vdash B$。因公式 B 的任意性，可令 $B = ╕\sim A$，故(b) $\Rightarrow$ (c)。如果存在 $A \in \Gamma$，使得 $\Gamma \vdash ╕\sim A$ 在 MKCOM 中可证，有 $\Gamma \vdash ╕\sim A \vdash B$，因而 Σ 是不协调的，故(c) $\Rightarrow$ (a)。□

引理 4. 若 Γ 为 MKCOM 中的极大协调集，A 为任意公式，则 $A \in \Gamma$ 当且仅当 $\Gamma \vdash A$。

证明：假设 $A \notin \Gamma$，因 Γ 是极大协调集，故 $\Gamma \cup \{A\}$ 是不协调集。由此，存在两种情形：(1) $╕A \in \Gamma$，或(2) $\sim A \in \Gamma$。若 $╕A \in \Gamma$，$\Gamma \vdash ╕A$ 在 MKCOM 可证，由引理 3，$\Gamma \vdash A$ 不可证。若 $\sim A \in \Gamma$，$\Gamma \vdash \sim A$ 在 MKCOM 可证，由引理 3，$\Gamma \vdash A$ 不可证。假设

$\Gamma \vdash A$ 不可证，即 $A \notin \Gamma$。□

引理 5. 若 Γ 为 MKCOM 中的极大协调集，A 为任意公式，则 $A \in \Gamma$ 与 $\neg A \in \Gamma$ 有且仅有一个成立。

证明：若 $A \in \Gamma$ 与 $\neg A \in \Gamma$ 成立，因 $\neg A \vdash\dashv ╕A \vee {\sim} A$，也就是说 $A \in \Gamma, ╕A \in \Gamma, {\sim} A \in \Gamma$ 三个均同时成立，则由引理 3，Γ 不协调，这与 Γ 是极大协调集矛盾。□

引理 6. 若 Γ 为 MKCOM 中的极大协调集，A 为任意公式，则 $A \in \Gamma$，${\sim} A \in \Gamma$，$╕A \in \Gamma$ 有且仅有一个成立。

证明：若 $A \in \Gamma, ╕A \in \Gamma, {\sim} A \in \Gamma$ 中有两个成立，则由引理 3，Γ 不协调，这与 Γ 是极大协调集矛盾。□

引理 7. MKCOM 中的任何协调的合式公式集均可扩充为极大协调集。

证明：将 MKCOM 的一切公式枚举为 $A_1, A_2, \cdots, A_n, \cdots$，归纳定义 Γ_n：$\Gamma_1 = \Gamma$，若 $\Gamma_n \cup \{A_n\}$ 协调则 $\Gamma_{n+1} = \Gamma_n \cup \{A_n\}$，否则 $\Gamma_{n+1} = \Gamma_n$。令 $\Gamma^* = \bigcup_{n=1}^{\infty} \Gamma_n$，由定义 5，可验证 Γ^* 是包含 Γ 的极大协调集。□

引理 8. 设 Γ、Δ 为 MKCOM 系统中的极大协调集，则 $\{A \mid \Box A \in \Gamma\} \subset \Delta$ 当且仅当 $\{\Diamond A \mid A \in \Delta\} \subset \Gamma$。

证明：若 $\{A \mid \Box A \in \Gamma\} \subset \Delta$，设 $A \in \Delta$，只需要证 $\Diamond A \in \Gamma$ 即可。假若 ${\sim}\Diamond A \in \Gamma$，即 $\Gamma \vdash {\sim}\Diamond A$，由 R_5 可知 $\Gamma \vdash \Box\neg A$，故 $\neg A \in \Delta$，这与 $A \in \Delta$ 矛盾。假若 $╕\Diamond A \in \Gamma$，则 $\Gamma \vdash ╕\Diamond A$，从而 $\Gamma \vdash \Box ╕A$，故有 $╕A \in \Delta$，也与 $A \in \Delta$ 矛盾，由引理 6 可知 $\Diamond A \in \Gamma$。

若 $\{\Diamond A \mid A \in \Delta\} \subset \Gamma$，设 $\Box A \in \Gamma$，只需要证 $A \in \Delta$ 即可。假若 ${\sim} A \in \Delta$，则 $\Diamond{\sim} A \in \Gamma$，即 $\Gamma \vdash \Diamond{\sim} A$。另一方面，容易证明 $\vdash ╕\Box A \vee \Box\neg A$，因此 $\Gamma \vdash (\Diamond{\sim} A \wedge ╕\Box A) \vee (\Diamond{\sim} A \wedge \Box\neg ╕A)$，从而 $\Gamma \vdash ╕\Box A \vee {\sim}\Box A$，即 $\Gamma \vdash \neg\Box A$，这与 $\Box A \in \Gamma$ 矛盾。假若 $╕A \in \Delta$，则 $\Diamond ╕A \in \Gamma$，从而 $╕╕\Diamond ╕A \in \Gamma$，即 $╕\Box A \in \Gamma$，也与 $\Box A \in \Gamma$ 矛盾。故 $A \in \Delta$。□

引理 9. 设 Γ 为 MKCOM 系统的极大协调集，则

(1) $\Box A \in \Gamma$ 当且仅当对任何使得 $\{A \mid \Box A \in \Gamma\} \subset \Delta$ 的极大协调集 Δ，$A \in \Delta$。

(2) $\Diamond A \in \Gamma$ 当且仅当存在使得 $\{\Diamond A \mid A \in \Delta\} \subset \Gamma$ 的极大协调集 Δ，$A \in \Delta$。

证明：(1) "$\Rightarrow$"：显然。

"$\Leftarrow$"：若对任何使得 $\{A \mid \Box A \in \Gamma\} \subset \Delta$ 的极大协调集 Δ，均有 $A \in \Delta$。不难证明 $\{A \mid \Box A \in \Gamma\} \vdash A$，因此 $\{A \mid \Box A \in \Gamma\}$ 中存在语句 $A_1, A_2, \cdots, A_n \vdash A$，因此 $\vdash (A_1 \wedge A_2 \wedge \cdots \wedge A_n) \to A$，从而 $\vdash \Box((A_1 \wedge A_2 \wedge \cdots \wedge A_n) \to A)$，故 $\vdash \Box(A_1 \wedge A_2 \wedge \cdots \wedge A_n) \to \Box A$，因 Γ 中含有 $\Box A_1, \Box A_2, \cdots, \Box A_n$，故 $\Gamma \vdash \Box A_1 \wedge \Box A_2 \wedge \cdots \wedge \Box A_n$，从而 $\Gamma \vdash \Box(A_1 \wedge A_2 \wedge \cdots \wedge A_n)$，因此 $\Gamma \vdash \Box A$，故 $\Box A \in \Gamma$。

(2) "$\Rightarrow$"：显然。

"$\Leftarrow$"：若 $\Diamond A \in \Gamma$，则 $╕\Box ╕A \in \Gamma$，即往证存在一个极大协调集 Δ，使 $\{A \mid \Box A \in \Gamma\}$

$\subset\Delta$且 $A\in\Delta$。假若不然，即对任何使$\{A\mid\Box A\in\Gamma\}\subset\Delta$的极大协调集$\Delta$，$A\notin\Delta$，由$ᆿ\Box ᆿ A\in\Gamma$，故$\Box ᆿ A\notin\Gamma$ 及$\sim\Box ᆿ A\notin\Gamma$。前者及结论(1)可得存在一个极大协调集Δ_0。且$ᆿ A\notin\Delta_0$，由后者可得或者$\Box\neg A\notin\Gamma$ 或者$\Diamond\sim A\notin\Gamma$。若$\Box\neg A\notin\Gamma$，则存在一个极大协调集$\Delta_1$，使$\{A\mid\Box A\in\Gamma\}\subset\Delta_1$且$\neg A\notin\Delta_1$，即$A\in\Delta_1$与反证假设矛盾。若$\Diamond\sim A\notin\Gamma$，由于$\{A\mid\Box A\in\Gamma\}\subset\Delta_0$，从而$\{\Diamond A\mid A\in\Delta\}\subset\Gamma$，因此$\sim A\notin\Delta_0$，从而$A\in\Delta_0$，也与反证假设矛盾。故存在一个极大协调集$\Delta$，使$\{A\mid\Box A\in\Gamma\}\subset\Delta$且$A\in\Delta$。由引理 5，即得所证。□

为了证明 MKCOM 的完备性，构造下列正规结构$<W, \Re, \xi, T>$：其中$U=\{\Gamma\mid\Gamma$为 MKCOM 中的极大协调集$\}$，$\Re$为U上的二元关系：

$$<\Gamma,\Delta>\in\Re，\text{当且仅当}\{A\mid\Box A\in\Gamma\}\subset\Delta$$

对于任何命变元 $p_i\ (i=1,2,\cdots)$，

$$\xi(p_i,\Gamma)=\begin{cases}1, & \text{若 } p_i\in\Gamma\\ 1/2, & \text{若}\sim p_i\in\Gamma\\ 0, & \text{若}ᆿ\, p_i\in\Gamma\end{cases}$$

引理 10. 对任何公式A及$\Gamma\in U$，

(1)　$\xi(A,\Gamma)=1$ 当且仅当 $A\in\Gamma$；

(2)　$\xi(A,\Gamma)=1/2$ 当且仅当$\sim A\in\Gamma$；

(3)　$\xi(A,\Gamma)=0$ 当且仅当$ᆿ A\in\Gamma$。

证明：对 A 的结构施行归纳，只讨论 A 形如$\Box B$ 的情形。其他情形或可化归为$\Box B$ 的情形或类似于 FLCOM 的完备性证明。

(1) $\xi(A,\Gamma)=1$

当且仅当，$\forall<\Gamma,\Delta>\in\Re$，$\xi(B,\Delta)=1$

当且仅当，对所有使得$\{A\mid\Box A\in\Gamma\}\subset\Delta$的极大协调集$\Delta$，$B\in\Delta$

当且仅当，$\Box B\in\Gamma$

当且仅当，$A\in\Gamma$。

(3) $\xi(A,\Gamma)=0$

当且仅当，$\exists<\Gamma,\Delta>\in\Re$，$\xi(B,\Delta)=0$

当且仅当，$\exists<\Gamma,\Delta>\in\Re$，$ᆿ B\in\Delta$

当且仅当，存在极大协调集Δ，使得$\{A\mid\Box A\in\Gamma\}\subset\Delta$且$ᆿ B\in\Delta$

当且仅当，存在极大协调集Δ，使得$\{\Diamond A\mid A\in\Delta\}\subset\Gamma$ 且$ᆿ B\in\Delta$

当且仅当，$\Diamond ᆿ B\in\Gamma$

当且仅当，$ᆿ\Box B\in\Gamma$。

由(1)与(3)，即得(2)。□

定理 4 (MKCOM 的完备性). 若$\Gamma\models A$，则$\Gamma\vdash A$。

证：由引理 10 即得。□

类似于模态逻辑系统 MK, MT, MS_4 及 MS_5 构造，基于上述给出的具有三种否定的模糊模态命题逻辑系统 MKCOM，我们可进一步构造出 MKCOM 的扩展系统 MTCOM、MS_4COM 和 MS_5COM：

定义 6. 若在 MKCOM 中加入推理规则：$\Box A \vdash A$，则得到一个新的具有三种否定的模糊模态逻辑系统，记为 MTCOM。

定义 7. 在 MKCOM 中加入推理规则：$\Box A \vdash \Box\Box A$，则得到一个新的具有三种否定的模糊模态逻辑系统，记为 MS_4COM。

定义 8. 在 MKCOM 中加入推理规则：$\Diamond A \vdash \Box\Diamond A$，则得到一个新的具有三种否定的中介模糊模态逻辑系统，记为 MS_5COM。

6.3.5 FLCOM、∀FLCOM、FNDSCOM 和 MKCOM 的语法完全性

在 2.4.2 节中，我们研究了一般逻辑形式系统的一些元逻辑特征，指出一个逻辑形式系统的完全性（完备性）体现了本身的整体性能，一个逻辑形式系统的完全性包括语义完全性和语法完全性，并且证明了经典逻辑系统中的命题逻辑演算是语法完全的，一阶谓词逻辑演算不是语法完全的。在非经典逻辑系统中，模态命题逻辑和模态谓词逻辑都不是语法完全的。对于具有矛盾否定、对立否定和中介否定的模糊命题逻辑演算 FLCOM、谓词逻辑演算∀FLCOM、自然推理系统 FNDSCOM 以及模糊模态命题逻辑演算 MKCOM，它们具有怎样的元逻辑特征？

我们在上述中已证明 FLCOM、∀FLCOM、FNDSCOM 和 MKCOM 在给定的语义解释下都是语义完全的，虽然它们都是非经典逻辑，但它们的语法完全性结果却不同。以下研究结果表明，FLCOM 与 FNDSCOM 是语法完全的，而∀FLCOM、MKCOM 不是语法完全的。

在 2.4.2 节中，有如下定义和结论：

定义 1. 设 S 是一个不矛盾的（即协调的）逻辑形式系统。S 是语法完全的，当且仅当，若将 S 中任一不可证的合式公式 A 作为 S 的公理（或公理模式），则所得的逻辑形式系统是矛盾的（即不协调的）。

定义 2. 一个逻辑形式系统 S 是不矛盾的，当且仅当，S 中不存在互为矛盾的合式公式都是 S 的定理。

结论 1. 设 S_2 是逻辑形式系统 S_1 的任一不矛盾的扩张系统。若 S_1 不是语法完全的，则 S_2 也不是语法完全的（或者说，若 S_2 是语法完全的，则 S_1 必定语法完全）。

在 6.2.2 节中我们已证明，FLCOM 在给定的三值语义解释（赋值∂）下是语义完全的。

至此，对于 FLCOM 的语法完全性，我们有如下结果：

定理 1. 具有矛盾否定、对立否定和中介否定的模糊命题逻辑系统 FLCOM 是

语法完全的。

证明：设 Λ 是 FLCOM 的合式公式模式，而不是 FLCOM 的定理模式。把 Λ 加到 FLCOM 中作为公理模式，则得到一新的形式系统 $FLCOM^+$。

令 Λ 中的所有命题变元为 $A_1, A_2, \cdots, A_n$。由假设，则有许多具有 Λ 模式的 FLCOM 中的合式公式不是 FLCOM 的定理，令其中一个为 A^*，A^* 中分别相应于 $A_1, A_2, \cdots, A_n$ 的子公式为 $A_1^*, A_2^*, \cdots, A_n^*$。由于 FLCOM 在三值解释（赋值∂）下是语义完全的，所以 A^* 不是常真的。根据 6.2.2 节中定义 3，在赋值∂下，$\partial(A^*) = 0$ 或 $\partial(A^*) = 1/2$。

我们作如下替换：

(1) A^* 中，将 $\partial(A^*) = 0$ 时使得 $\partial(A_i^*) = 1$ 的 A_i^* 替换为 $P\to P$，使 $\partial(A_i^*) = 0$ 的 A_i^* 替换为 $╕(P\to P)$，使 $\partial(A_i^*) = 1/2$ 的 A_i^* 替换为 $\sim(P\to P)$，其结果令为 A^{**}。

(2) A^* 中，将 $\partial(A^*) = 1/2$ 时作(1)中同样的替换，其结果令为 A^{***}。

显然，A^{**}, A^{***} 分别是具有 Λ 模式的合式公式，故都是 $FLCOM^+$ 的定理，即 $\vdash_{FLCOM+} A^{**}$，$\vdash_{FLCOM+} A^{***}$。

然而，对于 FLCOM 的任何三值解释，在其赋值 φ 下，$\varphi(P\to P) = 1$，$\varphi(╕(P\to P)) = 0$ 和 $\varphi(\sim(P\to P)) = 1/2$，因而，$\varphi(A^{**}) = 0$，$\varphi(A^{***}) = 1/2$，表明 A^{**} 与 A^{***} 都是 FLCOM 的不可满足的合式公式。由于 $\varphi(A^{**}) = 0$ 时 $\varphi(╕A^{**}) = 1$，$\varphi(A^{***}) = 1/2$ 时 $\varphi(\sim A^{***}) = 1$，因此，根据 FLCOM 的语义完全性，$╕A^{**}$ 与 $\sim A^{***}$ 都是 FLCOM 的定理。因 FLCOM 是 $FLCOM^+$ 的子系统，所以，$╕A^{**}$、$\sim A^{***}$ 亦是 $FLCOM^+$ 的定理，即 $\vdash_{FLCOM+} ╕A^{**}$，$\vdash_{FLCOM+} \sim A^{***}$。

至此，有 $\vdash_{FLCOM+} A^{**}$ 且 $\vdash_{FLCOM+} ╕A^{**}$，$\vdash_{FLCOM+} A^{***}$ 且 $\vdash_{FLCOM+} \sim A^{***}$。根据 6.1.2 节中定理 4，$A^{**}$ 与 $╕A^{**}$、A^{***} 与 $\sim A^{***}$ 是矛盾的，由定义 2，$FLCOM^+$ 是矛盾的。由定义 1，FLCOM 是语法完全的。□

定理 2. 具有矛盾否定、对立否定和中介否定的模糊谓词逻辑∀FLCOM 不是语法完全的。

证明：因为∀FLCOM 是 FLCOM 的协调的扩张系统，根据 2.4.2 节定理 6 得证。□

由于 FNDSCOM 是对应 FLCOM 而构建的一种具有矛盾否定、对立否定和中介否定的自然推理系统，因而，同理可证明 FNDSCOM 是语法完全的。

定理 3. 具有矛盾否定、对立否定和中介否定的自然推理系统 FNDSCOM 是语法完全的。

定理 4. 具有矛盾否定、对立否定和中介否定的模糊模态命题逻辑系统 MKCOM 不是语法完全的。

证明：设 $\oplus\in\{\Box, \Diamond\}$。对于 MKCOM 中的合式公式 $A\to\oplus A$，因 $A\to\oplus A$ 不是常真的，根据 MKCOM 的完备性定理，$A\to\oplus A$ 不是 MKCOM 的定理。将 $A\to\oplus A$ 加

到 MKCOM 中作为公理，令所得新形式系统为 MKCOM*。

我们可给定 MKCOM*一个语义解释$<W, \Re, \xi, T>$，W 中只有一个可能世界 w_1，而$\xi(A, w_1) = 1$。则在该语义解释下，因 $A\to\oplus A$ 是公理，故$\xi(A\to\oplus A, w_1) = 1$，而对于 MKCOM*的其他任何公理$(X)$和推理规则$(R)$，$\xi((X), w_1) = 1$，$\xi((R), w_1) = 1$。因而在这个语义解释下，对于 MKCOM*的任一形式定理 T 均有$\xi((R), w_1) = 1$；对于 MKCOM*中的任一合式公式 B，不能$\xi(B, w_1) = 1$ 并且$\xi(B, w_1) = 0$ (即$\xi(╕B, w) =1$，或$\xi(\neg B, w_1) = 1$)。即是说，B 与 B 的否定不能都作为 MKCOM*的形式定理，即 MKCOM*不能既有$\vdash$MKCOM* B 又有$\vdash$MKCOM* ╕B (或$\vdash_{\mathrm{M}}$KCOM* $\neg B$)。根据定义 2，MKCOM*是不矛盾的。

因此，据定义 1，MKCOM 不是语法完全的。□

6.4 本章小结

本章提出的具有矛盾否定、对立否定和中介否定的模糊命题逻辑 FLCOM 与模糊谓词逻辑∀FLCOM，其目的是以第 4 章的 FSCOM 模糊集作为主要工具，以模糊命题为研究对象，运用 FSCOM 模糊集理论研究模糊命题以及三种不同否定的关系、性质和推理规律，为模糊推理尤其是含有不同否定命题的模糊推理提供理论基础。由于 FLCOM 与∀FLCOM 是从概念本质上区分了模糊概念中的三种不同否定等客观背景（如第 3 章所述）出发，以能够刻画这些不同否定的性质和关系等规律的 FSCOM 模糊集理论为基础的具有语法和语义理论的模糊逻辑系统，而现今的已形式化的模糊逻辑是以只有一种否定思想的 Zadeh 模糊集为基础的理论，因此不能认为 FLCOM 与∀FLCOM 是只需在一个具体的模糊逻辑中增加否定联结词就可扩充得到的逻辑系统。当然，FLCOM 和∀FLCOM 与一般模糊逻辑及其扩充理论存在相关性，具有模糊逻辑及其扩充的一些理论特征。

FLCOM 与∀FLCOM 是一种狭义模糊逻辑，不是广义模糊逻辑（如模糊语言逻辑）。但正如在第 4 章小结中对 FSCOM 模糊集指出的那样，对于 FLCOM 与∀FLCOM，我们仍需要指出的是，它与其他狭义模糊逻辑理论不同，现今的狭义和广义的模糊逻辑及其各种扩展由于在基本概念中只有一种否定的认知与描述，与经典逻辑中的否定思想没有本质区别，只是否定的定义形式不同，因此这些逻辑理论不具有区分、表达模糊命题中的不同否定及其关系的能力以及模糊推理的能力，在对模糊知识及其不同否定的区分、表达、推理以及计算等研究处理中将存在困难。

在 FLCOM 与∀FLCOM 中，由于否定概念区分为“矛盾”否定、“对立”否定和“中介”否定，因而在 FLCOM 与∀FLCOM 中扩充了通常意义下的“矛盾”概念的含义，本章 6.2.1 节中定理 3、定理 4 和定理 5 反映了这种扩充意义。如保持了现有模糊逻辑的归谬律$(A\to B)\to((A\to \neg B)\to \neg A)$，增加了一个新归谬律

$(A\to B)\to((A\to ╕B)\to ╕A)$；保持了模糊逻辑中的无矛盾律$\neg(A\wedge\neg A)$，增加了三个新的无矛盾律$\neg(╕A\wedge{\sim}A)$，$\neg(A\wedge{\sim}A)$和$\neg(A\wedge ╕A)$。在这种扩充后的新的“矛盾”概念含义下，不仅 A 与$\neg A$ 是矛盾的，而且$\{A, ╕A, {\sim}A\}$中任意二者也是矛盾的。

对于本章中提出的 FLcom 与∀FLcom 的一种真值域为[0, 1]的无穷值语义解释，除了为 FLcom 与∀FLcom 的形式语言给出了一种语义解释外，还具有另一重要作用，即可作为 FLcom 与∀FLcom 在实际的模糊知识处理研究中关于模糊知识推理的数值计算模型，为 FLcom 与∀FLcom 的实际应用（下一章详述）提供了一个有效的计算方法。

FLcom 与∀FLcom 中的矛盾否定¬、对立否定╕和中介否定~虽然都为[0, 1]到[0, 1]上的函数，但根据模糊否定的公理化定义，它们被证明是三种不同的各有特色的模糊否定。特别地，根据 1979 年 Trillas 提出的一个函数为模糊否定的充分必要条件（表现定理)，本章分别通过三个表现定理的证明，确定了一个函数是矛盾否定算子、对立否定算子、中介否定算子的充分必要条件。这些研究结果使得 FLcom 与∀FLcom 在理论上进一步深入和完善。

为了更加直接而自然地反映演绎推理关系，本章还提出了一种具有矛盾否定、对立否定和中介否定的模糊命题自然推理系统 FNDScom，并在改进的 FLcom 的无穷值语义解释下，证明了 FNDScom 是可靠的和完备的；为了刻画模糊模态命题以及不同否定的性质、关系和规律，本章还提出了一类具有矛盾否定、对立否定和中介否定的模糊模态命题逻辑 MKcom、MTcom、$\mathrm{MS_4}$com 和 $\mathrm{MS_5}$com，并证明了 MKcom 的完备性定理；同时，还研究了 FLcom、∀FLcom、FNDScom 和 MKcom 的语法完全性。这些关于 FLcom 的理论扩充研究，使得 FLcom 与∀FLcom 在理论上更加深入和丰富。

本章内容均为我们的原创研究结果，是本书的主要理论研究结果之一。

关于 FLcom 与∀FLcom 理论，除了本章介绍的内容外，还有不少使得 FLcom 与∀FLcom 理论更加充实、完善的研究内容，有待于有兴趣的读者对其进行研究。对此，我们试列举几个可研究的问题如下：

(1) FLcom 的命题联结词的含量完全性。一个命题逻辑演算的联结词的含量完全性，是指命题以及命题间的关系是否完全能通过联结词表达。如果命题以及命题间的关系都能通过联结词表达，则该逻辑演算的联结词含量是完全的。否则，是不完全的。因此，联结词的含量完全性反映了逻辑演算理论的语言表达能力。因 FLcom 的联结词集$\{\neg, ╕, {\sim}, \vee, \wedge, \to\}$可归约为$\{╕, {\sim}, \to\}$，即 FLcom 的初始联结词为 ╕, ~和→，所以，本问题即是研究 FLcom 的联结词集$\{╕, {\sim}, \to\}$是否为完全集。

此问题研究除了对 FLcom 理论具有基础意义外，也是问题(2)的研究基础。

(2) 三值语义下的 FLcom 与各种三值逻辑在语言表达能力上的比较。由(1)

所知，如果两个三值命题逻辑演算的联结词含量都是完全的，则它们具有的语言表达能力等效。而且，如果它们都是完备且可靠的，那么可证明两个命题逻辑演算等价。历史上有许多三值逻辑系统，如 1920 年 Łukasiewicz 开创，后经 Wajsberg 等构造的三值逻辑系统 L_3、L_3^*、$L_3^\vartriangle$；Post 三值逻辑系统 P_3^*； Bochvar 三值逻辑系统 B_3、$B_3^\vartriangle$；Kleene 三值逻辑系统 K_3、$K_3^\vartriangle$；Woodruff 三值逻辑系统 W_3^*等。其中 L_3^*, P_3^*和 W_3^*可证明都为命题联结词含量完全的命题逻辑，其余的 L_3, $L_3^\vartriangle$,B_3, $B_3^\vartriangle$, K_3, $K_3^\vartriangle$为命题联结词含量不完全的命题逻辑。（至此，我们可考虑：由于本章中已证明 FLcom 在三值语义下是完备且可靠的，基于(1)的研究，若 FLcom 的命题联结词含量是完全的，那么得知FLcom与三值逻辑 L_3^*, P_3^*和 W_3^*的语言表达能力等效；若 FLcom 的命题联结词含量不是完全的，那么 FLcom 与三值逻辑 L_3, $L_3^\vartriangle$,B_3, $B_3^\vartriangle$, K_3, $K_3^\vartriangle$的语言表达能力具有怎样的关系等）

(3) ∀FLcom 的语义。∀FLcom 的语义研究对于 FLcom 的理论是极其重要的。因研究过程繁复、篇幅较大，所以本章并未给出。但我们已指出，类似于中介谓词逻辑的语义研究，可证明∀FLcom 是可靠和完备的。亦可采用真值域为{0, 1/2, 1}的三值语义解释，或 Hájk 的基于 BL-代数、研究基础模糊谓词逻辑系统 BL∀ 语义的方法。

(4) FLcom 与∀FLcom 中公理的独立性。本章中我们指出 FLcom 中的公理并不具有独立性（当然∀FLcom 亦如此），并未予以证明。在一个逻辑演算系统中，一条公理称为独立的，如果它不能从其余的公理推出。也可以说，如果在逻辑演算中去掉某一条公理后，使得这个逻辑演算中原有的某个推理关系不再成立，那么这条公理是独立的。由此，可采用通常的证明方法，即找出一个性质，其他的公理与推理规则生成的推理关系都有这个性质，或其他的公理都保持这个性质，而被证明是否具有独立性的公理却不如此，那么也就证明了这条公理是独立的。

第 7 章 模糊逻辑 FLcom 与∀FLcom 的应用

在上章中，我们为了建立能够完整反映模糊知识及其三种不同否定关系即矛盾否定关系 CFC、对立否定关系 OFC 和中介否定关系 MFC 以及它们中的内在联系和规律的逻辑基础，提出了一种具有矛盾否定、对立否定和中介否定的模糊逻辑形式系统，即模糊命题逻辑演算 FLcom 和模糊谓词逻辑演算∀FLcom，并且介绍了它们的相关理论的研究结果。

FLcom 与∀FLcom 旨在以 FScom 模糊集为主要工具，以模糊集表述的模糊命题为研究对象，运用 FScom 模糊集理论研究模糊命题以及三种不同否定的关系、性质和推理规律，为模糊推理尤其是含有不同否定的模糊推理提供理论基础。但我们应强调的是，因 FLcom 与∀FLcom 将“否定”概念区分成“矛盾否定”“对立否定”和“中介否定”，从而以 FLcom 与∀FLcom 为理论基础的模糊推理在理论与应用中具有许多一般模糊逻辑与模糊推理所没有的性质与特点。因此，在 FLcom 与∀FLcom 的理论和应用研究中，我们更加注重模糊推理中不同否定信息的作用和意义以及它们的关系。

对此，本章将介绍 FLcom 与∀FLcom 在模糊知识的表示、推理以及计算等方面的理论应用以及实际应用的几个主要研究结果。这些研究结果不仅说明 FLcom 与∀FLcom 具有比一般模糊逻辑更好的表达能力，还体现了 FLcom 与∀FLcom 具有更能深入地反映模糊知识中的推理关系及其规律的能力。

7.1 基于 FLcom 与∀FLcom 的模糊推理与应用

7.1.1 基于 FLcom 的三种模糊拒取式推理及其算法

在模糊推理中，模糊蕴含是一个核心概念。它不仅表示形式为“如果 p 则 q”(p, q 是模糊概念)的模糊条件语句，而且在任何模糊系统中履行推理。在模糊推理的各种形式中，模糊取式(fuzzy modus ponens，FMP)、模糊拒取式(fuzzy modus tollens，FMT)和模糊链式(fuzzy chain syllogism，FCS)是最基本的推理形式。在模糊拒取式推理 FMT 中，否定作为一个推理前提，其为模糊集与模糊逻辑中的模糊否定，是经典否定（或补）的推广。由于模糊知识中存在与此不同的否定，那么，以这些不同的否定为推理前提的模糊拒取式推理的建立对于模糊推理的研究是极其重要的，将使得模糊推理理论及其应用更加全面和深入。

对此，我们基于 FLCOM，提出三种与 FMT 不同的分别基于矛盾否定、对立否定和中介否定的模糊拒取式推理 FMT_1、FMT_2 和 FMT_3 及其算法，证明了 FMT_1、FMT_2 和 FMT_3 的算法在给定条件下是还原算法（详见文献[246]）。

1. 基于矛盾否定、对立否定和中介否定的模糊拒取式推理

在上章中，我们已证明了 FLCOM 下列形式定理：

定理 1.　FLCOM：

$\vdash A\to A$ (7-1)

$\vdash (A\to\neg B)\to((A\to B)\to\neg A)$ (7-2)

$\vdash (A\to B)\to((A\to ╕B)\to ╕A)$ (7-3)

由此，我们可进一步证明 FLCOM 中下列形式定理：

定理 2.　FLCOM：$A\to B$，$\neg B\vdash\neg A$。

证明：

(a) $A\to B$

(b) $\neg B$

(c) $\neg B\to(A\to\neg B)$ (A1)

(d) $A\to\neg B$ (a)(b)(MP)

(e) $(A\to\neg B)\to((A\to B)\to\neg A)$ (7-2)

(f) $(A\to B)\to\neg A$ (d)(e)(MP)

(g) $\neg A$ (a)(f)(MP)

定理 3.　FLCOM：$A\to B$，$╕B\vdash ╕A$。

证明：

(a) $A\to B$

(b) $╕B$

(c) $╕B\to(A\to ╕B)$ (A1)

(d) $A\to ╕B$ (a)(b)(MP)

(e) $(A\to B)\to((A\to ╕B)\to ╕A)$ (7-3)

(f) $(A\to ╕B)\to ╕A$ (a)(e)(MP)

(g) $╕A$ (d)(f)(MP)

定理 4.　FLCOM：$A\to B$，$\sim B\vdash ╕A$。

证明：

(a) $A\to B$

(b) $\sim B$

(c) $\sim B\to\neg B\wedge\neg ╕B$ ($Y_\sim$)

(d) $\neg B\wedge\neg ╕B$ (b)(c)(MP)

(e) $\neg B \wedge \neg ㅋ B \rightarrow \neg B$ (∧1)

(f) $\neg B$ (d)(e)(MP)

(g) $\neg B \rightarrow (B \rightarrow ㅋ A)$ (H)

(h) $B \rightarrow ㅋ A$ (f)(g)(MP)

(i) $(A \rightarrow B) \rightarrow ((B \rightarrow ㅋ A) \rightarrow (A \rightarrow ㅋ A))$ (A3)

(j) $(B \rightarrow ㅋ A) \rightarrow (A \rightarrow ㅋ A)$ (a)(i)(MP)

(k) $A \rightarrow ㅋ A$ (h)(j)(MP)

(l) $A \rightarrow A$ (7-1)

(m) $(A \rightarrow A) \rightarrow ((A \rightarrow ㅋ A) \rightarrow ㅋ A)$ (7-3)

(n) $(A \rightarrow ㅋ A) \rightarrow ㅋ A$ (l)(m)(MP)

(o) $ㅋ A$ (k)(n)(MP)

在经典逻辑中，最重要的重言式之一是换质位律(low of contraposition)：

$$A \rightarrow B \equiv \overline{B} \rightarrow \overline{A} \tag{7-4}$$

它在模糊逻辑中的自然推广是基于模糊否定与模糊蕴含的。在模糊逻辑的换质位律中，一个模糊模糊否定 N 关于一个模糊蕴含 I 的换质位对称性在模糊蕴含的应用中扮演了重要角色，从而形成了模糊推理中一种基本的推理形式，即模糊拒取式推理(fuzzy modus tollens，FMT)[247]。在 FMT 中，将模糊否定 $\overline{A}$、$\overline{B}$ 泛化，即 $\overline{A}$ 拓广为普通的模糊集 A^*，$\overline{B}$ 拓广为一般模糊集 B^*，得到所谓的广义模糊拒取式推理(generalized modus tollens，GMT)。FMT 和 GMT 的推理模式表示如下：

FMT:		GMT:	
前提1:	如果x为A，则y为B	前提1:	如果x为A，则y为B
前提2:	y为$\overline{B}$	前提2:	y为B^*
结　论:	x为$\overline{A}$	结　论:	x为A^*

其中，A, $\overline{A}$, A^*是论域 X 上的模糊子集；B, $\overline{B}$, B^*是论域 Y 上的模糊子集；$\overline{A}$, $\overline{B}$ 为 A, B 的模糊否定。

在上章中，我们在 FLCOM 的一种语义解释下，证明了 FLCOM 的可靠性定理。可靠性定理表明，FLCOM 中形式定理所反映出的前提与结论之间的形式推理关系在演绎推理中都是成立的。由此，根据形式定理 2、定理 3 和定理 4，我们提出如下三种分别基于矛盾否定¬、对立否定ㅋ和中介否定~的模糊拒取式推理，其推理模式表示为如下：

FMT_1:	FMT_2:	FMT_3:
前提1: 如果x为A则y为B	前提1: 如果x为A则y为B	前提1: 如果x为A则y为B
前提2: y为$B^{\neg}$	前提2: y为$B^{ㅋ}$	前提2: y为$B^{\sim}$
结 论: x为$A^{\neg}$	结 论: x为$A^{ㅋ}$	结 论: x为$A^{ㅋ}$

其中，A、$A^{\neg}$ 和 $A^{ㅋ}$是论域X上的FSCOM模糊集；B、$B^{\neg}$、$B^{ㅋ}$和$B^{\sim}$是论域Y上的FSCOM模糊集；$A^{\neg}$、$A^{ㅋ}$分别是A的矛盾否定集和对立否定集；$B^{\neg}$、$B^{ㅋ}$和$B^{\sim}$分别是B的矛盾否定集、对立否定集和中介否定集。

注 1. 在FMT_1中，“前提 1”“前提 2”和“结论”三个模糊命题在FLCOM中可分别表示为$A\to B$、$\neg B$和$\neg A$；在FMT_2中，“前提 1”“前提 2”和“结论”三个模糊命题在FLCOM中可分别表示为$A\to B$、ㅋB和ㅋA；在FMT_3中，“前提 1”“前提 2”和“结论”三个模糊命题在FLCOM中可分别表示为$A\to B$、$\sim B$和ㅋA。

2. 基于矛盾否定、对立否定和中介否定的模糊蕴含

上述表明，在模糊拒取式推理中，模糊否定和模糊蕴含是核心。在上章6.3.2节中，我们深入考察研究了FLCOM中的矛盾否定、对立否定和中介否定的算子特征与性质，根据模糊否定的公理化定义，严格证明了三种否定是不同的模糊否定。在此基础上，我们需要进一步研究模糊蕴含以及模糊蕴含与三种否定的关系。

在模糊逻辑中，联结词$\wedge$（合取）、$\vee$（析取）通常用t-范数(norm)和t-余范数(conorm)定义。

定义 1. 一个映射T：$[0, 1]^2\to[0, 1]$ 称为一个t-范数，若满足

(T1) 有界性：$T(0, 0) = 0$，$T(1, a) = a$，$T(0, a) = 0$；

(T2) 单调性：若$a\leqslant b$则$T(a, c)\leqslant T(b, c)$；

(T3) 交换性：$T(a, b) = T(b, a)$；

(T4) 结合性：$T(a, T(b, c)) = T(T(a, b), c)$。

定义 2. 一个映射S：$[0, 1]^2\to[0, 1]$ 称为一个t-余范数，若满足

(S1) 有界性：$S(1, 1) = 1$，$S(1, a) = 1$，$S(a, 0) = a$；

(S2) 单调性：若$a\leqslant b$则$S(a, c)\leqslant S(b, c)$；

(S3) 交换性：$S(a, b) = S(b, a)$；

(S4) 结合性：$S(a, S(b, c)) = S(S(a, b), c)$。

在近似推理中，模糊蕴含不仅表达形如“如果P，则Q”（P, Q为模糊命题）的模糊语句，也在任何基于规则的系统中履行推理。模糊蕴含$\to$通常被定义为一个算子I：$[0, 1]^2\to[0, 1]$，其表达式有多种不同的定义。其中，最常用的四种定义如下[248]：

定义 3. 一个R-蕴含I_R：$[0, 1]^2\to[0, 1]$，S-蕴含I_S：$[0, 1]^2\to[0, 1]$，QL-蕴含

I_{QL}: $[0, 1]^2 \to [0, 1]$以及 D-蕴含 I_D 为

$I_R(a, b) = \sup\{s\in[0,1] | T(a, s)\leqslant b\}$，$\forall a, b\in[0, 1]$；

$I_S(a, b) = N(T(a, N(b)))$，$\forall a, b\in[0, 1]$；

$I_{QL}(a, b) = S(N(a), T(a, b))$，$\forall a, b\in[0, 1]$；

$I_D(a, b) = S(T(N(a), N(b)), b)$，$\forall a, b\in[0, 1]$。

由于 FLCOM 中的矛盾否定$\neg$、对立否定$ᆿ$和中介否定~是不同的模糊否定，因此，上述模糊蕴含算子中的模糊否定 N 可分别为$\neg$、$ᆿ$ 和~。从而我们得到基于矛盾否定、对立否定和中介否定的模糊蕴含算子如下：

当 $N=\neg$时，对于所有 $a, b\in[0, 1]$，

$I_S(a, b) = \neg(T(a, \neg(b)))$

$I_{QL}(a, b) = S(\neg(a), T(a, b))$

$I_D(a, b) = S(T(\neg(a), \neg(b)), b)$

当 $N=$ᆿ时，对于所有 $a, b\in[0, 1]$，

$I_S(a, b) =$ ᆿ$(a,$ ᆿ$(b))$

$I_{QL}(a, b) = S($ᆿ$(a), T(a, b))$

$I_D(a, b) = S(T($ᆿ$(a),$ ᆿ$(b)), b)$

当 $N=\sim$时，对于所有 $a, b\in[0, 1]$，

$I_S(a, b) = \sim(a, \sim(b))$

$I_{QL}(a, b) = S(\sim(a), T(a,b))$

$I_D(a, b) = S(T(\sim(a), \sim(b)), b)$

文献[249]与[250]认为，对于许多模糊蕴含算子 I 而言，I 关于一些模糊否定 N 并不满足换质位律(4)，然而，由它们可得到与模糊否定 N 关联的新的模糊蕴含算子。故此，基于 I_R，我们定义一种可与 I_R 互换的蕴含算子 I_{NR}（简称为 NR-蕴含）如下：

定义 4. 令 N 是一种模糊否定，T 是一个 t-范数。则称如下模糊蕴含 I_{NR}: $[0, 1]^2 \to [0, 1]$ 为 NR-蕴含，

$$I_{NR}(a, b) = \sup\{s\in[0,1] \mid T(N(b), s)\leqslant N(a)\},\ \forall a, b\in[0, 1]$$

蕴含算子 I_{NR} 与 I_R 具有下列关系及性质：

命题 1. 设 $a, b\in[0, 1]$，则

(a) $I_{NR}(a, b) = I_R(N(b), N(a))$;

(b) $T(a, I_R(a, b))\leqslant b$;

(c) $T(N(b), I_{NR}(a, b))\leqslant N(a)$;

(d) $T(a, s)\leqslant b$，当且仅当 $s\leqslant I_R(a, b)$;

(e) $T(N(b), s)\leqslant N(a)$，当且仅当 $s\leqslant I_{NR}(a, b)$。

证明：(a) 因 $I_R(a, b) = \sup\{s\in[0,1] \mid T(a, s)\leqslant b\}$，所以，$I_R(N(b), N(a)) = \sup\{s\in[0,1] \mid T(N(b), s)\leqslant N(a)\}= I_{NR}(a, b)$。

(b) 在 $I_R(a, b) = \sup\{s\in[0,1] \mid T(a, s)\leqslant b\}$中，因 $s = I_R(a, b)$满足 $T(a, s)\leqslant b$，故有 $T(a, I_R(a, b))\leqslant b$。

(c) 在 $I_{NR}(a, b) = \sup\{ s\in[0,1] \mid T(N(b), s)\leqslant N(a)\}$中，因 $s = I_{NR}(a, b)$满足 $T(N(b), s)\leqslant N(a)$，所以有 $T(N(b), I_{NR}(a, b))\leqslant N(a)$。

(d) 如果 $T(a, s)\leqslant b$，则 $s =\{s\in[0,1] \mid T(a, s)\leqslant b\}\leqslant\sup\{s\in[0,1] \mid T(a, s)\leqslant b\}= I_R(a, b)$。如果 $s\leqslant I_R(a, b)$，即 $s\leqslant\sup\{s\in[0,1] \mid T(a, s)\leqslant b\}$，则有 $T(a, s)\leqslant b$。

(e) 如果 $T(N(b), s)\leqslant N(a)$，则 $s = \{s\in[0,1] \mid T(N(b), s)\leqslant N(a)\}\leqslant\sup\{s\in[0,1] \mid T(N(b), s)\leqslant N(a)\} = I_{NR}(a, b)$。如果 $s\leqslant I_{NR}(a, b)$，即 $s\leqslant\sup\{s\in[0,1] \mid T(N(b), s)\leqslant N(a)\}$，则有 $T(N(b), s)\leqslant N(a)$。□

3. 基于矛盾否定、对立否定和中介否定的模糊拒取式推理的算法及其还原性

对于模糊拒取式推理 FMT 和 GMT，现今有多种算法。其中，最基本的 FMT 的算法与 GMT 的算法如下表示：

FMT 的算法：

$\overline{A} = \overline{B} \circ(A\to B)^{-1}$

$$\mu_{\overline{A}}(x) = \sup_{y\in Y}T(\mu_{\overline{B}}(y), I(\mu_A(x), \mu_B(y))),\ \forall x\in X \tag{7-5}$$

GMT 的算法：

$A^* = B^*\circ(A\to B)^{-1}$

$$\mu_{A^*}(x) = \sup_{y\in Y}T(\mu_{B^*}(y), I(\mu_A(x), \mu_B(y))),\ \forall x\in X \tag{7-6}$$

基于式(7-5)，我们提出 FMT_1、FMT_2 和 FMT_3 的算法如下：

FMT_1 的算法：

$\neg A = \neg B\circ(A\to B)^{-1}$

$$\mu_{\neg A}(x) = \sup_{y\in Y}T(\mu_{\neg B}(y), I(\mu_A(x), \mu_B(y))),\ \forall x\in X \tag{7-7}$$

FMT_2 的算法：

$╕A = ╕B\circ(A\to B)^{-1}$

$$\mu_{╕A}(x) = \sup_{y\in Y}T(\mu_{╕B}(y), I(\mu_A(x), \mu_B(y))),\ \forall x\in X \tag{7-8}$$

FMT_3 的算法：

$╕A = {\sim}B\circ(A\to B)^{-1}$

$$\mu_{╕A}(x) = \sup_{y\in Y}T(\mu_{\sim B}(y), I(\mu_A(x), \mu_B(y))),\ \forall x\in X \tag{7-9}$$

其中，○代表合成运算，$\mu_{\neg A}$、$\mu_{╕A}$、$\mu_{\neg B}$、$\mu_{╕B}$ 和$\mu_{\sim B}$ 分别代表模糊集$\neg A$、$╕A$、$\neg B$、$╕B$ 和$\sim B$ 的隶属函数。

在模糊推理理论中，关于推理算法的优劣，目前尚没有公认的系统标准。但是，算法的还原性是算法的最基本要求，这种要求体现了算法的和谐性。关于模

糊推理算法的还原性，一般定义如下[250]：

定义 5. 对于广义模糊拒取式推理 GMT 的一种算法，如果 $B^* = \overline{B}$ 时可求得 $A^* = \overline{A}$，则称这种算法为还原算法。

根据此定义下，在文献[250]中已证明，如果模糊蕴含算子为 I_{QL}，GMT 的算法式(7-6)不是还原算法。

对于基于矛盾否定¬、对立否定╕和中介否定~的模糊拒取式推理 FMT_1、FMT_2 和 FMT_3 的算法还原性，我们有以下结果。

定理 5. 设 T 是一个 t-范数，I 是与 T 关联的模糊蕴含算子并且 $I(1, a) = a$，$\overline{B}$ 是论域 Y 上的一个正规(normal)模糊子集。对于基于矛盾否定¬的模糊拒取式推理 FMT_1 的算法式(7-7)，如果 $I \leqslant I_{NR}$，则 FMT_1 的算法式(7-7)是还原算法。

证明：设 $\neg B = \overline{B}$。根据 FMT_1 的算法式(7-7)，有

$$\begin{aligned}\mu_{\neg A}(x) &= \sup_{y\in Y} T(\mu_{\neg B}(y), I(\mu_A(x), \mu_B(y)))\\ &\leqslant \sup_{y\in Y} T(\mu_{\neg B}(y), I_{NR}(\mu_A(x), \mu_B(y)))\\ &= \sup_{y\in Y} T(\mu_{\overline{B}}(y), I_{NR}(\mu_A(x), \mu_B(y)))\\ &\leqslant \sup_{y\in Y} \mu_{\overline{A}}(x)\ (\text{由命题 1(c)})\\ &= \mu_{\overline{A}}(x)\end{aligned}$$

因 $\overline{B}$ 是论域 Y 上的正规模糊子集，即存在一个 $y_0 \in Y$，使得 $\mu_{\overline{B}}(y_0) = 1$，则有

$$\begin{aligned}\mu_{\overline{A}}(x) &= T(1, I(1, \mu_{\overline{A}}(x)))\\ &= T(\mu_{\overline{B}}(y_0), I(\mu_{\overline{B}}(y_0), \mu_{\overline{A}}(x)))\\ &\leqslant \sup_{y\in Y} T(\mu_{\overline{B}}(y), I(\mu_{\overline{B}}(y), \mu_{\overline{A}}(x)))\\ &= \sup_{y\in Y} T(\mu_{\neg B}(y), I(\mu_A(x), \mu_B(y)))\\ &= \mu_{\neg A}(x)\end{aligned}$$

所以，$\mu_{\neg A}(x) = \mu_{\overline{A}}(x)$，即 $\neg A = \overline{A}$。因此，对于 FMT_1 的算法式(7-7)，当 $\neg B = \overline{B}$ 时，有 $\neg A = \overline{A}$。根据定义 5，FMT_1 的算法式(7-7)是还原算法。□

定理 6. 设 T 是一个 T-范数，I 是与 T 关联的模糊蕴含算子并且 $I(1, a) = a$，$\overline{B}$ 是论域 Y 上的一个正规模糊子集。对于基于对立否定╕的模糊拒取式推理 FMT_2 的算法式(7-8)，如果 $I \leqslant I_{NR}$，则 FMT_2 的算法式(7-8)是还原算法。

证明：设 ╕$B = \overline{B}$。根据 FMT_2 的算法式(7-8)，有

$$\begin{aligned}\mu_{╕A}(x) &= \sup_{y\in Y} T(\mu_{╕B}(y), I(\mu_A(x), \mu_B(y)))\\ &\leqslant \sup_{y\in Y} T(\mu_{╕B}(y), I_{NR}(\mu_A(x), \mu_B(y)))\\ &= \sup_{y\in Y} T(\mu_{\overline{B}}(y), I_{NR}(\mu_A(x), \mu_B(y)))\\ &\leqslant \sup_{y\in Y} \mu_{\overline{A}}(x)\ (\text{由命题 1(c)})\\ &= \mu_{\overline{A}}(x)\end{aligned}$$

因 $\overline{B}$ 是论域 Y 上的正规模糊子集，即存在一个 $y_0 \in Y$，使得 $\mu_{╕B}(y_0) = 1$，则有

$\mu_{\overline{A}}(x) = T(1, I(1, \mu_{\overline{A}}(x)))$

$= T(\mu_{\overline{B}}(y_0), I(\mu_{\overline{B}}(y_0), \mu_{\overline{A}}(x)))$

$\leqslant \sup_{y\in Y} T(\mu_{\overline{B}}(y), I(\mu_{\overline{B}}(y), \mu_{\overline{A}}(x)))$

$= \sup_{y\in Y} T(\mu_{\overline{B}}(y), I(\mu_A(x), \mu_B(y)))$

$= \sup_{y\in Y} T(\mu_{\neg B}(y), I(\mu_A(x), \mu_B(y)))$

$= \mu_{\neg A}(x)$

所以，$\mu_{\neg A}(x) = \mu_{\overline{A}}(x)$，即$\neg A = \overline{A}$。因此，对于 FMT_2 的算法式(7-8)，当$\neg B=\overline{B}$ 时，有$\neg A = \overline{A}$。根据定义 5，FMT_2 的算法式(7-8)是还原算法。□

定理 7. 设 T 是一个 T-范数，I 是与 T 关联的模糊蕴含算子并且 $I(1, a) = a$，$\overline{B}$ 是论域 Y 上的一个正规模糊子集。对于基于中介否定~的模糊拒取式推理 FMT_3 的算法式(7-9)，如果 $I \leqslant I_{NR}$，则 FMT_3 的算法式(7-9)是还原算法。

证明：设$\sim B = \overline{B}$。根据 FMT_3 的算法式(7-9)，有

$\mu_{\neg A}(x) = \sup_{y\in Y} T(\mu_{\sim B}(y), I(\mu_A(x), \mu_B(y)))$

$\leqslant \sup_{y\in Y} T(\mu_{\sim B}(y), I_{NR}(\mu_A(x), \mu_B(y)))$

$= \sup_{y\in Y} T(\mu_{\overline{B}}(y), I_{NR}(\mu_A(x), \mu_B(y)))$

$\leqslant \sup_{y\in Y} \mu_{\overline{A}}(x)$（由命题 1(c)）

$= \mu_{\overline{A}}(x)$

因 $\overline{B}$ 是论域 Y 上的正规模糊子集，即存在一个 $y_0 \in Y$，使得$\mu_{\overline{B}}(y_0) = 1$，则有

$\mu_{\overline{A}}(x) = T(1, I(1, \mu_{\overline{A}}(x)))$

$= T(\mu_{\overline{B}}(y_0), I(\mu_{\overline{B}}(y_0), \mu_{\overline{A}}(x)))$

$\leqslant \sup_{y\in Y} T(\mu_{\overline{B}}(y), I(\mu_{\overline{B}}(y), \mu_{\overline{A}}(x)))$

$= \sup_{y\in Y} T(\mu_{\overline{B}}(y), I(\mu_A(x), \mu_B(y)))$

$= \sup_{y\in Y} T(\mu_{\sim B}(y), I(\mu_A(x), \mu_B(y)))$

$= \mu_{\neg A}(x)$

所以，$\mu_{\neg A}(x) = \mu_{\overline{A}}(x)$，即$\neg A = \overline{A}$。因此，对于 FMT_3 的算法式(7-9)，当$\sim B = \overline{B}$ 时，有$\neg A = \overline{A}$。根据定义 5，FMT_3 的算法式(7-9)是还原算法。□

7.1.2　FLCOM 的λ-归结

归结原理是机器定理证明的重要基础，归结方法是一种机械化的可在计算机上加以实现的推理方法。在 2.3.3 节中，我们曾介绍了中介谓词逻辑的归结原理及其λ-归结方法。类似地，关于具有矛盾否定、对立否定和中介否定的模糊命题逻辑 FLCOM 的归结原理，我们基于 6.2.1 节中提出的 FLCOM 的无穷值语义解释，将λ-归结方法引入 FLCOM 中，得到 FLCOM 的一种λ-归结方法（详见文献[251]和[252]）。

1. 公式的可满足性

在 6.2.1 节中，我们给出了 FLcom 的一种无穷值语义解释(λ-赋值)。下面以此作为基础，可进一步给出 FLcom 中公式的可满足性概念。

定义 1. 设 A 是 FLcom 的一个公式，$\lambda\in(0,\ 1)$。对于$\lambda\geqslant 1/2$，若存在 FLcom 的一个无穷值语义解释(λ-赋值) ∂，使得$\partial(A)>\lambda$，则称 A 是λ-可满足的，否则称 A 是λ-不可满足的。

根据 FLcom 的无穷值语义解释定义，易证如下结论：

定理 1. 设 A 是 FLcom 的一个公式，$\lambda\in(1/2, 1)$。则

(i)　$\partial(A)>\partial({\sim}A)>\partial(\exists A)$，当且仅当$\partial(A)\in(\lambda, 1]$；

(ii)　$\partial(\exists A)>\partial({\sim}A)>\partial(A)$，当且仅当$\partial(A)\in[0, 1-\lambda)$。

定理 2. 设 A 是 FLcom 的一个公式，$\lambda\in(1/2, 1)$。则

(a)　$\partial(A)>\lambda$，当且仅当 $1-\lambda\leqslant\partial({\sim}A)<\lambda$；

(b)　$\partial(A)<1-\lambda$，当且仅当 $1-\lambda<\partial({\sim}A)\leqslant\lambda$；

证明: (a) 由于$\lambda>0.5$，若$\partial(A)>\lambda$，由λ-赋值∂的定义，$\partial({\sim}A)=\lambda-\dfrac{2\lambda-1}{1-\lambda}(\partial(A)-\lambda)$，因为$\lambda-\dfrac{2\lambda-1}{1-\lambda}(\partial(A)-\lambda)\geqslant\lambda-\dfrac{2\lambda-1}{1-\lambda}(1-\lambda)$，即$\lambda-\dfrac{2\lambda-1}{1-\lambda}(\partial(A)-\lambda)\geqslant 1-\lambda$，且$\lambda-\dfrac{2\lambda-1}{1-\lambda}(\partial(A)-\lambda)<\lambda-\dfrac{2\lambda-1}{1-\lambda}(\lambda-\lambda)$，即$\lambda-\dfrac{2\lambda-1}{1-\lambda}(\partial(A)-\lambda)<\lambda$，所以有$1-\lambda\leqslant\partial({\sim}A)<\lambda$。反之，若 $1-\lambda\leqslant\partial({\sim}A)<\lambda$，由于$\lambda>0.5$，且$\partial({\sim}A)=\lambda-\dfrac{2\lambda-1}{1-\lambda}(\partial(A)-\lambda)\in[1-\lambda, \lambda)$，因而得到$\partial(A)>\lambda$。因此，$\partial(A)>\lambda$，当且仅当 $1-\lambda\leqslant\partial({\sim}A)<\lambda$。

(b) 由于$\lambda>0.5$，若$\partial(A)<1-\lambda$，由λ-赋值∂的定义，$\partial({\sim}A)=\lambda-\dfrac{2\lambda-1}{1-\lambda}\partial(A)$，因为$\lambda-\dfrac{2\lambda-1}{1-\lambda}\partial(A)\leqslant\lambda$，且$\lambda-\dfrac{2\lambda-1}{1-\lambda}\partial(A)>\lambda-\dfrac{2\lambda-1}{1-\lambda}(1-\lambda)$，即$\lambda-\dfrac{2\lambda-1}{1-\lambda}\partial(A)>1-\lambda$，所以 $1-\lambda<\partial({\sim}A)\leqslant\lambda$。反之，若 $1-\lambda<\partial({\sim}A)\leqslant\lambda$，由于$\lambda>0.5$，且$\partial({\sim}A)=\lambda-\dfrac{2\lambda-1}{1-\lambda}\partial(A)\in(1-\lambda, \lambda]$，因而得到$\partial(A)<1-\lambda$。因此，$\partial(A)<1-\lambda$，当且仅当 $1-\lambda<\partial({\sim}A)\leqslant\lambda$。□

在 6.1.2 节中，定理 4 表明 FLcom 具有四个矛盾律，即是说，A 与$\neg A$ 的关系是不相容关系，而且 A、$\exists A$、${\sim}A$ 三者中任意二者的关系也都是不相容关系。因$\neg A=\exists A\vee{\sim}A$，由此可得，$\{A, \exists A, {\sim}A\}$中的任意两个公式的关系是不相容关系。因此，我们可作如下定义：

定义 2. 在 FLcom 中，公式集$\{A, \exists A, {\sim}A\}$中的任意两者的关系为不相容关系(或称两者不相容)。

定理 3. 公式集$\{A, ╕A, \sim A\}$中任意两个公式的合取是λ-不可满足的。

证明：假设$\{A, ╕A, \sim A\}$中任意两个公式的合取是λ-可满足的。则由定义 1，存在 FLCOM 的一个无穷值语义解释∂，使得$\partial(A \wedge ╕A) > \lambda$，$\partial(A \wedge \sim A) > \lambda$，$\partial(╕A \wedge \sim A) > \lambda$。若$\partial(A \wedge ╕A)>\lambda$，由$\partial$的定义，则$\partial(A)>\lambda$且$\partial(╕A)>\lambda$，因$\lambda \geqslant 1/2$，所以$\partial(A)>\lambda$ 必有$\partial(╕A)< 1-\lambda \leqslant \lambda$，故矛盾。同理，若$\partial(A \wedge \sim A)>\lambda$，则$\partial(A) > \lambda$且$\partial(\sim A) > \lambda$，所以$\partial(A)>\lambda$ 必有 $1-\lambda < \partial(\sim A)<\lambda$，故矛盾；若$\partial(╕A \wedge \sim A)>\lambda$，则$\partial(╕A) > \lambda$且$\partial(\sim A) > \lambda$，所以$\partial(╕A) > \lambda$必有 $1-\lambda < \partial(\sim A) < \lambda$，故矛盾。

因此，假设不成立。所以，公式集$\{A, ╕A, \sim A\}$中任意两个公式的合取是λ-不可满足的。□

2. FLCOM 的λ-归结

定义 3. FLCOM 中的模糊命题变项及其不同否定统称为文字。

由此定义，若 p 为 FLCOM 中的模糊命题变项，则 p、$\neg p$、$╕p$ 和$\sim p$ 为文字。

如所知，在模糊逻辑中，任一公式都存在与之等价的析取范式和合取范式。因此，FLCOM 中的任一公式都存在与之等价的析取范式和合取范式。根据“合取范式”概念的含义，FLCOM 中的任一公式 A 的合取范式定义如下：

定义 4. 在 FLCOM 中，任一公式 A 的合取范式表示为

$$A = (A_1^1 \vee A_2^1 \vee \cdots \vee A_r^1) \wedge \cdots \wedge (A_1^n \vee A_2^n \vee \cdots \vee A_r^n)$$

其中 A_i^j 是 FLCOM 中的文字。

定义 5. 在 FLCOM 中，有限个文字的析取式称为子句，不含任何文字的子句称为空子句，空子句用符号□表示。

定义 6. 在 FLCOM 中，由子句或空子句所构成的集合称为子句集，记作 H。

由于空子句是λ-不可满足的，因而，含有空子句的子句集是λ-不可满足的。由定义 6 可知，子句集是合取范式中各个合取分量的集合，那么合取范式可用一个子句集描述。由此可以得出结论：FLCOM 中的任一公式 A 都对应于一个子句集 H。

例 1. 将公式$A = P \wedge (Q \vee R) \wedge (\sim P \vee ╕Q) \wedge (╕P \vee \sim Q \vee R)$用子句集的形式表示。

解：公式 A 已是合取范式，那么 A 可用子句集 $H = \{P, Q \vee R, \sim P \vee ╕Q, ╕P \vee \sim Q \vee R\}$。

定理 4. 在 FLCOM 中，公式 A 是λ-不可满足的充要条件是 A 所对应的子句集 H 是λ-不可满足的。

证明：由上述，易证。□

根据定义 2，设 p 是一个模糊命题变项，若互不相同的两个文字 $l, l^c \in \{p, ╕p,$

~p}，则 l 与 l^c 的关系是不相容的（或 l^c 与 l 不相容）。

定义 7. 在 FLcom 中，设 C_1 和 C_2 是子句集 H 中的两个无公共变量子句，l_1、l_2 分别是 C_1、C_2 中的文字。如果 l_1 与 l_2 有 MGU(most general unifier) σ，并且 $l^{\sigma}{}_1$ 与 $l^{\sigma}{}_2$ 不相容，则子句

$$(C^{\sigma}{}_1-l^{\sigma}{}_1)\vee(C^{\sigma}{}_2-l^{\sigma}{}_2)$$

称为 C_1 和 C_2 的二元λ-归结式，记为 $R(C_1, C_2)$。并称 l 和 l^c 为归结文字。

例 2. 求 $C_1 = P \vee Q$，$C_1 = {\sim}P \vee ╕Q \vee R$ 的λ-归结式。

解：考虑 C_1 和 C_2 中的文字，其中 C_1 中的文字 P 和 C_2 中的文字~P 有否定关系，若将 C_1 中的 P 删除，C_2 中的~P 删除，就得 $C_1' = Q$，$C_2' = ╕Q \vee R$，而 C_1' 和 C_2'又有归结文字 Q 和╕Q，可以得到归结子句 $C_3' = R$。因此，$R(C_1, C_2) = R$。

定理 5. 设 C_1，C_2 是两个子句，C_1，$C_2 \in H$，$R(C_1, C_2)$是 C_1 和 C_2 的λ-归结式。若 $C_1 \wedge C_2$ 是λ-可满足的，则 $R(C_1, C_2)$是λ-可满足的，记作 $C_1 \wedge C_2 \Rightarrow R(C_1, C_2)$。

证明：记 $C = R(C_1, C_2)$，设归结文字为 l 和 l^c。不妨设 $C_1 = C_1' \vee l$，$C_2 = C_2' \vee l^c$。若 $C_1 \wedge C_2$ 是λ-可满足的，则存在一个λ-赋值∂，使得$\partial(C_1 \wedge C_2) > \lambda$，即$\partial(C_1) = \partial(C_1' \vee l) > \lambda$且$\partial(C_2) = \partial(C_1' \vee l^c) > \lambda$。由于$\partial(l) > \lambda$和$\partial(l^c) > \lambda$不能同时满足，故必有$\partial(C_1') > \lambda$或$\partial(C_2') > \lambda$，那么 C_1'或 C_2'中必含有文字 l'满足$\partial(l') > \lambda$。而 C 中含 l'，故$\partial(C) > \lambda$，即 $C = R(C_1, C_2)$ 是λ-可满足的。□

定义 8 (λ-归结演绎). 设 H 是 FLcom 的子句集，从 H 推出子句 C 的一个λ-归结演绎是如下一个有限子句序列：

$$C_1, C_2, \cdots, C_n$$

其中 $C_i\,(i = 1, 2, \cdots, n)$或者是 H 中的子句，或者是 C_j 和 $C_k\,(j < i, k < i)$的归结式，并且 $C_n = C$。称从子句集 H 演绎出子句 C，是指存在一个从 H 推出 C 的λ-归结演绎。并称这个子句序列为λ-归结序列。

定理 6. 设 H 是 FLcom 的子句集，$\lambda \in (0.5, 1)$。若存在从 H 推出□的λ-归结演绎，则 H 是λ-不可满足的。

证明：(反证法) 假设子句集 H 不是λ-可满足的，则存在一个λ-解释∂，使得$\partial(H) > \lambda$，即对任意子句 $C \in H$，有$\partial(C) > \lambda$。由定理 5 可知，最后必可得到$\partial(\square) > \lambda$，矛盾。因此假设不成立，定理结论成立。□

例 3. 用λ-归结法判断模糊命题公式 $A = (╕p \vee q) \wedge (p \vee q) \wedge ╕q$ 是否是λ-可满足的。

解：这已经是合取范式，它的子句集为 $H = \{╕p \vee q, p \vee q, ╕q\}$

(1)　$╕p \vee q$

(2)　$p \vee q$

(3)　$╕q$

(4)　q　(1),(2)归结

(5)　$\neg p$　(1),(3)归结

(6)　p　(2),(3)归结

(7)　q　(1),(6)归结

(8)　p　(2),(5)归结

(9)　□　(3),(4)归结

由此可见，存在从 A 的子句集 H 推出□的λ-归结演绎，根据定理 6，公式 A 是λ-不可满足的。

定理 7. 设 H 是 FLCOM 中包含子句 $C_1, C_2,\cdots, C_n$ 的子句集，从 H 中删去所有包含 l 的子句，再从剩下的子句中删去 l^c，把这样得到的子句集记作 H'。若 H 是λ-不可满足的，则 H'是λ-不可满足的。

证明：令 H_1 表示 H 中所有含 l 的子句集，H_2 表示 H/H_1 中所有含 l^c 的子句集，H_3 表示 H 既不含 l 又不含 l^c 的子句集，其中 $H_1=\{C_1, C_2,\cdots, C_i\}$，$H_2=\{C_{i+1}, C_{i+2},\cdots, C_j\}$，$H_3=\{C_{j+1}, C_{j+2},\cdots, C_n\}$，$H/H_1$ 表示从 H 中删除 H_1 中的子句后剩下的子句所组成的集合。$H_2'=\{C'_{i+1}, C'_{i+2},\ldots, C_j'\}$，其中 $C_k=C_k'\vee l^c$ $(k=i+1, i+2,\cdots, j;\ j\leqslant n)$。由此，分以下两种情形证明：

(i) 如果 H_3 是非空集，则 $H'=\{C'_{i+1}, C'_{i+2},\cdots, C_j', C_{j+1}, C_{j+2},\cdots, C_n\}$，其中 $C_k=C_k'\vee l^c$ $(k=i+1, i+2,\ldots, j;\ j<n)$。此时，若 H 是λ-不可满足的，则对任意的λ-解释∂，有$\partial(H)\leqslant\lambda$，即对任意 $C\in H$ 有$\partial(C)\leqslant\lambda$。那么$\partial(C_{j+1}\wedge C_{j+2}\wedge\cdots\wedge C_n)\leqslant\lambda$，从而有$\partial(C'_{i+1}\wedge\cdots\wedge C_j'\wedge C_{j+1}\wedge\cdots\wedge C_n)\leqslant\lambda$。因此 H'是λ-不可满足的。

(ii) 如果 H_3 是空集，则 $H'=\{C'_{i+1}, C'_{i+2},\cdots, C_j'\}$，其中 $C_k=C_k'\vee l^c$ $(k=i+1, i+2,\cdots, j; j=n)$。此时，若 H 是λ-不可满足的，则对任意的λ-解释∂，有$\partial(H)\leqslant\lambda$，即 H 中任一子句的λ-解释都小于等于λ，从而$\partial(C_k)=\partial(C_k'\vee l^c)\leqslant\lambda$ $(k=i+1, i+2,\ldots, j)$，故必有$\partial(C_i')\leqslant\lambda$ $(i=1, 2,\ldots, n)$。因此，H'是λ-不可满足的。

由(i)与(ii)，定理得证。□

定理 8. 设 H 是 FLCOM 的子句集，$\lambda\in(0.5, 1)$。若 H 是λ-不可满足的，则存在从 H 推出□的λ-归结演绎。

证明：H 中含有 k 个模糊命题变项，用数学归纳法证明。

当 $k=1$ 时，H 中只有一个模糊命题变项，设为 p。若 H 中有空子句，则结论显然。若 H 中没有空子句，由于 H 是λ-不可满足的，则 H 中必同时含有子句 p 和$\neg p$ 或 p 和$\sim p$ 或$\neg p$ 和$\sim p$。由于这三组子句的λ-归结式都为□，根据定义 8，存在从 H 推出□的λ-归结演绎。

假设当 $k<n$ $(n\geqslant 2)$时定理成立，下面证 $k=n$ 时定理也成立。

任意取定 H 中的一个模糊命题变项 p，则 p，$\neg p$，$\sim p$ 为文字。设 l 取自文字 p，$\neg p$，$\sim p$，且 H 中的子句包含 l，l^c 为 l 的否定。令 H_1 表示 H 中所有含 l 的子句

集，H_2表示 H/H_1 中所有含 l^c 的子句集，H_3 表示 H 既不含 l，又不含 l^c 的子句集。其中 H/H_1 表示从 H 中删除 H_1 中的子句后剩下的子句所组成的集合。H'是如下得到的子句集：先删去 H 中所有含 l 的子句，然后再从剩下的子句中删去 l^c。H_2'是删去 H_2 的所有子句中的 l^c 后的子句集。令 H''是如下得到的子句集：先删去 H 中所有含 l^c 的子句，然后再从剩下的子句中删去 l。H_1'是删去 H_1 的所有子句中的 l 后得到的子句集。由定理 7 可知，若 $H\wedge l$ 是λ-不可满足的，则 H'是λ-不可满足的, 若 $H\wedge l^c$ 是λ-不可满足的，则 H''是λ-不可满足的。由于 H 是λ-不可满足的，$H\wedge l$ 和 $H\wedge l^c$ 都是λ-不可满足的，故 H'和 H''也是λ-不可满足的。而 H'和 H''中命题变项的个数都小于 n，根据归纳假设，存在从 H'和 H''推出□的λ-归结序列 C_1，C_2，…，C_i 和 D_1，D_2，…，D_j，其中 C_i，D_j 为□。如果 C_t $(1\leqslant t\leqslant i)$是仅由 H_3 中的子句归结得到，则称 C_t 是与 H_2'无关的；否则称 C_t 是与 H_2'有关的。可类似地定义 $D_t(1\leqslant t\leqslant i)$是与 H_1'无关的和是与 H_1'有关的。分两种情况讨论如下：

(1) C_i 是与 H_2'无关的，或者 D_j 是与 H_1'无关的。此时可由 H_3 中的子句归结得到□，那么这个序列也是由 H 推出□的λ-归结序列。

(2) C_i 是与 H_2'有关的且 D_j 是与 H_1'有关的。对每一个 $1\leqslant t\leqslant i$，令

$$C_t' = \begin{cases} C_t\vee l^c, & \text{若 } C_t \text{ 与 } H_2' \text{有关} \\ C_t, & \text{若 } C_t \text{ 与 } H_2' \text{无关} \end{cases}$$

对每一个 $1\leqslant t\leqslant j$，令

$$D_t' = \begin{cases} D_t\vee l, & \text{若 } D_t \text{ 与 } H_1' \text{有关} \\ D_t, & \text{若 } D_t \text{ 与 } H_1' \text{无关} \end{cases}$$

不难看出 $C_1', C_2',\cdots, C_i'$和 $D_1', D_2',\cdots, D_j'$都是 H 的λ-归结序列，分别得到 $C_i' = l^c$ 和 $D_j' = l$，而 $R(C_i', D_j') = $ □。因此，$C_2',\cdots, C_i', D_1', D_2',\cdots, D_j'$, □是由 H 推出□的λ-归结序列。

所以，$k = n$ 时定理成立。

因此，若 H 是λ-不可满足的，则存在从 H 推出□的λ-归结演绎。□

根据定理 6 和定理 8，我们得到下述结论：

定理 9 (完备性定理). 设 H 是 FLcom 的子句集，$\lambda\in(0.5, 1)$。若 H 是λ-不可满足的当且仅当存在从 H 推出□的λ-归结演绎。

例 4. 证明：$A_1\wedge A_2\Rightarrow A_3$。若

A_1:　老年人、驾驶技术差的人或疲劳驾驶的人容易出交通事故；

A_2:　某个中年人驾驶技术一般；

A_3:　疲劳驾驶容易出交通事故。

分析：要证 $A_1\wedge A_2\Rightarrow A_3$，只要证 $A_1\wedge A_2\wedge ╕A_3$ 是λ-不可满足的即可，即要证明存在一个从 $A_1\wedge A_2\wedge ╕A_3$ 推出□的λ-归结演绎。

解：首先，记╕YOUNG(x)，~YOUNG(x)分别表示为“x 是老年人”和“x 是

中年人”；╕SKILL(x)，~SKILL(x)分别表示为“x 驾驶技术差”和“x 驾驶技术一般”；TIRED(x)，╕TIRED(x)分别表示为“x 疲劳驾驶”和“x 清醒驾驶”；ACCIDENT(x)，╕ACCIDENT(x)分别表示为“x 是容易出交通事故的”和“x 是不容易出交通事故的”。则

A_1 = (╕YOUNG(x) ∨ ╕SKILL(x) ∨ TIRED(x)) → ACCIDENT(x)；

A_2 = ~YOUNG(x) ∧ ~SKILL(x)；

A_3 = TIRED(x) → ACCIDENT(x)。

$A_1 \wedge A_2 \wedge$ ╕A_3 合取范式：

$A = A_1 \wedge A_2 \wedge$ ╕A_3

= ((╕YOUNG(x)∨╕SKILL(x)∨TIRED(x)) → ACCIDENT(x)) ∧ (~YOUNG(x) ∧ ~SKILL(x)) ∧ (TIRED(x) → ACCIDENT(x))

= (╕YOUNG(x)∨╕SKILL(x)∨ TIRED(x)) ∧ ╕ACCIDENT(x) ∧ ~YOUNG(x) ∧~SKILL(x)∧ (╕TIRED(x) ∨ ACCIDENT(x))

其中，A 的子句集为 H = {╕YOUNG(x) ∨ ╕SKILL(x) ∨ TIRED(x), ╕ACCIDENT(x), ~YOUNG(x), ~ SKILL(x), ╕TIRED(x) ∨ ACCIDENT(x)}

1) ╕YOUNG(x) ∨ ╕SKILL(x) ∨ TIRED(x)

2) ╕ACCIDENT(x)

3) ~YOUNG(x)

4) ~SKILL(x)

5) ╕TIRED(x) ∨ ACCIDENT(x)

从 H 出发作如下λ-归结演绎：

6) ╕SKILL(x) ∨ TIRED(x)　　1)与 3)的归结

7) ╕TIRED(x)　　2)与 5)的归结

8) TIRED(x)　　4)与 6)的归结

9) □　　7)与 8)的归结

因此，$A_1 \wedge A_2 \Rightarrow A_3$。

7.1.3 基于 FLcom 的模糊知识推理及其搜索算法

在人工智能领域中，知识表示与推理、问题求解是计算机实现的基础。问题的求解过程是从初始状态集合出发，经过一系列的操作，将初始状态变换到目标状态的过程。在问题求解中，每增加一次操作，就要建立起操作符的实验序列，直到达到目标状态为止。事实上，对所提供的每种问题求解方法都需要某种对解答的搜索，从提出问题到问题的解决的求解过程即是一个搜索过程。对于模糊知识中的推理问题，同样可将其视为一个状态空间搜索过程，采用适当的搜索技术，包括规则过程和算法等推理技术，力求找到问题的解答。

对此，我们基于 FLCOM，更加全面地描述问题中的模糊知识与不同的否定知识及其关系，以此研究模糊推理。通过合理修改单链表，给出规则路径表的定义，利用规则路径表表示推理规则和搜索过程等，提出一种基于 FLCOM 的模糊知识推理的搜索算法，以及算法在实例中的实现（详见文献[253]~[255]）。

1. 推理表示

在知识库中，知识通常用 If-Then 形式的规则表达。对于这种正向推理搜索，可采用单链表、规则路径表概念表达。

(1) 单链表：是线性表的一种非顺序存储表示，属于非数值计算领域的数学模型——线性结构的范畴。通常的单链表概念，是用一组地址任意的存储单元存放线性表中的数据元素，表中的一个单元可以看成一个结点，每个结点除了存放数据以外，必须设一个指针域，便于连接下一个结点。数据域用来存储结点的值；指针域用来存储数据元素的直接后继的地址(或位置)。

在正向推理中，常见三种推理形式：

多个前提各自能推出同一个结论；

多个前提共同能推出同一个结论；

一个前提能推出多个结论。

因此，在正向的模糊知识推理中亦存在以上三种推理形式。为了表达这些不同的推理形式，我们在通常的单链表概念基础上，将单链表概念修改如下：

在单链表中，一个存储单元为一个结点，每个单元保存两个数据项，第一个数据项是数据（即原子模糊命题的形式表示与其真值），第二个数据项是指针，即与下一个结点的逻辑关系，在内存中指针域是后继结点的集合。结点之间用箭头连接，箭头上的数字表示箭头连接的两个节点之间关系的置信度。

(2) 规则路径表：是存储推理规则、结点置信度、规则可信度并用于搜索处理的一种若干单链表的组合表，它是由规则中若干个既含有数据域又含有指针域的多个结点链接而成的一种存储结构。且每个节点与其后继结点按顺序存储在内存表中，所有的逻辑推理与搜索处理都以既定规则为准。

对于上述的三种正向模糊知识推理形式，我们如下讨论它们的形式表示。

(a) 若多个前提 $A_1, A_2,\cdots, A_n$ 各自能推出同一个结论 B，则表示为

$$A_1, A_2,\cdots, A_n \to B$$

它可分离成 n 条规则：

$$A_1 \to B, \mathrm{CF}_1$$

$$A_2 \to B, \mathrm{CF}_2$$

$$\cdots$$

$$A_n \to B, \mathrm{CF}_n$$

其中，$A_1, A_2, \cdots, A_n, B$ 是结点，$\mathrm{CF}_i\,(i=1,2,\cdots,n)$为每条规则的置信度。

将分离后的规则用单链表表示，并将这些单链表组合成规则路径表。如图 7-1 所示。

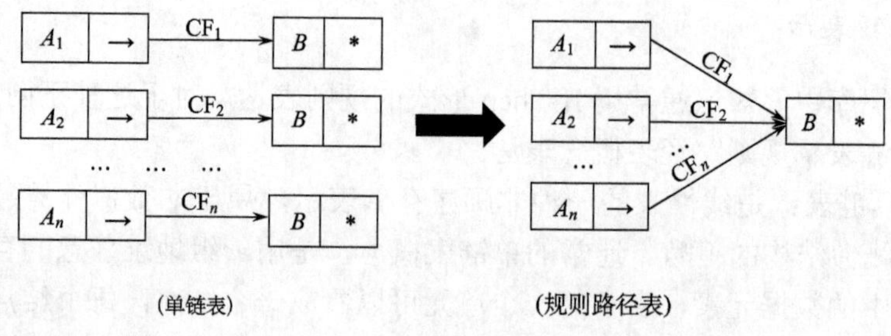

图 7-1　多个前提各自推出同一个结论的示意图

(b) 若一个前提 A 能推出多个结论 $B_1, B_2, \cdots, B_n$，则表示为

$$A \to B_1, B_2, \cdots, B_n$$

它可分离成 n 条规则：

$$A \to B_1, \mathrm{CF}_1$$
$$A \to B_2, \mathrm{CF}_2$$
$$\cdots\cdots$$
$$A \to B_n, \mathrm{CF}_n$$

其中，$A, B_1, B_2, \cdots, B_n$ 是结点，$\mathrm{CF}_i\,(i=1,2,\cdots,n)$为每条规则的置信度。

将分离后的规则用单链表表示，并将这些单链表组合成规则路径表。见图 7-2。

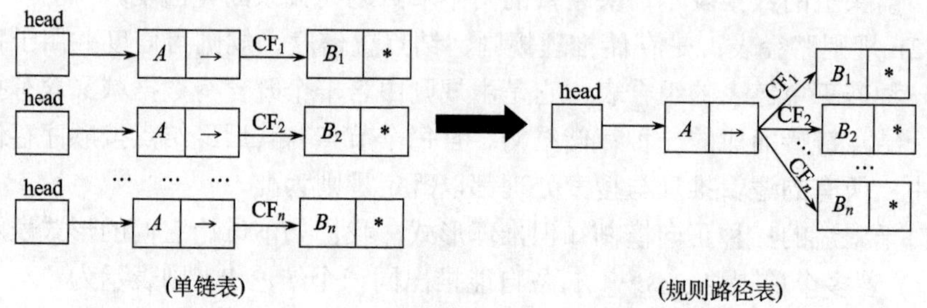

图 7-2　一个前提推出多个结论的示意图

(c) 若多个前提 $A_1, A_2, \cdots, A_n$ 共同能推出同一个结论 B，则表示为

$$A_1 \wedge A_2 \wedge \cdots \wedge A_n \to B, \mathrm{CF}$$

其中，$A_1, A_2, \cdots, A_n, B$ 是结点，CF 为规则的置信度。

直接用单链表表示。见图 7-3。

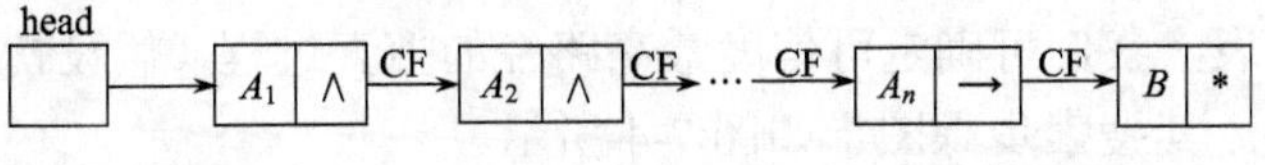

图 7-3　多个前提共同推出同一个结论的示意图

由以上示意图可见，每个规则由结点、结点之间的逻辑关系和置信度组成，当规则运行时，从头指针 head 开始，头指针指向单链表中的第一个结点。往往头结点作为输入结点，不同结点及其后继结点依次从存储表中提取出，依照推理规则在规则路径表中展现它的逻辑状态。

2. 搜索算法分析

在处理模糊知识时，由于问题陈述和数据获取方面固有的模糊性可能使其没有一个确定的解，或者得出的解也具有模糊性。如“专家系统”领域中专家的知识、经验往往带有模糊性，所推理判断出的决策或评价结果一般具有模糊性，这就需要运用一定的策略选出最合理的结果。

启发式策略及算法设计作为人工智能中的一个核心概念，它通常由两部分组成：启发方法和使用该方法搜索状态空间的算法。启发方法体现在估价函数的确定上，估价函数的一般形式为 $f(n)=g(n)+h(n)$。其中 $g(n)$是从初始结点到 n 的实际代价，$h(n)$是从 n 到目标结点的最佳路径的估计代价，主要是 $h(n)$体现搜索的启发信息。

在多层次模糊知识推理中，我们希望得到的是可能性最大的结果，因而可将估价函数视为综合可信程度函数，将搜索中寻找最短路径的问题转换为寻找综合可信度最大路径的问题。为此，为确定每一个表示模糊规则结论的结点所具有的置信度（真值度），我们基于 Zadeh 的 CRI 框架定义启发函数：

$$f(n) = g(n) \wedge h(n) = \min\{g(n), h(n)\}$$

其中，$g(n)$为头结点到结点 n 的可信程度；$h(n)$为结点 n 到目标的估计可信度。在实际搜索中，可将初始条件真值度视为头结点的置信度，推理规则的置信度视为结点通过指针到达其后继结点的可信度，推理结果为结点的置信度。

对于一拓展结点的置信度，基于 CRI 方法思想，若前结点 A 与后结点 B 之间的关联度为 k $(0\leqslant k\leqslant 1)$，$T(A)$和 $T(B)$分别为结点 A，B 的置信度，则

$$T(B) = T(A)\wedge k \tag{7-10}$$

特别地，若 A 是结点集$\{A_1, A_2,\cdots, A_n\}$，则

$$T(A) = \bigwedge_{i=1}^{n} T(A_i),\quad T(B) = T(A) \wedge k = (\bigwedge_{i=1}^{n} T(A_i)) \wedge k \tag{7-11}$$

根据规则路径表，我们可确定可信度最高路径的搜索过程（假设初始结点 A 的置信度值为 0.9）。其搜索步骤图示如图 7-4 所示。

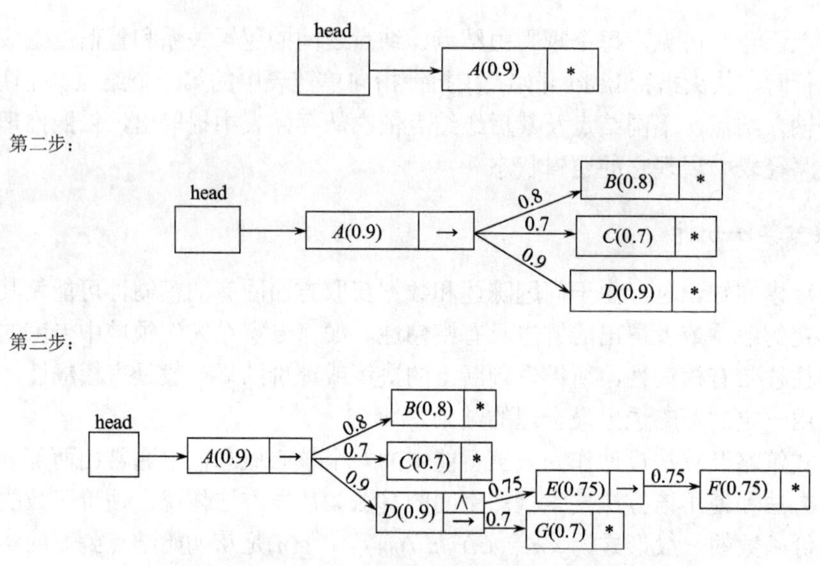

图 7-4　可信度最高路径的搜索过程

具体搜索步骤为：

第一步：A 是唯一的结点，它在可信度最高的路径末端，置信度为 0.9。

第二步：扩展 A 后得到后继结点 B、C、D，它们的置信度分别为 B: 0.8(0.9∧0.8)，C: 0.7(0.9∧0.7)，D: 0.9(0.9∧0.9)。而结点 D 的置信度最大，所以到 D 的路径为目前可信度最高的路径。

第三步：扩展结点 D，这一步中结点 F 由两个有关系“∧”的结点共同推出，反映到实际中就是结论 F 需要同时具备 D、E 两个条件，因此在第三步搜索中需要将结点 E 从内存中提取出来与参与第二步搜索的结点 D 做“∧”逻辑运算并指向子结点 F，且其结点置信度为 0.75(0.9∧0.75∧0.75)，而当 D 拓展到结点 G 时，得出 G 的结点置信度为 0.7(0.9∧0.7)，故 $f(D)$=0.75。综观这几条推理路径，若以 A 为头结点，以 B 为终端结点的路径为最可信的路径，且 $f(A) = f(B) = 0.8$。

在知识库中，形式为 If-Then 的多个规则之间通常存在一定的联系，但这种联系有时并非直接，特别是当规则的前提或结论中存在不同否定（如矛盾否定¬、对立否定╕、中介否定~）时，规则之间的联系更非直接，传统模糊逻辑难以描述。如，若规则库中有“$A \to B$, CF_1”，“╕$B \to C$, CF_2”，“$\sim B \to D$, CF_3”，“$\neg B \to E$, CF_4”四条规则，显然，若用模糊逻辑研究刻画这些规则间的联系是困难的。但是基于 FLcom，可知 A 与 C、D、E 之间通过 B 有间接联系，即第一条规则 $A \to B$ 的结论 B，其对立否定╕B 为第二条规则的前提，其中介否定 $\sim B$ 为第三条规则的前提，其矛盾否定 $\neg B$ 为第四条规则的前提。为在搜索中体现这种联系，将 B、$\neg B$、╕B、$\sim B$ 都视为 A 的或子结点，如此便能通过 A 间接推出 C、D 和 E。然而，这样的推理过程需要确定出规则 $\neg B$、╕B　　和 $\sim B$ 的置信度。对此，我们可采取下列方法求出 ╕B、$\sim B$ 和 $\neg B$ 的置信度(真值度)：

(a) 针对具体实际领域，根据式(7-10)求出 $A \to B$ 中 A 与 B 的置信度 $T(A)$与 $T(B)$。

(b) 根据 6.2.1 节中 FLcom 的无穷值语义解释，求出╕B 的置信度 T(╕B) = $1-T(A)$。

(c) 对于 $\sim B$ 的置信度 $T(\sim B)$，由如下对 FLcom 的无穷值语义解释的修改定义求出($\lambda > 1/2$)：

$$T(\sim B)=\begin{cases}\lambda-\dfrac{2\lambda-1}{1-\lambda}(T(B)-\lambda), & T(B)\in(\lambda,1] \quad (7\text{-}12)\\ \lambda-\dfrac{2\lambda-1}{1-\lambda}T(B), & T(B)\in[0,1-\lambda) \quad (7\text{-}13)\\ \dfrac{2-2\lambda}{1-2\lambda}\big(T(B)-\lambda\big)+\lambda, & T(B)\in[1/2,\lambda] \quad (7\text{-}14)\\ \dfrac{2-2\lambda}{1-2\lambda}\big(1-\lambda-T(B)\big)+\lambda, & T(B)\in[1-\lambda,1/2] \quad (7\text{-}15)\end{cases}$$

(d) 根据 FLcom 的定义，$\neg B$ = ╕$B \vee \sim B$。因此，求出╕B 的置信度 $T(\neg B)$ = $\max\{T($╕$B), T(\sim B)\}$。

注 1. 对于 $T(\sim B)$，根据 6.2.1 节中 FLcom 的无穷值语义解释，当$\lambda > 1/2$ 时 $T(\sim B)\in[1-\lambda, \lambda]$。但这种语义解释没有考虑 $T(B)\in[1-\lambda,\lambda]$的情况，如此就不能全面地处理否定信息。因此，对 FLcom 的无穷值语义解释进行修改，得到式(7-12)~式(7-15)。由此，对于 $\sim B$ 的置信度 $T(\sim B)$，当$\lambda>1/2$ 时，式(7-12)为关于 $T(B)$在$(\lambda, 1]$上的减函数，且当 $T(B)$的取值从λ(不取λ)过渡到 1 时，$T(\sim B)$从λ(不取λ)依次递减到 $1-\lambda$(不取 $1-\lambda$)。式(7-11)为关于 $T(B)$在$[0, 1-\lambda)$上的减函数，且当 $T(B)$的取值从 0 过渡到 $1-\lambda$(不取 $1-\lambda$)时，$T(\sim B)$从λ(不取λ)依次递减到 $1-\lambda$(不取 $1-\lambda$)。式(7-12)为关于 $T(B)$在$[1/2, \lambda]$上的减函数，且当 $T(B)$从 1/2 过渡到λ时，$T(\sim B)$从 1 递减过渡到λ。式(7-13)为关于 $T(B)$在$[1-\lambda, 1/2]$上的增函数，且当 $T(B)$从 $1-\lambda$过渡到 1/2 时，$T(\sim B)$从λ递增过渡到 1。特别地，由式(7-12)和式(7-13)还可以看出，当 $T(B)$越接近 1/2 时，$T(\sim B)$的值越高，即命题 $\sim B$ 的真值程度越高。当 $T(B)$ = 1/2 时，$T(\sim B)$

= 1，这说明模糊命题~B 的模糊度比较高。可以看出，这样由模糊命题的置信度(真值度)确定其中介否定的置信度(真值度)的定义，更加与现实思维相符合。

至此，根据上述，我们提出一种基于 FLCOM 的模糊知识推理的搜索算法：

a) 输入初始结点 START 作为头结点，计算此结点的置信度 T(START)（结点的置信度也有可能依据实际情况事先给定），从内存中依次调用初始结点的指针域。

b) 如果指针域为空，则终止搜索。如果指针域不为空，运用式(7-10)与式(7-11)计算指针域中结点的置信度，再提取出置信度值最大的结点(命名为 NODE)，并记录上一个结点的指针和此节点。再从内存中调用此结点的指针域。

c) 如果指针域为空，则终止搜索，将 T(NODE)赋值给 T(START)。如果指针域不空，重复步骤 b)。

d) 若 $T(\text{START}) < \mu$，则搜索失败；若 $T(\text{START}) \geqslant \mu$，则搜索成功。

e) 输出搜索结果 T(START)以及得出这个搜索结果的路径，此搜索路径为最佳搜索路径，结束搜索。

根据上述算法的实现过程，由头结点开始通过推理规则搜索可以找到被记录的且满足搜索阈值要求的置信度最高的终端节点。

注 2. 由于推理规则中的原子模糊命题的数量是有限的，所以搜索结点也是有限的，那么算法只需从内存中做有限次调用，从而算法必在有限步内终止。此算法在搜索过程中，需要规定一个搜索阈值，记为μ。若解结点的置信度值小于μ，则要放弃该搜索，即此解不可信。

3. 算法应用

我们将上述的模糊知识推理的搜索算法应用于一个具体实例。

实例. 在交通事故推理中，根据下列模糊知识(信息)，推断驾驶技术熟练但有点疲劳的 50 岁的李先生是否会出交通事故。

(1) 中年人是老练而稳重的，可信度较高；

(2) 老练、稳重且有驾驶技术的人是不容易出交通事故的，可信度很高；

(3) 驾驶技术熟练，熟悉交通规则又清醒驾驶的青年人不容易出交通事故，可信度较高；

(4) 年纪大的人若疲劳驾驶较容易出交通事故，可信度较高；

(5) 技术熟练的人比较熟悉交通规则，可信度高；

(6) 驾驶技术不熟练的人容易出交通事故，可信度很高。

可见，搜索条件为：李先生 50 岁并且驾驶技术熟练；李先生可能有点疲劳。

(Ⅰ) 求解问题的形式表达：

令论域为所有人构成的集合，X 属于论域。对于规则置信度，可根据实际情况对表示可信程度的语言赋值。在这个例子中，对“可信度很高”“可信度较高”和“可信度高”分别赋予规则置信度值 0.9，0.75，0.7。对“容易”“较容易”和“不容易”分别赋予规则置信度值 0.6，0.7，0.8。对“可能”赋予规则置信度值 0.65。

基于 FLcom，实例中的模糊知识用模糊命题表达，它们可如下形式表示：

YOUNG(x)：“x 是青年人”

╕YOUNG(x)：“x 是老年人”

~YOUNG(x)：“x 是中年人”

ACCIDENT(x)：“x 是容易出交通事故的人”

╕ACCIDENT(x)：“x 是不容易出交通事故的人”

~ACCIDENT(x)：“x 是较容易出交通事故的人”

TACT(x)：“x 是老练的人”

STEADY(x)：“x 是稳重的人”

SKILL(x)：“x 是驾驶技术熟练的人”

¬SKILL(x)：“x 是驾驶技术不熟练的人”

FAMILIAR(x)：“x 是熟悉交通规则的人”

~FAMILIAR(x)：“x 是较熟悉交通规则的人”

TIRED(x)：“x 是疲劳驾驶的人”

╕TIRED(x)：“x 是清醒驾驶的人”

AGE(x, Y)：“表示 x 的岁数为 Y”

由此，实例中的各个条件可如下形式表示：

(1) ~YOUNG(x) → TACT(x) ∧ STEADY(x)，CF = 0.75；

(2) TACT(x) ∧ STEADY(x) ∧ SKILL(X) → ╕ACCIDENT(x)，CF = 0.9；

(3) SKILL(x) ∧ FAMILIAR(x) ∧ ╕TIRED(x) ∧ YOUNG(x) → ╕ACCIDENT(x)，CF = 0.75；

(4) ╕YOUNG(x) ∧ TIRED(x) → ~ACCIDENT(x)，CF = 0.75；

(5) SKILL(x) → ~FAMILIAR(x)，CF = 0.7；

(6) ¬SKILL(x) → ACCIDENT(x)，CF = 0.9。

搜索条件形式表示：

AGE(Li, 50) ∧ SKILL(Li)，CF = 1

TIRED(Li)，CF = 0.65

(Ⅱ) 计算置信度(真值度)：

至此，我们需确定 “50 岁的李先生是中年人”的置信度(真值度)。对此，根据 7.1.4 节定义 1 中模糊命题的真值确定方法，可求得原子模糊命题“x 是青年人”的真值度 T(YOUNG(x)) ≈ 0.33，且阈值为λ = 0.8。由此可知，AGE(Li, 50)

→YOUNG(Li)的置信度为 0.33。根据上述(a)，得到模糊命题“x 是老年人”的真值度 T (╕YOUNG(x)) = 1 − T(YOUNG(x)) = 0.67。因 $1-\lambda < T(\text{YOUNG}(x)) < \lambda$，根据上述式(7-15)，得到模糊命题“$x$ 是中年人”的真值度 T (~YOUNG(x)) = 0.887。

将每个模糊命题视为状态结点，并将每条规则置信度存储在内存中，根据上述修改的单链表概念，在规则路径表中置信度对应箭头上的数据。

(III) 结点存储表与搜索过程的规则路径：

结点存储表见表 7-1。

表 7-1　结点存储表

	存储地址	数据域	指针域
头指针 head 100	1000	AGE(Li, 50) (1)	1001,1002,1003
	1001	YOUNG(x)(0.33)	1006
	1002	╕YOUNG(x)(0.67)	1010
	1003	~YOUNG(x)(0.887)	1004, 1005
	1004	TACT	1005
	1005	STEADY	1006
	1006	SKILL	1008,1009,1010,1013
	1007	¬SKILL	1012
	1008	FAMILIAR	1011
	1009	~FAMILIAR	□
	1010	TIRED	1012,1014
	1011	╕TIRED	1013
	1012	ACCIDENT(0.6)	□
	1013	╕ACCIDENT(0.8)	□
	1014	~ACCIDENT(0.7)	□

搜索过程的规则路径图示见图 7-5。

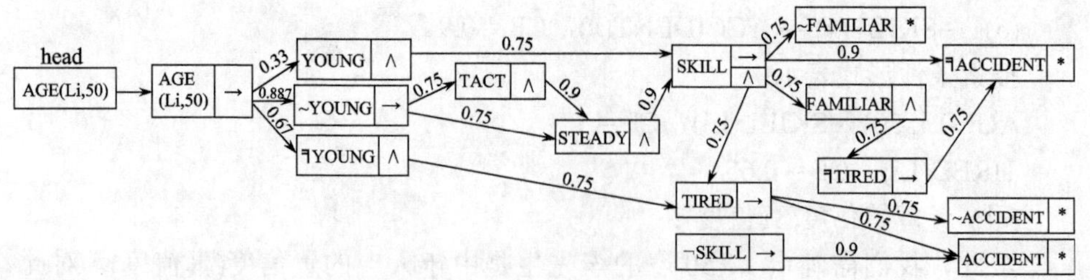

图 7-5　搜索过程的规则路径图示

(Ⅳ) 编程计算:

若将搜索阈值定为 0.6，则通过程序运行得出 ∂(AGE(Li, 50)) = ∂(╕ACCIDENT(x)) = 0.9，即到结点╕ACCIDENT(x)的搜索路径最可信。由此表明，实例的结论为李先生不会出交通事故。

7.1.4 FLcom 与∀FLcom 在模糊决策中的应用

决策是对已有信息进行分析、判断，在诸多选择方案（备选）中作出决定的思维过程。可以说，这样的由条件从决策（备选）方案中确定结果的过程就是一种推理过程。特别是在许多决策问题中，由于备选方案本身就是一种推理形式（模糊命题），因而解决这样的决策问题更加凸显出推理的作用与意义。对此，我们研究了 FLcom 与∀FLcom 在模糊多属性决策中的应用。这样的研究如同 5.1 节中提出的基于 FScom 模糊集理论的模糊多属性决策方法，我们充分考虑备选方案的前提条件（模糊命题）之间存在的不同否定关系，给出一种反映模糊命题及其不同否定的真值范围的“阈值”的确定方法，使得采用与决策相适应的模糊推理方法对实例进行推理决策更加便利。研究结果表明，这种基于模糊逻辑 FLcom 与∀FLcom 的模糊多属性决策方法是更加合理有效的（详见文献[256]~[258]）。下面介绍其中一研究结果。

实例. 在现实生活中，个体（人、家庭）是把每月剩余的钱存入银行还是购买股票，投资方案取决于他目前的月收入和银行存款以及决策规则。设个体的月收入为 x 元，银行存款有 y 元，决策规则为:

a)　如果 y 是低存款，则个体将剩余的钱存入银行；

b)　如果 x 是高收入且 y 是高存款，则个体将剩余的钱购买股票；

c)　如果 x 是高收入且 y 是中等存款，则个体将大部分剩余的钱购买股票，少部分存入银行；

d)　如果 x 是中等收入且 y 是中等存款，则个体将大部分剩余的钱存入银行，少部分购买股票。

(注：如果 x 是低收入，则视个体每月无剩余的钱。)

假设个体 M 每月收入是 5000 元，存款是 120 000 元。根据上述决策规则，如何确定 M 的投资策略？

1. 决策规则中模糊命题及其不同否定的区分与形式表示

在实际生活中，人们关于“高收入（或收入高）”“低收入（或收入低）”“高存款（或存款多）”以及“低存款（或存款少）”的认识，其观点受多方面因素影响，其中地区差异影响最为明显。对此，我们对生活在中国一些地区的人们进行随机调查，结果见表 7-2。

表 7-2　长江三角洲及附近地区人们关于收入高(低)和存款多(少)的观点

观点	省市	高收入/(元/月)	低收入/(元/月)	高存款/元	低存款/元
1	上海市区	⩾15 000	⩽2000	⩾200 000	⩽100 000
2	上海浦东	⩾20 000	⩽2500	⩾250 000	⩽150 000
3	上海徐汇	⩾10 000	⩽2000	⩾200 000	⩽80 000
4	江苏南京	⩾10 000	⩽1500	⩾200 000	⩽80 000
5	江苏无锡	⩾12 000	⩽1200	⩾150 000	⩽100 000
6	江苏苏州	⩾15 000	⩽1500	⩾150 000	⩽100 000
7	安徽合肥	⩾6000	⩽1000	⩾100 000	⩽80 000
8	安徽阜阳	⩾5000	⩽1000	⩾100 000	⩽50 000
9	安徽黄山	⩾4000	⩽800	⩾100 000	⩽50 000
10	山东济南	⩾7000	⩽1 200	⩾150 000	⩽80 000
11	山东烟台	⩾6000	⩽1 000	⩾120 000	⩽50 000
12	山东威海	⩾10 000	⩽1 500	⩾150 000	⩽80 000

表 7-2 中只列出 12 个地区的调查数据，这些地区分别属于四个不同的省市。我们取同省市数据的平均值，综合同一个省市的数据。显然，被调查地区的人数越多综合数据越准确。为增强综合数据的准确性，我们进一步对每类综合数据各取一个“弹性值”。其中，关于“高收入”的综合数据的弹性值为±500 元/月，关于“低收入”的综合数据的弹性值为 ±100 元/月，关于“高存款”的综合数据的弹性值为 ±20 000 元/月，关于“低存款”的综合数据的弹性值为±10 000 元/月。如此，我们得到各省的综合数据(表 7-3)。

表 7-3　各省市关于收入高(低)和存款高(低)观点的综合数据

省市	高收入(± 500 元)	低收入(±100 元)	高存款(±20,000 元)	低存款(±10,000 元)
上海	⩾14 400	⩽2 000	⩾210 000	⩽100 000
江苏	⩾11 000	⩽1 340	⩾160 000	⩽82 000
安徽	⩾5 000	⩽920	⩾100 000	⩽56 000
山东	⩾7 000	⩽1 100	⩾124 000	⩽68 000

显然，在决策规则 *a*) − *d*)中：

“y是低存款”“y是高存款”“y是中等存款”“x是高收入”“x是中等收入”以及“x 是低收入”都是不同的模糊命题，并且 *b*)、*c*)、*d*) 中的前提是它们中的一些模糊命题组成的复合模糊命题。其中“低存款”“高存款”“存款中等”“高收入”“收入中等”以及“低收入”是这些模糊命题中的不同模糊集。

我们特别需要指出的是：

(1) 基于 FLcom，这些模糊命题还具有如下关系：

模糊命题“y 是低存款”是模糊命题“y 是高存款”的对立否定，模糊命题“y是中等存款”是对立模糊命题“y是高存款”和“y是低存款”的中介否定。

模糊命题“x 是低收入”是模糊命题“x 是高收入”的对立否定，模糊命题“x是中等收入”是对立模糊命题“x是高收入”和“x是低收入”的中介否定。

(2) 现有模糊逻辑理论处理这些模糊命题及其关系存在局限性：

如果用现有的模糊逻辑理论与方法处理这些模糊命题及其不同否定以及否定之间的关系，由于它们没有区分矛盾否定、对立否定以及中介否定，处理过程将是更加复杂甚至是困难的。

基于 FLcom，上述模糊命题我们可形式表示如下：

$MUCHincome(x)$：表示模糊命题“x是高收入”，$MUCHsavings(y)$：表示模糊命题“y是高存款”；

$╕MUCHincome(x)$：表示模糊命题“x是低收入”，$╕MUCHsavings(y)$：表示模糊命题“y是低存款”；

$\sim MUCHincome(x)$：表示模糊命题“x 是中等收入”，$\sim MUCHsavings(y)$：表示模糊命题“y是中等存款”。

其中，$╕MUCHincome(x)$和$\sim MUCHincome(x)$分别是$MUCHincome(x)$的对立否定和中介否定，$╕MUCHsavings(y)$和$\sim MUCHsavings(y)$分别是 $MUCHsavings(y)$）的对立否定与中介否定。

对于决策规则 *a) – d)* 中的结论，我们可形式表示如下：

$INVESTMENT(stocks)$：表示个体将每月剩余的钱买股票；

$INVESTMENT(savings)$：表示个体将每月剩余的钱存入银行；

$MORE(savings, stocks)$：表示个体存入银行的钱超过买股票。

至此，实例中的决策规则 *a) – d)* 可形式表示如下：

a) $╕MUCHsavings(y) \rightarrow INVESTMENT(savings)$

b) $MUCHincome(x) \wedge MUCHsavings(y) \rightarrow INVESTMENT(stocks)$

c) $MUCHincome(x) \wedge \sim MUCHsavings(y) \rightarrow INVESTMENT(stocks) \wedge INVESTMENT(savings) \wedge MORE(stocks, savings))$

d) $\sim MUCHincome(x) \wedge \sim MUCHsavings(y) \rightarrow INVESTMENT(stocks) \wedge INVESTMENT(savings) \wedge MORE(savings, stocks))$

2. 决策规则中模糊命题的真值度量

在实例中，如何在决策规则 *a) – d)* 下确定个体 M 的投资策略？由于决策规则 *a) – d)* 的前提由上述模糊命题构成，因而确定这些模糊命题的真值是投资决策的基础。根据上述λ–赋值定义（定义 1）以及表 7-3，我们给出一种关于决策规则 *a) – d)* 中模糊命题的真值度量方法如下。

由表 7-3 可以看出综合数据具有以下特征：对于个体的一个月收入数据 a 来说，如果 a 在上海属于高收入范围（即 $a \geqslant 14\,400$），则 a 在其他地区肯定也属于高收入范围，如果 a 在安徽属于低收入范围（即 $a \leqslant 920$），则 a 在其他地区也肯定属于低收入范围；若 a 是个体的一个存款数据，同样具有如此特征。

根据数据的这一特征，我们采用一维欧几里得距离 $d(x, y) = |x - y|$ 以及“距离比率函数”定义，在 6.2.1 节给出的 FLCOM 的无穷值语义解释（λ–赋值）基础上，定义模糊命题“x 是高收入”和“y 是高存款”的真值函数如下：

定义 1. 对于任意的月收入数据 x 和存款数据 y，在λ–赋值∂下，模糊命题“x 是高收入”和“y 是高存款”的真值∂(*MUCHincome* (x))与∂(*MUCHsavings* (y))为

$$\partial(MUCHincome(x)) = \begin{cases} 0, & 当\ x \leqslant \alpha_F + \varepsilon_F \\ \dfrac{d(x, \alpha_F + \varepsilon_F)}{d(\alpha_F + \varepsilon_F, \alpha_T - \varepsilon_T)}, & 当\ \alpha_F + \varepsilon_F < x < \alpha_T - \varepsilon_T \\ 1, & 当\ x \geqslant \alpha_T - \varepsilon_T \end{cases} \quad (7\text{-}16)$$

$$\partial(MUCHsavings(y)) = \begin{cases} 0, & 当\ y \leqslant \alpha_F + \varepsilon_F \\ \dfrac{d(y, \alpha_F + \varepsilon_F)}{d(\alpha_F + \varepsilon_F, \alpha_T - \varepsilon_T)}, & 当\ \alpha_F + \varepsilon_F < y < \alpha_T - \varepsilon_T \\ 1, & 当\ y \geqslant \alpha_T - \varepsilon_T \end{cases} \quad (7\text{-}17)$$

其中，α_T 为表 7-3 中关于“高收入”（或“高存款”）的最大值，ε_T 为其弹性值；α_F 为“低收入”（或“低存款”）的最小值，ε_F 为其弹性值。

基于定义 1，由于模糊命题“x 是低收入”是“x 是高收入”的对立否定，根据定义 1，模糊命题“x 是低收入”的真值∂(╕*MUCHincome*(x))为

$$\partial(╕MUCHincome(x)) = 1 - \partial(MUCHincome(x)) \quad (7\text{-}18)$$

同样地，由于模糊命题 “y 是低存款”是“y 是高存款”的对立否定，根据定义 1，模糊命题“y 是低存款”的真值∂(╕*MUCHsavings*(y))为

$$\partial(╕MUCHsavings(y)) = 1 - \partial(MUCHsavings(y)) \quad (7\text{-}19)$$

由于模糊命题“x 是中等收入”“y 是中等存款”分别是模糊命题“x 是高收入”和“y 是高存款”的中介否定，根据 FLCOM 的无穷值语义解释（λ–赋值），我们可由∂(*MUCHincome*(x)) 与∂(*MUCHsavings*(y))计算得到模糊命题“x 是中等

收入”的真值$\partial(\sim MUCHincome(x))$以及“$y$ 是中等存款”的真值$\partial(\sim MUCHsavings(y))$。然而，该计算在 FLcom 的无穷值语义解释（$\lambda$–赋值）中还涉及参数$\lambda$值的确定。

3. 决策规则中模糊命题的真值范围的阈值及意义

在 6.2.1 节给出的 FLcom 的无穷值语义解释（λ–赋值）定义中，$\lambda(\in(0,1))$是在 FLcom 中为了确定模糊公式A的中介否定$\sim A$的真值而引入的一个参变量。λ 的大小既反映了 A 的真值范围的大小，也反映了中介否定$\sim A$ 的真值范围以及对立否定$\neg A$ 的真值范围的大小。表明 FLcom 中模糊公式的真值范围与λ 值相关，λ 是 FLcom 中模糊公式的真值的一个“阈值”。因此；对于一个收入(或存款)数据，要确定决策规则中不同模糊命题的真值范围，需要确定其相关的阈值。对此，我们给出一种阈值的确定方法如下。

在表 7-3 中，对于江苏省的收入数据来说，11 000 是关于模糊集“高收入”的最小（下限）收入数据, 1340 是关于模糊集“低收入”的最大（上限）收入数据。因此，对于在江苏省的任何收入数据 a_1 ($a_1 \geqslant 11\,000$)，模糊命题“x 是高收入”在 x 为 a_1 时的真值$\partial(MUCHincome(a_1))$都应有$\partial(MUCHincome(a_1)) = 1$；对于在江苏省的任何收入数据 a_2 ($a_2 \leqslant 1340$)，模糊命题“x 是低收入”在 x 为 a_2 时的真值$\partial(\neg MUCHincome(a_2))$都应有$\partial(\neg MUCHincome(a_2)) = 1$。然而，根据式(7-16)与式(7-18)，有

$$\partial(MUCHincome(11\,000)) = \frac{d(11\,000,1020)}{d(1020,13\,900)} = 0.775 \neq 1$$

$\partial(\neg MUCHincome(1340)) = 1 - \partial(MUCHincome(1340)) = 0.975 \neq 1$（因 $\partial(MUCHincome(1340)) = \dfrac{d(1340,1020)}{d(1020,13900)} = 0.025$）

之所以$\partial(MUCHincome(11\,000)) \neq 1$和$\partial(\neg MUCHincome(1340)) \neq 1$，主要是由于数据不足以及数据失真等原因导致的。为了排除这一问题，我们将$\partial(MUCHincome(11\,000))$和$\partial(\neg MUCHincome(1340))$的平均值

$$1/2\,(\partial(MUCHincome(11000)) + \partial(\neg MUCHincome(1340))) = 0.875$$

作为一个“平衡量”，其代表了衡量江苏省的任意一个收入数据 x 是否属于高收入范围的“阈值”。因而，我们将这一平衡量作为反映对于江苏省的模糊命题“x 是高收入”的真值$\partial(MUCHincome(x))$的范围的阈值λ。

对于表 7-3 中其他省市的任意一个收入数据 x，同样方法我们可确定对于各省市的模糊命题“x 是高收入”的真值$\partial(MUCHincome(x))$的范围的阈值λ。对于表 7-3 中各省市的任意一个存款数据 y，同样方法我们可确定模糊命题“y 是高存款”的真值$\partial(MUCHsavings(y))$的范围的阈值λ (表 7-4)。

表 7-4 对于任意收入(或存款)数据，模糊命题“x是高收入”与“y是高存款”的真值范围的阈值 λ

模糊命题	江苏	上海	安徽	山东
“x 是高收入”	0.875	0.962	0.655	0.729
“y 是高存款”	0.815	0.863	0.637	0.726

(I) 决策规则中模糊命题“x 是高收入”与“y 是高存款”的真值范围的阈值及意义：

在表 7-4 中，只是几个省市的关于模糊命题“x 是高收入”与“y 是高存款”的真值范围的阈值λ。为了得到具有一般意义的、决策规则中模糊命题“x 是高收入”与“y 是高存款”的真值范围的阈值，我们对表 7-4 中各省市关于同一个模糊命题的真值的阈值取平均值，分别作为决策规则中模糊命题“x 是高收入”与“y 是高存款”的真值范围的阈值λ(表 7-5)。

表 7-5 决策规则中模糊命题“x是高收入”与“y是高存款”的真值范围的阈值λ

模糊命题	“x 是高收入”	“y 是高存款”
阈值 λ	0.805	0.760

阈值意义：对于任意一个收入数据 x，若模糊命题“x 是高收入”的真值$\partial(MUCHincome(x))\geqslant\lambda$，则表明 x 属于高收入范围；若$\partial(MUCHincome(x))\leqslant 1-\lambda$，则表明$x$属于低收入范围。对于任意一个存款数据$y$，如果模糊命题“$y$是高存款”的真值$\partial(MUCHsavings(y))\geqslant\lambda$，则表明 y 属于高存款范围；若$\partial(MUCHsavings(y))\leqslant 1-\lambda$，则表明$y$属于低存款范围。阈值意义见图 7-6 所示。

(II) 决策规则中模糊命题“x是低收入”与“y是低存款”的真值范围的阈值及意义：

因为模糊命题“x是低收入”为“x是高收入”的对立否定，模糊命题“y是低存款”为“y是高存款”的对立否定，根据式(7-18)和式(7-19)，“x是低收入”的真值$\partial(\urcorner MUCHincome(x))$和“$y$是低存款”的真值$\partial(\urcorner MUCHsavings(y))$：

$$\partial(\urcorner MUCHincome(x)) = 1-\partial(MUCHincome(x))$$

$$\partial(\urcorner MUCHsavings(y)) = 1-\partial(MUCHsavings(y))$$

根据(I)中阈值意义，若$\partial(MUCHincome(x))\leqslant 1-\lambda$、$\partial(MUCHsavings(y))\leqslant 1-\lambda$，则表明$x$属于低收入范围、$y$属于低存款范围，因而得到结果：当$\partial(\urcorner MUCHincome(x))\geqslant\lambda$时，表明 x 属于低收入范围；当$\partial(\urcorner MUCHsavings(y))\geqslant\lambda$ 时，表明 y 属于低存款范围。

由此，我们得到决策规则中模糊命题“x 是低收入”的真值$\partial(\neg MUCHincome(x))$的范围的阈值以及模糊命题“y 是低存款”的真值$\partial(\neg MUCHsavings(y))$的范围的阈值$\lambda$ (表 7-6)。

表 7-6　决策规则中模糊命题“x 是低收入”和“y 是低存款”的真值范围的阈值λ

模糊命题	“x 是低收入”	“y 是低存款”
阈值 λ	0.805	0.760

阈值意义：对于任意一个收入数据 x，若模糊命题“x 是低收入”的真值$\partial(\neg MUCHincome(x))\geqslant\lambda$，则表明 x 属于低收入范围；对于任意一个存款数据 y，若模糊命题“y 是低存款”的真值$\partial(\neg MUCHsavings(y))\geqslant\lambda$，则表明 y 属于低存款范围。阈值意义见图 7-6。

(III) 决策规则中模糊命题“x 是中等收入”和“y 是中等存款”的真值范围的阈值及意义：

表 7-5 表明，模糊命题“x 是高收入”的真值$\partial(MUCHincome(x))$的阈值$\lambda = 0.805 > 1/2$，模糊命题“y 是高存款”的真值$\partial(MUCHsavings(y))$的阈值$\lambda = 0.760 > 1/2$。根据 6.2.1 节中命题 2，模糊命题“x 是中等收入”的真值$\partial(\sim MUCHincome(x))$与模糊命题“y 是中等存款”的真值$\partial(\sim MUCHsavings(y))$满足下式：

$$\lambda\geqslant\partial(\sim MUCHincome(x))\geqslant 1-\lambda,\quad \lambda\geqslant\partial(\sim MUCHincome(y))\geqslant 1-\lambda$$

由此我们得到：决策规则中模糊命题“x 是中等收入”的真值$\partial(\sim MUCHincome(x))$的范围的阈值和模糊命题“y 是中等存款”的真值$\partial(\sim MUCHsavings(y))$的范围的阈值 $1-\lambda$（表 7-7）。

表 7-7　决策规则中模糊命题“x 是中等收入”和“y 是中等存款”的真值范围的阈值 1–λ

模糊命题	“x 是中等收入”	“y 是中等存款”
阈值 1–λ	0.195	0.240

阈值意义：　对于任意一个收入数据 x，模糊命题“x 是中等收入”的真值$\partial(\sim MUCHincome(x))\geqslant 1-\lambda$，则表明 x 属于中等收入范围；对于任意一个存款数据 y，若模糊命题“y 是中等存款”的真值$\partial(\sim MUCHsavings(y))\geqslant 1-\lambda$，则表明 y 属于中等存款范围。阈值意义见图 7-6。

4. 实例的推理决策

在上述实例中，决策规则 a) – d)是一种形式为“如果……，则……”的模糊推理。根据决策规则 a) – d)，如何确定实例中个体 M 的投资策略？对此，我们采

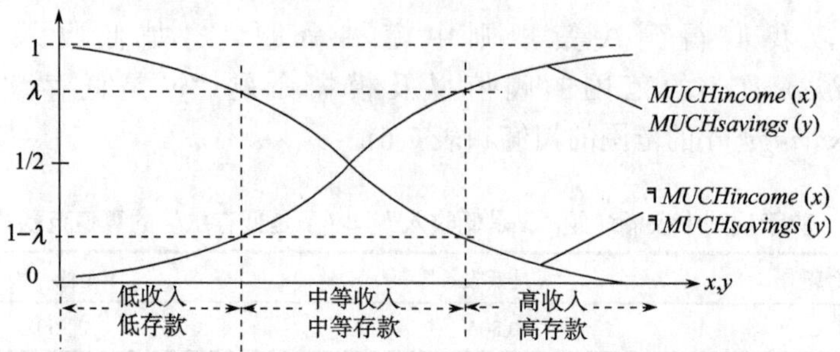

图 7-6　决策规则中模糊命题的真值范围的阈值及其意义

用模糊产生式规则进行讨论。模糊产生式规则的一般形式如下：

$$P_1, P_2,\cdots, P_m \to Q \mid \langle bd, (\tau_1, \tau_2,\cdots,\tau_m) \rangle$$

其中，P_i $(i = 1, 2,\cdots, m)$是模糊命题，表示规则的前提或条件；Q 表示推理结论（或行动）；bd $(0\leqslant bd\leqslant 1)$表示规则的信任度（belief degree of rule）；τ_i $(0\leqslant \tau_i\leqslant 1, i = 1, 2,\cdots, m)$ 表示 P_i 的真值$\partial(P_i)$的范围的阈值。模糊产生式规则的意义如下：

"若每个$\partial(P_i)\geqslant \tau_i$，则以 bd 的信任度由 $P_1, P_2,\cdots, P_m$ 可推出（或执行）Q"　　(7-20)

假设规则的置信度 $bd = 0.9$（可通过随机调查统计或领域专家决定等方法确定）。关于实例中个体 M 的投资策略，我们讨论如下。

在实例中，因个体 M 的月收入是 5000（元）、存款有 120 000（元），根据式(7-16) 与式(7-17)，模糊命题"x 是高收入"在 x 为 5000 时的真值$\partial(MUCHincome(5000))$以及模糊命题"$y$ 是高存款"在 y 为 120 000 时的真值$\partial(MUCHsavings(120\,000))$：

$$\partial(MUCHincome(5000)) = \frac{d(5000,1020)}{d(1020,13\,900)} = 0.309$$

$$\partial(MUCHsavings(120\,000)) = \frac{d(120\,000,66\,000)}{d(66\,000,190\,000)} = 0.435$$

根据式(7-18)与式(7-19)，模糊命题"x 是低收入"在 x 为 5000 时的真值$\partial(╕MUCHincome(5000))$以及模糊命题"$y$ 是低存款"在 y 为 120 000 时的真值$\partial(╕MUCHsavings(120\,000))$：

$$\partial(╕MUCHincome(5000)) = 1 - \partial(MUCHincome(5000)) = 0.691$$

$$\partial(╕MUCHsavings(120\,000)) = 1 - \partial(MUCHsavings(120\,000)) = 0.565$$

(Ⅰ) 对于决策规则 $a)$：因 $a)$的前提为模糊命题"y 是低存款"，根据表 7-6，它的真值$\partial(╕MUCHsavings(y))$的范围的阈值为 0.760，所以决策规则 $a)$ 可形式表示为

$\neg MUCHsavings(y) \to INVESTMENT(savings) \mid \langle 0.9, (0.760) \rangle$

因$\partial(\neg MUCHsavings(120\ 000)) = 0.565 < 0.760$，表明$\partial(\neg MUCHsavings(120\ 000))$不满足式(7-20)。因此，决策规则 *a)*不可采纳。

(Ⅱ) 对于决策规则 *b)*：因 *b)* 的前提为模糊命题“*x* 是高收入且 *y* 是高存款”，是由原子模糊命题“*x* 是高收入”与“*y* 是高存款”组成的复合模糊命题。根据表 7-5，它们的真值$\partial(MUCHincome(x))$与$\partial(MUCHsavings(y))$的范围的阈值分别为 0.805 和 0.760。从而决策规则 *b)*可形式表示为

$MUCHincome(x) \wedge MUCHsavings(y) \to INVESTMENT(stocks) \mid \langle 0.9, (0.805, 0.760) \rangle$

因$\partial(MUCHincome(5000)) = 0.309 < 0.805$且$\partial(MUCHsavings(120\ 000)) = 0.435 < 0.760$，表明 $\partial(MUCHincome(5000)$ 与$\partial(MUCHsavings(120\ 000))$ 不满足式(7-20)。因此，决策规则 *b)*不可采纳。

(Ⅲ) 对于决策规则 *c)*：因 *c)* 的前提为模糊命题“*x* 是高收入且 *y* 是中等存款”，是由原子模糊命题“*x* 是高收入”与“*y* 是中等存款”组成的复合模糊命题。根据表 7-5 和表 7-7，它们的真值$\partial(MUCHincome(x))$与$\partial(\sim MUCHsavings(y))$的阈值分别为 0.805 和 0.240。从而决策规则 *c)* 可形式表示为

$MUCHincome(x) \wedge \sim MUCHsavings(y) \to$

$INVESTMENT(stocks) \wedge INVESTMENT(savings) \wedge MORE(stocks, savings) \mid \langle 0.9, (0.805, 0.240) \rangle$

因$\partial(MUCHincome(5000)) = 0.309 < 0.805$，表明$\partial(MUCHincome(5000))$不满足式(7-20)。因此，决策规则 *c)*不可采纳。

(Ⅳ) 对于决策规则 *d)*: 因 *d)* 的前提为模糊命题“*x* 是中等收入且 *y* 是中等存款”，是由原子模糊命题“*x* 是中等收入”与“*y* 是中等存款”组成的复合模糊命题。根据表 7-7，它们的真值$\partial(\sim MUCHincome(x))$与$\partial(\sim MUCHsavings(y))$的阈值分别为 0.195 与 0.240。从而决策规则 *d)*可形式表示为

$\sim MUCHincome(x) \wedge \sim MUCHsavings(y) \to$

$INVESTMENT(stocks) \wedge INVESTMENT(savings) \wedge MORE\ (savings, stocks) \mid \langle 0.9, (0.195, 0.240) \rangle$

(i) 因在表 7-5 中模糊命题“*x* 是高收入”的真值$\partial(MUCHincome(x))$的范围的阈值 $\lambda = 0.805 > 1/2$，而 $1-\lambda < \partial(MUCHincome(5000)) = 0.309 < \lambda$，因此，根据式(7-20)，有$\partial(\sim MUCHincome(5000)) = \partial(MUCHincome\ (5000)) = 0.309 > 0.195$。同理，(ii)因在表 7-5 中模糊命题“*y* 是高存款”的真值$\partial(MUCHsavings(y))$的阈值$\lambda = 0.760 > 1/2$，而 $1-\lambda < \partial(MUCHsavings(120\ 000)) = 0.435 < \lambda$，因此，根据式(7-20)，有$\partial(\sim MUCHsavings(120\ 000)) = \partial(MUCH\ savings(120\ 000)) = 0.435 > 0.240$。由(i)和(ii)，表明$\partial(\sim MUCHincome(5000))$和$\partial(\sim MUCHsavings\ (120\ 000))$ 满足式(7-20)。因此，决策规则 *d)*可采纳。

至此表明，月收入为 5000 元、存款有 120 000 元的个体 M 可采用决策规则 $d)$ 作为投资策略。

7.1.5 FLCOM 与∀FLCOM 在模糊综合评判中的应用

在第 5 章 5.2 节中，我们介绍了 FSCOM 模糊集在模糊综合评判中的应用，提出了一种基于 FSCOM 模糊集的综合评判方法，并讨论了该方法在一些综合评判实例中的应用。如所知，基于模糊集的模糊综合评判方法，是在综合考虑对评判有影响的具有模糊性的所有因素(或属性)的基础上，从评判标准为模糊集的评判标准集中，得出一最佳的评判结果。然而，在许多综合评判的实际问题中，评判标准不是用模糊集描述，而是用模糊命题表达的评判规则。因此，对于此种类型的综合评判问题，采用模糊逻辑的推理方法进行评判才是恰当的。对此，我们研究了 FLCOM 与∀FLCOM 在模糊综合评判实际中的应用。这样的研究如同 5.2 节中提出的基于 FSCOM 模糊集理论的模糊综合评判方法，我们充分考虑等级的评判规则中前提条件（模糊命题）之间存在的不同否定关系，给出一种反映模糊命题及其不同否定的真值范围的“阈值”的确定方法，使得采用与等级评判相适应的模糊推理方法对实例进行推理评判更加简捷。研究结果表明，这种基于模糊逻辑 FLCOM 与 ∀FLCOM 的模糊综合评判方法是更加合理有效的（详见文献[259]~[261]）。下面介绍其中一研究结果。

实例. 埃博拉病毒（Ebola virus）是一种十分罕见的病毒，是一种能引起人类和灵长类动物产生埃博拉出血热的烈性传染病病毒，有很高的死亡率。1976 年 6 月到 11 月，埃博拉病毒首次爆发于苏丹南部和刚果（金）（旧称扎伊尔）。据世界卫生组织公布的最新数据显示，自 2014 年 2 月，埃博拉病毒开始在西非几内亚、利比里亚、塞拉利昂等地区蔓延，截至 2015 年 10 月，已经造成超过 11 300 人死亡，超过 28 400 人被感染。此次爆发是埃博拉病毒感染致死人数最多的一次，也是埃博拉病毒首次在西非地区爆发。虽然目前埃博拉病毒仅在非洲少数较为贫穷的国家流行，但随着国际旅游和交通运输业的迅猛发展，国际政治、经济、文化、科技交流增多，各种传染病的远程传播机会也显著增加。由 WHO（世界卫生组织）数据显示，埃博拉病毒历年爆发情况见表 7-8。

表 7-8 埃博拉病毒历年爆发情况汇总表

序号	时间	地区	感染人数/例	死亡人数/例	病死率/%
1		几内亚	1048	643	61
2		利比里亚	3369	1779	53
3	2014.03~2014.09.22	塞拉利昂	1967	554	28
4		尼日利亚	20	8	4
5		塞内加尔	1	0	0

续表

序号	时间	地区	感染人数/例	死亡人数/例	病死率/%
6	2014.08.26~2014.09.18	刚果民主共和国	71	40	56
7	2012.11	乌干达	7	4	57
8	2012.07~2014.10	乌干达	24	17	71
9	2011	乌干达	1	1	100
10	2008	刚果民主共和国	32	14	44
11	2007	刚果民主共和国	264	187	71
12	2005	刚果	12	10	83
13	2004	苏丹	17	7	41
14	2003.11~2013.12	刚果	35	29	83
15	2001~2002	刚果	59	44	75
16	2001~2002	加蓬	65	53	82
17	2000	乌干达	425	224	53
18	1996	南非（前加蓬）	1	1	100
19	1996.07~1996.12	加蓬	60	45	75
20	1996.01~1996.04	加蓬	31	21	68
21	1995	刚果民主共和国	315	254	81
22	1994	加蓬	52	31	60
23	1979	苏丹	34	22	65
24	1977	刚果民主共和国	1	1	100
25	1976	刚果民主共和国	318	280	88
26	1976	苏丹	284	151	53

由于该病发病迅猛、病死率高，且暂无有效的治疗手段，故世界各国高度重视该病的传播以及预防。为了减小埃博拉病毒对受灾国家生命财产造成的损失，为受灾国家以及国际上应对、处理埃博拉病毒危害进行科学决策，有关国家和组织相应制订了下列处置方案：

若属于轻微等级，则需及时对感染者进行隔离来防止疫情蔓延；

若属于严重等级，则需进行一级戒备，及时对感染者进行隔离，并抽调医护人员进行治疗，全球戒备，可申请国际支援；

若属于较严重等级，则需进行二级戒备，及时对感染者进行隔离来防止疫情蔓延，并抽调医护人员进行治疗，并通知周边国家采取防御措施；

若属于一般等级，则需进行三级戒备，及时对感染者进行隔离，并抽调医护人员进行治疗。

并且，根据一年中感染人数与死亡人数的多少，制定了以下埃博拉病毒爆发等级的评判规则：

(A) 若感染人数少或死亡人数少，则属于轻微等级。

(B) 若感染人数多且死亡人数多，则属于严重等级。

(C) 若感染人数多且死亡人数中等，则属于较严重等级。

(D) 若感染人数中等且死亡人数中等，则属于一般等级。

问题：假设某国某年埃博拉病毒感染人数达 1800 人，死亡人数 800 人。根据上述评判规则，则该国此次病毒爆发属于何种等级？

1. 埃博拉病毒爆发等级的确定

对于埃博拉病毒爆发等级划分，迄今国际上还未有统一标准。因此，我们需根据表 7-8 数据，建立埃博拉病毒爆发的等级标准。

根据表 7-8 所示，对感染人数、死亡人数采用 SAS 聚类分析可得图 7-7。

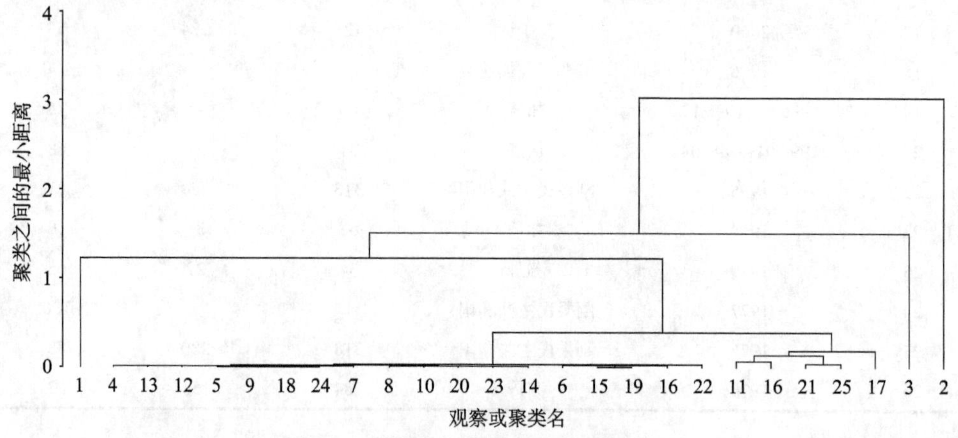

图 7-7　埃博拉病毒爆发数据聚类分析

由图 7-7，得到埃博拉病毒爆发的等级标准如下：

第一类：2，即“严重”等级；

第二类：3，即“较严重”等级；

第三类：1，即“一般”等级；

第四类：4, 5,⋯, 26，即“轻微”等级。

2. 评判规则中模糊命题及其不同否定的区分与形式表示

显然，在上述评判规则中，命题“感染人数少”“感染人数多”“感染人数中等”“死亡人数少”“死亡人数多”和“死亡人数中等”是不同的模糊命题；而“严重等级”“较严重等级”“轻微等级”和“一般等级”是不同的模糊集。

根据 FLcom，这些模糊命题还具有如下关系：

“感染人数少”是“感染人数多”的对立否定，“死亡人数少”是“死亡人数多”的对立否定，“感染人数中等”是“感染人数少”和“感染人数多”的中介否定，“死亡人数中等”是“死亡人数少”和“死亡人数多”的中介否定。

设 x 为人数。根据 FLcom，以上模糊命题可如下形式表示：

MAGR(x): “感染人数多”

MASW(x): “死亡人数多”

╕MAGR(x): “感染人数少”

╕MASW(x): “死亡人数少”

~MAGR(x): “感染人数中等”

~MASW(x): “死亡人数中等”

等级的形式表示：

SERIOUS(x): 严重等级；

LSERIOUS(x): 较严重等级；

MIDDLE(x): 表示一般等级；

LIGHT(x): 表示轻微等级。

至此，评判规则可如下形式表示：

╕MAGR(x) ∨ ╕MASW(x) → LIGHT(x)

MAGR(x) ∧ MASW(x) → SERIOUS(x)

MAGR(x) ∧ ~MASW(x) → LSERIOUS(x)

~MAGR(x) ∧ ~MASW(x) → MIDDLE(x)

3. 评判规则中模糊命题的真值度量、真值范围的阈值

分别对各国家不同年份埃博拉病毒爆发情况进行聚类分析，可得结果如表 7-9 所示。

表 7-9 各国关于埃博拉病毒感染人数多(少)、死亡人数多(少)的综合数据

国家	感染人数多	感染人数少	死亡人数多	死亡人数少
几内亚	⩾1000	⩽132	⩾600	⩽60
利比里亚	⩾3000	⩽132	⩾1500	⩽50
塞拉利昂	⩾1500	⩽132	⩾500	⩽50
尼日利亚	⩾132	⩽20	⩾52	⩽8
塞内加尔	⩾132	⩽2	⩾87	⩽2
刚果民主共和国	⩾300	⩽35	⩾240	⩽23
苏丹	⩾280	⩽25	⩾150	⩽15
乌干达	⩾420	⩽10	⩾220	⩽7
加蓬	⩾52	⩽2	⩾38	⩽2

由于人们对于埃博拉病毒以及“感染人数多”“感染人数少”“感染人数中等”“死亡人数多”“死亡人数少”“死亡人数中等”的认识并不统一，所以为了提高精度，根据 WHO 最新数据聚类分析结果，分别对“人数少”“人数多”“人数中等”选取其对应的弹性值：感染人数多/少的数据±100/±50，死亡人数多/少的数据±50/±10。

至此，根据上节“2.决策规则中模糊命题的真值度量”和“3.决策规则中模糊命题的真值范围的阈值及意义”中的方法，我们可确定评判规则中不同模糊命题的真值及其范围的阈值 λ。对此，我们简便进行如下。

首先，根据表 7-9，分别求出各国关于评判规则中不同模糊命题的真值范围的阈值 λ。

以塞拉利昂为例：在表 7-9 中塞拉利昂关于“感染人数多”的最小值为 1500，“感染人数少”的最大值为 132。由上节“2.决策规则中模糊命题的真值度量”和“3.决策规则中模糊命题的真值范围的阈值及意义”中的方法，可求得 $\partial(\mathrm{MAGR}(1500)) = 0.484$，$\partial(\mathrm{MAGR}(132)) = 0.043$，则 $\partial(\neg\, \mathrm{MAGR}(1500)) = 1-\partial(\mathrm{MAGR}(1500)) = 0.516$，$\partial(\neg\, \mathrm{MAGR}(132)) = 1-\partial(\mathrm{MAGR}(132)) = 0.957$。取

$$\lambda_1 = \frac{1}{2}(\partial(\mathrm{MAGR}(1500)) + \partial(\neg\, \mathrm{MAGR}(132))) = 0.721$$

为塞拉利昂关于模糊命题“感染人数多”的真值范围的阈值。

同理可得，$\partial(\mathrm{MASW}(500)) = 0.323$，$\partial(\mathrm{MASW}(50)) = 0.032$，$\partial(\neg\, \mathrm{MASW}(500)) = 1-\partial(\mathrm{MASW}(500)) = 0.677$。$\partial(\neg\, \mathrm{MASW}(50)) = 1-\partial(\mathrm{MASW}(50)) = 0.968$。塞拉利昂关于模糊命题“死亡人数多”的真值范围的阈值：

$$\lambda_2 = \frac{1}{2}(\partial(\mathrm{MASW}(500)) + \partial(\neg\, \mathrm{MASW}(50))) = 0.646$$

同样地，我们可得到表 7-9 中其他各国关于模糊命题“感染人数多”的真值范围的阈值 λ，关于模糊命题“死亡人数多”的真值范围的阈值 λ_2：

几内亚：$\partial(\mathrm{MAGR}(1000)) = 0.323$，$\partial(\neg\, \mathrm{MAGR}(1000)) = 1-\partial(\mathrm{MAGR}(1000)) = 0.677$；$\partial(\mathrm{MAGR}(132)) = 0.043$，$\partial(\neg\, \mathrm{MAGR}(132)) = 1-\partial(\mathrm{MAGR}(132)) = 0.957$；

$$\lambda_1 = \frac{1}{2}(\partial(\mathrm{MAGR}(1000)) + \partial(\neg\, \mathrm{MAGR}(132))) = 0.640$$

$\partial(\mathrm{MASW}(600)) = 0.387$，$\partial(\neg\, \mathrm{MASW}(600)) = 1-\partial(\mathrm{MASW}(600)) = 0.613$；$\partial(\mathrm{MASW}(60)) = 0.039$，$\partial(\neg\, \mathrm{MASW}(60)) = 1-\partial(\mathrm{MASW}(60)) = 0.961$；

$$\lambda_2 = \frac{1}{2}(\partial(\mathrm{MASW}(600)) + \partial(\neg\, \mathrm{MASW}(60))) = 0.674$$

利比里亚：$\partial(\mathrm{MAGR}(3000)) = 0.968$，$\partial(\mathrm{MAGR}(132)) = 0.043$，$\partial(\neg\, \mathrm{MAGR}(3000)) = 0.032$，$\partial(\neg\, \mathrm{MAGR}(132)) = 0.957$；

$$\lambda_1 = \frac{1}{2}(\partial(\text{MAGR}(3000)) + \partial(\urcorner\text{MAGR}(132))) = 0.963$$

$\partial(\text{MASW}(1500)) = 0.968$，$\partial(\text{MASW}(50)) = 0.032$，$\partial(\urcorner\text{MASW}(1500)) = 0.032$，$\partial(\urcorner\text{MASW}(50)) = 0.968$；

$$\lambda_2 = \frac{1}{2}(\partial(\text{MASW}(1500)) + \partial(\urcorner\text{MASW}(50))) = 0.968$$

尼日利亚：$\partial(\text{MAGR}(132)) = 0.043$，$\partial(\text{MAGR}(20)) = 0.006$，$\partial(\urcorner\text{MAGR}(132)) = 0.957$，$\partial(\urcorner\text{MAGR}(20)) = 0.994$；

$$\lambda_1 = \frac{1}{2}(\partial(\text{MAGR}(132)) + \partial(\urcorner\text{MAGR}(20))) = 0.519$$

$\partial(\text{MASW}(52)) = 0.034$，$\partial(\text{MASW}(8)) = 0.005$，$\partial(\urcorner\text{MASW}(52)) = 0.966$，$\partial(\urcorner\text{MASW}(8)) = 0.995$；

$$\lambda_2 = \frac{1}{2}(\partial(\text{MASW}(52)) + \partial(\urcorner\text{MASW}(8))) = 0.515$$

塞内加尔：$\partial(\text{MAGR}(132)) = 0.043$，$\partial(\text{MAGR}(2)) = 0.001$，$\partial(\urcorner\text{MAGR}(132)) = 0.957$，$\partial(\urcorner\text{MAGR}(2)) = 0.999$；

$$\lambda_1 = \frac{1}{2}(\partial(\text{MAGR}(132)) + \partial(\urcorner\text{MAGR}(2))) = 0.521$$

$\partial(\text{MASW}(87)) = 0.056$，$\partial(\text{MASW}(2)) = 0.001$，$\partial(\urcorner\text{MASW}(87)) = 0.944$，$\partial(\urcorner\text{MASW}(2)) = 0.999$；

$$\lambda_2 = \frac{1}{2}(\partial(\text{MASW}(87)) + \partial(\urcorner\text{MASW}(2))) = 0.528$$

刚果民主共和国：$\partial(\text{MAGR}(300)) = 0.097$，$\partial(\text{MAGR}(35)) = 0.011$，$\partial(\urcorner\text{MAGR}(300)) = 0.903$，$\partial(\urcorner\text{MAGR}(35)) = 0.989$；

$$\lambda_1 = \frac{1}{2}(\partial(\text{MAGR}(300)) + \partial(\urcorner\text{MAGR}(35))) = 0.543$$

$\partial(\text{MASW}(240)) = 0.155$，$\partial(\text{MASW}(23)) = 0.015$，$\partial(\urcorner\text{MASW}(240)) = 0.845$，$\partial(\urcorner\text{MASW}(23)) = 0.985$；

$$\lambda_2 = \frac{1}{2}(\partial(\text{MASW}(240)) + \partial(\urcorner\text{MASW}(23))) = 0.570$$

苏丹：$\partial(\text{MAGR}(280)) = 0.090$，$\partial(\text{MAGR}(25)) = 0.008$，$\partial(\urcorner\text{MAGR}(280)) = 0.910$，$\partial(\urcorner\text{MAGR}(25)) = 0.992$；

$$\lambda_1 = \frac{1}{2}(\partial(\text{MAGR}(280)) + \partial(\urcorner\text{MAGR}(25))) = 0.541$$

$\partial(\text{MASW}(150)) = 0.097$，$\partial(\text{MASW}(15)) = 0.010$，$\partial(\urcorner\text{MASW}(150)) = 0.903$，$\partial(\urcorner\text{MASW}(15)) = 0.990$；

$$\lambda_2 = \frac{1}{2}(\partial(\text{MASW}(150)) + \partial(\neg\text{MASW}(15))) = 0.544$$

乌干达：$\partial(\text{MAGR}(420)) = 0.135$，$\partial(\text{MAGR}(10)) = 0.003$，$\partial(\neg\text{MAGR}(420)) = 0.865$，$\partial(\neg\text{MAGR}(10)) = 0.997$；

$$\lambda_1 = \frac{1}{2}(\partial(\text{MAGR}(420)) + \partial(\neg\text{MAGR}(10))) = 0.566$$

$\partial(\text{MASW}(220)) = 0.142$，$\partial(\text{MASW}(7)) = 0.005$，$\partial(\neg\text{MASW}(220)) = 0.858$，$\partial(\neg\text{MASW}(7)) = 0.995$；

$$\lambda_2 = \frac{1}{2}(\partial(\text{MASW}(220)) + \partial(\neg\text{MASW}(7))) = 0.569$$

加蓬：$\partial(\text{MAGR}(52)) = 0.017$，$\partial(\text{MAGR}(2)) = 0.001$，$\partial(\neg\text{MAGR}(52)) = 0.983$，$\partial(\neg\text{MAGR}(2)) = 0.999$；

$$\lambda_1 = \frac{1}{2}(\partial(\text{MAGR}(52)) + \partial(\neg\text{MAGR}(2))) = 0.508$$

$\partial(\text{MASW}(38)) = 0.025$，$\partial(\text{MASW}(2)) = 0.001$，$\partial(\neg\text{MASW}(38)) = 0.975$，$\partial(\neg\text{MASW}(2)) = 0.999$；

$$\lambda_2 = \frac{1}{2}(\partial(\text{MASW}(52)) + \partial(\neg\text{MASW}(2))) = 0.512$$

取以上所有 λ_1 的平均值和所有 λ_2 的平均值，分别作为数据（人数）关于“感染人数多”与“死亡人数多”的真值范围的阈值 λ，见表 7-10。

表 7-10　评判规则中模糊命题“感染人数多”和“死亡人数多”的真值范围的阈值 λ

模糊命题	感染人数多	死亡人数多
阈值 λ	0.614	0.635

对于模糊命题“感染人数中等”和“死亡人数中等”，因表 7-10 中阈值 $\lambda > 1/2$，根据 6.2.1 节中命题 6，则模糊命题“感染人数中等”和“死亡人数中等”的真值范围为$[1-\lambda, \lambda]$。即模糊命题“感染人数中等”的真值范围的阈值为 $1-\lambda = 1-0.614 = 0.386$，模糊命题“死亡人数中等”的真值范围的阈值为 $1-\lambda = 1-0.635 = 0.365$，见表 7-11。

表 7-11　评判规则中模糊命题“感染人数中等”和“死亡人数中等”的真值范围的阈值 $1-\lambda$

模糊命题	感染人数中等	死亡人数中等
阈值 $1-\lambda$	0.386	0.365

阈值意义：

(1) 对于任一次埃博拉病毒爆发的感染人数（或死亡人数）x，若$\partial(\mathrm{MAGR}(x))$（或$\partial(\mathrm{MASW}(x))$）$\geqslant\lambda$，则表明该次埃博拉病毒爆发感染人数多（或死亡人数多）。

(2) 对于任一次埃博拉病毒爆发的感染人数（或死亡人数）x，若$1-\lambda\leqslant\partial(\mathrm{MAGR}(x))$（或$\partial(\mathrm{MASW}(x))$）$\leqslant\lambda$，则表明该次埃博拉病毒爆发感染人数中等（或死亡人数中等）。

(3) 对于任一次埃博拉病毒爆发的感染人数（或死亡人数）x，若$\partial(\mathrm{MAGR}(x))$（或$\partial(\mathrm{MASW}(x))$）$\leqslant 1-\lambda$（即$\partial(\text{╕}\mathrm{MAGR}(x)$（或$\partial(\text{╕}\mathrm{MASW}(x)$）$\geqslant\lambda$）时，则表明该次埃博拉病毒爆发感染人数少（或死亡人数少）。

4. 实例的推理结果

在实例中，评判规则是一种形式为“如果……，则……”的模糊推理。如同上节“4.实例的推理决策”中的推理方法，我们采用模糊产生式规则进行讨论。模糊产生式规则的一般形式如下：

$$P_1, P_2,\cdots, P_m \to Q \,\big|\, \langle bd, (\tau_1, \tau_2,\cdots,\tau_m)\rangle$$

其中，$P_i\ (i=1, 2,\cdots, m)$是模糊命题，表示规则的前提或条件；Q 表示推理结论（或行动）；$bd\ (0\leqslant bd\leqslant 1)$表示规则的信任度（belief degree of rule）；$\tau_i\ (0\leqslant\tau_i\leqslant 1, i=1, 2,\cdots, m)$ 表示 P_i 的真值$\partial(P_i)$的范围的阈值。模糊产生式规则的意义如下：

“若每个$\partial(P_i)\geqslant\tau_i$，则以 bd 的信任度由 $P_1, P_2,\cdots, P_m$ 可推出（或执行）Q” (*)

假设规则的置信度 $bd=0.9$（可通过随机调查统计或领域专家决定等方法确定）。对于实例中的评判问题，我们讨论如下。

在评判问题中，因埃博拉病毒感染人数 1800 人，死亡人数 800 人，根据上节“2.决策规则中模糊命题的真值度量”和“3.决策规则中模糊命题的真值范围的阈值及意义”中的方法可得

$\partial(\mathrm{MAGR}(1800))=0.581$，$\partial(\mathrm{MASW}(800))=0.516$，故$\partial(\text{╕}\mathrm{MAGR}(1800))=1-\partial(\mathrm{MAGR}(1800))=0.419$，$\partial(\text{╕}\mathrm{MASW}(800))=1-\partial(\mathrm{MASW}(800))=0.484$。

由于 $\lambda=0.614>1/2$，且$\partial(\mathrm{MAGR}(1800))=0.581\in[1-\lambda, \lambda]$、$\partial(\mathrm{MAGR}(800))=0.516\in[1-\lambda, \lambda]$，则根据 6.2.1 节中 FLCOM 的无穷值语义解释，可知$\partial(\sim\mathrm{MAGR}(1800))=\partial(\mathrm{MAGR}(1800))=0.581$，$\partial(\sim\mathrm{MASW}(800))=\partial(\mathrm{MASW}(800))=0.516$。

从而，关于实例中的评判问题，我们可确定评判结果如下：

(Ⅰ) 对于评判规则(A)，根据模糊产生式规则，其可形式表示为

$$\text{╕}\mathrm{MAGR}(x)\vee\text{╕}\mathrm{MASW}(x)\to\mathrm{LIGHT}(x)\,\big|\,\langle 0.9, (0.614, 0.635)\rangle$$

因$\partial(\text{╕}\mathrm{MAGR}(1800))=0.419<0.614$，$\partial(\text{╕}\mathrm{MASW}(800))=0.484<0.635$，所以，$\partial(\text{╕}\mathrm{MAGR}(1800))$和$\partial(\text{╕}\mathrm{MASW}(800))$不满足(*)中条件。因此，评判规则(A)不可采

纳。由此表明，该国此次埃博拉病毒爆发级别不是轻微等级。

(Ⅱ) 对于评判规则(B)，根据模糊产生式规则，其可形式表示为

$$\mathrm{MAGR}(x) \wedge \mathrm{MASW}(x) \to \mathrm{SERIOUS}(x) \mid \langle 0.9, (0.614, 0.635)\rangle$$

因$\partial(\mathrm{MAGR}(1800)) = 0.581 < 0.614$，$\partial(\mathrm{MASW}(800)) = 0.516 < 0.635$，所以，$\partial(\mathrm{MAGR}(1800))$和$\partial(\mathrm{MASW}(800))$不满足(∗)中条件。因此，评判规则(B)不可采纳。由此表明，该国此次埃博拉病毒爆发级别不是严重等级。

(Ⅲ) 对于评判规则(C)，根据模糊产生式规则，其可形式表示为

$$\mathrm{MAGR}(x) \wedge {\sim}\mathrm{MASW}(x) \to \mathrm{LSERIOUS}(x) \mid \langle 0.9, (0.614, 0.365)\rangle$$

因$\partial(\mathrm{MAGR}(1800)) = 0.581 < 0.614$，所以，$\partial(\mathrm{MAGR}(1800))$不满足(∗)中条件。因此，评判规则(C)不可采纳。由此表明，该国此次埃博拉病毒爆发级别不是较严重等级。

(Ⅳ) 对于评判规则(D)，根据模糊产生式规则，其可形式表示为

$${\sim}\mathrm{MAGR}(x) \wedge {\sim}\mathrm{MASW}(x) \to \mathrm{MIDDLE}(x) \mid \langle 0.9, (0.386, 0.365)\rangle$$

因$\partial({\sim}\mathrm{MAGR}(1800)) = 0.581 > 0.386$，$\partial({\sim}\mathrm{MASW}(800)) = 0.516 > 0.365$，所以，$\partial({\sim}\mathrm{MAGR}(1800))$和$\partial({\sim}\mathrm{MASW}(800))$满足(∗)中条件。因此，评判规则(D)可采纳。由此表明，该国此次埃博拉病毒爆发级别为一般等级。

根据上述推理结果，表明"若某国某年埃博拉病毒感染人数达 1800 人，死亡人数 800 人"的埃博拉病毒爆发级别，在(A)~(D)评判规则条件下为一般等级。

7.2 FLCOM 与∀FLCOM 在一些知识处理理论中的应用

7.2.1 具有三种否定的模糊描述逻辑 FALCCOM

描述逻辑（description logics，DL）是基于对象的知识表示的形式化，是一阶谓词逻辑的一个可判定子集。除了知识表示以外，描述逻辑还用在其他许多领域，它被认为是以对象为中心的表示语言的最为重要的归一形式。描述逻辑的重要特征是很强的表达能力和可判定性，它能保证推理算法总能停止，并返回正确的结果。描述逻辑作为一类知识表示的形式化语言的统称，是框架系统、语义网络、面向对象表示、语义数据模型和类型系统等的逻辑基础和统一形式化表示，描述逻辑的研究覆盖了理论基础以及知识表示系统的实现和一些领域的应用开发。在当今知识表示的形式化方法中，描述逻辑受到人们特别关注的主要原因在于，描述逻辑具有清晰的模型-理论机制，很适合于通过概念分类学来表示应用领域，并提供了很多有用的推理服务。

在描述逻辑中，通过定义论域中相关概念，并以其为工具详细说明论域中的对象和个体。这类语言的特点：①描述逻辑具有基于逻辑的形式化语义；②描述

逻辑以推理为中心，描述逻辑的推理允许我们通过知识库中明确的知识推出知识库中隐含表达的知识。描述逻辑所支持的推理模式同样存在于众多智能知识处理系统中，并且被人们用于构造和理解现实世界的知识。

描述逻辑及其发展有如下三个基本思想[262]：

(1)　基本语法构造模块是原子概念（一元谓词）、原子关系（二元谓词）和个体（常量）；

(2)　语言的表达力基于其具有的构造算子（用于语构造复杂概念和关系），用一个小的但认知充分的构造子集，由原子概念和原子关系构造复杂的概念和关系；

(3)　在推理辅助下，关于概念和个体的知识能够被自动地推理。

基于描述逻辑的知识表示系统为建立和运用知识库提供了便利。图 7-8 描述了基于描述逻辑的知识表示系统结构。

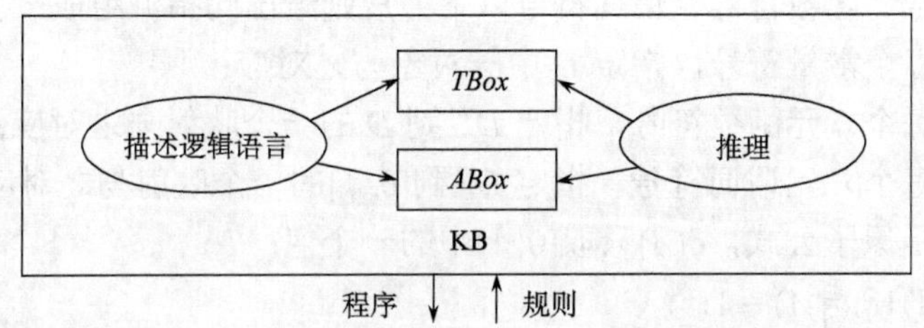

图 7-8　基于描述逻辑的知识表示系统结构

概念、关系和个体是描述逻辑的基本模块。一个描述逻辑系统包含四个基本组成部分：①表示概念和关系的构造集合；②关于概念的断言集合 *TBox*；③关于个体的断言集合 *ABox*；(4) *TBox* 和 *ABox* 上的推理机制。描述逻辑有三类形式符号：概念(用 C 表示)，关系(用 R 表示)和个体(用 a，b 表示)。*TBox* 是一个论域的词汇集；而 *ABox* 是关于个体的断言集，词汇集由概念和关系组成。其中，概念表示个体的性质，而关系表示个体之间的二元关系。

经典描述逻辑 ALC 的本质是一阶谓词逻辑的子类（即一个可判定子集）。因此，经典描述逻辑并不具备处理模糊知识的能力。对此，1998 年 Straccia 基于模糊逻辑语义提出了模糊描述逻辑 FALC[263]。 FALC 作为 ALC 的一个扩展，其主要思想是将描述逻辑 ALC 同模糊集与基于 Zadeh 模糊集的模糊逻辑相结合，使其具有模糊知识的处理能力。

然而，我们需指出的是，①由于模糊描述逻辑 FALC 是基于模糊逻辑语义对经典描述逻辑 ALC 的一种扩充，FALC 和 ALC 与一阶谓词逻辑一样只有一种否定， 因而FALC 难以描述模糊知识中的不同否定及其关系，限制了 FALC 对于模糊知识的表达及模糊推理的能力。②由于描述逻辑关键的特征在于建立概念之间的关系，而在前述中已表明具有矛盾否定、对立否定和中介否定的模糊逻辑 FLCOM 与∀FLCOM，对于概念和概念关系的区分、表示以及推理等能力强于经典逻辑和模糊逻辑，因此基于 FLCOM 与∀FLCOM 而建立的模糊描述逻辑将使描述逻辑的研究发展更加深入。

根据以上认识，我们如同模糊描述逻辑 FALC 是基于模糊逻辑语义而提出的那样，将模糊概念的矛盾否定、对立否定和中介否定思想引入 FALC，并且基于∀FLCOM 及其无穷值语义模型，提出一种“具有矛盾否定、对立否定和中介否定的模糊描述逻辑 FALCCOM”。

在 6.3.1 节中，我们给出了∀FLCOM 的一种无穷值语义模型 Φ：$< D, \partial >$。为了下述方便，不妨列举其定义如下。

定义 1. ∀FLCOM 中合式公式 A 的一个 λ-解释 ∂ ($\lambda\in(0, 1)$)，由个体域 D 和 A 中每一常量符号、函数符号、谓词符号以下列规则给出的指派组成：

(1) 对每个常量符号，指定 D 中一对象与之对应；

(2) 对每个 n 元函数符号，指定 D^n 到 D 的一个映射与之对应；

(3) 对每个 n 元谓词符号，指定 D^n 到[0, 1]的一个映射与之对应；且有

[1] A 是原子公式，$\partial(A)$只取[0, 1]中的一个值；

[2] $\partial(A)+\partial_\lambda(╕A) = 1$；

[3] $$\partial({\sim}A) = \begin{cases} \lambda-\dfrac{2\lambda-1}{1-\lambda}\ (\partial(A)-\lambda), & \text{当}\lambda\in[1/2, 1)\text{且}\partial(A)\in(\lambda, 1] \\ \lambda-\dfrac{2\lambda-1}{1-\lambda}\partial(A), & \text{当}\lambda\in[1/2, 1)\text{且}\partial(A)\in[0, 1-\lambda) \\ 1-\dfrac{1-2\lambda}{\lambda}\partial(A)-\lambda, & \text{当}\lambda\in(0, 1/2]\text{且}\partial(A)\in[0, \lambda) \\ 1-\dfrac{1-2\lambda}{\lambda}(\partial(A)+\lambda-1)-\lambda, & \text{当}\lambda\in(0, 1/2]\text{且}\partial(A)\in(1-\lambda, 1] \\ \partial_\lambda(A), & \text{其他} \end{cases}$$

[4] $\partial(A\to B) = \max(1-\partial(A), \partial(B))$；

[5] $\partial(A\vee B) = \max(\partial(A), \partial(B))$；

[6] $\partial(A\wedge B) = \min(\partial(A), \partial_\lambda(B))$；

[7] $\partial(\forall xP(x)) = \min\limits_{x\in D}\{\partial(P(x))\}$；

[8] $\partial(\exists xP(x)) = \max\limits_{x\in D}\{\partial(P(x))\}$。

其中，[3]的主要含义如下：由于 λ 是可变的，所以，公式 A 的真值 $\partial(A)$ 确定为：

(i) 当$\lambda\in[1/2, 1)$时，$\partial(A)\in(\lambda, 1]$ (此时，$\partial(╕A)\in[0, 1-\lambda)$，$\partial({\sim}A)\in[1-\lambda, \lambda]$)，否则，$\partial(A)\in[0, 1-\lambda)$ (此时 $\partial(╕A)\in(\lambda, 1]$，$\partial({\sim}A)\in[1-\lambda, \lambda]$)。

(ii) 当$\lambda \in (0, 1/2]$时，$\partial(A) \in [0, \lambda)$ (此时 $\partial(\neg A) \in (1-\lambda, 1]$，$\partial(\sim A) \in [\lambda, 1-\lambda]$)，否则$\partial(A) \in (1-\lambda, 1]$(此时$\partial(\neg A) \in [0, \lambda)$，$\partial(\sim A) \in [\lambda, 1-\lambda]$)。

在以上∀FLCOM 的无穷值语义模型 Φ 下，对于一元谓词 F，$\partial(F(x))$反映了对象 x 具有性质 F 的程度。$\partial(F(x)) = 1$ 即称 $F(x)$为真，当且仅当，个体域 D 中的任一对象 x 完全具有 F；$\partial(F(x)) = 0$ 即称 $F(x)$为假，当且仅当，个体域中的任一对象 x 完全不具有 F；$\partial(F(x)) \in (0, 1)$ 即称 $F(x)$部分真，当且仅当，个体域中有对象 x 部分地具有 F。因此，我们可以知道，当$\partial(F(x)) = 1$ 或$\partial(F(x)) = 0$ 时，F 是清晰的一元谓词，当$\{\partial(F(x))\} \in (0,1)$时，$F$ 是模糊的一元谓词。特别地，当$\partial(F(x)) \equiv 1/2$ 时，F 是谓词常元。对于二元谓词 R，$\partial(R(x, y))$反映了 x 与 y 具有关系 R 的程度。

我们将以上∀FLCOM 的无穷值语义解释作为具有矛盾否定、对立否定和中介否定的模糊描述逻辑 FALCCOM 的语义解释。一般地，表达为 $I = (\Delta^I, \bullet^I)$。其中，$\Delta^I$ 是论域，$\bullet^I$ 是如下的解释函数：对于概念 C，$C^I : \Delta^I \to [0, 1]$；对于关系 R，$R^I : \Delta^I \times \Delta^I \to [0, 1]$。$C^I$ 解释为 FALCCOM 的一元谓词 C 在λ–赋值∂下的真值度。亦即如果 d 是论域Δ^I 中的一个个体（对象），那么，$C^I(d)$代表了在解释 I 下，个体 d 具有性质 C 的程度。类似地，对于概念 R，R^I 解释为 FALCCOM 的二元谓词 R 在λ–赋值∂下的真值度。亦即如果 a 和 b 是论域Δ^I 中的两个个体，那么 $R^I(a, b)$代表了在解释 I 下，个体 a 和 b 具有二元谓词 R 的程度。

关于 FALCCOM 的语法和语义，可用表 7-12 归纳。

表 7-12　FALCCOM 的语法和语义

构造算子	语法	语义
原子概念	A	$\forall d \in \Delta^I, A^I(d) \in [0, 1]$
原子关系	R	$\forall (a, b) \in \Delta^I \times \Delta^I, R^I(a, b) \subseteq [0, 1]$
全概念	$\top$	$\forall d \in \Delta^I, \top^I(d) = 1$
空概念	$\perp$	$\forall d \in \Delta^I, \perp^I(d) = 0$
对立否定	$\neg C$	$\forall d \in \Delta^I, \neg C^I(d) = 1 - C^I(d)$
		$\forall d \in \Delta^I, \lambda \in [0.5, 1), C^I(d) \in (\lambda, 1]$, $(\sim C)^I(d) = \dfrac{2\lambda - 1}{1-\lambda}[C_I(d) - \lambda] + 1 - \lambda$
		$\forall d \in \Delta^I, \lambda \in [0.5, 1), C^I(d) \in (\lambda, 1]$, $(\sim C)^I(d) = \dfrac{2\lambda - 1}{1-\lambda} C^I(d) + 1 - \lambda$
中介否定	$\sim C$	$\forall d \in \Delta^I$, 若$\lambda \in (0, 0.5], C^I(d) \in [0, \lambda)$, $(\sim C)^I(d) = \dfrac{1-2\lambda}{\lambda} C^I(d) + \lambda$
		$\forall d \in \Delta^I, \lambda \in (0, 0.5], C^I(d) \in [0, \lambda)$, $(\sim C)^I(d) = \dfrac{1-2\lambda}{\lambda}[C_I(d) - (1-\lambda)] + \lambda$
		$\forall d \in \Delta^I, C^I(d) = 0.5, (\sim C)^I(d) = 0.5$

续表

构造算子	语法	语义
矛盾否定	$\neg C$	$\forall d\in\Delta^I, \neg C^I(d) = max\{(ㅋ C)^I(d), (\sim C)^I(d)\}$
合取	$C\sqcap D$	$\forall d\in\Delta^I, (C\sqcap D)^I(d) = \min\{C^I(d), D^I(d)\}$
析取	$C\sqcup D$	$\forall d\in\Delta^I, (C\sqcup D)^I(d) = \max\{C^I(d), D^I(d)\}$
存在量词	$\exists R.C$	$\forall d\in\Delta^I, \exists R.C^I(d) = \sup\{\min\{R^I(d, d'), C^I(d')\} \mid d'\in\Delta^I\}$
全称量词	$\forall R.C$	$\forall d\in\Delta^I, \forall R.C^I(d) = \inf\{\max\{1-R^I(d, d'), C^I(d')\} \mid d'\in\Delta^I\}$

两个概念 C 和 D 是等价的，如果对于所有的解释 I, $C^I = D^I$ 都存在，记为 $C \cong D$。对于 FALCcom 中，可证明概念之间的等价关系具有如下性质：

(1)　$ㅋ\top \cong \bot$

(2)　$C\sqcap\top \cong C, C\sqcup\top \cong \top$

(3)　$C\sqcap\bot \cong \bot, C\sqcup\bot \cong C$

(4)　$ㅋㅋC \cong C$

(5)　$\sim C \cong ㅋ\sim C$

(6)　$\neg C \cong ㅋC\sqcup\sim C$

(7)　$\sim C \cong \neg C\sqcap ㅋ\neg C$

(8)　$ㅋ\neg C \cong C\sqcup\sim C$

(9)　$ㅋ(C\sqcap D) \cong ㅋC\sqcup ㅋD, ㅋ(C\sqcup D) \cong ㅋC\sqcap ㅋD$

(10)　$C_1\sqcap(C_2\sqcup C_3) \cong (C_1\sqcap C_2)\sqcup(C_1\sqcap C_3), C_1\sqcup(C_2\sqcup C_3) \cong (C_1\sqcup C_2)\sqcap(C_1\sqcup C_3)$

(11)　$\forall R.\top\cong\top, \exists R.\bot \cong\bot$

(12)　$\forall R.C \cong ㅋ\exists R.ㅋC$

(13)　$(\forall R.C)\sqcap(\forall R.D) \cong \forall R.(C\sqcap D)$

(14)　$C\sqcup ㅋC \ncong \top, C\sqcup\sim C \ncong\top$，$C\sqcup\neg C \ncong\top$

(15)　$C\sqcap ㅋC \ncong\bot, C\sqcap\sim C \ncong\bot, C\sqcap\neg C \ncong\bot$

证明：我们只证明(4)至(9)，其他显然可得。

(4) $\forall d\in\Delta^I$，$ㅋㅋC^I(d) = 1-(ㅋC)^I(d) = 1-(1-C^I(d)) = C^I(d)$，得证。

(5) $\forall d\in\Delta^I$，若$(\sim C)^I(d) > (ㅋ\sim C)^I(d)$，则$(ㅋ\sim C)^I(d) > (ㅋㅋ\sim C)^I(d) = (\sim C)^I(d)$，即$(ㅋ\sim C)^I(d) > (\sim C)^I(d)$；反之，若$(\sim C)^I(d) > (ㅋ\sim C)^I(d)$，则$(ㅋ\sim C)^I(d) < (ㅋㅋ\sim C)^I(d) = (\sim C)^I(d)$，即$(ㅋ\sim C)^I(d) < (\sim C)^I(d)$；因此，$(ㅋ\sim C)^I(d) = (\sim C)^I(d)$，得证。

(6) $\forall d\in\Delta^I$，$(\neg C)^I(d) = \max\{(ㅋC)^I(d), (\sim C)^I(d)\} = (ㅋC\sqcup\sim C)^I(d)$，得证。

(7) $\forall d\in\Delta^I$，$(\neg C\sqcap ㅋ\neg C)^I(d) = \min\{(\neg C)^I(d), (ㅋ\neg C)^I(d)\} = \min\{\max\{(ㅋC)^I(d), (\sim C)^I(d)\}, \{\max\{(ㅋㅋC)^I(d), (ㅋ\sim C)^I(d)\}\}\} = \min\{\max\{(ㅋC)^I(d), (\sim C)^I(d)\}, \max\{(C)^I(d), ㅋ\sim(C)^I(d)\}\}$。其中

若 $C^I(d) > (\sim C)^I(d)$，则$(\sim C)^I(d) > (╕C)^I(d)$，所以，$(\neg C \sqcap ╕\neg C)^I(d) = (\sim C)^I(d)$；

若 $C^I(d) \leqslant (\sim C)^I(d)$，则$(\sim C)^I(d) < (╕C)^I(d)$，所以，$(\neg C \sqcap ╕\neg C)^I(d) = (\sim C)^I(d)$；

所以，(7)得证。

(8) $\forall d \in \Delta^I$，根据(6)，$(\neg C)^I(d) = (╕C \sqcup \sim C)^I(d)$，所以，$(╕\neg C)^I(d) = (╕╕C \sqcup ╕\sim C)^I(d)$，再根据(4)和(5)，即可得$(╕\neg C)^I(d) = (C \sqcup \sim C)^I(d)$，得到。

(9) $\forall d \in \Delta^I$, $(╕(C \sqcup D))^I(d) = 1-(C \sqcup D)^I(d) = 1-\max\{C^I(d), D^I(d)\}$, $(╕C \sqcup ╕D))^I(d) = \min\{1-C^I(d), 1-D^I(d)\}$。若 $C^I(d) \geqslant D^I(d)$，则有$(╕(C \sqcup D))^I(d) = (╕C \sqcup ╕D))^I(d) = 1-C^I(d)$；若 $C^I(d) < D^I(d)$，则$(╕(C \sqcup D))^I(d) = 1-D^I(d) = (╕C \sqcup ╕D))^I(d)$。因此，$(╕(C \sqcup D))^I(d) = (╕C \sqcup ╕D))^I(d)$。同样地，$(╕(C \sqcap D))^I(d) = 1-(C \sqcap D)^I(d) = 1-\min\{C^I(d), D^I(d)\}$，$(╕C \sqcup ╕D)^I(d) = \max\{C^I(d), D^I(d)\} = 1-C^I(d)$。若 $C^I(d) < D^I(d)$，则有$(╕(C \sqcap D))^I(d) = 1-C^I(d) = (╕C \sqcup ╕D)^I(d)$；所以，$(╕(C \sqcap D))^I(d) = (╕C \sqcup ╕D)^I(d)$。所以，(9)得证。

对于具有矛盾否定、对立否定和中介否定的模糊描述逻辑 FALCcom，由上述可确切地说，从逻辑的语法而言，FALCcom 是基于∀FLcom 的模糊描述逻辑 FALC 的扩充；从逻辑的语义而言，FALCcom 是基于∀FLcom 及其无穷值语义模型而产生的∀FLcom 的一个子类。

至此，我们可进一步给出关于 FALCcom 的如下概念。

1. FALCcom 的 *TBox*

如同模糊描述逻辑 FALC，*TBox* 是模糊术语公理的集合。由如下形式的“模糊包含公理”和“模糊等价公理”构成：

模糊包含公理：$C \sqsubseteq D$，$R \sqsubseteq S$

模糊等价公理：$C \equiv D$，$R \equiv S$

其中，C 和 D 是模糊概念，R 和 S 是模糊关系。它们的语义解释分别为：

对于 $C \sqsubseteq D$，如果

$$\forall d \in \Delta^I, C^I(d) \leqslant D^I(d)$$

对于 $R \sqsubseteq S$，如果

$$\forall a, b \in \Delta^I \times \Delta^I, R^I(a, b) \leqslant S^I(a, b)$$

则解释 I 满足模糊包含公理。

对于 $C \equiv D$，如果

$$\forall d \in \Delta^I, C^I(d) = D^I(d)$$

对于 $R \equiv S$，如果

$$\forall a, b) \in \Delta^I \times \Delta^I, R^I(a, b) \leqslant S^I(a, b)$$

则解释 I 满足模糊等价公理。

对于模糊概念，若模糊包含公理中左边为基本概念，则该公理即为“模糊概念特例”，即 $A \sqsubseteq D$。若模糊等价公理中左边为基本概念，则该公理即为“模糊概念定义”，即 $A \equiv D$。其中 A 是基本概念，D 是一般概念。

同样地，对于解释 I，I 满足“模糊概念特例”，如果

$$\forall d \in \Delta^I, A^I(d) \leqslant C^I(d)$$

I 满足“概念定义”，如果

$$\forall d \in \Delta^I, A^I(d) = C^I(d)$$

如果χ是一个公理集，那么解释 I 满足χ，当且仅当 I 满足χ中的每一个公理。如果解释 I 满足一个公理（或公理集），则解释 I 是这个公理（或公理集）的一个模型。两个公理（或公理集）是等价的，如果它们具有相同的模型。

2. FALCCOM 的 *ABox*

在经典描述逻辑 ALC 中，*ABox* 以概念和关系的方式描述论域中事件的特殊状态。*ABox* 通过赋予个体名称来描述，并且通过断言来描述个体性质。如果用 a、b 和 c 表示个体的名称，通过使用概念 C 和关系 R，我们就可以做出 $C(a)$、$R(b, c)$ 两类断言。$C(a)$为概念断言，它表明个体 a 具有概念 C 性质。$R(b, c)$为关系断言，它表明个体 b 和 c 之间具有关系 R。

MALC 的 *ABox*，即有限的 MALC 断言的集合。MALC 断言的结构为$\langle \alpha, \lambda \rangle$。其中，$\alpha$为 ALC 断言 $C(a)$或 $R(a, b)$。于是，$\forall a, b, c \in \Delta^I$，断言被表达为两类：$\langle C(a), \lambda \rangle$，$\langle R(a, b), \lambda \rangle$。

为了说明两类断言$\langle C(a), \lambda \rangle$和$\langle R(a, b), \lambda \rangle$的意义，我们用 F 代表 $C(a)$和 $R(a, b)$。根据定义 1，表明$\partial(F)$在[0, 1]中的取值范围与 λ 值相关。所以，两类断言$\langle C(a), \lambda \rangle$和$\langle R(a, b), \lambda \rangle$的意义有下列情形（图 7-9~图 7-12）。

情形 1（图 7-9）：当$\lambda \geqslant 0.5$ 且$\partial(F) \in (\lambda, 1]$时：

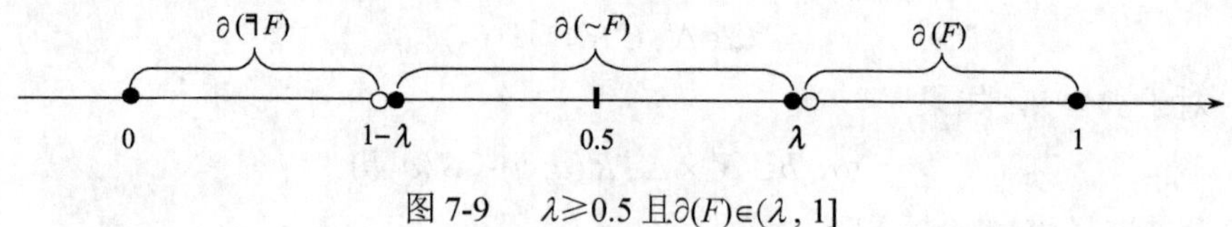

图 7-9　$\lambda \geqslant 0.5$ 且$\partial(F) \in (\lambda, 1]$

因$\partial(F)$的取值范围为$(\lambda, 1]$，所以在此情形中

断言$\langle C(a), \lambda \rangle$的意义为

$$C^I(d) = \partial(C(d)) > \lambda$$

即个体 d 具有性质 C 的程度大于λ，即 $C^I(d) \in (\lambda, 1]$。

断言$\langle R(a, b), \lambda \rangle$的意义为

$$R^I(a, b) = \partial(R(a, b)) > \lambda$$

即个体 a 和 b 之间具有二元关系 R 的程度大于λ，即 $R^I(a, b)\in(\lambda, 1]$。

情形 2（图 7-10）：当$\lambda\geqslant 0.5$ 且$\partial(F)\in[0, 1-\lambda)$时：

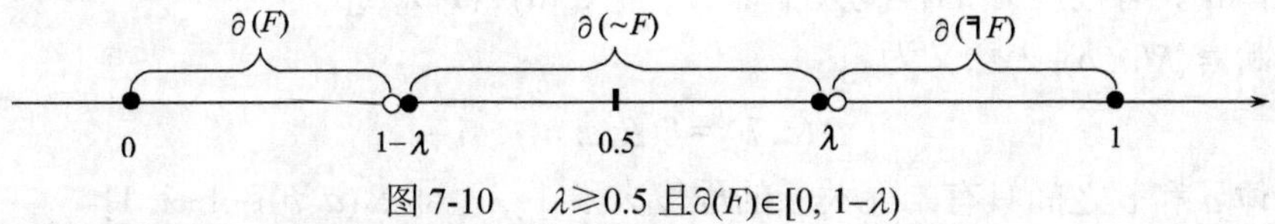

图 7-10　$\lambda\geqslant 0.5$ 且$\partial(F)\in[0, 1-\lambda)$

因$\partial(F)$的取值范围为$[0, 1-\lambda)$，所以在此情形中

断言$\langle C(a), \lambda\rangle$意义为

$$C^I(d) = \partial(C(d)) < 1-\lambda$$

即个体 d 具有性质 C 的程度小于 $1-\lambda$，即 $C^I(d)\in[0, 1-\lambda)$。

断言$\langle R(a, b), \lambda\rangle$意义为

$$R^I(a, b) = \partial(R(a, b)) < 1-\lambda$$

即个体 a 和 b 之间具有二元关系的程度小于 $1-\lambda$，即 $R^I(a, b)\in[0, 1-\lambda)$。

情形 3（图 7-11）：当$\lambda\leqslant 0.5$ 且$\partial(F)\in[0, \lambda)$时：

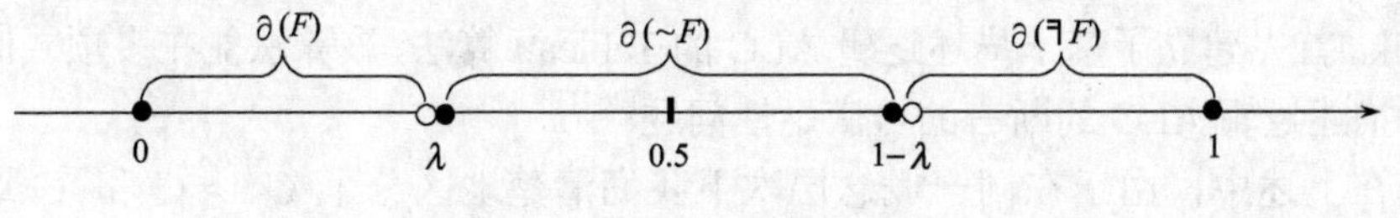

图 7-11　$\lambda\leqslant 0.5$ 且$\partial(F)\in[0, \lambda)$

因$\partial(F)$的取值范围为$[0, \lambda)$，所以在此情形中

断言$\langle C(a), \lambda\rangle$意义为

$$C^I(d) = \partial(C(d)) < \lambda$$

即个体 d 具有性质 C 的程度小于λ，即 $C^I(d)\in[0, \lambda)$。

断言$\langle R(a, b), \lambda\rangle$ 意义为

$$R^I(a, b) = \partial(R(a, b)) < \lambda$$

即个体 a 和 b 之间具有二元关系的程度小于λ，即 $R^I(a, b)\in[0, \lambda)$。

情形 4（图 7-12）：当$\lambda\leqslant 0.5$ 且$\partial(F)\in(1-\lambda, 1]$时：

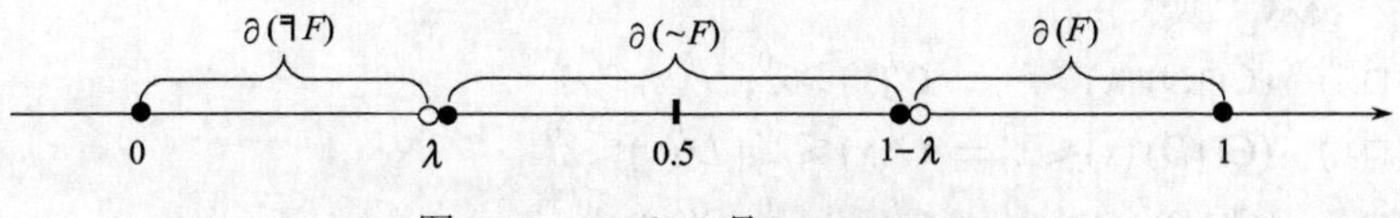

图 7-12　$\lambda\leqslant 0.5$ 且$\partial(F)\in(1-\lambda, 1]$

因∂(F)的取值范围为(1–λ, 1]，所以在此情形中

断言⟨C(a), λ⟩意义为

$$C^I(d) = \partial(C(d)) > 1-\lambda$$

即个体 d 具有性质 C 的程度大于 $1-\lambda$，即 $C^I(d)\in(1-\lambda, 1]$。

断言⟨R(a, b), λ⟩意义为

$$R^I(a, b) = \partial(R(a, b)) > 1-\lambda$$

即个体 a 和 b 之间具有二元关系的程度大于 $1-\lambda$，即 $R^I(a, b)\in(1-\lambda, 1]$。

由上表明，在解释 I 下，对于两类断言⟨C(x), λ⟩与⟨R(x, y), λ⟩，它们[0, 1]中的取值（真值）$C^I(x)$和 $R^I(x , y)$都属于与λ相关的[0, 1]中的一个子区间。

3. 可满足性与 Tableau 算法

根据上述，对于 FALCcom 的 *ABox* 中两类断言在解释 I 下的可满足性，可如下定义：

定义 2. 在语义解释 I 下，断言⟨C(x), λ⟩或⟨R(x, y), λ⟩是可满足的，当且仅当 $C^I(x)$或 $R^I(x , y)$属于相应的[0, 1]中的与λ相关的一个子区间。若语义解释 I 下 *ABox* 中的断言集Σ是可满足的，当且仅当Σ中的断言都是可满足的。

为了能用计算机自动判断描述逻辑中断言的可满足性，Schmidt-Schauβ 和 Smolka 首先建立了基于描述逻辑 ALC 的 Tableau 算法，该算法能在多项式时间内判断描述逻辑 ALC 的断言的可满足性问题[264]。

在上述中，由于在同一概念层次下我们清楚地区分了 C、╕C 和~C 这三种状态，并且 λ 确定了概念 C、╕C 和~C 的真值取值范围，所以 C、╕C 和~C 就具有相同的地位。因而，Tableau 规则只要运用到 C、╕C 和~C 中的任意一个就可以停止。

定义 2 表明了如果在语义解释 I 下概念 C（或关系 R）是可满足的，则存在一个个体 x（或两个个体 x 与 y），使得概念 C（或关系 R）的真值 $C^I(x)$（或 $R^I(x , y)$）属于[0, 1]中的与λ相关的一个子区间。因此，若用 λ^0 代表λ或 $1-\lambda$，则存在以下不等式：$C^I(x) > \lambda^0$，$C^I(x) < \lambda^0$，$C^I(x)\geqslant\lambda^0$，$C^I(x)\leqslant\lambda^0$，$R^I(x , y) > \lambda^0$，$R^I(x , y) < \lambda^0$，$R^I(x , y)\geqslant\lambda^0$，$R^I(x , y)\leqslant\lambda^0$，我们称这些不等式为概念 C 和关系 R 的真值限制条件。

根据 FALCcom 语义，我们只要删减 FALC 的 Tableau 算法中关于经典否定词¬的规则，就可得到 FALCcom 在真值限制条件下推理的 Tableau 规则如下(其中符号“|”表示“或”)：

($\sqcap_\geqslant$) $(C\sqcap D)^I(x)\geqslant\lambda^0 \Rightarrow C^I(x)\geqslant\lambda^0, D^I(x)\geqslant\lambda^0$

($\sqcap_\leqslant$) $(C\sqcap D)^I(x)\leqslant\lambda^0 \Rightarrow C^I(x)\leqslant\lambda^0 \mid D^I(x)\leqslant\lambda^0$

($\sqcap_>$) $(C\sqcap D)^I(x) > \lambda^0 \Rightarrow C^I(x) > \lambda^0, D^I(x)>\lambda^0$

($\sqcap_<$)　$(C\sqcap D)^I(x) < \lambda^0 \Rightarrow C^I(x) < \lambda^0 \mid D^I(x) < \lambda^0$

($\sqcup_\geqslant$)　$(C \sqcup D)^I(x) \geqslant \lambda^0 \Rightarrow C^I(x) \geqslant \lambda^0 \mid D^I(x) \geqslant \lambda^0$

($\sqcup_\leqslant$)　$(C\sqcup D)^I(x) \leqslant \lambda^0 \Rightarrow C^I(x) \leqslant \lambda^0, D^I(x) \leqslant \lambda^0$

($\sqcup_>$)　$(C\sqcup D)^I(x) > \lambda^0 \Rightarrow C^I(x) > \lambda^0 \mid D^I(x) > \lambda^0$

($\sqcup_<$)　$(C\sqcup D)^I(x) < \lambda^0 \Rightarrow C^I(x) < \lambda^0, D^I(x) < \lambda^0$

($\forall_\geqslant$)　$(\forall R.\, C)^I(x) \geqslant \lambda^0, R^I(x, y) > \lambda^0 \Rightarrow C^I(y) \geqslant \lambda^0$

($\forall_\leqslant$)　$(\forall R.\, C)^I(x) \leqslant \lambda^0 \Rightarrow$ 如果 x 是一个新变量，则 $R^I(x, y) \geqslant 1-\lambda^0, C^I(y) \leqslant \lambda^0$

($\forall_>$)　$(\forall R.\, C)^I(x) > \lambda^0, R^I(x, y) \geqslant n \Rightarrow C^I(y) > \lambda^0$

($\forall_<$)　$(\forall R.\, C)^I(x) < \lambda^0 \Rightarrow$ 如果 x 是一个新变量，则 $R^I(x, y) > 1-\lambda^0, C^I(y) < \lambda^0$

($\exists_\geqslant$)　$(\exists R.\, C)^I(x) \geqslant \lambda^0 \Rightarrow$ 如果 x 是一个新变量，则 $R^I(x, y) \geqslant \lambda^0, C^I(y) \geqslant \lambda^0$

($\exists_\leqslant$)　$(\exists R.\, C)^I(x) \leqslant \lambda^0, R^I(x, y) > 1-\lambda^0 \Rightarrow C^I(y) \leqslant \lambda^0$

($\exists_>$)　$(\exists R.\, C)^I(x) > \lambda^0 \Rightarrow$ 如果 x 是一个新变量，则 $R^I(x, y) > \lambda^0, C^I(y) > \lambda^0$

($\exists_<$)　$(\exists R.\, C)^I(x) < \lambda^0, R^I(x, y) \geqslant 1-\lambda^0 \Rightarrow C^I(y) < \lambda^0$

至此，根据上述给出的 FALCcom 中概念 C 和关系 R 的真值的限制条件，如同模糊描述逻辑 FALC，我们可通过对 $C^I(x)$或 $R^I(x, y)$与其限制条件进行比较，就可将断言集合的可满足性问题消解为限制条件集合的推理问题。对此，我们有如下结论：

给定一个断言集合$\chi \subseteq \Sigma$。当$\lambda \in [1/2, 1)$时，如果概念 C 的真值限制条件集合为 $S_\chi = \{ C^I(x) > \lambda \mid \lambda \in [1/2, 1)\}$，则断言$\langle C(x), \lambda\rangle$是不可满足的充要条件是 $S_\chi \cup \{C^I(x) \mid \langle C(x), \lambda\rangle \in \chi\}$中含有矛盾。

例. 假设断言集合Σ和断言γ为

$\Sigma = \{\langle(\exists R.\, D)(x), 0.7\rangle, \langle(\forall R.\, (\sim C))(x), 0.6\rangle\}$

$\gamma = \langle(\exists R.\, D\sqcap(\sim C))(x), 0.6\rangle$

则我们可推出：γ 是不可满足的。

因两个断言$\langle(\exists R.\, D)(x), 0.7\rangle$和$\langle(\forall R.\, (\sim C))(x), 0.6\rangle$的 λ 值都大于 0.5，所以在解释I 下，真值限制条件集合 $S_\chi = \{(\exists R.\, D)^I(x) \geqslant 0.7, (\forall R.(\sim C))^I(x) \geqslant 0.6\}$。可证 $S_\chi \cup \{\langle(\exists R.\, D\sqcap(\sim C))(x), 0.6\rangle\}$包含矛盾：

(1)　$(\exists R.\, D)^I(x) \geqslant 0.7$

(2)　$(\forall R.\, (\sim C))^I(x) \geqslant 0.6$

(3)　$\exists R.\, D\cap(\sim C))^I(x) \leqslant 0.6$

(4)　$R^I(x, y) \geqslant 0.7, D^I(y) \geqslant 0.7$　　(1)($\exists_\geqslant$)

(5)　$(\sim C)^I(y) \geqslant 0.6$　　(2)(4)($\forall_\geqslant$)

(6)　$(D\sqcap(\sim C))^I(y) \leqslant 0.6$　　(3)(4)($\exists_\leqslant$)

(7)　$(\sim \mathrm{C})^I(y) \leqslant 0.6$　　(6)($\sqcap_\leqslant$)

显然，(5)和(7)是矛盾的。

7.2.2　具有三种否定的模糊回答集程序 FASPCOM

在知识表示与知识推理研究中，为了将以逻辑为知识表示语言的思想与自动推理的逻辑理论相结合，1972 年法国科莫劳埃小组实现了第一个逻辑程序语言 Prolog，1974 年 Kowalski 进一步阐明了 Prolog 的理论基础，并系统地发展了逻辑程序设计的思想。最初 Prolog 被定义为谓词演算系统的一个子集，这类 Prolog 语言被称为纯 Prolog，纯 Prolog 的语法可以有效地组织推理过程，而其语义则依赖于逻辑蕴含的经典模型论思想[265]。1978 年 Clark 等改进 Prolog，将 “失败即否定”(negation as failure)的概念引入 Prolog，研究了具有构造算子 negation as failure 的逻辑程序语义，研究结果揭示了诸多似乎不同的非单调推理形式之间的内在的相关性，并对规则的本质和构造算子 negation as failure 的本质有了新的认识，使得逻辑程序具有了非经典的和非单调的特征，从而与非单调推理更加接近[266,267]。此后，一些学者进行了具有不同否定的 Prolog 及其推理的研究[268-270]。对于逻辑程序语义的研究，导致了回答集程序（answer set programming，ASP）的产生[271,272]。回答集语义在逻辑程序的语义中一直占有重要的地位，特别是近年来 ASP 被广泛地应用到规则、诊断和推理等诸多领域，使得回答集语义成为逻辑程序的研究热点。

如所知，逻辑程序的语法建立在一阶谓词逻辑的基础之上，其语言为一阶谓词逻辑形式语言（或其的子语言）。逻辑程序的基本语句为其语言的公式集的一子集，称为 Horn 子句集。最简单的逻辑程序是 Horn 型逻辑程序，后来发展为带有两种否定的逻辑程序。逻辑程序是指由形如下列规则 r 组成的有限集：

$$r:\quad l_0, l_1,\cdots, l_k \leftarrow l_{k+1},\cdots, l_m, not\ l_{m+1},\cdots, not\ l_n \tag{7-21}$$

其中，$l_i\,(i = 0, 1,\cdots, m)$是文字，$not$ 为缺省否定或者 negation as failure。$not\ l_j\,(j = m+1, m+2,\cdots, n)$ 为 l_j 的扩展文字。并且可用下列集合表示：

$head(r) = \{l_0, l_1,\cdots, l_k\}$

$pos(r) = \{ l_{k+1},\cdots, l_m \}$

$neg(r) = \{ not\ l_{m+1},\cdots, not\ l_n \}$

$body(r) = pos(r) \cup neg(r)$

满足 $head(r) = \varnothing$的规则 r 称为“约束” (constraint)，即

$$\leftarrow l_{k+1},\cdots, l_m, not\ l_{m+1},\cdots, not\ l_n$$

满足 $body(r) = \varnothing$的规则 r 称为“事实” (fact)，即

$$l_0\ or\ l_1\ or\cdots\ or\ l_k$$

回答集程序 ASP 由两个部分组成：$\{\sigma, \Pi\}$。其中，σ为一阶谓词逻辑形式语言（或其的子语言），Π 为逻辑程序，即形为式(7-21)的规则 r 的有限集合。

对于回答集程序 ASP 的语义，逻辑程序Π 的回答集语义为Π 指派了一组回答集，即由基文字组成的一致的集合，并且回答集对应于一个理性的推理者依据程序Π中的规则推理的信念。在这些信念的推理过程中，推理者被假设遵循下列原则：①对于规则 r，如果推理者相信 $body(r)$，他就必须相信 $head(r)$中至少一个文字；②推理者必须坚持理性的原则，也就是说，他不相信任何强迫他去相信的内容。

回答集的定义首先产生于肯定程序。一个程序是肯定的，当且仅当程序中的每一条规则都是肯定的。我们称规则 r 是肯定的，如果 r 不包含 negation as failure，即规则 r 为

$$l_0 \ or\ l_1\ or \cdots\ or\ l_k \leftarrow l_{k+1}, \cdots, l_m$$

如果程序中的规则都是肯定的，记为Π_p。

在回答集程序 ASP 的语义中，在一个解释 I 下文字集合具有一致性是基本要求。并且有定义：如果 I 是肯定程序Π_p 的极小模型，则解释 I 下一致的文字集合是肯定程序Π_p 的回答集。

为了将这个定义扩展至任意的程序，假设Π 为任意的程序，I 为一个解释。我们将Π 通过如下消解为关于 I 的肯定程序Π^I，从而利用这个定义就可以得到回答集，即一致的文字集合是程序Π 的回答集。

（1）删除Π 中不可满足的规则 r，若 r 的 $body(r)$中包含了文字 l 与其否定 $not\ l$；

（2）删除剩余规则的 $neg(r)$。

由于程序的语法是建立在一阶谓词逻辑的基础之上的，因而在经典回答集语义下，文字只能为真或假，即{0, 1}中二值，程序的解答即回答集被要求完全满足程序中的规则。但是在某些情况下，这样的要求过于严格，甚至满足这一要求的回答集不存在。因此，我们只寻求部分满足程序的回答集。针对现实之普遍存在的事物的模糊性，2007 年 Nieuwenborgh 结合 ASP 语义与模糊逻辑语义，提出一种基于模糊逻辑语义的模糊回答集程序(fuzzy answer set programming, FASP)[273]。FASP 允许文字一定程度真，而不再是完全真或完全假，回答集就成为了模糊集合。这样，程序的模糊回答集语义放宽了一致性的要求，从而使得 FASP 语义具备了处理模糊知识的能力。

然而，我们需指出：

(1) ASP 最初是作为带有否定的 Prolog 程序的语义而被提出来的，后来发展为带有两种否定的扩充逻辑程序。在 ASP 的逻辑程序中，尽管“$\neg\neg l = l$”，但否定$\neg$在程序中并不满足排中律，而传统数学与逻辑意义下的经典否定$\neg$ 必须要同时满足$\neg\neg\ l = l$ 和排中律，相反地，“negation as failure”作为逻辑程序中的另一

种否定，则贯彻了传统数学与逻辑意义下的经典否定。

(2) ASP 和 FASP 的语义并不具备解释否定 negation as failure 的语义基础，因为它们基于的逻辑理论（经典逻辑与模糊逻辑）中都只包含了一种否定思想。

(3) 具有矛盾否定¬、对立否定╕和中介否定~的模糊逻辑 FLcom 与∀FLcom，是从概念本质上认知区分了模糊概念中的三种不同否定关系(矛盾否定关系、对立否定关系、中介否定关系)等客观背景（如第 3 章所述）出发，研究建立了能够刻画这些不同否定及其内在关系及其规律的集合基础（即 FScom 模糊集）之上而构建的具有语法和语义理论的模糊逻辑系统，FLcom 与∀FLcom 中的对立否定╕，不仅有“╕╕$l=l$”，而且╕也不满足排中律，同时矛盾否定¬也贯彻了传统数学与逻辑意义下的经典否定。根据 FLcom 与∀FLcom 中矛盾否定¬和对立否定╕的含义，ASP 和 FASP 的逻辑程序中的经典否定“¬”实质上是 FLcom 与∀FLcom 中的对立否定╕，而否定“negation as failure”则应解释为 FLcom 与∀FLcom 中的矛盾否定¬。

根据以上认识，我们将模糊概念的矛盾否定、对立否定和中介否定思想引入模糊回答集程序 FASP，基于∀FLcom 及其无穷值语义模型 Φ：$<D, \partial>$，提出一种“具有矛盾否定、对立否定和中介否定的模糊回答集程序”(fuzzy answer set programming with contradictory negation, opposite negation and medium negation)，简记为 FASPcom。

根据 6.3.1 节中给出的∀FLcom 及其无穷值语义模型，FASPcom 为$\{\sigma, \Pi\}$。其中，σ 为∀FLcom 的形式语言，Π 为如下形式的规则 r 组成的逻辑程序：

$$r:\quad l_0 \leftarrow l_1,\cdots, l_m, not\ l_{m+1},\cdots, not\ l_n \tag{7-22}$$

其中 $not\in\{\neg,$ ╕$,\sim\}$。

根据∀FLcom 的形式语言，FASPcom 的文字为：①原子公式 a (亦称为基文字)；② a 的对立否定╕a；③a 的中介否定$\sim a$；④a 的矛盾否定$\neg a$ ($\neg a=$ ╕$a\vee\sim a$)。$not\ a$ 为 a 的扩展文字。

对于模糊回答集程序 FASPcom 的语义，根据∀FLcom 及其无穷值语义解释，FASPcom 的文字集合的语义解释为λ-赋值∂。因此，模糊回答集程序 FASPcom 的语义对程序中规则 r 的解答要求如同模糊回答集程序 FASP 的语义，允许文字一定程度真，即真的程度放宽至[0, 1]，不再仅限于{0, 1}中取值。

如所知，与经典回答集程序 ASP 一样，FASPcom 首先要面对的问题是文字集合在语义解释下的一致性。在 ASP 中，因文字 l 是清晰的，在语义解释 I 下文字 l 要么完全真，要么完全假。l 和$\neg l$ 在语义解释 I 下是不一致的。而在模糊回答集程序 FASPcom 中，文字 l 允许具有模糊性，则在语义解释 I 下 l 和$\neg l$ 是部分真，即文字 l 在语义解释 I 下的一致性程度并不要求完全真或完全假。由此表明，无论是经典回答集程序 ASP 还是模糊回答集程序 FASPcom，文字集合在语义解释下的一致性是与文字的否定相关的。具体说，是由 $body(r)$中的 $not\ l_{m+1},\cdots, not\ l_n$ 与其对应的文字 $l_{m+1},\cdots, l_n$ 决定。

对于 FASPcom 规则 r 中的文字集$\{l_0, l_1,\cdots, l_m, not\ l_{m+1},\cdots, not\ l_n\}$在无穷值语义解释∂下的一致性，因 FASPcom 中区分了矛盾否定、对立否定和中介否定，即 $not\in\{\neg, ╕, \sim\}$，因而文字集在解释∂下的一致性程度，将由 $body(r)$中的文字 $not\ l$ 的真值（$\partial(╕ l)$、$\partial(\sim l)$、$\partial(\neg l)$）与其对应文字 l 的真值决定。

由此，对于 FASPcom，其逻辑程序规则 r 中文字集合在无穷值语义解释∂下的一致性程度，我们定义如下。

定义 1. 设 C_r 为规则 r 中的文字集，$x\in[0, 1]$。在无穷值语义解释∂下，

(1) 当 $body(r)$的子集$\{not\ l_{m+1},\cdots, not\ l_n\}\neq\varnothing$时，

$$\partial(C_r)=\frac{1}{n}\Big[\sum_{i=1}^{m}\partial(l_i)+\sum_{j=m+1}^{n}(\partial(not l_j)-\partial(l_j))\Big]=x$$

(2) 当 $body(r)$的子集$\{not\ l_{m+1},\cdots, not\ l_n\}=\varnothing$时，

$$\partial(C_r)=\frac{1}{m}\sum_{i=1}^{m}\partial(l_i)=x$$

则 x 称为 C_r 在∂下的一致性程度（或一致度），或称 C_r 是 x-一致的。

根据定义 1，规则 r 中文字集 C_r 在∂下的一致度$\partial(C_r)$，反映了文字集合 C_r 在解释∂下真的程度。若$\partial(C_r)=1$ 则 C_r 完全真，若$\partial(C_r)=0$ 则 C_r 完全假，$\partial(C_r)\in(0, 1)$ 则 C_r 部分真。这种在无穷值语义解释∂下文字集合 C_r 的真的程度，也称为 C_r 在∂下的满足度。

对于规则 r 和逻辑程序Π 在∂下的满足度，我们引入如下“满足度函数”概念。

设 S_r：$\Pi\to[0, 1]$为在解释∂下规则 r 的满足度函数，S_Π：$[0,1]^t\to[0, 1]$为由 t 条规则组成的逻辑程序Π 的满足度函数。

定义 2. 在 FASPcom 的无穷值语义解释∂下，若 r 中的文字集 C_r 的一致度为 x，则 r 的满足度函数 S_r：$\Pi\to[0, 1]$满足

[1] 若规则 r 是一个事实，即 l_0，则 $S_r(r)=\partial(l_0)$；

[2] 若规则 r 是一个普通规则，即 $l_0\leftarrow l_{k+1},\cdots, l_m, not\ l_{m+1},\cdots, not\ l_n$，则 $S_r(r)=\max(1-\partial(l_0), \min(\partial(l_1),\cdots, \partial(l_m),\cdots, \partial(not\ l_{m+1}),\cdots, \partial(not\ l_n)))$；

[3] 若规则 r 是一个约束，即 $\leftarrow l_{k+1},\cdots, l_m, not\ l_{m+1},\cdots, not\ l_n$，则 $S_r(r)=\min(\partial(l_1),\cdots, \partial(l_m),\cdots, \partial(not\ l_{m+1}),\cdots, \partial(not\ l_n))$。

在此定义下，对于由 t 条规则 $r_1,\cdots, r_t$ 组成的逻辑程序Π，我们可规定在解释∂下Π 的满足度为Π 中 t 条规则满足度的最小值，即 $S_\Pi(S_r(r_1),\cdots, S_r(r_t))=$

$\min(S_r(r_1),\cdots,S_r(r_t))$。并且，如果 $r_1,\cdots,r_t$ 中的文字集的一致度分别为 $x_1,\cdots,x_t$，满足

$$S_\Pi(S_r(r_1),\cdots,S_r(r_t))=y \text{ 且 } y\geqslant x_i=\mathrm{Min}(x_1,\cdots,x_t)\quad (x_i, y\in[0,1])$$

则称解释∂为Π 的 x_i -一致的 y-模型。

对于 FASPCOM 的逻辑程序Π 中的规则 r 以及 r 中的文字 l，它们的表示方法如同模糊回答集程序 FASP。在无穷值语义解释∂下，r 表示为$(r, S_r(r))$，l 表示为$(l, \partial(l), S_r(r))$。对于上述，我们例释如下。

例 1. 设 FASPCOM 的逻辑程序Π:

$$(r, 0.6)\text{：}\ a\leftarrow ╕b, c, ╕a$$

并且，在无穷值语义解释∂下，r 的文字集为 $C_r=\{(a, 0.8, 0.6), (╕b, 0.9, 0.6), (c, 0.7, 0.6), (╕a, 0.2, 0.6)\}$。

我们可用表 7-13 表示文字在解释∂下的真值情况。

表 7-13

l	a	$╕b$	c	$╕a$
$\partial(l)$	0.8	0.9	0.7	0.2
$S_r(r)$	0.6	0.6	0.6	0.6

$a\leftarrow ╕b, c, ╕a, \sim c$ 可记成 $a\leftarrow c, ╕b, ╕a$。

根据∂的定义，$\partial(b)=1-\partial(╕b)$，故$\partial(b)=0.1$。所以，有

$$|\partial(not\ l_2)-\partial(l_2)|=|\partial(╕b)-\partial(b)|=|0.9-0.1|=0.8$$

$$|\partial(not\ l_3)-\partial(l_3)|=|\partial(╕a)-\partial(a)|=|0.2-0.8|=0.6$$

并且$\partial(c)=0.7$。于是，根据定义 1 中(1)，得

$$\partial(C_r)=\frac{1}{3}(0.8+0.6+0.7)=0.7$$

所以，文字集 C_r 在∂下的一致度为 0.7，C_r 是 0.7-一致的。

例 2. 设 FASPCOM 的逻辑程序Π:

$(r_1, 0.6)$:　$a\leftarrow b, c$

$(r_2, 0.7)$:　$b\leftarrow a, \sim c$

$(r_3, 0.8)$:　$c\leftarrow a, ╕b$

并且在无穷值语义解释∂下，r_1, r_2, r_3 的文字集分别为 $C_{r1}=\{(a, 0.7, 0.6), (b, 0.8, 0.6), (c, 0.9, 0.6)\}$、$C_{r2}=\{(b, 0.8, 0.7), (a, 0.7, 0.7), (\sim c, 0.6, 0.7)\}$和 $C_{r3}=\{(c, 0.9, 0.8), (a, 0.7, 0.8), (╕b, 0.2, 0.6)\}$。

同上例，我们可用表 7-14 表示文字在解释∂下的真值情况。

表 7-14

l	a	$\neg a$	b	$\neg b$	c	$\sim c$	$S_r(r)$
$\partial(l)$	0.7		0.8		0.9		$S_r(r_1)$：0.6
$\partial(l)$	0.7		0.8			0.6	$S_r(r_2)$：0.7
$\partial(l)$	0.7			0.2	0.9		$S_r(r_3)$：0.8

对于文字集 C_{r1}，因$\partial(l_1) = \partial(b) = 0.8$，$\partial(l_2) = \partial(c) = 0.9$，根据定义 1 中(2)，得

$$\partial(C_{r1}) = \frac{1}{2}(0.8+0.9) = 0.85$$

所以，文字集 C_{r1} 在∂下的一致度为 0.85，C_{r1} 是 0.85-一致的。

对于文字集 C_{r2}，因$\partial(l_1) = \partial(a) = 0.7$

$$|\partial(not\ l_2) - \partial(l_2)| = |\partial(\sim c) - \partial(c)| = |0.6 - 0.9| = 0.3$$

根据定义 1 中(1)，得

$$\partial(\mathrm{C}_{r2}) = \frac{1}{2}(0.7+0.3) = 0.5$$

所以，文字集 C_{r2} 在∂下的一致度为 0.5，C_{r2} 是 0.5-一致的。

对于文字集 C_{r3}，因$\partial(a) = 0.7$，并且

$$|\partial(not\ l_2) - \partial(l_2)| = |\partial(\neg b) - \partial(b)| = |0.2 - 0.8| = 0.6$$

根据定义 1 中(1)，得

$$\partial(C_{r3}) = \frac{1}{2}(0.7+0.6) = 0.65$$

所以，文字集 C_{r3} 在∂下的一致度为 0.65，C_{r3} 是 0.65-一致的

而且，此例中因逻辑程序Π 中三条规则的满足度 $S_r(r_1)$、$S_r(r_2)$和 $S_r(r_3)$分别为 0.6、0.7 和 0.8，所以，在解释∂下Π 的满足度 $S_\Pi(S_r(r_1), S_r(r_2), S_r(r_3)) = \min(S_r(r_1), S_r(r_2), S_r(r_3)) = 0.6$。又因 $\min(\partial(C_{r1}), \partial(C_{r2}), \partial(C_{r3})) = 0.35$，而 $S_\Pi(S_r(r_1), S_r(r_2), S_r(r_3)) = 0.6 \geqslant 0.35$，所以表明解释$\partial$为$\Pi$ 的 0.35-一致的 0.6-模型。

显然，规则 r 中的文字集在不同语义解释下的一致度可能不一样，逻辑程序在不同的语义解释下可能有不同的满足度。对此我们可证明，如果 I_1 和 I_2 是 FASPcom 的两个不同的语义解释，文字 C（或逻辑程序Π）在 I_1 和 I_2 下的一致度分别为 x_1 和 x_2，则存在下列关系：

(1) 如果 C 是 x_1-一致的，C 是 x_2-一致的，且 $x_1 \geqslant x_2$，则 C 在 I_1 下也是 x_2-一致的。

(2) 如果 I_1 是Π 的 x-一致的 y_1-模型，I_2 是Π 的 x-一致的 y_2-模型，且 $y_1 \geqslant y_2$，则 I_1 也是一个 x-一致的 y_2-模型。

因而，对于模糊回答集程序 FASPCOM 的语义，在众多一致度和满足度都相同的模型中，我们选择最小的模型为极小模型。

定义 3. 设Π 是 FASPCOM 的逻辑程序，C_r为Π 中任意规则 r 的文字集。α是Π 的 x-一致的 y-极小模型，如果对于Π 的任一个 x-一致的 y-模型β，有$\alpha(C_r)\leqslant\beta(C_r)$。

注 1. 根据定义 1，α是Π 的 x-一致的 y-极小模型，也可更具体的称为：α为Π 中 C_r是 x-一致的 y-极小模型。

在上述中我们已知，在经典回答集程序 ASP 的语义中，如果 I 是肯定程序Π^I的极小模型，则Π^I中规则 r 的一致的文字集就是Π 的回答集，并且Π^I是通过对Π 进行如下的消解过程而得到：

(1) 删除Π 中不可满足的规则 r，若 r 的 $body(r)$中包含了文字 l 与其否定 $not\ l$；

(2) 删除剩下规则的 $body(r)$中所有的否定文字 $not\ l$。

实际上，规则 r 的可表达为下列逻辑公式：

$$l_1 \wedge l_2 \wedge l_3 \wedge\cdots \wedge l_m \wedge \neg l_{m+1} \wedge \neg l_{m+2} \wedge\cdots \wedge \neg l_n \to l_0$$

之所以(1)要删除 $body(r)$中包含了文字 l 与其否定 $not\ l$（即$\neg l$）的规则 r，是因为在经典逻辑中 l 与其否定$\neg l$ 为一对矛盾公式，而矛盾公式在任何语义解释下都是不可满足的。因此，含有矛盾的规则 r 在任何语义解释下都是不可满足的，即$S_r(r) = 0$。也就是说，消解过程(1)删除了 $S_r(r) = 0$ 的规则 r。由于剩下规则的 $body(r)$中所有的否定文字对规则 r 中文字集合的一致性结果并不起作用，因此(2)将其删除。

而在模糊回答集程序 FASPCOM 的语义中，因在无穷值语义解释∂下，$\partial(l)\in[0, 1]$、$\partial(not\ l)\in[0, 1]$和 $S_r(r) \in[0, 1]$，即文字 l 和规则 r 可以部分真，并且规则 r 中文字集合的一致性程度 $x\in[0, 1]$，所以我们不能随意完全删除文字和规则。因此，关于 FASPCOM 的回答集，我们有：

在无穷值语义解释∂下，若 FASPCOM 的逻辑程序Π 为

$$r_1：\ l_{10} \leftarrow l_{11},\cdots, l_{1m}, not\ l_{1\,m+1},\cdots, not\ l_{1n}$$

$$r_2：\ l_{20} \leftarrow l_{21},\cdots, l_{2m}, not\ l_{2\,m+1},\cdots, not\ l_{2n}$$

$$\cdots\cdots$$

$$r_t：\ l_{t0} \leftarrow l_{t1},\cdots, l_{tm}, not\ l_{tm+1},\cdots, not\ l_{tn}$$

规则 $r_i\,(i = 1, 2,\cdots, t)$都是可满足的，即在 $body(r_i)$ 中不含有文字 l 与其否定 $not\ l$。r_i 的满足度 $S_r(r_i)\in[0, 1]$)，C_{ri} 是 r_i 的文字集。

定义 4. 假设 FASPCOM 的逻辑程序为Π。在无穷值语义解释∂下，若∂是Π 的 x–一致的 y–极小模型，则Π 中规则 $r_i\,(i = 1, 2,\cdots, t)$的 x-一致的文字集 C_{ri} 称为Π 的回答集，如果对于任意 $l\in C_{ri}$，$\partial(l)\geqslant\min(S_r(r_i))$。

注 2. 根据上述，$\min(S_r(r_i))$即是 $y = S_\Pi(S_r(r_1),\cdots, S_r(r_t))$。

由此定义，我们对上述例子考察如下：

在例 1 中，在无穷值语义解释∂下，Π 中规则 r 的满足度 $S_r(r) = 0.6$，r 的文字集为 $C_r = \{(a, 0.8, 0.6), (╕ b, 0.9, 0.6), (c, 0.7, 0.6), (╕ a, 0.2, 0.6)\}$，虽有$\partial(a) = 0.8 > S_r(r)$，$\partial(╕ b) = 0.9 > S_r(r)$，$\partial(c) = 0.7 > S_r(r)$，但$\partial(╕ a) = 0.2 < S_r(r)$。由定义 1，文字集 C_r 不是Π 的回答集。

在例 2 中，在无穷值语义解释∂下，Π 中规则 r_1、r_2 和 r_3 的满足度 $S_r(r_1)$、$S_r(r_2)$和 $S_r(r_3)$分别为 0.6、0.7 和 0.8，即 $\min(S_r(r_i)) = 0.6$，而文字集分别为 $C_{r1} =\{(a, 0.7, 0.6), (b, 0.8, 0.6), (c, 0.9, 0.6)\}$、$C_{r2} =\{(b, 0.8, 0.7), (╕ a, 0.3, 0.7), (\sim c, 0.6, 0.7)\}$和 $C_{r3} =\{(c, 0.9, 0.8), (a, 0.7, 0.8), (╕ b, 0.2, 0.6)\}$。

对于规则 r_1，因在文字集 $C_{r1} =\{(a, 0.7, 0.6), (b, 0.8, 0.6), (c, 0.9, 0.6)\}$中，$\partial(a) = 0.7 > \min(S_r(r_i))$，$\partial(b) = 0.8 > \min(S_r(r_i))$ 和$\partial(c) = 0.9 > \min(S_r(r_i))$，所以由定义 1，文字集 C_{r1} 是Π 的回答集。

对于规则 r_2，因在文字集 $C_{r2} =\{(b, 0.8, 0.7), (a, 0.7, 0.7), (\sim c, 0.6, 0.7)\}$中，$\partial(b) = 0.8 > \min(S_r(r_i))$，$\partial(a) = 0.7 > \min(S_r(r_i))$，$\partial(\sim c) = 0.6 \geqslant \min(S_r(r_i))$，所以由定义 1，文字集 C_{r2} 是Π 的回答集。

对于规则 r_3，因在文字集 $C_{r3} =\{(c, 0.9, 0.8), (a, 0.7, 0.8), (╕ b, 0.2, 0.6)\}$中，虽然$\partial(c) = 0.9 > \min(S_r(r_i))$，$\partial(a) = 0.7 > \min(S_r(r_i))$，但$\partial(╕ b) = 0.2 < \min(S_r(r_i))$，所以由定义 1，文字集 C_{r3} 不是Π 的回答集。

至此，我们可进一步对模糊回答集程序 FASPcom 与经典回答集程序 ASP 和模糊回答集程序 FASP 的关系予以考察，结果如下：

在经典回答集程序 ASP 的语义中文字 l 在解释 I 下的真值 $I(l)\in\{0, 1\}$，若 $I(l) =1$ 则 l 完全真，若 $I(l) = 0$ 则 l 完全假。而在模糊回答集程序 FASPcom 的语义中文字 l 在解释∂下$\partial(l)\in[0, 1]$，$\partial(l)$反映了 l 在解释∂下真的程度，若$\partial(l)=1$ 则 l 完全真，若$\partial(l)=0$ 则 l 完全假，$\partial(l)\in(0, 1)$则 l 部分真。因此，在语义上，表明经典回答集程序 ASP 是模糊回答集程序 FASPcom 的一种特殊情形。

对于模糊回答集程序 FASP 的语义来说，尽管 l 在解释 I 下的真值 $I(l)\in[0, 1]$与$\partial(l)\in[0, 1]$相同，但因在 FASPcom 中 *not* $l\in\{\neg l, ╕ l, \sim l\}$，FASP 的逻辑程序中的经典否定“¬”实质上是 FLcom 与∀FLcom 中的对立否定╕，而否定“negation as failure”则可解释为 FLcom 与∀FLcom 中的矛盾否定¬。因此，在语法上，表明模糊回答集程序 FASP 为模糊回答集程序 FASPcom 去掉中介否定~后的一种特殊情形。

7.2.3　具有三种否定的资源描述框架扩展 RDFcom

随着万维网（world wide web）的产生和发展，必然兴起对 Web 信息资源的研究。这种将 Web 信息资源作为研究对象而产生的有关 Web 的特性、属性以及 Web 资源间的关系等的数据，称为 Web 资源的元数据。为使元数据在 Web 上的各种应用提供一个基础结构，并使应用程序之间能够在 Web 上交换元数据以促进网络资源的自动化处理，在 1999 年 W3C 颁布了一个建议，即资源描述框架 (resource description framework，RDF)[274]。RDF 是一个用于表达万维网上资源信息的语言，是一种描述 Web 资源的标记语言，它专门用于表达关于 Web 资源的元数据。比如网络页面的标题、作者和修改时间，网络文档的版权和许可信息以及某个被共享资源的可用计划表等。

众所周知，一个网站页面不仅为了便于阅读，还应便于应用程序处理。为此，RDF 提供了一种用于表达网页信息并使其能在应用程序间交换而不丧失语义的通用框架。通过 RDF，人们可以独立的使用自己的词汇集，在遵守特定语法规则的前提下描述任何资源。RDF 除了更多地应用于描述 Web 站点和网站页面外，由于 RDF 使用基于结构化的 XML 数据，使得其描述的网站点和网站页面更容易被搜索引擎精确查找，也使得搜索引擎的查找搜索更为智能和精确，有效避免了搜索引擎不能够智能处理用户请求、返回无效搜索结果等情况。

文献[275]指出，RDF 之所以可以作为一种方便简单的沟通工具，是因为 RDF 采用了可以唯一区分、标识一个陈述中的资源、属性、属性值并且机器可以处理的标识符系统，同时这个标识符系统不会和其他人可能在 Web 上使用的相似的标识符系统混淆，这就是 Web 所提供的统一资源定位形式（uniform resource locator，URL）。这种方式比较适合具有网络地址和 URL 的资源；对于没有网络地址或 URL 资源而言，Web 提供了更为通用的统一资源标识符（uniform resource identifier，URI），所有人均可以各自独立地创建 URI 来标识事物，而 URL 只是 URI 的一种特殊形式。因此，RDF 采用“URI 引用”URIs (URIrefs)作为其标识和识别事物机制的基础。URIs 由 URI 和片段标识符组成，两者之间由#隔开，URIs 可以包含 Unicode（统一的字符编码标准）字符，因此允许 RDF 使用多种语言。RDF 对于元数据——Web 上的两种实体即事物和资源的描述，主要基于这样的思想：采用 URI 表示事物，而采用 URIs 描述资源的属性和属性值，所以使用 URI + URIs 可以描述网络资源中的任何事物及其关系。因此，资源描述框架 RDF 提供了一个通用的数据模型，支持对 Web 资源的描述。在对资源的描述中，被描述的资源具有一些属性，这些属性各有其值，属性值既可以是文字也可以是其他资源。如果属性值是资源，该属性也可以看成是两个资源之间的关系，对资源的描述就是对资源的属性及属性值进行陈述。由此建立的 RDF 数据模型由下面四种基本对象类型组成：

(1) 资源：在 Web 上以 URI 标识的所有对象可以称为资源。在 RDF 中资源都是以 URI 引用 URIs(URIrefs)命名的。

(2) 属性：资源的特定特征或关系。

(3) 文字：字符串或数据类型的值。

(4) 陈述：用于对资源的描述，对应于自然语言的语句。一个资源描述由一个或多个语句构成，每个语句表示资源具有的一个属性和属性值。资源、属性、属性值构成一个 RDF 语句。语句的结构是由资源、属性类型(类别)、属性值构成的三元组：

<资源, 属性, 属性值>

三元组中，也可将资源称为主体，属性称为谓词，属性值称为客体。因此，也可以用“主体-谓词-客体”的形式来表示 RDF 三元组：

<主体, 谓词, 客体>

如所知，一个资源描述是由一个或多个含有谓词的语句构成的，所以，这些描述的陈述语句均为谓词逻辑中的合式公式。因此，表明 RDF 以经典谓词逻辑为逻辑基础，是一个特殊的经典谓词逻辑语言。然而，用以描述资源的自然语言在对客观事物属性及其关系等的描述中存在不同否定，而谓词逻辑中只有一种否定，因此，必然需要研究自然语言中的不同否定性，研究具有不同否定的 RDF 及其逻辑理论基础。对此，2004 年 Analyti 等提出对 RDF 进行扩充，认为自然语言中存在两种否定：弱否定(weak negation)表示非-真(non-truth)，以及强否定(strong negation)表示明确的假(explicit falsity)。将 RDF 中的经典逻辑语义改进为局部逻辑（partial logic）语义，认为如果不扩展 RDF，对于分布广泛而且分散的知识空间（如 Web）中的信息与知识项种类，RDF 只能十分有限地获取。

然而，我们需指出：

(1) 局部逻辑虽然允许区分两类否定信息，但其逻辑联结词是含量不完全的，其完备性以及可靠性也没有验证，使得对 RDF 的扩展工作不具备理论基础。

(2) 如所知，网络资源的属性并不都具有清晰性，许多属性存在模糊性，即谓词具有模糊性。因此，在 RDF 中用自然语言描述资源的语句应为模糊语句。Analyti 等对 RDF 的扩展研究工作对此没有涉及，因而基于局部逻辑 RDF 的扩展不能处理具有不同否定的模糊谓词及其模糊语句等。

(3) 具有矛盾否定¬、对立否定╕和中介否定~的模糊逻辑 FLcom 与∀FLcom，是研究模糊命题（模糊语句）及其推理规律的模糊逻辑系统。根据 FLcom 与∀FLcom 中矛盾否定¬和对立否定╕的含义，Analyti 等的弱否定“¬”实质上是 FLcom 与∀FLcom 中的矛盾否定¬，而强否定“~”为 FLcom 与∀FLcom 中的对立否定╕。

根据以上认识，我们将模糊概念的矛盾否定、对立否定和中介否定思想引入 RDF，基于 FLcom 与∀FLcom 及其无穷值语义，提出一种“具有矛盾否定、对立否定和中介否定的资源描述框架扩展”(resource description framework with contradictory negation, opposite negation and medium negation)，简记为 RDFCOM。

1. RDFCOM 基础

在 RDF 中，由于对资源以及资源间的关系描述是由资源、属性、属性值构成的语句完成的，而反映资源的属性和关系的词句既是逻辑中的谓词，所以，这种语句既为逻辑理论中的含有谓词的公式。当资源的属性具有模糊性时，则对资源描述的谓词为模糊谓词，这种描述语句在模糊逻辑概念中即为模糊谓词公式。因此，基于 FLCOM 与∀FLCOM 及其无穷值语义的具有矛盾否定、对立否定和中介否定的资源描述框架扩展 RDFCOM，其主要目的和意义：

(I) 在 RDF 中，统一资源标识符 URI+URIs 可以描述网络资源中的任何事物及其关系，同时还需要由扩展标记语言 XML 作为一种通用的文件格式来创建和交换这些元数据。可以说 URI+URIs+XML 为 RDF 的语法。因此，在 URI+URIs+XML 中结合 FLCOM 与∀FLCOM 的形式语言，作为 RDFCOM 的语法。以此使得 RDF 在原有基础上对网络资源的描述能进一步从概念层面上区分、表达资源的属性和属性值等模糊概念，以及它们的三种不同否定以及关系，能够处理模糊语句及其不同的否定语句，从而使得 RDF 具有更加全面和深入的知识表达能力。

(II) 在 RDF 中，采用模型理论解释其语义，以使每个 RDF 表达式都有确切含义。RDF 模型有三种表示法：三元组，有向标记图，XML。这些都具有相同的含义，不同表示间的映射不会以任何方式约束实现中的内部表示。由于两个 RDF 文档相同当且仅当它们映射为同一个 RDF 图，因此 RDF 采用 RDF 图作为基本的语义研究对象。RDFCOM 图的定义和 RDF 图一样，在 RDFCOM 中，RDFCOM 以 RDFCOM 图作为基本的语义研究对象。并且在 RDF 中运用 FLCOM 与∀FLCOM 的无穷值语义，将 RDF 的语句（即谓词公式）的真值以及网络资源的属性值域由现有的{0, 1}扩充为[0, 1]，使得 RDF 在应用中（如语义 Web 搜索引擎的查准率）更加深入。

因此，在下面将主要介绍 RDFCOM 中对 RDF 的扩展内容，其余与 RDF 相同。

在 6.3.1 节中，我们解释了清晰谓词和模糊谓词概念。即对于谓词 P，若对任一对象 x 而言，总是要么 x 完全满足 P (即 $P(x)$完全真)，要么 x 完全不满足 P(即 $P(x)$完全假)，则称 P 是清晰谓词。若存在对象 x，它部分满足 P(即 $P(x)$部分真)，部分满足$\neg\!\!\!\!\rceil P$(即$\rceil P(x)$部分真)，则称 P 是模糊谓词。并且，$\rceil P$ 称为谓词 P 的对立否定，$\sim P$ 称为谓词 P 的中介否定，$\neg P$ 称为谓词 P 的矛盾否定。因此，在 RDFCOM 中，对资源的描述要区分属性（谓词）是清晰谓词还是模糊谓词。如果资源的属性为清晰谓词，则对资源的描述与 RDF 相同；如果资源的属性为模糊谓词，即描述语句为模糊语句，则对资源的描述语句定义如下：

定义 1(RDFCOM 语句). 在 RDFCOM 中，设 R 是网络资源集，P 是网络资源的属性集。对于资源 $r\in$R，若 $P(P\in P)$为 r 的一个属性，则对 r 的描述语句为三元组<*r*, *P*, *o*>。如果 P 为模糊谓词，则

描述语句的对立否定语句为<*s*, ╕*P*, *o*>；若属性值 o 是模糊概念，则为<*s*, ╕*P*, ╕*o*>；

描述语句的中介否定语句为<*s*, ~*P*, *o*>；若属性值 o 是模糊概念，则为<*s*, ~*P*, ~*o*>；

描述语句的矛盾否定语句为<*s*, ¬*P*, *o*>；若属性值 o 是模糊概念，则为<*s*, ¬*P*, ¬*o*>。

定义 2(RDFcom 图). 在 RDFCOM 中，一个或多个对资源的描述由结点、弧组成的图表示。其中，结点代表资源或属性值，弧代表属性。称这种图为 RDFCOM 图。

例 1. 对于人来说，“长相”(appearance)是一个属性。因“长相”概念具有模糊性，所以“长相”是一个模糊谓词，而且其属性值也具有模糊性。由此，在 RDFCOM 中，根据定义 1，就人的长相属性对网络资源“江南大学理学院女孩 *x*”可描述如下：

(1) 描述语句：<girl *x*, Appearance, beautiful>

在 RDFCOM 中描述如下：

<fipa:Proposition>
<RDFCOM:subject>girl *x*</RDFCOM: subject>
<RDFCOM:subject RDFCOM:resource="http://www. jiangnan.edu.cn/School of Science"/>
<RDFCOM:predicate
ERDFCOM:resource="http://description.org/schema/RDFCOM-syntax-namespace #Appearance"/>
<RDFCOM:object>beautiful</RDFCOM:object/>
<fipa:belief>true</fipa:belief>
</fipa:Proposition>

语句表示：“The appearance of girl *x* is very beautiful.”(女孩 *x* 的长相美)。

(2) 对立否定语句：<girl *x*, ╕Appearance, ╕beautiful>

在 RDFCOM 中描述如下：

<fipa:Proposition>
<RDFCOM:subject>girl *x*</RDFCOM: subject>
<RDFCOM:subject RDFCOM:resource="http://www. jiangnan.edu.cn/School of Science"/>

<RDFCOM:predicate
ERDFCOM:resource="http://description.org/schema/RDFCOM-syntax-namespace
¬ Appearance"/>
<RDFCOM:object>ugly</RDFCOM:object/>
<fipa:belief>true</fipa:belief>
</fipa:Proposition>

语句表示："The appearance of girl *x* is very ugly." (女孩 *x* 的长相丑)。

(3) 中介否定语句：<girl *x*, ~Appearance, ~beautiful>

<fipa:Proposition>
<RDFCOM:subject>girl *x*</RDFCOM: subject>
<RDFCOM:subject RDFCOM:resource="http://www. jiangnan.edu.cn/School of Science"/>
<RDFCOM:predicate
RDFCOM:resource="http://description.org/schema/RDFCOM-syntax-namespace
#~Appearance"/>
<RDFCOM:object>ordinary</RDFCOM:object/>
<fipa:belief>true</fipa:belief>
</fipa:Proposition>

语句表示："The appearance of girl *x* is ordinary." (女孩 *x* 的长相一般)。

(4) 矛盾否定语句：<girl *x*, ¬Appearance, ¬beautiful>

在 RDFCOM 中描述如下：

<fipa:Proposition>
<RDFCOM:subject>girl *x*</RDFCOM: subject>
<RDFCOM:subject RDFCOM:resource="http://www. jiangnan.edu.cn/School of Science"/>
<RDFCOM:predicate
RDFCOM:resource="http://description.org/schema/RDFCOM-syntax-namespace
¬Appearance"/>
<RDFCOM:object>unbeautiful</RDFCOM:object/>
<fipa:belief>true</fipa:belief>
</fipa:Proposition>

语句表示："The appearance of girl *x* is unbeautiful." (女孩 *x* 的长相不美)。

由此，根据定义 2，关于"江南大学理学院女孩 *x*"的相貌属性描述的 RDFCOM 图见图 7-13。

图 7-13 表明，资源标识为

http://www. jiangnan.edu.cn/Schoolof Science/girl x

资源的属性均属于命名空间，标识为

http://description.org/schema/RDFCOM-syntax-namespace

属性“相貌”的属性值均为模糊概念。并且，属性值 ugly(丑的)、ordinary(普通的)和 unbeautiful(不漂亮的)分别是 beautiful(漂亮的)的对立否定概念、中介否定概念和矛盾否定概念。

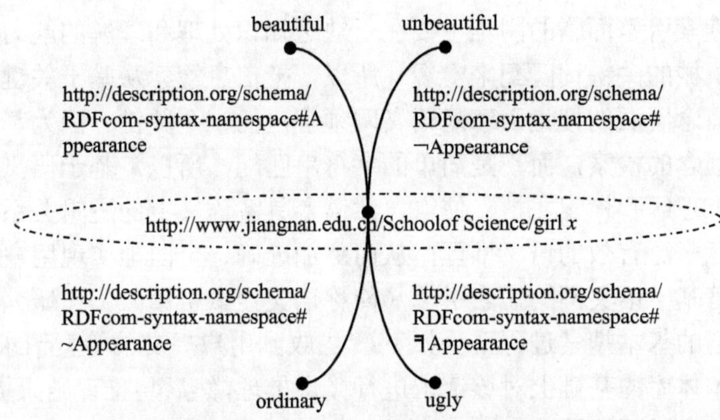

图 7-13 “江南大学理学院女孩 x”的相貌属性描述的 RDFCOM 图

例 2. 对于两个或多个网页，链接速度(links speed)是它们的一种关系属性。链接速度的“快”“慢”“适中”是链接速度的属性值。显然，这些属性值为模糊概念。因此，在 RDFCOM 中，根据定义 1，就链接速度这一关系属性对两个网页 x, y 可描述如下：

<(x, y), LinksSpeed(x, y), fast>

表示语句：网页 x 与 y 的链接速度快。（Web pages x and y link speed is fast.）

<(x, y), LinksSpeed(x, y), ╕ fast>

表示语句：网页 x 与 y 的链接速度慢。（Web pages x and y link speed is slow.）

<(x, y), LinksSpeed(x, y), ~fast>

表示语句：网页 x 与 y 的链接速度适中。（Web pages x and y link speed is moderate.）

<(x, y), LinksSpeed(x, y), ¬fast>

表示语句：网页 x 与 y 的链接速度不快。（Web pages x and y link speed is fast.）

2. RDFCOM 在语义网中的初步应用

语义网(semantic web)概念自 Tim Berners-Lee 在 1998 年提出后，它已成为下

一代互联网的研究热点。语义网不同于现在的面向文档的 WWW，而更重视于计算机的理解与处理，并且具有一定的判断、推理能力，通过语义网可以提取具有特定语义的信息，还可以利用推理机制给用户提供隐藏的有价值信息[276]。语义网的实现需要三大关键技术 XML、RDF 和本体(ontology)的支持，目前关于语义网的研究主要集中在 RDF 和本体。因此表明，资源描述框架 RDF 是语义网不可或缺的基础。

众所周知，WWW 的搜索引擎是大众使用 WWW 的最直接最常用的一项基本技术。当前搜索引擎面临的困难主要在于缺乏知识处理和理解的能力，对要检索的信息采用机械的关键词匹配来实现。所以，把信息检索从基于关键词层面提升到基于知识概念层面的搜索引擎是语义网须解决的一个关键。因为基于语义网的搜索是基于概念的检索，而不是简单的字符串匹配，所以，基于语义网的搜索引擎将从语义上理解和检索文档，使得自然语言具备语义上的逻辑关系，能够在网络环境下进行广泛有效的语义推理，从而更加准确、全面地实现用户的检索。

目前尽管基于语义网的搜索引擎（简称语义搜索引擎）仍在研究中，但多数研究者认为它的基本搜索过程至少如下："当收到用户提交的检索请求时，先在已经建立好的本体库的基础上对该请求进行概念推理，然后将推理结果提交给系统，最终将搜索结果返回给用户"。而本体库中的本体抽象地说是"共享概念模型的明确的形式化规范说明"，简单地讲是一个将一领域抽象为共享的、无歧义的、形式化的概念及概念间关系构成的集合。由于构造和表示本体的语言一般应具有对自然语言进行表达、推理的能力，所以，通常采用描述逻辑和一阶谓词逻辑形式化地定义本体。然而不能由此就说语义搜索引擎中的基于本体库的概念推理模式只有形式推理，它还应有语义推理、归纳推理等。但是可以肯定，语义搜索引擎中的基于本体库的概念推理模式将兼用语义推理和形式推理[277]。

RDF 作为通用的编码技术广泛地应用于任何网络资源信息的描述，以自己强大而通用的描述能力，应用于语义检索、Agent、自动协商、通信信任、P2P 等方面。RDF 之所以能用于语义检索，是因为在语义网中的信息是以定义的方式在 RDF 模型中出现的，因此应用程序基于已定义的方式可以更加有效地检索信息。

根据上述，我们认为，虽然当今自然语言理解研究发展迅速，将极大地提高自然语言的语义理解与推理水平，但对于自然语言中的模糊概念及其关系的理解、推理仍是亟待研究解决的问题。运用具有矛盾否定、对立否定和中介否定的模糊逻辑 FLCOM 与∀FLCOM 模糊描述逻辑 FALCCOM 以及它们的无穷值语义模型，研究本体中的模糊概念及概念关系、语义搜索引擎中对于模糊概念的查询、形式推理等是适合的。

为了说明 RDFCOM 在语义网中的适用性，我们假设在语义搜索引擎中采用

RDFCOM，根据上述的语义搜索引擎的搜索过程原理，我们以“基于属性值的主体信息检索”和“基于属性值数的主体信息检索”为例，测试、比较采用 RDFCOM 语义搜索引擎与采用 RDF 语义搜索引擎进行检索、查询的能力和效用。

(A) 基于属性值的主体信息检索：

假设关于人物体型的数据见表 7-15。

表 7-15　人物体型数据表

主体(x_i)	属性 P	属性值 $P(x_i)$
奥尼尔(x_1)	体型	“胖” $P(x_1)$
韩梅梅(x_2)	体型	“匀称” $P(x_2)$
杜甫(x_3)	体型	“瘦” $P(x_3)$
李白(x_4)	体型	“瘦” $P(x_4)$
李宁(x_5)	体型	“匀称” $P(x_5)$
刘翔(x_6)	体型	“匀称” $P(x_6)$
蒋介石(x_7)	体型	“瘦” $P(x_7)$
丘吉尔(x_8)	体型	“胖” $P(x_8)$

显然，表 7-15 中的属性是一个模糊属性，P 的所有属性值 $P(x_i)$为模糊概念。由 RDFCOM，若属性值 $P(x_i)$为“胖”，则$\neg P(x_i)$代表“胖”的矛盾否定“不胖”，$\dashv P(x_i)$代表“胖”的对立否定“瘦”，$\sim P(x_i)$代表“胖”的中介否定“匀称”。

设语义搜索引擎的本体库为Ω，表 7-15 中的主体集为 $X\subset \Omega$。$\forall x_i\in X$，则采用 RDFCOM 语义搜索引擎和 RDF 语义搜索引擎对主体 x_i 进行属性查询的结果如下：

(1) 如果查询“胖”的人，即 $P(x_i)$，则两种语义搜索引擎基于Ω的概念推理得到的查询结果是一致的，即为$\{x_1, x_8\}$ = {奥尼尔，丘吉尔}；

(2) 如果查询“不胖”的人，即$\neg P(x_i)$，则两种语义搜索引擎基于Ω的概念推理得到的查询结果也是一致的，即为$\{x_2, x_3, x_4, x_5, x_6, x_7\}$ = {韩梅梅，杜甫，李白，李宁，刘翔，蒋介石}；

(3) 如果查询“瘦”的人，即$\dashv P(x_i)$，由于 RDF 以经典谓词逻辑为逻辑基础，具有非此即彼的特性，采用 RDF 的语义搜索引擎在Ω中对此概念不能辨别，更不能进行概念的形式推理，所以无查询结果。

由于 RDFCOM 以模糊逻辑系统 FLCOM 与∀FLCOM 为基础，采用 RDFCOM 的语义搜索引擎在Ω中对模糊概念的矛盾否定、对立否定和中介否定概念能予辨别，并能进行概念的形式推理，因而对此概念具有查询能力。查询结果为$\{x_3, x_4, x_7\}$ = {杜甫，李白，蒋介石}。

(4) 如果查询“匀称”的人，即$\sim(x_i)$，同(3)理由，采用 RDF 的语义搜索引擎无查询结果；而采用 RDFCOM 的语义搜索引擎的查询结果为$\{x_2, x_5, x_6\}$ = {韩梅梅, 李宁, 刘翔}。

可见，根据属性值的主体信息检索，基于 RDFCOM 的语义搜索引擎优于基于 RDF 的语义搜索引擎，从而表明 RDFCOM 比 RDF 具有更加深入的知识表达能力和概念推理能力。

(B) 基于属性值数的主体信息检索：

假设关于城市消费水平的数据见表 7-16。

表 7-16 城市消费水平数据表

主体(x_i)	属性 P	属性值 $P(x_i)$
北京(x_1)	消费水平	"很高" $P(x_1)$
长沙(x_2)	消费水平	"中等" $P(x_2)$
大连(x_3)	消费水平	"高" $P(x_3)$
鄂尔多斯(x_4)	消费水平	"低" $P(x_4)$
福州(x_5)	消费水平	"偏高" $P(x_5)$
桂林(x_6)	消费水平	"偏低" $P(x_6)$
海口(x_7)	消费水平	"偏高" $P(x_7)$
济南(x_8)	消费水平	"中等" $P(x_8)$
开封(x_9)	消费水平	"低" $P(x_9)$
拉萨(x_{10})	消费水平	"很低" $P(x_{10})$
南京(x_{11})	消费水平	"偏高" $P(x_{11})$
青岛(x_{12})	消费水平	"高" $P(x_{12})$
昆明(x_{13})	消费水平	"偏低" $P(x_{13})$
上海(x_{14})	消费水平	"很高" $P(x_{14})$
广州(x_{15})	消费水平	"高" $P(x_{15})$
深圳(x_{16})	消费水平	"很高" $P(x_{16})$

同样地，表 7-16 中的属性 P 是一个模糊属性，P 的任何属性值 $P(x_i)$都是模糊概念（模糊集）。按照它们的含义可分为 7 个类别集合。即 $S_{(很高)} = \{P(x_1), P(x_{14}), P(x_{16})\}$，$S_{(高)} = \{P(x_3), P(x_{12}), P(x_{15})\}$，$S_{(偏高)} = \{P(x_5), P(x_7), P(x_{11})\}$，$S_{(中等)} = \{P(x_2), P(x_8)\}$，$S_{(偏低)} = \{P(x_6), P(x_{13})\}$，$S_{(低)} = \{P(x_4), P(x_9)\}$，$S_{(很低)} = \{P(x_{10})\}$。

由 RDFCOM 可知，$S_{(很低)}$中模糊集是$S_{(很高)}$中模糊集的对立否定集，$S_{(低)}$中模糊集是$S_{(高)}$中模糊集的对立否定集，$S_{(偏低)}$中模糊集是$S_{(偏高)}$中模糊集的对立否定集，且反之亦然；$S_{(中)}$中模糊集是$S_{(偏高)}$与$S_{(偏低)}$的中介否定集。

根据 FLCOM 与∀FLCOM 的无穷值语义模型 Φ：$<D, \partial>$，以及 5.1 节中求解模

糊集隶属度的方法，可求解出模糊集 $P(x_i)$的隶属度$\partial(P(x_i))$。假设求解得到 $S_{(很高)}$、$S_{(高)}$、$S_{(偏高)}$中模糊集 $P(x)$的隶属度$\partial(P(x))$分别为 1、0.9、0.7，而 $S_{(中等)}$中模糊集 $P(x)$的隶属度$\partial(P(x))$为 0.5，则 $S_{(很低)}$、$S_{(低)}$、$S_{(偏低)}$中模糊集的隶属度即为 $1-\partial(P(x))$。从而，对于所有属性值 $P(x_i)$，由此得到对应的属性值数$\partial(P(x_i))$。具体见表 7-17。

表 7-17　城市消费水平属性值数据表

主体(x_i)	属性 P	属性值 $P(x_i)$	属性值数$\partial(P(x_i))$
北京(x_1)	消费水平	“很高” $P(x_1)$	1
长沙(x_2)	消费水平	“中等” $P(x_2)$	0.5
大连(x_3)	消费水平	“高” $P(x_3)$	0.9
鄂尔多斯(x_4)	消费水平	“低” $P(x_4)$	0.2
福州(x_5)	消费水平	“偏高” $P(x_5)$	0.7
桂林(x_6)	消费水平	“偏低” $P(x_6)$	0.3
海口(x_7)	消费水平	“偏高” $P(x_7)$	0.7
济南(x_8)	消费水平	“中等” $P(x_8)$	0.5
开封(x_9)	消费水平	“低” $P(x_9)$	0.2
拉萨(x_{10})	消费水平	“很低” $P(x_{10})$	0.1
南京(x_{11})	消费水平	“偏高” $P(x_{11})$	0.7
青岛(x_{12})	消费水平	“高” $P(x_{12})$	0.9
昆明(x_{13})	消费水平	“偏低” $P(x_{13})$	0.3
上海(x_{14})	消费水平	“很高” $P(x_{14})$	1
广州(x_{15})	消费水平	“高” $P(x_{15})$	0.9
深圳(x_{16})	消费水平	“很高” $P(x_{16})$	1

属性值数$\partial(P(x_i))$的作用和意义：以区间[0, 1]中数值大小反映主体（城市）消费水平的高低程度。由此，RDF 语义搜索引擎可以语句方式进行语义查询。如：查询哪些城市消费水平最高，查询语句：“消费水平是 1 的城市”；查询哪些城市消费水平不高，查询语句“消费水平是小于 0.9 的城市”。

设语义搜索引擎的本体库为Ω，表 7-16 中的主体集为 $X\subset\Omega$。$\forall x_i\in X$，等于采用 RDFcom 语义搜索引擎和 RDF 语义搜索引擎对主体 x_i 进行属性查询的结果，举例如下：

a. 如果查询“消费水平高”的城市，则 RDF 语义搜索引擎的查询结果是$\{x_3, x_{12}, x_{15}\}$ = {大连, 青岛, 广州}；RDFcom 语义搜索引擎以语句“消费水平是 0.9 的城市”的查询结果也是$\{x_3, x_{12}, x_{15}\}$ = {大连, 青岛, 广州}，两者相同。

b. 如果查询“消费水平不高”的城市，由于 RDF 以二值谓词逻辑为逻辑基础，具有非此即彼特性，即“消费水平不高”= “消费水平低”，则查询结果是$\{x_4, x_9\}$ = {鄂尔多斯, 开封}；而 RDFCOM 语义搜索引擎以语句“消费水平是小于 0.9 的城市”的查询结果为$\{x_2, x_4, x_5, x_6, x_7, x_8, x_9, x_{10}, x_{11}, x_{13}\}$ = {长沙, 鄂尔多斯, 福州, 桂林, 海口, 济南, 开封, 拉萨, 南京, 昆明}；

c. 如果查询“消费水平偏低”的城市、“消费水平中等”的城市，由于 RDF 基于二值谓词逻辑，只能识别取值 0 和 1 的属性值数，所以无查询结果；而 RDFCOM 语义搜索引擎对此以语句“消费水平是小于或等于 0.3 的城市”“消费水平是 0.5 的城市”的查询结果分别为$\{x_4, x_6, x_9, x_{10}, x_{13}\}$ = {鄂尔多斯, 桂林, 开封, 拉萨, 昆明}和$\{x_2, x_8\}$ = {长沙, 济南}。

由上表明，根据属性值数的主体信息检索，基于 RDFCOM 的语义搜索引擎仍然优于基于 RDF 的语义搜索引擎。

7.3 本章小结

在第 6 章基础上，为了验证具有矛盾否定、对立否定和中介否定的模糊命题逻辑 FLCOM 和谓词逻辑∀FLCOM 及其理论扩充在模糊知识的表示、推理与计算等方面的有效性，本章进一步介绍关于它们的应用研究工作。主要介绍了基于 FLCOM 与∀FLCOM 的模糊推理与应用，以及在一些知识处理理论中的应用。

关于基于 FLCOM 与∀FLCOM 的模糊推理的研究，我们需强调的是，虽然模糊拒取式推理是三种模糊推理基本形式（模糊取式 FMP、模糊拒取式 FMT、假言式 HS）之一，是一种逆向推理形式，但由于现有的模糊逻辑理论中只有一种否定且否定的处理简单，因而限制了模糊拒取式推理的运用。而本章提出的基于 FLCOM 的三种模糊拒取式推理 FMT_1，FMT_2 和 FMT_3 及其具有的还原算法，由于它区分了三种不同的否定，逆向推理的关系表示、计算处理等能力的增强，在常识推理、刑事案件推理、模糊系统等领域应具有特有的推理效用。

关于 FLCOM 与∀FLCOM 在一些知识处理理论中的应用研究，除了本章介绍的将模糊逻辑 FLCOM 与∀FLCOM 理论融入模糊描述逻辑、模糊回答集程序、资源描述框架扩展的研究外，我们还进行了具有三种否定的形式概念分析、逻辑概念分析等理论研究（因研究仍在进行中，故本章未予介绍）。对于提出的具有三种否定的模糊描述逻辑 FALCCOM、模糊回答集程序 FASPCOM、资源描述框架扩展 RDFCOM，本章主要介绍了它们的基本构建思想和主要概念，并用例子予以验证，但研究工作有待深入和完善。对此，有兴趣的读者可继续展开研究。

本章内容均为我们的原创研究结果，是本书的主要理论与应用研究结果之一。

除了本章介绍的关于模糊逻辑 FLCOM 与∀FLCOM 的理论应用研究外，我们列举一些值得研究的问题如下：

(1) 基于模糊模态命题逻辑系统 MKcom 的逻辑概念分析。为了能够让形式概念分析 FCA 在处理数据分析过程中覆盖更多的对象和对象属性描述，2006 年 Ferré 将形式背景中的属性集合换成模态逻辑 AIK (all I know)，提出了一种新的广义化 FCA，即逻辑概念分析(logical concept analysis，LCA)，证明了 FCA 能够在此基础上重新构造。LCA 使得 FCA 在数据更新、数据检索等方面应用更加灵活，可以更好地应用到信息系统中。相应地，基于第 6 章的模糊模态命题逻辑系统 MKcom，研究怎样构建具有三种否定的逻辑概念分析。

(2) 基于 FLcom 的三种模糊拒取式推理 FMT_1，FMT_2 和 FMT_3 及其还原算法中模糊系统中的应用。基于 FLcom 的三种模糊拒取式推理 FMT_1，FMT_2 和 FMT_3 作为一种逆向推理，是模糊推理中一个最基本的推理形式。研究它们在模糊系统理论如模糊知识库、模糊推理机中的应用以及实际的模糊系统中的应用等。

(3) 基于 FLcom 的三种模糊拒取式推理 FMT_1，FMT_2 和 FMT_3 及其还原算法在常识推理、刑事案件推理中的应用。

(4) 基于 FLcom 的三种模糊拒取式推理的 SIS 算法。因基于 FLcom 的模糊拒取式推理 FMT_1，FMT_2 和 FMT_3 的算法是还原算法需以 $I \leqslant I_{NR}$ 为条件，但 SIS 算法是不需要附加任何条件的还原算法。如何将 FMT_1，FMT_2 和 FMT_3 的算法结合 SIS 算法定义，研究模糊拒取式推理 FMT_1，FMT_2 和 FMT_3 的不需要附加任何条件的 SIS 算法。

(5) 进一步研究完善具有三种否定的模糊描述逻辑 FALCcom 理论。

(6) 在(5)基础上的具有三种否定的模糊描述逻辑 FALCcom 的理论运用研究。如：①基于缺省规则与非单调逻辑等，构建一种“带缺省推理的具有三种否定动态描述逻辑的描述逻辑”；②由于描述逻辑只能表示和推理静态领域知识，能否将 FALCcom 与动态逻辑结合，构建起一种“具有三种否定的动态描述逻辑”。

参 考 文 献

[1] 潘正华. 中介逻辑系统 ML 的完备性和可靠性, 贵州省自然科学基金项目, 1988.

[2] 潘正华. 中介公理集合论及其应用, 贵州省自然科学基金项目, 1990.

[3] 潘正华. 矛盾知识和对立知识的逻辑基础及处理的研究, 国家自然科学基金面上项目(项目批准号 60575038), 2005. https: //isisn. nsfc. gov. cn/egrantindex/funcindex/prjsearch-list.

[4] 潘正华. 知识处理领域中的模糊性知识及其不同否定的逻辑基础和集合基础以及应用研究, 国家自然科学基金面上项目(项目批准号 60973156), 2009. https: //isisn. nsfc. gov. cn/egrantindex/funcindex/prjsearch-list.

[5] 潘正华. 区分矛盾否定、对立否定和中介否定的模糊集 FLcom 与模糊逻辑 FLcom 理论及其在典型的知识处理领域中应用的研究, 国家自然科学基金面上项目(项目批准号 61375004), 2013. https: //isisn. nsfc. gov. cn/egrantindex/funcindex/prjsearch-list.

[6] 潘正华. 任意 P 进制数换为十进制数不按“权”展开的方法. 数学通报, 1981, (3): 9-11.

[7] 金岳霖. 知识论(上, 下册). 北京: 商务印书馆, 1983.

[8] 陆汝钤. 世纪之交的知识工程与知识科学. 北京: 清华大学出版社, 2001.

[9] 陆汝钤. 知识科学与计算科学. 北京: 清华大学出版社, 2003.

[10] 陆汝钤. 知识科学及其研究前沿. 中国科技奖励 , 2000 , 8 (4) : 10-13.

[11] 李德毅. 不确定性人工智能的基础科学问题, “智能科学技术基础理论重大问题”高层研讨会报告, http: //www. intsci. ac. cn, 2004.

[12] 史忠植. 智能科学中的逻辑问题, “智能科学技术基础理论重大问题”高层研讨会报告, http: //www. intsci. ac. cn, 2004.

[13] Zadeh L A. Fuzzy sets. Information and Control, 1965, 8(3): 338-353.

[14] 朱梧槚, 肖奚安. 关于模糊数学奠基问题研究情况的综述. 自然杂志, 1986, (1): 45-50.

[15] Dubois D, Prade H. Fuzzy Sets and Systems: Theory and Applications. New York: Academic Press, 1980.

[16] 安德热依, 莫斯托夫斯基. 数学基础研究三十年. 郭士铭等译. 武汉: 华中工学院出版社, 1983.

[17] 朱梧槚, 贺仲雄, 袁琬. 对 Fuzzy 数学及其基础的几点看法. 模糊数学, 1984(3): 103-108.

[18] Pu B M, Liu Y M. Fuzzy topology. Journal of Mathematical Analysis and Applications. 1980, 76(2): 571-599.

[19] Chang C L. Fuzzy Topological spaces. Journal of Mathematical Analysis and Applications. 1968, 24(1): 182-190.

[20] Lowen R. Fuzzy Topological spaces and fuzzy compactness. Journal of Mathematical Analysis and Applications. 1976, 56(3): 621-623.

[21] Rosenfeld A. Fuzzy groups. Journal of Mathematical Analysis and Applications. 1971, 35(3):

512-517.

[22] Katsaras A K, Liu D B. Fuzzy vector spaces and fuzzy topological vector spaces. Journal of Mathematical Analysis and Applications. 1977, 58(1): 135-146.

[23] 张锦文. 正规弗晰集合结构与布尔值模型. 华中科技大学学报(自然科学版), 1979, (2): 6, 12-18.

[24] Chapin E W. Set-Valued Set Theory. I . Notre Dame Journal of Formal Logic, 1974, 15(4): 619-634.

[25] Weidner A J. Fuzzy sets and Boolean—Valued universes. Fuzzy Sets and Systems, 1981, 6(1): 61-72.

[26] 朱梧槚, 肖奚安. 数学基础概论. 南京: 南京大学出版社, 1996.

[27] 朱梧槚, 肖奚安. 中介公理集合论系统 MS. 中国科学: 数学, 1988, 31(2): 113-123.

[28] 张振华. 几类特殊模糊集的理论与应用研究, 南京: 南京理工大学, 2012.

[29] Klir G J, Yuan B. Fuzzy Sets and Fuzzy Logic: Theory and applications. Prentice Hall, New Jersey. 1995.

[30] Gaines B R. Foundations of fuzzy reasoning. JMMS, 1976, 6: 623-668.

[31] Zhang J W. Fuzzy set structure with strong implication. Springer US, 1983: 107-136.

[32] Chen Z L, Xu Y C, Zhang J W. Syntax analysis of fuzzy logic system FL_1 and its derivations DFL_1, MFL_1. Ifip Transactions A Computerence and Technology. 1992, 19 (1) : 89-98.

[33] Zalta E N. Stanford Encyclopedia of Philosophy: Fuzzy Logic. https://plato. stanford. edu/entries/logic-fuzzy [2016-8-15].

[34] Wierman M J. An Introduction to the Mathematics of Uncertainty: Including Set Theory, Logic, Probability, Fuzzy Sets, Rough Sets, and Evidence Theory. Creighton University, 2010.

[35] Zadeh L A. The concept of a linguistic variable and its application to approximate reasoning. Springer US. 1975, 8(3): 199-249.

[36] Zadeh L A. 模糊集合、语言变量及模糊逻辑. 陈国权译. 北京: 科学出版社, 1982.

[37] Elkan C. The paradoxical success of fuzzy logic. IEEE Expert, 1994, 9(4): 3-49.

[38] 王国俊. 非经典数理逻辑与近似推理. 北京: 科学出版社, 2008.

[39] 裴道武. 关于模糊逻辑与模糊推理逻辑基础问题的十年研究综述. 工程数学学报, 2004, 21(2): 249-258.

[40] Dubois D, Prade H. Fuzzy sets in approximate reasoning, part 1: Inference with possibility distributions. Fuzzy Sets and Systems. 1991, 40(1): 143-202.

[41] Nilsson N J. Logic and artificial intelligence. Artificial Intelligence. 1991, 47(1-3): 31-56.

[42] Buss S R, Kechris A S, Pillay A, et al. The prospects for mathematical logic in the twenty-first century. Bulletin of Symbolic Logic. 2001, 7(2): 169-196.

[43] 李洪兴. 从模糊控制的数学本质看模糊逻辑的成功. 模糊系统与数学, 1995, 9(4), 1-14.

[44] 陈永义, 陈怡欣. 从工程应用看模糊逻辑控制. 模糊系统与数学, 1999, 13(2), 33-36.

[45] Hájek P. Metamathematics of fuzzy logic. Trends in Logic, 1998, 4: 155-174.

[46] 吴望名. 模糊推理的原理和方法. 贵阳: 贵州科学技术出版社, 1994.

[47] Hilbert D, Bernays P. Foundations of Mathematics. Springer, 1970.

[48] Da Costa N C A, Marconi D. An overview of Paraconsistent logic in the 80s. The Journal of Non-Classical Logic. 1989, 6(1): 5-31.

[49] Chen Z L, Xu Y C, Zhang J W. Syntax analysis of fuzzy logic system FL_1 and its derivations DFL_1, MFL_1. Ifip Transactions a Computerence and Technology. 1992, 19 (1) : 89-98.

[50] Mamdani E H. Application of fuzzy logic to approximate reasoning using lingustic synthesis. International Symposium on Multiple-valued Logic. 1976 C-26(12): 196-202.

[51] 王国俊. 模糊推理的全蕴涵三 I 算法. 中国科学: 技术科学. 1999, 29(1): 43-53.

[52] Goguen J A, Burstall R M. Some fundamental algebraic tools for the semantics of computation, Part 1: Comma Categories, Colimits, Signatures and Theories. Theoretical Computer Science. 1984, 31(3): 263-295.

[53] Ying M S. Implication operators in fuzzy logic. IEEE Press. 2002, 10(1): 88-91.

[54] Pan Z H. Mathematical foundation of basic algorithms of fuzzy reasoning. Journal of Shanghai University(English Edition). 2005, 9 (3): 219-223.

[55] Pan Z H. Mathematical foundation on algorithms of fuzzy reasoning, Dynamics of Continuous, Discrete and Impulsive Systems, Series B: Applications and Algorithms. 2007, 357-412.

[56] Pan Z H. On the dependability of algorithms of fuzzy reasoningieee, Proceedings of 2007 IEEE- International Conference on Systems, Man, and Cybernetics. 2007, 234-238.

[57] 潘正华. 模糊推理算法的数学原理. 计算机研究与发展, 2008, 45 (z1) : 165-168.

[58] 朱梧槚, 肖奚安. 中介逻辑的命题演算系统(I), (II), (III). 自然杂志, 1985, 8(4): 315, 8(5): 394, 8(6): 473.

[59] 肖奚安, 朱梧槚. 中介逻辑的谓词演算系统(I), (II). 自然杂志, 1985, 8(7): 540, 8(8): 601.

[60] 朱梧槚, 肖奚安. 中介逻辑命题演算的扩张(I), (II). 自然杂志, 1985, 8(9): 681, 8(10): 716.

[61] 肖奚安, 朱梧槚. 中介逻辑谓词演算的扩张. 自然杂志, 1985, 8(11): 841.

[62] 朱梧槚, 肖奚安. 中介逻辑的带等词的谓词演算系统. 自然杂志, 1985, 8(12): 916.

[63] Zhu W J, Xiao X A. On the naive mathematical models of medium mathematical system MM. Journal of Mathematical Research with Applications, 1988, 8(1): 143-155.

[64] Zhu W J, Xiao X A. Predicate calculus system of medium logic (I). Journal of Mathematical Research with Applications, 1988, 8(3): 127-136.

[65] Zhu W J, Xiao X A. Predicate calculus system of medium logic (II). Journal of Mathematical Research with Applications, 1989, 25(2): 165-176.

[66] Zhu W J, Xiao X A. An extension of the proposition calculus system of medium logic. Journal of Nanjing University, 1990, 26 (4): 564-574.

[67] Zhu W J, Xiao X A. An extension of the predicate calculus system of medium logic. Mathematics Quarterly, 1988, 65(2), 177-188.

[68] 潘正华. 关于中介命题逻辑的完备性. 全国第二届多值逻辑学术讨论会文集, 重庆大学, 1987.

[69] Pan Z H. On the Completeness of Medium Propositional Logic MP. Proceedings of Int. Symposium on Fuzzy Systems and Knowledge Engineering, Guangdong Higher Education

Publishing House, Guangzhou, China, 1987.

[70] Pan Z H. Construction of a Model of Medium Logical Calculus System ML. Proceedings of Workshop on Knowledge-Based Systems and Models of Logical Reasoning, IFSA and Cairo University, IFSA Press, Cairo, Egypt, 1988.

[71] 潘正华. 中介谓词逻辑 MF 完备性的一些结果. 曲阜师范大学学报(自然科学版), 1988, 14(4): 51-53.

[72] Pan Z H. On the Reliability of thc Predicate Calculus System (MF) of Medium Logic//Multiple-Valued Logic, 1989. Proceedings of the Nineteenth International Symposium on. IEEE, 1989: 64-69.

[73] 潘正华. 中介命题逻辑 MP 和中介谓词逻辑 MF 的可靠性. 自然杂志, 1989, (8): 634.

[74] 潘正华. 中介命题逻辑 MP 的完备性. 自然杂志, 1989, (7): 555-556.

[75] 潘正华. 中介逻辑 ML 的一种模型构造. 自然杂志, 1989, (4): 315-316.

[76] Pan Z H. On the reliability of medium logic (ML). Fuzzy System and Mathematics, 1989, 3(2): 124-131.

[77] 潘正华. 中介逻辑 ML 的一种模型. 南京师范大学学报, 1989, 12(1): 21-25.

[78] 潘正华. 中介逻辑命题演算扩张系统 MP^* 的完备性. 应用数学, 1989, 2(2): 73-74.

[79] Pan Z H. On the reliability and completeness of the predicate calculus system MF of medium logic//Proceedings of North American Fuzzy Information Society. 1990, 90: 323-325.

[80] 潘正华. 中介逻辑 ML 的归结原理. 南京航空航天学院科研报告, 1993.

[81] 潘正华. 关于中介逻辑 ML 的语义特征研究. 南京航空航天大学科研报告, 1994.

[82] 潘勇. 中介命题逻辑 MP 的一种三值真值表. 全国第二届多值逻辑学术讨论会文集. 重庆大学, 1987.

[83] 谭乃, 肖奚安. MP~*系统中命题联结词含量的完全性. 空军气象学院学报, 1988, 9(1): 79-82.

[84] 邹晶. 中介逻辑的命题演算系统 MP 的语义解释及可靠性, 完备性. 数学研究与评论, 1988, 8(3): 263-265.

[85] 邹晶. 带等词的中介谓词逻辑系统 ME 的语义解释及可靠性, 完备性. 科学通报, 1988, 33(13): 863-864.

[86] 盛建国. 中介逻辑命题演算扩张系统 MP* 的一些特征. 应用数学, 1989, 2(4): 44-48.

[87] Zhu J Y, Xiao X A, Zhu W J. A survey of the development of medium logic calculus system and the research of its semantic. A Friendly Collection of Mathematical Papers I, 1990: 183-189.

[88] 李祥, 李广元. "中介逻辑"的特征问题. 科学通报, 1988, 33(22): 1686-1689.

[89] 李祥, 李广元. "中介逻辑"与 Woodruff 三值逻辑系统. 科学通报, 1989, 34(5): 329-332.

[90] Pan Z H, Zhu W J. A Finite and Infinite Valued Model of the Medium Propositional Logic. Proceedings of the Second Asian Workshop on Foundations of Software. Nanjing: Southeast University Press. 2003: 103-106.

[91] Pan Z H, Zhu W J. An Interpretation of Infinite Valued for Medium Proposition Logic. Machine Learning and Cybernetics, 2004. Proceedings of 2004 International Conference on.

IEEE, 2004, 4: 2495-2499.

[92] 潘正华. 中介命题逻辑的一种无穷值语义模型及其意义. 计算机研究与发展, 2008, (z1): 158-164.

[93] Leonard B, Piotr B. Many-Valued Logics. New York: Springer-Verlag Berlin Heidelberg, 1992, 23-113.

[94] Robinson J A. A machine-oriented logic based on the resolution principle. Journal of the ACM (JACM), 1965, 12(1): 23-41.

[95] Lee R C T, Chang C L. Some properties of fuzzy logic. Information and Control, 1971, 19(5): 417-431.

[96] Liu X H, Xiao H. Operator fuzzy logic and fuzzy resolution//Proceedings of the 15th International Symposium on Multiple-Valued Logic. Washington: IEEE Computer Society Press, 1985: 86-91.

[97] 邱伟德, 邹晶. 中介谓词演算系统 MF 的归结原理. 上海工业大学学报, 1990, 11(2): 5-11.

[98] 朱梧槚, 张东摩. 中介自动推理的理论与实现(I). 模式识别与人工智能, 1994, 7(2): 1-8.

[99] 朱梧槚, 张东摩. 中介自动推理的理论与实现(II). 模式识别与人工智能, 1994, 7(3): 1-12.

[100] 潘正华. 中介谓词逻辑系统的 λ-归结. Journal of Software, 2003, 14(3): 345-349.

[101] 张丽娟, 潘正华. 中介谓词逻辑的归结原理. 无锡教育学院学报, 2001, 1(21).

[102] 刘叙华. 模糊数学与模糊推理. 吉林: 吉林大学出版社, 1989.

[103] Zhu Z H, Pan Z H, Chen S, et al. Valuation structure. Journal of Symbolic Logic, 2002, 67(1): 1-23.

[104] 潘正华, 洪龙, 朱梧槚. 形式系统的语义完全性与语法完全性之间的一些关系. 南京邮电大学学报(自然科学版), 2005, 25(1): 55-58.

[105] Pan Z H. Relation between Semantic Completeness and Syntax Completeness on General Formal Systems//Semantics, Knowledge and Grid, 2006. SKG'06. Second International Conference on. IEEE, 2006: 89.

[106] Pan Z H. Syntax Completeness and Its Properties on Formal Systems//IEEE-Proceedings of the international conference on machine learning and cybernetics, 2006, 1-7: 4540-4543.

[107] Pan Z H, Zhu W J. Strong completeness of medium logic system. Journal of Southwest JiaoTong University, 2005, 13(2): 177-181.

[108] 潘正华. 中介逻辑 ML 的语法完全性. 计算机科学, 2006, 33(10): 131-133.

[109] 张丽娟, 潘正华. 中介命题逻辑系统的强完全性. 无锡教育学院学报, 2000, 20(2): 63-64.

[110] 周礼全. 模态逻辑引论. 上海: 上海人民出版社, 1986.

[111] Zhang S L, Pan Z H. One improved kind of lambda-resolution for medium predicate logic. International Review on Computers and Software, 2011, 6(2): 150-154.

[112] 王岑, 潘正华. 基于中介逻辑的模糊知识表示及应用. 计算机工程与科学, 2010, 30(11): 80-82.

[113] Zhang S L, Pan Z H. General decomposition theorem and cut segment matrix for fuzzy sets. Journal of Computational Information Systems, 2008, 4(1): 145-152.

[114] Zhang S L, Pan Z H. One New Interpretation of Infinite Valued for Medium Proposition

Logic. Fuzzy Systems and Knowledge Discovery, 2009. FSKD'09. Sixth International Conference on. IEEE, 2009, 6: 363-367.

[115] Wang C, Pan Z H. Extended fuzzy knowledge representation with medium. Advanced Intelligent Computing Theories and Applications. With Aspects of Artificial Intelligence, 2008: 401-409.

[116] Cheng T X, Pan Z H. Answer Set Programming Based on Medium Logic. International Symposium on Computer Science and Computational Technology, 2008, 242-246.

[117] 王岑, 潘正华, 程天笑. 一种高阶多维模糊推理模型及应用. 计算机科学, 2009, 36(5): 24-28.

[118] Zhang L Z, Pan Z H. Fuzzy Comprehensive Evaluation based on Measure of Medium Truth Scale. Artificial Intelligence and Computational Intelligence, 2009. AICI'09. International Conference on. IEEE, 2009, 2: 83-87.

[119] 程天笑, 潘正华, 王岑. 基于中介逻辑的近似推理. 计算机工程与应用, 2009, 21: 048.

[120] 王岑, 潘正华, 程天笑. 基于中介逻辑的模糊知识推理的搜索处理. 计算机工程与应用, 2009, 45(21): 175-178.

[121] 张胜礼, 潘正华. 一种新的中介真值程度的度量方法及模糊谓词的分解. 模糊系统与数学, 2009, 23(3): 115-121.

[122] 张丽珍, 潘正华. 基于中介真值度量的模糊综合评判. 计算机与数字工程, 2009, 37(8): 67-71.

[123] 张胜礼, 潘正华. 中介命题逻辑一种新的无穷值语义模型及意义. 计算机工程与应用, 2010, 46(31): 45-49.

[124] 张丽珍, 潘正华. 基于中介逻辑的模糊推理算法. 计算机工程与科学, 2010, 32(9): 65-68.

[125] 程天笑, 潘正华. 具有两种否定的描述逻辑系统 MALC. 计算机工程与科学, 2010, 30(11): 65-67.

[126] 贾海涛, 潘正华. 基于中介逻辑的带有三种否定的 RDF 扩展. 计算机应用与软件, 2011, 28(3): 41-43.

[127] 张胜礼, 潘正华. 中介谓词逻辑一种改进的语义解释及λ-归结. 计算机工程与应用, 2011, 47(22): 41-43.

[128] 张胜礼, 潘正华. 基于改进的无穷值语义解释的中介谓词逻辑的 λ-归结. 山东大学学报(理学版), 2012, 47(2): 109-114.

[129] 张胜礼. 中介命题逻辑一种改进的无穷值语义模型. 兴义民族师范学院学报, 2011, (1): 101-105.

[130] 张胜礼, 潘正华. 按树的最大特征值排序. 计算机研究与发展, 2008, 45(s1): 185-189.

[131] 张胜礼, 潘正华. 基于[λ, μ]-截段的一般分解定理和截段矩阵. 模糊系统与数学, 2008, 22(3): 105-110.

[132] 梁修东. 树的最大特征值的序. 江南大学学报: 自然科学版, 2007, 6(5): 627-630.

[133] 李响, 张荣, 潘正华. 一类混沌系统的混沌同步. 江南大学学报: 自然科学版, 2009, 8(2): 238-241.

[134] 北京大学哲学系外国哲学史教研室. 十八世纪末: 十九世纪初德国哲学, 第 2 版. 北京:

商务印书馆, 1975.

[135] 李震. 论黑格尔的“否定性”概念. 湖北: 华中科技大学, 2015.

[136] 潘世墨. 逻辑的“否定”概念简析. 哲学研究, 1998, (7): 69-73.

[137] 宋文坚. 西方形式逻辑史. 北京: 中国社会科学出版社, 1991.

[138] 迪特・亨利希. 在康德与黑格尔之间. 北京: 商务印书馆, 2013.

[139] 黑格尔. 逻辑学. 下卷. 杨一之译. 北京: 商务印书馆, 2011.

[140] 黑格尔. 黑格尔的小逻辑, 贺麟译. 北京: 商务印书馆, 1980.

[141] 金岳霖. 形式逻辑简明读本. 北京: 中国青年出版社, 1979.

[142] 彭漪涟, 马钦荣. 逻辑学大辞典. 上海: 上海辞书出版社, 2010.

[143] 张家龙. 数理逻辑发展史——从莱布尼茨到哥德尔. 北京: 社会科学文献出版社, 1993: 115-117.

[144] Malinowski G. Many-valued logic and its philosophy. Handbook of the History of Logic, 2007, 8: 13-94.

[145] 汉斯・赖欣巴哈. 量子力学的哲学基础. 侯德彭译. 北京: 商务印书馆, 2015.

[146] 李世繁. 形式逻辑新编. 北京: 北京大学出版社, 1994.

[147] Horn L R. A natural history of negation. Journal of Linguistics, 1989, 56(3): 426-433.

[148] Editor M. Applied Logic Series. Springer, 1999.

[149] Atanassov K T. On the Concept of Intuitionistic Fuzzy Sets//On Intuitionistic Fuzzy Sets Theory. Berlin Heidelberg: Springer, 2012: 1-16.

[150] Pawlak Z. Rough Sets. Kluwer Academic Publishers, 1991.

[151] Gau W L, Buehrer D J. Vague sets. IEEE Transactions on Systems, Man, and Cybernetics, 1993, 23 (2): 610-614.

[152] Zadeh L A. Fuzzy Sets, Fuzzy Logic, Fuzzy Systems. Singapore: World Scientific Press, 1996.

[153] 高庆狮. 新模糊集合论基础. 北京: 机械工业出版社, 2006.

[154] Liu B D. Uncertain set theory and uncertain inference rule with application to uncertain control. Journal of Uncertain Systems, 2010, 4(2): 83-98.

[155] 雷英杰, 孙金萍, 王宝树. 模糊知识处理与模糊集理论的若干拓展. 空军工程大学学报·自然科学版, 2004, 5(3): 40-44.

[156] Pelletier F J. Review: metamathematics of fuzzy logic by Petr Hájek. Bulletin of Symbolic Logic, 2000, 6(3): 342-346.

[157] 何新贵. 模糊知识处理的理论与技术. 2 版. 北京: 国防工业出版社, 1998.

[158] Wagner G. web rules need two kinds of negation//Principles and Practice of Semantic Web Reasoning, International Workshop, Proceedings. DBLP, 2003: 33-50.

[159] Wagner G. Vivid Logic: Knowledge-Based Reasoning with Two Kinds of Negation. New York: Springer-Verlag, 1994.

[160] Herre H, Jaspars J, Wagner G. Partial logics with two kinds of negation as a foundation for knowledge-based reasoning. Department of Computer Science [CS], 1995, 13: 1-35.

[161] Cintula P, Klement E P, Mesiar R, et al. Fuzzy logics with an additional involutive negation.

Fuzzy Sets and Systems, 2010, 161(3): 390-414.

[162] Analyti A, Antoniou G, Damásio C V, et al. Negation and negative information in the W3C resource description framework. Annals of Mathematics Computing and Teleinformatics, 2004, 1(41): 2004.

[163] Minker J, Ruiz C. Semantics for disjunctive logic programs with explicit and default negation. Fundamenta Informaticae, 1994, 20: 145-192.

[164] Dubois D, Prade H. A bipolar possibilistic representation of knowledge and preferences and its applications. Lecture Notes in Computer Science 3849, Springer-Verlag Berlin Heidelberg, 2005: 1-10.

[165] Ruet P, Fages F. Combining explicit negation and negation by failure via Belnap's logic. Theoretical Computer Science, 1997, 171(1–2): 61-75.

[166] Vakarelov D. Nelson's Negation on the Base of Weaker Versions of Intuitionistic Negation. Studia Logica, 2005, 80(2-3): 393-430.

[167] Flach P A. Modern Logic and its Role in the Study of Knowledge//A Companion to Philosophical Logic. 2002: 680-693.

[168] Pereira L, Moniz S, Alferes J. Well founded semantics for logic programs with explicit negation//European Conference on Artificial Intelligence. John Wiley and Sons, Inc. 1992: 102-106.

[169] Eiter T, Fink M, Sabbatini G, et al. Reasoning about evolving nonmonotonic knowledge bases. Acm Transactions on Computational Logic, 2005, 6(2): 389-440.

[170] Beeson M, Veroff R, Wos L. Double-negation elimination in some propositional logics. Studia Logica, 2005, 80(2-3): 195-234.

[171] Dubois D, Ostasiewicz W, Prade H. Fuzzy Sets: History and Basic Notions. Fundamentals of Fuzzy Sets. Springer US, 2000: 21-124.

[172] Guizzardi G, Wagner G, Sinderen M V. A formal theory of conceptual modeling universals. Proceedings of the First International Workshop on Philosophy and Informatics, Cologne (Germany), 2004.

[173] Dung P M, Mancarella P. Production systems need negation as failure. Thirteenth National Conference on Artificial Intelligence. AAAI Press, 1996: 1242-1247.

[174] Kaneiwa K. Description Logics with Contraries, Contradictories, and Subcontraries. New Generation Computing, 2007, 25(4): 443-468.

[175] Ferré S. Negation, Opposition, and Possibility in Logical Concept Analysis//Formal Concept Analysis. Springer Berlin Heidelberg, 2006: 130-145.

[176] Trillas E, Valverde L. ON mode and implication in approximate reasoning. Readings in Fuzzy Sets for Intelligent Systems, 1993: 555-559.

[177] Weber S. A general concept of fuzzy connectives, negations and implications based on t -norms and t -conorms. Fuzzy Sets and Systems, 1983, 11(1): 103-113.

[178] Yager R R. Connectives and quantifiers in fuzzy sets. Fuzzy Sets and Systems, 1991, 40(1): 39-75.

[179] 《逻辑学辞典》委员会. 逻辑学词典. 长春: 吉林人民出版社, 1983.
[180] 王海明. 论对立与矛盾的区别. 中国人民大学学报, 1997, 11(zr): 102-107.
[181] Pan Z H. A New Cognition and processing on contradictory knowledge//International Conference on Machine Learning and Cybernetics. IEEE, 2006: 1532-1537.
[182] Pan Z H, Zhang S L. Differentiation and processing of contradictory knowledge and opposite knowledge//International Conference on Fuzzy Systems and Knowledge Discovery. IEEE Xplore, 2007: 334-338.
[183] Pan Z H. Contradictory relation and opposite relation in web knowledge//Proceedings of IEEE-the 2nd International Conference on Semantics, Knowledge and Grid (SKG2007). New York: IEEE. 2007: 157-162.
[184] Pan Z H, Zhang S L. Five kinds of contradictory relations and opposite relations in inconsistent knowledge//International Conference on Fuzzy Systems and Knowledge Discovery. IEEE Computer Society, 2007: 761-766.
[185] 潘正华. 知识中不同否定关系的一种逻辑描述. 自然科学进展, 2008, 18(12): 1491-1499.
[186] Pan Z H. A Logic Description on Different Negation Relation in Knowledge//International Conference on Intelligent Computing: Advanced Intelligent Computing Theories and Applications - with Aspects of Artificial Intelligence. Springer-Verlag, 2008: 815-823.
[187] Pan Z H. Five Kinds of Negation Relations in Knowledge and a Logic Description, Lecture Notes in Artificial Intelligence 5986. Springer-Verlag Berlin Heidelberg, 2010: 255-266.
[188] Pan Z H, Wang C. Representation and reasoning algorithm about fuzzy knowledge and its three kinds of negations//International Conference on Advanced Computer Control. IEEE, 2010: 603-607.
[189] Pan Z H, Wang C, Zhang L J. Three Kinds of Negations in Fuzzy Knowledge and Their Applications to Decision Making in Financial Investment//Computational Collective Intelligence. Technologies and Applications. Springer Berlin Heidelberg, 2010: 391-401.
[190] Pan Z H, Wang C. A Reasoning Algorithm of Fuzzy Knowledge and its Three Kinds of Negations//International Conference on Information and Computing. IEEE, 2010: 166-170.
[191] 潘正华, 王岑. 模糊知识的不同否定及其在投资决策中的应用. 计算机科学与探索, 2011, 5(7): 662-671.
[192] Pan Z H. A New Fuzzy Set FSCOM Base of Processing Fuzzy Knowledge and its Three Kinds of Negations. Proceedings of IEEE-2009 International Conference on Artificial Intelligence and Computational Intelligence, 2009: 131-135.
[193] Pan Z H. Fuzzy set with three kinds of negations in fuzzy knowledge processing. International Conference on Machine Learning and Cybernetics. IEEE, 2010: 2730-2735.
[194] 潘正华. 模糊知识的三种否定及其集合基础. 计算机学报, 2012, 35(7): 1421-1428.
[195] Wang G J. On the logic foundation of fuzzy reasoning. Information Sciences, 1999, 117(1–2): 47-88.
[196] Yang L, Pan Z H. Fuzzy degree and similarity measure of fuzzy set with three kinds of negations//International Conference on Artificial Intelligence and Computational Intelligence.

Springer-Verlag, 2011: 543-550.

[197] 杨磊, 潘正华. 具有三种否定的模糊集 FSCOM 的模糊度与贴近度. 计算机应用与软件, 2012, 29(1): 52-55.

[198] 杨磊, 潘正华. 带有三种否定的模糊集 FSCOM 的距离测度与贴近度. 模糊系统与数学, 2014, 28(6): 121-128.

[199] 杨磊, 潘正华. 带有三种否定的模糊集 FSCOM 的包含度. 模糊系统与数学, 2015, 29(4): 109-115.

[200] 谢季坚, 刘承平. 模糊数学方法及其应用. 武汉: 华中科技大学出版社, 2000.

[201] De Luca A, Termini S. A definition of a nonprobabilistic entropy in the setting of fuzzy sets theory. Information and Control, 1972, 20(4): 301-312.

[202] 张文修, 徐宗本, 梁怡. 包含度理论. 模糊系统与数学, 1996, 10(4): 1-9.

[203] 张胜礼, 潘正华. 模糊知识中否定知识处理的一种改进的集合描述. 山东大学学报(理学版), 2011, 46(5): 103-109.

[204] 张胜礼, 潘正华. 一种改进的具有三种否定的新模糊集及其应用. 计算机工程与应用, 2011, 47(23): 34-38.

[205] 张胜礼. 一种改进的模糊集及其意义. 计算机光盘软件与应用, 2010(9): 127-128.

[206] 张胜礼. 中介集及其应用. 模糊系统与数学, 2014, 28(3): 182-190.

[207] Pan Z H, Yang L, Xu J. Fuzzy set with three kinds of negations and its applications in fuzzy decision making//International Conference on Artificial Intelligence and Computational Intelligence. Springer-Verlag, 2011: 533-542.

[208] Zhao J X, Pan Z H. Application of the Fuzzy Set with Three Kinds of Negation FSCOM in the Stock Investment//Intelligent Computing Theories. Springer Berlin Heidelberg, 2013: 173-182.

[209] 徐江, 潘正华. 金融投资决策中的模糊知识及其不同否定的表示与推理. 计算机应用与软件, 2011, 28(3): 37-40.

[210] 赵洁心, 潘正华. 具有 3 种否定的模糊集 FSCOM 在股票投资决策中的应用. 计算机科学, 2013, 40(12): 59-63.

[211] 杨磊, 潘正华. 基于带有三种否定的模糊集 FSCOM 的模糊综合评判. 计算机工程与科学, 2011, 33(9): 136-140.

[212] 刘盈盈, 郭珠, 潘正华. 基于带有三种否定的模糊集 FSCOM 在空气质量评价中的应用. 计算机应用与软件, 2013, 30(8): 21-24.

[213] 梁婷婷, 朱冰洁, 潘正华. 模糊集 FSCOM 在台风灾害等级评判中的应用. 计算机工程与应用, 2014, 50(15): 211-214.

[214] 吕永席, 潘正华, 赵洁心. 模糊集 FSCOM 在高速公路边坡稳定性评价中的应用. 西南大学学报(自然科学版), 2015, 37(6): 180-184.

[215] Lv Y X, Pan Z H. Application of Fuzzy Set FSCOM in the Evaluation of Water Quality Level//International Conference in Swarm Intelligence. Springer, Cham, 2015: 33-41.

[216] 杨磊, 罗朝辉. 模糊集 FSCOM 在气象灾害等级评判中的应用. 兴义民族师范学院学报, 2013(3): 92-95.

[217] 张胜礼，李永明．广义模糊集 GFSCOM 在模糊综合评判中的应用．计算机科学，2015, 42(7): 125-128.

[218] 吴晓刚，张胜礼．一种基于模糊集 IFSCOM*的模糊综合评判及应用．计算机应用与软件，2015(2): 85-88.

[219] 张胜礼，李永明，张胜礼，等．否定知识的代数表示及在模糊系统设计中的应用．计算机学报，2016, 39(12): 2527-2546.

[220] 张胜礼．基于广义模糊集的模糊规则库的设计及其应用．模糊系统与数学，2015, (5): 109-121.

[221] Zhang S L, Li Y M. A novel table look-up scheme based on GFSCOM and its application. Soft Computing, 2016: 1-15.

[222] Bellman R E, Zadeh L A. Decision-Making in a Fuzzy Environment. Management Science, 1970, 17(4): B141-B164.

[223] Kickert W J M. Fuzzy Theories on Decision-Making. Kluwer Print on Dema, 1978.

[224] Skalna I, Pełechpilichowski T, Gaweł B, et al. Advances in Fuzzy Decision Making. Springer International Publishing, 2015.

[225] Zimmermann H J. Fuzzy Sets, Decision Making, and Expert Systems. Kluwer Academic Publishers, 1987.

[226] Fodor J, Roubens M. Fuzzy Preference Modelling and Multicriteria Decision Support. Springer Netherlands, 1994.

[227] 孔峰．模糊多属性决策理论、方法及其应用．北京：中国农业科学技术出版社, 2008.

[228] 汤爱平，谢礼立，陶夏新等．自然灾害的概念、等级．自然灾害学报, 1999(3): 61-65.

[229] 王立新．模糊系统与模糊控制教程．北京：清华大学出版社, 2003.

[230] Zeng X J, Singh M G. Approximation accuracy analysis of fuzzy systems as function approximators. Fuzzy Systems IEEE Transactions on, 1996, 4(1): 44-63.

[231] Pan Z H. Three kinds of negation of fuzzy knowledge and their base of logic//Intelligent Computing Theories and Technology. Springer Berlin Heidelberg, 2013: 83-93.

[232] 潘正华．区分 3 种否定的模糊命题逻辑系统及其应用．软件学报, 2014(6): 1255-1272.

[233] 王国俊．模糊命题演算的一种形式演绎系统．科学通报, 1997(10): 1041-1045.

[234] Pan Z H. Soundness and Completeness of Fuzzy Propositional Logic with Three Kinds of Negation. Quantitative Logic and Soft Computing 2016. Springer International Publishing, 2017.

[235] Bellman R, Giertz M. On the analytic formalism of the theory of fuzzy sets . Information Sciences, 1973, 5(5): 149-156.

[236] Trillas E. Sobre funciones de negación en la teoria de conjuntos difuso. Stochastica, 1979, 3.

[237] Kleene S C. Introduction to Metamathematics. North-Holland Amsterdam and Van No strand, New York, 1952.

[238] 胡世华，陆钟万．数理逻辑基础（上、下册）．北京：科学出版社, 1981.

[239] Zhang S L. On Fuzzy Propositional Logic with Different Negations//International Workshop on Logic, Rationality and Interaction. Springer Berlin Heidelberg, 2013: 357-361.

[240] 张胜礼. 带有不同否定的模糊命题逻辑的形式演绎系统. 计算机科学与探索, 2014, 8(4): 494-505.

[241] Zou J. Medium Modal Logic-Formal System and Semantics. Journal of Mathematical Research and Exposition, 1991: 20-23.

[242] 宫宁生, 张东摩, 朱梧槚. 中介自动推理的理论与实现(IV)一类基于中介逻辑的模态逻辑系统. 模式识别与人工智能, 1995, 8(1): 1-8.

[243] 张东摩, 宫宁生. 中介自动推理的理论与实现(V)——中介模态逻辑MK的表推演系统. 模式识别与人工智能, 1995, 8(2): 114-120.

[244] 陈成, 潘正华, 吕永席. 一类具有三种否定的模糊模态命题逻辑. 计算机科学, 2017, 44 (4): 263-268.

[245] Chen C, Zhang L J, Pan Z H. A Class of Fuzzy Modal Propositional Logic Systems with Three Kinds of Negation. Quantitative Logic and Soft Computing 2016. Springer International Publishing, 2017.

[246] 潘正华, 赵洁心, 王姗姗. 三种基于不同模糊否定的模糊拒取式推理及其算法. 模式识别与人工智能, 2015, 28(2): 97-104.

[247] Mas M, Monserrat M, Torrens J. Modus ponens and modus tollens in discrete implications. International Journal of Approximate Reasoning, 2008, 49(2): 422-435.

[248] Mas M, Monserrat M, Torrens J, et al. A Survey on Fuzzy Implication Functions. IEEE Transactions on Fuzzy Systems, 2007, 15(6): 1107-1121.

[249] Trillas E, Alsina C, Renedo E, et al. On contra - symmetry and MPT conditionality in fuzzy logic. International Journal of Intelligent Systems, 2005, 20(3): 313-326.

[250] Baczynski M, Jayaram B. Fuzzy Implications. Springer Publishing Company, Incorporated, 2008.

[251] Zhao J X, Pan Z H. Fuzzy Propositional Logic System and Its λ -Resolution. Intelligent Computing Methodologies. Springer International Publishing, 2014: 212-219.

[252] 赵洁心, 潘正华. 具有三种否定的模糊命题逻辑形式系统 FLCOM 的 λ-归结. 模式识别与人工智能, 2015, 28(3): 202-208.

[253] 赵洁心, 潘正华, 王姗姗. 基于 FLCOM 的模糊知识推理与搜索处理. 计算机工程与应用, 2015, 51(19): 37-42.

[254] 张胜礼. 带有矛盾否定、对立否定和中介否定的模糊推理. 模式识别与人工智能, 2014, 27(7): 599-610.

[255] 吴晓刚, 潘正华. 基于模糊命题逻辑形式系统 FLCOM 的模糊推理及应用. 计算机科学, 2015, 42(s2): 100-103.

[256] Pan Z H. Fuzzy Decision Making Based on Fuzzy Propositional Logic with Three Kinds of Negation//International Conference on Intelligent Computing Theories. 2013: 128-140.

[257] Wang S S, Pan Z H, Yang L. Fuzzy Decision Making Based on Fuzzy Logic with Contradictory Negation, Opposite Negation and Medium Negation[M]//Artificial Intelligence and Computational Intelligence. Springer Berlin Heidelberg, 2012: 200-208.

[258] 王姗姗, 潘正华, 杨磊. 模糊命题逻辑形式系统 FLCOM 在模糊决策中的应用. 计算机

应用与软件, 2013(11): 18-20.

[259] 陈成, 潘正华, 吕永席. 基于模糊命题逻辑 FLcom 的综合评判及其应用. 计算机工程, 2016, 42(9): 192-196.

[260] 程鸣权, 潘正华. 具有三种否定的模糊逻辑 FLcom 在台风灾害等级评判中的应用. 无锡: 江南大学, 2016.

[261] 王瑞婷, 潘正华. 具有三种否定的模糊逻辑 FLcom 在埃博拉病毒传播等级评判中的应用. 无锡: 江南大学, 2016.

[262] Baader F, Nutt W. Handbook of Description Logic. Cambridge University Press, Jan, 2003.

[263] Straccia U. A Fuzzy Description Logic. Proceedings of 15th conference of the American Association for Artificial Intelligence, 1998.

[264] Schmidt-Schauß M, Smolka G. Attributive concept descriptions with complements. Artificial Intelligence, 1991, 48(1): 1-26.

[265] Dovier A, Pontelli E. A 25-Year Perspective on Logic Programming. Lecture Notes in Computer Science, 2010, 6125.

[266] Clark K. L. Negation as Failure, in: H. Gallaire and J. Minker (eds.). Logic and Data Bases, Plenum, New York, 1978.

[267] Clark K L. Negation as Failure. Readings in nonmonotonic reasoning. Morgan Kaufmann Publishers Inc. 1987: 293-322.

[268] Pereira L. M. On Logic Program Semantics with Two Kinds of Negation. Proceedings of International Joint Conference and Symposium on Logic Programming, 1992: 574-588.

[269] Alferes J J, Pereira L M, Przymusinski T C. Strong and Explicit Negation in Non-Monotonic Reasoning and Logic Programming//Logics in Artificial Intelligence, European Workshop, JELIA '96, Évora, Portugal, September 30 - October 3, 1996, Proceedings. DBLP, 1996: 143-163.

[270] Yamasaki S. Logic programming with default, weak and strict negations. Theory and Practice of Logic Programming, 2005, 6(6): 737-749.

[271] Gelfond M, Leone N. Logic programming and knowledge representation—The A-Prolog perspective . Artificial Intelligence, 2002, 138(1–2): 3-38.

[272] Marek V W, Remmel J B. Answer set programming with default logic//International Workshop on Non-Monotonic Reasoning. DBLP, 2004: 276-284.

[273] Nieuwenborgh D, Cock M, Vermeir D. An introduction to fuzzy answer set programming. Annals of Mathematics and Artificial Intelligence, 2007, 50(3-4): 363-388.

[274] Lassila O, Swick R R. Resource Description Framework (RDF) Model and Syntax Specification. W3c Recommendation World Wide Web Consortium, 1998.

[275] Klein M. XML, RDF, and Relatives. IEEE Intelligent Systems, 2001, 16(2): 26-28.

[276] Hendler J. Agents and the Semantic Web. IEEE Intelligent Systems, 2005, 16(2): 30-37.

[277] GrigorisAntoniou. 语义网基础教程, 陈小平等译. 北京: 机械工业出版社, 2008.

[278] 张胜礼, 潘正华. 信息处理领域中否定信息的逻辑基础与数学研究. 无锡: 江南大学, 2008.

[279] 程天笑, 潘正华. 基于中介逻辑无穷值语义模型的否定知识表示与处理. 无锡: 江南大学, 2009.

[280] 王岑, 潘正华. 模糊信息处理中的逻辑理论及推理算法研究. 无锡: 江南大学, 2009.

[281] 张丽珍, 潘正华. 基于中介逻辑的模糊信息处理的研究. 无锡: 江南大学, 2010.

[282] 徐江, 潘正华. 模糊信息及其不同否定的表示与推理. 无锡: 江南大学, 2011.

[283] 贾海涛, 潘正华. 模糊知识表示及模糊推理的研究. 无锡: 江南大学, 2011.

[284] 杨磊, 潘正华. 具有三种否定的模糊集 FSCOM 的理论及应用研究. 无锡: 江南大学, 2013.

[285] 王姗姗, 潘正华. 具有三种否定的模糊逻辑 FLCOM 与模糊集 FSCOM 的理论及应用研究. 无锡: 江南大学. 2013.

[286] 赵洁心, 潘正华. 具有三种否定的模糊集FSCOM与模糊命题形式系统FLCOM的理论及应用研究. 无锡: 江南大学, 2014.

[287] 吕永席, 潘正华. 模糊集 FSCOM 的理论及其应用. 无锡: 江南大学, 2015.

[288] 陈成, 潘正华. 模糊命题逻辑系统 FLCOM 的理论及其应用. 无锡: 江南大学, 2016.

[289] 潘正华. Set Base and Logical Base of Different Negation in Fuzzy knowledge and Fuzzy Information. International Conference on Intelligence Sciences and Mathematics of Uncertainty (ISMU 2015), 上海海事大学, 2015.

[290] 潘正华. 基于不同否定的模糊拒取式推理及其算法. 中国人工智能学会基础专委会 2015 学术年会, 北京航空航天大学, 2015.

[291] 潘正华. 具有三种否定的模糊命题逻辑 FLCOM 的理论研究进展. 中国人工智能学会(CAAI)基础专委会 2016 学术年会, 上海海事大学, 2016.

[292] 潘正华. 具有矛盾否定、对立否定和中介否定的模糊集与模糊逻辑研究. 2016 年全国逻辑与智能专题学术研讨会, 西南交通大学, 2016.

后　记

——我的求学求知、自学自研之路

在序的末尾写有这样一段话“三十多年里本人以对科研的浓厚兴趣，在高校教学工作之余坚持不懈地独自进行科学研究。虽然枯燥艰难，代价颇大……”之后，要不要写此后记，我十分犹豫。经过反复思考后觉得有两点必要：一是因长期自学、自行研究的系列科学问题形成了本书论述的研究内容；二是记录自己曲折的求学求知路或许对青年读者在思考人生的价值时有些作用，故决定写之。

一、曲折的求学求知路

1957 年我出生于贵州兴义县城（今兴义市）一个贫寒的家庭。母亲生我之前有兄姐 9 人，因贫穷和疾病离世 4 个，故我排行第六。在那个年代，全家 8 口人以父亲在县医院食堂工作的每月工资为唯一的经济收入维持生活，加上国家正处经济困难和自然灾害时期，所以，家里生活十分艰难。哥哥姐姐打工做苦力；原本小学成绩和表现优秀的哥哥因家里无钱而辍学；妈妈常常将家里不能再穿的破烂衣物洗净缝补好背到街上摆摊叫卖；我常常兴奋地去接下班回家的父亲，只因他从单位食堂买回家的菜里往往偷偷埋有多一些的零星油水；在校读书的我每年寒暑假都要做小工挣钱添补不足的学费；早晨妈妈常常将昨天剩下的米饭加盐炒后用洗脸帕捏成饭团作为我上学的早餐……这一切，至今仍历历在目，令吾啜泣。尽管生活如此困难，但家里仍是坚持供我上学读书。或许因为贫穷不易，我从小学到初中不仅读书勤奋用功、学习成绩名列前茅，而且在校表现优秀，可以说是又红又专的学生。然而，1972 年 14 岁初中升高中时，我却经历了人生求学求知路上的第一次挫折。那时正值“文化大革命”时期，一家人的日子本来就过得很艰难，但却因父亲在青年时期参加过云南的国民党部队第 8 军而被人检举，我们家被定性为“有政治历史问题”的家庭。由此，哥哥不能进工厂当工人，我虽品学兼优，却不能加入共青团，不能升高中读书，而那些学习和表现不如我的同学却因家庭红或三代清白纷纷自如地走进高中学堂，如此打击使得还未懂事的我以及父亲母亲（尤其是父亲）整日在灰暗中度过，全家人在低人一等的痛苦中煎熬。在极强的求学求知渴望中，大姐等带着我如同讨饭者似地四处奔走诉说、哀求，我的十几位小学与初中老师为我愤而不平自发联名向校革命委员会、县教育局写推荐材料。苍天有眼，在好心人的同情和帮助下，我终于进入离城3公里的农村同学居多的已开学三月整的兴义二中读高中。正因为历经了这一刻骨铭心的求学过程，以及如此艰难而获得的读书机会，我在学习上更加发奋。因班里农村同学多、知识基础参差不齐，在一些课程（如数学、物理）学习中，老师的每堂课讲解使我常常“吃”不饱，促使我只得自学在前，老师讲解在后。

1974年7月我以优异成绩高中毕业，但前途只有两条路可选择。要么上山下乡，到农村去接受贫下中农的再教育，要么按照“多子女可留一个随父母身边”的政策，呆在家里。然而，一想到我是在“有历史问题”的家庭，呆在家今后不可能有任何出路，因此刚满16岁的我只得决定上山下乡当知青，到农村去好好表现，争取生存之路。从1974年9月到1977年2月在农村插队落户的两年半里，虽繁重的体力劳动使肉体受到从未有过的痛苦与折磨，但心灵的磨练却增强了我面对困境的韧性与毅力。尤为重要的是，与面朝黄土背朝天的农民兄弟姐妹同为一体生活，整天一起早出晚归劳动，他们的艰辛、善良和淳朴，他们的勤劳、胸襟和博爱，使我得到在其他任何时空里都不能得到的人生教育，由此明白了许多做人的道理，成了我一生中永远的精神财富。在那人生前途不知在何方的岁月里，我依然没有放弃求知的努力。在农村的第二年头我开始自学，在农闲时期或在每天下地劳动、吃罢晚饭、晚上评定工分（一种计酬方式）而回到知青窝后，将门板卸下当书桌、竹篼当桌脚、床当凳子，自学樊映川的《高等数学》，阿尔菲雷也夫著，陈士橹、王培德译的《流体力学》等。在当知青近两年时，解放军在农村招兵，强烈的求知欲驱使我积极报名，想若能参军既可甩掉“有历史问题”家庭的政治头箍，又能有在部队通过积极表现争取进入军队院校学习的机会。经过一年多强劳动锻炼后的壮实身体顺利通过参军体检，甚至招兵军人出于对我的喜爱（带有为师领导物色一警卫员任务）亲自到县招兵办点招……最终，与当年不能升高中如出一辙，仍是因为出生于“有历史问题”家庭，政治审查不过关，当兵又成了泡影。然而，真是苍天予助、百姓怜抚，由于我表现优秀且突出，在1976年末，我插队的全村46个全劳力的农民兄弟姐妹按下手印一致推荐我上大学，并顺利通过了县里组织的知识考试。原是被兰州大学外语系录取，又因家庭的历史问题而最终录取为贵阳师范学院数学系“无线电专业班”（半工半读）。在艰难的求学求知路上，我终能如愿以偿上了大学！

1977年春天，祸害已除，乱世已止。我怀着天助我般的心情进入贵阳师范学院数学系，开始大学的学习生活。虽为最后一届工农兵学员，但春风已荡去罩在头上的“有历史问题”家庭之黑帽，求知求学又能如此如愿以偿，故而在大学三年里如饥似渴般全身心用于读书学习、吸吮大学知识。由于同班同学基础知识参差不齐，如同高中那样对老师的每堂课讲解，我常常“吃”不饱而学有余力，我常常经过专业任课老师同意缺课，到“数学专业班”旁听数学课程和计算机课程

（如数学分析、高等代数、近世代数、实变函数、高级程序语言 Algol、Fortran 等）；晚上参加学校为教师组织的“英语辅导班”学习；为学英语几乎每天清晨坚持练习口语、背单词；寒暑假自学原文版 *Boolean Algebras*(布尔代数)；帮老师校对《逻辑代数初步》书稿并解答全部习题。凭借知青时期的劳动锻炼以及平时对体育活动的喜爱而练就的良好体质，足以支撑每天超负荷的脑力劳作。在大学最后一个学期中，我还自学自研各种进位制数的转换问题，反复地计算、证明，毕业前夕将拟写的论文《任意 P 进制数换为十进数不按权展开的方法》投稿到学术刊物《数学通报》。

1980 年 2 月，我毕业分配到家乡高校即兴义师范高等专科学校任教，从事数学教学工作。1981 年，大学毕业前夕投寄的论文在《数学通报》1981 年第 3 期上发表。这是我一生中自行研究的在学术期刊上发表的第一篇学术论文，也是兴义师专自成立以来理科教师在学术期刊上正式发表的第一篇学术论文（此文提出的方法后来被收入师专课程“逻辑代数与电子计算机基础”全国统编教材）。记得那时，因我发表学术论文一事，共事的不少青年教师向我咨询、“取经”；我的几位大学老师以此为例教育在校的师弟师妹；学校蔡晓来老校长尽管行走不便，还特意登上我位于五楼的陋室登门慰问和勉励……这一切深深地激励了我。因尝到了“甜头”，激发了对科学研究的兴趣，从此我逐步走上了在业余时间自行进行科学研究的不归之路。在兴义师专数学系任教五年，通过刻苦自学，给数学专业学生讲授“逻辑代数与电子计算机基础”、“实变函数”课程，以及电视大学“逻辑代数与集合论初步”等数学专业课程。1985 年学校要求我负责组建微机室，由于学校没有计算机专业毕业的教师，强烈的求知欲与好胜心促使我自学了“微机操作系统”“BASIC 语言”和“Pascal 语言”等计算机专业知识，并向全校数理化专业开设了这些课程及上机实验指导。的确是，教学任务驱使我不断自学，而自学又反哺了教学工作。此过程使我掌握了更多的知识，提高了我独立分析、解决问题的能力。除此之外，求知的欲望和学科兴趣还促使我在教学之余深究在“逻辑”“推理”方面的学科知识，自学了许多此领域的国内外学术专著且作了大量的读书笔记，如胡世华与陆钟万著《数理逻辑基础》上下册，Hilbert and Ackermann 著、莫绍揆译《数理逻辑基础》，王宪钧著《数理逻辑引论》，M. Davis 著、沈泓等译《可计算性与不可解性》，张鸣华著《可计算性理论》，张锦文著《集合论与连续统假设浅说》等。1982 年参加了在华中师范学院的计算机语言 Prolog 培训班学习，1983 年参加了在华中工学院的全国模糊数学学习班。1984 年还应云南民族学院“全国数理逻辑学习班”主讲老师徐云从教授邀请，负责该学习班的答疑辅导、批改作业等助教工作。这些经历大大地巩固、加深了我对数理逻辑专业知识的理解和掌握，为今后在经典逻辑非经典逻辑方向的研究奠定了基础。

二、苦乐的自学自研路

1985 年，我研究写出第二篇学术论文《对第五代计算机及专家系统的一些共性（逻辑）问题的管见》，并向 5 月将在北京举行的由国家科委和国防科工委组织的“全国第五代计算机战略研讨会”投稿，论文经会议评审并接收到与会邀请。此时，我刚在校运动会上将锁骨摔断为三截不到十天，后背绑有一尺五长的木制夹板，但凭借知青练就的面对困境的韧性与毅力，仍带伤坐一天汽车、两天火车到北京，参加了因保密要求而改在河北涿县举行的包括钱学森等全国计算机知名大佬参与的这一高级别学术会议，可能因我是带重伤与会的且来自于偏远贫穷山区的无名小卒，新华社《内参》一高级编辑采访了我，致使我在会上被会议主持人“点名”，并免掉了我的会务费及所有食宿费用。

同年 10 月在贵阳举行的“全国模糊数学学术交流会议”上，南京航空学院（今南京航空航天大学）朱梧槚教授作了题为“中介逻辑与中介公理集合论”大会首个主题报告，在报告提问环节，我（唯一人）提问请教中介逻辑理论的可靠性与完备性问题。对此，朱梧槚与肖奚安教授晚上在寝室里将随身的有关中介逻辑的研究资料送给我。不到两年，1987 年 3 月我的研究论文“关于中介命题逻辑的可靠性”在重庆大学举行的“全国第二届多值逻辑学术讨论会”上宣读并收入会议论文集；1987 年 7 月研究论文“On the Completeness of Medium Propositional Logic (MP)”在广州大学召开的国际学术会议 FSKE (Int. Symposium on Fuzzy Systems and Knowledge Engineering)上宣读并收入会议论文集；1988 年 12 月研究论文“Construction of a Model of Medium Logical Calculus System ML”经国际模糊系统协会(IFSA)评审被邀请出席在埃及开罗大学召开的国际学术会议 KSMLR (Workshop on Knowledge-Based Systems and Models of Logical Reasoning)，我没有经济能力出国，但在家乡政府的大力资助下，我赴埃及在该会议上作了研究报告，IFSA 出版了会议论文集；1989 年 10 月研究论文“On the Reliability of the Predicate Calculus System (MF) of Medium Logic”应邀在 IEEE 主办的第十九届多值逻辑国际学术会议 ISMVL (IEEE-the Nineteenth International Symposium on Multiple-Valued Logic)上报告，经向 IEEE 计算机学会申请同意，免去由 IEEE 出版的论文集版面费；1990 年 6 月研究论文“On the Reliability and Completeness of the Predicate Calculus System MF of Medium Logic”经北美模糊信息处理协会(NAFIPS)评审，被邀请出席在多伦多大学举行的以“四分之一世纪的模糊性”(Quarter Century of Fuzziness) 为主题的国际学术会议，同样在家乡政府的资助下，我赴加拿大多伦多大学（国内唯一人）在会议上作了研究报告，NAFIS 出版了会议论文集。基于上述研究，以及朱梧槚与肖奚安教授、南京航空学院副院长朱剑英教授、辽宁大学洪声贵教授、南京师范学院方锦暄教授、上海师范学院吴望名教授对我之研究的学术价值与意义分别写出的推荐材料，1988 年和 1990 年我主持的“中介逻辑系统 ML 的完备性和可靠性”“中介公理集合论及其应用”两个研究课题，分别被贵州省科技厅评审批准为贵州省自然科学基金项目，并获得一千元和两千元的资助。

有付出就有收获。至此，我在上述国际学术会议以及《自然杂志》《模糊系统与数学》和《南京师范大学学报(自然科学版)》等学术期刊上发表了 18 篇研究论文。由此，1989 年获“黔西南民族师专（第一届）科研成果一等奖”；1990 年被评选为“黔西南州首届有突出贡献的拔尖人才”；1991 年获“黔西南民族师专（二届）科研成果一等奖”；1992 年获“贵州省科技进步四等奖 1 项（独自）”；1993 年获“贵州省自然科学优秀学术论文二等奖 2 篇（独自）”；1994 年获“贵州省首届青年科学大会三等奖 1 项（独自）”。因以上自学自研成果以及教学业绩，1992 年由黔西南州人民政府推荐，获国务院“政府特殊津贴”（全省唯一讲师职称，年龄最小者）。然而，1992 年我在学校申报副教授职称却遭受人为阻碍而夭折。那时因长期的历史积累，高校里众多老资历教师拥堵在名额限制的职称申报船上，虽然我业绩鹤立群首，远超贵州省副教授职称条件要求，但我仍知趣地以“破格”方式申报副教授（破格不占用名额指标）。尽管我的申报被省职称评审组以全票通过（后来得知）并且因此省职称评定委员会专门下发了给我校的破格指标，尽管我之申报不影响他人，但还是受到莫名其妙的非议与阻碍。在省职称改革办公室通知我校要我补充一份外语翻译材料这一最终手续时，却变成对我允许带词典、限时两小时翻译世界经典名著 *Algebra*（代数学，范德瓦尔登著）第三版中“Preface”（序言）的考核。最终，破格副教授职称的希望破灭。

朱梧槚教授等对我的遭遇愤愤不平（认为以我情况在南京高校必能评上副教授）。于是，他特地向我发出由他资助、去他们学校做访问学者的邀请。为此，我校校长力排非议，经校党政联席会议研究决定，批准我为“计划外”访问学者（其实，我是学校第一个外出访问学者，当时并无什么“计划外”与“计划内”之说法），明确每月只发基本工资（300 余元），其他费用自理。1992 年 9 月我背着行李如愿到南京航空学院计算机科学理论研究所做访问学者两年。离家在南航两年的学习生活里，在家乡的妻儿以及亲人们为我也付出了代价。儿子刚满三岁需我照护，因收入减少使得家里经济捉襟见肘，家乡最知名企业“贵州醇”酒厂厂长见我此状特寄予三千元帮助……虽有这些困难，但我在南航的学习与科研却如鱼得水。在南航除每周旁听研究生课程、参加研究讨论班外，参与了朱梧槚教授主持的国家自然科学基金项目“多值逻辑推理及其应用”、国家 863 计划课题“中介逻辑推理及其应用”的研究工作，并阅读了许多难以见到的国内外专业书籍和学术文献，研究拟写了五篇学术论文，其中，1992 年 11 月论文“Fuzzy 推理的数学原理”应邀在“中国第五届多值逻辑学术会议”上报告并入选论文集，1993 年 5

月论文“中介逻辑逻辑系统的强完全性与弱完全性”入选为《南京航空学院科研报告》，1994 年 2 月论文“关于中介逻辑 ML 的语义特征研究”入选为《南京航空学院科研报告》，1994 年 7 月论文“Fuzzy 集基本概念在中介数学中的解释”投稿学术期刊“模糊系统与数学”，1994 年 10 月论文“中介逻辑谓词演算系统 MF 的λ-归结”应邀在“中国第六届多值逻辑学术会议”上报告并入选论文集。在这两年里，除了更加丰富提高学识与科研能力外，我对模糊推理及其算法、中介逻辑的无穷值语义模型等问题有了更为深入的研究，更为重要的收获是，我一改过去瞎摸瞎闯似的自行科研状态，从此明确了以后的主要学术研究方向。

1994 年 7 月返校工作，科研困境又回到了原点。从 92 年始大多数国际学术刊物和国际学术会议联系均通过互联网，而我校属地不仅没有互联网，且邮局也没有开通国际特快专递业务。为了用国际特快专递与国外同行交流以及投寄研究论文，我常常只得买票乘车 9 小时去 360 公里远的省城贵阳办理，多次为不耽误第二天上课而又连夜乘夜班车赶回学校。虽如此，仍难解之困。94 年底，应在西班牙召开的学术层次很高的“IEEE-第二十四届多值逻辑国际学术会议”征文（要求用电子邮件），只得用国际特快专递寄去论文稿而杳无音信；95 年在美国 Slippery Rock 大学召开的“Inaugural Workshop of the International Institute for General Systems Studies”（国际通用系统研究所首届研讨会），我用国际特快专递投寄 “Interpretation for Concepts of Fuzzy Set in the Medium Mathematics”和“A Finite and Infinite Valued Model of the Medium Propositional Logic”两篇研究论文无结果，而事后从我国与会学者带回的该会议论文集上发现有我的一篇论文。

在这样的科研困难下，我深深地感到客观条件之难可以通过自己主观努力去克服，但对于人为之难我却束手无力。在茫然中，反思自己过去求学求知、自学自研经历，坚定了逆境考验意志、挫折激励前行、前途和命运靠自己努力去把握的信念。1999 年我以科研环境困难、想为国家多做贡献等理由，毅然向学校提出调离申请。为此，尽管州委组织部、省人事厅专家处（因我是享受国务院政府特殊津贴人员）进行专门的调查以及若干次的劝说挽留，最终经州委常委会议研究同意、州委组织部下了调令。

2000 年 2 月，调入无锡教育学院。因是作为“引进人才”调入的，所以，教学任务既新又重。要求讲授数学本科专业课程“Visual Basic”“计算机基础与 Office 系统”以及计算机本科专业课程“专业英语”。这些专业知识我并未掌握也从未讲授过，尤感压力大的是学生须参加全省统考。我以长期求知具备的自学能力以及大剂量的时间投入，经三个月的艰苦自学、备课以及在教学中边教边学，最终我教班级学生统考通过率在全省名列前茅。同时，一如既往坚持进行自主科研。在无锡教育学院任教一年半的时期里，在国内期刊上发表了 3 篇学术论文，邀请了朱梧槚教授、台湾“中央研究院”前所长、美国杜克大学知名教授李国伟来校讲学。2001 年 10 月，无锡教育学院合并入现今的江南大学（改名为江南大学教育学院）。

2001 年底，以轻工食品学科著名的江南大学进行“江南大学首期基础研究课题”申报评审，我的“中介命题逻辑系统的无穷值语义模型及应用”为全校 10 个入选资助（1 万元）项目中唯一的数理学科课题，也是江南大学教育学院唯一入选项目。由此，江南大学理学院向学校申请要我到理学院负责组建数学系，但江南大学教育学院坚持不放。半年后，我被调到江南大学理学院，担任理学院教学与应用数学系首任系主任。在引领由原三个高校数学系、教研室组成的数学与应用数学系工作中，克服三校数学单位磨合期间的种种困难，在专业建设、教学计划制订、课程设置以及学术研究等方面大胆改革，发展颇见成效。同时，在学校崇尚科学、重视学术研究的氛围中，我更加利用工作余时自学自研。在任数学系主任三年中，7 篇研究论文在“软件学报”、“The Journal of Symbolic Logic”（符号逻辑杂志）、“Second International Workshop on Foundations of Software in Asia”（第二届亚洲软件基础国际研讨会）等知名期刊和国际学术会议上发表。2005 年，我改任江南大学数理研究所所长，并被选拔为信息工程学院计算机软件与理论专业硕士研究生导师，开始以我的学术研究方向招收研究生。与此同时，我将酝酿、思考近六年并已进行前期研究的问题以“矛盾知识和对立知识的逻辑基础及处理的研究”为题，申报国家自然科学基金面上项目并获国家自然科学基金委批准（资助经费 20 万元）。这是我第一次申报、第一个主持研究的国家自然科学基金面上项目（江南大学当年获批 8 个面上项目），也是理学院第一个主持研究的国家自然科学基金项目。同年，我申报教授职称，是江南大学成立以来以“工农兵学员”学历申报教授的第一人。开明的学校职称评定委员会经过比他人更加严格的审查、讨论，最终我因“教学与科学研究实绩突出”获批教授职称。同年，由我主要负责组织材料并拟写的理学院应用数学硕士点申报获批。从 2006 年到现在，招收的 10 名研究生全部按期毕业，并有 8 人获理学院优秀硕士毕业生。2009 年，主持研究的第一个国家自然科学基金面上项目结题，结题评价为优秀。同年以“模糊性知识及其不同否定的逻辑基础与集合基础以及应用的研究”为题，第二次申报国家自然科学基金面上项目获批（资助经费 29 万元）。2013 年该项目结题。同年，以“区分矛盾否定、对立否定和中介否定的模糊集 FSCOM 与模糊逻辑 FLCOM 理论及其在典型的知识处理领域中应用的研究”为题，第三次申报国家自然科学基金面上项目获批（资助经费 59 万元）。至此，自 2006 年到今年底持续主持 3 个国家自然科学基金面上项目研究。

从此之后，我的科学研究由过去的自行科研状态，转入到对国内基础理论国家研究级别的国家自然科学基金项目的研究。在工作余时里对科学问题的思考与研究已为时日常态，已成几日不触就有牵挂的生活习惯。逝去的哥哥曾问过我，长年舍去大量的休息和生活享受时光做研究图什么？我说是兴趣所然，是当别人没有研究或还没有研究清楚的问题而我给出了研究结果并被认可时获得的心里满足和愉悦。

孔子曰：君子泰而不骄，小人骄而不泰。一生中，我以此警示与自勉。真心讲，以付出一生努力换来一些成绩及荣誉不是我的人生目的，而是在求学求知与自学自研的曲折路上战胜困难、体现自己的智慧与价值才是我的人生追求。

可以说，在求学求知、自学自研的曲折路上不断跋涉是因，本书是果，故此记之。

潘正华

2017 年 6 月于江南大学理学院 303 室